RICKENSTORF/BERNDT · TRAGWERKE FÜR HOCHBAUTEN

TRAGWERKE FÜR HOCHBAUTEN

VON GÜNTHER RICKENSTORF UND EBERHARD BERNDT
UNTER MITARBEIT EINES AUTORENKOLLEKTIVS

MIT 85 TEXTBILDERN, 61 TAFELN
UND 137 GANZSEITIGEN KONSTRUKTIONSZEICHNUNGEN

DRITTE, ÜBERARBEITETE AUFLAGE

LEIPZIG

BSB B.G. TEUBNER VERLAGSGESELLSCHAFT

1989

Autoren des Buches:

o. Prof. Dr. sc. techn. Eberhard Berndt, Technische Universität Dresden, Lehrstuhl Tragsysteme und Tragkonstruktionen,

o. Prof. (em.) Dr.-Ing. habil. Günther Rickenstorf, ehemals Technische Universität Dresden, Lehrstuhl Tragsysteme und Tragkonstruktionen,

Dr.-Ing. Udo Richter, Technische Universität Dresden, Lehrstuhl Tragsysteme und Tragkonstruktionen,

Dr.-Ing. Gottfried Müller, Technische Universität Dresden, Lehrstuhl Tragsysteme und Tragkonstruktionen,

Dipl.-Ing. Dagobert Fenster, Technische Universität Dresden, Lehrstuhl Tragsysteme und Tragkonstruktionen,

Dr.-Ing. Peter Liebau, Technische Universität Dresden, Lehrstuhl Tragsysteme und Traigkonstruktionen,

Dr.-Ing. Hans-Peter Bräuer, Staatliche Bauaufsicht Bezirk Dresden.

Rickenstorf, Günther:
Tragwerke für Hochbauten
von Günther Rickenstorf u. Eberhard Berndt.
Unter Mitarb. eines Autorenkoll. –
3., überarb. Aufl. – Leipzig: BSB Teubner, 1989. –
256 S.
NE: Autorenkoll. [Mitarb.]

ISBN-13: 978-3-322-82222-2   e-ISBN-13: 978-3-322-82221-5
DOI: 10.1007/978-3-322-82221-5

© BSB B. G. Teubner Verlagsgesellschaft, Leipzig, 1989
Softcover reprint of the hardcover 3rd edition 1989

VLN 294-375/116/89 · LSV 3744
Lektor: Dr. Hans Dietrich

Gesamtherstellung: Grafische Werke Zwickau
Bestell-Nr. 666 121 8
04500

Inhalt

1.	**Der statisch-konstruktive Entwurf** 7	
1.1.	Der Entwurf als komplexe Aufgabenstellung 7	
1.2.	Zum Entwurf wirtschaftlicher Tragsysteme und Tragwerke 7	
1.3.	Zur inhaltlichen Zielstellung des Buches 9	

2.	**Räumliche Aussteifung der Bauwerke** 11
2.1.	Angreifende Kräfte und Notwendigkeit der Aussteifung von Tragwerken 11
2.2.	Tragsysteme für Aussteifungen und ihre konstruktive Verwirklichung 11
2.2.1.	Eingeschossige Systeme 12
2.2.1.1.	Stabilisierung von Stahlhallen 12
2.2.1.2.	Stabilisierung von Stahlbetonhallen 13
2.2.2.	Mehr- und vielgeschossige Systeme 13
2.2.2.1.	Skelettsysteme 16
2.2.2.2.	Tafelbauten 18
2.2.2.3.	Sonderformen 18

3.	**Tragwerke aus Stahl** 31
3.1.	Stahl, Verbindungsmittel, Verbindungen des Stahlbaues 31
3.1.1.	Baustoff Stahl, erforderliche Festigkeitsnachweise, zulässige Spannungen 31
3.1.2.	Verbindungsmittel und Verbindungen 32
3.1.2.1.	Niet- und Schraubverbindungen 33
3.1.2.2.	Hochfeste Schraubverbindungen 34
3.1.2.3.	Schweißverbindungen 34
3.1.2.4.	Klebeverbindungen 36
3.1.2.5.	Zusammenwirken der Verbindungsmittel 36
3.2.	Zug- und Druckstäbe 36
3.2.1.	Zugstäbe 36
3.2.2.	Druckstäbe 37
3.2.2.1.	Mittig belastete Druckstäbe 37
3.2.2.2.	Außermittig belastete Druckstäbe 39
3.2.3.	Bauliche Durchbildung der Stützen und Säulen 40
3.2.3.1.	Stützenfüße 40
3.2.3.2.	Trägeranschlüsse 41
3.2.3.3.	Stützenkopf 41
3.2.3.4.	Stützenstöße 42
3.3.	Vollwandträger 42
3.3.1.	Beanspruchung, Anwendungsbereich 42
3.3.2.	Bemessung der Vollwandträger 43
3.3.2.1.	Normalspannungen aus Biegebeanspruchung 43
3.3.2.2.	Schubspannungen im Steg 43
3.3.2.3.	Formänderungen 43
3.3.2.4.	Sicherung der Stabilität 43
3.3.2.5.	Sonstige Festigkeitsnachweise 44
3.3.3.	Vorbemessung der Vollwandträger 45
3.3.4.	Bauliche Durchbildung der Vollwandträger 46
3.3.4.1.	Zusammengesetzte Vollwandträger (Blechträger) 46
3.3.4.2.	Trägerauflager 46
3.3.4.3.	Trägeranschlüsse 47
3.3.4.4.	Trägergelenke 47
3.3.4.5.	Trägerstöße 47
3.3.5.	Deckentragsysteme 47
3.4.	Ebene Fachwerkkonstruktionen 48
3.4.1.	Wirkungsprinzip, Anwendungsbereich 48
3.4.2.	Hauptabmessungen 49
3.4.3.	Stabführung, Stabquerschnitte 49
3.4.4.	Bauliche Durchbildung 50
3.4.5.	Stahlrohrfachwerke 51
3.4.5.1.	Wirkungsprinzip, Anwendungsbereich, Hauptabmessungen 51
3.4.5.2.	Bauliche Durchbildung 51
3.4.5.3.	Knotenpunkte 51
3.4.5.4.	Vor- und Nachteile 52
3.4.6.	Ausführungsbeispiele 52
3.5.	Rahmenkonstruktionen 53
3.6.	Eingeschossige Stahlskeletttragwerke 54
3.6.1.	Dacheindeckungen 54
3.6.2.	Außenwände 54
3.6.3.	Pfetten 54
3.6.4.	Tragkonstruktionen 55
3.7.	Mehrgeschossige Stahlskeletttragwerke 56

4.	**Tragwerke aus Beton, Stahlbeton und Spannbeton** 90
4.1.	Tragprinzipien 90
4.1.1.	Betontragwerke 90
4.1.2.	Stahlbetontragwerke 90
4.1.2.1.	Biegebeanspruchte Elemente 90
4.1.2.2.	Druckbeanspruchte Elemente 93
4.1.3.	Spannbetontragwerke 93
4.2.	Tragelemente 94
4.2.1.	Balken 94
4.2.1.1.	Tragsysteme und Querschnittsform 94
4.2.1.2.	Abmessungen und Spannweiten 94
4.2.1.3.	Bauliche Durchbildung und Anwendungen 99
4.2.2.	Stützen und Fundamente 102
4.2.2.1.	Tragsysteme und Querschnittsform 102
4.2.2.2.	Abmessungen 102
4.2.2.3.	Bauliche Durchbildung und Anwendungen 104
4.2.3.	Rahmen, Bogen und Gelenksysteme 105
4.2.3.1.	Tragsysteme 105
4.2.3.2.	Abmessungen, Bewehrungsführung, Anwendungen 106
4.2.4.	Einachsig bewehrte Platten 107
4.2.4.1.	Tragsysteme 107
4.2.4.2.	Querschnittsform, Abmessungen, Spannweiten 107
4.2.4.3.	Bauliche Durchbildung und Anwendungen 108
4.2.5.	Zweiachsig bewehrte Stahlbetonplatten 110
4.2.5.1.	Tragsysteme 110
4.2.5.2.	Abmessungen und Spannweiten 110
4.2.5.3.	Bewehrungsführung und Anwendungen 111
4.2.6.	Scheiben, wandartige Träger 111
4.2.6.1.	Tragprinzip 111
4.2.6.2.	Vorbemessung und Bewehrungsführung 111
4.3.	Tragwerksteile und Tragwerke 112
4.3.1.	Decken 112
4.3.1.1.	Plattenbalkendecken 112
4.3.1.2.	Rippen- und Stahlsteindecken 113
4.3.1.3.	Trägerlose Decken 114
4.3.2.	Treppen 119
4.3.3.	Skeletttragwerke 120
4.3.3.1.	Eingeschossige Tragwerke 120
4.3.3.2.	Mehr- und vielgeschossige Tragwerke 121
4.3.4.	Tafeltragwerke 123
4.3.4.1.	Trag- und Konstruktionssysteme 123
4.3.4.2.	Bauliche Durchbildung und Anwendungen 126
4.4.	Tragwerksfugen 127
4.5.	Modulare Zuordnung der Tragelemente 127

5. Tragwerke aus Holz 179

- 5.1. Baustoff Holz 179
- 5.1.1. Festigkeit 179
- 5.1.2. Elastizitätsmodul 179
- 5.1.3. Feuchtegehalt 179
- 5.1.4. Holzgüte und Materialkennwerte 180
- 5.2. Verbindungsmittel des Holzbaues 180
- 5.2.1. Nagelverbindungen 181
- 5.2.2. Dübel 181
- 5.2.3. Klebeverbindungen 182
- 5.2.4. Schraubenverbindungen 182
- 5.3. Bemessung der Tragglieder 182
- 5.3.1. Zugstäbe 182
- 5.3.2. Druckstäbe 183
- 5.3.2.1. Einteilige Druckstäbe 183
- 5.3.2.2. Mehrteilige Druckstäbe 183
- 5.3.3. Ausmittig belastete Druckstäbe 183
- 5.3.4. Biegeträger 183
- 5.4. Anwendungsbeispiele 184

6. Flächentragwerke als Dachkonstruktionen 191

- 6.1. Schalen 191
- 6.1.1. Definition und Wirkungsprinzip 191
- 6.1.2. Geometrische Einteilungsprinzipien 191
- 6.1.3. Einfach gekrümmte Schalen 191
- 6.1.3.1. Geometrie 191
- 6.1.3.2. Kräftefluß 191
- 6.1.3.3. Formgebung 192
- 6.1.4. Doppelt gekrümmte Schalen mit positiver Gaußscher Krümmung 192
- 6.1.4.1. Geometrie 192
- 6.1.4.2. Kräftefluß 193
- 6.1.4.3. Formgebung 193
- 6.1.5. Doppelt gekrümmte Schalen mit negativer Gaußscher Krümmung 194
- 6.1.5.1. Geometrie 194
- 6.1.5.2. Kräftefluß 194
- 6.1.5.3. Formgebung 195
- 6.2. Faltwerke 195
- 6.2.1. Definition und Kräftefluß 195
- 6.2.2. Formgebung 196
- 6.3. Schalen- und Faltwerksträger 196
- 6.3.1. Definition und Kräftefluß 196
- 6.3.2. Formgebung 196
- 6.4. Schalen- und Faltenbögen 197
- 6.4.1. Definition und Kräftefluß 197
- 6.4.2. Formgebung 197

7. Räumliche Stabtragwerke, vorgespannte Stahltragwerke, Stahlverbundtragwerke 210

- 7.1. Räumliche Stabtragwerke 210
- 7.1.1. Konstruktionsprinzip, Tragwirkung, Anwendung 210
- 7.1.2. Aufbau räumlicher Stabtragwerke 210
- 7.1.3. Konstruktionsdetails 211
- 7.1.3.1. Stäbe, Knoten 211
- 7.1.3.2. Auflager 212
- 7.1.3.3. Hüllkonstruktionen 212
- 7.1.4. Tragwerksformen 212
- 7.1.4.1. Ebene Stabroste 212
- 7.1.4.2. Stabwerktonnen 213
- 7.1.4.3. Stabwerkkuppeln 213
- 7.1.4.4. Stabfaltwerke 214
- 7.2. Vorgespannte Stahltragwerke 214
- 7.3. Stahlverbundtragwerke 216
- 7.3.1. Stahlverbundträger 216
- 7.3.2. Stahlverbundfachwerke 216
- 7.3.3. Stahlverbunddecken 216
- 7.3.4. Stahlverbundstützen 217
- 7.3.5. Verbundmittel 217
- 7.3.6. Berechnung 217

8. Seildachtragwerke 226

- 8.1. Tragsysteme 226
- 8.1.1. Hängeschalen 227
- 8.1.2. Spannstahldächer 227
- 8.1.3. Seilbindersysteme 228
- 8.1.4. Spreizbinder, Kissen 228
- 8.1.5. Seilnetze zwischen steifen Rändern 228
- 8.1.6. Zeltartige Seilnetze 229
- 8.1.7. Seil-Träger-Netze 229
- 8.1.8. Abgehangene Dächer 229
- 8.2. Tragkonstruktionen 229
- 8.3. Vorbemessung 229
- 8.3.1. Hängeschalen 230
- 8.3.2. Spannstahldächer 230
- 8.3.3. Seil- und Spreizbinder 231
- 8.3.4. Seilnetz zwischen steifen Rändern 231
- 8.3.5. Zeltartige Seilnetze 232

9. Pneumatische Tragwerke 249

- 9.1. Tragsysteme 249
- 9.1.1. Pneumatisch stabilisierte Membransysteme 249
- 9.1.1.1. Einfachmembransysteme 250
- 9.1.1.2. Doppelmembransysteme 250
- 9.1.2. Pneumatisch stabilisierte Schlauchsysteme 250
- 9.2. Tragkonstruktionen 251
- 9.3. Vorbemessung von Einfachmembransystemen 251

1. Der statisch-konstruktive Entwurf

von Günther Rickenstorf

1.1. Der Entwurf als komplexe Aufgabenstellung

In jeder Phase der Entwurfsbearbeitung müssen die am Entwurf beteiligten Architekten und Ingenieure klare Vorstellungen über die Tragwirkung des zu konzipierenden Bauwerkes haben. Notwendigerweise kommen sie so zur Abstraktion des „Tragwerkes" als tragendes Skelett jedes Bauwerkes. Vom zweckmäßigen statisch-konstruktiven Entwurf des Tragwerkes werden funktionelle Brauchbarkeit, Sicherheit, Dauerhaftigkeit, Wirtschaftlichkeit und ästhetische Gestaltung des Gesamtbauwerkes beeinflußt.

Das statisch-konstruktive Entwerfen erfordert zuerst die Gesamtkonzeption des Entwurfes, d. h., aus den funktionellen Forderungen werden unter Beachtung der städtebaulichen Einordnung und der ästhetischen Wirksamkeit die grundsätzlichen Baukörperabmessungen und die erforderlichen Spannweiten und Geschoßhöhen für das Tragsystem festgelegt.

In einem ersten Schritt werden dann aus den möglichen Tragsystemen unter Einbeziehung der geeigneten Baustoffe und Bauweisen die Tragwerke und ihre wichtigsten Bauteile prinzipiell entwickelt und gestaltet. In dieser Phase des Entwurfes kommt den statischen Überschlagsrechnungen und Abschätzungen eine bestimmende Rolle zu. Sie ermöglichen den Vergleich der statischen Beanspruchungen und materiellen Aufwendungen für die einzelnen Varianten.

Um die vielfältigen Wechselbeziehungen aller Entwurfskomponenten erfassen zu können, ist die konzeptionelle Entwurfstätigkeit oft durch eine parallele bzw. gleichzeitige Bearbeitung der Einzelschritte gekennzeichnet. Sie kann zur Zeit nur in geringem Umfange durch die Anwendung elektronischer Datenverarbeitungsanlagen entlastet werden. Hier müssen vielmehr wesentliche schöpferische Impulse aller am Entwurf Beteiligten wirksam werden.

In einem weiteren Projektierungsschritt erfolgt dann die konstruktive Gestaltung und bauliche Durchbildung der Bauteile und Bauelemente.

In diesem Buch sollen vorrangig bewährte Methoden und die neuesten Erkenntnisse auf dem Gebiet des statisch-konstruktiven Entwerfens von Tragwerken für Hochbauten erläutert werden. Gleichzeitig werden die Grundprinzipien für die bauliche Durchbildung der statisch tragenden Bauteile vor allem auf ganzseitigen Konstruktionsblättern und durch umfangreiches Bildmaterial beschrieben.

Auf die Abgrenzung der Anwendungsbereiche der beschriebenen Tragwerke und Tragkonstruktionen, auf die Erläuterung der Wechselbeziehungen zwischen statischem System, Tragwirkung, Baustoff- und Werkstattaufwand sowie auf die Bereitstellung von Überschlagsformeln für die Vorbemessung der bestimmenden Querschnittsabmessungen wird besonderer Wert gelegt. In vielen Fällen werden zum Zwecke der Vorbemessung tabellarische Bemessungshilfsmittel, Belastungs- und Baustoffkenngrößen zur Verfügung gestellt. Tafel 1.2 gibt einen zusammenfassenden Überblick über die wirtschaftlichen Anwendungsbereiche der in den nachfolgenden Abschnitten behandelten Tragwerke und Tragkonstruktionen. Er ist im Rahmen der inhaltlichen Konzeption dieses Lehr- und Nachschlagewerkes insofern von besonderem Interesse, da er die Anwendungsgrenzen der Tragwerke in Abhängigkeit vom Tragsystem, vom verwendeten Baustoff und von den geometrischen Abmessungen der Konstruktionselemente und Tragwerke über die Grenzen der nachfolgenden baustoff- und tragwerksgebundenen Betrachtungen erkennbar macht.

1.2. Zum Entwurf wirtschaftlicher Tragsysteme und Tragwerke

Bereits im konzeptionellen Ideenentwurf und in den vorbereitenden Projektierungsphasen (Aufgabenstellung, Dokumentation zu Grundsatzentscheidungen usw. [1.1]) fallen die wichtigsten Entscheidungen über den Aufwand an Baustoffen, Baukosten und Baukapazitäten für die Herstellung eines Bauwerkes. Hierbei nimmt der Aufwand für den Rohbau und damit für das Tragwerk eine nicht unbedeutende Stellung ein. Dabei kommt vor allem den Traggliedern besondere Bedeutung zu, die ihre Beanspruchungen aus Eigenlasten, Verkehrslasten u. a. über biegebeanspruchte Tragelemente wie Balken und Platten abtragen. Tafel 1.1 veranschaulicht diesen Zusammenhang am Beispiel zweier fünfgeschossiger Stahl- bzw. Stahlbetonausführungen (Bürogebäude).

Tafel 1.1 Massen- und Kostenvergleich für einen fünfgeschossigen Rohbau in Skelettbauweise

	Stahlausführung		Stahlbetonausführung	
	Masse	Kosten	Masse	Kosten
Decken	76,7%	40,4%	64,0%	50,0%
Riegel	2,2	25,4	19,0	23,0
Stützen	1,5	15,4	8,0	10,0
Wandscheiben	0,8	10,5	7,0	12,0
Sonstiges	19,0	8,3	2,0	5,0
	100,0%	100,0%	100,0%	100,0%

Nur die enge Zusammenarbeit zwischen Architekt, Bauingenieur, Bauökonom und allen Fachingenieuren sowie ihr Verständnis und ihre Aufgeschlossenheit für die Empfehlungen und Forderungen der beteiligten Fachkollegen garantieren allseitig optimale Entwurfsergebnisse. Sie wird somit zur vornehmsten Aufgabe der Projektierungskollektive in den vorbereitenden Projektierungsstufen und setzt dann selbstverständlich auch solides bautechnisches Grundwissen der beteiligten Baufachleute voraus.

Die Wirtschaftlichkeit eines Bauwerkes wird von einer Vielzahl von Einflußfaktoren bestimmt. Sie resultieren aus städtebaulichen, erschließungstechnischen, funktionellen, ästhetisch-gestalterischen, technisch-konstruktiven, technologischen und anderen Forderungen. Aus ihrer Vielfalt sollen im folgenden nur die Grundsätze und Entwurfsregeln behandelt werden, die es ermöglichen, über die Wahl des Tragwerkes nach Tragsystem, Geometrie, Form, Konstruktion, Technologie usw. günstigen Einfluß auf die Wirtschaftlichkeit des Gesamtbauwerkes auszuüben.

Tafel 1.2 Mögliche und bevorzugte Abmessungen der Tragwerke im Hochbau

Typ	Tragwerk		Geometrische Verhältnisse		Angewandte Stützweiten in m		Abschn.
	Tragsystem	Baustoff	h/l bzw. H/l	b/h bzw. b/l	bevorzugte Stützweite l	mögliche Stützweite l	
Balken-, Platten- und Stabsysteme	Träger	Stahlbeton	1/8 ...1/10	1/4...2/3	4 ...12	3 ...18	4
		Spannbeton	1/12...1/25	1/5...1/3	9 ...20	6 ...30	4
		Stahl	1/10...1/22	1/4...1/2	4 ...12	3 ...35	3
		Holz					
		Vollquerschnitt	1/10...1/20	1/3...2/3	4 ... 6	3 ...12	5
		Geklebter Q.	1/10...1/20	1/3...2/3	5 ...10	4 ...25	5
				b/l			
	Einachsig beanspruchte Platten	Stahlbeton	1/20...1/35	∞ ...1/6	2,5...4,5	2 ...7,5	4
		Spannbeton	1/30...1/45		4,5...7,5	3,5...9	4
	Zweiachsig beanspruchte Platten	Stahlbeton	1/25...1/40	1 ...2/3	4,5...7,5	3,5...9	4
			H/l	b/h			
	Bogenbinder	Stahl	1/4 ...1/7	1/4...1/2	30...40	25...100	3
		Holz	1/4 ...1/7	1/4...1/2	20...30	15...50	5
	Rahmen	Stahl	4 ...1/4	–	10...20	6 ...40	3
	Ebene Fachwerke	Stahl	1/7...1/10	–	15...30	12...80	3
		Holz	1/6...1/10	–	12...25	10...40	5
		Spannbeton	1/7...1/10	–	25...35	25...50	4
				b/l			
	Trägerroste	Stahl	1/30...1/40	1 ...2/3	10...20	12...35	3
		Stahlbeton	1/20...1/30	1 ...2/3	10...20	12...30	4
	Räumliche Stabtragwerke	Stahl Aluminium					
	– Stabroste		1/15...1/25	1 ...1/3	30...50	20...80	7
	– Stabwerk-Falten		1/10...1/15	1 ...1/5	25...40	15...50	7
	– Stabwerk-Tonnen		1/2 ...1/8	–	$b =$ 20...25	$b =$ 6 ...30	7
	– Stabwerk-Kuppeln		1/2 ...1/8	–	80...150	20...250	7
Schalen und Faltwerke	Tonnenschalen		1/4 ...1/15	b/l 3 ...1/4	20...30	12...50	6
	Kuppelschalen	Stahlbeton	1/3 ...1/6	1 ...1/2	35...60	20...120	6
	Hyperbolische Schalen	und Spannbeton	1/3 ...1/5	1 ...2/3	30...45	20...80	6
	Schalen- und Faltenträger	Spannbeton	1/18...1/30	1/6...1/10	18...25	12...35	6
	Schalen- und Faltenbögen	Stahlbeton	1/3 ...1/5	1/10...1/20	25...35	12...100	6
Zugsysteme	Seilsysteme	Stahl		b/l			
	– Hängedach	Stahlbeton Spannbeton	1/8 ...1/15	1 ...10	40...70	30...150	8
	– Spannstahldach	Stahl	$a/l \sim 1/50$	1 ...1/3	$l = na =$ 45...100 $a =$ 6 ...15	30...75	
	– Seil- und Spreizbinder	Stahl	1/15...1/25	–	40...80	30...120	8
	– Seilnetze	Stahl	1/8 ...1/20	1 ...1/2	40...80	30...100	8
	Membransysteme	Stahl	1/5 ...1/20	–	30...50	20...80	8
	Pneumat. Systeme	Kunststoffe	1/3 ...1/5	–	30...40	20...100	9

Anmerkung: h als Konstruktionshöhe bzw. -dicke, H als Tragwerkshöhe und b als Konstruktions- bzw. Tragwerksbreite, a als Binderabstand

Statische Gesichtspunkte

- Die Belastungen und Kräfte sind auf dem kürzesten Wege in den Baugrund abzuleiten. Somit sollten die Stützweiten des Tragwerkes immer nur so groß gewählt werden, wie es mit Rücksicht auf die Erfüllung der unmittelbaren und zukünftigen funktionellen und anderen Forderungen an das Bauwerk unumgänglich ist. Große Stützweiten haben hohen Baustoffbedarf und hohe Rohbaukosten zur Folge.
- Die Verwendung von Tragwerken mit ausschließlicher Normalkraftbeanspruchung (Fachwerke, räumliche Stabtragwerke, Seiltragwerke u. a.) bzw. von Tragwerken, die durch Biegung mit gleichzeitig wirkender Normalkraft (Rahmen, Bögen, Schalen, Faltwerke usw.) beansprucht werden, führt im Regelfall zu baustoffsparenden Lösungen.
- Bei Tragwerken mit reiner oder überwiegender Biegebeanspruchung, wie Balken, Träger, Trägerroste, wird der Baustoffaufwand durch den Extremwert des am jeweiligen Tragwerksteil auftretenden Biegemomentes (Bemessungsmoment) bestimmt. Unter sonst gleichen statischen Bedingungen, also gleicher Belastung, gleicher Gesamtlänge usw., haben Tragsysteme und Tragwerke mit Vorzeichenwechsel in der Momentenbeanspruchung kleinere Bemessungsmomente. Somit müssen z. B. Durchlaufträger, Träger mit einem oder zwei Kragarmen, Gelenkträger, Zweigelenkrahmen, Mehrfeldplatten u. a., baustoffsparender als die statisch gleichwertigen – in der Regel die statisch bestimmt gelagerten – Tragsysteme und Tragwerke sein.
- Bei Rahmensystemen ist die Rahmenform in den Grenzen der funktionell und gestalterischen Möglichkeiten der Stützlinie anzunähern.
- Das Tragverhalten des Baugrundes hat ebenfalls Einfluß auf die Wahl des Tragsystems. Ist mit ungleichmäßigen Baugrundsetzungen zu rechnen, dann sind bei der Dimensionierung statisch unbestimmter Tragsysteme die zusätzlichen Zwängungsbeanspruchungen zu berücksichtigen. Ihre Wirtschaftlichkeit wird abgemindert oder geht ganz verloren.
- Mit Rücksicht auf die Vermeidung von Kettenreaktionen, die ausgehend vom Versagen eines Bauteiles auf das gesamte Tragwerk übertragen werden, sollten in dieser Hinsicht gefährdete Bauwerke, z. B. Gelenkträger, Plattenbauten, immer so entworfen und konstruiert werden, daß Kräfteumlagerungen ohne Gefährdung des Gesamtbauwerkes möglich sind.

Konstruktive Gesichtspunkte

- Die Regeln für die baulich-konstruktive Durchbildung der Tragkonstruktionen und Tragwerke sind wesentlicher Gegenstand der nachfolgenden Abschnitte 3. bis 9.
- Baustoffeinsparungen und Werkstattaufwand sind sinnvoll aufeinander abzustimmen. So verringert sich z. B. durch Anwendung dicker Stegbleche bei vollwandigen Stahlträgern ganz erheblich der Werkstattaufwand gegenüber ausgesteiften, dünneren Stegblechen mit Beulsteifen u. ä.
- Die Konstruktion eines Bauwerkes sollte stets darauf gerichtet sein, die Notwendigkeit nachträglicher Pflege- und Unterhaltungsarbeiten möglichst klein zu halten.

Technologische Gesichtspunkte

- Die im ausführenden Betrieb zur Verfügung stehenden Ausrüstungen, sein Maschinenpark und die Fertigkeiten und Erfahrungen der Ingenieure, Meister und Arbeiter müssen bei der Wahl der Konstruktion, des Bausystems, der Bautechnologie Berücksichtigung finden.
- Baustoffeinsparung und technologischer Aufwand müssen sinnvoll aufeinander abgestimmt werden. So erleichtert z. B. der Einsatz von statisch bestimmt gelagerten Tragwerksteilen ganz wesentlich die Montage moderner Fertigteilbauweisen (WBS 70).
- Kompliziertere Schalungen für die Herstellung von Stahlbetontragwerken in Ortbetonausführungen können Kosten in Höhe des Zwei- bis Dreifachen der Tragwerkskosten (Baustoffe, Herstellen und Einbringen von Stahl und Beton usw.) erforderlich machen.

1.3. Zur inhaltlichen Zielstellung des Buches

Obwohl der Leser in diesem Buch eine Vielzahl leicht zu handhabender Arbeitsgrundlagen und Hilfsmittel für die statisch-konstruktive Entwurfsbearbeitung findet, wird auf eine lückenlose Darstellung des Stoffes bewußt verzichtet. Die Beschreibung einer Anzahl typischer „Beispiellösungen", und ihre Begründung durch Festigkeitsbetrachtung – vor allem in den Fällen, wo dies mit elementaren Mitteln der Statik und Festigkeitslehre möglich ist (z. B. im Abschn. 3. Tragwerke aus Stahl) – entsprechen in gleicher Weise dem praktischen und pädagogischen Anliegen des Buches als Lehrbuch und Nachschlagewerk.

Die am Ende eines jeden Hauptabschnittes angegebenen Literaturstellen ermöglichen es dem an der Klärung weiterer Detailfragen interessierten Leser, die erforderliche Spezialliteratur (Tabellenwerke, TGL-Blätter, Konstruktionskataloge) zu Rate zu ziehen. Die gleichzeitige und gleichberechtigte Behandlung der konzeptionellen Probleme der Tragsysteme bzw. Tragwerke und der baulichen Durchbildung des konstruktiven Details entspricht dem dialektischen Zusammenhang dieser beiden Phasen des statisch-konstruktiven Entwerfens.

Das Buch wendet sich in erster Linie an Studierende der Architektur und des Bauingenieurwesens an den Hoch- und Fachschulen sowie an alle die Studenten der Ingenieurökonomie, Berufspädagogik und anderer technischer Fachrichtungen, die über ein bautechnisches Grundwissen verfügen müssen. Sicher werden auch die in der Projektierungspraxis stehenden Baufachleute diesem Buch manche wissenswerte Anregung für die Lösung ihrer Projektierungsaufgaben und für ihre berufliche Weiterbildung entnehmen können. Die Darstellungen des Buches setzen beim Leser die mathematischen Kenntnisse einer Erweiterten Oberschule und Grundkenntnisse in der Statik und Festigkeitslehre voraus.

Literatur

[1.1] Verordnung über die Vorbereitung von Investitionen vom 13. 7. 1978. GBl. Nr. 23 vom 10. 8. 1978.
[1.2] Büttner, O.; Hampe, E.: Bauwerk – Tragwerk – Tragstruktur. Band 1: Analyse der natürlichen und gebauten Umwelt. Berlin 1977.
[1.3] Torroja, E.: Logik der Form. München 1961.
[1.4] Salvadori, M.; Heller, R.: Tragwerk und Architektur. Braunschweig 1977.
[1.5] Hugi, H.: Der Architekt und die Tragwerkslehre. Schweizerische Bauzeitung, Zürich 95 (1977) 26, S. 453 bis 456.
[1.6] Mann, W.: Statisch-konstruktive Überlegungen beim Entwerfen von Hochbauten. Deutsche Bauzeitschrift 19 (1971) 5, S. 965 bis 970.
[1.7] Werner, E.: Tragwerkslehre – Baustatik für Architekten, Teil 1 und 2. Düsseldorf 1970.
[1.8] Papke, H.-J.: Vergleich von Studienplänen der Architektenausbildung in den sozialistischen Ländern. Wiss. Zeitschrift der TU Dresden 23 (1974) S. 247 bis 255.
[1.9] Nikolajew, I. S.: Architektur – Wissenschaft – Beruf. Wiss. Zeitschrift der TU Dresden 17 (1968) S. 815 bis 819.
[1.10] Nervi, P. L.: Neue Strukturen. Übersetzung aus dem Italienischen von F. G. Zander. Stuttgart 1963.
[1.11] Ricken, H.: Der Architekt – zur Entwicklung eines Berufes. Dissertation B, TU Dresden, 1972.
[1.12] Seifert, V.: Untersuchungen zu Ziel, Inhalt und Organisation der statisch-konstruktiven Ausbildung von Architekten. Dissertation TU Dresden, 1976.

2. Räumliche Aussteifung der Bauwerke

von Udo Richter und Eberhard Berndt

2.1. Angreifende Kräfte und Notwendigkeit der Aussteifung von Tragwerken

Bauwerke des Hochbaus werden gebildet aus
dem Tragwerk (bzw. der Tragkonstruktion)
mit seiner Tragfunktion gegenüber den angreifenden Kräften, teilweise auch als „Primärstruktur" bezeichnet;
der Ausbaukonstruktion
mit ihrer raumabschließenden bauphysikalischen Funktion, teilweise auch mit „Sekundärstruktur" gekennzeichnet;
der Ausrüstung
mit ihrer nutzungsspezifischen Funktion.
Entsprechend den Bauwerken sind auch die Tragwerke räumlich ausgedehnt. In diesem Zusammenhang gibt es jedoch zwei grundsätzlich unterschiedliche Tragwerksarten:

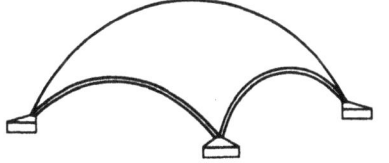

Bild 2.1 Schalenkonstruktion (Kugelschale)

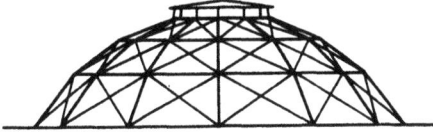

Bild 2.2 Raumfachwerk (Schwedler-Kuppel)

Die sogenannten Raumtragwerke (Bilder 2.1 und 2.2) verfügen von vornherein über die räumliche Tragwirkung. Bei ihnen baut sich für jeden Kraftangriff ein räumlicher Kräfte- bzw. Spannungszustand auf. Das heißt, daß sich nahezu jedes Tragelement oder jeder Tragwerksbereich an der Aufnahme aller möglichen Lastfälle beteiligt. Das System ist im Sinne der Kinematik als starr zu bezeichnen. Ein besonderes Aussteifungssystem ist somit nicht erforderlich. Die angreifenden Horizontallasten werden durch das Raumtragwerk statisch günstig abgetragen.

Es ist jedoch auch möglich, die räumlich ausgedehnten Tragwerke aus ebenen Tragelementen und Tragwerksteilen zusammenzusetzen. Die Zuordnung der einzelnen Tragelemente geschieht dabei unter dem Gesichtspunkt einer statischen Funktionstrennung. So werden verschiedene Tragwerksteile vorrangig die vertikalen Lasten (Eigenlasten, Verkehrslasten, Lasten aus Ausrüstungen) abtragen.

Das statische System des Bauwerkes (Tragsystem) muß jedoch gegenüber beliebig gerichteten Kräften stabil sein, so daß also zur Aufnahme der noch auftretenden horizontalen Lasten (Wind, Erdbeben, Seitenstöße und Bremskräfte von Hebezeugen und Transportmitteln) besondere Aussteifungen erforderlich werden. Während die Ableitung der Vertikalkräfte normalerweise wenig Schwierigkeiten bereitet, erreichen die Horizontalkräfte mit zunehmender Bauwerkshöhe Größenordnungen, die besondere Maßnahmen für ihre Ableitung in den Baugrund erfordern. Die Windlasten sind dabei nach TGL 32274/07 [2.1] aufzunehmen. Blatt 2.01a zeigt die Staudruckzunahme mit der Bauwerkshöhe über Gelände. Ermittelt man für einen 1 m langen Gebäudeabschnitt mit geschlossenem Grundriß die Querkraft und das Biegemoment infolge Wind in der Aufstandsfuge des Bauwerkes in Abhängigkeit von der Höhe, dann erhält man die dort dargestellten Kurven für max Q und max M. Es fällt auf, daß die Querkraft an der Einspannstelle nahezu linear mit der Gebäudehöhe anwächst, das Einspannmoment jedoch sehr viel rascher.

Zum Aufbau der erforderlichen räumlich ausgedehnten Tragsysteme können nun verschiedenartige ebene Tragsysteme Verwendung finden. Dabei ist zu beachten, daß diese Tragsysteme nur Kräfte in ihrer Ebene ableiten können. Es ist jedoch möglich, daß ein Stab des Gesamtsystems mehreren statischen Systemen in verschiedenen Ebenen angehören kann. Bei der Dimensionierung sind dann die maximal möglichen Beanspruchungen aus allen zugehörigen Tragsystemfunktionen zu berücksichtigen.

2.2. Tragsysteme für Aussteifungen und ihre konstruktive Verwirklichung

Die auftretenden Horizontallasten müssen nun mit einem minimalen Aufwand sicher abgeleitet werden. Um die sich aus den wechselnden Windrichtungen ergebenden unterschiedlichen Kräfte aufnehmen zu können, müssen die entsprechenden ebenen Aussteifungssysteme in Längs- und Querrichtung des Gebäudes angeordnet werden. Nach dem derzeitigen Stand der Bautechnik ergeben sich für die konstruktive Bewältigung folgende Empfehlungen:

- Aussteifende Fachwerke werden fast ausnahmslos in Stahl ausgeführt.
- Stahlbetonstützen stabilisiert man vielfach mit gekreuzten Zugbändern, wobei der obere Druckriegel in Stahlbeton hergestellt wird.
- Die am Fußpunkt eingespannte Stütze des Riegel-Stützen-Systems ist in Stahl und Stahlbeton möglich und üblich.
- Mit Rücksicht auf Vorfertigung und schnelle Montage wird auf eine biegesteife Verbindung zwischen Riegel und Stütze in den meisten Fällen verzichtet.

Vor der Erläuterung der Aussteifungsmaßnahmen soll noch kurz auf die Feststellung des Grades der statischen Unbestimmtheit eingegangen werden. Für mehrscheibige ebene Systeme gilt folgende Bedingung:

$$c = t + v - 3n$$

mit c Grad der statischen Unbestimmtheit, t Anzahl der Stützenreaktionen, n Anzahl der Scheiben eines Tragsystems, $v = 2(r - 1)$ Anzahl der Verbindungskräfte zwischen den zusammengeschlossenen Scheiben, r Anzahl der am Verbindungsgelenk anschließenden Scheiben oder Stäbe.

$c < 0$ System kinematisch beweglich (labil),
$c = 0$ statisch bestimmte Systeme (starr),
$c > 0$ statisch überbestimmte Systeme (überstarr).

2.2.1. Eingeschossige Systeme

Blatt 2.01 zeigt verschiedene Möglichkeiten für eine Aussteifung. Das auf Blatt 2.01b dargestellte System ist nur für die Abtragung vertikaler Lasten geeignet, die praktisch allein kaum auftreten. Für Horizontallasten ist das System kinematisch beweglich und somit unbrauchbar (statisch unterbestimmt). Durch Einspannung eines Stieles in die Erdscheibe (oder in ein verdrehungsbehindertes Fundament) entsteht ein starres System (statisch bestimmt), siehe Blatt 2.01c.
Durch Einspannung beider Stützen in das Fundament entsteht ein überstarres (statisch unbestimmtes) System, siehe Blatt 2.01d. Vorteilhaft ist dabei, daß sich ein weiterer Stab an der Aufnahme der Horizontallast beteiligt (Abbau der Einspannmomente).
Das System nach Blatt 2.01b kann auch durch andere Maßnahmen in ein starres System überführt werden. Man baut entweder zusätzliche Stäbe ein (Blatt 2.01e, f), oder das System wird aus einzelnen Scheiben (Fachwerk- oder Vollscheiben) nach dem Prinzip des Dreigelenksystems (Blatt 2.01g) entwickelt. Durch die ein- oder beidseitige biegesteife Verbindung der Stützen mit dem Riegel entsteht ebenfalls ein statisch bestimmtes oder unbestimmtes System (Blatt 2.02a, b). Ein Vergleich mit dem System nach Blatt 2.01d zeigt, daß die unten eingespannte Stütze für diesen Lastfall keine Biegemomente im Riegel liefert. Bei Berücksichtigung aller Lasten und der erforderlichen Fundamente sind beide Systeme materialökonomisch etwa gleichwertig. Für die Montage wird die eingespannte Stütze mit gelenkig aufgelagertem Riegel bevorzugt. Eine große Steifigkeit gegenüber Horizontallasten wird durch den Einbau und schubfesten Anschluß von geschlossenen Scheiben (Mauerwerks-, Beton- oder Stahlbetonwände) erzielt (Blatt 2.01h). Das Stützen-Riegel-System kann selbstverständlich auch durch eine Scheibe ersetzt werden, die alle in ihrer Ebene beliebig gerichteten Kräfte abträgt.
Beim Aufbau mehrstieliger Systeme gelten die gleichen Prinzipien. Man schließt an eine starre Grundeinheit jeden weiteren Gelenkknoten in dieser Ebene nach dem Aufbauprinzip des Fachwerkes an (Anschluß jedes neuen Knotens durch 2 Stäbe an die starre Einheit), siehe Blatt 2.02c 1.

Wird der Fußpunkt des hinzugefügten Stieles ebenfalls eingespannt (Blatt 2.02c 2), dann erhöht sich die statische Unbestimmtheit des Systems, und weitere Stäbe beteiligen sich an der Aussteifung. Wird der Riegel des seitlich angebauten Feldes an der mittleren Systemeinheit nur gelenkig und beweglich befestigt, dann muß jedoch die Stütze am Fuß eingespannt oder Riegel und Randstütze biegesteif verbunden werden (Blatt 2.02d). Wie schon erwähnt, bevorzugt man aus Montagegründen die Einspannung der Stütze im Fundament. Weitere Möglichkeiten sind für die Querrichtung auf Blatt 2.02d und für die Hallenlängsrichtung auf Blatt 2.02e angegeben.

2.2.1.1. Stabilisierung von Stahlhallen

Im Stahlbau wird der nur in einer Richtung (meist in Hallenquerrichtung) eingespannte Stützenfuß bevorzugt. Diese Lösung ergibt sich aus folgenden konstruktiv-technologischen Überlegungen:
Bei in Querrichtung eingespannten Stützen treten in dieser Ebene infolge aller Belastungszustände als Schnittgrößen Druckkräfte und Biegemomente auf, die materialökonomisch besonders günstig durch die gewalzten $\underline{\text{I}}$-Profile aufgenommen werden können. Wegen der geringen Biegesteifigkeit um die dazu senkrechte Querschnittsachse reichen sie aber für die Aussteifung in Längsrichtung i. d. R. nicht aus. Deshalb wird für die Hallenlängsrichtung unabhängig von der Fußpunktausbildung der gelenkige Anschluß an das Fundament vorausgesetzt (Blatt 2.03). Außerdem ist ein zweiachsig biegesteifer Stützenanschluß an das Fundament bei Stahlstützen konstruktiv sehr kompliziert und deshalb möglichst zu vermeiden.
Theoretisch würde schon eine eingespannte Stütze zur Stabilisierung genügen, die 2. Stütze könnte ein Pendelstab sein. Wegen einer einfacheren Montage und wechselnder Windrichtungen (durch die Weiterleitung der Kräfte auf die eingespannte Stütze entstehen für den Binder zusätzliche Kräfte, die unter Umständen zum Auskippen führen können) werden oft beide Hallenstützen eingespannt. Die Einspannung nur in Hallenquerrichtung erfordert jedoch zusätzliche Aussteifungsmaßnahmen in Längsrichtung. Hierbei ergeben sich im wesentlichen drei Möglichkeiten:

Variante 1 (Blatt 2.03): Vorgestellte Giebelwindstützen bis Dachebene geführt; wegen ihrer Länge gelenkige Abstützung an den Fuß- und Kopfenden zweckmäßig. Die Kräfte in Hallenlängsrichtung aus Wind bzw. Giebelwindstützen werden durch die an den Hallenenden angeordneten Windverbände im Dach und in den Längswänden aufgenommen. Dabei bilden die Verbände in den Längswänden, die als massive Wandscheiben, als Fachwerkwände oder Portalrahmen (Vollwand- oder Fachwerkrahmen) ausgebildet sein können, zugleich die Auflager für die Windverbände im Dach. Die Binderobergurte, Stützen, Pfetten und Wandriegel haben dabei mehrfache statische Funktionen zu erfüllen (Teile des Haupttragsystems und der aussteifenden Verbände).

Variante 2 (Blatt 2.03): Die Giebelwindstützen werden nur bis Binderunterkante geführt. Gemeinsam mit evtl. Torpfosten und Torträgern werden sie in Höhe der Binderuntergurtebene durch einen horizontalliegenden Giebelwindträger abgestützt, der zusätzlich zu den in Variante 1 angegebenen Aussteifungen erforderlich ist. Er reicht oftmals nicht bis zum nächsten Binder – sein Zuggurt wird dann an der Giebelwand oder an den Pfetten aufgehangen. Der Dachverband erhält selbstverständlich auch anteilig Horizontalkräfte aus dem Randbinder und verkürzt unter der Voraussetzung von zug- und druckfesten Pfettenanschlüssen bei beiden Varianten die Knicklängen der Binderobergurte bei Stabilitätsversagen senkrecht zur Binderebene. Während der Montage dient er noch als Kippverband.

Variante 3 (Blatt 2.03): Das Dach ist als massive und aussteifungsfähige Scheibe ausgebildet (durch Fugenbewehrung und Fugenverguß verbundene und durch Ringanker ergänzte Montagedächer aus Stahlbetonplatten); Verbände in der Dachebene können somit entfallen.

Bei eingeschossigen Hallen können in Querrichtung auch Rahmen- oder Bogensysteme verwendet werden (Blatt 2.02a, b), die nur noch Aussteifungen in Längsrichtung analog den oben genannten Varianten erfordern. Diese Systeme können je nach Hallenquerschnittsgeometrie, Stützweite und Belastung als Fachwerk- oder Vollwandbinder ausgeführt werden.

Zur Reduzierung der Biegemomente werden auch bei eingeschossigen Stahlkonstruktionen **vollständige Gelenksysteme als Grundsysteme** angewendet, die in Quer- und Längsrichtung ausgesteift werden müssen (Blatt 2.04). Die Aussteifung in Längsrichtung geschieht wie bei den bereits erläuterten Varianten. In Querrichtung müssen mindestens die Hallenbinder am Giebel ausgesteift werden. Bei langen Hallen (etwa über 20 m) sind weitere Zwischenbinder in ähnlicher Form in Querrichtung anzuordnen. Die dazwischenliegenden nicht ausgesteiften Binder sind in Höhe der Stützenköpfe durch lange Windverbände in der Dachbinderuntergurtebene zu stabilisieren. Zur Vermeidung von Kraftumlenkungen werden diese Verbände beidseitig der Halle in Längsrichtung vorgesehen und selten direkt in die Dachebene gelegt. Bei Anwendung einer massiven Dachscheibe kann der lange Windverband entfallen.

Dieses allseitig ausgesteifte vollständige Gelenksystem empfiehlt sich bei unsicherem Baugrund, weil die Fundamente nur lotrechte Kräfte erhalten und Zwängungen aus ungleichmäßigen Baugrundsetzungen nicht auftreten oder sehr klein bleiben.

2.2.1.2. Stabilisierung von Stahlbetonhallen

Hallen aus Stahlbetonelementen werden heute in der Regel vorgefertigt. Auf Grund dieser und anderer konstruktiv-technologischer Gegebenheiten, wie
- nahezu quadratische Stützenquerschnitte,
- einfach realisierbarer biegesteifer Anschluß von Stützen in Hülsenfundamenten oder Bohrlochgründung,

wird die in Längs- und Querrichtung eingespannte Stütze im Grundsystem bevorzugt.

Die Windkräfte auf den mit Wandplatten geschlossenen Giebel werden durch am Fuß eingespannte Stahlbeton-Giebelwindstützen aufgenommen. Nach Lage dieser Stützen ergeben sich hierbei im wesentlichen zwei Varianten:

Variante 1 (Blatt 2.05a): Die Windstützen stehen vor der Binder-Stützen-Ebene und reichen bis Oberkante Binder. Dadurch ergibt sich eine Doppelstützenstellung an der Eckstütze. Sehr schlanke und hohe Binder können zur Vermeidung der Kippgefahr an den aussteifenden Giebelwindstützen befestigt werden, wenn das Dach nicht als Scheibe ausgebildet wird. Wirken die Windstützen aus bestimmten Gründen (z. B. zu große Biegeweichheit) nicht als Festpunkte, dann sind die ersten beiden Binder an den Hallenenden gegeneinander auszusteifen und die Giebelwindstützen ggf. am Binderobergurt zug- und druckfest anzuschließen.

Variante 2 (Blatt 2.05b): Die Windstützen werden in der Binder-Stützen-Ebene angeordnet und enden an der Binderunterkante. Die Windkräfte auf die Giebelwandplatten im Bereich des Binders sind durch einen Windverband in Dachebene (Stahl oder Stahlbeton) oder durch die starr ausgebildete Dachscheibe (Stahlbeton) aufzunehmen. Nach Umleitung der Horizontalkräfte in die Stützenköpfe der Hauptstützen ist durch ihre Fußeinspannung die Aussteifung gewährleistet.

In Einzelfällen sind in Querrichtung auch noch folgende Systeme gebräuchlich und anwendbar:
- Zweigelenksysteme mit und ohne Zugband,
- Dreigelenksysteme mit und ohne Zugband,
- Kragbinder mit aufgesetztem Oberlicht.

Die Aussteifung in Längsrichtung kann beispielsweise durch
- Einspannung der Endbinder und je nach Hallenlänge eines oder mehrerer Zwischenbinder,
- Pendelstützen und Aussteifung der Endfelder oder eines Zwischenfeldes mit Ausmauerung, Wandplatten oder Rahmenportalen und
- Rahmenwirkung zwischen Kranbahnträger und Rahmenstielen realisiert werden (Blatt 2.02e).

Dabei sollte man mit Rücksicht auf den Gründungsaufwand die Anzahl der eingespannten Stützen auf ein vertretbares Maß beschränken.

2.2.2. Mehr- und vielgeschossige Systeme

Ausgehend vom eingeschossigen Riegel-Stützen-System wäre es denkbar, diese Stabzuordnung, d. h. den gelenkigen Anschluß der Riegel an die biegesteifen Stützen auch bei mehrgeschossigen Lösungen zu verwenden.

Am Beispiel auf Blatt 2.06a erkennt man jedoch, daß die Stützen dabei sehr große Biegemomente erhalten, denn die Horizontallasten werden wie bei einer oben freien und unten eingespannten Stütze ausschließlich durch Biegung abgetragen. Deshalb ist diese Lösung nur für Windlasten (keine Seitenkräfte aus Kranbahnen o. ä.) und bis höchstens 2 Geschosse anwendbar, anderenfalls wird die konstruktive Lösung unwirtschaftlich. Bei übereinandergestellten Zweigelenkrahmen (Blatt 2.06b) und bei Dreigelenkrahmen werden die Biegemomente bereits erheblich reduziert, indem die Horizontallasten durch Biegung und zusätzlich durch die als Kräftepaare wirkenden Normalkräfte in den Stielen abgetragen werden. Diese Systeme sind zur Aussteifung mehrgeschossiger Gebäude gut geeignet. Eine weitere Reduzierung der Extremwerte der Biegemomente in den Stielen und Riegeln ergibt sich bei der Anwendung von Rahmensystemen (Blatt 2.06c).

Wenn es Baugrund und Fundamentausbildung ermöglichen, sollte die am Fußpunkt eingespannte Stütze gegenüber der gelenkigen Ausbildung vorgezogen werden (Blatt 2.06c1 und c2). Wie bei den eingeschossigen Tragsystemen ist es auch bei den hier betrachteten mehr- und vielgeschossigen Systemen möglich und vorteilhaft, mehrstielige Rahmen zur Aussteifung einzusetzen, wodurch sich eine weitere Abnahme der aus Horizontallasten resultierenden Schnittgrößen für den Einzelstab ergibt.

Die für die Dimensionierung ungünstig wirkenden Biegemomente können völlig vermieden werden, wenn die im Stahlbau üblichen Fachwerkscheiben (Blatt 2.06d) zur Aussteifung benutzt werden.

Im Massivbau werden dagegen häufig die über das gesamte Gebäude durchgehenden massiven Windscheiben angewendet. Sie besitzen gegenüber den anderen genannten Möglichkeiten eine vielfach größere Steifigkeit gegenüber Horizontalkräften und werden deshalb bei großen Geschoßzahlen oder wenigen Aussteifungsfestpunkten gewählt.

Bei Vollscheiben (ohne Öffnungen) und einem Seitenverhältnis $H/B \geq 2$ ist die Spannungsverteilung genügend genau nach der Beziehung

$$\sigma = \frac{M}{I} y \tag{2.1}$$

linear verteilt.

Bei vorhandenen Öffnungsreihen gibt es Unstetigkeiten im Spannungsverlauf (Bild 2.3). Die Extremwerte der Spannungen können bei einer lotrechten Öffnungsreihe nach den Ansätzen von Rosman [2.2] näherungsweise ermittelt werden. Dieses Verfahren liefert nur für schlanke Scheiben im Sinne eines Biegestabes zutreffende Aussagen. Für davon abweichende geometrische Verhältnisse (gedrungene und langgestreckte Scheiben mit Öffnungsreihen) existieren genauere Verfahren und Rechenprogramme.

Mit den Bezeichnungen von Bild 2.3 ergeben sich folgende analytische Zusammenhänge für eine Scheibe mit einer unsymmetrischen Öffnungsreihe:

$$I_r = \frac{d \dfrac{h_r^3}{12}}{1 + 2{,}8 \left(\dfrac{h_r}{b}\right)^2} \quad \text{(reduziertes Riegelträgheitsmoment).} \tag{2.2}$$

Moment an der Einspannstelle infolge äußerer Belastung:

$$\mathfrak{M} = \begin{cases} 1/2\ wH^2 & \text{(Rechtecklast),} \\ 5/12\ wH^2 & \text{(Trapezlast),} \\ 1/3\ wH^2 & \text{(Dreiecklast).} \end{cases} \tag{2.3}$$

Gesamtschubkraft

$$T_H = \frac{\dfrac{\varkappa \mathfrak{M}}{I_1 + I_2} l}{\dfrac{l^2}{I_1 + I_2} + \dfrac{1}{A_1} + \dfrac{1}{A_2} + \dfrac{b^3 h_0}{4 I_r H^2}} \tag{2.4}$$

mit der Wanddicke d und dem Abstand l der Schwerpunkte der beiden Teilscheiben 1 und 2 und dem dimensionslosen Beiwert

$$\varkappa = \begin{cases} 0{,}75 & \text{(Rechtecklast),} \\ 0{,}78 & \text{(Trapezlast),} \\ 0{,}825 & \text{(Dreiecklast).} \end{cases} \tag{2.5}$$

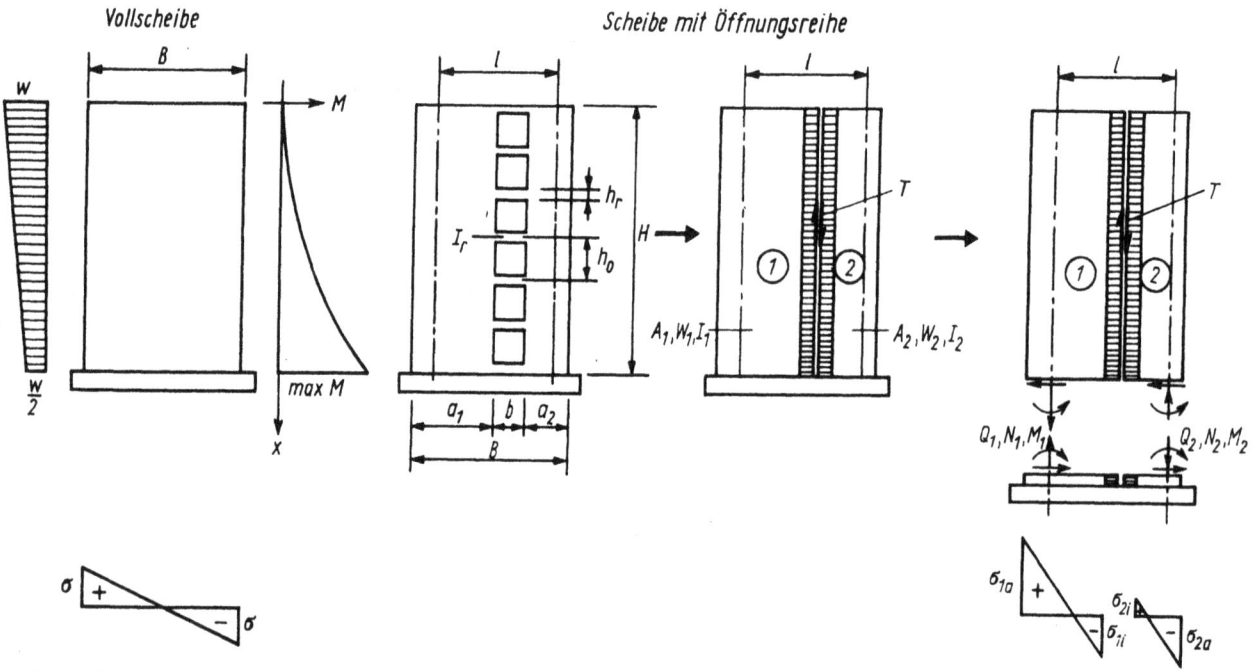

Bild 2.3 Wandscheiben unter Windbelastung

Gesamtmoment an der Einspannstelle:

$$M = \mathfrak{M} - T_H l. \qquad (2.6)$$

Schnittgrößen:

$$N_1 = -N_2 = T_H, \qquad (2.7)$$

$$M_1 = M \frac{I_1}{I_1 + I_2} \quad \text{und} \quad M_2 = M \frac{I_2}{I_1 + I_2}. \qquad (2.8)$$

Der Spannungsnachweis für die Teilscheiben 1 und 2 ergibt dann mit den Querschnittswerten I, A, W der Teilscheiben

$$\substack{\max \\ \min} \sigma = \frac{N}{A} \pm \frac{M}{W}. \qquad (2.9)$$

Dabei muß die maximale Druckspannung unter der zulässigen Druckspannung liegen. Die minimalen Spannungen sollen nach Möglichkeit keine Zugspannungen sein, da ihre Aufnahme durch Bewehrung nur schwierig zu lösen ist.

Rechenbeispiel für Rechenlast w:

$B = 9{,}50$ m, $\quad H = 4h_0 = 10{,}88$ m, $\quad b = 1{,}10$ m,
$h_r = 0{,}75$ m, $\quad h_0 = 2{,}72$ m, $\quad l = 5{,}30$ m,
$a_1 = 3{,}60$ m, $\quad a_2 = 4{,}80$ m, $\quad d = 0{,}15$ m,
$A_1 = 0{,}54$ m², $\quad A_2 = 0{,}72$ m²,

Spannungen für Vollscheibe: $\sigma = \pm 26{,}2\,w$.

Spannungen für Scheibe mit Öffnungen:

$\sigma_{1a} = +37{,}3w, \quad \sigma_{2a} = -43{,}6w,$
$\sigma_{1i} = -16{,}5w, \quad \sigma_{2i} = +28{,}0w.$

Man stellt eine beträchtliche Zunahme der Spannungen gegenüber der Vollscheibe fest.

Entsprechende Beziehungen gelten für Scheiben mit 2 symmetrisch angeordneten Öffnungsreihen (Bild 2.4).

$$T_H = \frac{\dfrac{\varkappa \mathfrak{M}}{2I_1 + I_2}l}{\dfrac{2l^2}{2I_1 + I_2} + \dfrac{1}{A_1} + \dfrac{b^3 h_0}{4I_r H^3}}, \qquad (2.10)$$

$$M = \mathfrak{M} - 2T_H l, \qquad (2.11)$$

$$N_1 = \pm T_H, \qquad (2.12)$$

$$M_1 = \frac{I_1}{2I_1 + I_2} M, \quad M_2 = \frac{I_2}{2I_1 + I_2} M, \qquad (2.13)$$

$$\substack{\max \\ \min} \sigma_{1,2} = \frac{N_1}{A_1} \pm \frac{M_{1,2}}{W_{1,2}}. \qquad (2.14)$$

Rechenbeispiel (Bild 2.4):

$B = 6{,}19$ m, $\quad H = 18$ m, $\quad b = 0{,}90$ m,
$h_r = 0{,}80$ m, $\quad h_0 = 2{,}80$ m, $\quad l = 2{,}955$ m,
$d = 0{,}15$ m, $\quad A_1 = 0{,}45$ m², $\quad A_2 = 0{,}4785$ m²,
$\quad I_1 = 0{,}007$ m⁴, $\quad I_2 = 0{,}400$ m⁴.

$\mathfrak{M} = 2182{,}5$ kNm, $\quad \substack{\min \\ \max}\sigma_1^l = \substack{+769 \text{ kN/m}^2 \\ +382 \text{ kN/m}^2},$
$T_H = 258{,}9$ kN,
$N_1 = \pm T_H = \pm 258{,}9$ kN, $\quad \substack{\min \\ \max}\sigma_2 = \pm 2537$ kN/m²,
$M = 652{,}4$ kNm,
$M_1 = 11{,}3$ kNm, $\quad \substack{\min \\ \max}\sigma_1^r = \substack{-382 \text{ kN/m}^2 \\ -769 \text{ kN/m}^2}.$
$M_2 = 629{,}8$ kNm,

Für die Schnittkräfte der Riegel gilt:

$$\sum T = \alpha \beta \mathfrak{M}. \qquad (2.15)$$

Bei asymmetrischer Lage der Öffnungsreihen wird wieder auf die Berechnungsansätze von Rosman verwiesen [2.2, 2.3]. Nach [2.7] muß der gedrückte Querschnittsteil ein Trägheitsmoment von mindestens 70% des Gesamtträgheitsmomentes der Wandscheibe aufweisen. Bei einem Rechteckquerschnitt darf demzufolge die Zugspannung nicht größer als etwa 1/10 der maximalen Druckspannung werden.

Für die Aufteilung der Windlasten auf die unterschiedlichen Scheibensysteme ist die Ersatzsteifigkeit von Bedeutung. Sie kann für Scheiben mit kontinuierlichen Öffnungsreihen nach den Bildern 2.3 und 2.4 ebenso mit den Ansätzen nach [2.2] und [2.3] berechnet werden.

Hierfür kann auch näherungsweise geschrieben werden:

$$I_i = \frac{\sum I}{1 - n \alpha \beta l}$$

mit

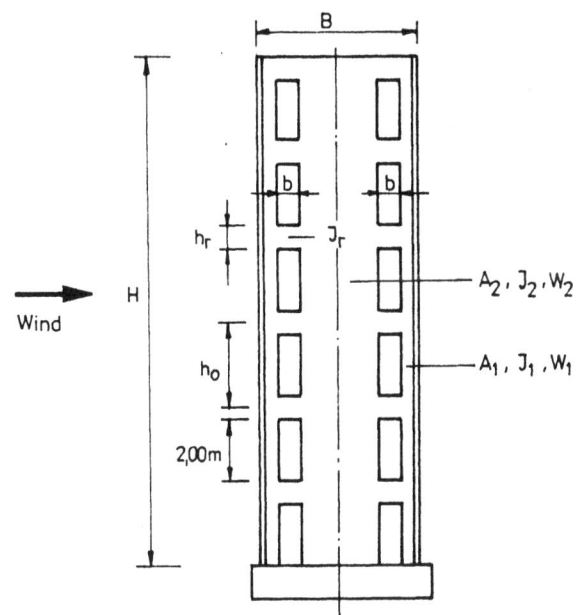

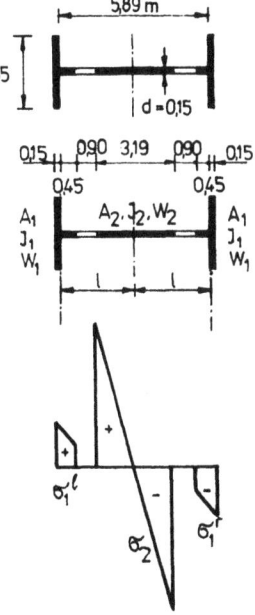

Bild 2.4 Querschnittswerte, Schnittgrößen und Spannungen für eine Scheibe mit 2 Öffnungsreihen

$$\beta = \frac{1}{\sum I} \frac{1}{\frac{nl^2}{\sum I} + \frac{1}{A_1} + \frac{2-n}{A_2}}, \qquad (2.16)$$

$$\alpha = 1 - \frac{2}{\gamma} + \frac{2}{\gamma^2},$$

$$\gamma = H \sqrt{\left(\frac{nl^2}{\sum I} + \frac{1}{A_1} + \frac{2-n}{A_2}\right) \frac{12 I_r}{h_0 b^3}},$$

$n = 1$ bzw. 2 als Anzahl der Öffnungsreihen.

Mit diesen Größen werden die Windlasten entsprechend Bild 2.5a auf die jeweils in Richtung der Horizontalbeanspruchung liegenden Scheiben verteilt.
Daraus können dann die Querkräfte und Biegemomente für die Deckenscheibe ermittelt werden.
Die Ringankerbewehrung resultiert vorwiegend aus diesen Beanspruchungen (vgl. Abschn. 4.3.4.).

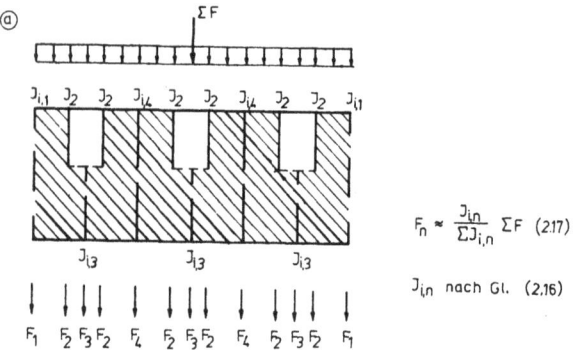

$$F_n \approx \frac{J_{i,n}}{\sum J_{i,n}} \Sigma F \qquad (2.17)$$

$J_{i,n}$ nach Gl. (2.16)

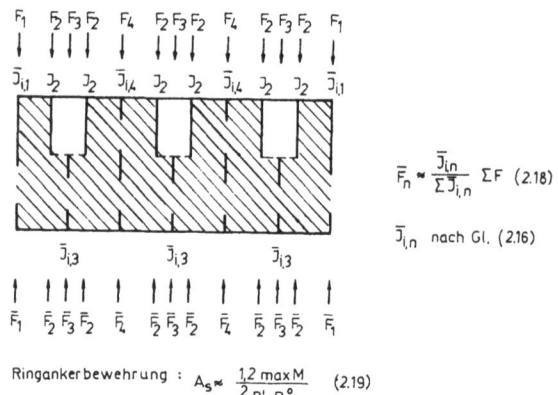

$$\bar{F}_n \approx \frac{\bar{J}_{i,n}}{\sum \bar{J}_{i,n}} \Sigma F \qquad (2.18)$$

$\bar{J}_{i,n}$ nach Gl. (2.16)

Ringankerbewehrung: $A_s \approx \dfrac{1{,}2 \max M}{\frac{2}{3} B' \cdot R_s^0} \qquad (2.19)$

Bild 2.5 Darstellung der prinzipiellen Beanspruchung einer Deckenscheibe bei Montagewandkonstruktion

Bei Veränderung der Steifigkeit der Wandscheiben, z. B. bei unterlagerten Erdgeschoßbereichen, ist unter höheren Beanspruchungen (>6 Geschosse) eine Umverteilung der Horizontalkräfte entsprechend den neuen Steifigkeiten dieser Scheiben vorzunehmen (Bild 2.5b).
Diese Ersatzträgheitsmomente $\bar{I}_{i,n}$ sollten aus der Steifigkeit der daraus zu entwickelnden Ersatzrahmensysteme für Erdgeschoß – eventuell einschließlich des Kellergeschosses – über Verschiebungsansätze berechnet werden. Aus dem Unterschied zwischen den angreifenden Kräften F_n und den Stützkräften $\bar{F}_n$ ergeben sich für diese Deckenscheibe die zur Bemessung benötigten Schnittgrößen.

Anstelle der Scheiben mit ihrer Kraftaufnahme in nur einer Richtung wird vielfach der Weg beschritten, die Scheiben zu einem Kasten (Kern) mit räumlicher Tragwirkung zusammenzuschließen. Dadurch wird es möglich, die Aufnahme der Horizontallasten auf einen Festpunkt des Gebäudes zu konzentrieren. Scheibe und Kern wirken durch das obere freie Ende und die Einspannung im Fundament wie ein Kragarm.

2.2.2.1. Skelettsysteme

Ortbetonkonstruktionen

Ein in beiden Grundrißrichtungen ausgesteiftes System stellt der sich kreuzende oder räumliche Rahmen dar, der in einfachster Form aus der Kombination von Quer- und Längsrahmen entsteht.
Zur Verringerung der Anzahl der funktionell und gebäudetechnisch oftmals störenden Rahmenriegel werden häufig sogenannte Quer- oder Längsrahmensysteme verwendet (Blatt 2.07a). Bei ihnen ist die Aussteifung jedoch nur in Richtung der Rahmenebene gegeben. In der anderen Richtung ist zur Stabilisierung ein aus Wand- und Deckenscheiben bestehendes, hochgradig statisch unbestimmtes Kreuzwerk (Faltwerk) vorzusehen. Lage und Anzahl der Windscheiben im Grundriß werden anhand folgender Zusammenhänge deutlich:
Je nach der zugrunde gelegten Elastizität der beteiligten Decken- und Wandscheiben mit oder ohne Öffnungen gibt es unterschiedlich genaue Rechenverfahren zur Schnittkraftermittlung und zur Bestimmung des Tragverhaltens. Das am stärksten vereinfachte Verfahren besteht in der Annahme von unendlich steifen und starr eingespannten Windscheiben, die als unverschiebliche Stützungen für die einzelnen Deckenscheiben wirken. Unter Vernachlässigung der nahezu nicht vorhandenen Torsionssteifigkeiten der Einzelscheiben wirken diese analog wie ein gelenkiges und seitlich bewegliches Lager.
Damit gelten für die Anordnung der lotrechten Scheiben die Gesetzmäßigkeiten der Stützung von Tragwerken, speziell der Stützung von Balken über zwei oder mehrere Stützen (Blatt 2.08a).
Mit der Ermittlung der Auflagerkräfte dieser statischen Ersatzsysteme erhält man gleichzeitig die auf die Windscheiben je Geschoß abzuleitenden Horizontalkräfte. Bei Kenntnis dieser Zusammenhänge ist es somit auch möglich, eine aus statisch-konstruktiver Sicht zweckmäßige Aufteilung der Scheiben im Grundriß vorzunehmen (Blatt 2.08b).

Betonfertigteilkonstruktionen

Bei Fertigteilkonstruktionen ist man mit Rücksicht auf einfache Montage und schnell herzustellende Verbindungen immer mehr von den Rahmensystemen abgekommen und zu Gelenksystemen übergegangen. Dabei wird sowohl die durchgehend biegesteife Stütze mit gelenkigem Anschluß der Riegel (Blatt 2.06a) als auch das vollständige Gelenksystem (kinematisch beweglich) mit gelenkigem Stoß von Stützen und Riegeln im Knoten Verwendung finden. Auch die Variante mit durchgehender Stütze (kinematisch starr) verlangt wegen der auf Blatt 2.06a dargestellten ungünstigen Momentenbeanspruchung eine Aussteifung in der Riegel-Stützen-Ebene, wenn das Gebäude mehr als 2 Geschosse hoch ist. Die begrenzte Steifigkeit des Systems kann jedoch geschoßweise als Montageaussteifung genutzt werden, wodurch bis zur geschoßweisen Herstellung der Windscheiben nach Erstellen des Skeletts keine zusätzlichen Aussteifungen erforderlich werden.

Für die Aufnahme der Horizontalkräfte senkrecht zur Riegel-Stützen-Ebene sind für den Endzustand ebenfalls Aussteifungen notwendig.

Bei der Verwendung von Windscheiben ergibt sich hieraus ein System von sich kreuzenden Wandscheiben und dessen Durchdringung mit den Deckenscheiben (Blatt 2.07b und Blatt 2.09).

Die Lage der Windscheiben im Grundriß wird wiederum nach dem Prinzip der Stützung von Balken über zwei oder mehreren Stützen festgelegt (Blatt 2.08b), wobei diese Betrachtungen für beide Richtungen und für jede durch Dehnungsfugen geteilte Gebäudesektion getrennt vorgenommen werden müssen.

Auf die Berücksichtigung der räumlichen und damit zusätzlichen Tragwirkung wird verzichtet.

Die in beiden Richtungen erforderlichen Windscheiben können auch durch einen verdrehungsbehinderten Festpunkt in Form eines Aussteifungskerns ersetzt werden (Blatt 2.07c). Dieser aussteifende Kern kann infolge seiner Biege- und Torsionssteifigkeit ausmittig zur Grundrißgeometrie des Gebäudes angeordnet werden; wobei er jedoch für jede durch Fugen geteilte Einheit erforderlich wird. Das statische System des Aussteifungskerns ist als ein in beiden Richtungen biege- und torsionssteif eingespannter Stab mit einem freien oberen Ende zu betrachten (Blatt 2.10).

Die Anwendung von Windscheiben oder Aussteifungskernen setzt jedoch starre Deckenscheiben voraus. Bei Ortbetondecken sind die Bedingungen für eine Scheibenwirkung von vornherein erfüllt. Die durchgehende Haupt- und Querbewehrung garantiert in der Regel die Aufnahme der Zugspannungen aus Biegemomenten und Normalkräften aus der Scheibenwirkung.

Die Aufnahme aller Schnittgrößen ist besonders sorgfältig bei aus Fertigteilen hergestellten Deckenscheiben zu beachten. Fugenbewehrung und Fugenverguß fassen die Einzelelemente zu einer Scheibe zusammen, wobei ein nachträglich betonierter randumlaufender Ringanker erst die endgültige und notwendige Scheibensteifigkeit liefert.

Damit werden dem Ringanker folgende Funktionen zugewiesen:

- Aufnahme der Biegezugkräfte der Deckenscheibe,
- Aufnahme der Zugkräfte aus Windsog in der Deckenscheibenebene (gemeinsam mit Fugenbewehrung),
- schubfeste Verbindung der Einzelelemente zur Deckenscheibe (gemeinsam mit den schubfest ausgeführten Fugen),
- Zentrierung ausmittig angreifender Lasten für die als mittig beansprucht betrachteten und dementsprechend dimensionierten Stützen.

Skeletttragwerke aus Stahl

Verwendet man kreuzende Rahmen (Blatt 2.09), dann ist keine zusätzliche Aussteifung erforderlich, wenn die Rahmen auch für die auftretenden Horizontallasten dimensioniert sind.

Längs- und Querrahmensysteme erfordern dagegen senkrecht zur Rahmenebene Windscheiben. Bei Stahlkonstruktionen werden hierfür in fast allen Fällen Fachwerke benutzt (Blatt 2.06d). Da diese Stabilisierungsscheiben nicht in jeder Stützenachse vorgesehen werden können, ist die Ausbildung aller Decken als Scheiben wiederum nicht zu umgehen. Die Scheibenwirkung kann bei Stahlbeton-Montagedecken mit Ringanker- und Fugenbewehrung oder durch Fachwerke erzielt werden.

Die Darstellung der Decke als Fachwerkscheibe auf Blatt 2.08c, d geht von einer minimal erforderlichen Anordnung von Auskreuzungen aus. Alle senkrecht zur Rahmenebene einzubauenden Aussteifungsriegel müssen zug- und druckfest ausgebildet und angeschlossen sein.

Mit Rücksicht auf eine schnelle Montage werden im modernen Stahlskelettbau immer öfter biegesteife Anschlüsse zwischen Riegeln und Stützen und damit alle mehrgeschossigen Rahmensysteme umgangen. Das damit zwangsläufig entstehende Gelenksystem verlangt nun wieder eine Stabilisierung mit in beiden Richtungen angeordneten Windscheiben (Blatt 2.08f) oder mit Aussteifungskern.

Die nun weiterhin notwendigen ausgesteiften Deckenscheiben müssen in allen Richtungen die Abtragung der Horizontallasten auf die Festpunkte ermöglichen. Deshalb sind im Gegensatz zur Lösung nach Blatt 2.08c, d die Decken in beiden Richtungen auszukreuzen (Blatt 2.08g, h).

Senkrecht zu den vorhandenen Deckenriegeln sind außerdem alle Stützen durch Aussteifungsriegel in Deckenebene zu verbinden. Sie haben zusammen mit den Riegeln die Aufgabe, einmal als Pfosten im Fachwerksystem zu wirken und zum anderen die Kräfte auf die Festpunkte zu übertragen. Erst hierdurch entsteht eine allseits ausgesteifte Deckenscheibe und eine eindeutige Lastabtragung auf die vertikalen Stabilisierungssysteme. Eine schubfeste Massivdecke erfüllt ebenfalls diese Funktion.

Die erläuterten Aussteifungsmaßnahmen lassen sich zu den folgenden Grundsätzen zusammenfassen:

In einer Ebene wird die Aussteifung immer durch ein statisch bestimmtes oder unbestimmtes System garantiert (Blatt 2.01).

Eine Kopplung von statisch bestimmten Systemen mit labilen Systemen in der gleichen Ebene erfüllt ebenfalls die Bedingungen einer Aussteifung; es entsteht als Ergebnis wieder ein statisch bestimmtes System (Blatt 2.02e).

In ihrer Ebene labile Systeme können durch eine räumliche Kopplung mit stabilen Systemen ausgesteift werden (Bild 2.6).

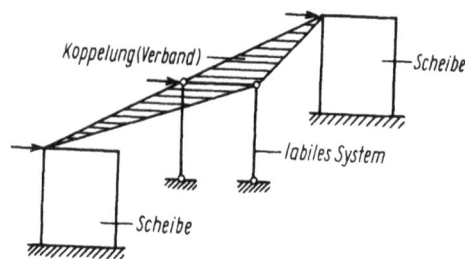

Bild 2.6 Stabilisierung labiler Systeme durch räumliche Kopplung

Ein Gebäude ist gegenüber beliebigem Horizontalkraftangriff stabil, wenn mindestens 3 Aussteifungsscheiben ohne gemeinsamen Schnittpunkt ihrer Achsen vorhanden sind. Sie bilden gerade die 3 erforderlichen Auflager, die zur Aufhebung der 3 Freiheitsgrade der Scheibe in ihrer Ebene benötigt werden. Die Stützkräfte B, C, D können nach den Gleichgewichtsbedingungen ermittelt werden, wenn die Deckenscheiben ausreichend starr und die Stützungen nahezu unverschieblich sind, ansonsten liegt an diesen Stellen eine federnde Stützung vor (Bild 2.7).

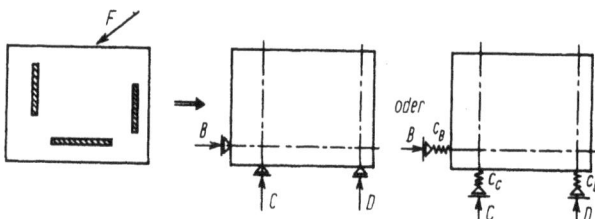

Bild 2.7 Aussteifung durch 3 Scheiben

Das Fachwissen über Fragen der Bauwerksstabilisierung wird in der Literatur nur sehr verstreut vermittelt. Anregungen können z. B. [2.4], Abschn. 8 und 24 entnommen werden.

2.2.2.2. Tafelbauten (Blatt 2.11)

Tafeltragwerke erhalten ihre räumliche Steifigkeit durch das Zusammenwirken der tragenden Wände und Decken in einem sehr stabilen prismatischen Faltwerk. Deshalb spielt die schubfeste Verbindung der Elemente eine bedeutende Rolle. Die möglichen Grundsysteme (Querwandsystem, Längswandsystem und Kombination aus beiden Systemen) und die dabei gegebenen Bedingungen zur Abtragung der Horizontallasten sind im Abschn. 4 (Tafeltragwerke) beschrieben.

Für die Ermittlung der Lastabtragung und Beanspruchung der Decken- und Wandscheiben aus Horizontalkräften kann näherungsweise davon ausgegangen werden, daß die Wandscheiben unendlich steif und im Fundament starr eingespannt sind. Dadurch werden die ebenfalls als unendlich steif angenommenen Deckenscheiben als unverschieblich gestützter Durchlaufträger idealisiert. Bei annähernd gleichen Wandabständen und mehr als 3 Wandscheiben kann der Abstand der Deckenfeldmitten genügend genau als Windbelastungsbreite angesetzt werden. Die Wandscheibenanteile quer zur Windrichtung können hierbei oftmals vernachlässigt werden. Durch eine zweckmäßige Ausbildung der Vertikalfugen (Verzahnung, Bewehrung) kann ein Zusammenwirken hintereinanderstehender Einzelscheiben zu einer einheitlichen Scheibe erzwungen werden, wodurch sich eine wesentlich höhere Steifigkeit ergibt. Wandscheiben mit Öffnungsreihen können nach [2.7] berechnet werden (siehe auch Scheibe mit einer Öffnungsreihe und Rechenbeispiel auf Seite 15).

Die üblichen Wandkonstruktionen weisen eine relativ enge Stellung der tragenden Wände auf, woraus sich gegenüber den Skelettaussteifungen wesentlich geringere Beanspruchungen für die Wand- und Deckenscheiben ergeben.

Für Gebäude bis zu 6 Geschossen können nach [2.7], Anlage 1, für die Aufnahme der Windlasten rechnerische Nachweise entfallen, wenn die dort festgelegten Bedingungen für die konstruktive Durchbildung und die geometrischen Verhältnisse eingehalten werden. Bei Gebäuden über 6 Geschosse ist die Aufnahme der Windlasten grundsätzlich rechnerisch nachzuweisen.

2.2.2.3. Sonderformen (Blatt 2.12)

Eine Reihe von Forderungen, wie z. B. die Nutzung der Erdgeschoßzone als Verkehrs- oder Parkfläche, eine größere Freiheit bei der Gestaltung des Erdgeschoßbereiches, der Wegfall der Erdgeschoßstützen im Bereich der Fassaden, eine minimale Sichtbehinderung in den Obergeschossen durch die Stützen oder die Möglichkeit des senkrechten Ausrichtens des Bauwerkes in Erdbeben- und Bergsenkungsgebieten, haben zu einem Hochhaustyp geführt, bei dem sämtliche Vertikal- und Horizontallasten von einem oder mehreren Kernbauwerken allein aufgenommen werden. Das Kernbauwerk enthält die gesamte Gebäudeerschließung (Aufzüge, Treppen, ...) und wirkt wie ein im Baugrund eingespannter Stab, der die Form eines durch Schotte (Geschoßdecken) ausgesteiften Hohlkastens besitzt. Er hat eine große Biegesteifigkeit um beide Querschnittsachsen und eine hohe Torsionssteifigkeit. In [2.6] wird anhand zahlreicher Beispiele diese Bauweise ausführlich behandelt.

Je nach Ableitung der Geschoßlasten unterscheidet man Kragdeckenhäuser: die Geschoßdecken sind in das Kernbauwerk eingespannt und wirken wie Kragträger; Hängehäuser: die Geschoßdecken liegen am Kern auf und werden an der Außenseite zusätzlich durch Zugglieder an ein dafür besonders ausgebildetes Dachtragwerk aufgehangen.

Literatur

[2.1] TGL 32274/07 Lastannahmen für Bauwerke, Windlasten. Ausgabe 12.76.
[2.2] Rosman, R.: Statik und Dynamik der Scheibensysteme des Hochbaus. Berlin, Heidelberg, New York 1968.
[2.3] Rosman, R.: Berechnung gekoppelter Stützensysteme im Hochbau. Bauingenieur-Praxis H. 65/66. Berlin, München, Düsseldorf 1975.
[2.4] Werner, E.: Tragwerkslehre – Baustatik für Architekten. Teil 1 und 2. Düsseldorf 1970.
[2.5] Salvadori, M., unter Mitarbeit von R. Heller: Tragwerk und Architektur. Braunschweig 1977.
[2.6] Schneider, M.: Hochhäuser mit hängenden Geschossen. Der Stahlbau 37 (1968) H. 2 und 3.
[2.7] Projektierung von Bauten in Wandkonstruktion in Montagebauweise. Vorschrift Nr. 50/76 der Staatlichen Bauaufsicht – Schriftenreihen der Bauforschung, Reihe Wohn- und Gesellschaftsbauten Heft 34. Berlin 1977 (in Überarbeitung).

(a)

ABHÄNGIGKEIT DES STAUDRUCKES q_0 VON DER HÖHE h ÜBER GELÄNDE

ABHÄNGIGKEIT DER QUERKRAFT IN HÖHE DER ERDOBERFLÄCHE VON DER GEBÄUDEHÖHE (≙ max Q)

ABHÄNGIGKEIT DES BIEGEMOMENTES IN HÖHE DER ERDOBERFLÄCHE VON DER GEBÄUDEHÖHE (≙ max M)

SCHNITTGRÖSSEN JE 1 m GEBÄUDELÄNGE FÜR EIN GESCHLOSSENES GEBÄUDE (DRUCK: C = 0,8 ; SOG: C = −0,6)

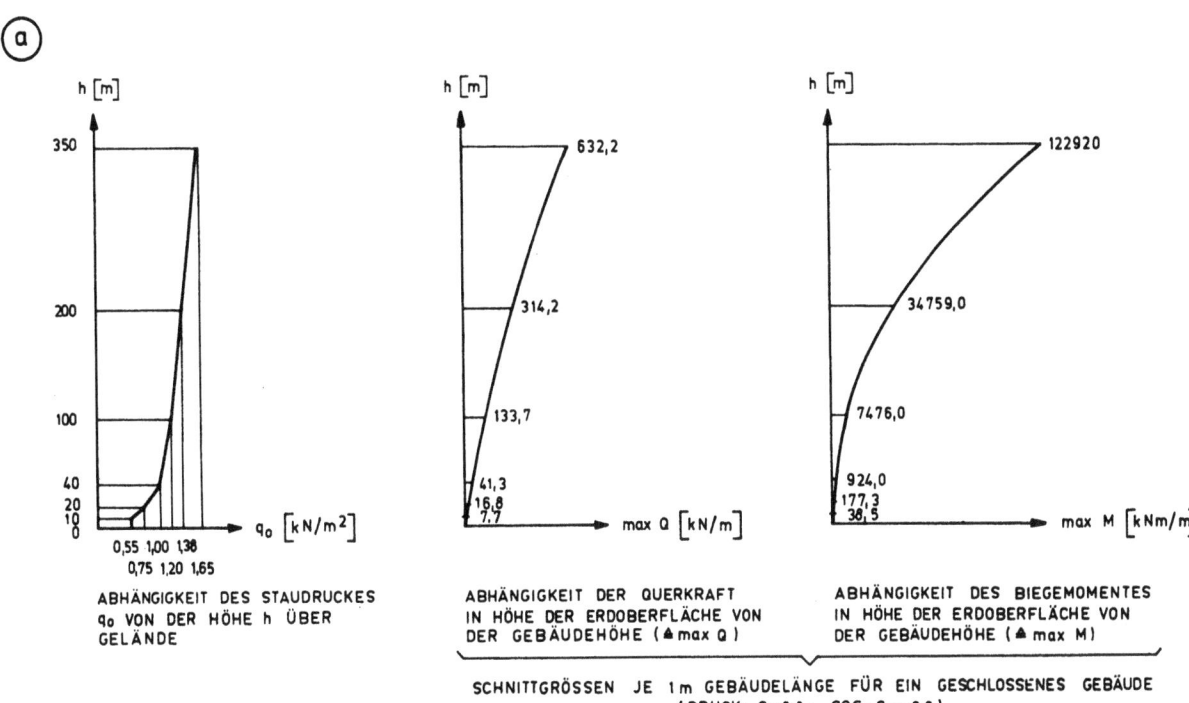

VERTEILUNG DES STAUDRUCKES UND DER BIEGEMOMENTE BZW. QUERKRÄFTE (AUF EINEN METER GEBÄUDEBREITE) FÜR EINE WINDSCHEIBE, BEZOGEN AUF OBERKANTE GELÄNDE

(b)

STATISCH UNTERBESTIMMTES SYSTEM, BEWEGLICH FÜR SCHRÄG ANGREIFENDE LASTEN

(c)

RIEGEL-STÜTZEN-SYSTEM (STATISCH BESTIMMT)

(d)

RIEGEL-STÜTZEN-SYSTEM (EINFACH STATISCH UNBESTIMMT)

(e)

EINFACH STATISCH UNBESTIMMTE SYSTEME

(f)

EINFACH STATISCH UNBESTIMMTES SYSTEM

SELTEN ANGEWENDET

(g)

STATISCH BESTIMMTE SYSTEME

(h)

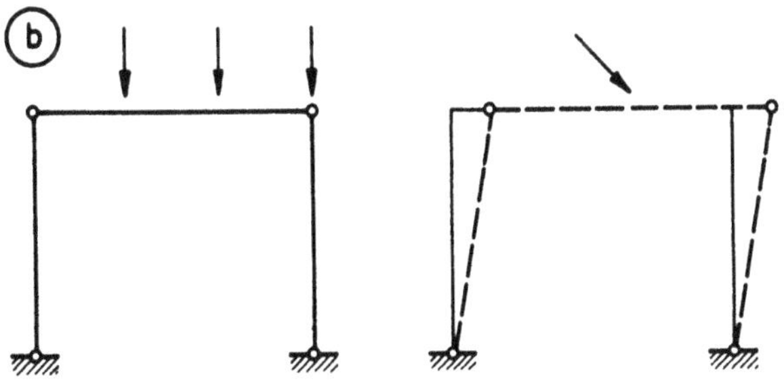

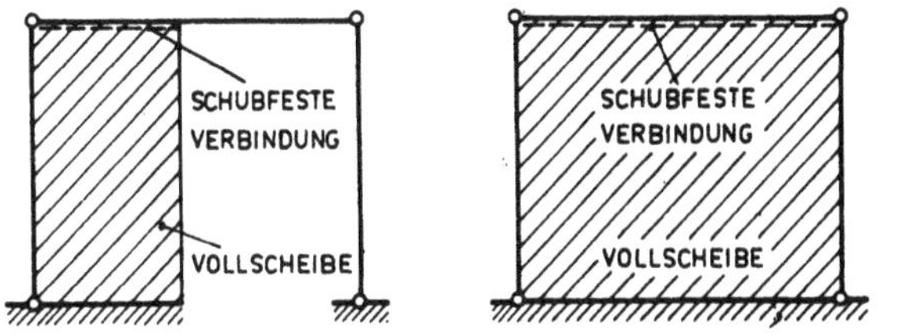

AUSSTEIFUNG DURCH EINBAU VON STÄBEN ODER SCHEIBEN

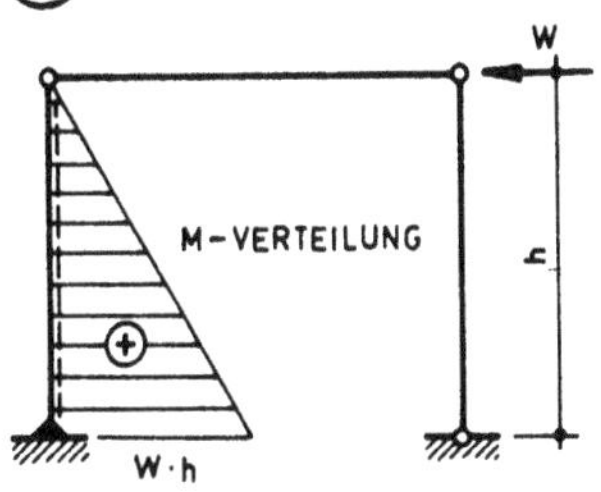

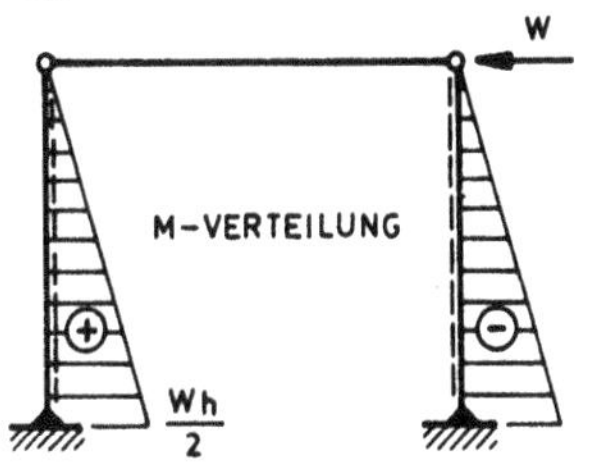

(e) AUSKREUZUNGEN

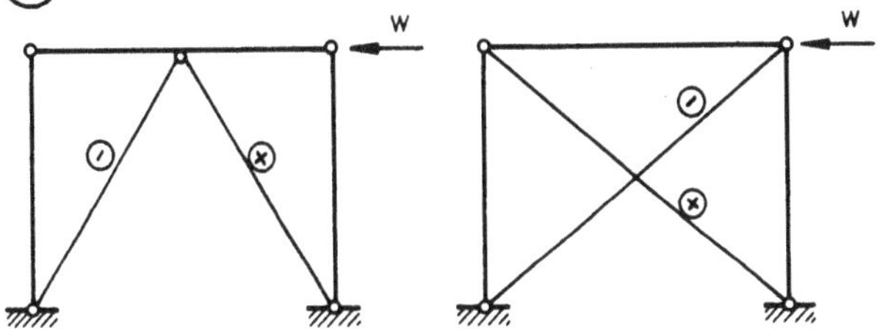

(f) ANORDNUNG VON FACHWERK- ODER MASSIVSCHEIBEN

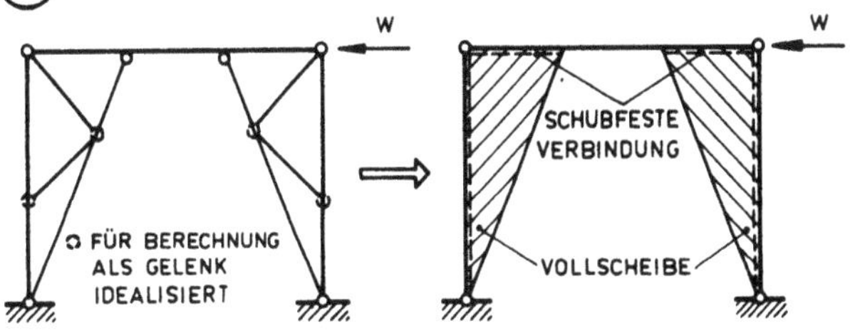

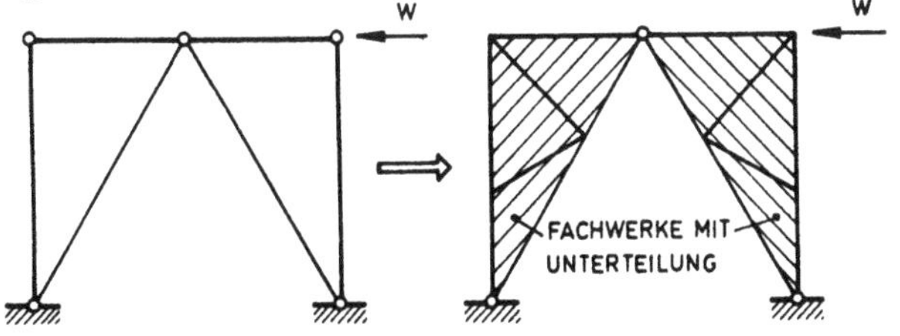

(g) DREIGELENKSYSTEM AUS FACHWERKSCHEIBEN

(h) EINBAU VON STARREN, SCHUBFEST VERBUNDENEN SCHEIBEN

2. RÄUMLICHE AUSSTEIFUNG DER BAUWERKE

2.2.1. EINGESCHOSSIGE SYSTEME
BLATT 2.02

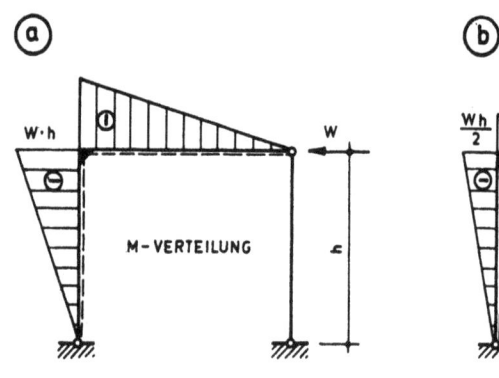
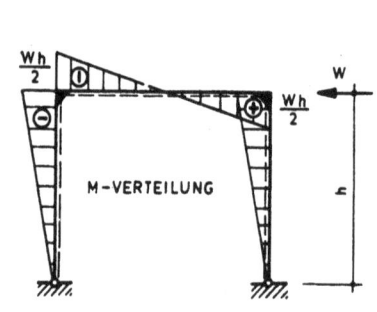

AUSSTEIFUNG DURCH HERSTELLEN BIEGESTEIFER VERBINDUNGEN

ⓐ EINHÜFTIGER RAHMEN MIT PENDELSTÜTZE (STATISCH BESTIMMT)

ⓑ ZWEIGELENKRAHMEN (EINFACH STATISCH UNBESTIMMT)

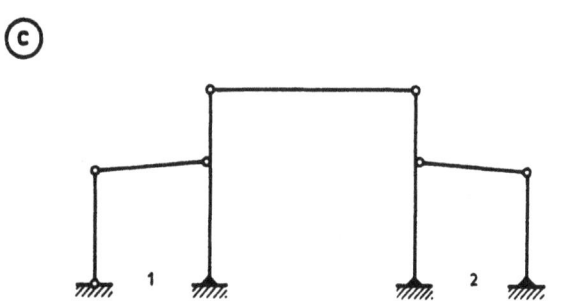

MEHRSTIELIGES SYSTEM IN BASILIKAFORM

c1 STATISCH BESTIMMT ANGESCHLOSSENER SEITENTEIL

c2 EINFACH STATISCH UNBESTIMMT ANGESCHLOSSENER SEITENTEIL

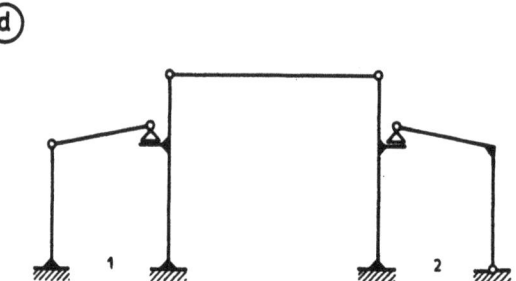

MEHRSTIELIGES SYSTEM MIT STATISCH BESTIMMT ANGESCHLOSSENEN SEITENTEILEN

d1 EINGESPANNTE STÜTZE UND STATISCH BESTIMMT GELAGERTER RIEGEL

d2 STATISCH BESTIMMT GELAGERTER EINHÜFTIGER RAHMEN

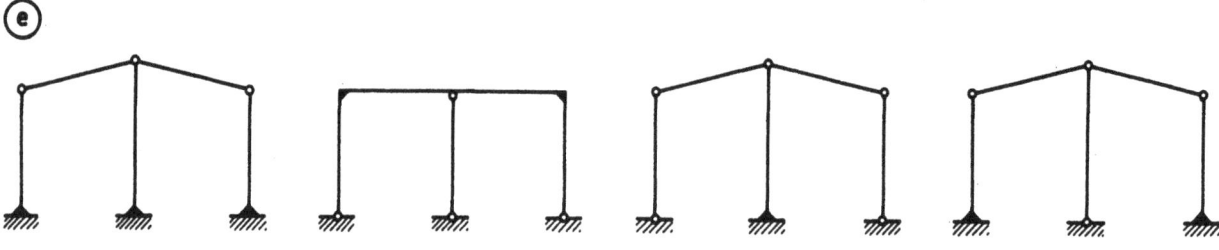

MEHRSTIELIGE RAHMENSYSTEME

ⓕ STABILISIERUNGSMÖGLICHKEITEN IN LÄNGSRICHTUNG

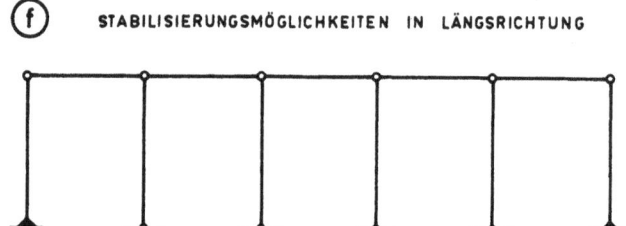

EINSPANNUNG DER ENDSTÜTZEN BEI KURZEN HALLEN (BEI LANGEN HALLEN EINE MITTELSTÜTZE ZUSÄTZLICH EINSPANNEN)

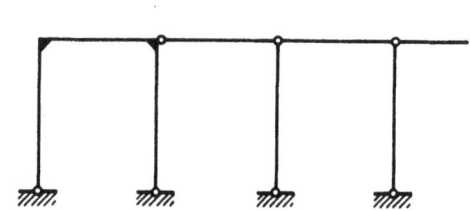

AUSSTEIFUNG DER ENDFELDER DURCH PORTALRAHMEN

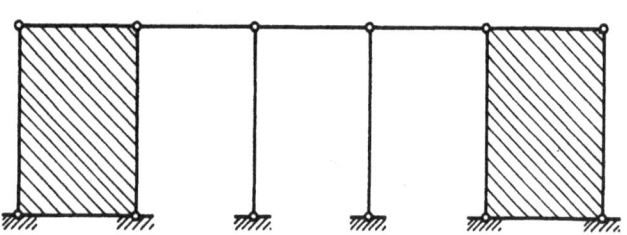

ENDFELDER DURCH WANDPLATTEN ODER AUSMAUERUNG AUSSTEIFEN

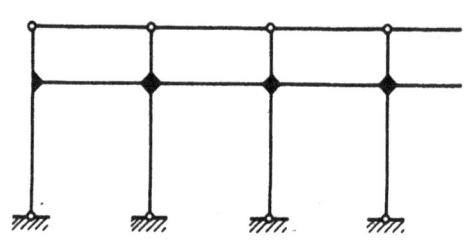

RAHMENWIRKUNG ZWISCHEN BINDERSTIELEN UND KRANBAHNTRÄGERN

2. RÄUMLICHE AUSSTEIFUNG DER BAUWERKE

2.2.1. EINGESCHOSSIGE SYSTEME
BLATT 2.03

IN QUERRICHTUNG STARRES GRUNDSYSTEM

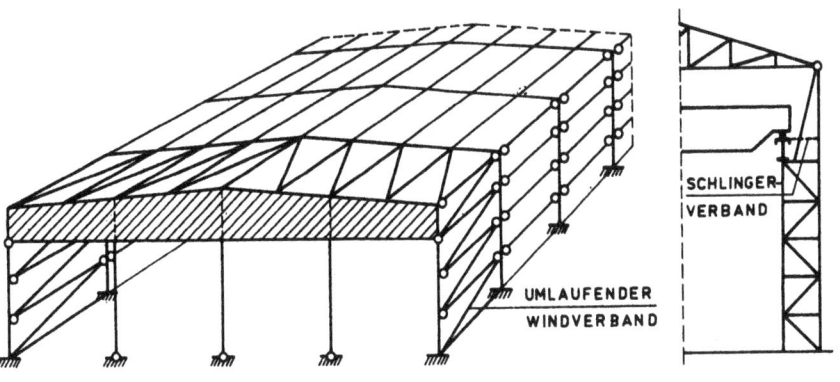

UMLAUFENDER WINDVERBAND

SCHLINGERVERBAND

HALLE MIT KRANBAHN (EINGESPANNTE STÜTZE)

LÄNGSWANDSTÜTZEN:

VORWIEGEND I-PROFILE, Z.B. IE400 MIT $I_x = 16930$ CM^4 UND $I_y = 666$ CM^4

BIEGESTEIFIGKEIT UM y-ACHSE ZUR WINDLASTAUFNAHME IN LÄNGSRICHTUNG NICHT AUSREICHEND ($I_y \ll I_x$)

KNICKLÄNGENVERKÜRZUNG DURCH WINDVERBAND UND WANDRIEGEL

ANORDNUNG DER GIEBELWINDSTÜTZEN:

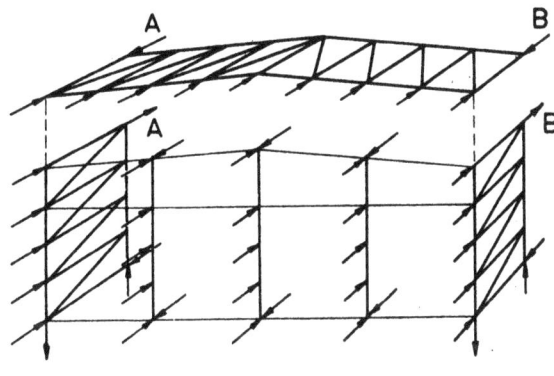

OK BINDER

VARIANTE 1

DIE GIEBELWINDSTÜTZEN SIND VORGESTELLT UND GEHEN BIS OBERKANTE BINDER, GELENKIGE ABSTÜTZUNG AM FUSS- UND KOPFENDE, DACHWINDVERBAND IST GLEICHZEITIG AUCH GIEBELWINDTRÄGER

STATISCHES SYSTEM DER GIEBELWINDSTÜTZE

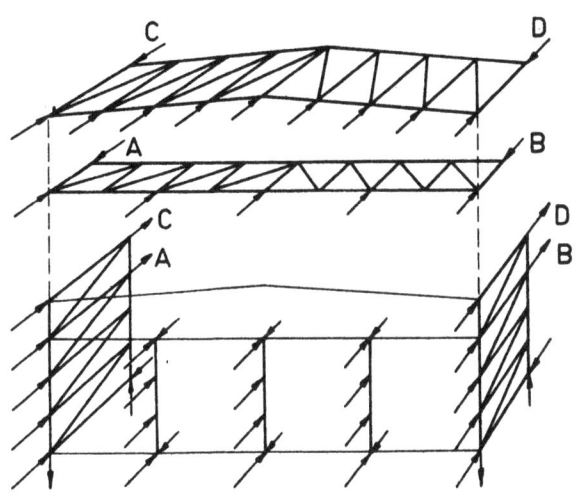

UK BINDER

VARIANTE 2

DIE GIEBELWINDSTÜTZEN ENDEN AN BINDERUNTERKANTE, ABSTÜTZUNG AN HORIZONTAL LIEGENDEN GIEBELWINDTRÄGER IN DER BINDERUNTERGURTEBENE - REICHT OFTMALS NICHT BIS ZUM NÄCHSTEN BINDER, AUFHÄNGUNG DES ZUGGURTES AN DACHPFETTEN ODER GIEBELWAND

STATISCHES SYSTEM DER GIEBELWINDSTÜTZE

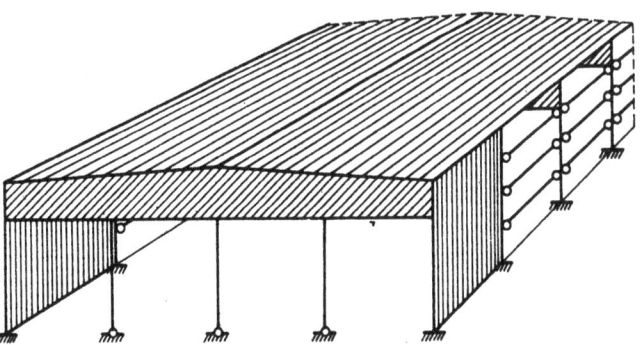

VARIANTE 3

DAS DACH IST ALS MASSIVE UND AUSSTEIFUNGSFÄHIGE SCHEIBE AUSGEBILDET, SÄMTLICHE VERBÄNDE IN DER DACHEBENE KÖNNEN SOMIT ENTFALLEN, LÄNGSVERBÄNDE IN DEN WÄNDEN ALS AUSSTEIFENDE MASSIVE SCHEIBEN HERGESTELLT

GIEBELWAND MIT GROSSEN TOREN

ANORDNUNG EINES GIEBELWINDTRÄGERS IN TORHÖHE ZUR ABSTÜTZUNG DER PFOSTEN ÜBER DEN TOREN

AUSBILDUNGSMÖGLICHKEITEN DES LÄNGSVERBANDES:

FACHWERKPORTAL

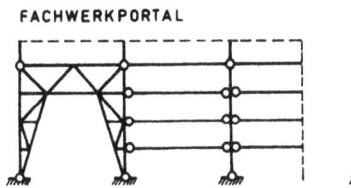

VOLLWANDRAHMENPORTAL

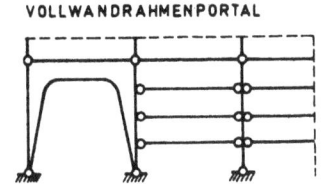

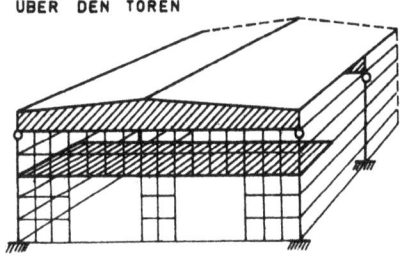

2. RÄUMLICHE AUSSTEIFUNG DER BAUWERKE

2.2.1. EINGESCHOSSIGE SYSTEME
BLATT 2.04

IN LÄNGS- UND QUERRICHTUNG BEWEGLICHES GRUNDSYSTEM

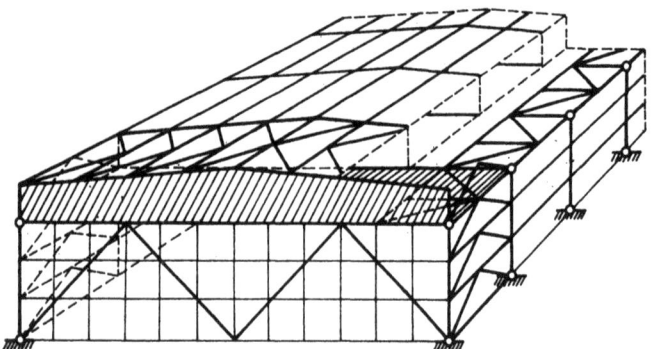

STABILISIERUNGSMASSNAHMEN:

AUSSTEIFUNG DER GIEBELBINDER
(BEI LANGEN HALLEN, ETWA AB 20M,
AUCH EINIGE ZWISCHENBINDER)

LANGER WINDVERBAND IN BINDERUNTER-
GURTEBENE ZUM HALTEN DER GELENKIGEN
ZWISCHENBINDER (ZUR VERMEIDUNG VON
KRAFTUMLENKUNGEN AUF BEIDEN SEITEN
ANORDNEN), BEI MASSIVER DACHSCHEIBE
KEIN LANGER WINDVERBAND NOTWENDIG

ALLE ÜBRIGEN VERBÄNDE WIE AUF
BLATT 2.03 (GIEBELWINDTRÄGER,
LÄNGSVERBAND, DACHWINDVERBAND)

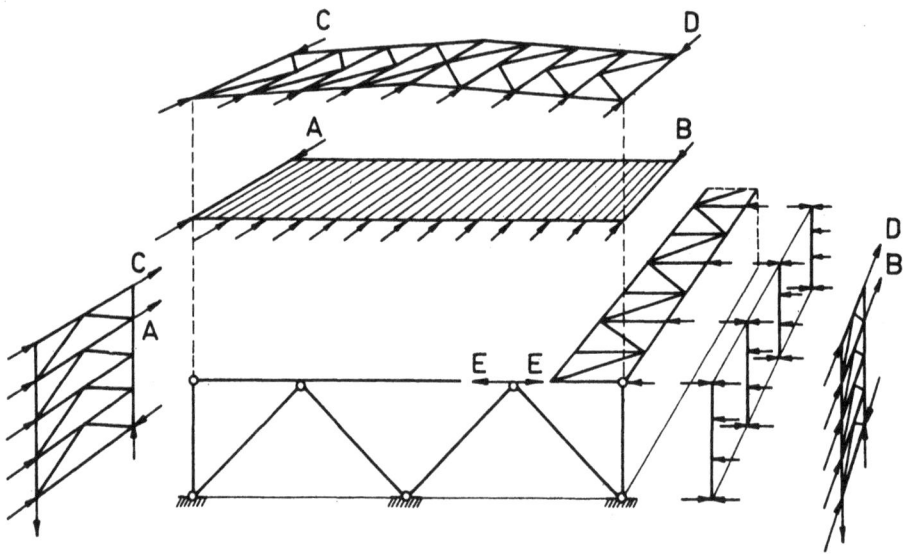

AUSSTEIFUNGSVARIANTEN IN QUERRICHTUNG

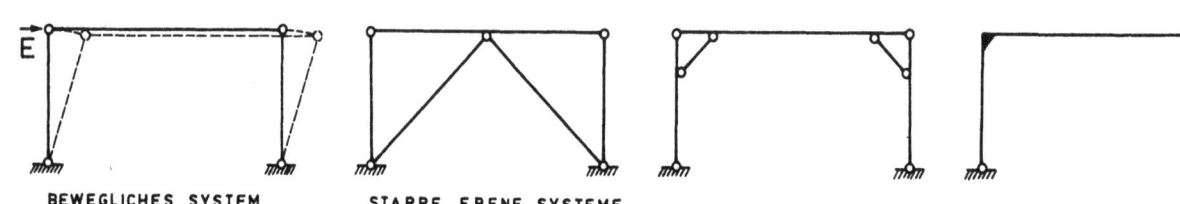

BEWEGLICHES SYSTEM   STARRE EBENE SYSTEME

ANORDNUNG DER VERBÄNDE IN DEN EINZELNEN HÖHENEBENEN FÜR EINE HALLE MIT GROSSEN TOREN IN DEN GIEBELN,
WINDSTÜTZEN BIS UK BINDER (ALLE DARGESTELLTEN VERBÄNDE SIND GLEICHZEITIG ERFORDERLICH)

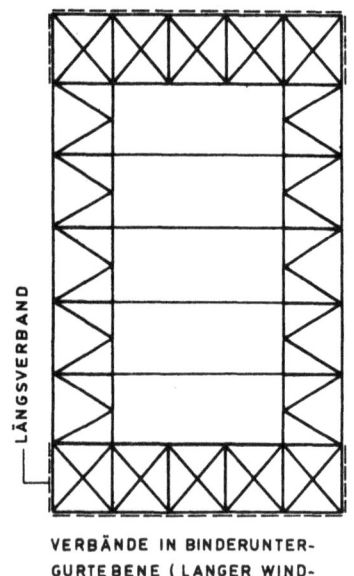

VERBÄNDE IN BINDERUNTER-
GURTEBENE (LANGER WIND-
VERBAND, GIEBELWINDTRÄGER)

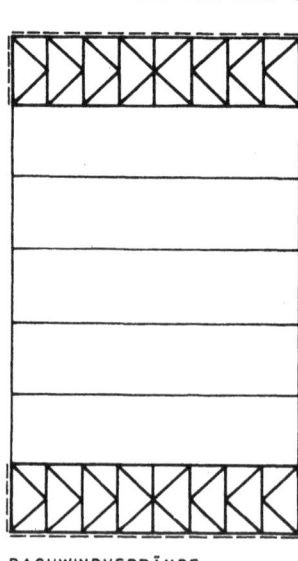

DACHWINDVERBÄNDE

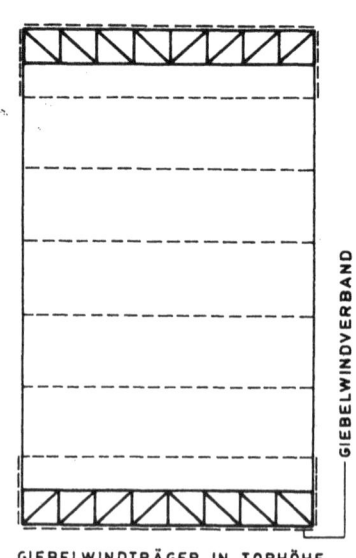

GIEBELWINDTRÄGER IN TORHÖHE
(TORWINDTRÄGER)

2. RÄUMLICHE AUSSTEIFUNG DER BAUWERKE

2.2.1. EINGESCHOSSIGE SYSTEME
BLATT 2.05

STABILISIERUNG VON HALLEN AUS STAHLBETONFERTIGTEILEN (STÜTZEN IN BEIDEN RICHTUNGEN IN FUNDAMENTE EINGESPANNT)

(a) VARIANTE 1: VORGESTELLTE GIEBELWINDSTÜTZEN BIS OK BINDER

(b) VARIANTE 2: EINGERÜCKTE GIEBELWINDSTÜTZEN BIS UK BINDER

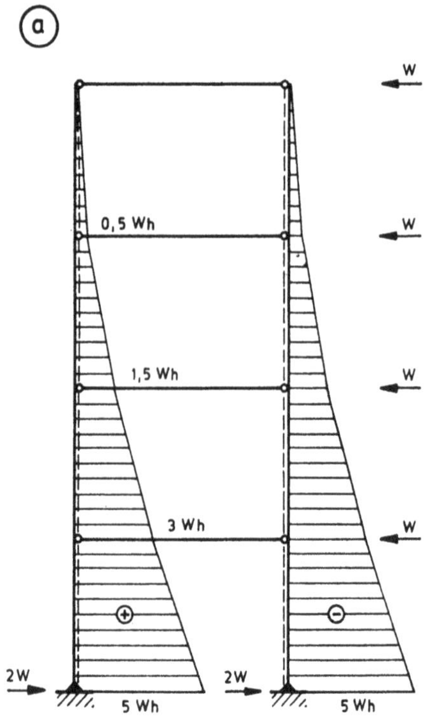

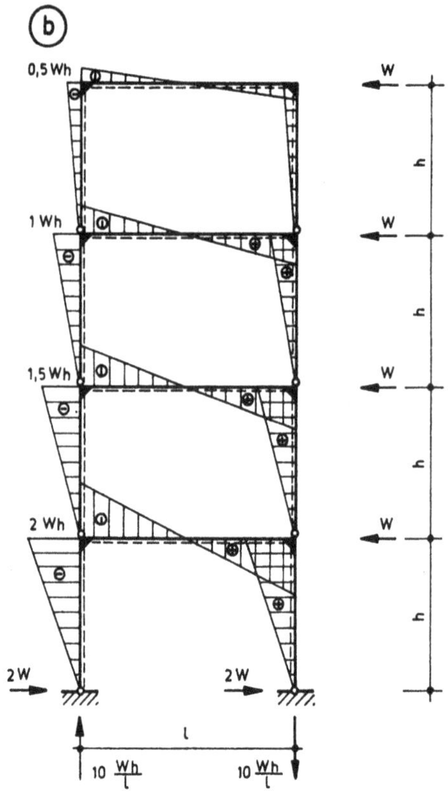

2. RÄUMLICHE AUSSTEIFUNG DER BAUWERKE 2.2.2. MEHR- UND VIELGESCHOSSIGE SYSTEME
BLATT 2.06

ⓐ BIEGESTEIF DURCHGEHENDE STÜTZEN MIT GELENKIGEM RIEGELANSCHLUSS (QUADRATISCHE MOMENTENZUNAHME BEI KONSTANT VERTEILTER WINDLAST)

ⓑ ÜBEREINANDERGESTELLTE ZWEIGELENKRAHMEN (LINEARE MOMENTENZUNAHME BEI KONSTANT VERTEILTER WINDLAST)

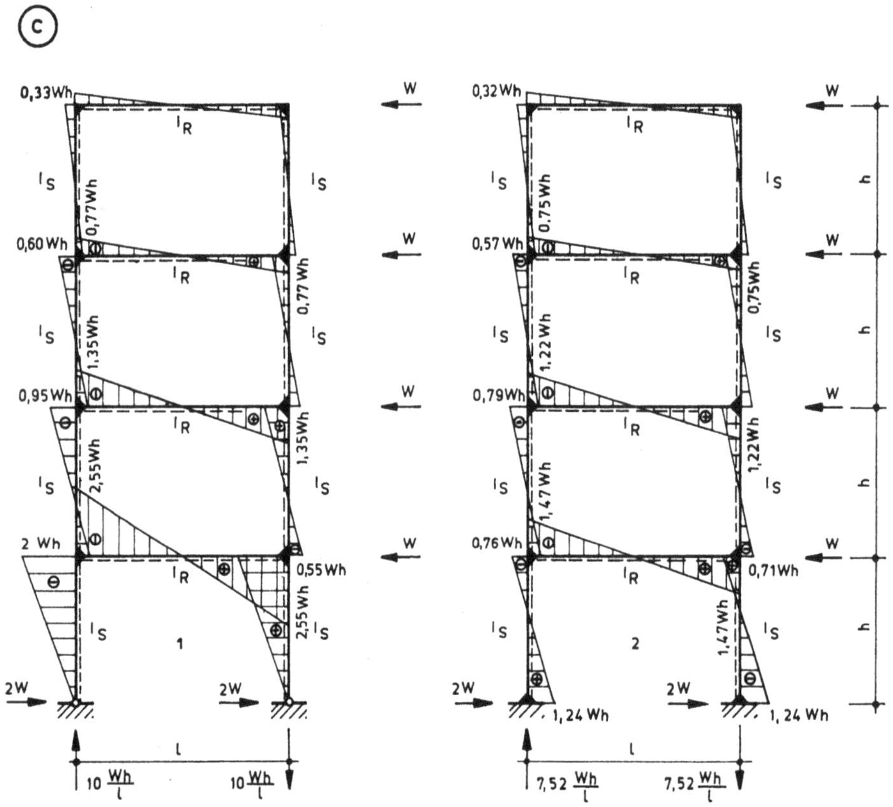

BIEGESTEIFER GESCHOSSRAHMEN MIT $\frac{h}{l} = \frac{I_R}{I_S} = 1$

c1 GELENKIGER FUSSPUNKT (STARKER MOMENTENZUWACHS IM UNTEREN GESCHOSS)

c2 EINGESPANNTER FUSSPUNKT (GERINGER MOMENTENZUWACHS IM UNTEREN GESCHOSS)

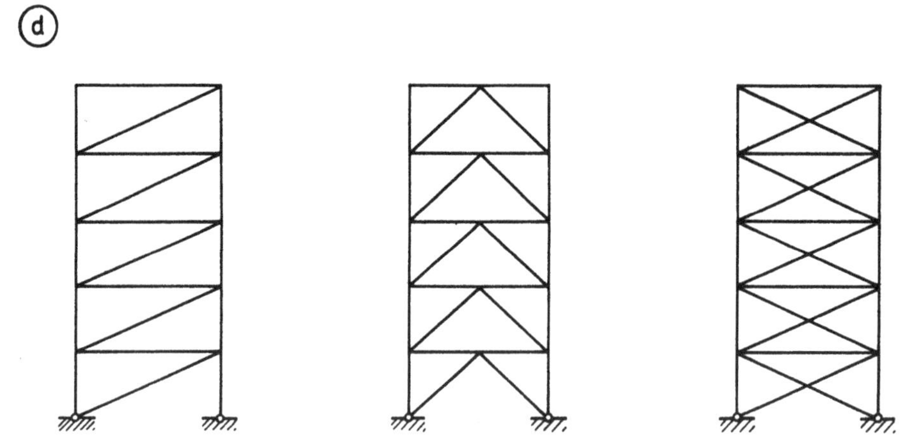

FACHWERKSCHEIBEN

2. RÄUMLICHE AUSSTEIFUNG DER BAUWERKE

2.2.2. MEHR- UND VIELGESCHOSSIGE SYSTEME

BLATT 2.07

(a) SYSTEME FÜR MONOLITHISCHE BAUWEISE (PRINZIPDARSTELLUNG)

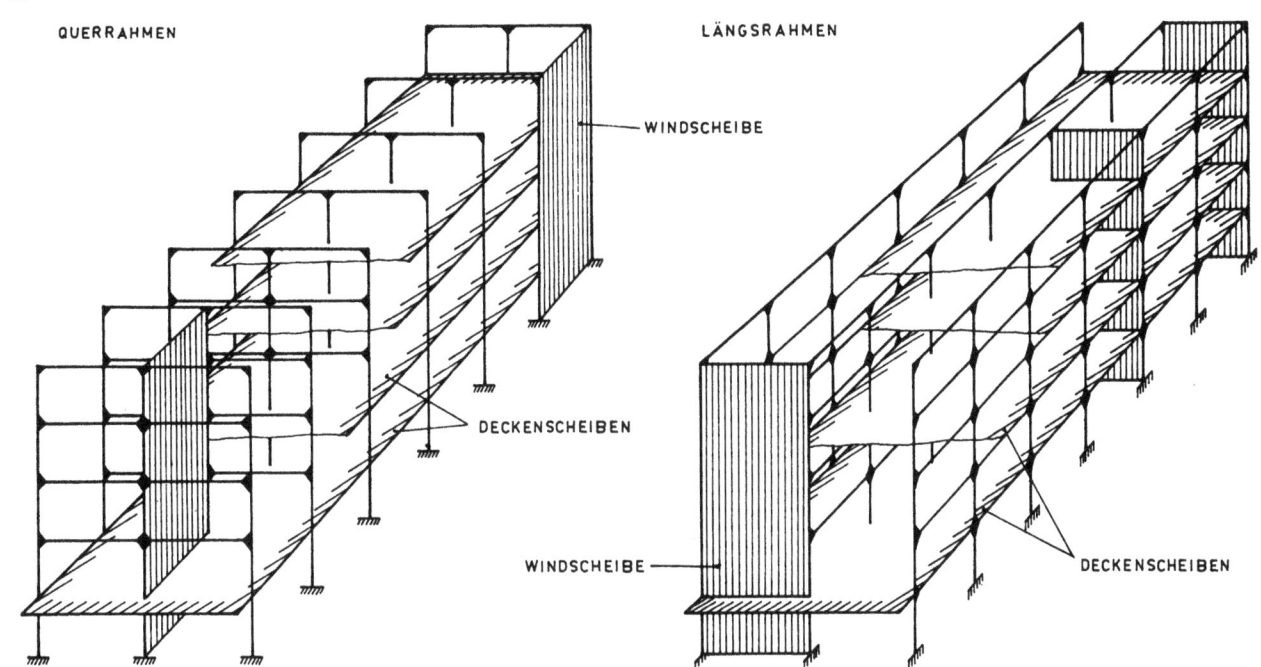

QUERRAHMEN — LÄNGSRAHMEN — WINDSCHEIBE — DECKENSCHEIBEN

(b) SYSTEME FÜR FERTIGTEILBAUWEISE (PRINZIPDARSTELLUNG)

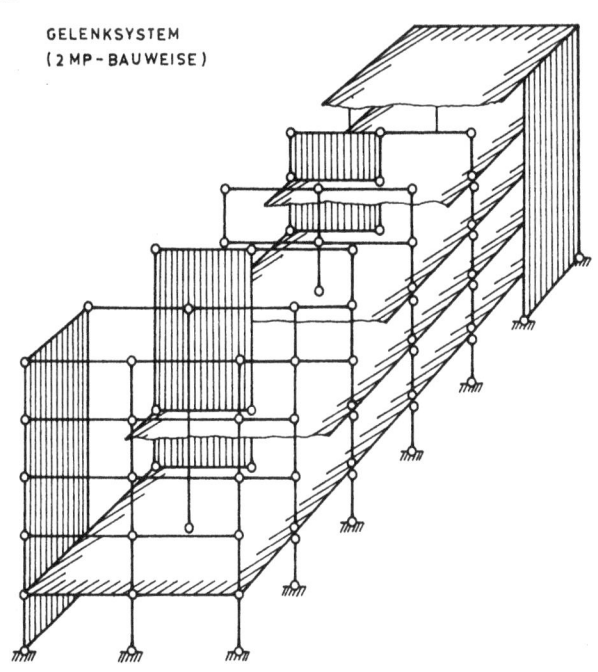

GELENKSYSTEM (2 MP-BAUWEISE)

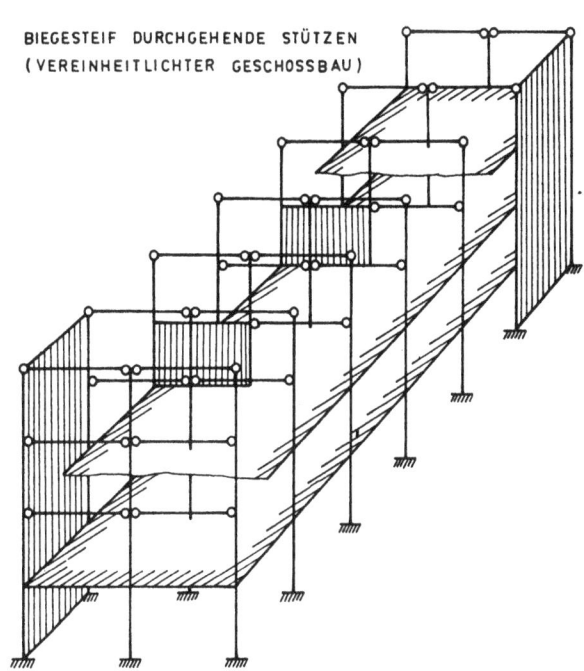

BIEGESTEIF DURCHGEHENDE STÜTZEN (VEREINHEITLICHTER GESCHOSSBAU)

(c) SYSTEME MIT KERNAUSSTEIFUNG

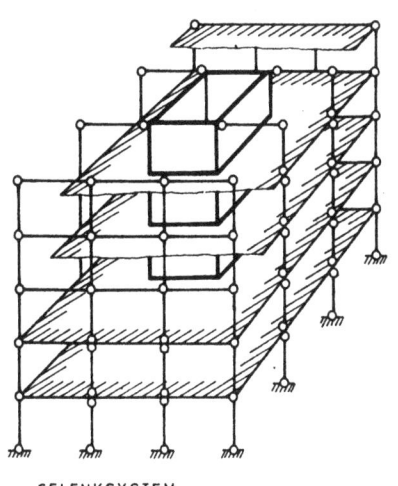

KERN BILDET ZUGLEICH AUFLAGER FÜR RIEGEL UND DECKENPLATTEN
VORTEIL: HOHE DRUCKKRÄFTE KOMPENSIEREN BIEGEZUGSPANNUNGEN AUS DEN HORIZONTALLASTEN
NACHTEIL: ZUSÄTZLICHE ANSCHLUSSELEMENTE DES SKELETTS UND AUFLAGERMÖGLICHKEITEN AM KERN ERFORDERLICH.

GELENKSYSTEM

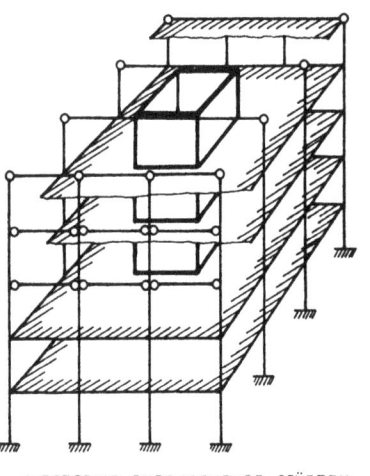

STÜTZEN TANGIEREN IN ECKPUNKTEN DEN KERN (VGB)
NACHTEIL: KERN ERHÄLT BETRÄCHTLICHE BIEGEZUGSPANNUNGEN (VIEL BEWEHRUNG ERFORDERLICH)
VORTEIL: KEINE ZUSÄTZLICHEN ANSCHLUSSELEMENTE UND AUFLAGERÖFFNUNGEN IM KERN.

BIEGESTEIF DURCHGEHENDE STÜTZEN

2. RÄUMLICHE AUSSTEIFUNG DER BAUWERKE

2.2.2. MEHR- UND VIELGESCHOSSIGE SYSTEME

BLATT 2.08

(a) SCHEIBENANORDNUNG BEI RAHMENSYSTEMEN

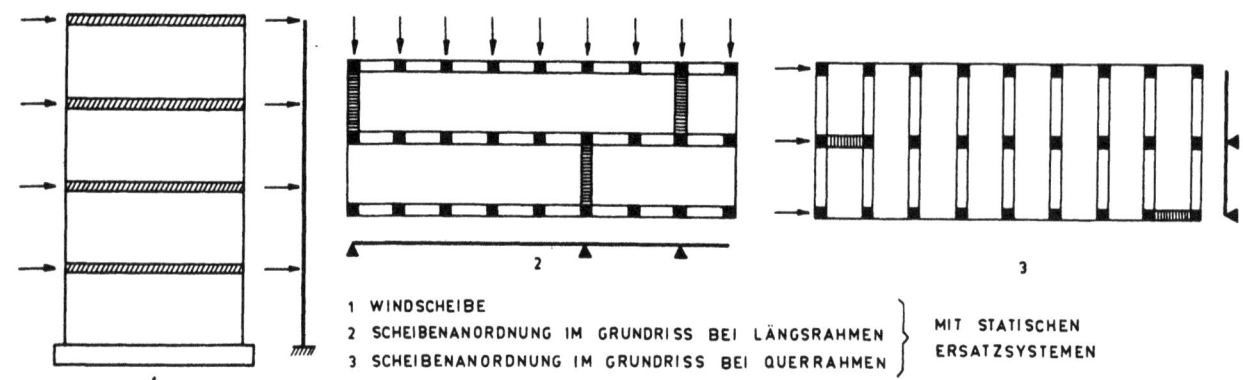

1 WINDSCHEIBE
2 SCHEIBENANORDNUNG IM GRUNDRISS BEI LÄNGSRAHMEN } MIT STATISCHEN ERSATZSYSTEMEN
3 SCHEIBENANORDNUNG IM GRUNDRISS BEI QUERRAHMEN

(b) GEGENÜBERSTELLUNG VON FALSCHEN UND UNGÜNSTIGEN MIT ZWECKMÄSSIGEN SCHEIBENANORDNUNGEN BEI RAHMENSYSTEMEN

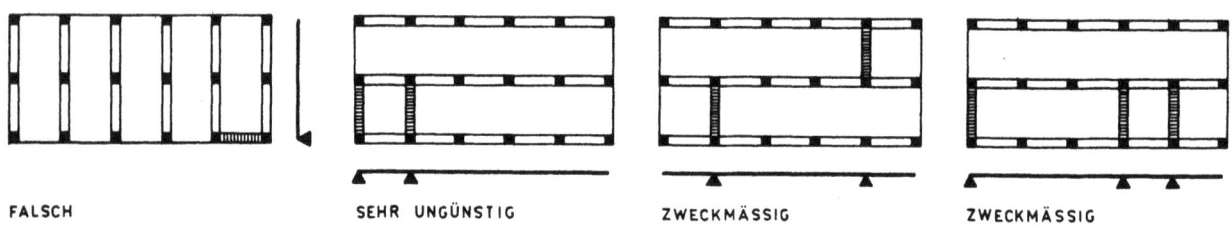

FALSCH — SEHR UNGÜNSTIG — ZWECKMÄSSIG — ZWECKMÄSSIG

FACHWERKSTABILISIERUNG IN DER DECKENEBENE BEI WINDSCHEIBENSTABILISIERUNG NUR IN EINER RICHTUNG

(c) QUERRAHMENSYSTEM

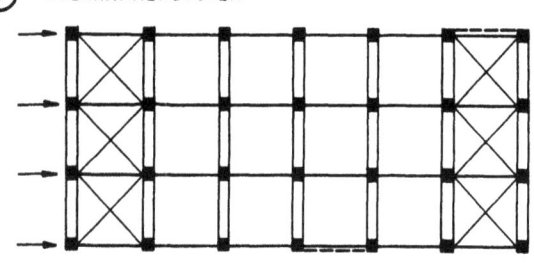

(d) LÄNGSRAHMENSYSTEM

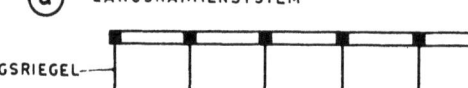
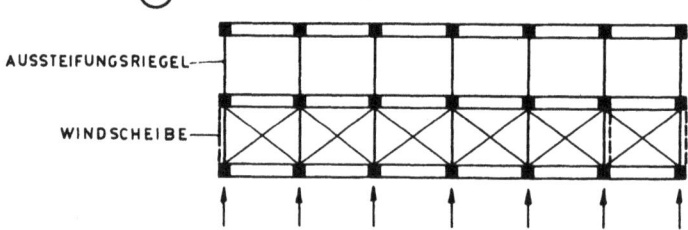

AUSSTEIFUNGSRIEGEL
WINDSCHEIBE

RÄUMLICHE AUSSTEIFUNG VON STAHLSKELETT-TRAGWERKEN (ISOMETRISCHE DARSTELLUNG)

(e) QUERRAHMENSYSTEM   (f) GELENKSYSTEM

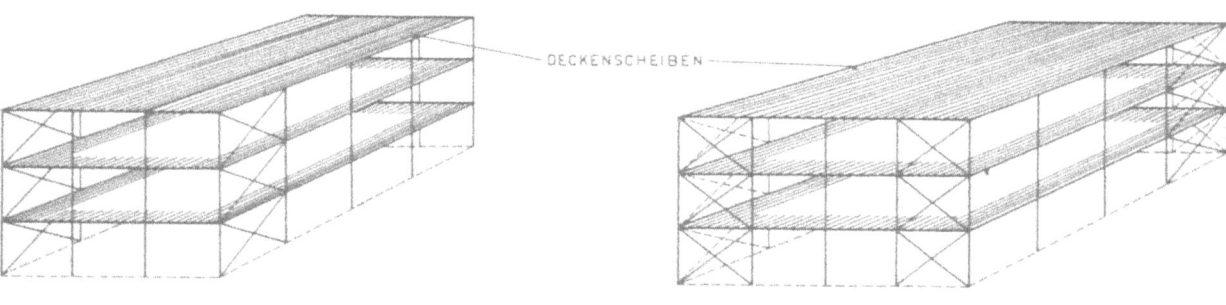

DECKENSCHEIBEN

AUSBILDUNG DER DECKE ALS SCHEIBE DURCH FACHWERKARTIGE AUSKREUZUNGEN

(g) QUERRIEGELSYSTEM MIT SCHEIBEN-STABILISIERUNG

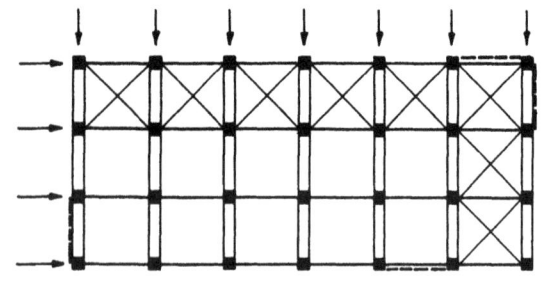

(h) LÄNGSRIEGELSYSTEM MIT KERN-STABILISIERUNG

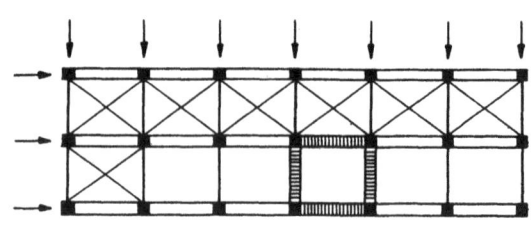

2. RÄUMLICHE AUSSTEIFUNG DER BAUWERKE

2.2.2.1. SKELETTSYSTEME
BLATT 2.09

BIEGESTEIFE SKELETTE
(AUSGEFÜHRTES BEISPIEL: SUNSET-VINE TOWER, LOS ANGELES
ACIER-STAHL-STEEL 30 (1965), 3)

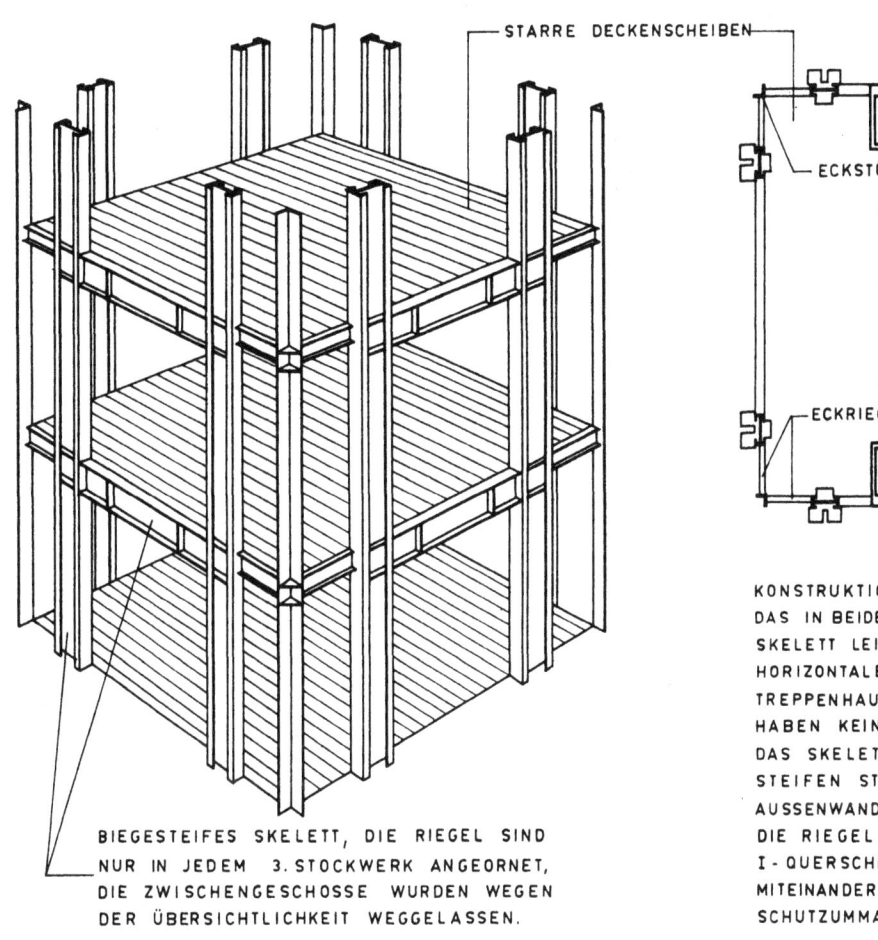

BIEGESTEIFES SKELETT, DIE RIEGEL SIND NUR IN JEDEM 3. STOCKWERK ANGEORNET, DIE ZWISCHENGESCHOSSE WURDEN WEGEN DER ÜBERSICHTLICHKEIT WEGGELASSEN.

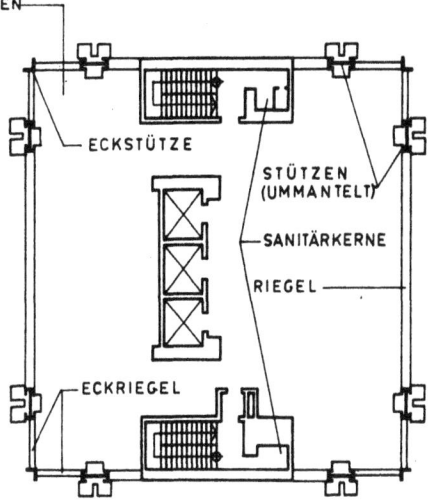

KONSTRUKTION UND WIRKUNGSWEISE:
DAS IN BEIDEN RICHTUNGEN BIEGESTEIFE SKELETT LEITET ALLE VERTIKALEN UND HORIZONTALEN LASTEN AB. DIE AUFZUGS-, TREPPENHAUS- UND SANITÄRKERNE HABEN KEINE AUSSTEIFENDE FUNKTION. DAS SKELETT BESTEHT AUS 4 BIEGESTEIFEN STOCKWERKRAHMEN AN JEDER AUSSENWAND.
DIE RIEGEL UND STÜTZEN HABEN I-QUERSCHNITT UND SIND BIEGESTEIF MITEINANDER VERSCHWEISST (FEUERSCHUTZUMMANTELUNG AUS BETON).

SKELETTE MIT AUSSTEIFENDEN SCHEIBEN

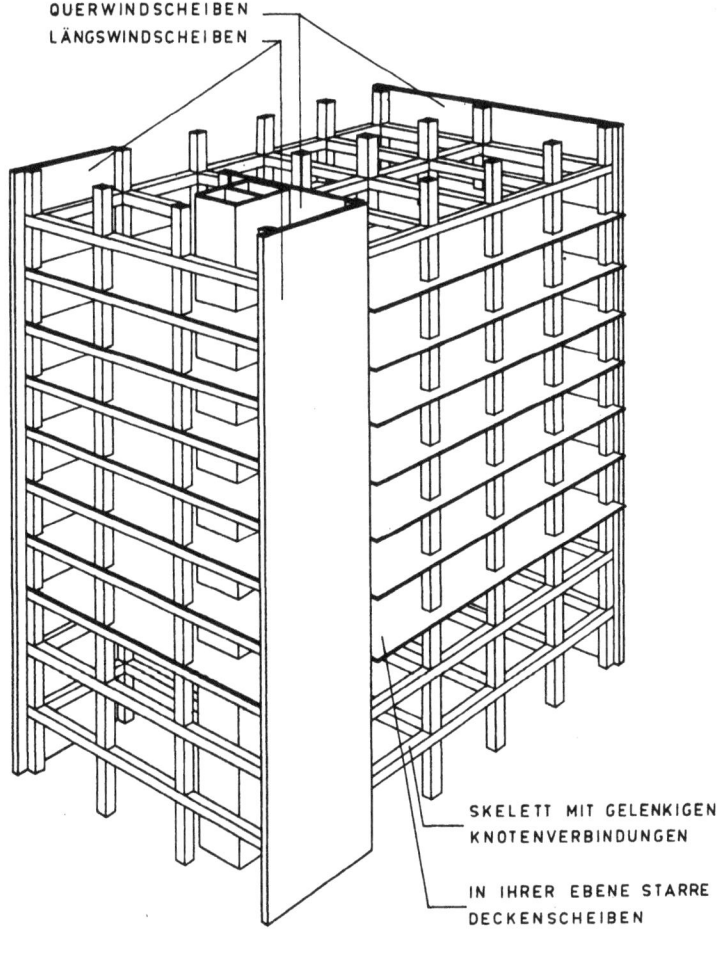

SKELETT MIT GELENKIGEN KNOTENVERBINDUNGEN

IN IHRER EBENE STARRE DECKENSCHEIBEN

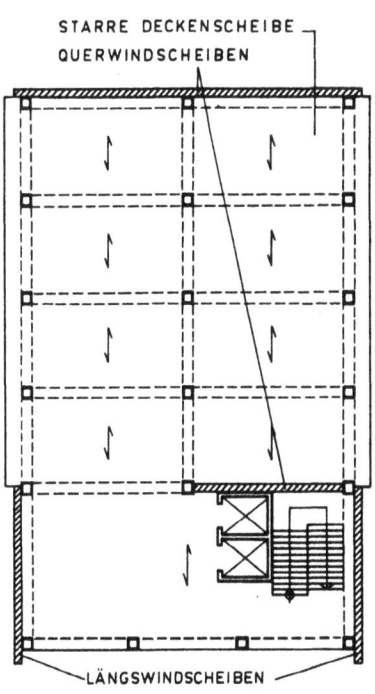

AUSSTEIFUNG GEGEN HORIZONTALE KRÄFTE:
DAS SKELETT KANN WEGEN DER GELENKIGEN KNOTENPUNKTAUSBILDUNG NUR VERTIKALLASTEN ABTRAGEN, DESHALB AUSSTEIFUNG IN LÄNGS- UND QUERRICHTUNG DURCH SCHEIBEN. DIE STARREN DECKENSCHEIBEN LEITEN DIE HORIZONTALKRÄFTE AN DIE AUSSTEIFENDEN SCHEIBEN WEITER.

2. RÄUMLICHE AUSSTEIFUNG DER BAUWERKE

2.2.2.1. SKELETTSYSTEME
BLATT 2.10

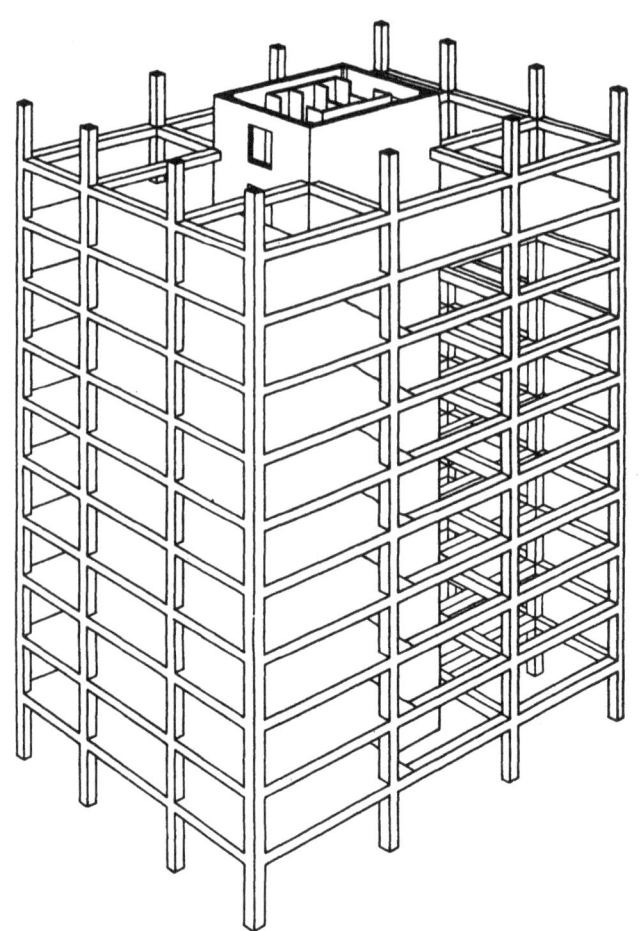

SKELETT MIT AUSSTEIFENDEM KERNBAUWERK

STÜTZENFREIER RAUM ZWISCHEN KERNBAUWERK UND AUSSENWÄNDEN

STAHLSKELETT IN BEIDEN RICHTUNGEN (GELENKIGE ANSCHLÜSSE IN DEN KNOTEN)

DECKENTRÄGER ÜBER 3 FELDER IN GEBÄUDELÄNGSRICHTUNG

STAHLZELLENDECKE

STAHLBETONKERNBAUWERK ZUR WINDLASTAUFNAHME IN BEIDEN RICHTUNGEN

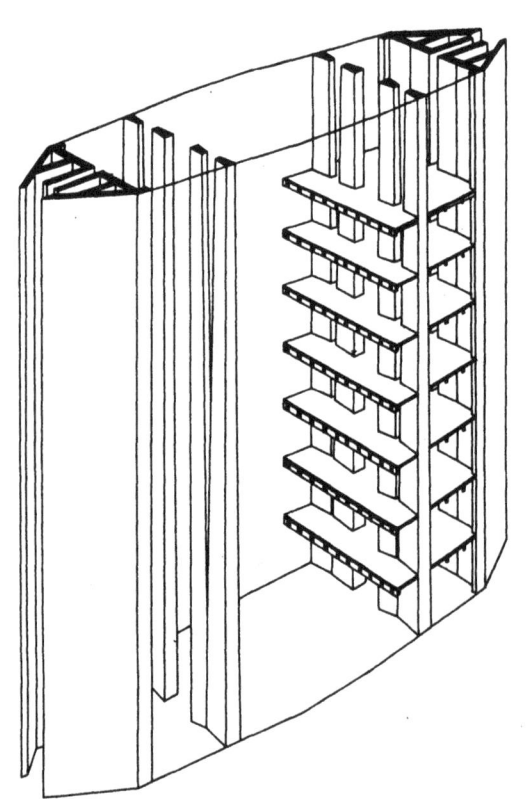

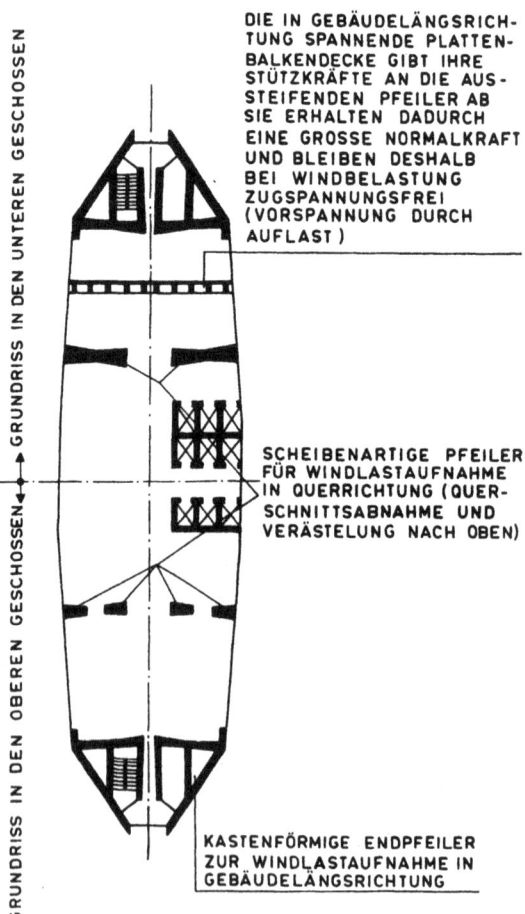

DIE IN GEBÄUDELÄNGSRICHTUNG SPANNENDE PLATTENBALKENDECKE GIBT IHRE STÜTZKRÄFTE AN DIE AUSSTEIFENDEN PFEILER AB SIE ERHALTEN DADURCH EINE GROSSE NORMALKRAFT UND BLEIBEN DESHALB BEI WINDBELASTUNG ZUGSPANNUNGSFREI (VORSPANNUNG DURCH AUFLAST)

GRUNDRISS IN DEN OBEREN GESCHOSSEN ← → GRUNDRISS IN DEN UNTEREN GESCHOSSEN

SCHEIBENARTIGE PFEILER FÜR WINDLASTAUFNAHME IN QUERRICHTUNG (QUERSCHNITTSABNAHME UND VERÄSTELUNG NACH OBEN)

KASTENFÖRMIGE ENDPFEILER ZUR WINDLASTAUFNAHME IN GEBÄUDELÄNGSRICHTUNG

AUSSTEIFUNG DURCH KERNBAUWERKE UND SCHEIBEN (PIRELLI-HOCHHAUS, MAILAND)

2. RÄUMLICHE AUSSTEIFUNG DER BAUWERKE

2.2.2.2. TAFELBAUTEN
BLATT 2.11

WANDBAUTEN MIT TRAGENDEN QUERWÄNDEN

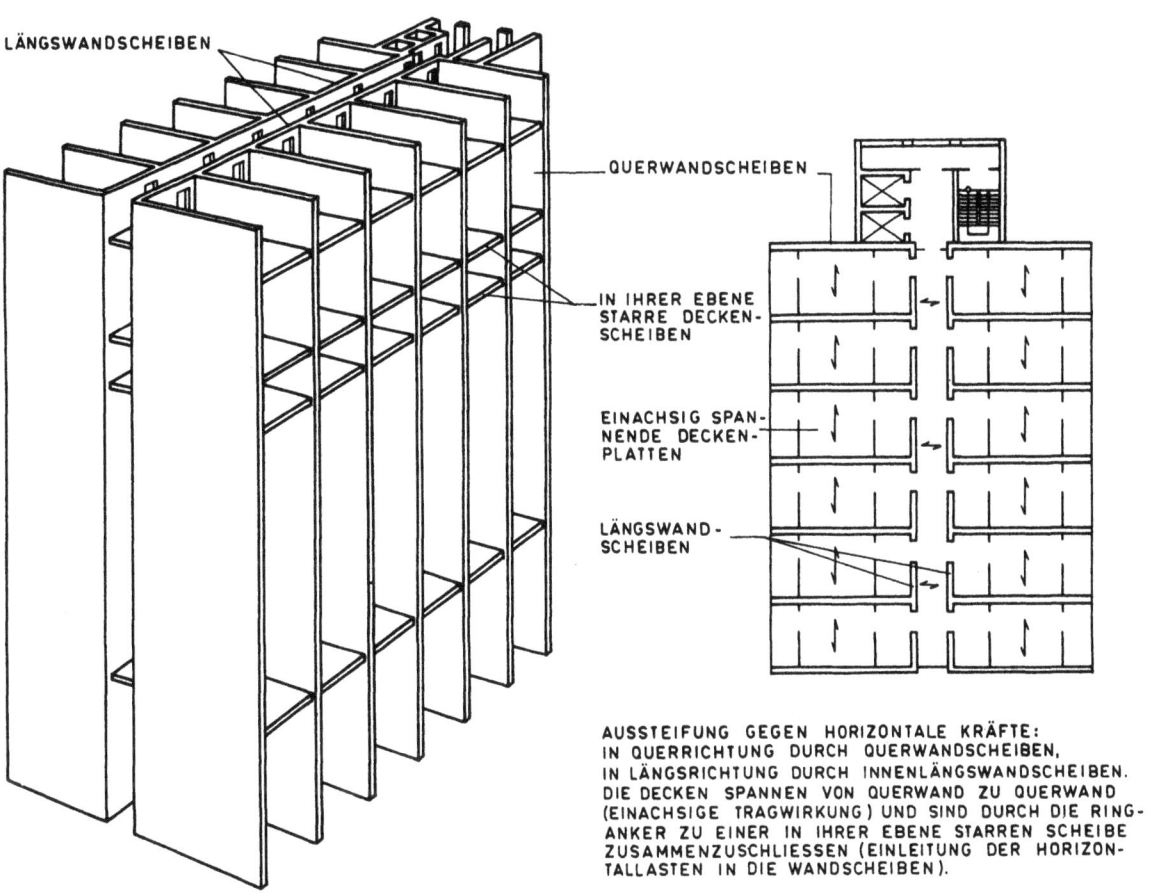

AUSSTEIFUNG GEGEN HORIZONTALE KRÄFTE:
IN QUERRICHTUNG DURCH QUERWANDSCHEIBEN,
IN LÄNGSRICHTUNG DURCH INNENLÄNGSWANDSCHEIBEN.
DIE DECKEN SPANNEN VON QUERWAND ZU QUERWAND
(EINACHSIGE TRAGWIRKUNG) UND SIND DURCH DIE RING-
ANKER ZU EINER IN IHRER EBENE STARREN SCHEIBE
ZUSAMMENZUSCHLIESSEN (EINLEITUNG DER HORIZON-
TALLASTEN IN DIE WANDSCHEIBEN).

WANDBAUTEN MIT TRAGENDEN QUER- UND LÄNGSWÄNDEN

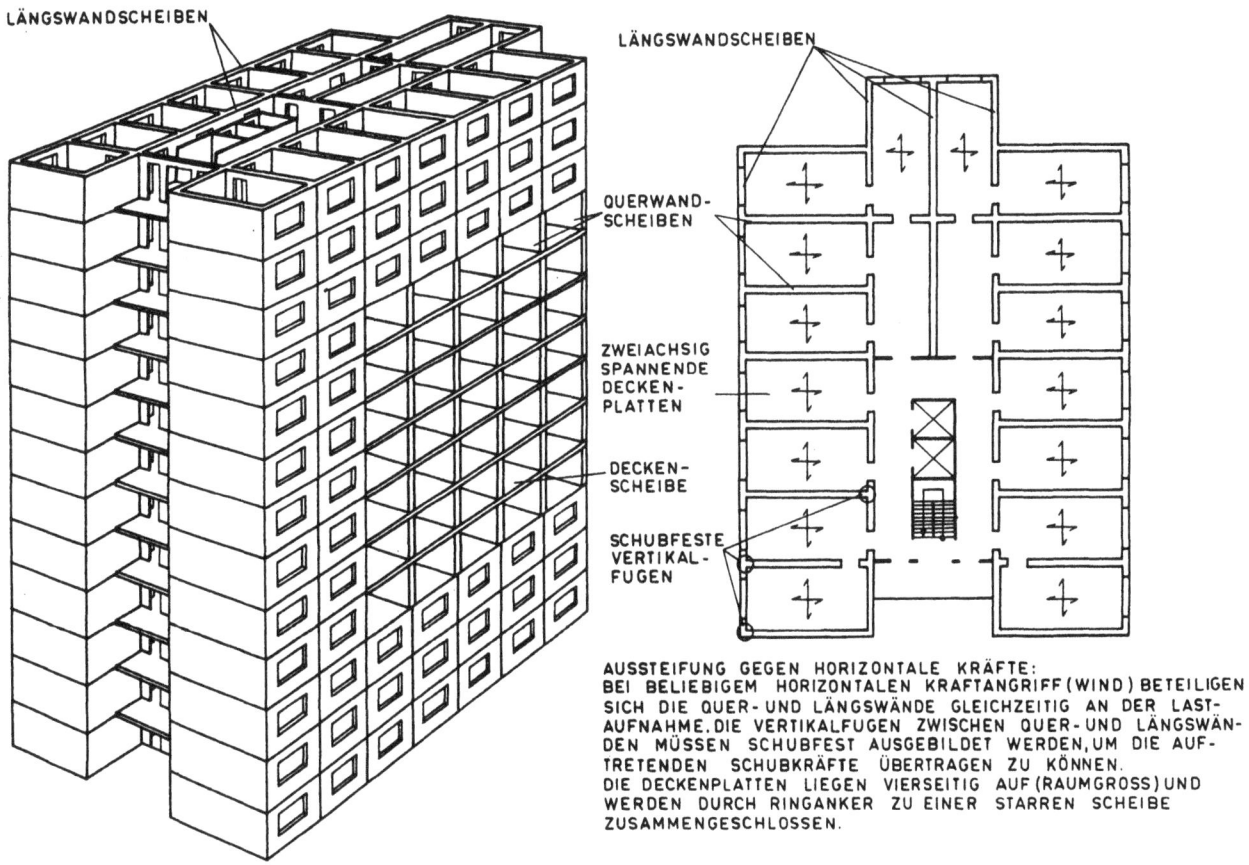

AUSSTEIFUNG GEGEN HORIZONTALE KRÄFTE:
BEI BELIEBIGEM HORIZONTALEN KRAFTANGRIFF (WIND) BETEILIGEN
SICH DIE QUER- UND LÄNGSWÄNDE GLEICHZEITIG AN DER LAST-
AUFNAHME. DIE VERTIKALFUGEN ZWISCHEN QUER- UND LÄNGSWÄN-
DEN MÜSSEN SCHUBFEST AUSGEBILDET WERDEN, UM DIE AUF-
TRETENDEN SCHUBKRÄFTE ÜBERTRAGEN ZU KÖNNEN.
DIE DECKENPLATTEN LIEGEN VIERSEITIG AUF (RAUMGROSS) UND
WERDEN DURCH RINGANKER ZU EINER STARREN SCHEIBE
ZUSAMMENGESCHLOSSEN.

2. RÄUMLICHE AUSSTEIFUNG DER BAUWERKE

2.2.2.3. SONDERFORMEN
BLATT 2.12

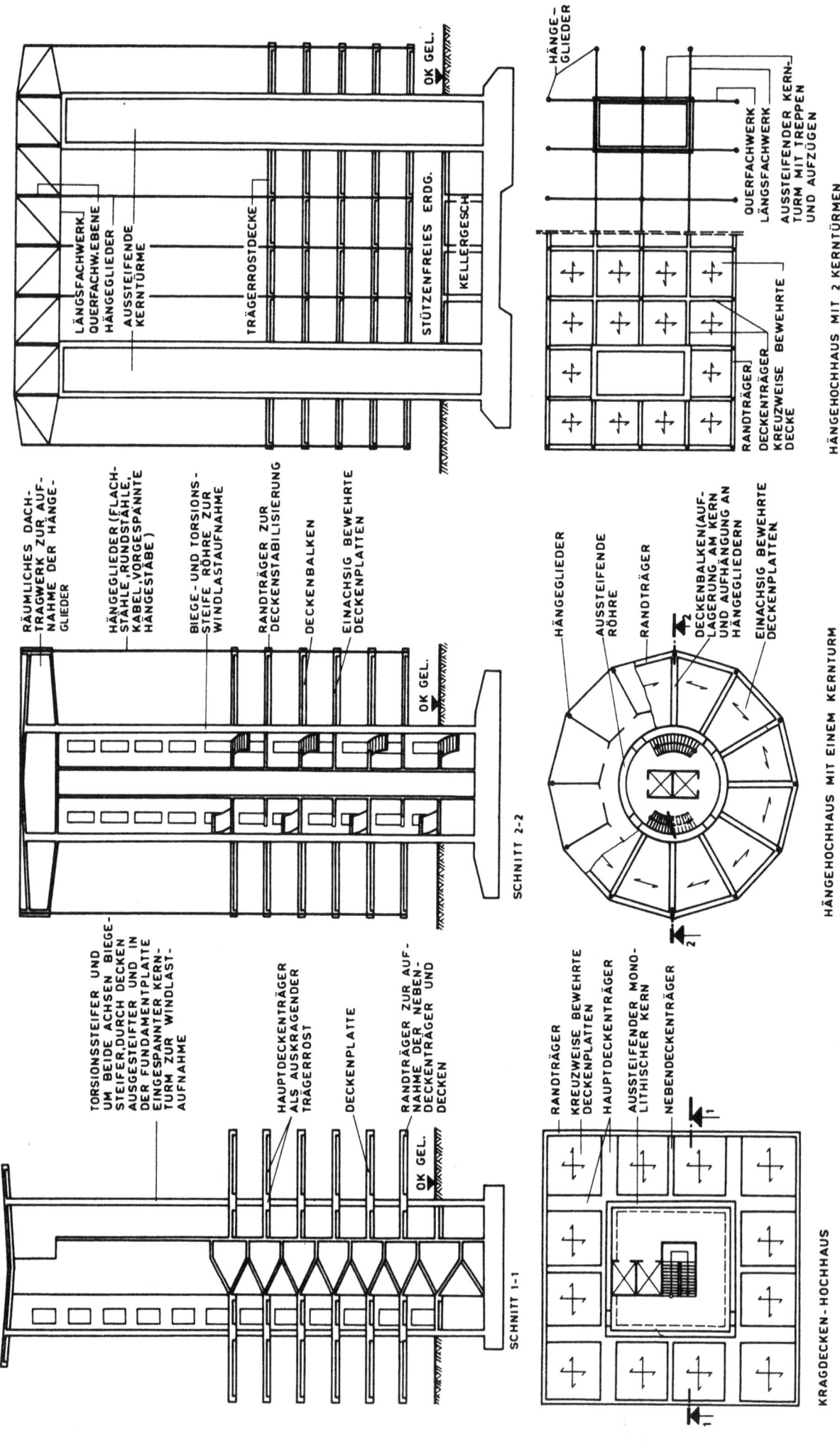

3. Tragwerke aus Stahl

von Günther Rickenstorf und Gottfried Müller

Der Baustoff Stahl ist besonders geeignet, die Forderungen des „leichten ökonomischen Bauens" bei der Herstellung von Tragwerken des Hochbaues, d. h. von oberirdischen, ortsfesten Tragkonstruktionen (mit Ausnahme von Verkehrsbrücken), zu erfüllen.
Seine Vorteile resultieren aus

- den günstigen physikalischen Eigenschaften des Stahles (hohe Festigkeit, großer Elastizitätsmodul, gleichmäßige Güteeigenschaften),
- der zweckmäßigen Organisation des Herstellungsprozesses (weitgehende mechanisierte und automatisierte Bearbeitung in der Werkstatt, Vormontage im Stahlbaubetrieb, schnelle Montage auf der Baustelle),
- der Möglichkeit, an Stahltragwerken nachträglich relativ leicht Veränderungen (Verstärkungen, Demontage, Umbauten) vornehmen zu können.

Die Anwendung des Baustoffes Stahl ermöglicht eine erhebliche Verringerung der Eigenmasse der Tragwerke und verringert den Aufwand für die Fundierungsarbeiten. Stahltragwerke sind somit besonders für Bauwerke mit großer Stützweite (Hallenbauten, Türme und Maste, Skelettbauten, Rohrleitungs- und Energiebrücken, ...), zur Aufnahme großer Belastungen sowie für Bauten, deren Nutzung häufigen Veränderungen unterliegen, geeignet.

Als Nachteile des Baustoffes Stahl und damit der Stahltragwerke müssen genannt werden:

- die Notwendigkeit eines Korrosionsschutzes (mehrere Anstriche, Feuerverzinkung, Metallspritz-Konservierung u. a.) und die gegebenenfalls hieraus resultierenden Unterhaltungsarbeiten [3.20],
- die geringe Widerstandsfähigkeit gegenüber dem Einfluß hoher Temperaturen; sie macht die Einhaltung bestimmter Forderungen des „Bautechnischen Brandschutzes" (vgl. [3.1]) vor allem zum Schutze der tragenden Elemente eines Stahltragwerkes notwendig,

  außerdem ist Stahl nicht in ausreichender Menge kostengünstig verfügbar.

Beim Entwurf der Stahltragwerke müssen eine Reihe typischer Konstruktions- und Entwurfsregeln eingehalten werden. Sie berücksichtigen die Besonderheiten bei der Bearbeitung des Baustoffes, bei der Ausführung und dem Transport der Bauteile sowie der Montage der Bauwerke und die Forderungen, die sich aus der Unterhaltung der Stahlbauten und aus einem rationellen Materialeinsatz ergeben. Die genannten Faktoren erfordern eine einfache Formgebung unter Verzicht auf alles Überflüssige. Sie kommen damit dem Streben des Architekten nach klarer und funktionell zweckmäßiger Gestaltung der Stahltragwerke entgegen.

Der „ökonomische Leichtbau" ist eine volkswirtschaftlich unerläßliche Entwicklungsrichtung der Bauindustrie. Wir unterscheiden zwischen Formleichtbau, Stoffleichtbau und extremen Leichtbau (eigentlichem „Leichtbau").
Beim Formleichtbau werden die bisherigen Baustoffe beibehalten. Durch eine in statischer und technologischer Hinsicht bessere Formgebung der Tragsysteme und Tragkonstruktionen (z. B. Querschnitte) und durch die Anwendung verfeinerter Bemessungsverfahren sowie durch Ausnutzung rechnerisch nicht erfaßbarer Tragreserven – über die experimentelle Erprobung – wird die bauliche Durchbildung der Tragwerke verbessert. Es sind keine sensationellen Baustoffeinsparungen zu erwarten. Trotzdem besitzt der Formleichtbau große volkswirtschaftliche Bedeutung wegen der Vielfältigkeit seiner Nutzung. Die Vermittlung der Zielsetzungen, Methoden und Konstruktionsgrundsätze des Formleichtbaues sind Gegenstand der Betrachtungen in allen nachfolgenden Abschnitten des Buches. Spezielle Probleme des Formleichtbaues im Stahlbau (Stahlleichtbau) werden in den Abschnitten 7.1. Räumliche Stabtragwerke, 7.2. Vorgespannte Stahltragwerke, 7.3. Stahlverbundtragwerke und 8. Seiltragwerke behandelt.

Zur Verwirklichung des Stoffleichtbaues ist der Einsatz von leichten Baustoffen, wie Aluminium und sonstigen Leichtmetallen, Leichtzuschlagstoff-Betonen, Gasbetonen, Plasten und sonstigen Kunststoffen, Porengips, Porenanhydrit usw., erforderlich. Aber auch leichte Verbundbauelemente, wie Mehrschichtenplatten mit Beplankung, Wabenkernplatten, glasfaserverstärkte Gips- und Anhydritbauteile usw., ermöglichen die Herabsetzung der Eigenmasse tragender Bauteile im Sinne des Stoffleichtbaues.

Der eigentliche Leichtbau (extremer Leichtbau) nutzt gleichzeitig die Möglichkeiten des Form- und des Stoffleichtbaues. Die oben aufgeführten Stahlleichttragwerke – komplettiert mit leichten raumabschließenden Dach- und Wandbauteilen – führen zu extrem leichten Tragkonstruktionen. Die räumlichen Stabtragwerke (Abschn. 7.1.) und Seiltragwerke (Abschnitt 8.) besitzen ebenfalls besonders günstige Voraussetzungen im Sinne der volkswirtschaftlich vertretbaren, extrem leichten Tragkonstruktionen.

3.1. Stahl, Verbindungsmittel, Verbindungen des Stahlbaues

3.1.1. Baustoff Stahl, erforderliche Festigkeitsnachweise, zulässige Spannungen

Als Stahl wird heute jedes ohne Nachbehandlung

schmiedbare Eisen bezeichnet. Der Kohlenstoffgehalt des Stahles ist gleich oder kleiner als 1,7%.

Für den Stahlhochbau haben vor allem die Stahlmarken St 38 und H 52 Bedeutung. Außerdem werden die Stahlmarken H 45 und H 60 sowie die korrosionsträgen Stähle KT 45 und KT 52 eingesetzt. Nach [3.2] wurden teilweise die Stahlmarkenbezeichnungen geändert, so z. B. H 52 in St 355, H 45 in St 315, sowie KT 45 in KT 315 und KT 52 in KT 355.

Über die Baustoffeigenschaften, über Gesichtspunkte zur Werkstoffauswahl und über die Walzerzeugnisse geben die bauaufsichtlichen Bestimmungen [3.2, 3.3, 3.4, 3.5] und die einschlägigen Tabellenwerke [3.9, 3.16] Auskunft.

Mindestdicken werden im Regelfall nicht mehr vorgeschrieben. Jedoch dürfen Bauteile mit Dicken ≤ 2 mm nur feuerverzinkt verwendet werden. Bei unkonserviert verbleibenden Bauteilen aller Stahlmarken (einschließlich korrosionsträgem Stahl) muß die Materialdicke grundsätzlich mindestens 3 mm betragen. Bei Einwirkung stark aggressiver Medien (Korrosionsbeanspruchung entsprechend Aggressivitätsgrad 5 nach TGL 18704) sind Mindestabmessungen vorgeschrieben (TGL 13500/01).

Stahltragwerke sind nach der Art der Beanspruchung in die Berechnungsgruppen A oder C einzustufen. Zur Berechnungsgruppe C gehören statisch beanspruchte Bauteile und Bauteile, die nur selten einer schwellenden (≤ 60000 Spannungsspiele) oder wechselnden (≤ 6000 Spannungsspiele) Beanspruchung ausgesetzt sind. Hierzu zählen im Regelfall die Stahltragwerke für Hochbauten.

Bei der Bemessung von Stahltragwerken sind folgende Nachweise zu führen:
1. Statischer Spannungsnachweis,
2. Stabilitätsnachweis,
3. Ermüdungsfestigkeitsnachweis (nur bei Berechnungsgruppe A),
4. Formänderungsnachweis,
5. Standsicherheitsnachweis.

Der statische Spannungsnachweis dient zum Nachweis einer ausreichenden Sicherheit gegen Fließen oder statischen Bruch. Es muß nachgewiesen werden, daß für das untersuchte Bauteil die zulässigen Spannungen nicht überschritten werden. Die zulässigen Spannungen sind der ν-te Teil einer Grenzspannung (z. B. Fließspannung bei statischer Belastung). Der Sicherheitsfaktor ν soll eine Vielzahl von Unsicherheiten unterschiedlicher Wertigkeit summarisch auffangen, wie Unsicherheiten in den Belastungsannahmen, ungenaue Berechnungsansätze, Ungleichmäßigkeiten in der Werkstoffbeschaffenheit usw. Die zulässigen Spannungen sind in unterschiedlicher Größe in TGL 13500 [3.4] in Abhängigkeit von dem Werkstoff, den Grenzlastfällen, wie

Hauptlasten (H),
Haupt- und Zusatzlasten (HZ) und
Haupt-, Zusatz- und Sonderlasten (S),
der Beanspruchungsart sowie dem Bauelement (Grundwerkstoff, Verbindungsmittel) angegeben (vgl. Tafel 3.4),

Welche Belastungsanteile in den drei Grenzlastfällen (GLF) jeweils zu berücksichtigen sind, wird in den speziellen Standards der einzelnen Anwendungsgebiete festgelegt. Für Stahltragwerke im Hochbau (TGL 13450 [3.4]) gilt:

GLF H ungünstigste Wirkung der Hauptlasten (ständige Last, Verkehrslast einschließlich Schneelast und Massenkräfte aus Maschinen sowie Vorspannkräfte);
GLF HZ ungünstigste Wirkung der Haupt- und Zusatzlasten (Lasten des Grenzlastfalles H zuzüglich Windlast, Wärmewirkung, Bremskräfte und waagerechte Seitenkräfte von Kranbahnen);
GLF S ungünstigste Wirkung aus Haupt-, Zusatz- und einer Sonderlast oder aus anormalen Belastungskombinationen (Transport- und Montagezustände, Probebelastungen, Anprall von Fahrzeugen, Erdbebeneinfluß).

Für Zwecke der Vorbemessung von Tragwerken des Hochbaues ist im Regelfall eine Untersuchung der Beanspruchungen im Grenzlastfall H ausreichend (Tafel 3.1).

Tafel 3.1 Zulässige Spannungen σ für die Vorbemessung von Stahlbauteilen in kN/cm²

Bean-spruchung	Festigkeitsklasse			
	St 38/24	S 45/30	S 52/36	S 60/45
	Stahlmarke			
	St 38	H 45, KT 45	H 52, KT 52	H 60
Zug, Druck, Biegung	16,0	20,0	24,0	30,0

Der Stabilitätsnachweis dient zum Nachweis ausreichender Sicherheit gegen instabile Zustände, wie Knicken eines auf Druck beanspruchten Stabes, Kippen der auf Druck beanspruchten Teile eines Biegeträgers, Beulen der auf Druck beanspruchten Scheibe u. a., und wird nach TGL 13503 [3.5] geführt.

Beim Formänderungsnachweis muß der Nachweis erbracht werden, daß die Verformungen der Tragwerke ihre Funktion und Nutzung nicht beeinträchtigen. Nach TGL 13450/01 [3.4] ist darüber hinaus die Durchbiegung von Deckenträgern und Unterzügen mit einer Stützweite über 6,0 m auf 1/300 der Stützweite begrenzt. Der Formänderungsnachweis wird vielfach bestimmend für die Bemessung bei Biegeträgern mit großen Stützweiten und Konstruktionen aus höherfesten Stählen.

Durch den Standsicherheitsnachweis ist die ausreichende Sicherheit gegen Abheben, Umkippen oder Verschieben nachzuweisen. In den speziellen Stahlbauvorschriften sind die einzuhaltenden Sicherheiten festgelegt, z. B. für Stahltragwerke im Hochbau in TGL 13450/01 [3.4].

3.1.2. Verbindungsmittel und Verbindungen

Die Verbindungsmittel sollen Walzprofile und Bleche zu Bauelementen und diese zu Tragwerken bzw. Bauwerken verbinden. Die unlösbaren Verbindungsmittel (Niete, Schweißungen, Klebeverbindungen) werden im allgemeinen in den Werkstätten und die lösbaren Verbindungsmittel (Schrauben, hochfeste Schraubverbindungen) auf der Baustelle zur Herstellung von Baustellenstößen u. ä. angewendet.

Im modernen Stahlbau ist die Nietverbindung durch die Schweißverbindung nahezu vollständig verdrängt worden.

3.1.2.1. Niet- und Schraubverbindungen

Über die Abmessungen und Sinnbilder der Niete (Halbrundniete nach TGL 0-124, Bl. 1, Senkniete nach TGL 0-302, Bl. 1), der Schrauben ohne Passung (rohe Schrauben) nach TGL 0-7990 [3.6] und der Schrauben mit Passung (Paßschrauben) nach TGL 12518 [3.6] sowie hochfeste Schraubverbindungen geben die Blätter 3.01 und 3.02 Auskunft. Sinnbilder für Lochdurchmesser auf Naturgrößen, Skizzen und Werkstücken sind in Tafel 3.2 angegeben. Schrauben ohne Passung werden in untergeordneten Schraubverbindungen des Stahlbaus verwendet bzw. ist der größere Schlupf zu berücksichtigen, wenn dadurch wesentlich größere Beanspruchungen oder Verformungen zu erwarten sind.

Bei Verwendung von Niet- und Schraubverbindungen müssen bestimmte obere und untere Grenzwerte für den Abstand benachbarter Verbindungsmittel bzw. für ihren Randabstand eingehalten werden (Blatt 3.01 bzw. Profiltafeln [3.9]). Die Einhaltung der geforderten Grenzwerte soll die Verbindungen gegen „Aufreißen" (min e) bzw. gegen Klaffen und damit gegen Korrosionsgefährdung (max e) schützen. Auch ermöglichen sie die sachgerechte Einbringung der Verbindungsmittel.

Für Form- und Stabstähle sind in den Standards außerdem Anreißmaße (Wurzelmaße, Streichmaße) und Versatzmaße sowie maximale Lochdurchmesser (Regeldurchmesser) festgelegt, die in den bautechnischen Tabellenwerken [3.9, 3.16, ...] erfaßt sind.

Die Tragfähigkeit der Niete und Schrauben wird nach bekannten Ansätzen der Festigkeitslehre für

- Lochleibungsdruck N_l,
- Abscheren, einschnittig N_{a1} bzw.
- Abscheren, zweischnittig N_{a2}

jeweils für die Grenzlastfälle H, HZ und S berechnet.

Die bautechnischen Tabellenwerke (z. B. [3.9]) stellen

Tafel 3.2 Sinnbilder für Lochdurchmesser auf Naturgrößen, Skizzen und Werkstücken

Lochdurchmesser	8,4	11	13	17	21	23	25	28	31
Sinnbild	+	⊞	⊕	△	⊕	⊕	⊗	28⊕	31⊕

Tafel 3.3 Tragfähigkeit von Schrauben in kN im Grenzlastfall H und Ausführungsgruppe C

Beanspruchung		Schraube	nicht eingepaßte Schraube (rohe Schraube) Festigkeitsklasse 4.6	Paßschrauben Festigkeitsklasse 4.6	Paßschrauben Festigkeitsklasse 5.6	hochfeste Schrauben TGL 12517 nicht vorgespannt (HVO) Festigkeitsklasse 10.9	hochfeste Schrauben TGL 12517 halb vorgespannt (HVH) Festigkeitsklasse 10.9	hochfeste Schrauben TGL 12517 voll vorgespannt (HVV) Festigkeitsklasse 10.9	hochfeste Schrauben TGL 12517 gleitfest (GV) Festigkeitsklasse 10.9 $\mu=0,4$	$\mu=0,5$
			kN	kN	kN	kN	kN	kN	kN	kN
Lochleibung N_l bei 1 cm Materialdicke aus	St 38 H 52	M 12	28,8 43,2	36,4 54,6	36,4 54,6	28,8 43,2	43,2 64,8	43,2 64,8		
	St 38 H 52	M 16	38,4 57,6	47,6 71,4	47,6 71,4	38,4 57,6	57,6 86,4	57,6 86,4		
	St 38 H 52	M 20	48,0 72,0	58,8 88,2	58,8 88,2	48,0 72,0	72,0 108,0	72,0 108,0		
	St 38 H 52	M 24	57,6 86,4	70,0 105,0	70,0 105,0	57,6 86,4	86,4 129,6	86,4 129,6		
Abscheren N_{a1}	St 38 H 52	M 12	15,8	22,3	27,9	27,1	27,1	27,1	16,8	20,8
	St 38 H 52	M 16	28,1	38,2	47,7	48,2	48,2	48,2	31,4	39,2
	St 38 H 52	M 20	44,0	58,2	72,7	75,4	75,4	75,4	49,0	61,2
	St 38 H 52	M 24	63,3	82,5	103,1	108,6	108,6	108,6	70,4	88,0

$N_{a2} = 2 N_{a1}$

aufbereitete Tragfähigkeitstabellen in Abhängigkeit von den gewählten Niet- bzw. Schraubenabmessungen zur Verfügung. Für Zwecke der Abschätzung der erforderlichen Zahl der Verbindungsmittel genügt es im Regelfall, mit den in Tafel 3.3 angegebenen Werten zu arbeiten.

Die erforderliche Niet- bzw. Schraubenanzahl n errechnet sich aus der kleineren Tragfähigkeit min N der beiden Tabellenwerte N_l bzw. N_a und der anzuschließenden Normalkraft N zu

$$n = \frac{N}{\min N} \geq 2 \text{ Niete oder Schrauben hintereinander.} \quad (3.1)$$

In Berechnungsgruppe C darf bei Stababschlüssen von der Forderung, mindestens zwei Schrauben hintereinander anzuordnen, abgewichen werden, wenn

- zwei Schrauben nebeneinander angeordnet werden, wobei deren zulässige Zug- und/oder Abscherspannung voll ausgenutzt werden darf oder
- bei Anordnung nur einer Schraube, deren zulässige Zug- und/oder Abscherspannung zu höchstens 85% ausgenutzt wird.

Weitere Forderungen enthält TGL 13500/01 [3.4]. Die maximale Niet- bzw. Schraubenanzahl in Kraftrichtung ist mit $n = 6$ je Reihe festgelegt. Die Beanspruchung der Niete auf Zug in Richtung der Achse des Nietschaftes ist nur mit stark abgeminderten Spannungen und nur in Ausnahmefällen zulässig. Als maßgebender Querschnitt ist der Lochquerschnitt festgelegt. Auch bei Schraubverbindungen gelten bei Zugbeanspruchung abgeminderte zulässige Spannungen (TGL 13500/01 [3.4]), wobei die Spannungen auf den sogenannten Spannungsquerschnitt nach TGL 10826/02 [3.5] bezogen werden.

3.1.2.2. Hochfeste Schraubverbindungen

Bei hochfesten Schraubverbindungen nach TGL 13502 [3.6] erfolgt die Kraftübertragung nicht nur durch Abscheren oder Lochleibungsdruck, sondern auch durch Reibungskräfte in den Berührungsflächen der zu verbindenden Teile. Die Reibungskräfte werden durch eine Vorspannkraft N_v in Richtung des Schraubenschaftes und durch Behandlung der Berührungsflächen ausgelöst. Die hochfesten Schraubverbindungen werden in folgende Verbindungsarten unterteilt:

- Gleitfeste Verbindungen (GV):
  Hochfeste Schraubverbindungen mit kontrolliert eingebrachter voller Vorspannung, die eine Reibflächenvorbehandlung erhalten haben. Die Übertragung der Anschlußkräfte wird durch Reibung zwischen den behandelten Berührungsflächen bewirkt.
- Hochfeste Verbindungen mit voller Vorspannung (HVV),
- Hochfeste Verbindungen mit halber Vorspannung (HVH):
  Hochfeste Schraubverbindungen mit kontrolliert eingebrachter voller bzw. halber Vorspannung, die keine Reibflächenvorbehandlung erhalten haben. Durch die eingebrachte Vorspannung erhöht sich die Lochleibungsfestigkeit.
- Hochfeste Verbindungen ohne Vorspannung (HVO):
  Hochfeste Schraubverbindungen ohne kontrolliert eingebrachte Vorspannung, bei denen keine Reibflächenvorbehandlung durchgeführt wird.

Über Abmessungen und erforderliche Schraubenabstände siehe Blätter 3.01 und 3.02. Die Tragfähigkeit der hochfesten Schraubverbindungen wurde durch Versuch ermittelt und in TGL 13502 [3.6] verbindlich festgelegt (vgl. Tafel 3.3). Die Berechnung erfolgt dann analog zu den normalen Schraubverbindungen nach Abschn. 3.1.2.1.

Für das Einleiten der vorgeschriebenen Vorspannkraft kommen Drehmomentenschlüssel oder besondere Zugschlüssel zur Verwendung. Die Reibflächenvorbehandlung kann durch Strahlen mit Drahtkorn, Korund oder Hartgußkies, Flammstrahlen oder Metallspritzen erfolgen.

3.1.2.3. Schweißverbindungen

Unter Schweißen versteht man die Verbindung zweier Werkstoffe gleicher oder gleichartiger Zusammensetzung unter der Einwirkung von Wärme. Beim Schweißvorgang kann der Schweißnaht ein gleicher oder gleichartiger Werkstoff (Schweißgut) in geschmolzenem Zustand zugeführt werden. Die sachgemäße Anwendung von Schweißnahtverbindungen ermöglicht eine Einsparung von 12 ... 20% Stahl gegenüber vergleichbaren Bauwerken in genieteter Ausführung. Durch den Wegfall besonderer Anschlußprofile (z. B. Gurtwinkel) und des sichtbaren Teiles der Verbindungsmittel (Niet- und Schraubenköpfe) erhalten die Bauwerke eine wenig gegliederte, glatte Oberfläche. Dies macht sich bei ihrer Unterhaltung (Korrosionsschutz) günstig bemerkbar. Auch bietet die größere Freizügigkeit in der Formgebung geschweißter Bauwerke (Herstellung von Hohlquerschnitten, Anwendung von Hohlprofilen u. ä.) Veranlassung für ihren zunehmenden Einsatz im Stahlhochbau. Schließlich werden mit der Anwendung der Schweißverfahren wesentliche Voraussetzungen für die Mechanisierung und Automatisierung des Herstellungsprozesses im Stahlbau geschaffen.

Von besonderer Bedeutung für den Stahlhochbau ist das Elektroschmelz- oder Lichtbogenschweißen. Spezielle Erläuterungen zu den Schweißverfahren, zur Schweißbarkeit der Stähle (Schweißeignung, Schweißsicherheit), zur Güte und Nachbehandlung der Schweißnähte u. ä. sind den bauaufsichtlichen Bestimmungen bzw. der Spezialliteratur zu entnehmen (z. B. [3.6, 3.12]). In Stumpfstößen kreuzt die Schweißnaht (Stumpfnaht) die Kraftrichtung der maßgebenden Beanspruchung. Stumpfnähte können je nach Blechdicke und gewünschter Güte der Naht in verschiedenen Nahtformen ausgeführt werden. Für alle übrigen Schweißnähte werden Kehlnähte angewendet. Je nach Lage der Kehlnähte im Bauwerk unterscheidet man zwischen Stirn- und Flankenkehlnähten [3.6]. Das Blatt 3.03 gibt Auskunft über

- die Nahtformen in Abhängigkeit von der Werkstückdicke und sonstigen Einflußgrößen und

– die zeichnerische Darstellung der Kehl- und Stumpfnähte.

Für die Berechnung der Schweißnähte ist die **Nahtdicke** a von Bedeutung. Sie ist bei Stumpfnähten gleich der kleinsten Dicke min s der zu verbindenden Bleche zu setzen.

Bei Kehlnähten gilt die Höhe des in den Nahtquerschnitt einbeschriebenen Dreiecks als Nahtdicke a (vgl. (Bild 3.1). Die Mindestdicke beträgt $a = 2$ mm, bei besonderen Schweißtechnologien $a = 1{,}5$ mm, oder min $a = \sqrt{\max s} - 0{,}5$ mm. Der größere der beiden Werte ist maßgebend. Die Dicke der Kehlnähte ab $a = 3$ mm soll $0{,}7$ min s nicht übersteigen und nur in Ausnahmefällen bis zu $a = \min s$ betragen.

Bei teilautomatischen Schweißverfahren, wie UP- (Unterpulver), MAG-(Metall-Aktivgas) und CO_2-Schweißen ist der tiefere Einbrand bei Einlagenschweißung mit $a_{\text{tief}} = 1{,}3a$ zu berücksichtigen und auf den Zeichnungen entsprechend zu kennzeichnen (TGL 13510/04 [3.4]).

Die rechnerische Länge l der Flankenkehlnähte muß sich in der Ausführungsgruppe C in den Grenzen

$$10a \leq l \leq 100a \tag{3.2}$$

bewegen. Die Nahtlänge aller anderen Kehl- und Stumpfnähte unterliegt keinen Beschränkungen. Von der ausgeführten Länge l_1 darf im Normalfall nur die um $2a$ verminderte Länge l als statisch wirksam angesetzt werden („Endkraterabzug")

$$l = l_1 - 2a. \tag{3.3}$$

Beim Ausziehen der Schweißnaht auf Endkraterbleche oder Herumschweißen entfällt der Abzug der Endkrater.

Weitere Festlegungen zur Herstellung von Schweißverbindungen sind in TGL 13500 und TGL 13510/04 [3.4] enthalten.

Bei **einachsiger Beanspruchung** auf Zug, Druck oder Schub muß die zu übertragende Schnittkraft F (Längs-, Quer- oder Schubkraft) durch die Schweißnahtfläche $\sum (al)$ der Kehl- oder Stumpfnähte aufgenommen werden

$$\sigma_x = \frac{F}{\sum (al)} \leq \text{zul } \sigma_x \tag{3.4}$$

und

$$\tau = \frac{F}{\sum (al)} \leq \text{zul } \tau. \tag{3.5}$$

Für **Biegebeanspruchung** M_x verbunden mit der gleichzeitigen Wirkung der Querkraft Q_y sind in der Querschnittsfaser y der Hals-, Gurtplattenlängs- oder Stegblechlängsnaht eines geschweißten Stahlquerschnittes (vgl. Bild 3.1) mit dem Trägheitsmoment I_x die Normalspannungen

$$\sigma_x = \frac{M_x}{I_x} y \leq \text{zul } \sigma_x \tag{3.6}$$

und die Schubspannungen

$$\tau = \frac{Q_y S_x}{I_x \sum a} \leq \text{zul } \tau \tag{3.7}$$

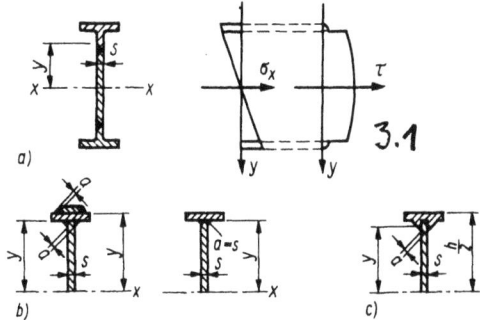

Bild 3.1 Geschweißte Blechträger
a) Blechträger unter Verwendung von St-Profilen
b) Blechträger unter Verwendung von Breitflachstählen
c) Blechträger unter Verwendung von Nasenprofiler

nachzuweisen (S_x = statisches Moment der anzuschließenden Querschnittsfläche; $\sum a$ = Summe der Nahtdicken).

Bei **zusammengesetzter Beanspruchung** (Längskraft + Biegemoment bzw. Querkraft + Biegemoment) sind die einzelnen Spannungen aus der gleichen Laststellung und Lastkombination zu ermitteln. Wirken im mehrachsigen Spannungszustand die Schubspannungen τ_{xy} und τ_{xz} auf eine Schnittfläche rechtwinklig zueinander, so gilt für die resultierende Schubspannung τ_R

$$\tau_R = \sqrt{\tau_{xy}^2 + \tau_{xz}^2} \leq \text{zul } \tau. \tag{3.8}$$

Wirken größere Normal- und Schubspannungen zusammen, so muß ein zusätzlicher **Nachweis** geführt werden:

$$\left(\frac{\sigma_x}{\text{zul } \sigma_x}\right)^2 + \left(\frac{\sigma_y}{\text{zul } \sigma_y}\right)^2 - \frac{\sigma_x \sigma_y}{\text{zul } \sigma_x \cdot \text{zul } \sigma_y} + \left(\frac{\tau}{\text{zul } \tau}\right)^2 \leq 1. \tag{3.9}$$

Für die Schubspannungen τ im Stegblech vollwandiger Träger darf in der Gl. (3.10) vereinfacht

$$\tau = \frac{Q}{A_{\text{Steg}}} = \frac{Q}{hs} \tag{3.10}$$

gesetzt werden.

Die **zulässigen Spannungen** zul σ_x und zul τ sind in TGL 13500 [3.4] für Stumpfnähte und Kehlnähte in unterschiedlicher Größe in den Grenzlastfällen H, HZ und S festgelegt (vgl. Tafel 3.4). Auch hier wird es für Zwecke der Vorbemessung im Regelfall genügen, nur die Beanspruchung des Grenzlastfalles H zu untersuchen.

Für die Festlegung der zulässigen Spannungen in Stumpfnähten spielt die Güte der Stumpf- und Kehlnähte eine bestimmende Rolle. Nach TGL 13500 und TGL 11776, Bl. 1 [3.4], werden fünf Ausführungsklassen unterschieden (vgl. hierzu Tafel 3.4):

I A Stumpfnähte mit gegengeschweißter Wurzel; beiderseits blecheben bearbeitet; im Zugbereich 100% durchstrahlt, Mindestnote 2.

I B Wie Klasse I A, jedoch ohne mechanische Bearbeitung der Naht.

II A Stumpfnähte mit gegen- und durchgeschweißter Wurzel ohne Bearbeitung; nur stichprobenweise durchstrahlt.

II B Stumpfnähte mit nicht gegengeschweißter und nicht sicher durchgeschweißter Wurzel; nur stichprobenweise durchstrahlt.

III Schweißnähte ohne besondere Forderungen an die Güte.

Kehlnähte werden mit analogen Forderungen den Ausführungsklassen II A und II B bzw. III zugeordnet.

3.1.2.4. Klebeverbindungen

In den letzten Jahren werden in zunehmendem Umfange auch Klebeverbindungen im Stahlbau angewendet. Dieses neue Verbindungsmittel befindet sich aber noch im Entwicklungsstadium. Vor allem über die Alterungsbeständigkeit der Kleber liegt noch keine ausreichende Erfahrung vor.

3.1.2.5. Zusammenwirken der Verbindungsmittel

Wegen ihres unterschiedlichen Formänderungsverhaltens dürfen im selben Anschluß zur Übertragung einer Schnittkraft nur folgende Kombinationen der verschiedenen Verbindungsmittel vorgenommen werden:
- Niete und Paßschrauben,
- gleitfeste Schraubverbindungen und Schweißnähte,
- gleitfeste Schraubverbindungen und Klebeverbindungen.

In biegesteifen Montagestößen sind Ausnahmen zugelassen [3.4, 3.11].

3.2. Zug- und Druckstäbe

Zug- und Druckstäbe sind vorwiegend durch Normalkräfte in Richtung der Stabachse beansprucht. In Stahltragwerken kommen sie als Fachwerkstäbe, Hängestangen und Zugbänder bzw. als Stützen und Säulen zum Einsatz.

3.2.1. Zugstäbe

Für die Wahl der Zugstabquerschnitte gelten folgende Grundsätze:

- Die Schwerachse des Stabes soll sich mit der Systemlinie (des statischen Systems) decken.
- Auf einfache Anschlußmöglichkeiten (am Knotenblech usw.) ist zu achten.
- Alle freiliegenden Querschnittsteile sollen für spätere Unterhaltungsarbeiten gut zugänglich sein.
- Verstärkungen sollen möglichst einfach und mit geringer Beeinflussung der Lage der Schwerachse angebracht werden können (Außermittigkeiten vermeiden).

Bild 3.2 zeigt Beispiele ausgeführter Querschnittsformen. Vor allem im Stahlleichtbau werden auch Flach- und Rundstähle als Zugstabquerschnitte eingesetzt.

Für die Bemessung und den Spannungsnachweis ist die nach Abzug aller Querschnittsschwächungen

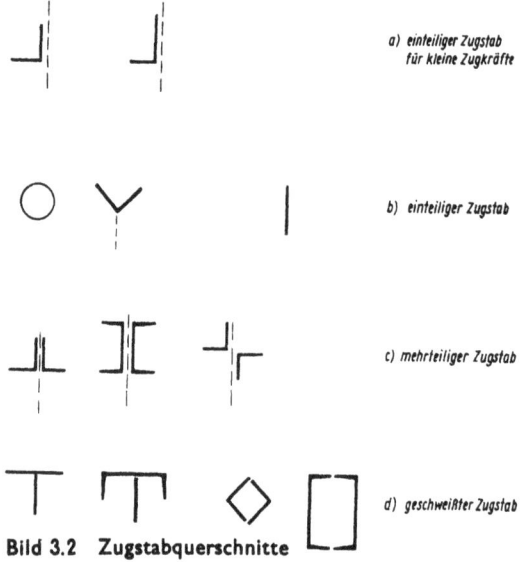

Bild 3.2 Zugstabquerschnitte

a) einteiliger Zugstab für kleine Zugkräfte
b) einteiliger Zugstab
c) mehrteiliger Zugstab
d) geschweißter Zugstab

(Schrauben- und Nietlöcher, u. a.) nutzbare Querschnittsfläche A_n maßgebend (N = Stabkraft)

$$\sigma = \frac{N}{A_n} \leq \text{zul } \sigma. \tag{3.11}$$

Die zulässigen Spannungen zul σ sind der Tafel 3.4 zu entnehmen. Biegespannungen aus der Eigenlast des

Tafel 3.4 Zulässige Spannungen für Stahlbauteile und für Schweißnähte in kN/cm² nach TGL 13500/01, Auszug [3.4]

Art der Bauteile oder Schweißnähte		Beanspruchung	Festigkeitsklasse S 38/24 Grenzlastfall		S 52/36 Grenzlastfall	
			H	HZ	H	HZ
Grundwerkstoff in geschraubten, genieteten oder geschweißten Konstruktionen		Zug, Druck, Biegung	16,0	18,0	24,0	27,0
		Schub	9,2	10,4	13,9	15,6
Stumpfnähte	I A, I B	Zug, Druck, Biegung	16,0	18,0	24,0	27,0
	II A	Zug und Biegezug	16,0	18,0	21,6	24,3
	II B	Zug und Biegezug	16,0	18,0	19,0	21,4
	II A, II B	Druck und Biegedruck	16,0	18,0	24,0	27,0
	II B	Profilstumpfstöße	12,0	13,5	18,0	20,3
Kehlnähte	II A, II B	Zug[1]), Druck	16,0	18,0	19,0	21,4
		Schub	13,5	15,2	14,5	16,3
	III	Zug, Schub	6,4	7,2	–	–
		Druck	9,6	10,8	–	–
Längsnähte		Zug, Druck	16,0	18,0	24,0	27,0

[1]) Gilt nicht für einseitige Stirnkehlnähte, bei denen eine geringe Steifigkeit des anzuschließenden Bauteils eine Biegebeanspruchung der Naht hervorruft.

Stabes sind nur bei Stäben von mehr als 6 m projizierter Länge zu berücksichtigen (TGL 13500/01 [3.4]).

Die Biegemomente infolge von Außermittigkeiten können nach TGL 13500/01 [3.4] in einigen Fällen unberücksichtigt bleiben.

Für die Ausbildung der Anschlüsse gelten folgende Forderungen:

- Der Schwerpunkt der Verbindungsmittel (Schweißnaht, Schrauben) soll auf der Schwerachse des anzuschließenden Stabes liegen (bei Nichteinhaltung siehe TGL 13500/01 [3.4]).
- Jeder Querschnittsteil eines zusammengesetzten Stabquerschnittes ist für sich anzuschließen.
- Bei geschraubten Anschlüssen dürfen nicht mehr als sechs Verbindungsmittel in einer Reihe hintereinander angeordnet werden.

Arbeits- und Baustoffaufwand sind bei geschweißten Stabanschlüssen geringer als bei geschraubten, da im Anschluß keine Querschnittsschwächungen zu berücksichtigen sind. Auch läßt sich die Forderung nach einer mittigen Ausführung der Anschlüsse fast immer verwirklichen.

3.2.2. Druckstäbe

3.2.2.1. Mittig belastete Druckstäbe

Für planmäßig mittig gedrückte gerade Druckstäbe mit gleichbleibendem Querschnitt und mit gleichbleibender richtungstreuer Stabkraft ist der Nachweis der Knicksicherheit nach TGL 13503 [3.5] zu erbringen. Hierbei ist die zulässige Spannung σ mit dem Knickfaktor $\varphi \leq 1,0$ zu multiplizieren (φ-Verfahren). Er berücksichtigt die Knickgefahr und ist eine Funktion des Schlankheitsgrades

$$\lambda = \frac{l_k}{i} \quad \text{mit} \quad i = \sqrt{\frac{I}{A}} \tag{3.12}$$

bzw. des bezogenen Schlankheitsgrades

$$\bar{\lambda} = \frac{\lambda}{\lambda_s} \quad \text{mit} \quad \lambda_s = \pi \sqrt{\frac{E}{\sigma_F}}, \tag{3.13}$$

der Stahlmarke und der Querschnittsform (vgl. Tafel 3.5). Der Trägheitsradius i wird entweder aus den Profiltafeln [3.9] entnommen oder nach den Regeln der Festigkeitslehre aus dem Trägheitsmoment I und der Querschnittsfläche A nach Gl. (3.12) berechnet. Die Knicklänge l_k ist von der Stablänge l und der Lagerungsart des Druckstabes abhängig (Bild 3.3).

Werte für λ_s (gerundet)

Festigkeitsklasse	σ_F kN/cm²	λ_s
38/24	24	93
45/30	30	83
52/36	36	76
60/45	45	68

σ_F Fließgrenze

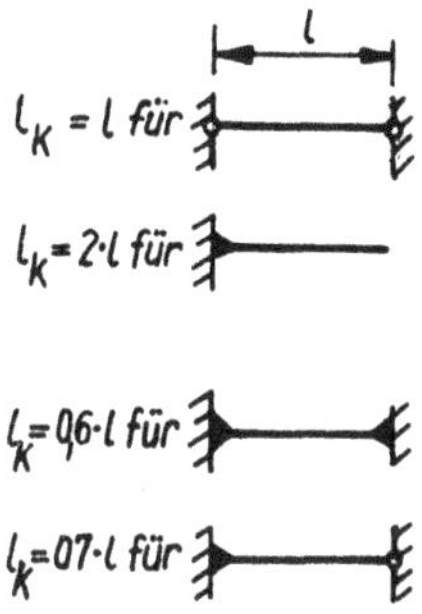

$l_k = l$ für

$l_k = 2 \cdot l$ für

$l_k = 0,6 \cdot l$ für

$l_k = 0,7 \cdot l$ für

Bild 3.3 Knicklängen l_k in Abhängigkeit von der Lagerungsart

Für Schlankheitsgrade $\lambda < 10$ ist kein Nachweis der Knicksicherheit erforderlich. Der Schlankheitsgrad $\lambda = 300$ wurde für den Stahlhochbau als obere zulässige Grenze festgelegt (Füllstäbe von Verbänden, die nur durch Zusatzkräfte belastet werden $\lambda = 200$). Aus wirtschaftlichen Gründen wird $\lambda \leq 150$ empfohlen. Als Schlankheitsgrad des Druckstabes ist jeweils der größere der beiden Verhältniswerte $\lambda_x = l_{kx}/i_x$ bzw. $\lambda_y = l_{ky}/i_y$ einzusetzen. Hierbei ist die Knicklänge l_{kx} und der Trägheitsradius i_x maßgebend für das Ausknicken rechtwinklig zur Querschnittshauptachse x-x. Das Ausknicken rechtwinklig zur y-Achse wird in gleicher Weise durch l_{ky} und i_y erfaßt.

Nach TGL 13503/01 [3.5] ist nachzuweisen, daß

$$\frac{N}{A} \leq \text{zul } \sigma \cdot \min \varphi \tag{3.14}$$

Tafel 3.5 Knickfaktoren φ

λ	φ für Knickspannungslinie			
	a	b	c	d
0,108		1,000	1,000	1,000
0,15		0,988	0,982	0,975
0,161	1,000			
0,2	0,993	0,973	0,961	0,947
0,25	0,983	0,958	0,940	0,919
0,3	0,973	0,942	0,919	0,892
0,35	0,962	0,926	0,897	0,864
0,4	0,950	0,910	0,874	0,836
0,45	0,938	0,892	0,851	0,808
0,5	0,924	0,873	0,827	0,779
0,55	0,909	0,852	0,802	0,751
0,6	0,893	0,831	0,776	0,721
0,65	0,874	0,807	0,749	0,692
0,7	0,853	0,782	0,721	0,662
0,75	0,830	0,755	0,692	0,633
0,8	0,804	0,727	0,663	0,604
0,85	0,775	0,697	0,634	0,575
0,9	0,743	0,667	0,604	0,547
0,95	0,710	0,635	0,575	0,520
1,0	0,676	0,604	0,546	0,494
1,05	0,640	0,573	0,518	0,469
1,1	0,605	0,543	0,492	0,445
1,15	0,571	0,514	0,466	0,422
1,2	0,538	0,486	0,441	0,400
1,25	0,507	0,459	0,418	0,380
1,3	0,477	0,434	0,396	0,361
1,35	0,450	0,411	0,376	0,342
1,4	0,424	0,388	0,356	0,325
1,45	0,400	0,368	0,338	0,309
1,5	0,377	0,348	0,321	0,294
1,6	0,337	0,313	0,290	0,267
1,7	0,303	0,283	0,263	0,243
1,8	0,273	0,256	0,239	0,222
1,9	0,248	0,233	0,218	0,203
2,0	0,225	0,213	0,200	0,187
2,1	0,206	0,195	0,184	0,172
2,2	0,188	0,179	0,169	0,159
2,3	0,173	0,165	0,157	0,147
2,4	0,160	0,153	0,145	0,137
2,5	0,148	0,142	0,135	0,128
2,6	0,1373	0,1317	0,1256	0,1190
2,7	0,1277	0,1227	0,1172	0,1113
2,8	0,1191	0,1146	0,1097	0,1043
2,9	0,1113	0,1073	0,1028	0,0980
3,0	0,1043	0,1007	0,0966	0,0922
3,1	0,0979	0,0946	0,0909	0,0869
3,2	0,0921	0,0891	0,0857	0,0820
3,3	0,0867	0,0840	0,0809	0,0775
3,4	0,0819	0,0794	0,0765	0,0734
3,5	0,0774	0,0751	0,0725	0,0696
3,6	0,0733	0,0712	0,0688	0,0661
3,7	0,0695	0,0675	0,0653	0,0628
3,8	0,0659	0,0642	0,0621	0,0598
3,9	0,0627	0,0610	0,0591	0,0570
4,0	0,0597	0,0581	0,0564	0,0544
4,1	0,0569	0,0554	0,0538	0,0519
4,2	0,0542	0,0529	0,0514	0,0496
4,3	0,0518	0,0506	0,0491	0,0475
4,4	0,0495	0,0484	0,0470	0,0455
4,5	0,0474	0,0463	0,0451	0,0436

Einstufung in die Knickspannungslinien

Eigen-spannungen		Querschnitt					
		geometrisch günstig z. B. ○ ⬜ I ⫲			geometrisch ungünstig z. B. ⋀ T ⌐ H ⌐ T		
		Knick-spannungs-linie	c_1	c_2	Knick-spannungs-linie	c_1	c_2
gering		a	15	500	b	10	320
hoch	$s \leq 40$ mm	b	10	320	c	10	220
	$s > 40$ mm	c	10	220	d	10	160

mit A = volle Querschnittsfläche des Stabes und zul σ = zulässige Stahlspannung nach Tafel 3.4 eingehalten wird.

Die Verwendung von hochwertigen Baustählen für schlanke Druckstäbe (λ etwa >150) bringt gegenüber St 38 keinen Vorteil [3.12]. Bei Berücksichtigung der Preisrelationen zwischen den unterschiedlichen Stahlmarken verschiebt sich diese Grenze nach unten. Für Druckstäbe eignen sich vor allem Querschnitte, bei denen die Trägheitsmomente I im Verhältnis zur Querschnittsfläche A groß sind, also Querschnitte mit großem Trägheitsradius $i = \sqrt{\dfrac{I}{A}}$. Die optimale Auslastung des Querschnittes in allen Achsen ($\lambda_x = \lambda_y$ ist anzustreben) erfordert mit

$$l_{kx} = n l_{ky} \tag{3.15}$$

die gleichzeitige Einhaltung der Bedingung

$$i_x = n i_y. \tag{3.16}$$

Für einen mittig belasteten Druckstab ist deshalb bei $l_{kx} = l_{ky}$ als Profilform ein Rohrprofil oder ein Kastenprofil mit quadratischem Querschnitt entsprechend den obigen Bedingungen besonders geeignet. Bei ungleichen Knicklängen sind Kastenprofile mit rechteckigem Querschnitt und ⊥-Profile anzustreben. In Tafel 3.6 ist der Einfluß der Profilform auf den

Tafel 3.6 Einfluß der Wahl von Profilformen auf den Materialbedarf mittig belasteter Druckstäbe mit $l_{kx} = l_{ky}$ am Beispiel, $N = 300$ kN, $l_{kx} = l_{ky} = 300$ cm

k	Profil		A_k cm²	A_k/A_1	Eignung
1	○	Rohr 146 × 5	22,2	1,0	1
2	[ ]	2 [100	27,0	1,22	2
3	⌐⌐	2 L 90 × 9	31,0	1,40	3
4	□	2 L 90 × 9	31,0	1,40	4
5	⌐⌐	2 L 100 × 10	38,4	1,73	5
6	○	Rohr 89 × 22	46,3	2,09	6
7	][	2 [160	48,0	2,16	7
8	I	I 260	53,4	2,41	8

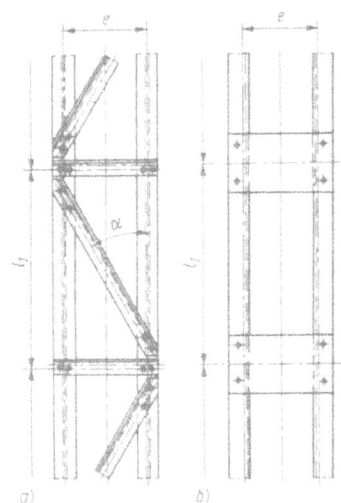

Bild 3.5 Querverbände zwei- und mehrteiliger Druckstäbe
a) Gitterstab
b) Rahmenstab

Materialbedarf an einem Beispiel deutlich gemacht. Im Bild 3.4 sind weitere Querschnitte für Druckstäbe dargestellt.

Der Nachweis der Knicksicherheit verlangt außerdem die Unterscheidung zwischen (Bild 3.4)
- einteiligen Druckstäben (aus einem Walzprofil oder aus mehreren Walzprofilen mit durchgehender Verbindung),
- zweiteiligen Druckstäben (stets mit Stoffachse),
- mehrteiligen Druckstäben mit Stoffachse,
- mehrteiligen Druckstäben ohne Stoffachse.

Die zwei- und mehrteiligen Druckstäbe erfordern aus Stabilitätsgründen die Anordnung eines Querverbandes zwischen einzelnen Querschnittsteilen. Er kann mit Bindeblechen (Rahmenstab) oder mit einem Fachwerkverband (Gitterstab) ausgeführt werden (Bild 3.5). Der auf der halben Stablänge l angeordnete Querverband ist statisch unwirksam. Es müssen somit mindestens vier Querverbände in einem Druckstab angeordnet werden. Die größte Beanspruchung erhalten die Endbindebleche am Kopf und am Fuß des Druckstabes. Sie sind somit besonders tragfähig auszubilden und anzuschließen. Der Abstand l_1 der Querverbände, ihre Querschnitte und Anschlüsse müssen in der endgültigen statischen Berechnung nach TGL 13503 [3.5] rechnerisch nachgewiesen werden.

Für das Ausknicken rechtwinklig zur Stoffachse wird der Knicksicherheitsnachweis nach den Gln. (3.12) bis (3.14) geführt. Für das Ausknicken senkrecht zur stofffreien Achse muß der Einfluß der Querverbände Berücksichtigung finden (vgl. [3.5, 3.9] u. a.).

Die Umkehrung der Gl. (3.14) des Knicksicherheitsnachweises ermöglicht noch keine Bemessungsansätze, da die querschnittsabhängigen Größen λ und φ noch unbekannt sind. Die Vorbemessungsdiagramme nach Blatt 3.04 erleichtern das Auffinden des erforderlichen Druckstabquerschnittes ganz erheblich [3.17].

In vielen Fällen ermöglicht auch die Anwendung von Tragfähigkeitstafeln eine schnelle Vorbemessung und Bemessung. Sie sind Bestandteil fast aller Tabellenwerke des Stahlbaues [3.15]. Die Blätter 3.05 und 3.06 zeigen Auszüge.

3.2.2.2. Außermittig belastete Druckstäbe

Die Außermittigkeit kann bei konstanter Druckkraft N durch
- eine planmäßige Außermittigkeit e ihres Lastangriffspunktes oder durch
- ein gleichzeitig wirkendes – von N unabhängiges – Biegemoment M ausgelöst werden.

Für gerade, planmäßig außermittig belastete Druckstäbe von gleichbleibendem Querschnitt werden folgende Nachweise geführt:
- Der Kraftangriffspunkt liegt auf einer der beiden Querschnittshauptachsen:

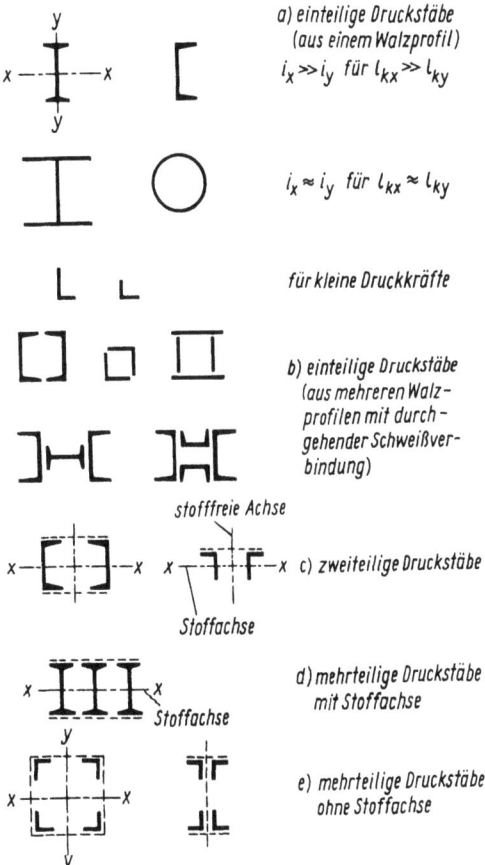

Bild 3.4 Druckstabquerschnitte

$$\frac{N}{A}(1 + \mu_N f_N) + \frac{M}{W_d} f_M \leqq \text{zul } \sigma \qquad (3.17)$$

bei $e_z \leqq e_d$ (vgl. Bild 3.6) und

$$\frac{N}{A}(-1 + \mu_N f_N) + \frac{M}{W_z} f_M \leqq \text{zul } \sigma \qquad (3.18)$$

bei $e_z > e_d$ (vgl. Bild 3.6).

– Der Kraftangriffspunkt liegt nicht auf einer Querschnittshauptachse:

$$\frac{N}{A}(1 + \mu_N f_N) + \frac{M_x}{W_{dx}} f_{Mx} + \frac{M_y}{W_{dy}} f_{My} \leqq \text{zul } \sigma, \qquad (3.19)$$

$$\frac{N}{A}(-1 + \mu_N f_N) + \frac{M_x}{W_{zx}} f_{Mx} + \frac{M_y}{W_{zy}} f_{My} \leqq \text{zul } \sigma. \qquad (3.20)$$

Es bedeuten:

$\sigma_c = \dfrac{N}{A}$ Absolutwert der Druckspannung, (3.21)

$\sigma_{bc} = \dfrac{M}{W_d}, \; \sigma_{bz} = \dfrac{M}{W_z}$ Absolutwerte der Biegedruck- und der Biegezugspannung, (3.22)

$\mu_N = \dfrac{93\lambda - c_1}{c_2} = \dfrac{\lambda \sqrt{\sigma_F / 240} - c_1}{c_2}$ Imperfektion, (3.23)

f_N, f_M Vergrößerungsfaktoren,

$$f_N = \frac{\sigma_{kl}}{\sigma_{kl} - \nu_{kr}\sigma_c}; \quad f_M = 1 + \frac{1+\delta}{\dfrac{\sigma_{kl}}{\nu_{kr}\sigma_c} - 1} \quad \text{bzw. nach Bild 3.7,} \qquad (3.24)$$

ν_{kr} Sicherheitszahl:

$\nu_{kr} = 1{,}50$ im Grenzlastfall H
$\nu_{kr} = 1{,}33$ im Grenzlastfall HZ,
$\nu_{kr} = 1{,}20$ im Grenzlastfall S,

$\sigma_{kl} = \dfrac{\pi^2 E}{\lambda^2} = \dfrac{\sigma_F}{\bar\lambda^2}$ ideale Knickspannung. (3.25)

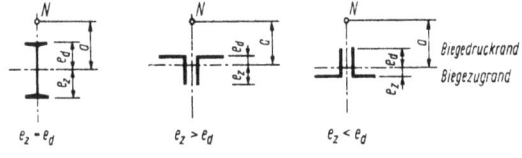

Bild 3.6 Stabilitätsbedingungen bei außermittigem Kraftangriff

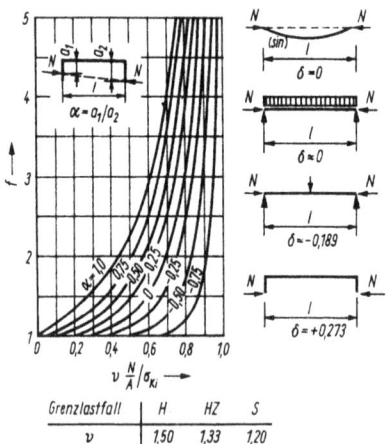

Bild 3.7 Vergrößerungsfunktionen nach TGL 13503/02

Tafel 3.7 Beiwerte δ nach TGL 13503/02

$\xi = \dfrac{x}{l}$	maßgebende Stelle	M^I	δ
	$\xi = 0{,}5$	$N \cdot v_0$	0
	$\xi = 0{,}5$	M	$+0{,}273$
	$\xi = 0{,}5$	$\dfrac{Pl}{4}$	$-0{,}189$
	$\xi = 0{,}5$	$\dfrac{ql^2}{8}$	$+0{,}032 \approx 0$
	$\xi = 0{,}375$	$\dfrac{9}{128}ql^2$	$+0{,}121$
	$\xi = 1$	$\dfrac{1}{8}ql^2$	$-0{,}382$
	$\xi = 0{,}5$	$\dfrac{1}{24}ql^2$	$+0{,}215$
	0 bzw. 1	$-\dfrac{1}{12}ql^2$	$-0{,}391$
	$\xi = 1$	$-\dfrac{ql^2}{2}$	$-0{,}410$

Bei planmäßig außermittig belasteten Druckstäben beeinflußt neben den Knicklängen l_{kx} und l_{ky} sowie der Normalkraft N insbesondere die Momentenbeanspruchung die Wahl des wirtschaftlichen Querschnittes. Der Einsatz höherfester Baustähle ist stets zu überprüfen.

Durch die große Zahl der Eingangsparameter sind Tragfähigkeitstafeln nicht verbreitet. Für eine Vorbemessung werden mit der Gleichung

$$\frac{1}{\varphi}\frac{N}{A} + 1{,}15\frac{M_x}{W_x} \leqq \text{zul } \sigma \qquad (3.26)$$

insbesondere bei I-Profilen brauchbare Ergebnisse erzielt. Ein Vorbemessungsdiagramm nach Blatt 3.04 verringert den Aufwand beim Auffinden des erforderlichen Querschnittes [3.17].

3.2.3. Bauliche Durchbildung der Stützen und Säulen

3.2.3.1. Stützenfüße

Am Fußpunkt der Stützen und Säulen werden die Stützenkräfte auf die Fundamente oder sonstigen abstützenden Bauteile übertragen. Wegen der in der Regel geringeren Baustoffestigkeit der Fundamente muß der Fußpunkt mit einer lastverteilenden Konstruktion versehen werden.

Bei planmäßig mittig belasteten Druckstäben bzw. gelenkig gelagertem Fußpunkt gelten folgende Grundsätze:

– Die Fußplatte muß ausreichend steif (ausreichende Dicke s im Verhältnis zur auskragenden Länge $\bar u$ und

Breite) ausgebildet werden, damit eine gleichmäßige Beanspruchung des Mörtelbettes unter der Fußplatte garantiert ist. Als Empfehlung gelten

$s > \frac{1}{7} ü$ mit $s = 10 \ldots 15$ mm für kleine Belastung,

$s > \frac{1}{4} ü \quad s = 15 \ldots 25$ mm für mittlere Belastung

und

$s > \frac{2}{5} ü \quad s = 25 \ldots 50$ mm für große Belastung.

In [3.15] sind Tragfähigkeitstafeln angegeben.
- Unter Einhaltung der zulässigen Spannungen sind die Fußplattenabmessungen möglichst klein zu halten.
- Jeder Querschnittsteil des Stützenquerschnittes ist mit seinen anteiligen Kräften an die Fußplatte anzuschließen.
- Bei winkelrecht zur Stützenachse verlaufender Stoßfläche zwischen Stütze und Fußplatte darf „Kontaktwirkung" zwischen Stütze und Fußplatte berücksichtigt werden, wenn die Kontaktflächen überall anliegen und im ganzen bearbeitet sind. Im Regelfall genügt ein Sägeschnitt (TGL 13450/01 [3.4]). In diesem Falle brauchen die Verbindungsmittel zwischen Stütze und Fußplatte nur auf $1/4\,N$ bemessen zu werden. Diese Ausführung sollte aus Wirtschaftlichkeitsgründen stets angestrebt werden.
- Um einen kleinen Werkstattaufwand zu erzielen, sind möglichst keine oder nur wenige Anschlußteile (Eckbleche, Schaftbleche u. a.) zu verwenden.
- Horizontalkräfte sind durch Schubverankerungen im Fundament abzuleiten.
- Steinschrauben oder Ankerschrauben sichern die projektgerechte Zuordnung von Stützenfuß und Fundament während der Montage und im Gebrauchszustand (ungewollte Horizontalkräfte usw.). Da sie keine Einspannmomente aufnehmen sollen, sind sie auf oder in der Nähe der Schwerachse der Stütze anzuordnen. Abhebende Kräfte sind durch Steinschrauben, Ankerschrauben oder Hammerschrauben aufzunehmen (Blatt 3.09).

Die Blätter 3.05 und 3.06 zeigen Beispiele gelenkig gelagerter Fußpunkte.

Eingespannte Fußpunkte (Blätter 3.07 und 3.08) sind immer dann erforderlich, wenn die Stütze am Fußpunkt auch ein Einspannmoment aufnehmen muß. In diesem Falle müssen Ankerschrauben die Verbindung zwischen Stützenfuß und Fundament herstellen (Blatt 3.09). Sie sind mit möglichst großem Abstand von der Stützenachse vorzusehen. Dies erfordert im Regelfall die Anordnung eines lastverteilenden Querträgers oder einer entsprechenden baulichen Durchbildung des Fußpunktes. In jüngster Zeit werden eingespannte Stützenfüße auch sehr einfach und wirtschaftlich durch Einbetonieren des Stützenprofils in eine Stahlbetonhülse ausgeführt (Blatt 3.07).

Schubdübel sind grundsätzlich vorzusehen bei Stützen, die durch Horizontalkräfte aus Fahrzeuganprall, Pufferkräfte, Bremskräfte oder Kranseitenstoß belastet werden, bei Konstruktionen, die Horizontalkräfte aus Erddruck oder Schüttgüter ableiten und bei Bauwerken im Bergsenkungs- oder Erdbebengebiet.

3.2.3.2. Trägeranschlüsse

Bei der baulichen Durchbildung der Trägeranschlüsse stehen statische Funktion und Konstruktion in unmittelbarer Wechselbeziehung:
- Gelenkige Trägeranschlüsse haben nur Querkräfte zu übertragen. Sie können als einseitige, zweiseitige oder als durchlaufende Anschlüsse ausgebildet werden (Blatt 3.10).
- Biegesteife Trägeranschlüsse haben Querkräfte und ein Biegemoment zu übertragen (Blatt 3.11).

Zur Aufnahme der Querkräfte werden Anschlußbleche, Stirnbleche (vor Kopf des Trägers angeschweißt), Anschlußwinkel (vielfach bei genieteter Ausführung), Auflagerknaggen (mit Tragfunktion) und Auflagerkonsolen verwendet. Tragfähigkeitstafeln erleichtern den Nachweis der Anschlüsse [3.15, 3.18 u. a.].

Die bei herkömmlichen Anschlußkonstruktionen oft ausgeführten Stütz- oder Absetzwinkel haben im Gebrauchszustand keine statischen Lasten zu übernehmen. Sie dienen nur zur Montageerleichterung. Die Auflagerkräfte durchlaufender Träger sind stets mittig in den Stützenquerschnitt einzutragen.

Um die Aufnahme der Einspannmomente eines Trägerauflagers zu gewährleisten, muß die sichere Übertragung der Zugkräfte aus dem Zuggurt des Trägers und der Druckkräfte aus dem Druckgurt des Trägers in den Stützenquerschnitt möglich sein. Dies macht im Regelfall die Anordnung von Zuglaschen und von Drucklaschen, Paßstücken oder gleichwertigen Schweißnähten im Druckgurt sowie von aussteifenden Eckblechen bzw. Schotten im Anschlußbereich erforderlich (Blatt 3.11).

Die Verbindungselemente und Verbindungsmittel jedes Trägeranschlusses müssen statisch nachgewiesen werden.

3.2.3.3. Stützenkopf

Die rechnerisch angenommene gelenkige Verbindung zwischen den Trägern (Unterzügen, Dachbindern usw.) wird realisiert durch

- einfache Flächenlagerung, wenn größere Verdrehungen zwischen Stütze und Träger nicht auftreten, der Anschlußpunkt schmal gehalten wird und die durch die Verdrehung ggf. entstehende außermittige Krafteintragung für die Stütze unerheblich ist,
- zentrische Lagerung, wenn die Voraussetzungen für eine einfache Flächenlagerung nicht gegeben sind. Durch ein Linien- oder Punktlager werden die Auflagerkräfte mittig in den Stützenkopf eingetragen.

Ein $15 \ldots 30$ mm dicker und $60 \ldots 100$ mm breiter Flachstahl als Zentrierleiste, auf der Kopfplatte senkrecht zum Trägersteg angeordnet, ermöglicht eine einfache und funktionstüchtige Auflagerkonstruktion. Die Oberseite der Zentrierleiste ist beiderseits abgeschrägt oder kreisförmig abgearbeitet. Anschlagknaggen legen die Stütze unverschieblich gegen den Unterzug fest. Aussteifungen sichern gegen Stabilitätsfälle. Zwischen Kopfplatte und Stützenquerschnitt darf zur Bemessung der Verbindungsmittel ebenfalls „Kontaktwirkung" vorausgesetzt werden (vgl. Abschn. 3.2.3.1.), wenn die Stoßflächen bearbeitet sind.

3.2.3.4. Stützenstöße

Auch für die bauliche Durchbildung der Stützenstöße gilt der Grundsatz, daß alle Querschnittsteile des zu stoßenden Druckstabes durch besondere Deckungsteile (z. B. Steg- und Gurtlaschen) und Verbindungsmittel (Schrauben, Schweißungen) zu stoßen sind. Die Stoßverbindung ist auf die an der Stoßstelle wirkenden maximalen Schnittgrößen der Stütze zu bemessen. Die Stöße sind gedrängt auszubilden. Verlaschungen müssen zweischnittig und symmetrisch angeordnet werden. Im Stoßquerschnitt soll die volle Querschnittsfläche und das volle Trägheitsmoment vorhanden sein.

Nur bei mittiger Druckbelastung darf die „Kontaktwirkung" berücksichtigt werden, wenn die Stoßstelle
- in den äußeren Viertelteilen der Stütze liegt, und wenn sie
- winkelrecht zur Stabachse bearbeitete Stoßflächen besitzt (TGL 13450 [3.4]).

In diesem Falle brauchen die Deckungsteile und Verbindungselemente nur auf die halbe Stabkraft dimensioniert zu werden. Blatt 3.12 zeigt Beispiele für die bauliche Durchbildung der Stützenstöße.

3.3. Vollwandträger

Unter Vollwandträger sollen sowohl
- Walzträger (ohne und mit Gurtplatten-Verstärkung) wie auch
- vollwandige Blechträger in geschweißter Ausführung
verstanden werden.

3.3.1. Beanspruchung, Anwendungsbereich

Vollwandträger werden ausschließlich oder überwiegend durch Biegemomente M und durch Querkräfte Q beansprucht. Die Schnittgrößen M und Q ermittelt man nach den Regeln der Statik am jeweiligen statischen System.

Für Durchlaufträger, Dachpfetten, Wandriegel, versteifte Rahmen und für unversteifte Rahmen unter begrenzenden Bedingungen sowie für Tragwerke, die nach der Plastizitätstheorie II. Ordnung bemessen werden, ist die Anwendung des Traglastverfahrens möglich (TGL 13450/02, TGL 13450/03 [3.4]). Es ergeben sich günstigere Beanspruchungen und damit wirtschaftlichere Bemessungen [3.7]. Auflagerkräfte und Querkräfte Q durchlaufender Träger dürfen im allgemeinen wie für Einfeldträger auf zwei Stützen berechnet werden. Eine Ausnahme bildet der Träger auf drei Stützen.

Als Profilform für auf Biegung beanspruchte Träger (Biegeträger) ist der $\underline{\text{I}}$-Querschnitt besonders geeignet (Tafel 3.8). Solche Querschnitte können Walz-

Tafel 3.8 Einfluß der Wahl von Profilformen auf den Materialbedarf von Biegeträgern am Beispiel (Spannungsnachweis)

k	Profil		A_k [cm²]	$\frac{A_k}{A_1}$	Eignung
1	IE	IE 240	34,8	1	1
2	I	I 220	39,6	1,14	2
3	O	⌀ 245 × 7	52,3	1,51	3
4	II	2 I 180	55,8	1,60	4
5	][	2 [180	56	1,61	5
6	O	⌀ 159 × 28	115	3,30	6
7	JL	2 L 180 × 18	123,8	3,56	7

profile oder auch aus Walzprofilen sowie Blechen zusammengesetzte Querschnitte sein. Wegen des geringeren Arbeitsaufwandes ist bei der Profilwahl Walzträgern stets der Vorzug gegenüber geschweißten Blechträgern zu geben.

Eine bessere Anpassung der Tragfähigkeit an die Maximalmomentenlinie kann durch Gurtplattenzulagen oder -auswechselungen (Dicken- oder/und Breitenwechsel) erreicht werden. Ziel der Anpassung ist eine Verringerung des Stahlbedarfes. Es sind jedoch die ökonomischen Auswirkungen zu berücksichtigen, die durch die Erhöhung des Fertigungsaufwandes entstehen.

Vollwandträger eignen sich als ein- und mehrzellige Kastenträger auch für zweiachsig auf Biegung beanspruchte Bauteile und für die Aufnahme von Torsionsbeanspruchungen. Im weiteren Verlauf soll jedoch auf diese mehrachsigen Beanspruchungen nicht weiter eingegangen werden. Vollwandträger kommen zum Einsatz als Deckenträger, Unterzüge, Dachpfetten, Treppenwangen, Türstürze, Rahmen- und Bogenträger sowie als Kranbahn- und Kranbrückenträger.

Die Anwendung von Elementen des Stahlleichtbaues führte zur Entwicklung weiterer Profilformen, wie Wabenträger, W-Träger und vielfältiger Formen von Dünnblechtragwerken. Bild 3.8 zeigt die typische Ansicht eines Wabenträgers. Er wird in der Regel aus einem Walzprofilträger hergestellt. Hierbei wird der Steg des $\underline{\text{I}}$-Profils mit einem automatischen Brennschnitt aufgetrennt und dann, seitlich versetzt auf der Länge b, wieder verschweißt bzw. zusätzliche Stegbleche eingeschweißt. Praktisch werden Vergrößerungen des Widerstandsmomentes um etwa 50% und des

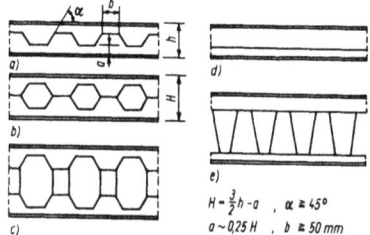

Bild 3.8 Wabenträger, W-Träger
a) geschnittenes I-Profil für Wabenträger
b) einfacher Wabenträger
c) Wabenträger mit Zwischenstegblech
d) geschnittenes I-Profil für W-Träger, e) W-Träger

Trägheitsmomentes um etwa 135% gegenüber dem Walzprofil-Grundquerschnitt erzielt. Wabenträger werden als Pfetten, Binder, Shedträger und Unterzüge für Stahldachtragwerke eingesetzt; weiterhin als Deckenträger und Laufstegträger mit vorwiegend gleichförmiger Belastung. W-Träger werden durch symmetrisches oder asymmetrisches Trennen des Steges eines I-Profiles und Einschweißen von Stegblechstreifen hergestellt.

3.3.2. Bemessung der Vollwandträger

3.3.2.1. Normalspannungen aus Biegebeanspruchung

Für den Druckgurt bzw. für den Zuggurt müssen erfüllt sein

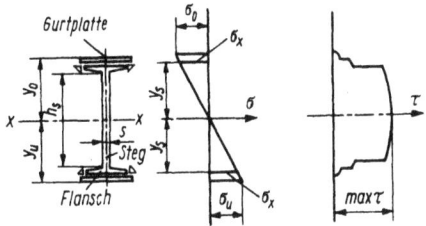

Bild 3.9 Vollwandträger mit einem Walzprofil als Grundquerschnitt und mit symmetrischer Gurtplattenverstärkung

$$\sigma_o = \frac{M_x}{I_x} y_o = \frac{M_x}{W_{xo}} \leq \text{zul } \sigma \text{ bzw.}$$

$$\sigma_u = \frac{M_x}{I_{xn}} y_u = \frac{M_x}{W_{xu}} \leq \text{zul } \sigma \quad (3.27)$$

mit M_x = maximales Biegemoment, I_x = Trägheitsmoment, I_{xn} = Trägheitsmoment des nutzbaren Querschnittes, etwa $0{,}9 I_x$ für den Zugbereich genieteter oder geschraubter Querschnitte, W_{xo}, W_{xu} = elastisches Widerstandsmoment, y_o, y_u = Randfaserabstand von der Schwerachse und zul σ = zulässige Spannung nach TGL 13500 (siehe Tafel 3.4).

Im Zusammenhang mit der Wahl der Trägerhöhe bildet der Nachweis der Normalspannungen die wichtigste Grundlage für die Vorbemessung der Vollwandträger.

Beim Nachweis der Randspannungen σ_o bzw. σ_u infolge eines Biegemomentes darf nach TGL 13500/01 [3.4] eine teilweise Plastizierung des Querschnittes berücksichtigt werden, wenn keine Wanderlasten auftreten und bestimmte geometrische Verhältniswerte für die Gurte (TGL 13500/02 [3.4]) eingehalten werden. Die Teilplastizierung wird durch die Einführung eines gegenüber dem elastischen Widerstandsmoment vergrößerten Wert W_T erfaßt, wobei gilt

$$W_T = \frac{W_{el} + W_{pl}}{2} \leq 1{,}2 W_{el}. \quad (3.28)$$

Hierbei bedeuten:
W_{el} Widerstandsmoment bei elastischer Spannungsverteilung,
W_{pl} Widerstandsmoment bei vollplastischer Spannungsverteilung.

3.3.2.2. Schubspannungen im Steg (Bild 3.9)

$$\max \tau = \frac{Q S_x}{I_x s} \leq \text{zul } \tau \quad (3.29)$$

mit Q maximale Querkraft, S_x statisches Moment einer Querschnittshälfte, s Stegdicke und zul τ zulässige Spannung nach TGL 13500 (vgl. Tafel 3.4).
Vereinfachend darf für Gl. (3.29) auch Gl. (3.10) gesetzt werden.

3.3.2.3. Formänderungen

Bei Vollwandträgern ist die Durchbiegung nachzuweisen, damit Nutzung und Funktion des Tragwerkes gewährleistet sind. Außerdem wird für Deckenträger und Unterzüge mit einer Stützweite über 6 m die Durchbiegung auf 1/300 der Stützweite begrenzt. Insbesondere für Biegeträger mit großer Stützweite und aus höherfesten Stählen kann dieser Nachweis für die Bemessung bestimmend werden. Die Profilform soll deshalb so gestaltet werden, daß der Querschnitt bezogen auf die Querschnittsfläche neben einem relativ großen Widerstandsmoment auch ein großes Trägheitsmoment besitzt. Die Durchbiegung ist nach den bekannten Ansätzen der Statik zu berechnen [3.9].

3.3.2.4. Sicherung der Stabilität

Vollwandträger können ihre Stabilität verlieren durch
- Kippen des Druckgurtes,
- Ausbeulen des Steges bzw. Stegbleches.

Beim Kippen wird der Biegeträger seitlich ausgebogen und gleichzeitig verdrillt. Die Kippsicherheit wird durch alle Maßnahmen erhöht, die auf eine Verhinderung der Verdrillung und der seitlichen Ausbiegung des Biegeträgers hinzielen. Dazu gehören (Bild 3.10):

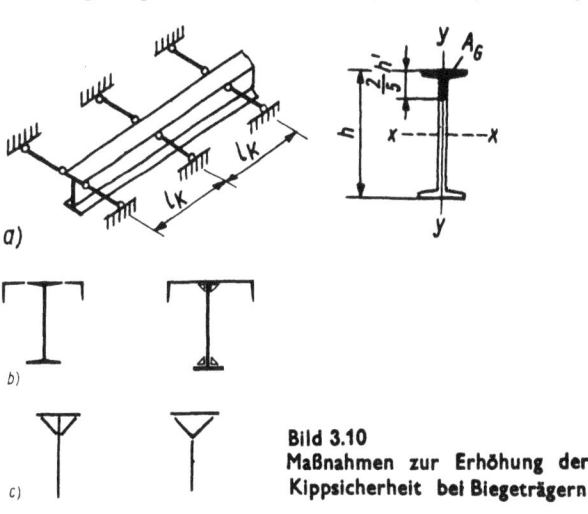

Bild 3.10 Maßnahmen zur Erhöhung der Kippsicherheit bei Biegeträgern

- seitliche Abstützung des Druckgurtes,
- breitere Ausbildung des Druckgurtes (größeres I_{yG}),
- Wahl eines torsionssteifen Druckgurtes,
- Einpassen der Quersteifen in den Druckgurt,
- dickeres Stegblech,
- Anordnung von Stirnplatten an den Trägerenden.

Walzprofile ohne seitliche Abstützung des Druckgurtes sind in der Regel schon ab Spannungsauslastungen von etwa 0,75 zul σ kippgefährdet.

Der Nachweis kann bei Walzprofilen entfallen, wenn der Druckgurt im Abstand l_k seitlich unverschieblich festgehalten wird (TGL 13500/01 [3.5]) und die Bedingung

$$\frac{l_k}{i_G} \leq 0{,}6\lambda_s \qquad (3.30)$$

eingehalten wird mit λ_s nach Abschn. 3.2.2.1. und i_G = auf die Stegebene bezogener Hauptträgheitsradius des Gurtplattenquerschnittes. Dazu gehören der Gurt und 2/5 der auf Druck beanspruchten Stegfläche (siehe Bild 3.10).

Bei veränderlichem Moment M_x längs der Trägerachse kann die Knicklänge l_k in Anlehnung an TGL 13503/02 [3.5], Abschn. 11.2., reduziert werden.

Der genaue Nachweis der Kippsicherheit ist nach TGL 13503 [3.5] zu führen. In der Literatur wurden hierzu aufbereitete Tafeln veröffentlicht [3.15, 3.18].

Als Ausbeulen des Steges bzw. Stegbleches wird das seitliche Ausweichen des Steges senkrecht zur Stegebene bezeichnet. Zur Erhöhung der Beulsicherheit werden

- im Regelfall Quersteifen,
- bei großen Stegblechhöhen (etwa ab 1,6 m Stegblechhöhe) auch Längssteifen,
- seltener auch Diagonalsteifen (in Richtung der „Druckstreben") angeordnet.

Quersteifen können eine mehrfache Funktion ausüben. Als Beulsteifen sichern sie die Beulstabilität. Gleichzeitig erhöhen sie die Kippsicherheit des Druckgurtes vor allem dann, wenn sie in den Druckgurt eingepaßt wurden. Schließlich gewährleisten Quersteifen die allmähliche Eintragung großer Einzellasten in den Vollwandträger. Sie müssen daher bei hohen Trägern an den Eintragungsstellen großer Querkräfte (z. B. Auflagern, vgl. Abschn. 3.3.4.2.) angeordnet werden. Im Lastgurt sind sie stets einzupassen oder mit einer Schweißnaht anzuschließen.

Für Stegblechhöhen bis $h_s \leq 1{,}60$ m und Stegblechdicken von etwa 12...14 mm genügt im allgemeinen die Anordnung lotrechter Quersteifen zur Sicherung der Beulstabilität [3.12, 3.13, 3.15]. Sie sind etwa im Abstand $a \approx h_s$ vorzusehen.

Die Beulstabilität wird weiterhin durch die Wahl eines dickeren Stegbleches erhöht. Von dieser Möglichkeit macht man bei modernen Stahltragwerken vor allem dann Gebrauch, wenn hierdurch die Anordnung von Quersteifen entfallen kann. Der Werkstattaufwand für die Trägerfertigung kann so wesentlich gesenkt werden.

Die Beulsicherheit hoher und hochbeanspruchter Vollwandträger ist rechnerisch nach TGL 13503 [3.5] nachzuweisen. Im Stahlhochbau kann für Überschlagsberechnungen der Nachweis entfallen, wenn

- die Stegblechhöhe h_s etwa 1,0 m nicht überschreitet,
- die biegedruckseitigen Randspannungen nicht größer als die biegezugseitigen Randspannungen sind und wenn

- die auf das 2,33fache (bzw. 2,17fache) erhöhten Schubspannungen τ nach Gl. (3.10) nicht die kritische Beulspannung σ_{vkr} überschreiten:

Grenzlastfall H $\quad 2{,}33 \dfrac{Q}{h_s s} \leq \sigma_{vkr}$ und $\qquad(3.31)$

Grenzlastfall HZ $\quad 2{,}17 \dfrac{Q}{h_s s} \leq \sigma_{vkr}.\qquad(3.32)$

Für die Stegblechhöhe h_s darf der Abstand der Verbindungsmittel (Halsnähte, Halsniete) eingesetzt werden. Die kritische Beulspannung σ_{vkr} ist mit der idealen Vergleichsspannung σ_{vki}

$$\sigma_{vki} = 17{,}60 \left(100 \frac{s}{h_s}\right)^2 \quad \text{in kN/cm}^2 \qquad (3.33)$$

dem Bild 3.11 zu entnehmen. Die Gln. (3.31) bis (3.33) lassen deutlich den Einfluß der Stegblechdicke s auf die Sicherung der Beulstabilität erkennen. Über den genauen Beulnachweis gibt TGL 13503/01, Abschn. 16 bis 18 [3.5], Auskunft.

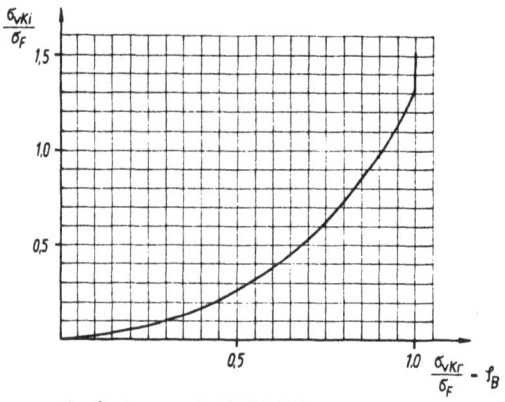

σ_F Streckgrenze der Festigkeitsklasse nach Abschnitt 3.2.2.1

Bild 3.11 Beulfaktor φ_B

3.3.2.5. Sonstige Festigkeitsnachweise

Vergleichsspannungsnachweis für den Steg: Für den Steg ist zusätzlich noch die Vergleichsspannung nach Gl. (3.09) nachzuweisen. In der Regel ist der Nachweis für den Übergang vom Steg zum Flansch zu führen. Die Schubspannungen dürfen vereinfachend nach Gl. (3.10) angesetzt werden.

Geschweißter Gurtplattenanschluß (Kopfnaht, Bild 3.9):

$$\sigma_x = \frac{M_x}{I_x} y_s \leq \text{zul } \sigma$$

und $\qquad(3.34)$

$$\tau = \frac{QS_G}{I_x \sum a} \leq \text{zul } \tau$$

mit $\sum a$ = Summe der beteiligten Kopfnahtdicken, y_s = Schwerpunktabstand der Kopfnaht und S_G = statisches Moment der Gurtplatten.

Zusätzlich ist für die Kopfnaht der Nachweis nach Gl. (3.10) zu erbringen.

Geschweißter Halsanschluß: Der Nachweis ist analog dem Nachweis für den geschweißten Gurtplattenanschluß zu führen. Weitere Festigkeitsnachweise sind TGL 13500 [3.4] zu entnehmen.

Bei Berücksichtigung einer teilweisen Querschnittsplastizierung nach TGL 13500/01 ist sinngemäß nach Abschn. 3.3.2.1. zu verfahren.

3.3.3. Vorbemessung der Vollwandträger

Die wirtschaftliche Höhe der Vollwandträger ist vor allem von Größe und Verteilung der Belastung, von der Stützweite, vom statischen System, von der Stahlmarke u. a. abhängig. Durch Umstellung von Gl. (3.27) ist eine direkte Vorbemessung möglich, wobei meist vereinfachende statische Systeme und Belastungsverteilungen zugrunde gelegt werden. Außerdem stehen in der Fachliteratur umfangreiche Tabellen und Diagramme zur Verfügung, die eine Bemessung unter Einbeziehung aller im Abschn. 3.3.2. geforderten Nachweise ermöglichen, auch teilweise unter Einbeziehung einer wirtschaftlichen Stahlmarkenauswahl [3.9, 3.15 u. a.].

Für Träger unter konstanter Linienbelastung kann zur ersten Abschätzung der Höhe h eine Abhängigkeit von der Stützweite l vorausgesetzt werden.

Werden Walzprofile als Grundquerschnitt gewählt, so gilt für den Einfeldträger

$$h \geq \left(\frac{1}{14} \cdots \frac{1}{22}\right) l \qquad (3.35)$$

bei Verwendung von Baustählen der Festigkeitsklasse 52/36 und

$$h \geq \left(\frac{1}{12} \cdots \frac{1}{18}\right) l \qquad (3.36)$$

bei Verwendung von Baustählen der Festigkeitsklasse 38/24.

Walzprofilträger stehen nur bis $h = 550$ mm (IE-Profil) bzw. $h = 400$ mm (I-Profil) zur Verfügung.

Für vollwandige Blechträger sollte die Stegblechhöhe h_s wie folgt gewählt werden (Auswahlreihe nach TGL 26088 beachten):

Einfeldträger

im allgemeinen $h_s \geq \left(\frac{1}{12} \cdots \frac{1}{20}\right) l,$ (3.37)

wenn die Formänderungen unbedenklich sind

$$h_s \geq \frac{1}{15} l. \qquad (3.38)$$

Durchlaufträger

$$h_s \geq \frac{1}{25} l. \qquad (3.39)$$

Rahmenriegel

$$h_s \geq \left(\frac{1}{15} \cdots \frac{1}{25}\right) l. \qquad (3.40)$$

Trägerroste, Verbundtragwerke usw.

$$h_s \geq \left(\frac{1}{15} \cdots \frac{1}{30}\right) l. \qquad (3.41)$$

Die Bilder 3.12 und 3.13 ermöglichen für statisch bestimmt gelagerte Deckenträger mit IE-Profil und der Stützweite l bzw. dem Trägerabstand a das sofortige Ablesen der erforderlichen Trägerhöhe h bzw. der zugehörigen Querschnittswerte W, I und A. Den Vorbemessungsdiagrammen ist eine konstante Flächenlast $q = g + p$ aus Eigenlast g und Verkehrslast p zugrunde gelegt. Wird der Durchbiegenachweis mit einer Beschränkung der Durchbiegung auf 1/300 maßgebend, dann braucht nur mit dem für die Durchbiegung bestimmenden Anteil q gerechnet zu werden (Bild 3.13).

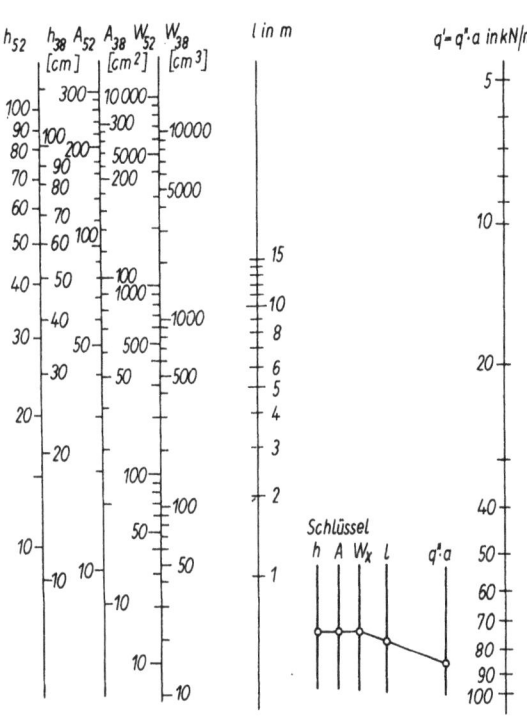

Bild 3.12 Vorbemessung von IE-Deckenträgern nach TGL 10369 für St 38 (h_{38}, A_{38}, W_{38}) und H 52 (h_{52}, A_{52}, W_{52}) nach [3.17]

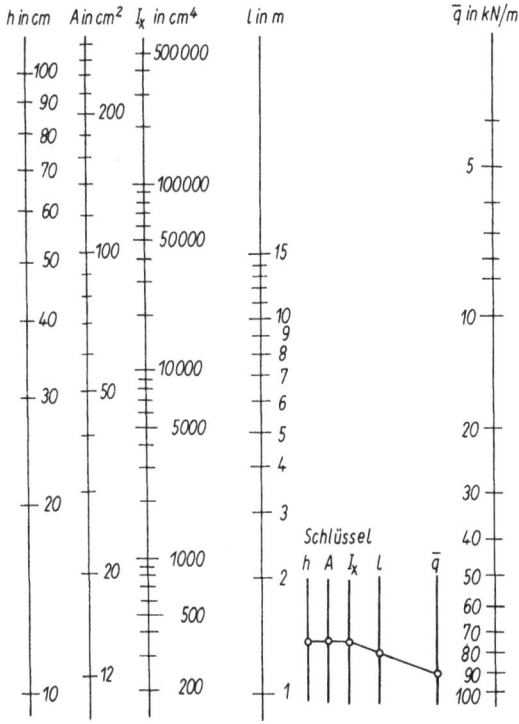

Bild 3.13 Vorbemessung von IE-Deckenträgern nach TGL 10369 (Durchbiegung unter der Belastung $\bar{q}$ ist maßgebend) nach [3.17]

Fachwerkträger erfordern gegenüber Vollwandträgern einen größeren Herstellungs- und Unterhaltungsaufwand. Auch ist ihre ästhetische Wirkung – vor allem wenn mehrere Tragebenen hintereinander angeordnet werden müssen – unruhiger. Es sollte daher versucht werden, den vollwandigen Träger auch für mittlere Stützweiten noch einzusetzen. Mit Rücksicht auf den größeren Stahlbedarf sind jedoch Fachwerkträger für Stützweiten l etwa über 15 m im allgemeinen wirtschaftlicher.

3.3.4. Bauliche Durchbildung der Vollwandträger

3.3.4.1. Zusammengesetzte Vollwandträger (Blechträger)

Die Stegblechdicke s zusammengesetzter Vollwandträger wählt man in Abhängigkeit von der Höhe h des Stegbleches (Bild 3.9) zu

$$s \geq \left(\frac{1}{90} \cdots \frac{1}{100}\right) h_s \quad \text{bzw.} \quad s \geq 6 \text{ mm.} \tag{3.42}$$

Dickere Stegbleche erhöhen die Kipp- und Beulsicherheit des Trägers (Abschn. 3.3.2.4.).

Die Druckgurte zusammengesetzter Vollwandträger sollten zur Verringerung der Kippgefahr möglichst breit ausgeführt werden. Als Anhalt kann für geschweißte Vollwandträger

$$b \geq \left(\frac{1}{5} \cdots \frac{2}{5}\right) h \tag{3.43}$$

dienen.

Weitere spezielle Hinweise über bauliche Durchbildung genieteter und geschweißter Vollwandträger (Gurtbreite, Gurtplattenablängung, Gurtplatten- und Gurtwinkelstöße usw.) siehe Literatur [3.11, 3.12, 3.15 u. a.].

3.3.4.2. Trägerauflager

In statischer Hinsicht müssen
- bewegliche Auflager (sie übertragen nur lotrechte Auflagerkräfte),
- feste Auflager (sie übertragen lotrechte und horizontale Auflagerkräfte) und
- eingespannte Auflager (sie übertragen auch Einspannmomente)

unterschieden werden (Blatt 3.13). Träger können auf Mauerwerk bzw. Beton oder auf eine Stahlkonstruktion aufgelagert werden. Die Auflagerung kleiner Träger (z. B. Deckenträger) mit statischer Beanspruchung auf Mauerwerk oder anderen Massivbauteilen erfolgt flächenhaft auf einer etwa 30 mm dicken Zementmörtelschicht. Die Mörtelauflagerung wird zur Vermeidung unerwünschter Kantenpressungen um etwa 30 ... 50 mm von der Vorderkante des Mauerwerks zurückgesetzt. Für eine zulässige Druckspannung zul σ_d der Lagerfuge (vgl. Tafel 3.9) ergibt sich zur Aufnahme der Stützkraft B eine erforderliche Auflagerfläche von

$$\text{erf } A \geq \frac{B}{\text{zul } \sigma_d} \tag{3.44}$$

(siehe dazu auch Abschn. 4.3.3.2. bzw. [4.5]). Die Auflagerlängen a sollen außerdem für Träger mit der Trägerhöhe h und der lichten Spannweite w zur Sicherung einer gleichmäßigen Beanspruchung des Mörtelbettes die Werte $1/10w$ bzw. 150 mm nicht unterschreiten. Als oberer Grenzwert sollte etwa

$$a = 100 \text{ mm} + \frac{h}{3} \tag{3.45}$$

nicht überschritten werden [3.13, 3.19].

Tafel 3.9 Zulässige Spannungen zul σ_d in N/cm² für
- Mauerwerk aus natürlichen und künstlichen Steinen
- unbewehrte Betonbauteile [3.20]

	Unter Verwendung von	Mörtelgruppe		
		I	II	III
Quadermauerwerk	Gruppe C (fester Kalkstein, ...)	160	220	300
	Gruppe D (quarzitischer Sandstein, ...)	220	300	400
	Gruppe E (Granit, Syenit)	300	400	500
Mauerwerk	Mz 10, KSV 10, ...	60	90	120
	KSV 25, Hz 25, ...	–	160	220
	K 35, KSV 35	–	220	300
Unbewehrte Betonbauteile[1])	Bk 7,5		≈ 310	
	Bk 10		≈ 420	
	Bk 20		≈ 840	
	Bk 25		≈ 1050	

[1]) Vgl. dazu auch Abschn. 4.3.3.2.

Reicht die Gurtbreite b des Trägers nicht mehr zur Übertragung der Auflagerkräfte aus, so werden lastverteilende Auflagerplatten angeordnet. Bei mittlerer und hoher Beanspruchung (etwa größer 250 kN) werden Auflagersteifen erforderlich (Blatt 3.14). Sie sollen eine gleichmäßige Eintragung der Auflagerkräfte in den Steg des Trägers garantieren.

Über die Dicke der Auflagerplatten können die Angaben von Abschn. 3.2.3.1. analog übernommen werden. Durch die Anordnung von zwei oder mehr nicht miteinander verbundenen Auflagerplatten können einfache bewegliche Auflager (Gleitlager) erzielt werden.

Die Konstruktionsformen a bis d sowie g bis j nach Blatt 3.13 sind für Auflagerkräfte bis etwa 100 kN und für Stützweiten < 10m geeignet.

Für große Stützweiten und Belastungen ist die Ausführung der beweglichen Lager z. B. als Rollenlager, Pendel- oder Gummilager erforderlich. Um eine zentrische Auflagerung auf den stützenden Bauteilen zu garantieren, muß gegebenenfalls eine Zentrierung erfolgen.

Bei Auflagerung der Vollwandträger auf andere Stahlbauteile muß je nach der Größe der Beanspruchung entweder
- eine flächenhafte Auflagerung oder
- eine zentrische Auflagerung über eine Zentrierleiste (Blatt 3.13)

ausgeführt werden. Wegen der konzentrierten Lasteintragung sind stets Auflagersteifen (Aussteifungen) anzuordnen. Horizontale Trägerverankerungen siehe Blatt 3.13.

3.3.4.3. Trägeranschlüsse

Über die Einteilung, statische Funktion und über die bauliche Durchbildung der Trägeranschlüsse an Stützenquerschnitten gibt Abschn. 3.2.3.2. Auskunft. Für die Anschlüsse vollwandiger Träger an andere Vollwandträger gelten die dort gegebenen Hinweise. Der gelenkige Trägeranschluß ist dem biegesteifen vorzuziehen, da Herstellungs- und Montageaufwand wesentlich geringer sind (Blatt 3.14). Der Anschluß erfolgt im allgemeinen durch Anschlußbleche, Stirnbleche oder Anschlußwinkel.
Bei eingespannten Auflagern sind die Querkraft (Auflagerkraft) und das Einspannmoment je für sich anzuschließen. In der Regel wird dem Steganschluß (z. B. Anschlußwinkel oder Schweißnaht) nur die Querkraft zugewiesen. Zur Aufnahme des Einspannmomentes M_s werden Zug- und Drucklaschen (Kontinuitätslaschen) angeordnet. Sie haben die Laschenkräfte

$$Z = -D = \frac{M_s}{h_L} \qquad (3.46)$$

aufzunehmen (h_L = Mittenabstand der Laschen) und müssen entsprechend dimensioniert an den Flanschen der Träger angeschlossen werden. Die Drucklasche kann auch durch ein Kontakt- oder Paßstück oder durch eine gleichwertige Schweißnaht ersetzt werden (Blatt 3.14). Besitzen die anzuschließenden Träger nicht die gleiche Trägerhöhe, dann muß auf die sichere Überleitung der aus dem Einspannmoment resultierenden Kräfte besonders sorgfältig geachtet werden.

3.3.4.4. Trägergelenke

Gelenke haben in Stahltragwerken entweder

- Querkräfte und Längs- bzw. Normalkräfte oder nur
- Querkräfte

zu übertragen. Für Träger kleinerer und mittlerer Belastung (etwa bis 350 kN) genügt die Ausführung als Bolzengelenk (Blatt 3.15). Zur Abminderung des Lochleibungsdruckes müssen gegebenenfalls Verstärkungsbleche angeordnet werden.
Für die Übertragung größerer Auflagerkräfte (z. B. für schwere Gerber- oder Gelenkträger in Kranbahnen oder Brücken) sind Kipp- oder Rollenlager auf konsolartigen Trägerenden anzuordnen.
Plattengelenke werden bei Scheitel- oder Fußgelenken von Rahmen- oder Bogenkonstruktionen eingesetzt. Die Querkräfte werden durch Knaggen und die Längskräfte durch Schrauben bzw. durch Kontaktknaggen übertragen (Blatt 3.15).

3.3.4.5. Trägerstöße

Querstöße werden in Vollwandträgern als

- Werkstattstoß (mit meist nur einem gestoßenen Querschnittsteil im gestoßenen Querschnitt) oder als
- Baustellen- oder Universalstoß

ausgeführt. Für die bauliche Durchbildung der Universalstöße gelten folgende Grundsätze:

- Jedes Querschnittsteil ist für sich zu decken und anzuschließen.
- Die Deckungsteile (Laschen usw.) und Verbindungsmittel sind auf die Größe der anteiligen Schnittkräfte zu bemessen.

So werden Biegemomente entsprechend dem Anteil der Querschnittsteile am Gesamtträgheitsmoment und Normalkräfte entsprechend ihren anteiligen Querschnittsflächen auf die Querschnittsteile (Steg, Flansch) gedeckt und angeschlossen. Die Aufnahme der Querkräfte wird im Regelfall nur dem Steg zugewiesen [3.10, 3.11, 3.12, 3.15].
Trägerstöße können in geschraubter (genieteter) Ausführung mit Steglaschen, Flansch-, Gurtplatten- und gegebenenfalls Gurtwinkellaschen ausgeführt werden. Die Tragfähigkeiten sogenannter „Regelstöße" sind tabelliert [3.15 u. a.].
Bei geschweißter Ausführung gehören Stumpfstöße in Form- und Stabstählen der Ausführungsklasse II B an (Abschn. 3.1.2.3.). Stöße mit aufgeschweißten Decklaschen sind nur ausnahmsweise bei statischer Beanspruchung (Ausführungsgruppe C) zulässig. Die Anhäufung von Schweißnähten und Nahtkreuzungen ist so weit wie möglich zu vermeiden [3.4]. Für jeden Trägerstoß ist ein Festigkeitsnachweis zu führen.

3.3.5. Deckentragsysteme

Der statisch-konstruktiven Lösung des Deckentragsystems als Teil des Tragsystems von mehrgeschossigen Stahltragwerken kommt durch den relativ großen Anteil an der Gesamtökonomie der Tragkonstruktion eine wesentliche Bedeutung zu (vgl. Tafel 1.1). Die Entscheidung über eine materialökonomisch günstige Lösung des Deckentragsystems als System von Haupt- und Nebenträgern ist von den Trageigenschaften der Deckenkonstruktion, der inneren Gebäudegeometrie (im wesentlichen Stützenstellung), der konstruktiven Durchbildung der Deckenträger, der Deckenbelastung u. a. Faktoren abhängig.
In Tafel 3.10 sind Kennziffern für den Stahlbedarf von unterschiedlichen Deckentragsystemen für eine ausgewählte Geometrie unter folgenden Voraussetzungen angegeben [3.17]:

- Alle Deckenträger sind Einfeldträger mit gelenkigen Anschlüssen. Sie erhalten nur vertikale Lasten.
- Die Stahlgüte ist für alle Deckenträger gleich.
- Die Belastung ($g + p$) bleibt unabhängig von der Deckenträgeranordnung konstant.
- Alle Deckenträger gehören einer geometrisch ähnlichen Profilreihe an.

Für eine abschließende Analyse ist es selbstverständlich unumgänglich, die Aufwendungen für die Deckenplatte und die Deckenträger in ihrer Gesamtheit zu betrachten.

Der Einfluß der Belastung q auf die Höhe des Stahlbedarfes M wird durch die Gleichung

$$M = f(q^\alpha) \tag{3.47}$$

mit einem degressiven Verlauf ($\alpha = 0,6 \ldots 0,7$) charakterisiert. Bei einer Steigerung der Belastung q um das Fünffache vergrößert sich der Stahlbedarf bei $\alpha = 0,6$ um das 2,63fache.

Tafel 3.10 Bezogener Stahlbedarf von Deckentragsystemen

	$b/l =$ 6 m/6 m		$b/l =$ 6 m/12 m		$b/l =$ 6 m/18 m	
	$z=2$	$z=4$	$z=2$	$z=4$	$z=2$	$z=4$
1	1	1	1	1	1	1
2	1,32	1,32	1,32	1,32	1,32	1,32
3	2,98	2,54	1,71	1,62	1,41	1,37
4	3,29	2,85	2,03	1,94	1,73	1,69
5	1,32	1,11	–	–	–	–
6	1,32	1,32	–	–	–	–
7	2,63	2,42	1,75	1,68	1,54	1,51
8	2,63	2,63	1,75	1,75	1,54	1,54

z Anzahl der Stützenachsen in Gebäudequerrichtung
Abstand der Nebenträger $a = 3,0$ m

Der Stahlbedarf wird entscheidend durch die Stützweite l beeinflußt:

$$M = f(l^{2\alpha}). \tag{3.48}$$

Es vergrößert sich beispielsweise bei einer Verdoppelung der Stützweite der Stahlbedarf bei $\alpha = 0,6$ auf das 2,3fache. Der Einfluß des Stützenabstandes b in Gebäudelängsrichtung auf den Stahlbedarf wird durch die Gleichung

$$M = f(b^{\alpha-1}, D) \tag{3.49}$$

bestimmt, die in Abhängigkeit vom Deckentragsystem (Term D) ein unterschiedliches Verhalten zeigt (Bild 3.14).

Beim Deckentragsystem nach Zeile 1 der Tafel 3.10 wird mit wachsendem Abstand b der Stahlbedarf geringer. Typisch für den Verlauf der Funktionen für die anderen Deckentragsysteme nach Tafel 3.10 ist, daß bei $b > b_{opt.}$ der Anstieg der Funktionen klein ist. Daraus leitet sich die Empfehlung ab, daß $b \geqq b_{opt.}$ sein soll. Die Festlegung des Großrasters $b = 6,0$ m in Gebäudelängsrichtung liegt deshalb unter Beachtung weiterer Einflußfaktoren (Arbeitszeitaufwand für Ferti-

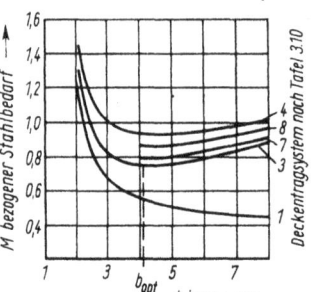

Bild 3.14 Einfluß des veränderlichen Stützenabstandes in Gebäudelängsrichtung auf den Stahlbedarf

gung und Montage u. a.) in einem günstigen Bereich. Der Vergrößerung der Stützenabstände in Gebäudelängsrichtung sind jedoch durch die vermehrten Aufwendungen für die Deckenplatten und die Hüllkonstruktionen Grenzen gesetzt.

3.4. Ebene Fachwerkkonstruktionen

3.4.1. Wirkungsprinzip, Anwendungsbereich

Fachwerke bestehen aus stabförmigen Tragelementen (Fachwerkstäben), die in Knotenpunkten miteinander durch Schweißung oder auch Verschraubung bzw. Nietung verbunden sind. Die Stabanschlüsse können als gelenkige Anschlüsse vorausgesetzt werden. Werden weiterhin alle äußeren Lasten in den Knotenpunkten eingetragen und bei der baulichen Durchbildung der Fachwerke bestimmte Konstruktionsregeln beachtet (Systemlinie gleich Schwerachse, gerade Stabachsen usw.), so haben die Fachwerkstäbe ausschließlich Normalkräfte aufzunehmen. Sie ermöglichen hierdurch – im Gegensatz zu biegebeanspruchten Tragelementen – eine besonders wirtschaftliche Ausnutzung des Stahlquerschnittes. Dies führt zu relativ geringem Baustoffbedarf und damit kleinen Eigenlasten der Fachwerke. Fachwerke sind somit für die stützenfreie Überspannung großer Flächen besonders geeignet. Im allgemeinen liegt ihr wirtschaftlicher Anwendungsbereich bei Stützweiten größer als 15,0 m (vgl. Abschn. 3.3.3.). Im Hochbau werden Fachwerke vor allem angewendet für

– Dachbinder aller Art und Form,
– Rahmen und Bogenbinder für Hallen,
– Unterzüge und Dachpfetten mit großen Stützweiten,
– schwere Hallenstützen,
– Wind- und Montageverbände usw.

Fachwerke mit räumlicher Tragstruktur siehe Abschn. 7.

3.4.2. Hauptabmessungen

Mit Rücksicht auf die kostenwirksamen Wechselbeziehungen zwischen der Stützweite l, der Größe der Stabkräfte in den Gurtstäben und der Konstruktionshöhe h sollte bei parallelgurtigen Trägern einschließlich Mansardbinder und bei Trapezträgern gewählt werden

$$h \geq \left(\frac{1}{7} \ldots \frac{1}{10}\right) l \quad \text{für Einfeldträger} \quad (3.50)$$

$$\geq \frac{1}{15} l \quad \text{für Einfeldträger bei beschränkter Bauhöhe} \quad (3.51)$$

$$\geq \left(\frac{1}{10} \ldots \frac{1}{12}\right) l \quad \text{für Durchlaufträger.} \quad (3.52)$$

Bei Dachtragwerken werden Dreieckbinder wirtschaftlich eingesetzt für Stützweiten zwischen etwa 15 und 30 m. Der ökonomische Einsatzbereich der parallelgurtigen Binder, Mansard- und Trapezbinder liegt etwa zwischen 18 und 36 m.

Die Pfettenabstände werden von der angewendeten Dachdeckung (Dachhaut) bestimmt. Sie liegen etwa zwischen 1,8 und 3,5 m und bestimmen die Feldweite des Fachwerks (Abstand der Knotenpunkte).

Die Eigenlast g_F eines Fachwerkbinders wird von der Stützweite l, vom Binderabstand a und von der Dachbelastung bestimmt. Sie ist zweckmäßigerweise aus vergleichbaren Binderprojekten zu entnehmen. Für eine erste Abschätzung von g_F bezogen auf die Grundrißfläche $a \cdot l$ kann dienen

$$g_F \,[\text{N/m}^2] \approx 10 l \,[\text{m}] \quad \text{bei genieteter und} \quad (3.53)$$

$$\approx 8{,}5 l \,[\text{m}] \quad \text{bei geschweißter Ausführung.} \quad (3.54)$$

Der entsprechende Vollwandträger bzw. Rahmenbinder würde eine um etwa 25 % höhere Eigenlast besitzen.

Tafel 3.11 Eigenlasten g_F von geschweißten Fachwerkbindern in N/m²

Binderform	Binderstützweite m	Binderabstand m	Eigenlast g_F für Dachbelastung	
			1,5 kN/m²	3,0 kN/m²
Satteldachbinder	8…10	4,0…6,0	70	110
	12…16	5,0…7,0	110	160
	18…24	5,0…7,0	140	260
	30…36	5,0…7,0	160	280
Rahmenbinder	12…16	5,0…7,0	150	200
	18…24	5,0…7,0	210	360
	30…36	5,0…7,0	250	400
Zuschlag für Pfetten und Verbände			80	160

In Tafel 3.11 sind Eigenlasten von Fachwerkbindern angegeben, die als Grundlage für eine Vorbemessung dienen können.

3.4.3. Stabführung, Stabquerschnitte

Ober- und Untergurt eines Fachwerkträgers werden durch Wandstäbe (Diagonalstäbe, Streben, Pfosten) miteinander verbunden. Die geometrische Zuordnung von Gurt- und Wandstäben (Stabführung) wird von statischen, funktionellen, technologischen und ökonomischen Erfordernissen bestimmt.

Das Strebenfachwerk (Bild 3.15a bis c) ermöglicht durch Anordnung zusätzlicher Vertikalstäbe (Pfosten) kleinere Knicklängen der Druckgurtstäbe und eine engere Anordnung der Pfetten (kleinere Feldweite).

Ständerfachwerke (Bild 3.15d) werden im Stahlbau zweckmäßigerweise mit fallenden Streben ausgeführt, weil dann die Druckkräfte von den kürzeren Pfosten aufgenommen werden müssen. Da sich bei unsymmetrischer Belastung der Wirkungssinn der Streben-Stabkräfte vor allem in Feldmitte umkehren kann, werden in den Innenfeldern teilweise gekreuzte Zugstreben angeordnet.

Rauten- oder Rhombenfachwerke und K-Fachwerke (Bild 3.15e bis f) zeichnen sich u. a. auch durch kleinere Knicklängen der Wandstäbe aus. Im Hochbau werden sie jedoch weniger eingesetzt. Auch die Anordnung von Zwischenfachwerken hat nur für sehr große Stützweiten Bedeutung.

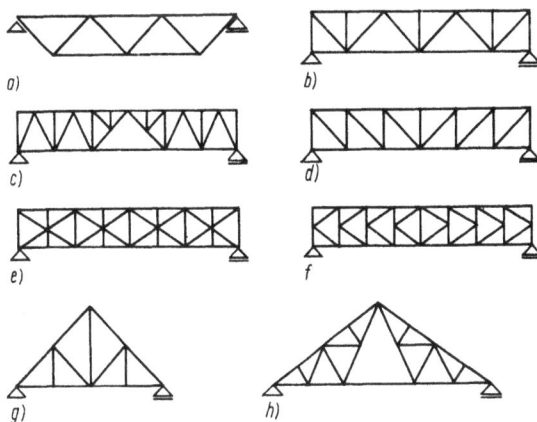

Bild 3.15 Fachwerksysteme, Stabführung

Bei Fachwerken für Dachtragwerke mit sehr leichter Dacheindeckung wird meist durch den Lastfall Windsog auf die Dachfläche der Wirkungssinn aller Stäbe umgekehrt. Bei ebenen Fachwerken müssen deshalb zusätzlich aussteifende Verbände in der Untergurtebene angebracht oder eine Verbindung mit dem Pfettensystem durch Kopfstreben hergestellt werden, oder es werden räumliche Fachwerke angeordnet.

Montagetechnisch ist es günstig, eine Obergurtauflagerung vorzusehen (Bild 3.15a).

Bild 3.16 zeigt Beispiele für die Wahl der Querschnitte der Obergurtstäbe (Druckstäbe), der Wandstäbe und der Untergurtstäbe (Zugstäbe) von Fachwerkträgern in geschweißter Ausführung. Es sind jeweils einwandige und zweiwandige Stabquerschnitte angegeben. Die zweiwandigen Querschnitte werden im Hochbau nur selten und bei sehr hoher Beanspruchung (Abfangträger o. ä.) – etwa ab Querschnittsflächen größer als 300 cm² – angewendet. Für Fachwerkträger mit geringer Belastung und mittlerer Stützweite sind

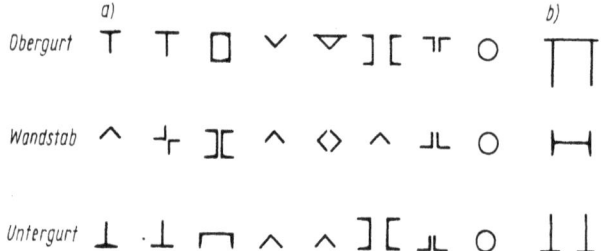

Bild 3.16 Stabquerschnitte geschweißter Fachwerkträger
a) einwandige Stäbe
b) zweiwandige Stäbe

R-Träger (Streben aus Rundstahl) (Blatt 3.24) besonders geeignet. Weitere Hinweise für die Querschnittswahl siehe Abschn. 3.2. (Zug- und Druckstäbe), Abschn. 3.4.4. (bauliche Durchbildung) und [3.12, 3.20, ...].

3.4.4. Bauliche Durchbildung

Für die Festlegung des statischen Systems (Stabführung) und für die bauliche Durchbildung sind folgende Gesichtspunkte maßgebend (Stahlrohrfachwerke siehe Abschn. 3.4.5.):

a) Die Zahl der Knotenpunkte ist möglichst klein zu halten.
b) Alle äußeren Lasten sind nach Möglichkeit in den Knotenpunkten einzutragen. Erforderlichenfalls ist die Anordnung von Hilfspfosten einer biegesteifen Ausführung der Gurte vorzuziehen.
c) Die Schwerachsen der Fachwerkstäbe sollen mit den Systemlinien des Fachwerks identisch sein.
d) Die Schwerachsen der Fachwerkstäbe eines Knotens sollen sich in einem Punkte schneiden.
e) Die Druckstäbe sind mit möglichst kleinen Systemlängen anzuordnen. Zugstäbe können größere Länge besitzen.
f) Durchlaufende Stäbe (Ober- und Untergurtstäbe) sind möglichst mit gleichem Profil weiterzuführen, da Stöße mit Querschnittswechsel aufwendig sind.
g) Anschlüsse von Fachwerkstäben, deren Systemlinien sich im spitzen Winkel schneiden (etwa kleiner 30°), sind zu vermeiden.
h) Die Fachwerkstäbe sind im Knotenpunkt mit kurzen und gedrungenen („gelenkigen") Anschlüssen anzuschließen.
i) Die Querschnittshöhe der Fachwerkstäbe soll klein gegenüber der Stablänge s sein (kleiner etwa $0,1s$).
j) Die Stabquerschnitte sollen symmetrisch zur Fachwerkebene ausgebildet werden und mit dem Schwerpunkt ihrer Querschnittsfläche in der Anschlußebene (des Knotenbleches) liegen.
k) Montagestöße sind nach Möglichkeit zu vermeiden.
l) Die Knotenbleche sollen so klein wie möglich sein. Knotenblechlose Anschlüsse sind – vor allem bei geschweißter Ausführung – anzustreben.
m) Knotenbleche sollen eine einfache Form (mit parallelen Kanten) ohne einspringende Ecken und ohne lange freie Kanten besitzen.
n) Die Dicken t aller Knotenbleche eines Fachwerks sollen gleich groß sein.
o) Bei geschraubter Ausführung der Stabanschlüsse (Montagestöße) soll der Regeldurchmesser d der verwendeten Walzprofile mit der Knotenblechdicke t etwa nach Tafel 3.12 gewählt werden.

p) Der Aufnahme von Umlenkkräften (z. B. aus geknickter Gurtführung) ist durch die Anordnung geeigneter Anschluß- und Deckungselemente (wie Laschen, Beiwinkel, u. ä.) in den Knotenpunkten Rechnung zu tragen. Knotenbleche sollen zur Stoßdeckung nur ausnahmsweise herangezogen werden.
q) In den Auflagerpunkten ist für eine sichere Einleitung der Auflagerkräfte in den Auflagerknoten Sorge zu tragen. Zusätzliche Aussteifungen des Knotenbleches

d mm	t mm
13	5...6
17	6...8
21	8...10
23	10...12
25	12...18
28	18

Tafel 3.12 Knotenblechdicke t für Fachwerke in Abhängigkeit vom Regeldurchmesser d der für die Fachwerkstäbe verwendeten Walzprofile

und die Verstärkung der angrenzenden Fachwerkstäbe (zur Aufnahme der Momentenbeanspruchung bei außermittiger Lasteintragung) können erforderlich werden.
r) Um eine zentrische Auflagerung auf den unterstützenden Bauteilen zu garantieren, muß im allgemeinen eine Zentrierung erfolgen. Die großen Spannweiten verlangen meist auch die Ausbildung von festen und beweglichen Auflagern (Blätter 3.16 bis 3.20).

Die kleineren und mittleren Fachwerke des Hochbaues werden heute fast ausschließlich mit geschweißten Anschlüssen (und Stabquerschnitten) ausgeführt. Nur für die Montagestöße kommt noch eine geschraubte Ausführung zur Anwendung. Schwere Fachwerkträger werden dagegen oft mit geschraubten (häufig unter Verwendung hochfester Schrauben) Anschlüssen hergestellt.

Tafel 3.13 Konstruktion und Bemessung eines Fachwerks, Blockschema (① nach bautechnischen Berechnungstafeln)

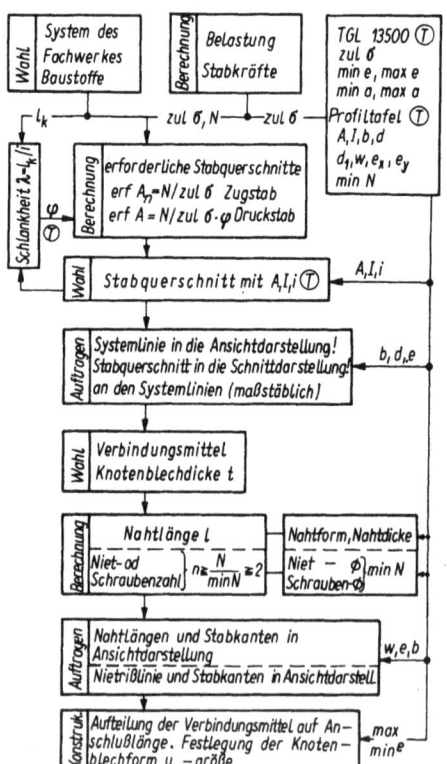

Tafel 3.13 veranschaulicht die Abhängigkeit und die zeitliche Reihenfolge der Konstruktion und Bemessung eines Fachwerkes. Das Blockschema gilt sowohl für geschweißte, genietete wie auch für geschraubte Fachwerke.

3.4.5. Stahlrohrfachwerke

Stahlrohrfachwerke zählen zu den Stahlleichttragwerken. Sie werden nach den Prinzipien des Formleichtbaues gestaltet. Für ihre Berechnung, bauliche Durchbildung, Herstellung und Abnahme sind in TGL 13501 [3.4] Forderungen festgelegt.

3.4.5.1. Wirkungsprinzip, Anwendungsbereich, Hauptabmessungen

Für Stahlrohrfachwerke gelten die gleichen Wirkungsprinzipien und Hauptabmessungen, wie sie bereits in Abschn. 3.4.1. und 3.4.2. erläutert wurden. Wegen ihrer besonders geringen Eigenmasse ermöglichen sie Einsparungen bei der Bemessung der Unterkonstruktionen und Fundamente. Sie sind somit besonders geeignet für große Hallenbauten, Dachbinder mit großen Stützweiten, Antennen- und Bohrtürme, Leitungsmaste usw. sowie für Tragwerke mit geringer Oberfläche und besonderen ästhetischen Ansprüchen an die Stabgestaltung.

3.4.5.2. Bauliche Durchbildung

Die im Abschn. 3.4.4. dargelegten Gesichtspunkte a) bis g) haben auch für die bauliche Durchbildung von Rohrfachwerken ihre volle Gültigkeit. Darüber hinaus sind noch folgende Konstruktionsgrundsätze einzuhalten:

a) Es dürfen nur Rohre aus Baustählen verwendet werden, deren Festigkeitseigenschaften und bei Schweißkonstruktionen zusätzlich deren Schweißeignung gewährleistet ist (z. B. nach TGL 9413/01 [3.3]), mit Mindestwanddicken von

1,5 mm in geschlossenen Räumen,
2,0 bzw. 2,5 mm im Freien (in Abhängigkeit von Korrosionsschutz) und
3,0 mm in aggressiver Umgebung

zu verwenden. Die Korrosionsschutzforderungen nach Abschn. 3.4.5.4. sind einzuhalten.

b) Die Wanddicke der Gurtstäbe soll größer sein als die Wanddicke der Füllstäbe.

c) Der Durchmesser der Gurtstäbe soll größer sein als der Durchmesser der Füllstäbe.

d) Dünnwandige Rohre sollen nur mit planmäßig gerader Stabachse vorgesehen werden.

e) In jedem Fachwerkknoten sind möglichst nicht mehr als zwei Fachwerkstäbe anzuschließen.

f) Der Anschlußwinkel β zwischen Strebe und Gurtstab soll nicht kleiner als 30° sein.

g) Rohre sind gegenüber Beanspruchungen rechtwinklig zur Rohrachse wenig widerstandsfähig. Gegebenenfalls sind Aussteifungen an den Knoten erforderlich. Aussteifend wirken dickere Rohrwandungen und Schotte (Bild 3.17).

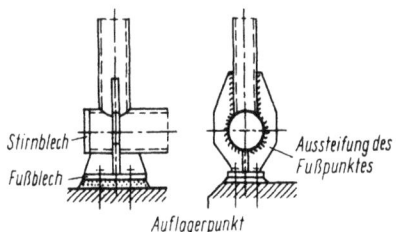

Bild 3.17 Aussteifung eines Rohrknotens (Auflagerknotens) durch ein außenliegendes Schott, das gleichzeitig als Knotenblech dient

h) Alle Hohlräume sind im Regelfall luftdicht zu verschließen (Ausnahmen siehe TGL 13501 [3.4]).

i) Blatt 3.22 erläutert konstruktive Details für die bauliche Durchbildung von Rohrstößen, Rohrgelenken und Rohranschlüssen.

3.4.5.3. Knotenpunkte

Die Knotenpunkte der Stahlrohrkonstruktionen können ohne oder mit Knotenblechen ausgeführt werden (Bilder 3.18 und 3.19). Seltener werden Hohlkugeln an

Knoten	Benennung	Bild	α_s	Bemerkungen
A1	Knoten mit normaler Anpassung ("positiver Fehlhebel")		2 / 1,8 / 1,6 / 1,4 / 1,2 / 1,0	$b \leq 10$ mm / = 12 mm / = 14 mm / = 16 mm / = 18 mm / ≥ 20 mm
A2	Knoten mit Überschneidung und durchgehendem Zugstab ("negativer Fehlhebel")		3,5	$c = 0,4 D$ bis $0,6 D$
A3	Knoten mit Blechzwickel		2,5	$b \leq 10$ mm
A4	Knoten mit breitgedrückten Füllstabenden, längs angeschlossen, mit Querblech		3	$\gamma = 0,6$ bis $1,5$ bei $f \leq 15$ mm u. bei $\lambda \geq 80$ knickt das Druckstabende nicht aus
A5	Symmetrischer Knoten		1,5	mit Querblech wie bei A4 dann $\alpha = 3$
A6	Knoten mit breitgedrückten Füllstabenden, quer angeschlossen		1 / 1,38 / 1,75 / 2,13 / 2,5	$\gamma = 0,3$ / = 0,35 / = 0,4 / = 0,45 / $\geq 0,5$
A7	Knoten mit breitgedrückten Füllstabenden, längs angeschlossen und Überschneidung		2,5	$\frac{x}{y} = 0,6$ bis $1,5$
A8	Knoten mit breitgedrückten Füllstabenden, längs angeschlossen und ohne Überschneidung		0,7	
A9	Knoten mit normal angepaßtem Druckstab, breitgedrücktem Zugstab und Überschneidung		3	$\frac{x}{y} = 0,6$ bis $1,5$

Bild 3.18 Formbeiwerte α_s für den Gestaltsfestigkeitsnachweis von Stahlrohr-Fachwerkknoten nach TGL 13501 [3.4]. Auszug
(Die Vorzeichen der Stabkräfte in den Füllstäben müssen unterschiedlich sein; das mögliche Ausknicken der Füllstabenden – z. B. bei den Knoten A7 und A8 – wird vom Gestaltsfestigkeitsnachweis nicht berücksichtigt.)

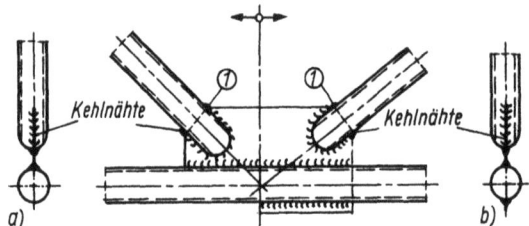

Bild 3.19 Geschweißter Rohranschluß
 a) mit aufgesetztem Knotenblech
 b) mit durchgestecktem Knotenblech

Knotenpunkten angeordnet. Die unmittelbaren Schweißanschlüsse (ohne Verwendung von Knotenblechen) besitzen einen stetigeren und damit günstigeren Spannungsverlauf. Zur Einhaltung der Forderung „Systemlinie gleich Schwerachse" (Abschn. 3.4.1.) kann die Anordnung eines Blechzwickels zwischen den Streben (Bild 3.18, Knoten A 3) zweckmäßig sein. Er leitet die Vertikalkomponente der Strebenkräfte unmittelbar von Strebe zu Strebe, ohne die Anschlußnähte des Gurtstabes zu beanspruchen. Eine gleichwertige Entlastung der Anschlußnähte kann erzielt werden, wenn die Streben im Anschluß näher zusammengerückt werden. Im Anschluß entsteht hierdurch eine Überschneidung c (Bild 3.18, Knoten A 2). Versuche haben gezeigt, daß Überschneidungen zwischen $0,4D$ und $0,6D$ günstige Tragwirkungen zur Folge haben. Sie finden vor allem ihren Niederschlag im Formbeiwert α_s (Bild 3.18), der wiederum bestimmenden Einfluß auf den Gestaltfestigkeitsnachweis ausübt

$$N \leq \text{zul}\, \sigma \alpha_s \alpha_m \frac{(s+0,5)^2}{100 \sin \beta}(8,3\gamma^3 + 4,1\gamma + 3,5) \quad \text{in kN} \tag{3.55}$$

mit N anzuschließende Stabkraft, zul σ Spannungen nach TGL 13500/01 [3.4] in kN/cm² für den Gurt (siehe Tafel 3.4), α_s Formbeiwert nach Bild 3.18,

$$\alpha_m = 1,3 - 0,5 \frac{\text{vorh}\, \sigma}{\text{zul}\, \sigma} \tag{3.56}$$

Abminderungsfaktor bei Druckbeanspruchung im Gurtrohr von vorh σ/zul $\sigma > 0,6$ (sonst $\alpha_m = 1$), s Wanddicke des Gurtes in mm,

$$\gamma = \frac{d}{D} = \frac{\text{Füllstabaußendurchmesser}}{\text{Gurtaußendurchmesser}} \tag{3.57}$$

sowie β Neigungswinkel des Füllstabes. Dabei ist $0,3 \leq \gamma \leq 1$ einzuhalten und die Wanddicke des Gurtes $s = 3$ mm nicht zu unterschreiten.

Alle knotenblechlosen (unmittelbaren) Stabanschlüsse mit großem Formbeiwert α_s zeichnen sich somit durch günstige Trageigenschaften (vgl. Bild 3.18) aus. Besonders kleine Tragfähigkeit besitzt dagegen z. B. der Knoten A 8 mit breitgedrückten Füllstabenden, die ohne Überschneidung längs angeschlossen sind.

Für Knoten mit Knotenblechen ist der Gestaltfestigkeitsnachweis nicht erforderlich. Die Schweißnähte sind nach TGL 13500 [3.4] auszuführen und zu berechnen. Als rechnerische Wanddicke kann im allgemeinen die Rohrwanddicke angesetzt werden.

Bild 3.19 zeigt je einen Anschluß mit aufgesetztem und durchgestecktem Knotenblech. Beide Knotenpunktverbindungen sind relativ starr. Die Überleitung der Stabkräfte hat Spannungsspitzen am Auslauf der Schweißnaht zur Folge (Bild 3.19, Punkt 1). Knotenpunkte mit Knotenblechen können jedoch stets
- als mittige Anschlüsse und mit
- der vollen Tragfähigkeit der angeschlossenen Stabquerschnitte (bei statischer Beanspruchung in Ausführungsgruppe C)

ausgeführt werden.

3.4.5.4. Vor- und Nachteile

Die wesentlichen Vorteile der Rohrtragwerke sind:
- Die statisch günstige Form des Rohrquerschnittes ermöglicht die Aufnahme größerer Druckkräfte als bei anderen Stahlprofilen mit gleicher Querschnittsfläche in vergleichbarer Anordnung.
- Die Oberfläche einer Stahlrohrkonstruktion ist etwa um 30 ... 40% kleiner als die Oberfläche vergleichbarer aus Winkelstählen oder abgekanteten Profilen. Hieraus ergeben sich kleinere Windbelastungen und geringere Unterhaltungskosten. Letzteres macht sich bei Bauten in korrosionsfördernder Atmosphäre (chemische Industrie, Wasserbauten usw.) besonders wirtschaftlich bemerkbar.
- Die geringere Eigenmasse der Stahlrohrfachwerke ermöglicht Einsparungen bei der Bemessung und baulichen Durchbildung der Unter- und Auflagerkonstruktionen und der Fundamente.

Als Nachteile der Stahlrohrtragwerke müssen genannt werden:
- der relativ hohe Preis der Stahlrohre,
- die schwierige Ausbildung der Knotenanschlüsse; sie macht den Einsatz von Spezialmaschinen zur Herstellung der Durchdringungsschnitte, Schweißnähte usw. erforderlich,
- die Notwendigkeit zur Einhaltung strenger Anforderungen an die Güte der Schweißnähte,
- die größeren Schwierigkeiten bei der nachträglichen Anbringung von Verstärkungen.

3.4.6. Ausführungsbeispiele

Die Blätter 3.16 und 3.17 zeigen eine interessante Gegenüberstellung mehrerer Fertigungsvarianten eines Fachwerkträgers mit $l = 18,0$ m Stützweite, $a = 6,0$ m Binderabstand und leichter Dacheindeckung ($g_D = 2,25$ kN/m²). Ihnen liegt gemeinsam das Fachwerksystem und die Knotenbelastung nach Blatt 3.16 zugrunde. Die von einer genieteten Ausführung abgeleitete geschweißte Ausführung (Blatt 3.16a) verwendet Doppelwinkel mit durchgesteckten Knotenblechen. Sie stellt noch keine optimale Schweißkonstruktion dar. Eine Anordnung von Knotenblechen sollte bei geschweißter Ausführung nach Möglichkeit umgangen werden. Erforderlichenfalls – wenn die erforderlichen Schweißnahtlängen nicht unterzubringen sind – können „angesetzte" Knotenbleche (Blatt 3.17f, Knoten A) angeordnet werden. Schließlich muß der Lastgurt so ausgebildet werden, daß die Dachhaut und die Zwischenkonstruktionen einfach angeschlossen werden können. Dies ist im Falle des um 45° gedrehten Hohlquerschnittes nach Blatt 3.16b nicht gegeben. Eine Lösung mit geringem Fertigungsaufwand ist auf Blatt 3.17g dargestellt. Die knotenblechlosen Anschlüsse erhalten beidseitig Doppelkehlnahtanschlüsse. Die erforderliche einheitliche Profilbreite wird durch Verformung der Stabenden erreicht.

Auf den Blättern 3.18 bis 3.21 und 3.24 sind weitere Ausführungsbeispiele dargestellt. Blatt 3.17i zeigt einen Fachwerk-Trapezbinder in Stahlrohrausführung mit unmittelbaren Stabanschlüssen. Der Rohrfachwerk-Dreigelenkrahmen auf Blatt 3.23 überspannt eine Hallenbreite von 28 m bei 7,0 m Binderabstand. Er besitzt dreigurtige Riegel und Stiele. Fachwerkpfetten werden im Abstand von 1,25 m als Zwischenkonstruktion für die leichte Dachhaut angeordnet.

3.5. Rahmenkonstruktionen

Das Tragverhalten der Rahmentragwerke zeichnet sich durch gleichzeitiges Auftreten von Biegemomenten, Querkräften und Normalkräften sowohl in den Streben wie auch im Rahmenriegel – auch unter lotrechter Belastung – aus. Die Momentenbeanspruchung des Riegels wechselt im Regelfall das Vorzeichen und ermöglicht hierdurch eine günstigere Auslastung des Riegelquerschnittes. Die erforderliche **Konstruktionshöhe** der Rahmentragwerke ist somit kleiner als die Konstruktionshöhe vergleichbarer Biegeträger mit statisch bestimmter Auflagerung. Sie können sowohl in Vollwandkonstruktion (Walzprofile, geschweißte Blechträger) – **Vollwandrahmen** – als auch in Fachwerkkonstruktion – **Fachwerkrahmen** – hergestellt werden.

Rahmenkonstruktionen werden ausgeführt als

- Zweigelenkrahmen,
- Dreigelenkrahmen,
- eingespannte Rahmen und
- Rahmensysteme (Bild 3.20).

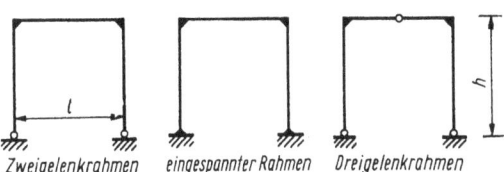

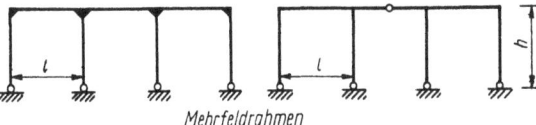

Bild 3.20 Rahmensysteme

Am häufigsten wird der Zweigelenkrahmen angewendet, da er häufig durch eine relativ gleichmäßige Schnittkraftverteilung Vorteile für die Herstellung bringt. In die Fundamente werden nur Normalkräfte und Querkräfte geleitet. Dadurch werden kleine Fundamentabmessungen erreicht.

Eine Reduzierung der horizontalen Formänderung des Rahmens erfordert meist unterschiedliche Biegesteifigkeiten EI_x von Rahmenstiel und Rahmenriegel.

Eingespannte Rahmen werden vorrangig bei Tragwerken mit h/l etwa größer 1 (Bild 3.20) wirtschaftlich eingesetzt, da durch den veränderten Schnittkraftverlauf insbesondere in den Rahmenstielen die horizontale Formänderung durch horizontale Kräfte wesentlich reduziert werden kann. Allerdings erfordert der eingespannte Rahmen große Fundamente und reagiert meist empfindlich auf Baugrundsetzungen.

Profilformen für Rahmenkonstruktionen sind in Bild 3.21 dargestellt. Besondere Sorgfalt ist auf die bauliche Durchbildung und Berechnung der **Rahmenecken** zu legen. Nur bei Rahmenecken mit einem grö-

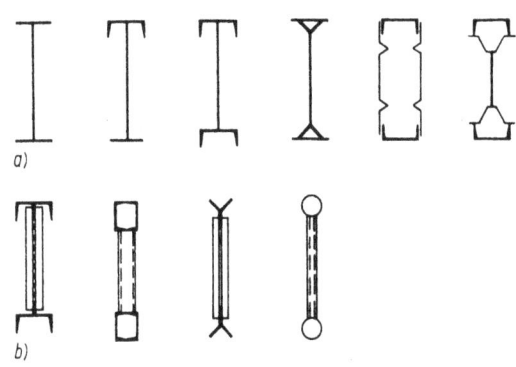

Bild 3.21 Rahmenquerschnitte
a) Vollwandrahmen
b) Fachwerkrahmen

ßeren Krümmungsradius R_0 als die 2,5fache Trägerhöhe h (Bild 3.22) kann noch mit einer linear von r abhängigen Normalspannungsverteilung σ_t gerechnet werden. Für kleinere Ausrundungsradien und für Rahmenecken ohne Ausrundung bzw. Rahmenecken mit polygonaler Gurtführung (Rahmenecken mit Vouten) treten auf der Innenseite Spannungsspitzen bei hyperbolischer Spannungsverteilung über die Trägerhöhe h auf (Bild 3.22). Gleichzeitig wirken in radialer Richtung Spannungen σ_r, die eine Biegebeanspruchung

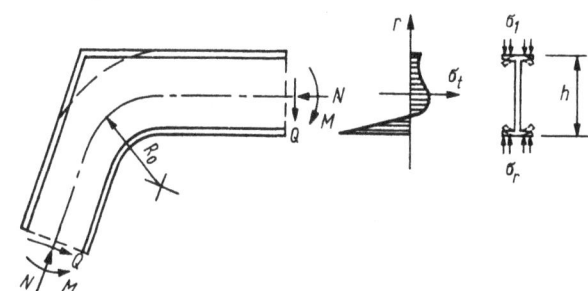

Bild 3.22 Rahmenecke, Beanspruchung

der abstehenden Gurtteile zur Folge haben. Durch die Anordnung von radialen Querstreifen müssen Gurte und Steg gegen Deformationen gesichert werden (Blatt 3.25). Die Steifen sind in die Gurte einzupassen oder mit ihnen zu verschweißen.

Die Ausführung der Rahmenecke mit gekrümmten Gurten ist in statischer Hinsicht günstig. Sie erfordert jedoch einen großen Werkstattaufwand und ist daher nur bei sehr hoch beanspruchten Rahmenecken vertretbar. Mit Rücksicht auf den Werkstattaufwand und aus architektonischen Gründen werden die Rahmenecken – vor allem im Stahlskelettbau – oft ohne Ausrundung und ohne Vouten ausgebildet (Blatt 3.25). Für

große Beanspruchungen und für dynamische Lasten kommt die Ausführung mit Voute in Frage.
Die Montagestöße sollten möglichst in der Nähe des Momenten-Nullpunktes (unter lotrechter Belastung) im Rahmenriegel angeordnet werden (Blatt 3.25 a, b). Wird der Rahmen in der Rahmenecke gestoßen, dann ist auf eine sichere Übertragung der Zugbeanspruchung – z. B. durch Anordnung von Zuglaschen (Blatt 3.25 d) – zu achten.
Weiterhin muß der Gefahr des seitlichen Ausweichens gedrückter Gurte von Rahmenriegel und -stiel besondere Aufmerksamkeit gewidmet werden. Fußpunkte von Rahmenkonstruktionen siehe Abschn. 3.2.2.

3.6. Eingeschossige Stahlskeletttragwerke

Eingeschossige Stahlskeletttragwerke bestehen aus

- Tragkonstruktionen, wie Dachtragwerke (im allgemeinen Dachbinder, Pfetten, Dachverbände), Stützenkonstruktionen und Gründungen,
- Umhüllungskonstruktionen, wie Dacheindeckungen, Außenwände und Komplettierungselemente (Fenster, Türen, Tore usw.),
- Ausbaukonstruktionen, wie Fußböden, Trennwände und untergehängte Decken.

Sie müssen den unterschiedlichsten Gebrauchswertanforderungen angepaßt werden.

3.6.1. Dacheindeckungen

Bei Dachtragwerken aus Stahl können alle bekannten Eindeckungsarten verwendet werden. Im allgemeinen wird eine möglichst leichte Ausführung angestrebt. Es wird unterschieden in

- ungedämmte Dacheindeckungen und
- gedämmte Dacheindeckungen in
  einschaliger Ausführung (Warmdach) und
  zweischaliger Ausführung (Kaltdach).

Die verwendete Dacheindeckung bestimmt in erster Linie die erforderliche Dachneigung und die Art bzw. den Abstand der tragenden Zwischenkonstruktion.
Die tragende Zwischenkonstruktion zwischen Dacheindeckung und Dach- bzw. Hallenbinder wird durch

- Pfetten oder Latten (parallel zu First oder Traufe) und durch
- Sparren (senkrecht zu First oder Traufe)

gebildet. Moderne Dachkonstruktionen umgehen die Zwischentragelemente durch direkte Auflagerung der Dachelemente auf die Dachbinder. Neueste Entwicklungen ziehen die raumabschließenden Dachelemente über Verbundanker mit zur Aufnahme der Druckbeanspruchungen der Dachbinder-Obergurte heran (Stahlverbundtragwerke).
Wenn die Dachdeckungselemente als schubsteife Scheibe ausgebildet werden (z. B. profilierte Stahlbleche, Stahlbeton-Dachkassettenplatten...) können Dachverbände entfallen. Ggf. sind jedoch Montageverbände erforderlich.

Beim Spannstahldach (vgl. Abschn. 8.) werden die Lasten der Dachhaut durch gespannte, hochwertige Stahldrähte abgetragen.

3.6.2. Außenwände

In Abhängigkeit vom Verwendungszweck des Gebäudes sind von den Außenwänden folgende Anforderungen zu erfüllen:

- Raumabschluß,
- bauphysikalische Anforderungen (Schallschutz, Wärmeschutz, Feuchtigkeitsschutz, Brandschutz),
- Forderungen an die Tragfähigkeit,
- gestalterische Forderungen,
- Forderungen nach hoher Beständigkeit.

Die Tragfunktion der Außenwände beschränkt sich im allgemeinen nur auf die Aufnahme der Windlasten und der Eigenlasten sowie ihrer Weiterleitung in das Stahlskelett. Die Stützweiten der Außenwände sind oft sehr gering, so daß zusätzliche Zwischenkonstruktionen (z. B. Wandriegel) erforderlich werden (Blatt 3.18 bis 3.20). Die Tragrichtung der Außenwände kann horizontal sein (dann bestimmt die max. Stützweite den Stützenabstand der Stahlskelettkonstruktion) oder vertikal. Bei wandhohen Wandelementen wird deren Eigenlast direkt in die Fundamente geleitet.
Bei mehrschichtigen Außenwandkonstruktionen wird die Tragfunktion bestimmten Bauelementen zugewiesen:

- Rahmenbauweise mit umlaufenden tragenden Rahmen und
- Stützkernbauweise mit zwei Deckschichten und einer Kernschicht, die schubsteif zu einem tragenden Element verbunden werden.

3.6.3. Pfetten

Statisches System, Bauart und Stahlmarke der Pfetten stehen in enger wirtschaftlicher Wechselbeziehung mit

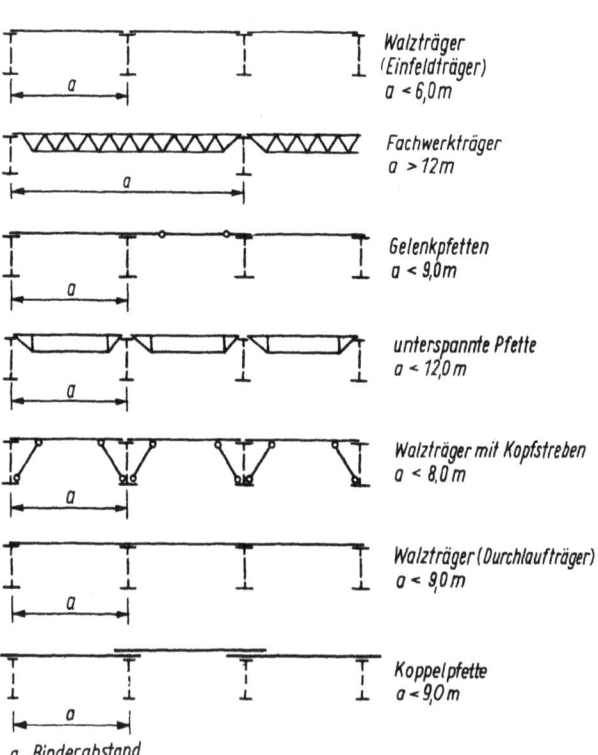

Bild 3.23 Pfettenarten, Einsatzbereiche

dem Binderabstand a, dem Pfettenabstand a_p und der Belastung q. Im Bild 3.23 sind die Pfettenarten und deren Einsatzbereiche dargestellt.

Dachpfetten können mit ihrem Steg senkrecht zur Dachebene oder lotrecht angeordnet werden. In beiden Fällen wirkt mindestens eine Komponente der Belastung g, p_s oder w (aus Eigenlast, Schnee oder Wind) lotrecht zur Haupttragrichtung des Pfettenquerschnittes (Bild 3.24). Die Pfetten sind wegen ihres kleinen Widerstandsmomentes W_y nur bei sehr flach geneigten Dächern in der Lage, diese als Dachschub q_y bezeichnete Belastungskomponente aufzunehmen. Bei druckfester Ausbildung der Dachhaut kann jedoch den Traufpfetten die Summe des Dachschubes $\sum q_y$ übertragen werden. Sie sind dann mit entsprechenden Verstärkungen zu versehen (Bild 3.25). Auch eine verstärkte Firstpfette ist in der Lage, den Dachschub aufzunehmen, wenn die Dachhaut zugfest beiderseits an der Firstpfette angeschlossen wird. Schließlich werden bei sehr steilen Dächern mit großem Dachschub auch Zugstangen-Aufhängungen in der Dachebene angeordnet, die den Dachschub aus den Pfetten aufnehmen und in die Obergurte der benachbarten Dachbinder eintragen. Pfetten nach Bild 3.23 werden in der Regel als Walzprofile (I- oder U-Profile) oder Stahlleicht-U-Profile (SLU) ausgeführt.

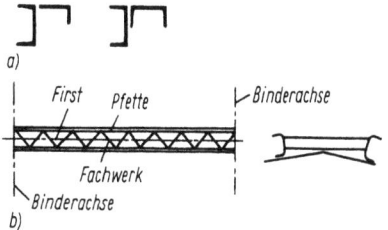
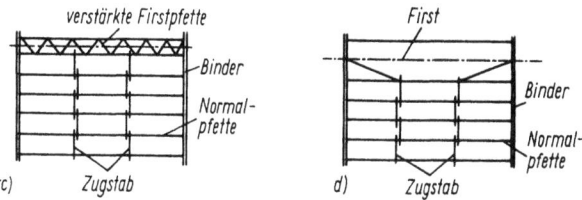

Bild 3.25 Aufnahme des Dachschubes q_y durch
a) verstärkte Traufpfetten
b) verstärkte Firstpfette
c) verstärkte Firstpfette und Zugstab
d) Zugstab

3.6.4. Tragkonstruktionen

Die Wahl des statischen Systems und der Tragkonstruktionen für eingeschossige Stahlskeletttragwerke sind insbesondere abhängig von der Nutzung des Bauwerkes, der Stützweite und der Traufhöhe des Hallenquerschnitts, den Baugrundverhältnissen und gestalterischen Forderungen. Vorrangig werden eingesetzt:

- Binder-Stützen-Konstruktionen
  Vollwandträger (Abschn. 3.3.), Fachwerkbinder (Abschn. 3.4.), Vollwandstützen (Abschn. 3.2.2.), Fachwerkstützen (Blatt 3.18);
- Rahmenkonstruktionen als Vollwandrahmen oder Fachwerkrahmen (Abschn. 3.5., Blätter 3.26 bis 3.28);
- Shedkonstruktionen (Blatt 3.21).

Außerdem werden

- räumliche Stabtragwerke, vorgespannte Stahltragwerke, Stahlverbundtragwerke (Abschn. 7.),
- Seiltragwerke (Abschn. 8.) sowie
  andere Stahlleichttragwerke

verwendet. Tafel 3.14 gibt Anwendungsbereiche an. Räumliche Aussteifung siehe Abschn. 2.

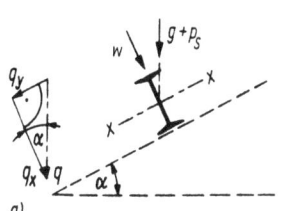
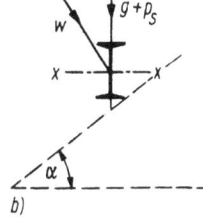

Bild 3.24 Anordnung der Pfetten
a) lotrecht zur Dachebene
b) lotrecht zur Deckenebene

Tafel 3.14 Tragkonstruktionen für eingeschossige Stahlskeletttragwerke

Belastung	Stützweite l m	Traufhöhe h_T m	Statisches System	Ausführungsform
ohne Krane	<15	<6	Zweigelenkrahmen	Walzprofile, geschweißt
	<15	>6	Vollrahmen	Walzprofile, geschweißt
	>20	beliebig	eingespannte Stützen mit Kopfgelenken	vollwandige Stiele, Fachwerkriegel
	15...20			(beide vorstehende Varianten untersuchen)
mit leichten Kranen ($\leq$ 50 kN)	<15	<6	Zweigelenkrahmen	Walzprofile, geschweißt
	>20	beliebig	eingespannte Stützen mit Kopfgelenken	Fachwerkstützen, Fachwerkriegel
	15...20	beliebig	Zweigelenkrahmen	geschweißte Vollwandausführung
mit schweren Kranen	<15	<6	Zweigelenkrahmen	geschweißte Vollwandausführung
	<15	>6	Vollrahmen	Walzprofile oder geschweißte Vollwandausführung
	>15	beliebig	eingespannte Stützen mit Kopfgelenken	Fachwerkstützen, Fachwerkriegel

3.7. Mehrgeschossige Stahlskeletttragwerke

Der Anwendungsbereich mehrgeschossiger Stahlskeletttragwerke reicht vom Industriebau ohne Hüllkonstruktion bis hin zum Repräsentationsgebäude. Vor- und Nachteile von Stahlkonstruktionen kommen bei diesen Tragwerken voll zur Geltung.

In Stahlskeletttragwerken hat ein mehrgeschossiges Stahlgerippe alle Kräfte aus Eigenlast, Verkehrslast, Wind- und Schneelast in die Fundamente abzuleiten. Das Tragwerk kann als (Bild 3.26)

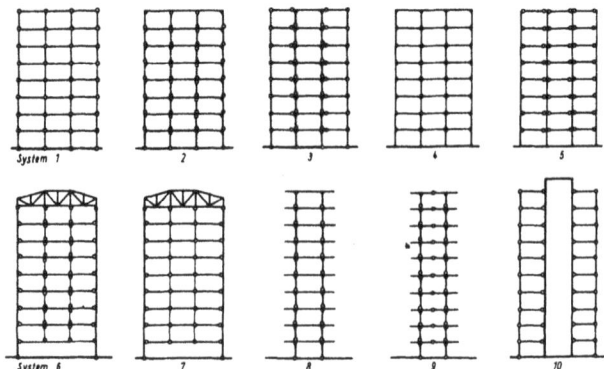

Bild 3.27 Vorwiegend angewendete statische Systeme für die primären Tragkonstruktionen von mehrgeschossigen Stahlskeletttragwerken

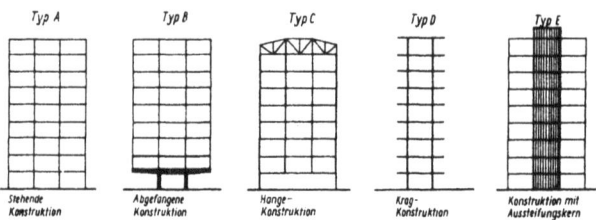

Bild 3.26 Konstruktionsformen mehrgeschossiger Stahlskeletttragwerke

- stehende oder abgefangene Konstruktion (Typ A und B),
- Hänge- oder Kragkonstruktion (Typ C und D),
- Tragwerk mit Stütz- oder Aussteifungskern (Typ E)

ausgebildet werden. Die vorwiegend für die Primär-Tragkonstruktion angewendeten statischen Systeme der Stahlskeletttragwerke sind auf Bild 3.27 zusammengestellt. Nur die Stockwerkrahmen 2, 3, 4, 8 und 9 können Horizontalbeanspruchung (aus Wind u. a.) ohne weitere Aussteifungselemente (Windverbände, Aussteifungskerne z. B. nach System 10 usw.) abtragen. Die reinen Gelenksysteme (z. B. System 1) und die Gelenksysteme mit durchgehenden Stützen (System 5, 6, 7) benötigen starre Deckenscheiben, um die Horizontalkräfte in die Aussteifungskerne (Treppenhäuser, Aufzugsschächte usw.) bzw. in ausgesteifte Binder (durch Verbände, massive Wände usw.) übertragen zu können. Mit der Aufnahme von Horizontalkräften durch Aussteifungskonstruktionen (Aussteifungskerne, Fachwerkverbände u. a.) wird der Stahlbedarf für das Stahlskelett meist erheblich reduziert. Insbesondere durch geringeren Herstellungsaufwand und einfachere Montage ergeben sich bei Gelenksystemen wirtschaftliche Vorteile. In Abschn. 2.2. wird die räumliche Aussteifung der Skeletttragwerke eingehend behandelt.

Die Hauptteile des Stahlskeletts sind Stützen (Abschn. 3.2.3.), Träger (Abschn. 3.3.) und Rahmen (Abschn. 3.5.). Fachwerkträger (Abschn. 3.4.) werden als Abfangeträger (Bild 3.26, Typ C) oder als Verbände (in Verbindung mit den anderen tragenden Bauteilen) eingesetzt. Typische Knotenpunktausbildungen und Trägeranschlüsse sind auf den Blättern 3.10 bis 3.14 dargestellt.

In Stahlskeletttragwerken haben die Decken die Aufgabe, die Verkehrslasten aufzunehmen und die Geschosse gegeneinander schalldicht, wärmedämmend und feuersicher abzugrenzen. Zur Übertragung von Horizontalkräften ist vielfach die Ausbildung einer Scheibenwirkung erforderlich. Weitere Forderungen sind geringe Masse, einfache Montage und sofortige Gebrauchsfertigkeit. Es kann eine große Vielfalt von Deckenkonstruktionen eingesetzt werden.

- Vollwand- oder Fachwerkdeckenträger und Fertigteildeckenplatten aus Stahlbeton,
- Stahlverbundträgerdecken,
- Stahlleichtträgerdecken,
- Stahlblechdecken,
- Stahlzellendecken.

Seltener werden dagegen einachsig und kreuzweise bewehrte Stahlbetonplatten in Ortbetonausführung angewendet. Auswahl der Deckentragsysteme siehe Abschnitt 3.3.5.

Oft erhalten die Decken eine Unterdecke, da in dem entstehenden Zwischenraum die Kommunikationssysteme untergebracht werden können. Den Unterdecken werden auch Funktionen des Schallschutzes und des Brandschutzes zugewiesen.

Die Außenwände geben ihre horizontalen und vertikalen Lasten im allgemeinen in jeder Geschoßdecke ab. Nach den Konstruktionsarten werden die Außenwände unterschieden in Platten-, Rahmen-, Vollsprossen- und Halbsprossenkonstruktionen. Ausführungsbeispiele sind in [3.14, 3.20] u. a. angegeben.

Literatur

[3.1]

TGL 10685/01 Bautechnischer Brandschutz; Begriffe. Ausgabe 04.82.

TGL 10685/02 –; Brandlast, Brandlaststufen. Ausgabe 04.82.

TGL 10685/04 –; Evakuierungswege für Personen in Bauwerken. Ausgabe 4.82.

TGL 10685/06 –; Brandgefahrenklassen (BGKl). Ausgabe 04.82.

TGL 10685/07 –; Feuerwiderstandsklassen (FWKl), Forderungen an Ausbaukonstruktionen. Ausgabe 04.82.

TGL 10685/08 –; Brandabschnittsgröße. Ausgabe 04.82.

TGL 10685/13 –; Bestimmung des Feuerwiderstandes von Bauwerksteilen und Verschlüssen von Durchführungen.

Vorschrift der Staatlichen Bauaufsicht Nr. 9/84. Bautechnischer Brandschutz.

Vorschrift der Staatlichen Bauaufsicht Nr. 19/85. Bautechnischer Brandschutz; Projektierungsgrundsätze für Hochregallager.

[3.2]

TGL 7960 Allgemeine Baustähle; Allgemeine technische Forderungen für Stab- und Profilstahl, Band und Blech; warmgewalzt. Ausgabe 10.87.

TGL 8445 Stahlfeinblech; warm gewalzt; Dicke unter 4 mm, Maße, Maßabweichungen. Ausgabe 12.62.

TGL 8446 Stahlgrobblech; warm gewalzt; Dicke ab 4 mm, Sortiment. Ausgabe 04.82.

TGL 9413/01 Nahtlose Stahlrohre für allgemeine Verwendung; Technische Bedingungen. Ausgabe 08.80.

TGL 12910 Werkstoffauswahl für Konstruktionen aus Baustählen. Ausgabe 11.80.

TGL 21213 Bandstahl; warm gewalzt für kalt geformte Stahlleichtprofile; Sortiment. Ausgabe 11.82.

TGL 22426 Schweißbare Feinkornbaustähle; Allgemeine technische Forderungen für Stab- und Profilstahl, Band und Blech; warmgewalzt. Ausgabe 10.87.

TGL 28192 Korrosionsträge Baustähle; Allgemeine technische Forderungen für Stab- und Profilstahl, Band und Blech; warmgewalzt. Ausgabe 10.87.

TGL 31344 Breitband; kalt gewalzt aus korrosionsträgen Baustählen. Ausgabe 12.75.

[3.3]

TGL 7966 Stahlleichtprofile kalt geformt; gleichschenkliges Winkelprofil; Sortiment. Ausgabe 12.81.

TGL 7967 –; ungleichschenkliges Winkelprofil; Sortiment, statische Werte. Ausgabe 06.84.

TGL 7969 –; U-Profil; Sortiment, statische Werte. Ausgabe 06.84.

TGL 9012 Nahtlose Stahlrohre; Sortiment. Ausgabe 8.80.

TGL 9554 E-Winkelstahl ungleichschenklig; warm gewalzt. Ausgabe 10.77.

TGL 9555 E-Winkelstahl gleichschenklig; warm gewalzt; Sortiment. Ausgabe 10.85.

TGL 10369 IE-Profilstahl; warm gewalzt; Sortiment. Ausgabe 08.81.

TGL 10370 EU-Profilstahl, UPE-Profilstahl; warm gewalzt; Sortiment. Ausgabe 11.81.

TGL 14104 T-Stahl; warm gewalzt; hochstegig, rundkantig; Maße, Maßabweichungen, statische Werte. Ausgabe 12.62.

TGL 18800 Stahlleichtprofile kalt geformt; Z-, C- und Hutprofil; Sortiment, statische Werte. Ausgabe 06.80.

TGL 18803 Stahlleichtprofile kalt geformt; geschweißte Kastenprofile; Sortiment, statische Werte. Ausgabe 06.84.

TGL 17870 Kranschienen; warm gewalzt. Ausgabe 05.84.

TGL 26088/01 I-Träger; geschweißt; doppeltsymmetrisch; Abmessungen, statische Werte. Ausgabe 10.72.

TGL 28371 Stahltrapezprofile verzinkt und verzinkt mit organischen Schutzschichten; kalt geformt. Ausgabe 06.75. ÄBl. AO 835 und 0890.

TGL 29658 IPE-Profilstahl; warm gewalzt; parallelflanschig; Sortiment. Ausgabe 11.82.

TGL 36719 Stahldeckenprofil verzinkt und verzinkt mit organischen Schutzschichten; kalt geformt. Ausgabe 09.79.

TGL 0-1025 I-Profilstahl; warm gewalzt; Sortiment. Ausgabe 05.79.

TGL 0-1026 U-Profilstahl; warm gewalzt; Sortiment. Ausgabe 06.84.

TGL 0-1028 Winkelstahl gleichschenklig; warm gewalzt; Abmessungen, statische Werte. Ausgabe 12.71.

TGL 0-1029 Winkelstahl ungleichschenklig; warm gewalzt. Ausgabe 07.80.

[3.4]

TGL 10215 Einheitliches System der Konstruktionsdokumentation des RGW; Zeichnungen für Stahlbaukonstruktionen. Ausgabe 06.85.

TGL 13450/01 Stahlbau; Stahltragwerke im Hochbau; Berechnung nach zulässigen Spannungen; Bauliche Durchbildung. Ausgabe 09.75.

TGL 13450/02 –; –; Berechnung nach dem Traglastverfahren. Ausgabe 03.84.

TGL 13450/03 –; –; Berechnung von Dachpfetten und Wandriegeln. Ausgabe 09.78. ÄBl. AO 0937.

TGL 13450/04 Profilbleche in Dächern, Wänden und Geschoßdecken. Ausgabe 12.85.

TGL 13450/05 –; –; Verbindungen mit Dünnblechelementen. Ausgabe 5.86.

TGL 13451 Stahlbau; Altstahl für Stahltragwerke im Hochbau; Aufarbeitung, Verwendung. Ausgabe 02.64.

TGL 13452 Stahlbau; Bühnentechnische Einrichtungen; Lastannahmen, Berechnung, bauliche Durchbildung. Ausgabe 09.83.

TGL 13456 Stahltragwerke bei Einwirkung hoher Temperaturen. Ausgabe 02.85.

TGL 13470 Stahlbau; Stahltragwerke der Hebezeuge; Berechnung, bauliche Durchbildung. Ausgabe 10.74. ÄBl. AO 1046.

TGL 13471 Stahlbau; Stahltragwerke für Kranbahnen; Berechnung nach zulässigen Spannungen. Ausgabe 11.69. ÄBl. AO 805.

TGL 13474 Stahlbau; Stählerne Stapelregale; Berechnung, bauliche Durchbildung. Ausgabe 12.85.

TGL 13500/01 Stahlbau; Stahltragwerke; Berechnung, bauliche Durchbildung. Ausgabe 04.82.

TGL 13500/02 –; –; Erläuterungen, Berechnungsmöglichkeiten. Ausgabe 04.82.

TGL 13501 Stahlbau; Stahlrohrtragwerke; Berechnung, bauliche Durchbildung. Ausgabe 04.82.

TGL 13504 –; Stahltragwerke; Experimentelle Ermittlung der Tragfähigkeit. Ausgabe 08.73.

TGL 14915/01 Festigkeitsnachweis für geschweißte Konstruktionen; Schmelzschweißverbindungen an Baustählen. Ausgabe 01.86.

TGL 32457/01 Hochregallager; Begriffe, geometrische Forderungen. Ausgabe 01.77.

TGL 32457/02 Hochregallager; Stahlkonstruktionen für Regalhäuser mit Nennstapelhöhe 12 m. Ausgabe 01.77.

TGL 32457/03 Hochregallager; Stahlkonstruktion für Palettenregale Form A mit Nennstapelhöhe ab 10 m. Ausgabe 2.79.

TGL 35048 Stahlbau; Projektierungsunterlagen für Stahltragwerke. Ausgabe 12.80.

Vorschrift der Staatlichen Bauaufsicht Nr. 100/81; Projektierung, Herstellung und Ausführung von Verbunddachtragwerken einschließlich 1. Änderung.

Vorschrift der Staatlichen Bauaufsicht Nr. 131/84, Stahlbau; Stahltragwerke für Kranbahnen; Berechnung nach zulässigen Spannungen (Änderung und Ergänzung zur TGL 13471).

Vorschrift der Staatlichen Bauaufsicht Nr. 144/84; Stahlbau; Stahltragwerke des Hochbaus; Berechnung nach zulässigen Spannungen (Ergänzung und Änderung von TGL 13450/01).

[3.5]

TGL 13503/01	Stahlbau; Stabilität von Stahltragwerken; Grundlagen. Ausgabe 04.82.
TGL 13503/02	Stahlbau; Stabilität von Stahltragwerken; Erläuterungen und Berechnungsmöglichkeiten. Ausgabe 04.82.
TGL 5683	Senkschrauben mit Querschlitz; M 1 bis M 10. Ausgabe 07.77.
TGL 10826/01	Schrauben, Muttern und ähnliche Formteile; Mechanische Eigenschaften und Prüfverfahren für Schrauben. Ausgabe 05.80.
TGL 10826/02	Schrauben; Mechanische Eigenschaften und Prüfverfahren für Muttern. Ausgabe 11.79.

[3.6]

TGL 11776/01	Ausführungsklassen für Schweißverbindungen; Schmelzschweißen von Stahl. Ausgabe 06.84.
TGL 12371/01	Lochanordnung; für IE- und UE-Profile. Ausgabe 11.64.
TGL 12371/02	-; für ungleichschenklige Winkelstähle nach TGL 9554. Ausgabe 04.62.
TGL 12371/03	-; für gleichschenklige Winkelstähle nach TGL 9555. Ausgabe 04.62.
TGL 12517	Sechskantschrauben; für gleitfeste Schraubverbindungen in Stahlbaukonstruktionen. Ausgabe 08.65.
TGL 12518	Sechskant-Paßschrauben; für Stahlbaukonstruktionen. Ausgabe 09.65 einschl. Berichtigung vom 8. 4. 68 AO 512.
TGL 12521	Stahlbaukonstruktionen; Scheibe; für gleitfeste Schraubverbindungen. Ausgabe 11.82.
TGL 13454	Einheitliches System der Konstruktionsdokumentation; Sinnbilder für Niet-, Schrauben- und Lochdurchmesser. Ausgabe 12.80.
TGL 13459	Stahlbau; Anreißmaße (Wurzelmaße) für Profilstähle. Ausgabe 09.79.
TGL 13467	Stahlbau; Lochabstände für ungleichschenklige Winkelstähle nach TGL 0-1029. Ausgabe 09.79.
TGL 13502	Stahlbau; Hochfeste Schraubverbindungen; Berechnung, bauliche Durchbildung. Ausgabe 05.77.
TGL 14905/02	Fugenformen für Stahl; E-Schweißen. Ausgabe 11.84.
TGL 14905/03	-; MAG-Schweißen. Ausgabe 11.84.
TGL 14905/05	Schweißnahtvorbereitung; Fugenformen für Stahl; UP-Schweißen. Ausgabe 11.77.
TGL 15793/01	Schweißelektroden; Technische Lieferbedingungen. Ausgabe 11.76.
TGL 15793/02	-; für unlegierte, niedriglegierte und höherfeste Stähle; Klassifizierung, spezielle technische Forderungen. Ausgabe 11.76.
TGL 24889/02	Verankerung von Maschinen, Apparaten und Konstruktionen; Verankerung mit Steinschrauben. Ausgabe 07.74.
TGL 24889/03	-; Verankerung mit Bohrankern. Ausgabe 10.78.
TGL 24889/04	-; Verankerung mit Spezialbohrankern. Ausgabe 03.79. ÄBl. AO 0906.
TGL 24889/05	-; Verankerung mit Ankerbarren. Ausgabe 1.74.
TGL 24889/06	-; Verankerungselemente; Ankerbarren. Ausgabe 09.73.
TGL 24889/07	-; -; Hammerschrauben. Ausgabe 09.73.
TGL 24889/08	-; Verankerung mit Fußplattenanker. Ausgabe 11.76.
TGL 31091	Einheitliches System der Konstruktionsdokumentation; Darstellung lösbarer Verbindungen. Ausgabe 03.81.
TGL 31092	-; Darstellung unlösbarer Verbindungen. Ausgabe 12.83.
TGL 31093	-; Bezeichnung von Profilquerschnitten. Ausgabe 11.81.
TGL 0-124/01	Halbrundniete; Schaftdurchmesser 10 bis 30 mm. Ausgabe 09.80.
TGL 0-124/02	-; Klemmdicken und Schließköpfe; Richtwerte. Ausgabe 05.82.
TGL 0-302/01	Senkniete; Schaftdurchmesser 10 bis 30 mm. Ausgabe 09.80.
TGL 0-302/02	-; Klemmdicken und Schließköpfe; Richtwerte. Ausgabe 05.82.
TGL 0-434	Keilscheiben; 8% Neigung. Ausgabe 06.63.
TGL 0-435	-; 14% Neigung. Ausgabe 06.63.
TGL 0-529	Steinschrauben; Gewindedurchmesser 8 bis 80 mm. Ausgabe 09.62 einschl. Berichtigung vom 21. 1. 63.
TGL 0-555	Sechskantmuttern; M 5 bis M 42; Ausführung G. Ausgabe 08.74, eingeschränkt verbindlich.
TGL 0-55	Sechskantmuttern; M 16 bis M 30; Genauigkeitsklasse C. Ausgabe 03.85.
TGL 0-604	Senkschraube mit Nase. Ausgabe 08.77.
TGL 0-931	Sechskantschrauben; M 4 bis M 150 × 6; Ausführung M und MG. Ausgabe 03.74, eingeschränkt verbindlich.
TGL 0-931	Sechskantschrauben M 4 bis M 150 × 6; Ausführung M und MG. Ausgabe 03.85.
TGL 0-933	Sechskantschrauben; Gewinde annähernd bis Kopf; M 2,5 bis 52; Ausführung M und MG. Ausgabe 3.74 eingeschränkt verbindlich.
TGL 0-933	Sechskantschrauben; Gewinde annähernd bis Kopf. M 2,5 bis M 24; Genauigkeitsklassen A und B. Ausgabe 03.85.
TGL 0-934	Sechskantmuttern M 1,6 bis 68; Ausführung M und MG. Ausgabe 08.74.
TGL 0-7989	Scheiben für Stahlbaukonstruktionen. Ausgabe 04.63.
TGL 0-7990	Sechskantschrauben für Stahlbaukonstruktionen. Ausgabe 08.65 einschl. Berichtigungen vom 16. 5. 66 und 12. 9. 66.

Vorschrift der Staatlichen Bauaufsicht Nr. 18/79; Anwendung von Gewindeschneidschrauben und Dübelbolzen im Metalleichtbau.

[3.7]

TGL 9200/01	Umgebungseinflüsse; Klassifizierung von Erzeugnissen; Ausführungsklassen. Ausgabe 07.70.
TGL 13510/01	Stahlbau; Ausführung von Stahltragwerken; Allgemeine Forderungen, technische Unterlagen, Werkstoffe. Ausgabe 06.84.
TGL 13510/02	-; -; Bearbeitung der Einzelteile und Zusammenbau. Ausgabe 09.75.
TGL 13510/03	-; -; Niet- und Schraubenverbindungen. Ausgabe 06.84.
TGL 13510/04	-; -; Schweißverbindungen. Ausgabe 09.75.
TGL 18701	Korrosion der Metalle; Begriffe. Ausgabe 12.72.
TGL 18703/01	Korrosionsschutz; Korrosionschutzgerechte Gestaltung; Allgemeine Forderungen. Ausgabe 09.77.
TGL 18704	Korrosion und Korrosionsschutz; Korrosionsaggressivität der Atmosphäre; Einflüsse, Klassifizierung; Ausgabe 09.86.
TGL 18708/01	Korrosionsschutz; Anstrichsysteme für Eisen und Stahl; Übersicht, allgemeine Festlegungen. Ausgabe 12.84.
TGL 18730/01	Korrosionsschutz; Oberflächenvorbehandlung; Mechanische Verfahren. Ausgabe 12.81.
TGL 18733/01	Korrosionsschutz; Feuermetallische Schutzschichten; Technische Forderungen, Prüfung. Ausgabe 07.86.
TGL 18738	Korrosionsschutz; Allgemeine Vorschriften für die Herstellung von Anstrichen auf unlegierten und niedriglegierten Eisenwerkstoffen. Ausgabe 12.78.

[3.8]

TGL 9310	Gitterrostabdeckungen für Industriebauten, begehbar; Ausgabe 08.85.
TGL 26663	Treppen aus U-Stahlwangen mit Gitterroststufen für bauliche Anliegen der Industrie. Ausgabe 06.83.
TGL 26664	Geländer aus Stahl für Gebäude und bauliche Anlagen der Industrie. Ausgabe 09.83.
TGL 27950	Steigleitern aus Stahl für Gebäude und bauliche Anlagen der Industrie. Ausgabe 06.83.

[3.9] Pörschmann, H. (Hrsg.): Bautechnische Berechnungstafeln für Ingenieure. 22. Auflage. Leipzig 1988.

[3.10] Ingenieurtaschenbuch Bauwesen, Band II. Konstruktiver Ingenieurbau. Teil 1. Grundlagen der Bauweisen. Hrsg. von G. Bürgermeister. Leipzig 1968.

[3.11] Ingenieurtaschenbuch Bauwesen, Band IV. Hochbau. Teil 1. Grundlagen, Fertigung und Fügung. Hrsg. von H. Rettig. Leipzig 1964.

[3.12] Kurth, F.: Stahlbau, Band I. Berechnung und Bemessung der Elemente von Stahlkonstruktionen. 10. Aufl. Berlin 1979.

[3.13] Buchenau, H.; Thiele, A.: Stahlhochbau. Teil 1. 21. Aufl. Stuttgart 1986.

[3.14] Meyer, A., und Autorenkollektiv: Konstruktionsgrundlagen für den Metalleicht- und Stahlhochbau. Berlin 1972.

[3.15] VEB Metalleichtbaukombinat: Stahlhochbau, Richtlinien für Projektierung und Konstruktion. Leipzig 1979.

[3.16] Handbuch für den Stahlbau. Band I. Vereinheitlichtes Profilsortiment, Berlin 1965.

[3.17] Müller, G.: Statisch-konstruktive Untersuchungen mehrgeschossiger Stahlskelettbauten. Dissertation TU Dresden, 1974.

[3.18] Hotzler, H.: Kippspannungen von I-Profilen. Deutsche Bauenzyklopädie 254.41. Berlin 1960.

[3.19] Hoffmann, P.; Hünersen, G.; Fritzsche, E.; Schneider, L.: Stahlbau, Berechnungsalgorithmen und Beispiele. 2. Aufl. Berlin 1985.

[3.20] Büttner, O.; Stenker, H.: Stahlhallen. Berlin 1986.

[3.21] Vorschrift der Staatlichen Bauaufsicht Nr. 10/76; Einsatz von Ekotal-Trapez-Profilblechen als Dach- und Wandelemente einschl. 1. bis 3. Ergänzung.

[3.22] Vorschrift der Staatlichen Bauaufsicht Nr. 36/78; Dämmdeckung auf metallischen Tragschichten – Konstruktion und Ausführung

3. STAHLTRAGWERKE

3.1 VERBINDUNGSMITTEL

BLATT 3.01

NIET- UND SCHRAUBENABSTÄNDE NACH TGL 13500

ZEILE		HOCHBAU, KRANBAU	BRÜCKENBAU, AG 5 [1]
①	RANDABSTÄNDE, ALLG.	$2d \leq e_{r\parallel}$ } $\leq 3d, 6s$	
②		$1,5d \leq e_{r\perp}$	
③	RANDABSTÄNDE VOM VERSTEIFTEN RAND BEI STAB- UND FORMSTÄHLEN	$2d \leq e_{r\parallel}$ } $\leq 3d, 9s$	$2d \leq e_{r\parallel}$ } $\leq 3d, 7,2s$
④		$1,5d \leq e_{r\perp}$	$1,5d \leq e_{r\perp}$
	LOCHABSTÄNDE, ALLG.		
⑤	KRAFTNIETE, -SCHRAUBEN	$3d \leq e \leq 8d, 15s$	$3d \leq e \leq 6d, 12s$
⑥	HEFTNIETE, -SCHRAUBEN IM DRUCKBEREICH	$3d \leq e \leq 8d, 15s$	$3d \leq e \leq 7d, 14s$
⑦	HEFTNIETE, -SCHRAUBEN IM ZUGBEREICH	$3d \leq e \leq 12d, 25s$	$3d \leq e \leq 10d, 20s$
⑧	NIETE, SCHRAUBEN IN STEGAUSSTEIFUNGEN UND LANGEN ANSCHLÜSSEN MIT QUERKRAFT	$3d \leq e \leq 8,5 \cdot d; 17s$	
⑨	LOCHABSTÄNDE, WENN ALLE AUSSEN LIEGENDEN TEILE FORMSTÄHLE SIND	$3d \leq e \leq 1,5 \cdot$ ⑤⑥⑦	
⑩	LOCHABSTÄNDE IN DEN INNEREN REIHEN MEHRREIHIGER NIETUNG	$3d \leq e \leq 2,0 \cdot$ ⑤⑥⑦	
⑪	ANREISSMASSE DER FORM- UND STABSTÄHLE SOWIE DIE ZULÄSSIGEN KLEINSTEN VERSETZUNGEN DER NIETE BZW. SCHRAUBEN IN BEIDEN SCHENKELN VON WINKELSTÄHLEN SIND NACH TGL 12371, TGL 13459 UND TGL 13467 ANZUORDNEN.		

[1] KORROSIONSBEANSPRUCHUNG ENTSPR. AGGRESSIVITÄTSGRAD 5 NACH TGL 18704

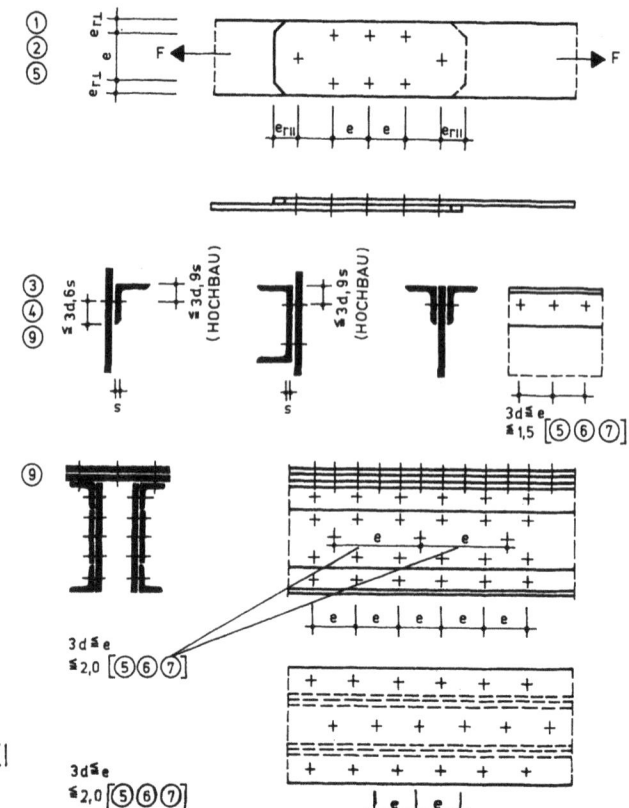

SINNBILDER FÜR NIETE UND SCHRAUBEN BEI STAHLKONSTRUKTIONEN NACH TGL 13454

NIETE

ROHRNIETDURCHMESSER	8	10	12	16	20	22	24	27	30
LOCHDURCHMESSER [1)2)]	8,4	11	13	17	21	23	25	28	31
BEIDSEITS HALBRUNDKÖPFE									
OBEN VERSENKT									
UNTEN VERSENKT									
BEIDSEITS VERSENKT									
AUF DER BAUSTELLE GESCHLAGENE NIETE									
AUF DER BAUSTELLE GEBOHRTE NIETLÖCHER									

SCHRAUBEN [4)]

GEWINDENENNDURCHMESSER	M8	M10	M12	M16	M20	M22 [5)]	M24	M27	M30
LOCHDURCHMESSER	8,4	11	13	17	21	23	25	28	31
SPANNUNGSQUERSCHNITT [3)] mm²	36,6	58,0	84,3	157	245	–	352	459	561
TGL 0-7990, TGL 0-601									
TGL 12518 PASSSCHRAUBEN	–								
TGL 0-931 ODER TGL 0-933 FÜR HVO-VERBINDUNG									
TGL 0-931 ODER TGL 0-933 FÜR HVH-VERBINDUNG									
TGL 0-931 ODER TGL 0-933 FÜR HVV-VERBINDUNG									
FÜR HVO-VERBINDUNG NACH TGL 13502									
FÜR HVH-VERBINDUNG NACH TGL 13502									
FÜR HVV-VERBINDUNG NACH TGL 13502									
FÜR GV-VERBINDUNG NACH TGL 13502									
FÜR BAUSTELLE GESCHRAUBTE VERBINDUNG									
AUF BAUSTELLE GEBOHRTE LÖCHER									
SCHRAUBEN MIT VERGRÖSSERTEN DURCHGANGSLÖCHERN	KREIS MIT ANGABE VON LOCHDURCHMESSER UND SCHRAUBE Z.B.							M22	
SENKSCHRAUBEN MIT NASE TGL 0-604	Z.B. M20 SENKUNG OBEN						Z.B. M20 SENKUNG UNTEN		
SENKSCHRAUBEN MIT QUERSCHLITZ TGL 5683	Z.B. M10 SENKUNG OBEN						Z.B. M10 SENKUNG UNTEN		

DARSTELLUNG IM SCHNITT

NIET	I	BEISPIEL
SECHSKANTSCHRAUBE	T	SECHSKANTSCHRAUBE MIT
SCHEIBE, FEDERRING	–	SCHEIBE UND MUTTER
MUTTER	×	

GRENZFÄLLE

DER INHALT DER GRENZLASTFÄLLE WIRD IN SPEZIELLEN BEREICHSSTANDARDS FESTGELEGT. FÜR STAHLTRAGWERKE IM HOCHBAU (TGL 13450) GILT Z.B.

GRENZLASTFALL H

(UNGÜNSTIGE WIRKUNG DER HAUPTLASTEN): STÄNDIGE LAST VERKEHRSLAST (EINSCHL. SCHNEELAST UND MASSENKRÄFTEN VON MASCHINEN) VORSPANNKRÄFTE

GRENZLASTFALL HZ

(UNGÜNSTIGE WIRKUNG DER HAUPT- UND ZUSATZLASTEN): GRENZLASTFALL H, WINDLAST, WÄRMEWIRKUNGEN, BREMSKRÄFTE UND WAAGERECHTE SEITENKRÄFTE VON KRANBAHNEN

GRENZLASTFALL S

(UNGÜNSTIGE WIRKUNG AUS HAUPT- ZUSATZLASTEN UND EINER SONDERLAST ODER AUS ANNORMALEN BELASTUNGSKOMBINATIONEN): TRANSPORT- UND MONTAGEZUSTÄNDE, PROBEBELASTUNG, ANPRALL VON FAHRZEUGEN, ERDBEBENEINFLUSS

MINDESTABMESSUNGEN

IM REGELFALL WERDEN KEINE MINDESTABMESSUNGEN VORGESCHRIEBEN. BAUTEILE MIT DICKEN ≤ 2 MM SIND NUR FEUERVERZINKT ZULÄSSIG. BEI UNKONSERVIERT VERBLEIBENDEN BAUTEILEN ALLER STAHLMARKEN MUSS DIE MATERIALDICKE GRUNDSÄTZLICH MIND. 3 MM BETRAGEN. BEI EINER KORROSIONSBEANSPRUCHUNG ENTSPR. AGGRESSIVITÄTSGRAD 5 NACH TGL 18704 SIND MINDESTABMESSUNGEN NACH TGL 13500/01 VORGESCHRIEBEN.

[1)] MASSGEBEND FÜR DIE BERECHNUNG DER QUERSCHNITTSSCHWÄCHUNG IM KONSTR. TEIL
[2)] MASSGEBEND FÜR DIE BERECHNUNG AUF ABSCHERUNG UND LOCHLEIBUNGSDRUCK
[3)] NUR MASSGEBEND FÜR DIE BERECHNUNG DER SCHRAUBEN AUF ZUG
[4)] IN STAHLHOCHBAUKONSTRUKTIONEN SIND SCHRAUBEN MIT DEN DURCHMESSERN 12, 16, 20 UND 24 ZU VERWENDEN
[5)] M22 AB 1.1.1971 NICHT ZUGELASSEN

3. TRAGWERKE AUS STAHL

3.1 VERBINDUNGSMITTEL
BLATT 3.02

SECHSKANTSCHRAUBEN NACH TGL 0-7990[1)]

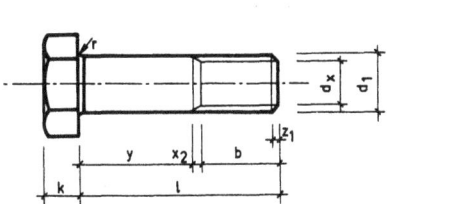
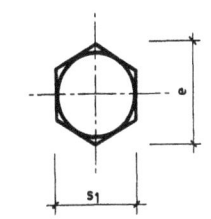
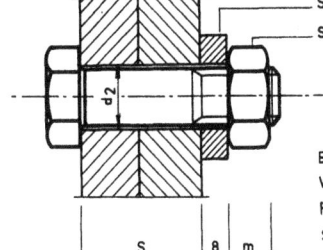

x_2 AUSLAUF
z_1 KUPPE

SCHEIBE A NACH TGL 7989
SECHSKANTMUTTER NACH TGL 0-555[1)]

BEZEICHNUNG FÜR SECHSKANTSCHRAUBE
VON d_1 = 16 mm UND l = 60 mm
FESTIGKEITSEIGENSCHAFTEN: 4.6
SECHSKANTSCHRAUBE M 16 × 60
TGL 0-7990-4.6

SECHSKANTPASSCHRAUBE NACH TGL 12518[1)]

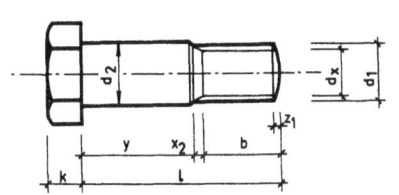
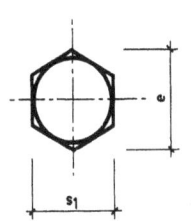
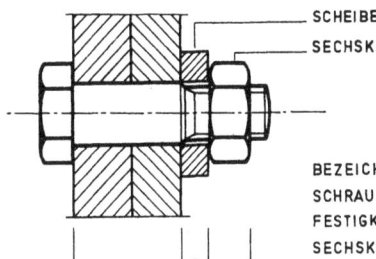

SCHEIBE A NACH TGL 0-7989
SECHSKANTMUTTER NACH TGL 0-934[1)]

x_2 AUSLAUF
z_1 KUPPE

BEZEICHNUNG FÜR SECHSKANT-PASS-
SCHRAUBE VON d_1 = 16 mm UND l = 60 mm
FESTIGKEITSEIGENSCHAFTEN: 4.6
SECHSKANTPASSCHRAUBE M 16 × 60
TGL 12518-4.6

SECHSKANTSCHRAUBEN FÜR GLEITFESTE VERBINDUNGEN NACH TGL 12517[1)]

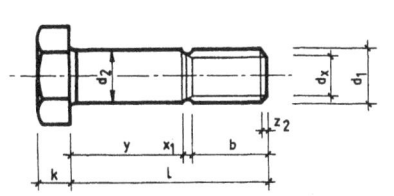
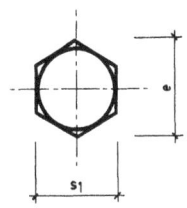
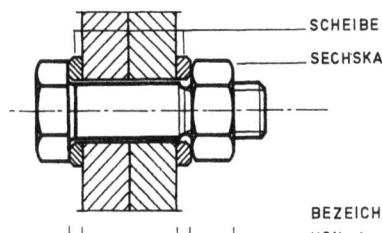

SCHEIBE NACH TGL 12521
SECHSKANTMUTTER NACH TGL 0-934[1)]

x_1 AUSLAUF
z_2 KUPPE
s_2 NACH TGL 12521

BEZEICHNUNG FÜR SECHSKANTSCHRAUBE
VON d_1 = 16 mm UND l = 60 mm MIT
FESTIGKEITSEIGENSCHAFTEN: 10.9
SECHSKANTSCHRAUBE M 16 × 60
TGL 12517-10.9

[1)] FESTIGKEITSEIGENSCHAFTEN NACH TGL 10826

SECHSKANTMUTTERN

NACH TGL 0-555   NACH TGL 0-934-

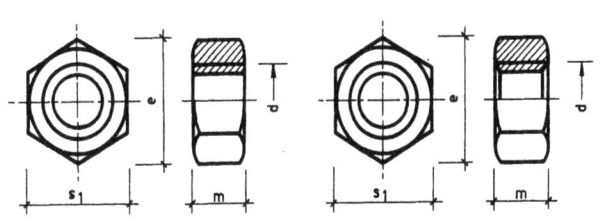

BEZEICHNUNG FÜR SECHSKANTMUTTER d = 20 mm
SECHSKANTMUTTER M 20 TGL 0-555
SECHSKANTMUTTER M 20 TGL 0-934

KEILSCHEIBEN FÜR I- UND C-STAHL

NACH TGL 0-434   NACH TGL 0-435
FÜR C-STAHL   FÜR I-STAHL
TGL 0-1025   TGL 0-1026

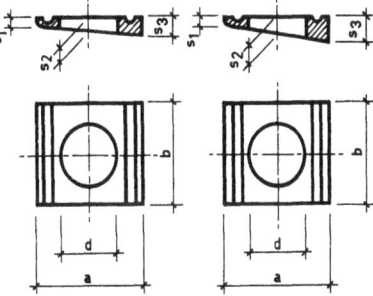

KEILSCHEIBEN NACH
TGL 0-434 UND
TGL 0-435 WERDEN
AUCH BEI IE- UND
CE-STÄHLEN EINGE-
SETZT.

BEZEICHNUNG FÜR KEILSCHEIBE VON 18 mm LOCHDURCHMESSER
NACH TGL 0-435: KEILSCHEIBE 18 TGL 0-435

SCHEIBEN FÜR STAHLBAUKONSTRUKTIONEN

SCHEIBE NACH   FEDERRING B (GLATT)   SCHEIBE F. GLEITFESTE
TGL 0-7989   TGL 7403   SCHRAUBENVERBIN-
                                       DUNG TGL 12521

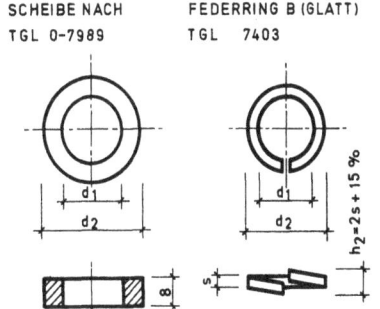
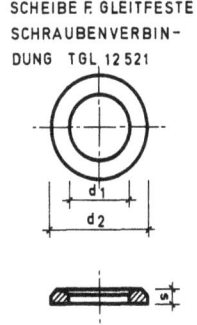

$h_2 = 2s + 15\%$

HALBRUNDNIET   SENKNIET
TGL 0-124   TGL 0-302
REGELAUSFÜHRUNG

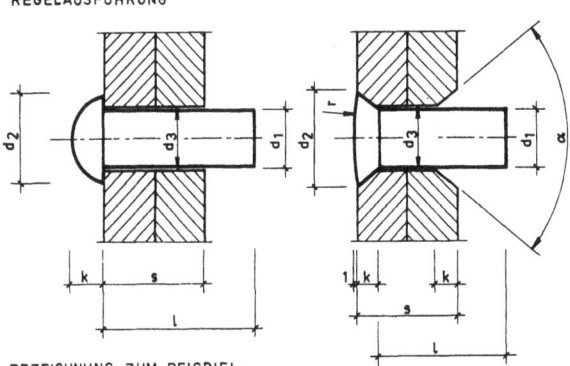

BEZEICHNUNG ZUM BEISPIEL:
HALBRUNDNIET 16 × 45 TGL 0-124

3. STAHLTRAGWERKE
SCHWEISSNÄHTE

3.1 VERBINDUNGSMITTEL
BLATT 3.03

NAHTFORMENSINNBILDER UND IHRE DARSTELLUNGSWEISE NACH TGL 14904

STUMPFNÄHTE

BENENNUNG, ANWENDUNG 1)	BILDLICHE DARSTELLUNG ANSICHT	DARSTELLUNG SCHNITT	SINNBILDLICHE DARSTELLUNG ANSICHT	SINNBILDLICHE DARSTELLUNG SCHNITT
STUMPFNAHT (s=2...5mm) ALLG. SCHWEISSZEICHEN				
V-NAHT (s = 3...20mm) z.B. a=12mm, l=1100mm WURZEL AUSGEKREUZT KAPPLAGE GEGENGESCHW.				
U-NAHT (s=3...15mm, l=2000mm NAHT EINGEEBNET				
K-NAHT (s=12...40mm) z.B. a=30mm, l=1400mm				
X-NAHT (s = 12...40mm) z.B. a=20mm, l=3000mm				
V-NAHT FERTIGUNGSZEICHEN VEREINFACHT z.B. a=12mm, l=1100mm				

1) FÜR (E)-SCHWEISSVERFAHREN, UP-SCHWEISSVERFAHREN SIEHE TGL 14905/05

ZUSATZZEICHEN

BENENNUNG	SINNBILD	BILDLICHE DARSTELLUNG ANSICHT	BILDLICHE DARSTELLUNG SCHNITT	SINNBILDLICHE DARSTELLUNG ANSICHT	SINNBILDLICHE DARSTELLUNG SCHNITT
NAHT EINGEEBNET					
ÜBERGÄNGE BEARBEITET					
WURZEL AUSGEKREUZT KAPPLAGE GEGENGESCHW.					
KEHLNAHT DURCHLAUFEND					

KEHLNÄHTE

BENENNUNG	BILDLICHE DARSTELLUNG ANSICHT	DARSTELLUNG SCHNITT	SINNBILDLICHE DARSTELLUNG ANSICHT	SINNBILDLICHE DARSTELLUNG SCHNITT
KEHLNAHT ALLG. SCHWEISSZEICHEN				
KEHLNAHT VORN (SICHTBAR) DURCHLAUFEND a=8mm l=1400mm ÜBERGÄNGE BEARBEITET				
KEHLNAHT HINTEN (VERDECKT) DURCHLAUFEND a=6mm l=200mm				
DOPPELKEHLNAHT DURCHLAUFEND a=8mm (SICHTBAR) a=8mm (UNSICHTBAR) l=1000mm				
DOPPELKEHLNAHT, UNTERBROCHEN, GEGENÜBERLIEGEND a=8mm (SICHTBAR) a=6mm (UNSICHTBAR) l=300mm t=800mm (TEILUNG)				
DOPPELKEHLNAHT UNTERBROCHEN VERSETZT a=8mm (SICHTBAR) a=6mm (UNSICHTBAR) l=150mm t=450mm				
ÜBERLAPPSTOSS MIT KEHLNÄHTEN				

3. STAHLTRAGWERKE

3.2 STÜTZEN UND SÄULEN

VORBEMESSUNG VON STÜTZEN

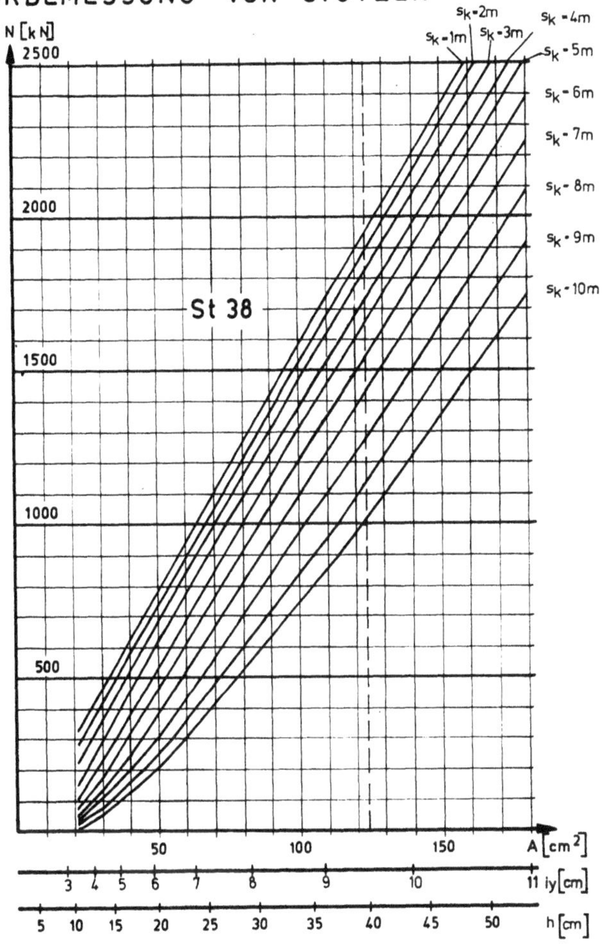

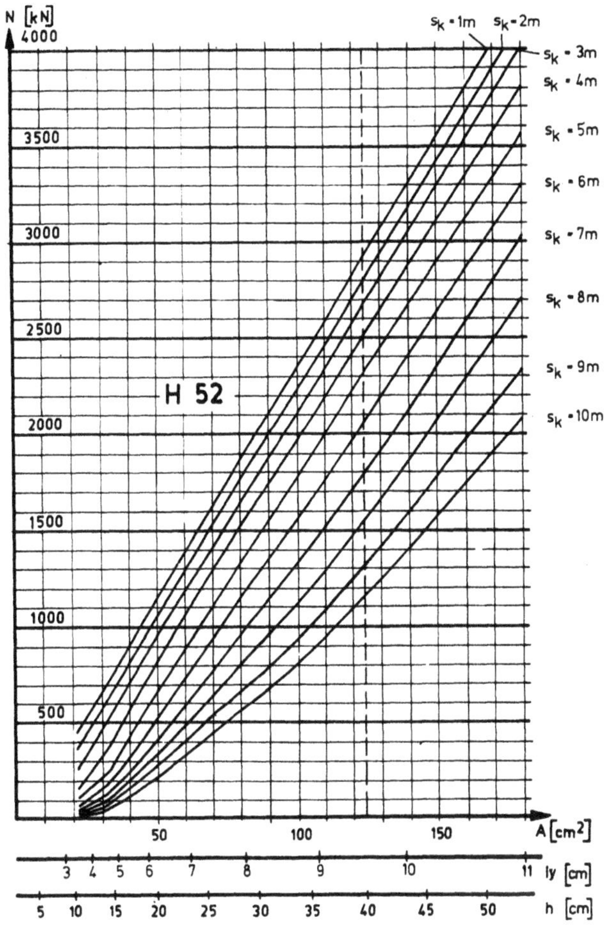

BLATT 3.04

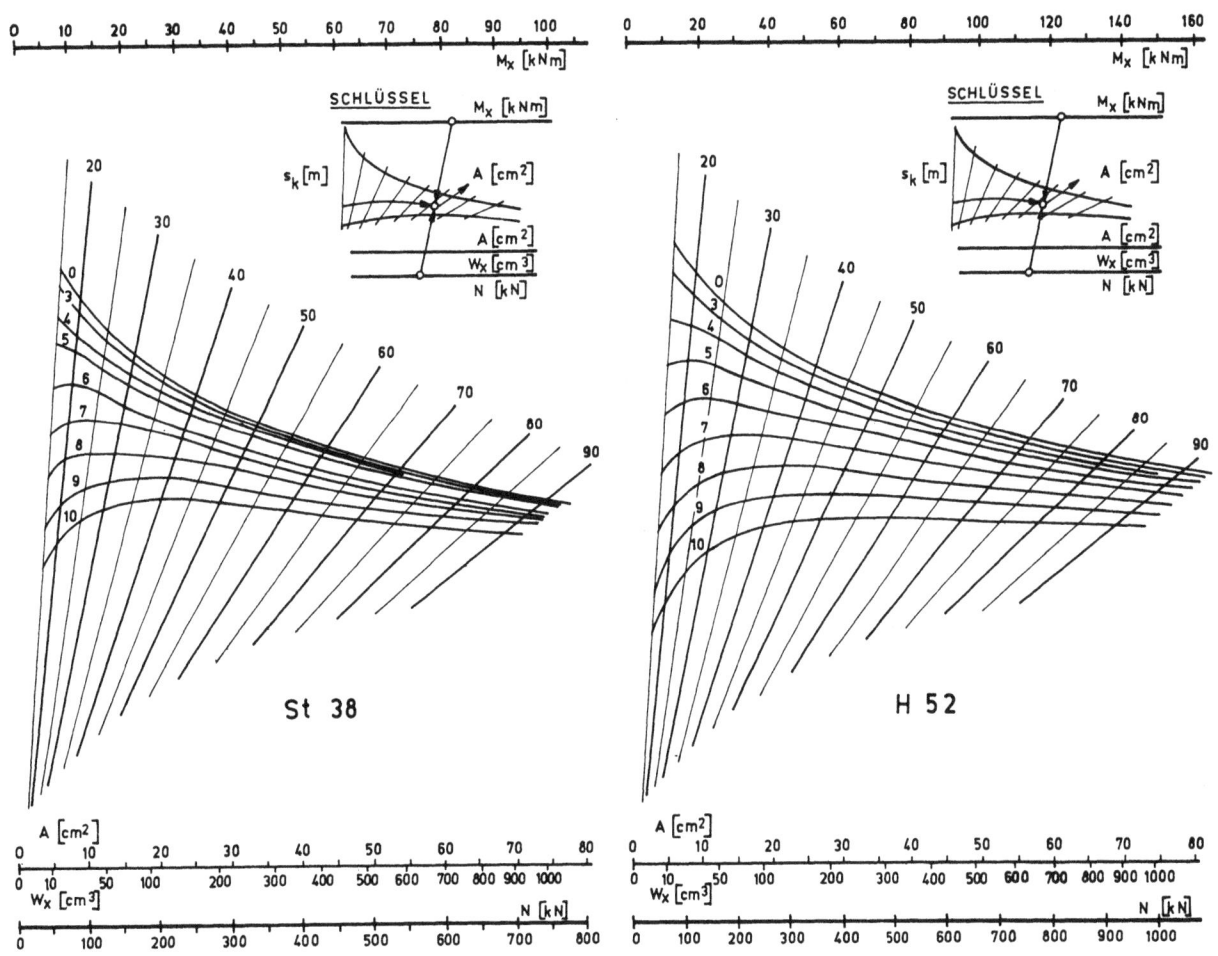

VORBEMESSUNG MITTIG BELASTETE STÜTZEN
FÜR 2 [E-PROFILE KASTENFÖRMIG VERSCHWEISST

VORBEMESSUNG AUSSERMITTIG BELASTETE STÜTZEN
FÜR IE-PROFILE

3. STAHLTRAGWERKE
GELENKIG GELAGERTER FUSSPUNKT

3.2 STÜTZEN UND SÄULEN
BLATT 3.05

GESCHWEISZTE AUSFÜHRUNG

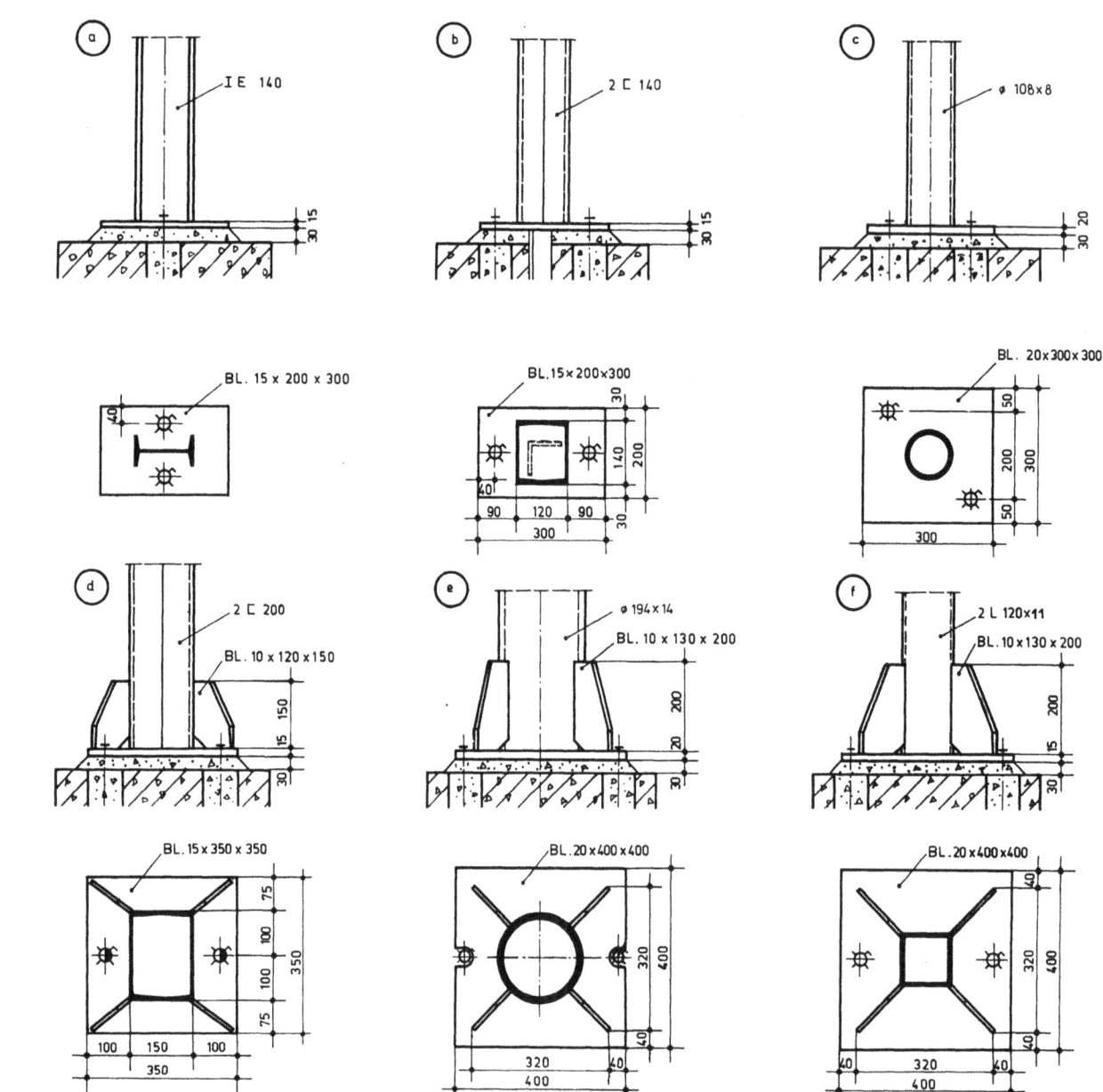

TRAGFÄHIGKEITSTAFEL
MITTIG BELASTETE STÜTZEN, ST 38, GRENZLASTFALL H

PROFIL		A cm²	i cm	MAX. S_y IN [kN] FÜR S_{ky} = ... [m]				
				2,0	3,0	4,0	5,0	6,0
I	I 100	10,6	1,07	35,8	17,0	–	–	–
	I 120	14,2	1,23	61,3	29,3	–	–	–
	I 160	22,8	1,55	1447	72,2	42,3	–	–
	I 200	33,5	1,87	275,0	149	88,4	58,4	–
	I 240	46,1	2,20	455	267	163	109	77,4
	I 300	69,1	2,56	777	503	320	216	155
	I 360	97,1	2,90	1179	833	550	374	272
	I 400	118	3,13	1488	1103	753	523	381
I	IE 120	14,7	1,38	76,9	37,6	21,9	–	–
	IE 160	20,2	1,70	146	75,3	44,9	29,4	–
	IE 200	26,8	2,08	250	142	86,2	57,0	40,7
	IE 240	34,8	2,39	371	228	143	116	68,5
	IE 300	46,5	2,69	541	362	233	158	114
	IE 360	61,9	2,89	752	528	349	240	172
	IE 400	71,4	3,05	890	649	439	303	219

PROFIL		A cm²	i cm	MAX. S_y IN [kN] FÜR S_{ky} = ... [m]				
				2,0	3,0	4,0	5,0	6,0
O	51	5,90	1,67	45,5	22,6	13,1	8,6	–
	70	8,29	2,34	97,0	57,7	34,9	22,9	16,3
	89	9,65	3,02	131	96,8	63,6	42,9	30,7
	95	10,33	3,23	143	112	75,9	51,7	37,2
	102	12,31	3,47	174	143	101	70,3	50,6
	108	13,06	3,68	188	158	117	82,5	59,8
	133	20,1	4,53	299	273	228	176	132
	159	21,8	5,46	332	313	282	239	192
I	IPE 140	16,4	1,65	113	58,0	34,4	–	–
	IPE 160	20,1	1,84	162	86,2	51,5	33,8	–
	IPE 180	23,9	2,05	219	123	74,6	49,3	35,2
	IPE 200	28,5	2,24	287	169	104	69,8	49,2
	IPE 240	39,1	2,69	455	304	196	133	95,7
	IPE 300	53,8	3,35	697	540	380	268	196
	IPE 360	72,7	3,79	983	810	607	442	328

3. STAHLTRAGWERKE

GELENKIG GELAGERTER FUSSPUNKT

3.2 STÜTZEN UND SÄULEN

BLATT 3.06

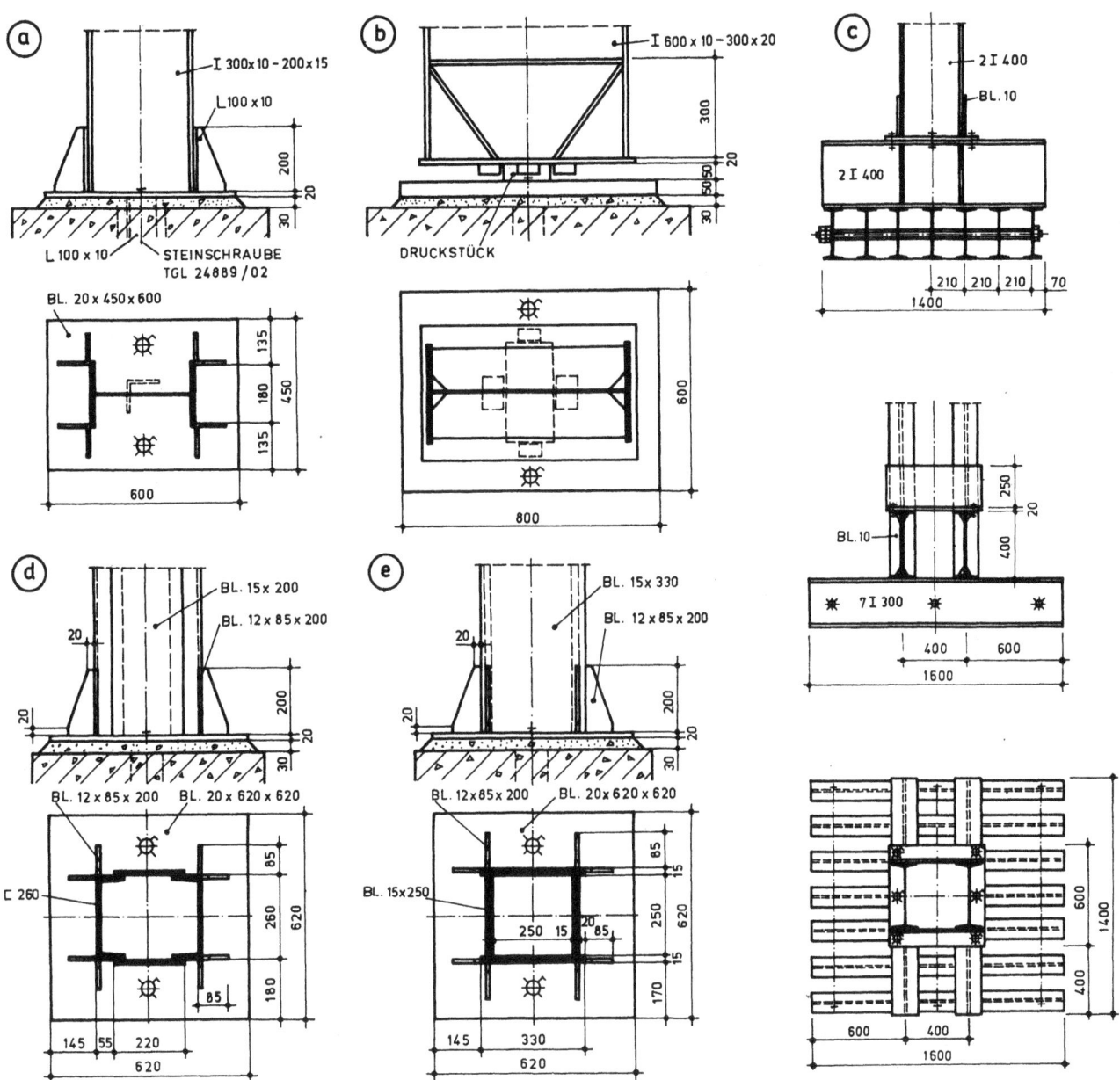

TRAGFÄHIGKEITSTAFEL

MITTIG BELASTETE STÜTZEN ST 38 GRENZLASTFALL H

SCHUBDÜBEL DÜRFEN ENTFALLEN FALLS $H \leq 0{,}15 N$

H – HORIZONTALKRAFT   N – VERTIKALKRAFT

PROFIL		A cm²	i cm	MAX. S_y IN [kN] FÜR $S_{ky} = \ldots$ [m]				
				2,0	3,0	4,0	5,0	6,0
	⌶ 80	22,0	3,33	285	220	155	109	79,2
	⌶ 100	27,0	3,75	364	299	222	162	120
	⌶ 120	34,0	4,21	472	405	321	242	183
	⌶ 140	40,8	4,59	578	509	420	328	252
	⌶ 160	48	5,03	691	623	533	431	340
	⌶ 200	64,4	5,89	949	879	789	678	563
	⌶ 260	96,6	7,12	1460	1376	1280	1161	1022
	⌶ 300	118	7,86	1794	1711	1612	1492	1348
	⌶E 100	21,9	3,45	287	226	161	115	83,0
	⌶E 140	3,13	4,46	441	385	314	241	185
	⌶E 180	41,4	5,46	604	553	486	406	329
	⌶E 220	53,4	6,44	796	746	682	603	515
	⌶E 240	61,2	7,07	921	871	809	733	644
	⌶E 300	80,9	8,01	1232	1177	1109	1032	937
	⌶E 400	123	9,32	1895	1824	1746	1655	1547

PROFIL		A cm²	i cm	MAX. S_y IN [kN] FÜR $S_{ky} = \ldots$ [m]				
				2,0	3,0	4,0	5,0	6,0
	I 300	81,6	4,95	1171	1052	896	719	564
	I 300	112	6,78	1679	1580	1459	1310	1136
	I 400	89,6	4,73	1274	1134	946	747	579
	I 400	156	7,60	2366	2249	2109	1942	1742
	I 500	97,6	4,53	1377	1212	992	770	590
	I 500	160	7,36	2510	2380	2223	2034	1806
	I 600	121	5,69	1777	1636	1456	1235	1013
	I 600	196	8,54	3004	2879	2735	2559	2355
	L 50	9,6	1,90	80,6	43,5	26,1	17,2	–
	L 60	13,8	2,29	142	84,8	52,6	35,1	25,0
	L 70	18,8	2,67	218	145	92,9	63,2	45,4
	L 80	24,6	3,06	307	225	152	105	76,0
	L 90	31	3,45	406	319	229	163	119
	L 100	38,4	3,82	520	431	324	237	176
	L 120	50,8	4,62	720	636	526	411	316

3. STAHLTRAGWERKE — 3.2 STÜTZEN UND SÄULEN

EINGESPANNTER FUSSPUNKT

BLATT 3.07

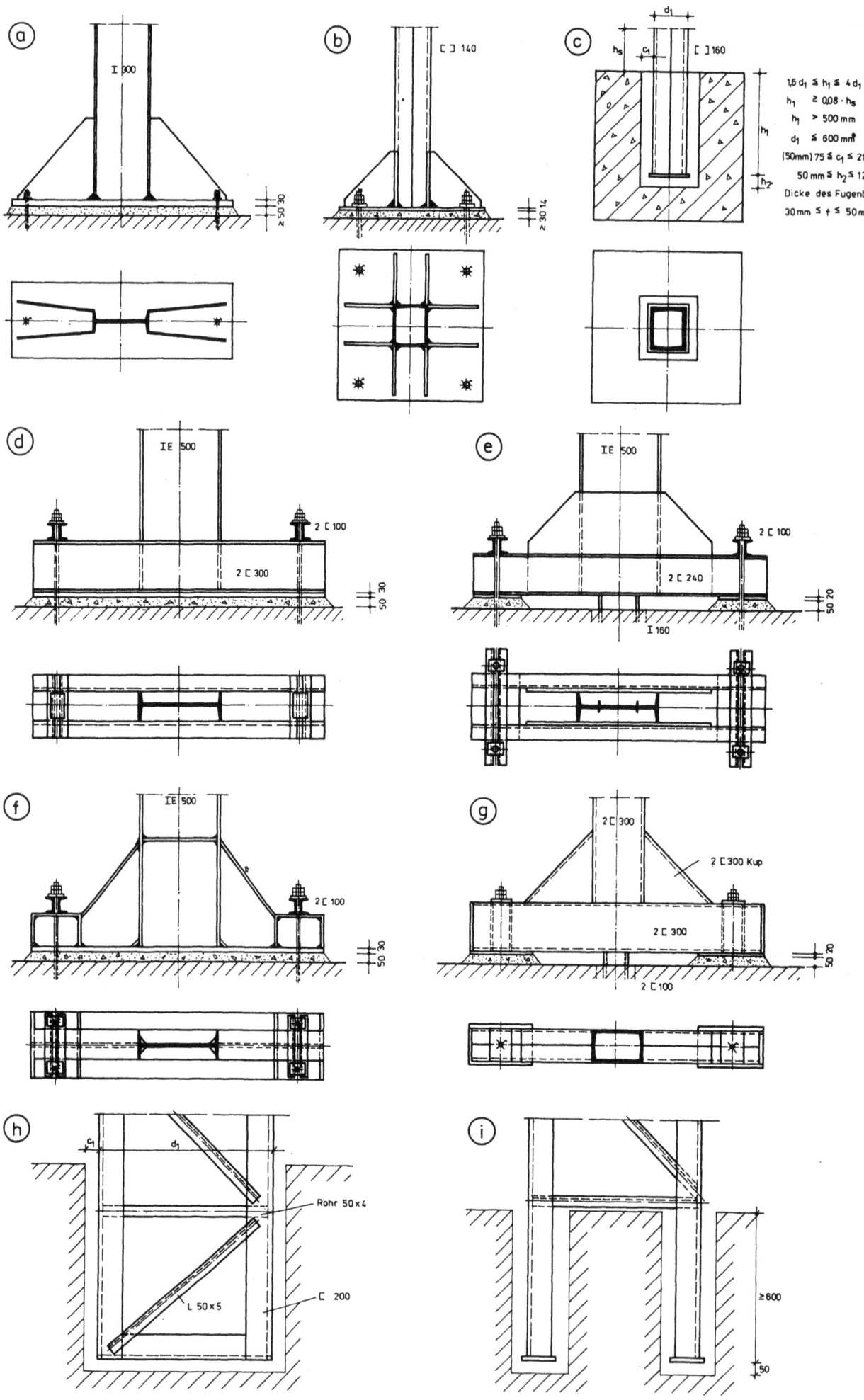

3. STAHLTRAGWERKE
EINGESPANNTER FUSSPUNKT

3.2 STÜTZEN UND SÄULEN
BLATT 3.08

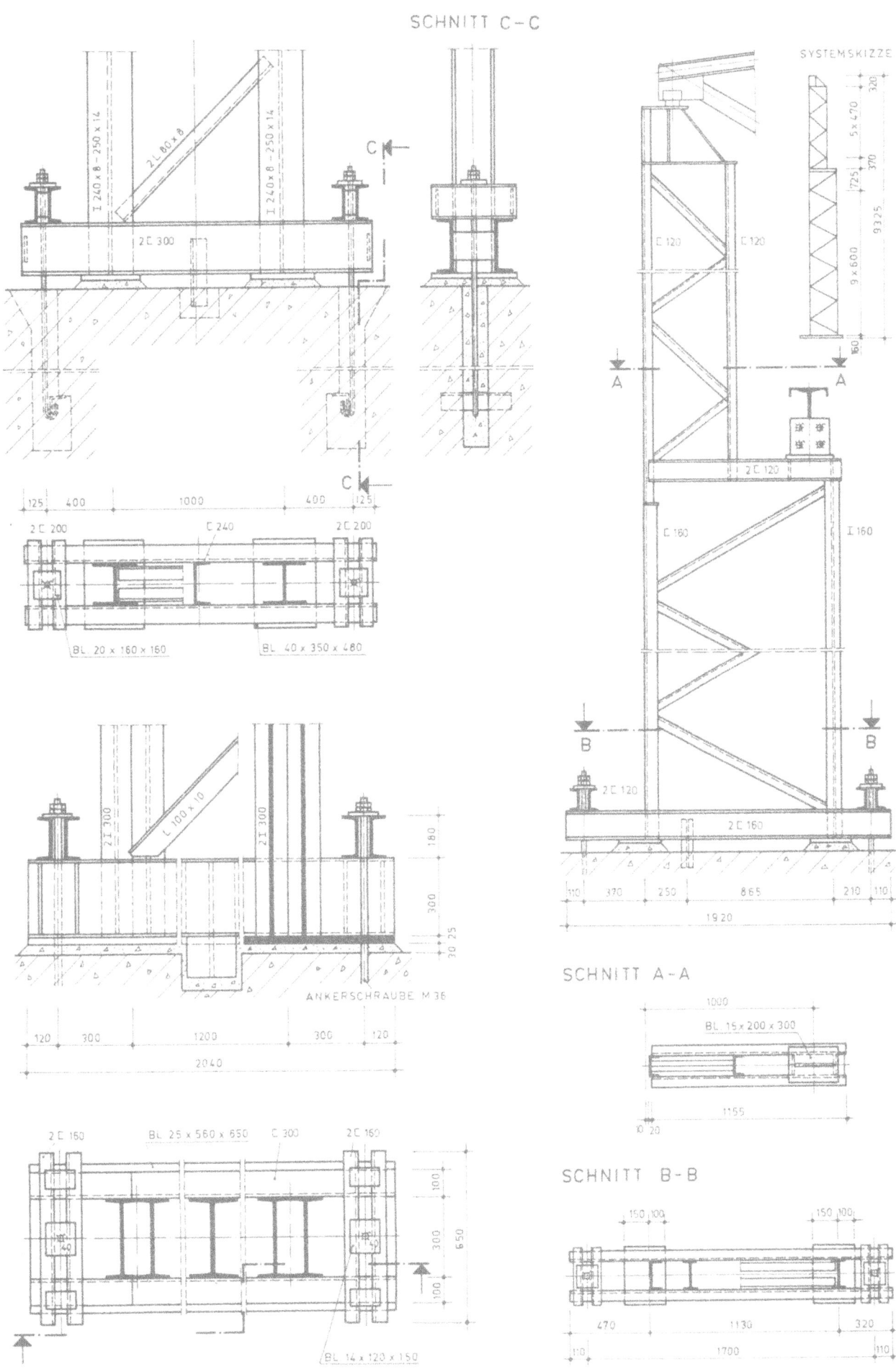

3. STAHLTRAGWERKE

3.2 STÜTZEN UND SÄULEN
BLATT 3.09

VERANKERUNG VON STAHLSTÜTZEN NACH TGL 24889/05

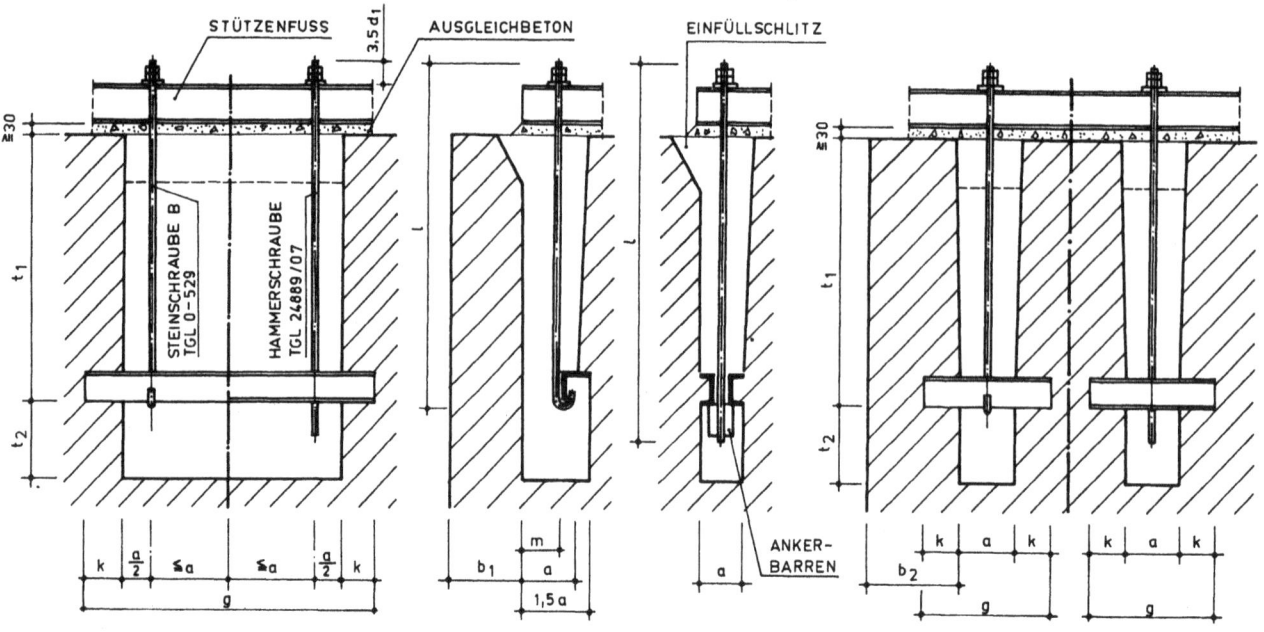

ZULÄSSIGE BELASTUNG	VERANKERUNGSELEMENTE									EINBAUMASZE		
ZUGKRAFT JE SCHRAUBE [kN] HÖCHSTENS	STEIN-SCHRAUBEN NACH TGL 0-529	HAMMER-SCHRAUBEN N. TGL 24889/07 ODER TGL 0-261		ANKERBARREN NACH TGL 24889/06								
				FÜR 1 SCHRAUBE JE AUSSPARUNG			BETON-KLASSE [1]	FÜR 2 SCHRAUBEN JE AUSSPARUNG			BETON-KLASSE [1]		
	$d_1 \times l$	d_1	l		g	k			g	k		a	min t_1	t_2
14	BM 16 x 400	—	—	L 60 x 6	280	90		L 70 x 7	480	90		100	290	140
22	BM 20 x 500	—	—	L 80 x 8	300	100	BK 7,5	L 80 x 8	500	100	BK 7,5	100	375	
32	BM 24 x 630	—	—	L 100 x 10	400	125		L 100 x 10	700	125		150	480	210
51	BM 30 x 800	—	—	L 120 x 11	500	175		L 120 x 13	860	175		150	620	
75	—	M 36	1000	U 80 (UE 100)	440	110		U 100 (UE 120)	960	180		200		
105	—	M 42	1120/1250	U 100 (UE 120)	560	180	BK 10	U 140 (UE 160)	1000	200		200	1000	280
140	—	M 48	1400	U 120 (UE 140)	600	200		U 160 (UE 180)	1110	255		200		
190	—	M 56	1600	U 160 (UE 180)	710	230		U 200 (UE 220)	1300	275	BK 15	250	1300	350
250	—	M 64	1800/2000	U 180 (UE 200)	800	275		U 220 (UE 240)	1400	325		250		
325	—	M 72	2240	U 200 (UE 220)	900	300	BK 15	U 260 (UE 300)	1600	350		300	1500	450
410	—	M 80	2500	U 220 (UE 240)	1000	350		U 300 (UE 330)	1720	410		300		

[1] FÜR FUNDAMENTBETON UND VERGUSSMÖRTEL IM BEREICH DER VERANKERUNG

VERANKERUNG VON STAHLSTÜTZEN MIT FUSSPLATTENANKER NACH TGL 24889/08

STEINSCHRAUBEN NACH TGL 0-529   BOHRANKER   SPEZIALBOHRANKER
VERANKERUNG MIT STEINSCHRAUBEN NACH TGL 24889/02

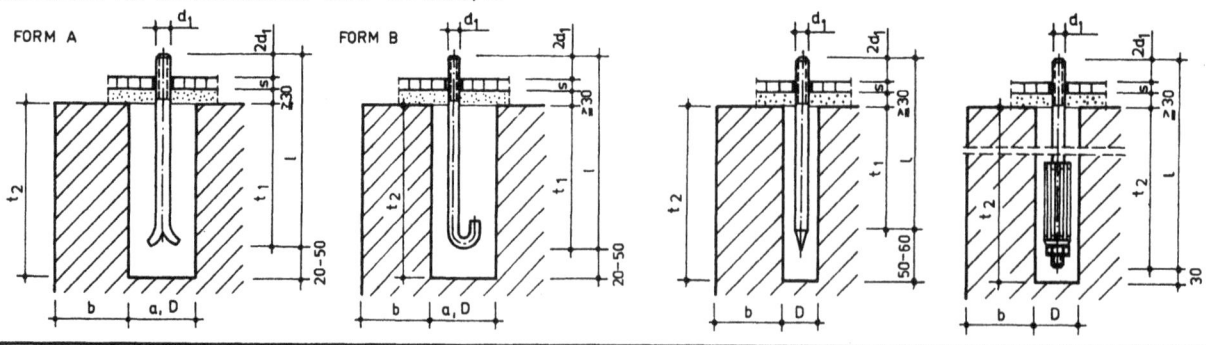

		STEINSCHRAUBEN NACH TGL 0-529									BOHRANKER FORM I TGL 24889/03					SPEZIALBOHRANKER TGL 24889/04		
		A M10	B M10	A M12	B M12	A M16	B M16	A M20	B M20	A M24	B M24	BA 16	BA 20	BA 24	BA 30	BA 36	SBA 20	SBA 27	SBA 33
EINBAULÄNGE	t_1	120		145		195		240		290		200	250	250	300	350	400	550	650
AUSSPARUNGSTIEFE	t_2	140		170		230		280		340		~250	~300	~310	~350	~410	430	580	680
□ AUSSPARUNGSGRÖSSE	a	60		80		100		120		140		—	—	—	—	—	—	—	—
○ AUSSPARUNGSGRÖSSE	D	34	50	44	60	56	80	65	100		120		30	34	40	44	50	56	65	75
RANDABSTAND	b	100		100		100		120		140		180	190	190	230	270	200	300	400
ZUGKRAFT IN kN		2,00		3,00		5,00		8,00		11,00		15,7	24,5	35,3	56,1	81,7	60	110	138
BEZEICHNUNG		STEINSCHRAUBE A M 20 x 320 TGL 0-529										BA I 24 x 500 TGL 24889/03					SBA 27 x 800 TGL 24889/04		

3. STAHLTRAGWERKE
TRÄGERANSCHLÜSSE, GELENKIG

3.2 STÜTZEN UND SÄULEN
BLATT 3.10

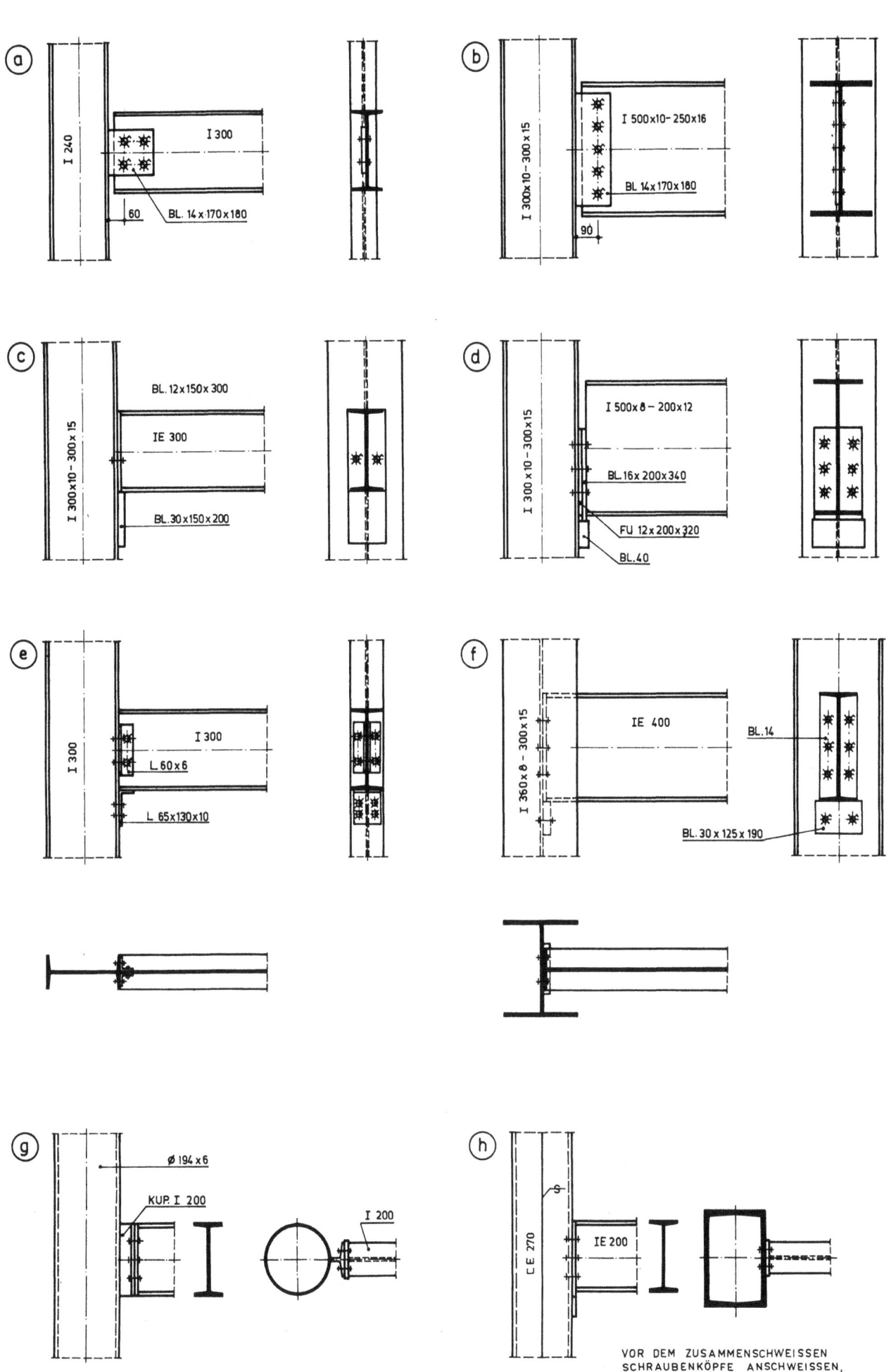

3. STAHLTRAGWERKE
3.2 STÜTZEN UND SÄULEN
TRÄGERANSCHLÜSSE, BIEGESTEIF UND GELENKIG
BLATT 3.11

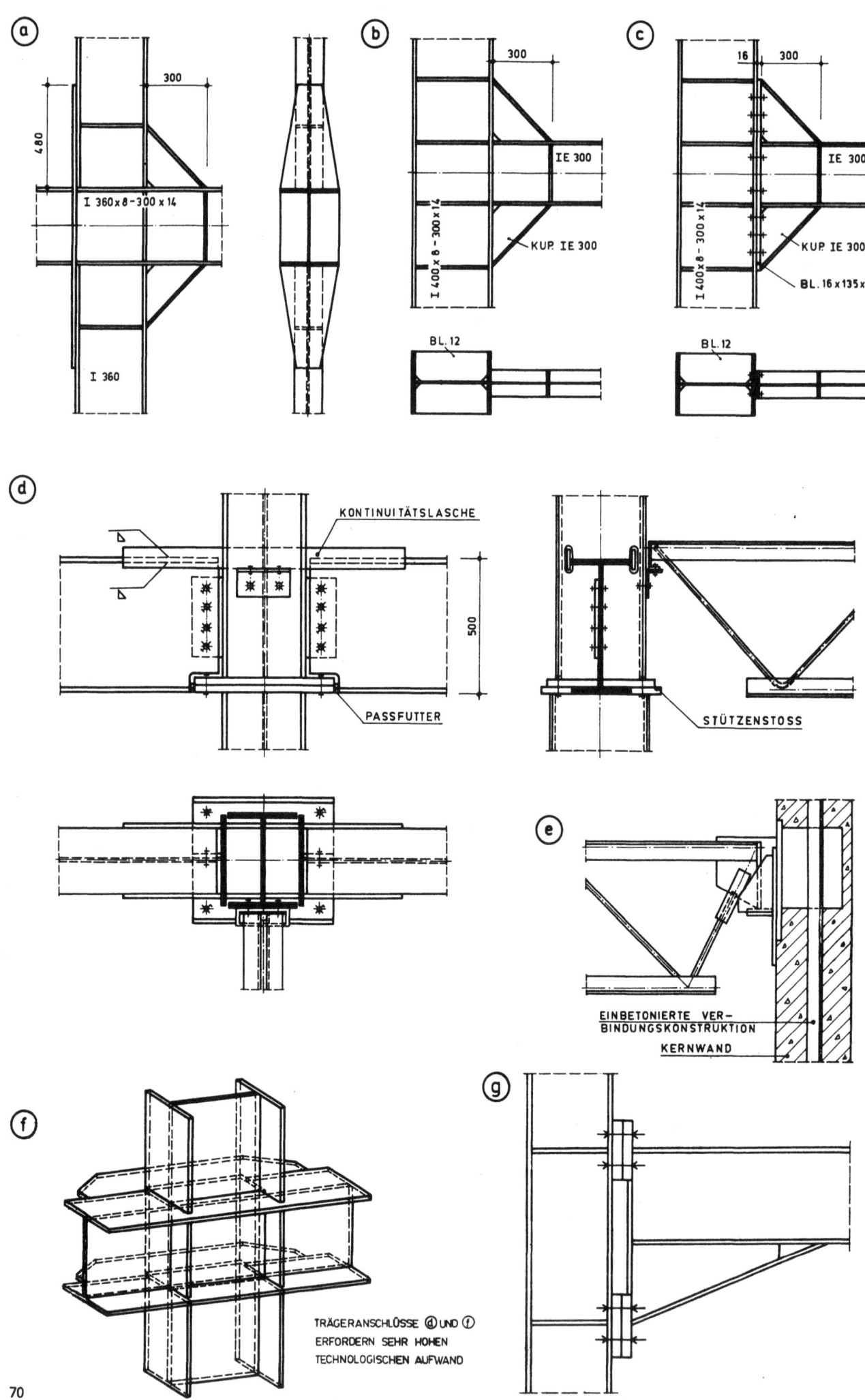

3. STAHLTRAGWERKE
STÜTZENSTÖSSE

3.2 STÜTZEN UND SÄULEN

BLATT 3.12

GESCHWEISSTE UND GESCHRAUBTE STÖSSE MIT STIRNPLATTEN

GESCHRAUBTE STÖSSE MIT VERLASCHUNGEN

STÖSSE VON KASTENSTÜTZEN

GESCHRAUBTE STÖSSE MIT STIRNPLATTEN

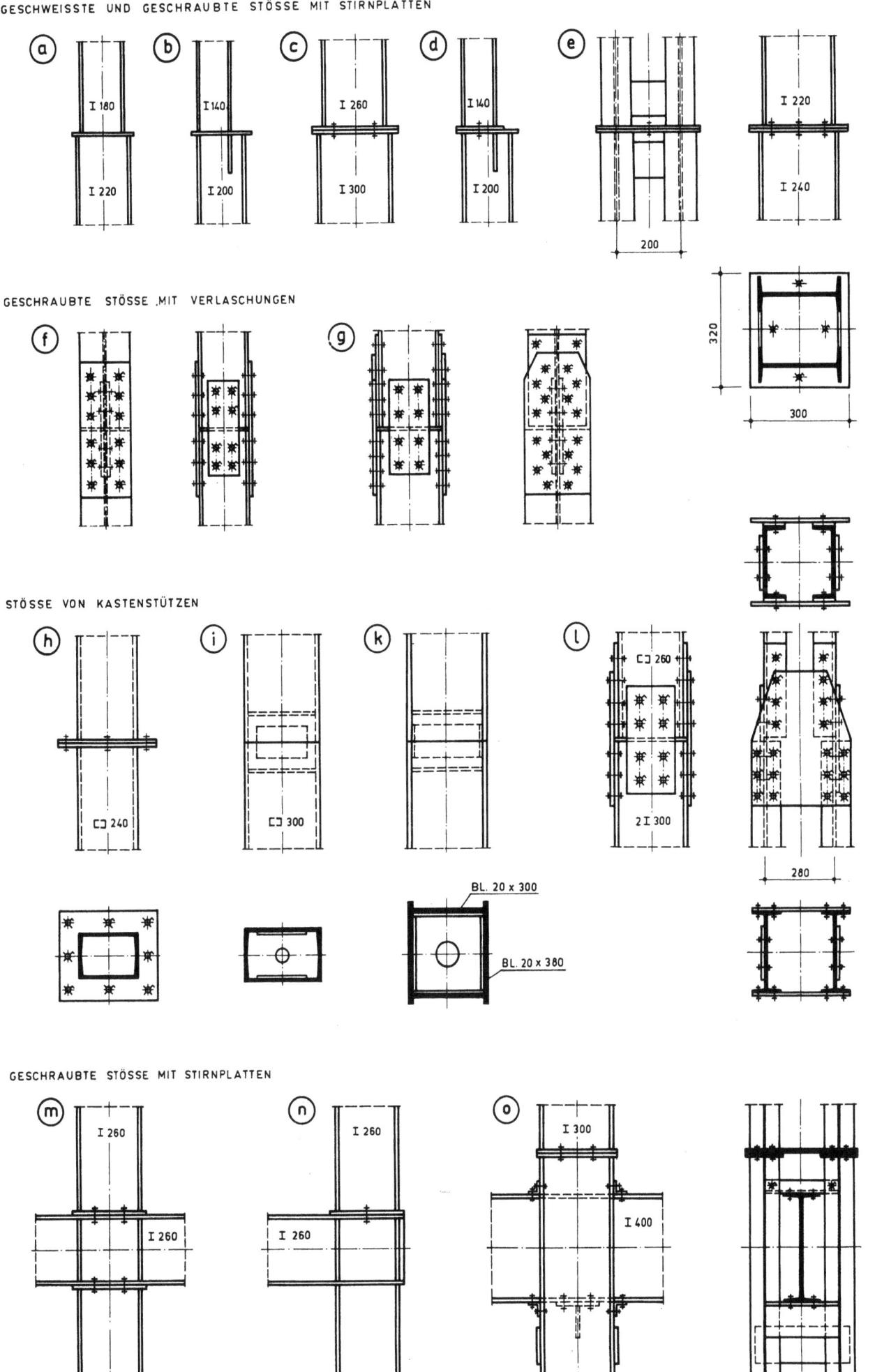

71

3. STAHLTRAGWERKE
TRÄGERAUFLAGER

3.3 VOLLWANDIGE BIEGETRÄGER
BLATT 3.13

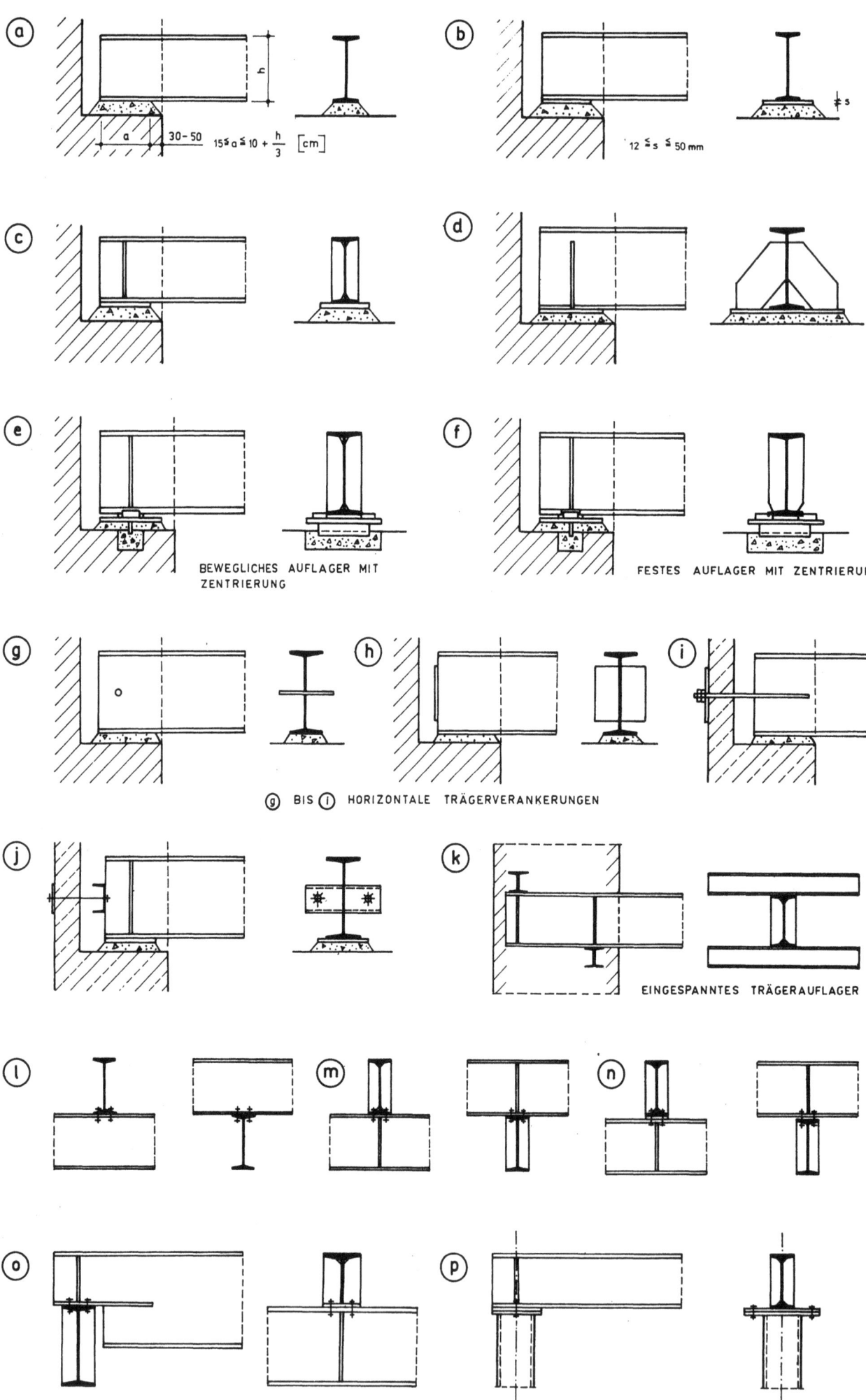

3. STAHLTRAGWERKE
TRÄGERANSCHLÜSSE

3.3 VOLLWANDIGE BIEGETRÄGER
BLATT 3.14

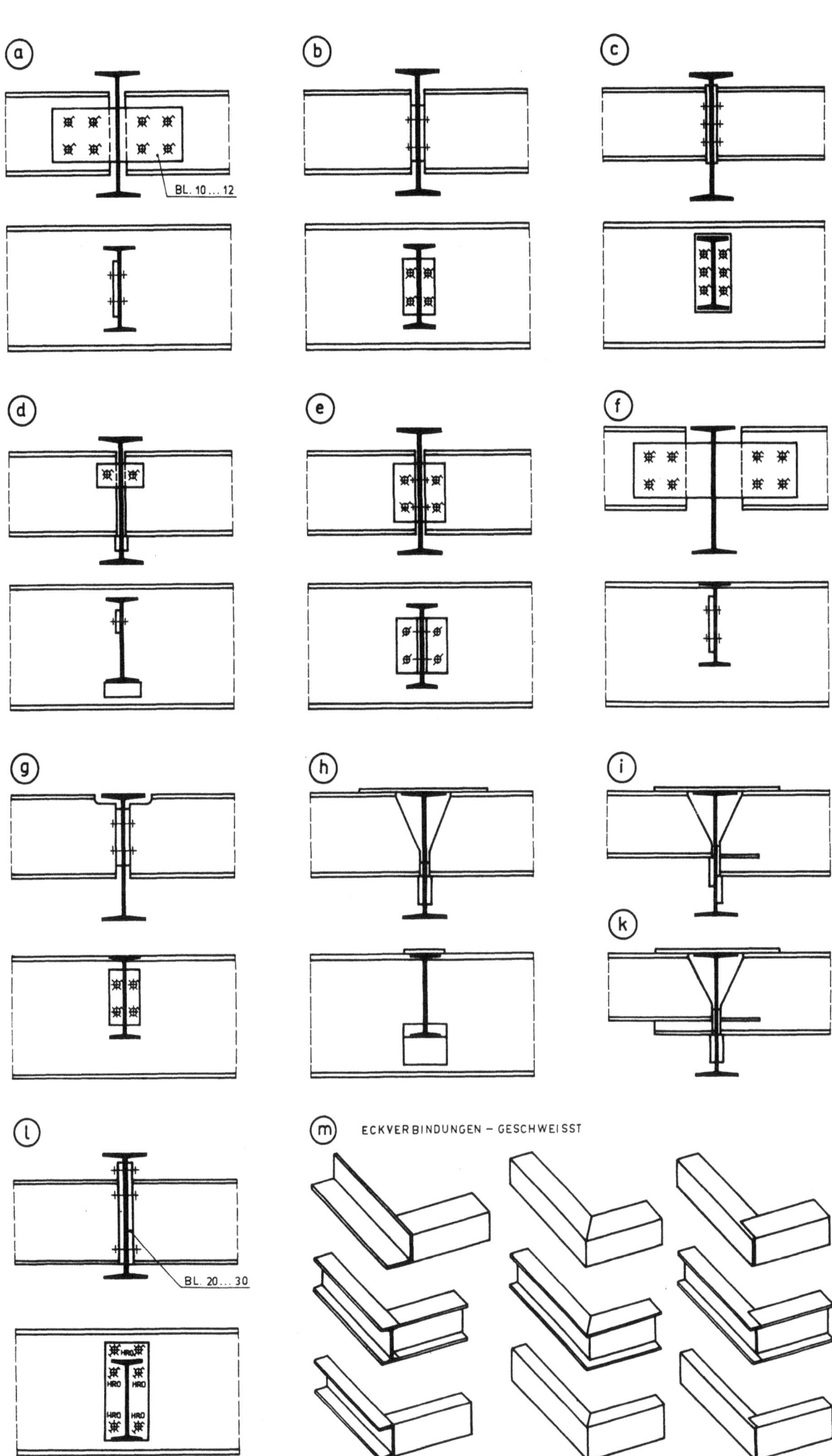

3. STAHLTRAGWERKE
TRÄGERANSCHLÜSSE

3.3 VOLLWANDIGE BIEGETRÄGER
BLATT 3.15

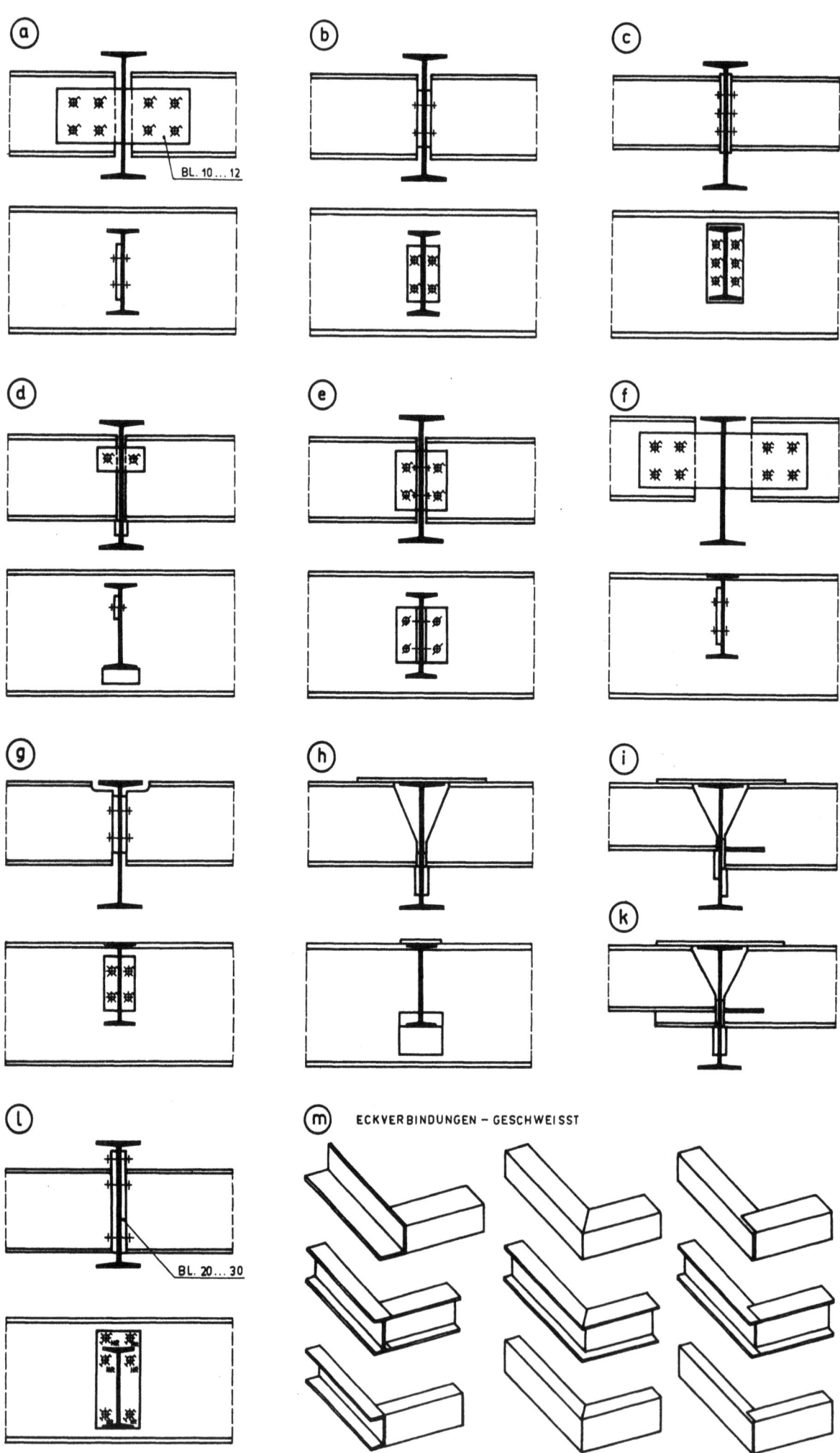

ⓜ ECKVERBINDUNGEN – GESCHWEISST

3. STAHLTRAGWERKE
DACHBINDER IN FACHWERKKONSTRUKTION

3.4 FACHWERKKONSTRUKTIONEN
BLATT 3.16

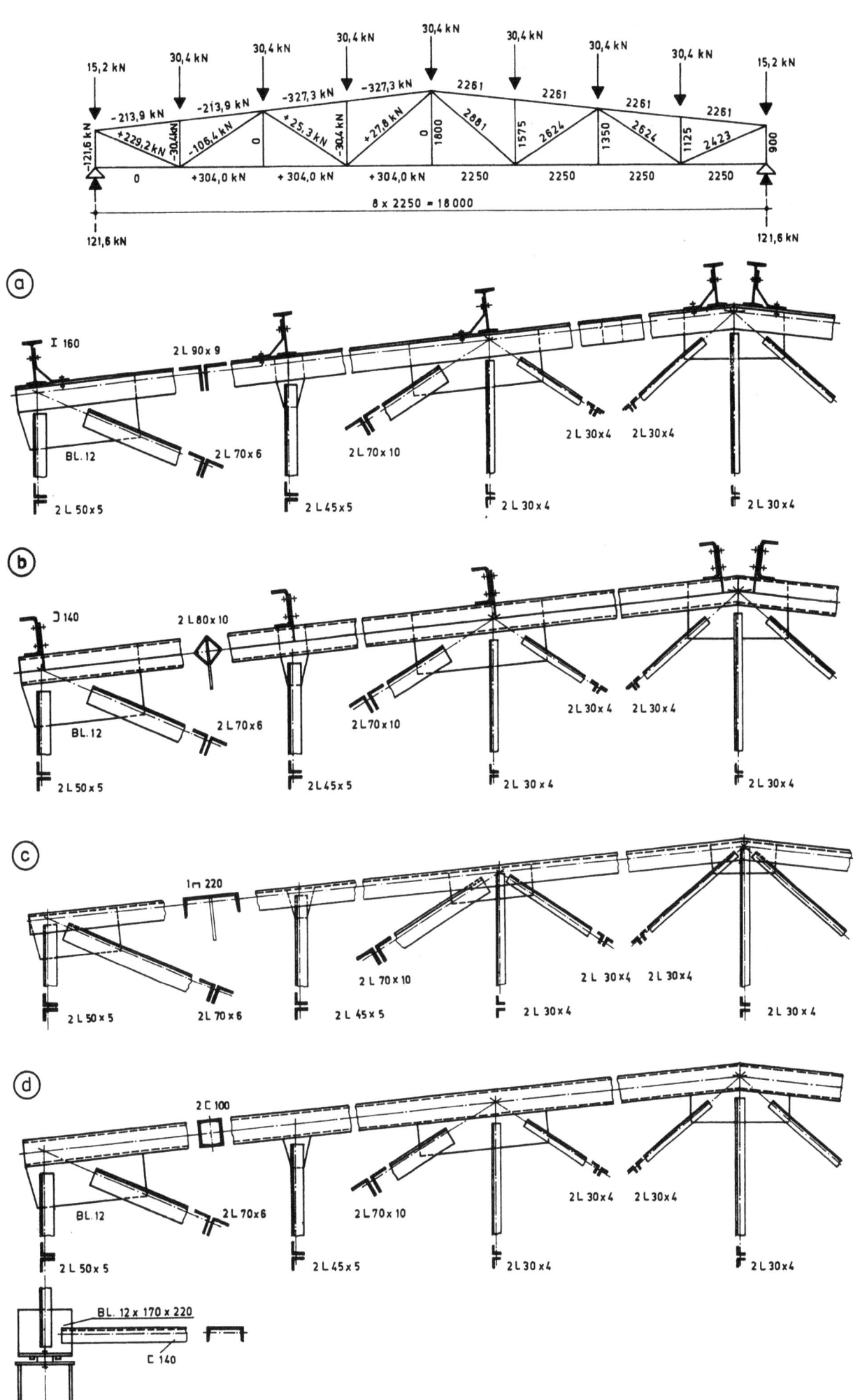

3. STAHLTRAGWERKE — 3.4 FACHWERKKONSTRUKTIONEN

DACHBINDER IN FACHWERKKONSTRUKTION — BLATT 3.17

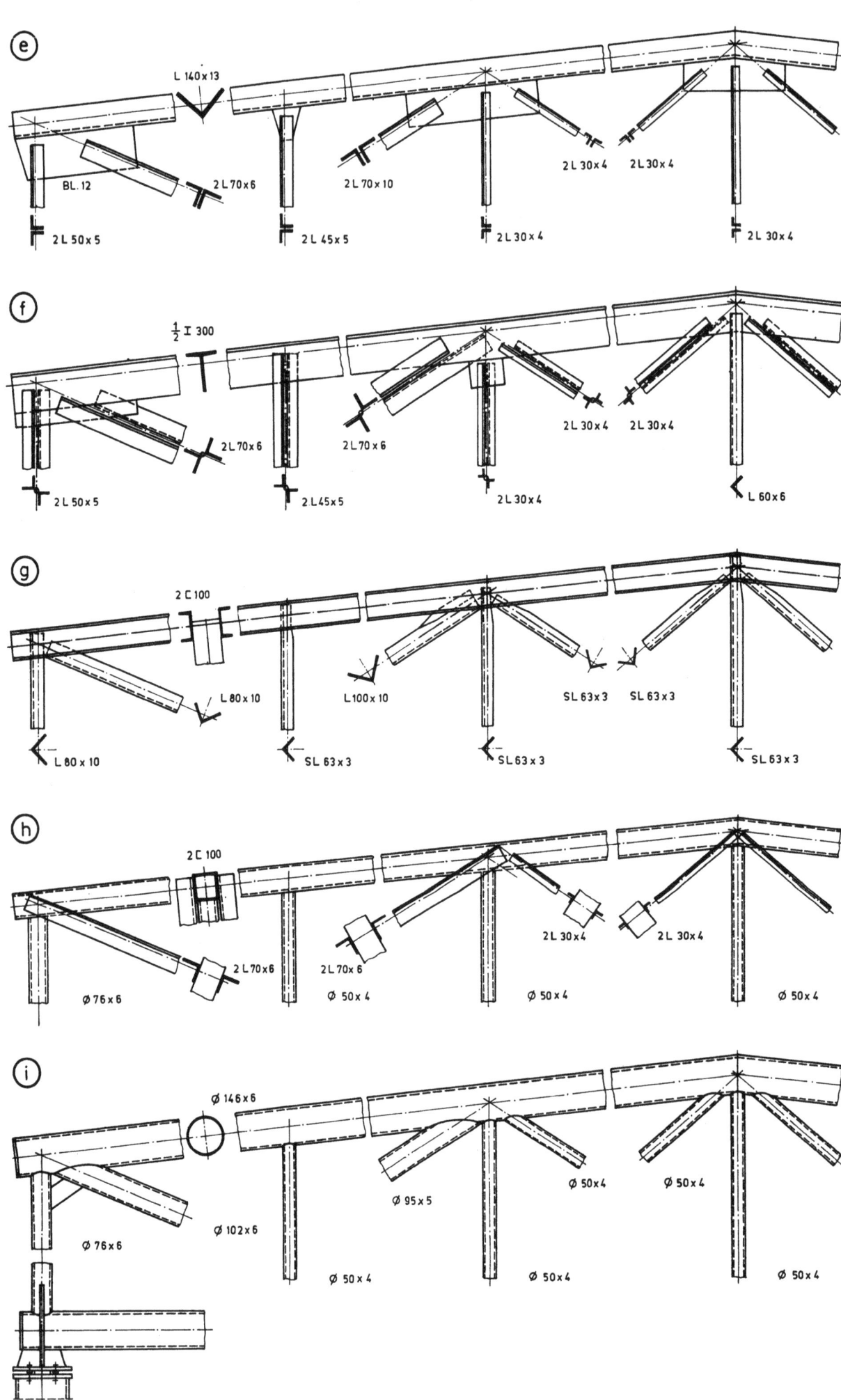

3. STAHLTRAGWERKE
TRAPEZDACHBINDER

BLATT 3.18

BINDERSYSTEM

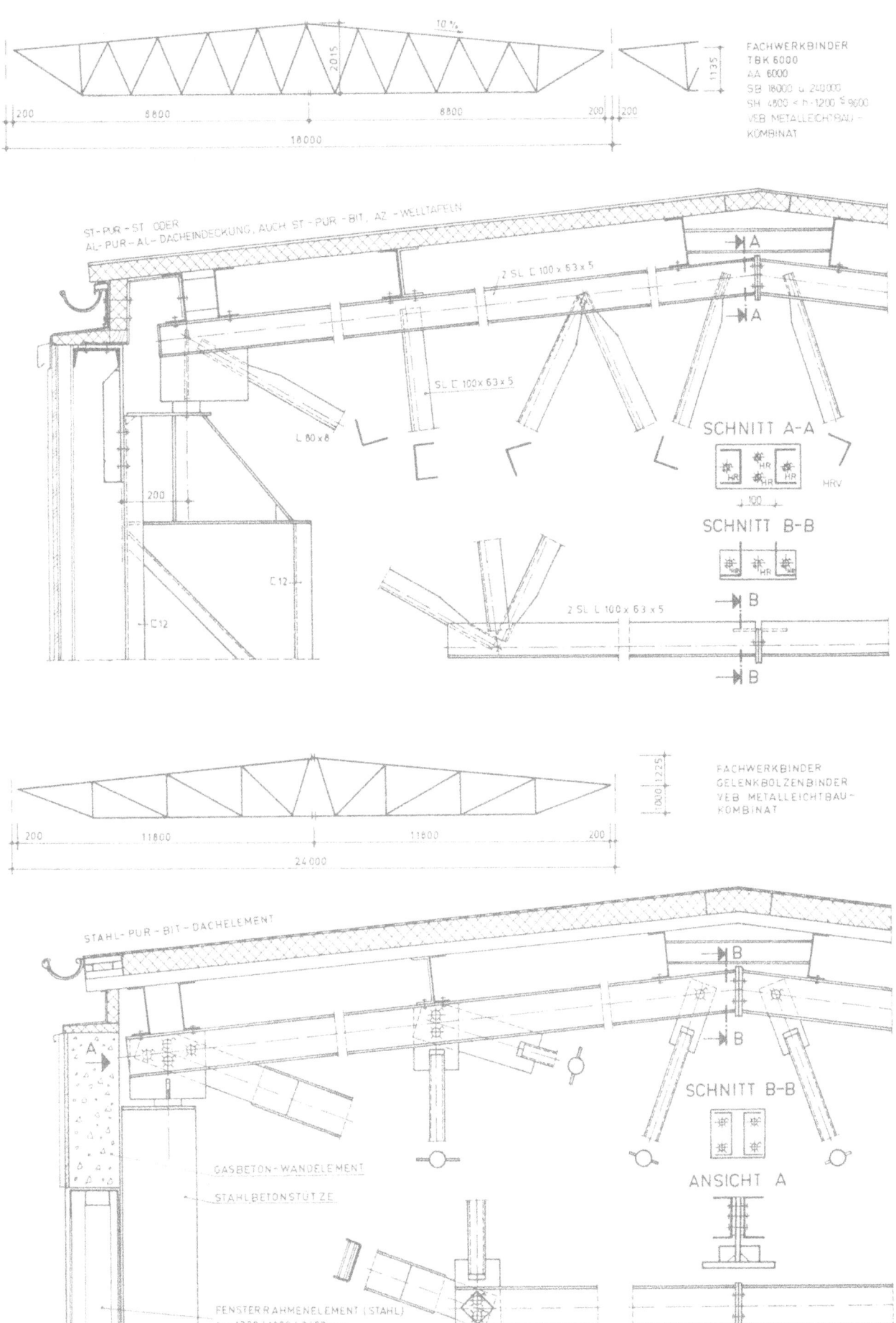

3. STAHLTRAGWERKE 3.4 FACHWERKKONSTRUKTIONEN

RÄUMLICHE FACHWERKBINDER

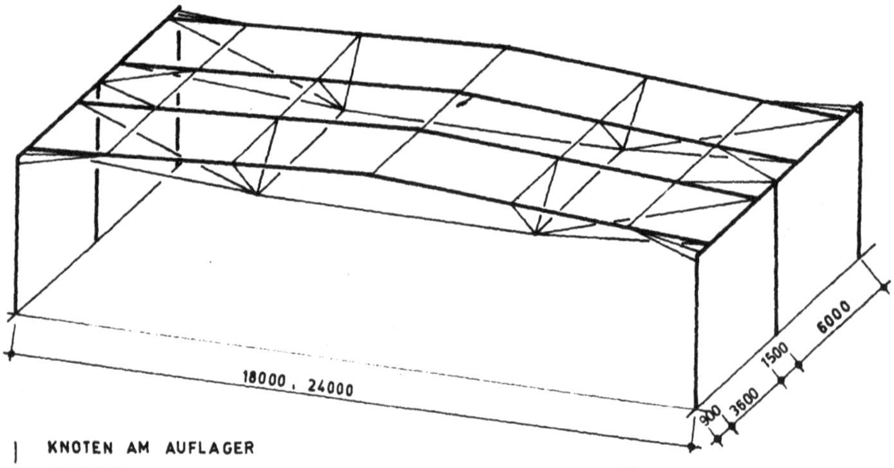

BLATT 3.19

RÄUMLICH UNTERSPANNTES DACH-
TRAGWERK (RUD), DACHNEIGUNG 5%

SYSTEMBREITE SB: n·18000mm,
n·24000mm

SYSTEMLÄNGE SL: n·12000 mm

DACHEINDECKUNG: BITUMENDÄMM-
DACH AUF STAHLPROFILBLECH, PUR-
BIT-DACHELEMENT, OHNE PFETTEN TRAPI
SENKRECHT ZUR DACHEBENE VERLEGT
UND ALS SCHUBSTEIFE DACHSCHEIBEN
AUSGEBILDET

WÄNDE: GASBETON-WANDPLATTEN,
STAHL-PUR-STAHL, KITTLOSE VER-
GLASUNG U.A.

VEB METALLEICHTBAUKOMBINAT

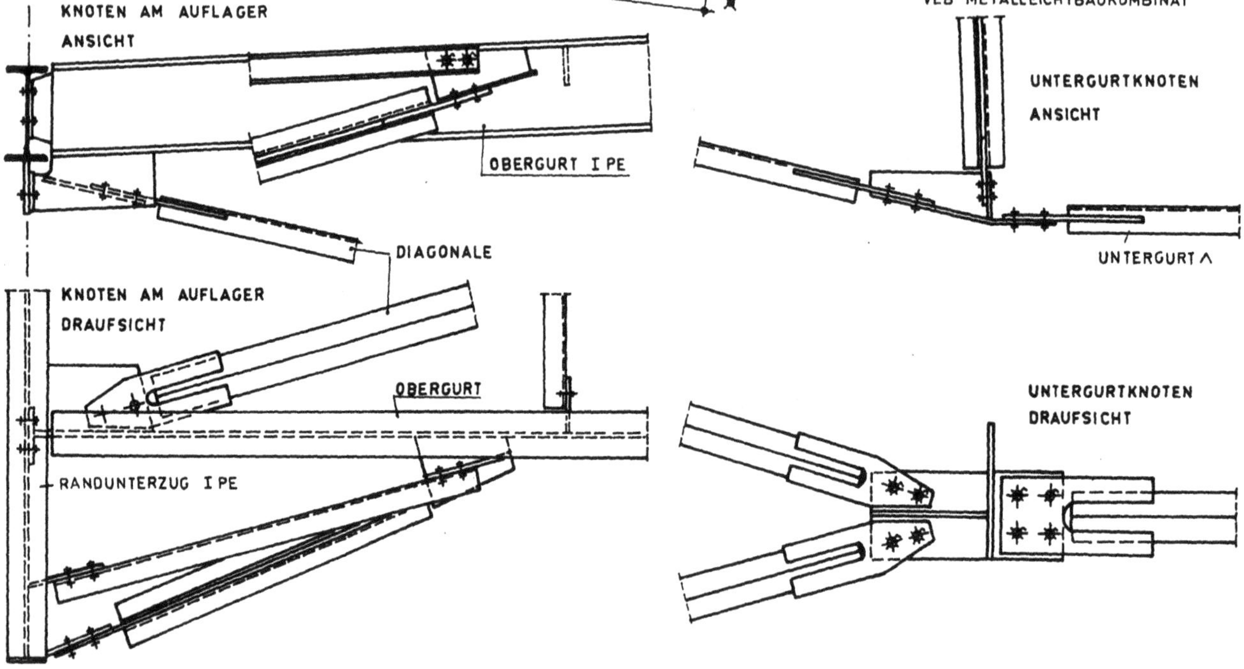

RANDUNTERZUG BEI SL 12000 IST EIN GESCHWEISSTER FACHWERKTRÄGER SH 1770 mm, SH AM FIRST 2363 mm

PARALLELGURTIGER RÄUMLICHER FACHWERKBINDER

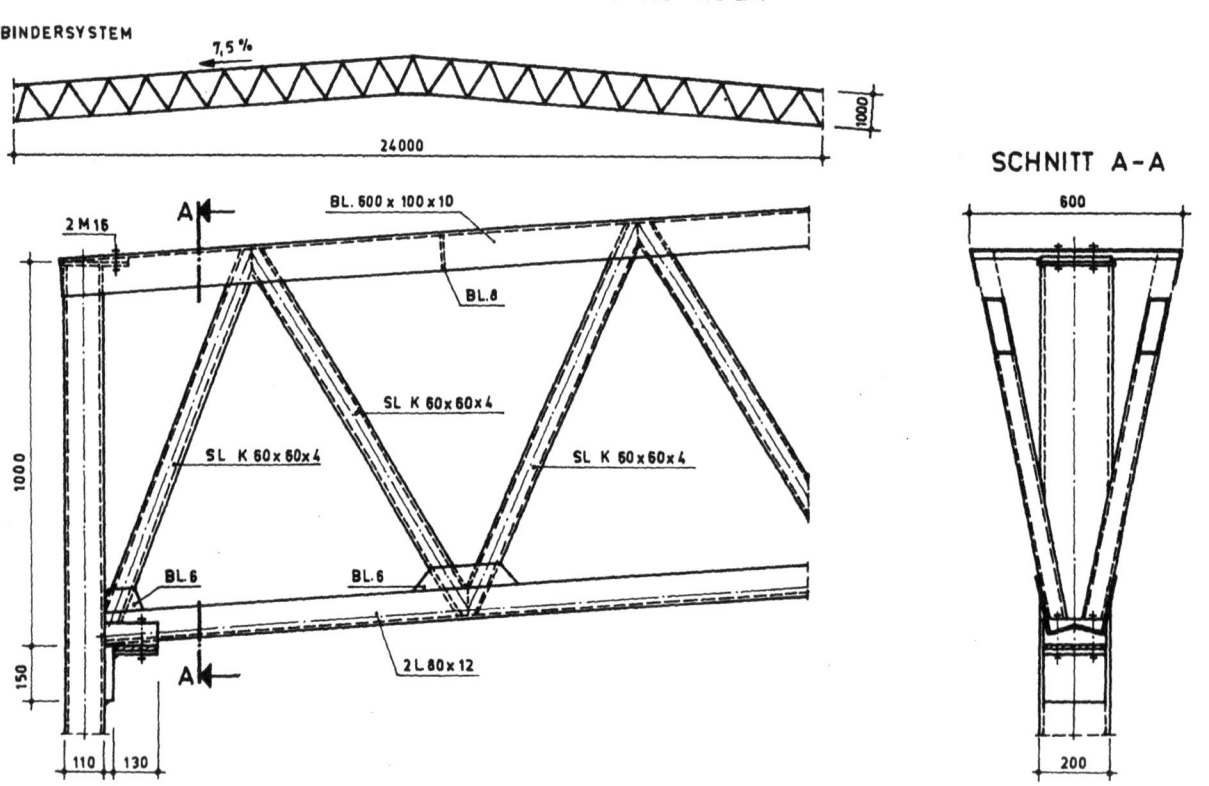

3. STAHLTRAGWERKE 3.4 FACHWERKKONSTRUKTIONEN
BLATT 3.20

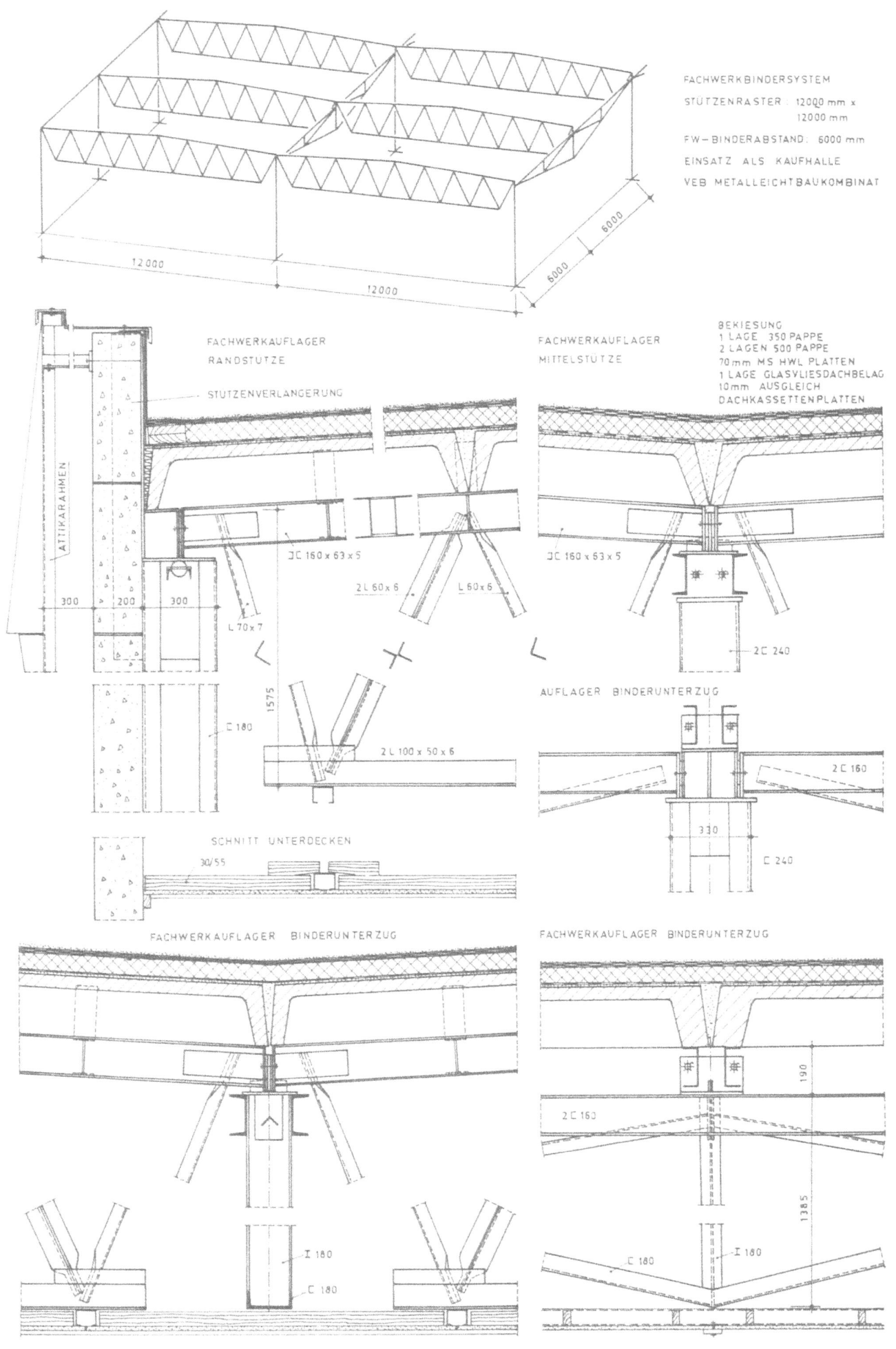

3. STAHLTRAGWERKE 3.4 FACHWERKKONSTRUKTIONEN
SHEDKONSTRUKTIONEN
BLATT 3.21

SHEDSYSTEME

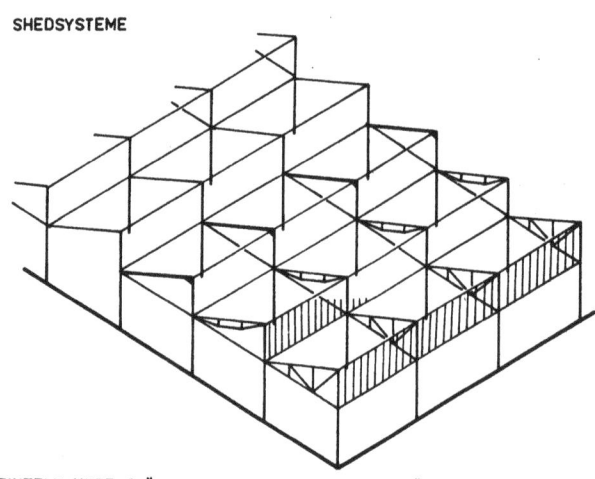

EINZELN UNTERSTÜTZTE SHEDS ALS FACHWERKTRÄGER, UNTERSPANNTER TRÄGER, RAHMENTRÄGER, VOLLWANDTRÄGER BZW. R-TRÄGER

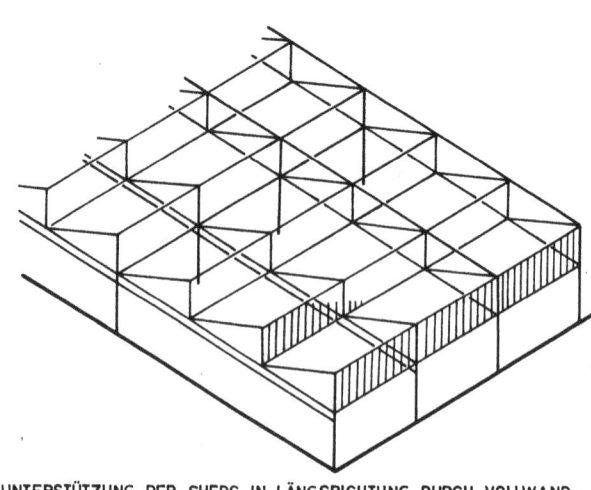

UNTERSTÜTZUNG DER SHEDS IN LÄNGSRICHTUNG DURCH VOLLWANDTRÄGER ODER ZUSAMMENFASSUNG MEHRERER SHEDS ZU FACHWERKTRÄGERN

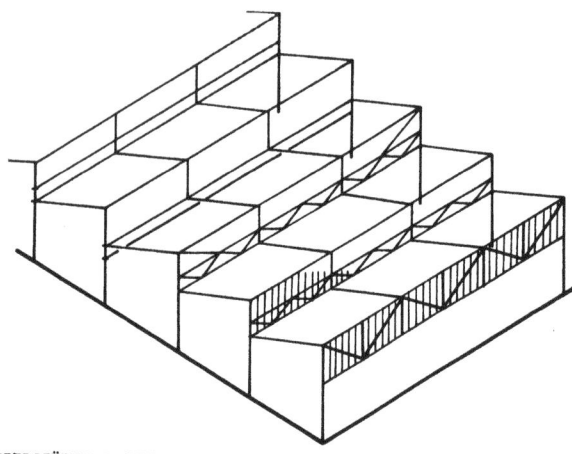

UNTERSTÜTZUNG DER SHEDS IN QUERRICHTUNG DURCH FACHWERKTRÄGER ODER VOLLWANDTRÄGER IN UNTERSCHIEDLICHER ANORDNUNG

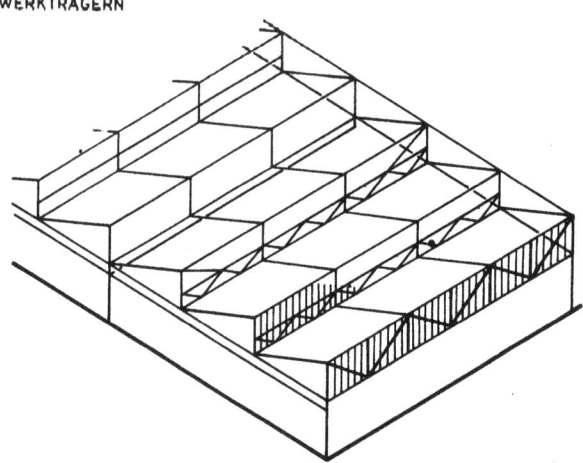

UNTERSTÜTZUNG DER SHEDS IN LÄNGS- UND QUERRICHTUNG DURCH FACHWERK- ODER VOLLWANDTRÄGER

BEISPIEL: SCHWERES SHED
STÜTZENRASTER 12000 MM x 24000 MM
DACHEINDECKUNG: STAHLBETONDACHKASSETTENPLATTEN SL 6000 MM
VEB METALLEICHTBAUKOMBINAT

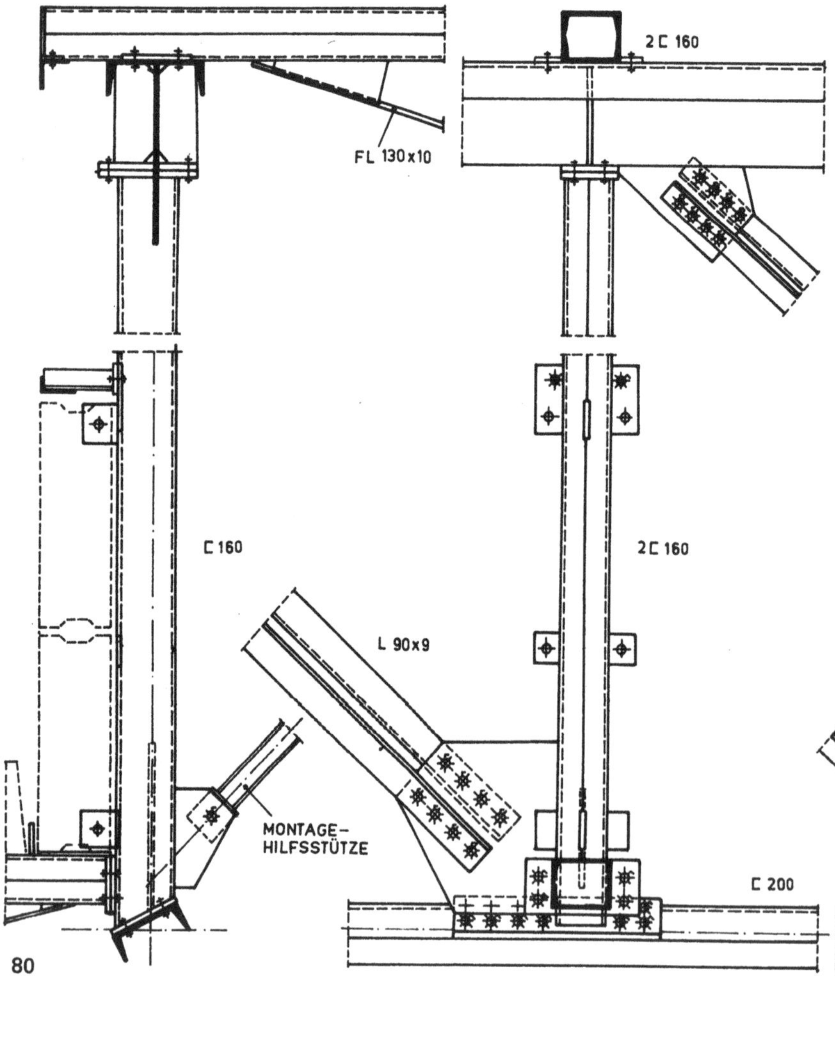

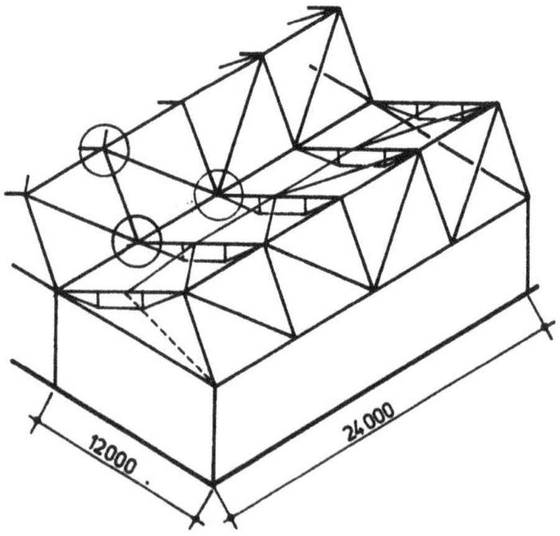

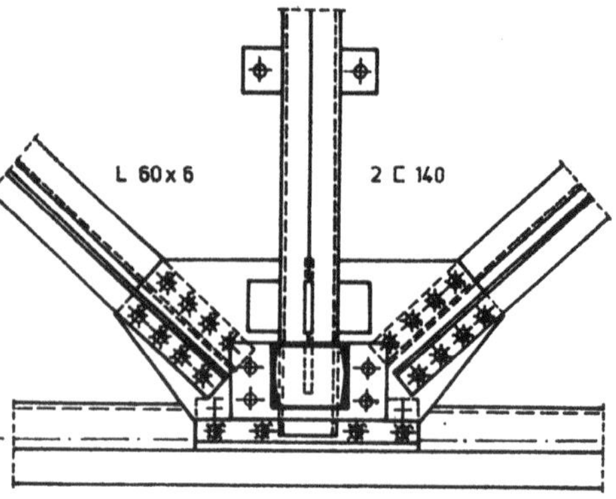

3. STAHLTRAGWERKE

STAHLROHRTRAGWERKE

ROHRSTÖSSE - GESCHWEISST

3.4 FACHWERKKONSTRUKTIONEN

BLATT 3.22

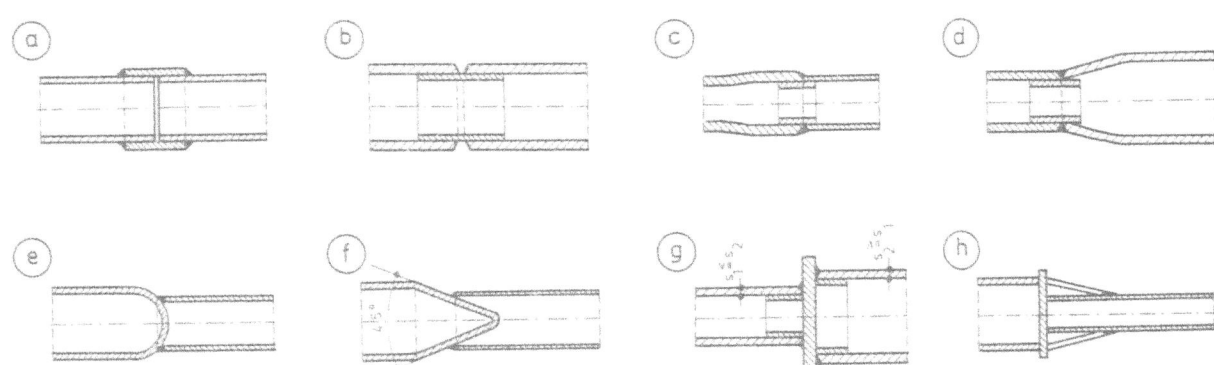

ALLE DARGESTELLTEN SCHWEISSSTÖSSE SIND IN DER KONSTRUKTIVEN DURCHBILDUNG MIT EINLEGERING DER AUSFÜHRUNGSKLASSE II A, OHNE EINLEGERING DER AUSFÜHRUNGSKLASSE II B ZUGEORDNET.

ROHRSTÖSSE - GESCHRAUBT

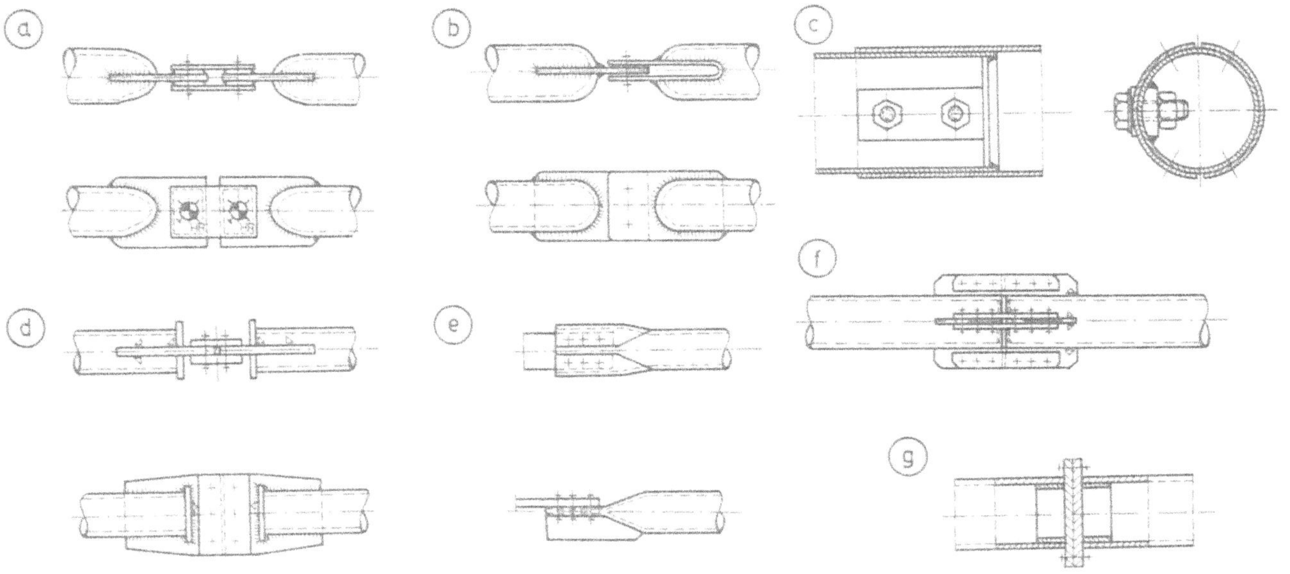

ROHRANSCHLÜSSE

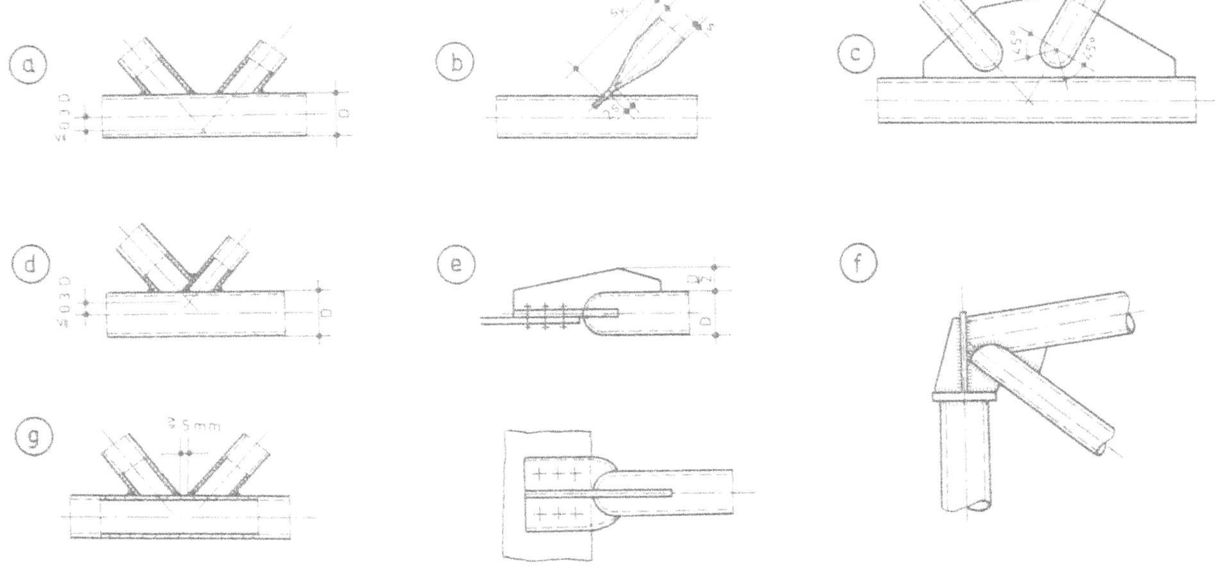

BERECHNUNG UND BAULICHE DURCHBILDUNG VON STAHLROHRTRAGWERKEN SIEHE TGL 13501, AUSGABE 04.82

3. STAHLTRAGWERKE

3.4 FACHWERKKONSTRUKTIONEN

M. 1:100, 1:20 BLATT 3.23

ROHRFACHWERK-DREIGELENKRAHMEN

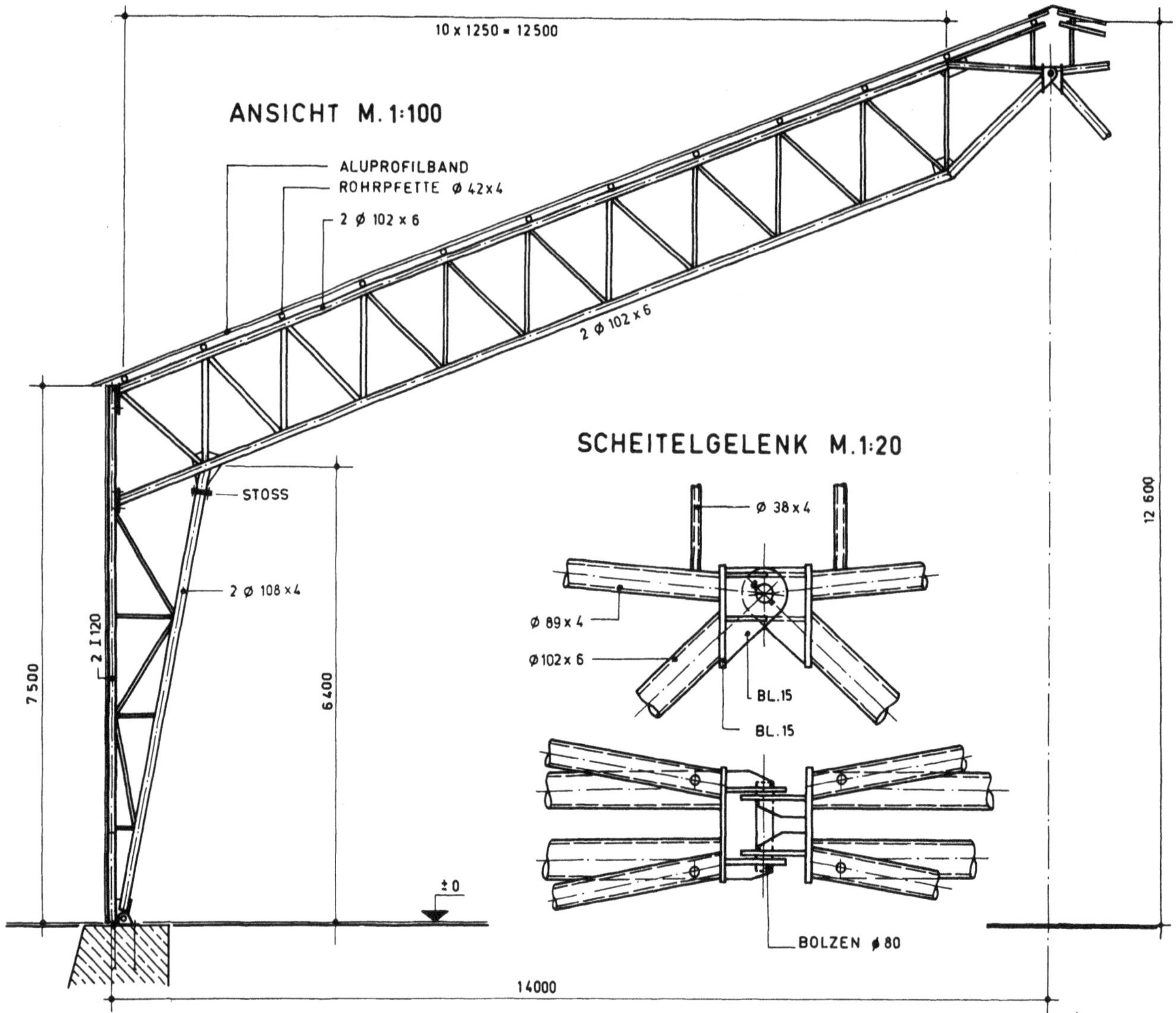

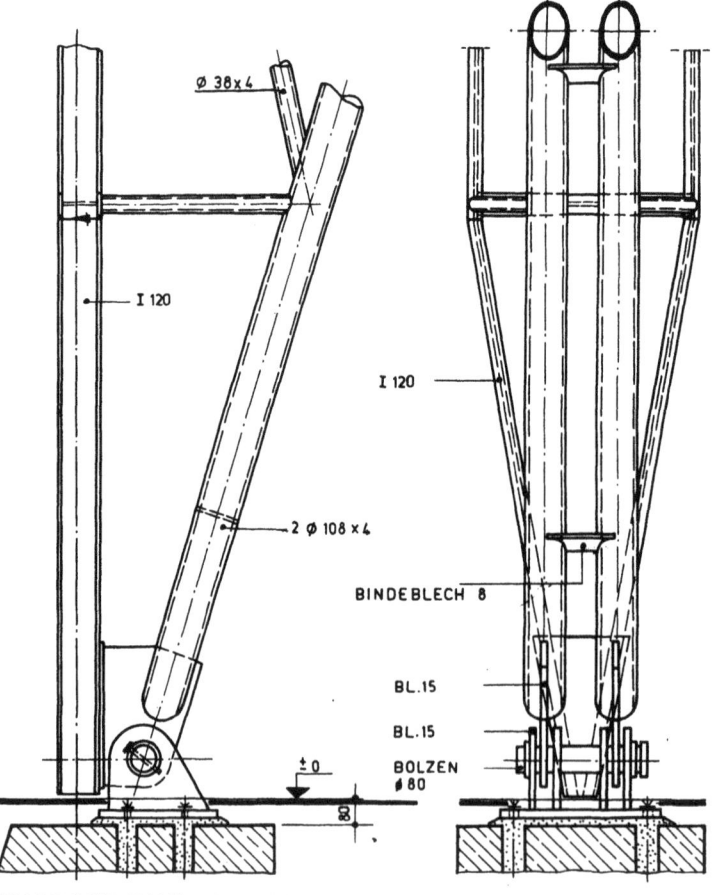

ANSICHT M. 1:100
SCHEITELGELENK M. 1:20

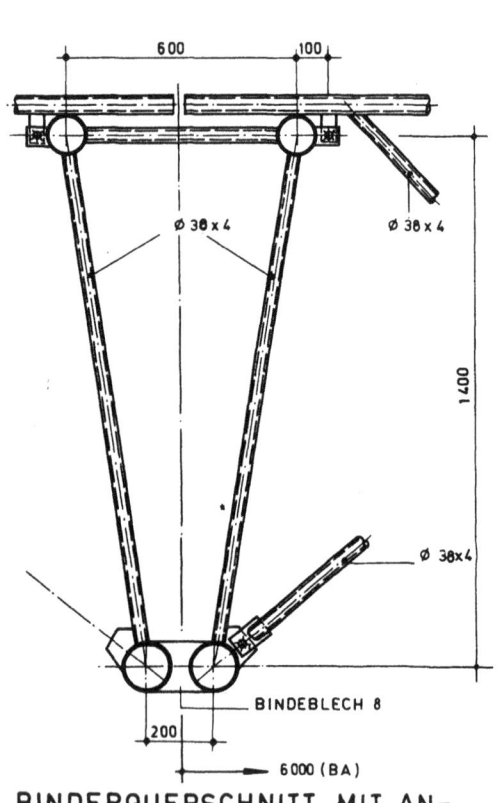

BINDERQUERSCHNITT MIT ANSCHLUSS DER FACHWERKPFETTEN M. 1:20
FUSSGELENK M. 1:20

3. STAHLTRAGWERKE

3.4 FACHWERKKONSTRUKTIONEN

BLATT 3.24

DACHVERBÄNDE

VARIANTE A: DACHBINDER UND PFETTEN SIND BESTANDTEIL DES DACHVERBANDES

VARIANTE B: UNABHÄNGIGER DACHVERBAND MIT VERSTÄRKTEN TRAUF- UND FIRSTPFETTEN ZUR KRAFTWEITERLEITUNG

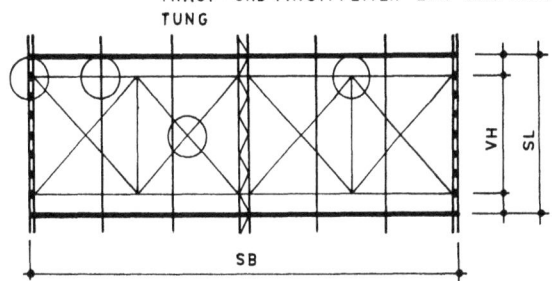

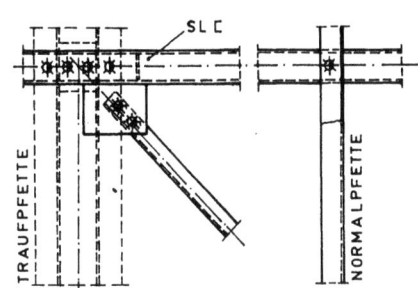
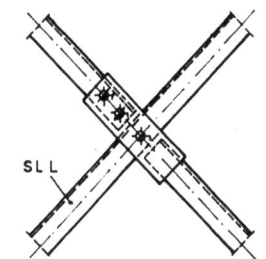
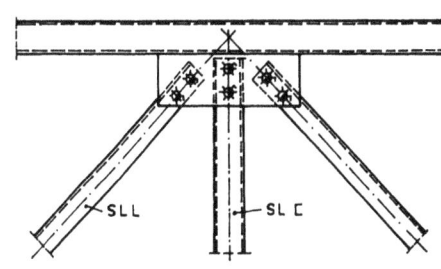

RUNDSTAHLTRÄGER (R-TRÄGER)

BINDERSYSTEME

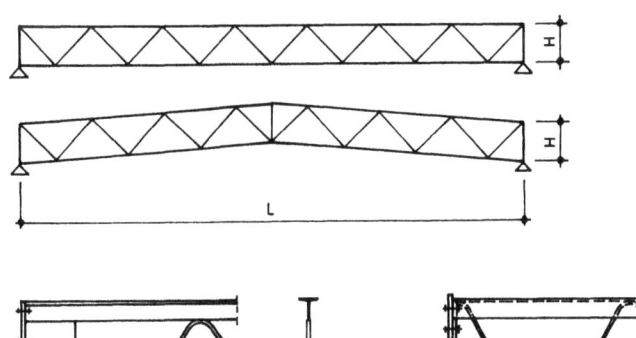
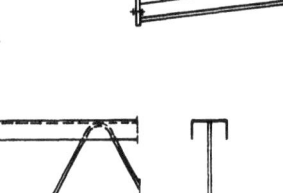
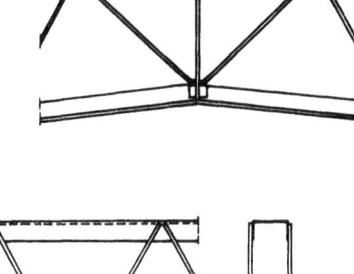

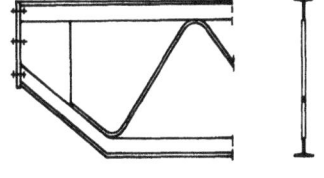
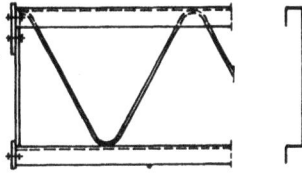

UNTERSPANNTE TRÄGER

BINDERSYSTEME

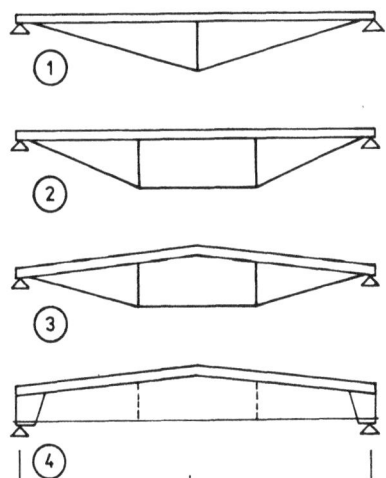

AUFLAGER ① ② ③
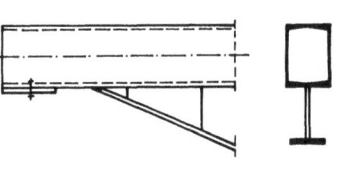

AUFLAGER ① ② ③
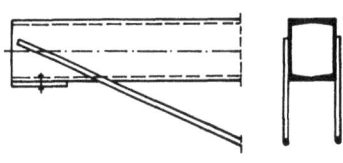

AUFLAGER ① ② ③
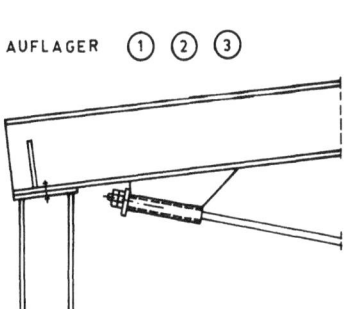

AUFLAGER ④
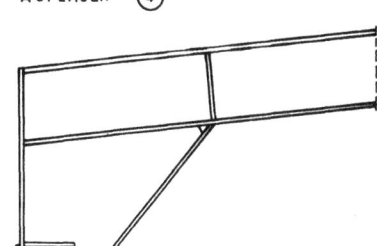

3. STAHLTRAGWERKE 3.5 RAHMENKONSTRUKTIONEN
RAHMENECKEN – KONSTRUKTIVE DURCHBILDUNG   BLATT 3.25

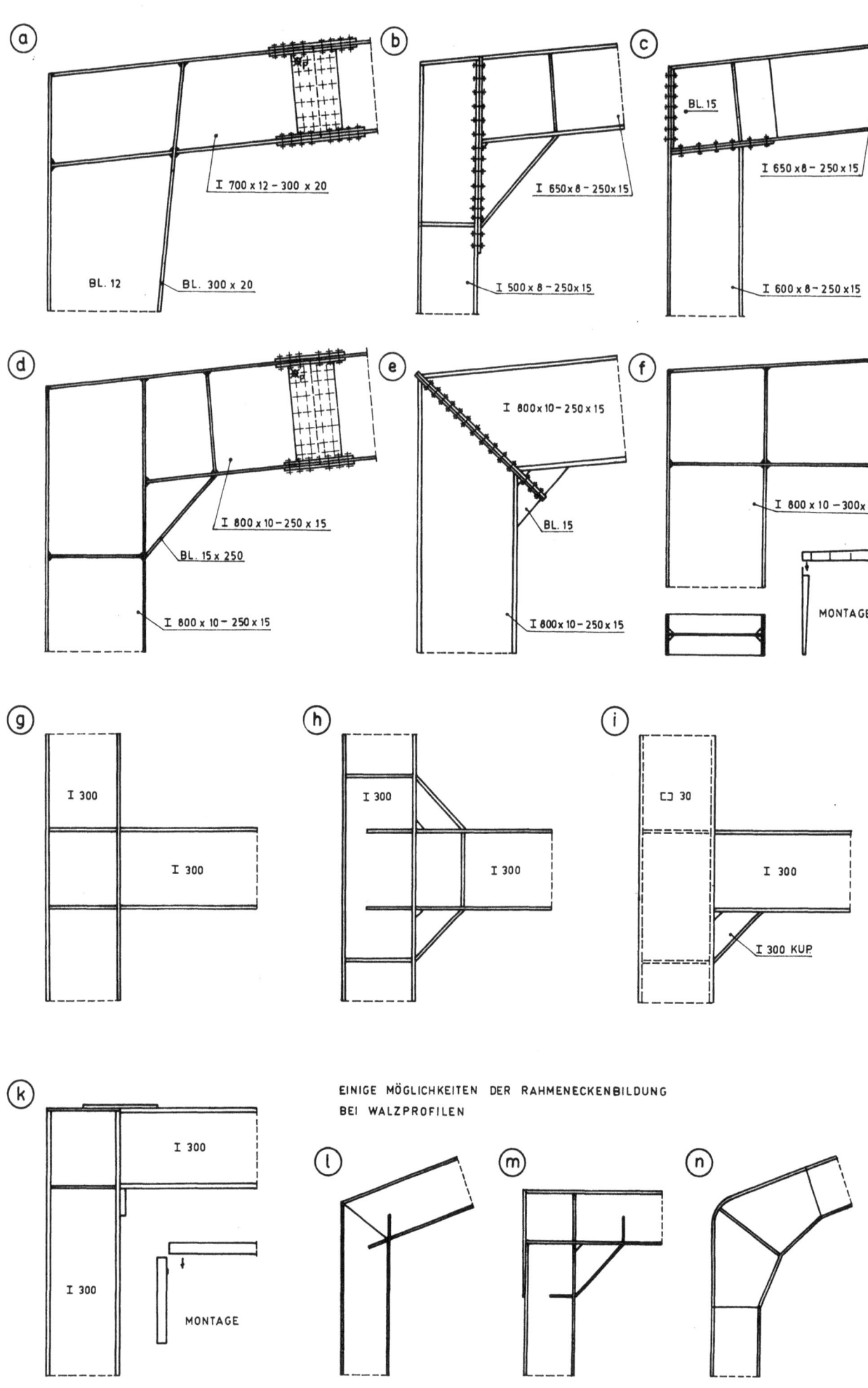

EINIGE MÖGLICHKEITEN DER RAHMENECKENBILDUNG BEI WALZPROFILEN

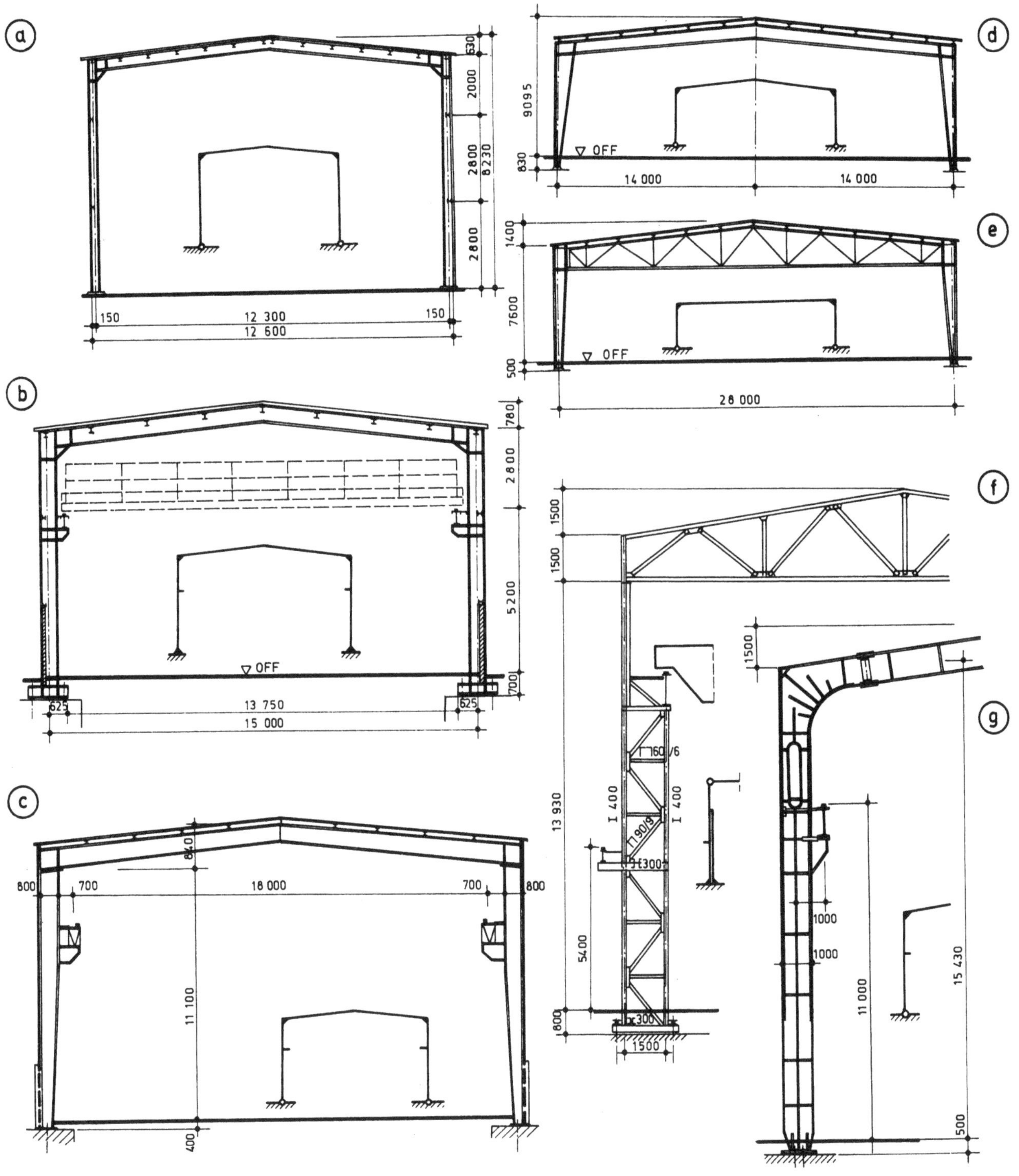

3. STAHLTRAGWERKE
STAHLKONSTRUKTIONEN FÜR HALLEN

3.3 RAHMENKONSTRUKTIONEN

BLATT 3.26

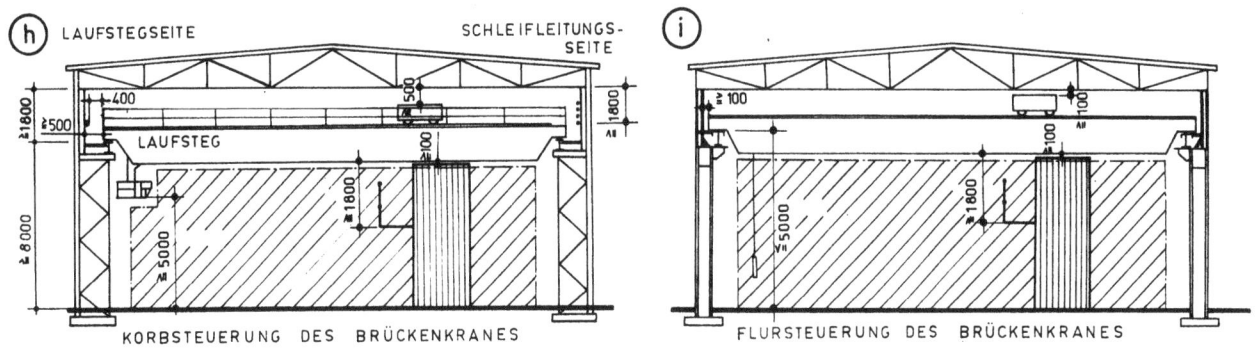

EINGESCHOSSIGE HALLEN MIT KRAN – BEACHTUNG DER FORDERUNGEN NACH TGL 30 350

3. STAHLTRAGWERKE
3.5 RAHMENKONSTRUKTIONEN
EINGESCHOSSIGE HALLEN
BLATT 3.27

VOLLWANDRAHMENHALLE MIT 10 % DACHNEIGUNG MIT ODER OHNE KRANBAHN

SYSTEMBREITE SB: 15000 mm, 18000 mm, 24000 mm

SYSTEMHÖHE SH: 5700 mm, 6900 mm, 8100 mm

SYSTEMLÄNGE SL: n · 6000

DACHEINDECKUNG: STAHLBETONDACH-KASSETTENPLATTEN, STAHL-PUR-BIT, WELLASBEST U.A.

WÄNDE: GASBETON-WANDPLATTEN, STAHL-PUR-STAHL, KITTLOSE VERGLASUNG U.A.

VEB METALLEICHTBAUKOMBINAT

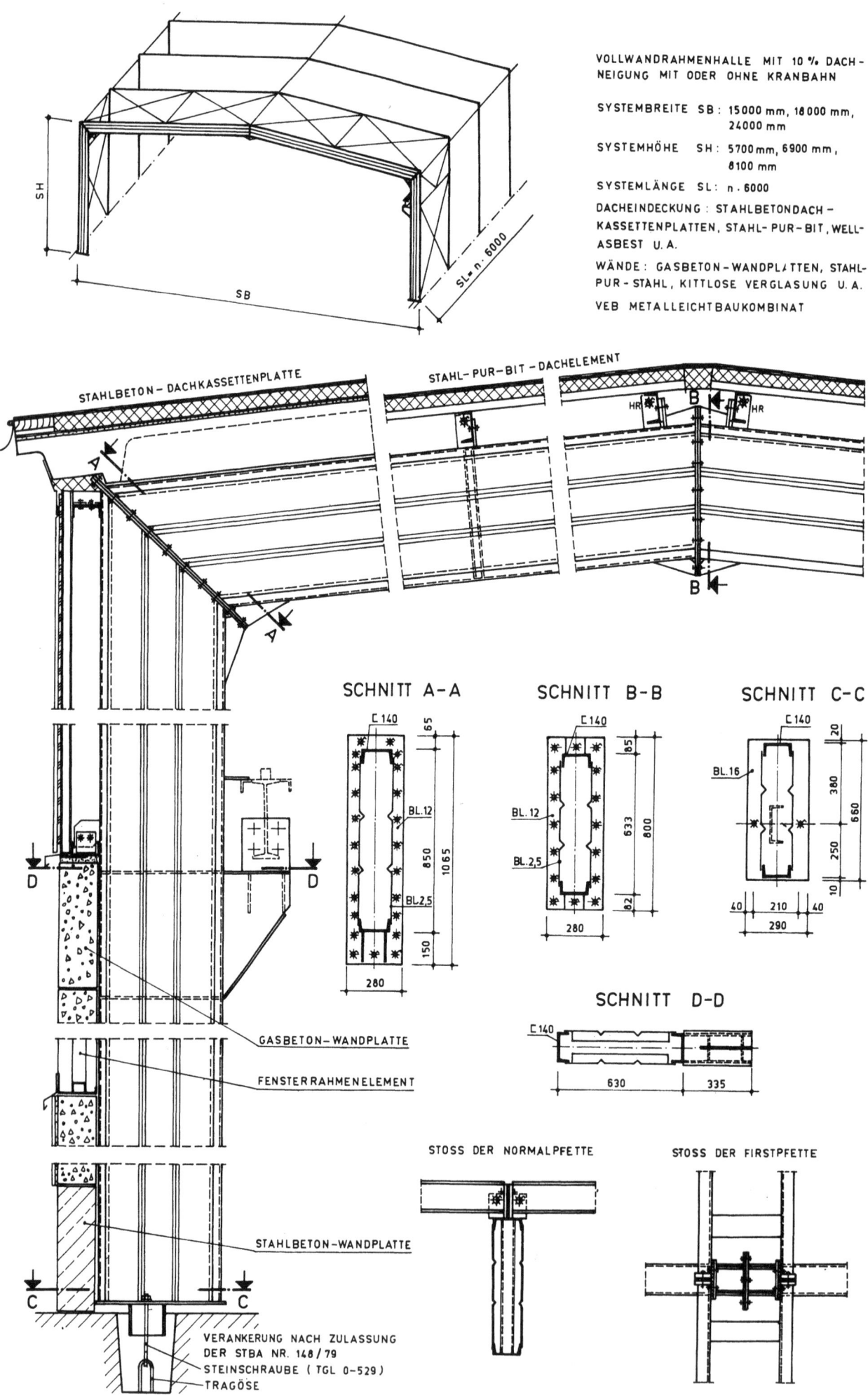

3. STAHLTRAGWERKE
EINGESCHOSSIGE HALLEN

3.5 RAHMENKONSTRUKTIONEN
BLATT 3.28

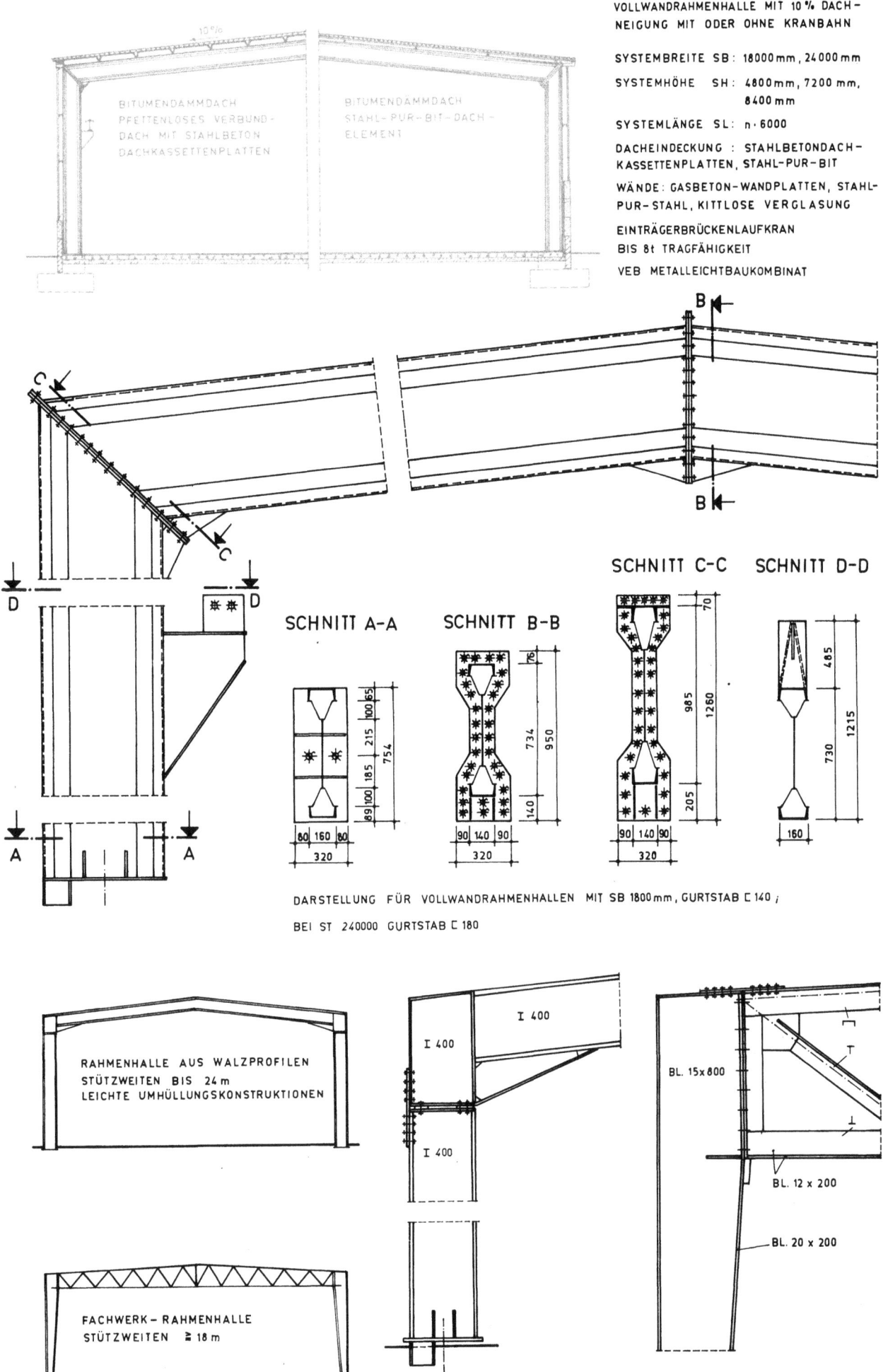

VOLLWANDRAHMENHALLE MIT 10 % DACH-NEIGUNG MIT ODER OHNE KRANBAHN

SYSTEMBREITE SB: 18000 mm, 24000 mm

SYSTEMHÖHE SH: 4800 mm, 7200 mm, 8400 mm

SYSTEMLÄNGE SL: n · 6000

DACHEINDECKUNG: STAHLBETONDACH-KASSETTENPLATTEN, STAHL-PUR-BIT

WÄNDE: GASBETON-WANDPLATTEN, STAHL-PUR-STAHL, KITTLOSE VERGLASUNG

EINTRÄGERBRÜCKENLAUFKRAN BIS 8t TRAGFÄHIGKEIT

VEB METALLEICHTBAUKOMBINAT

DARSTELLUNG FÜR VOLLWANDRAHMENHALLEN MIT SB 1800 mm, GURTSTAB ⌶ 140 ; BEI ST 240000 GURTSTAB ⌶ 180

3. STAHLTRAGWERKE

3.6 STAHLSKELETTTRAGWERKE

BLATT 3.29

KONSTRUKTIONSFORMEN MEHRGESCHOSSIGER STAHLSKELETTBAUTEN

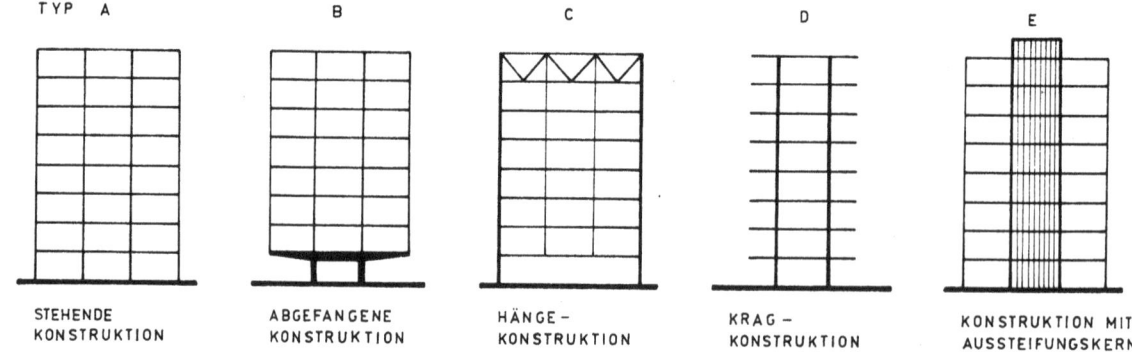

TYP A — STEHENDE KONSTRUKTION
B — ABGEFANGENE KONSTRUKTION
C — HÄNGE-KONSTRUKTION
D — KRAG-KONSTRUKTION
E — KONSTRUKTION MIT AUSSTEIFUNGSKERN

VORWIEGEND ANGEWENDETE STATISCHE SYSTEME FÜR DIE PRIMÄRE TRAGKONSTRUKTION

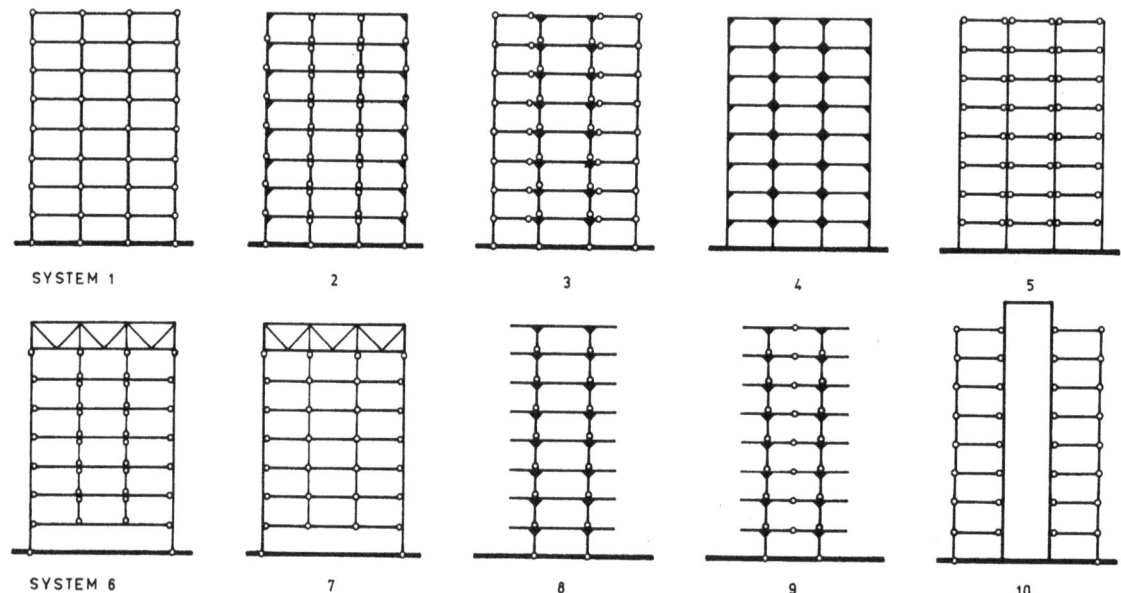

SYSTEM 1, 2, 3, 4, 5, 6, 7, 8, 9, 10

DETAILPUNKTE

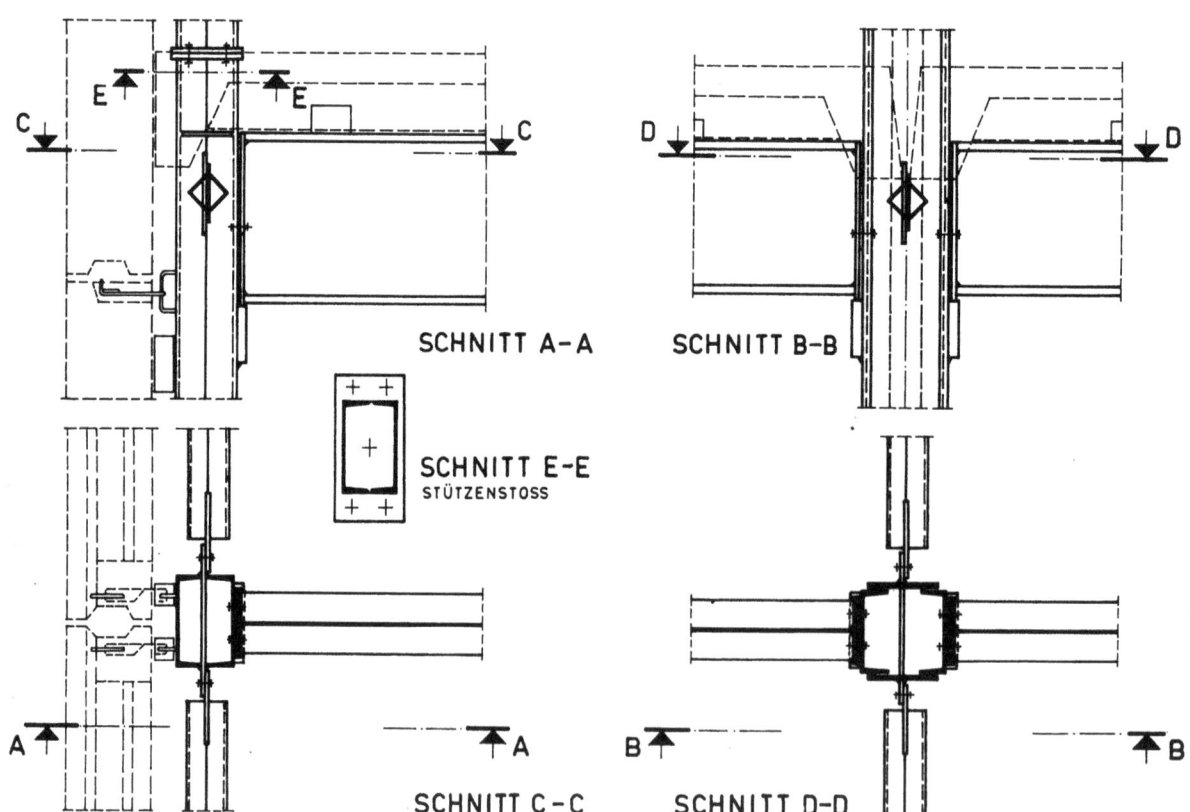

SCHNITT A-A, SCHNITT B-B, SCHNITT E-E STÜTZENSTOSS, SCHNITT C-C, SCHNITT D-D

3. STAHLTRAGWERKE
DECKENKONSTRUKTIONEN

3.6 STAHLSKELETTTRAGWERKE
BLATT 3.30

(a)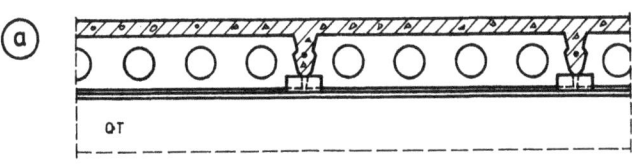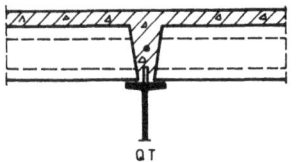
STAHLBETON-RUNDLOCHPLATTE
MIT KIPPAUSSTEIFUNG

(b)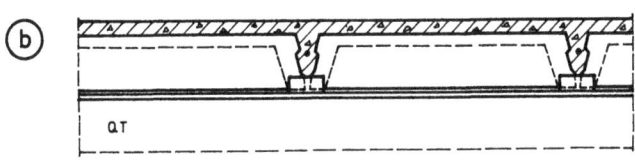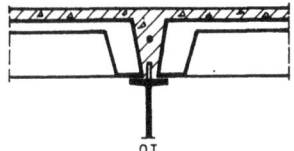
STAHLBETON-KASSETTENPLATTE
MIT KIPPAUSSTEIFUNG

(c)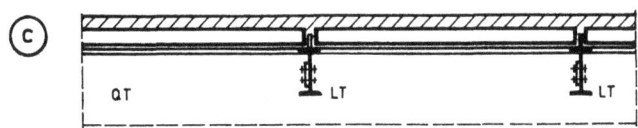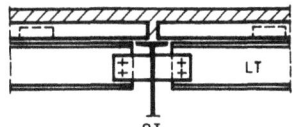
STAHLBETON-FERTIGTEILPLATTE
AUF LÄNGSTRÄGERN, KIPP-AUSSTEIFUNG

(d)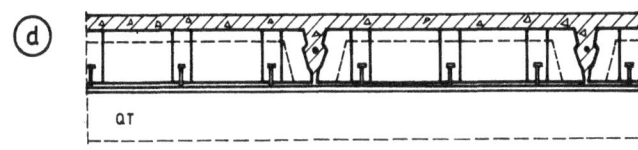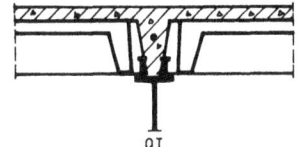
VERBUNDDECKE
ST. B.-KASSETTENPLATTEN, KOPFBOLZENDÜBEL

(e)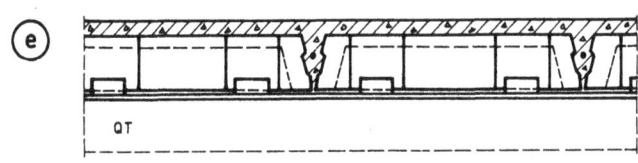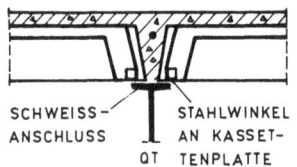
VERBUNDDECKE
TROCKENER VERBUND
SCHWEISS-ANSCHLUSS   STAHLWINKEL AN KASSETTENPLATTE

(f)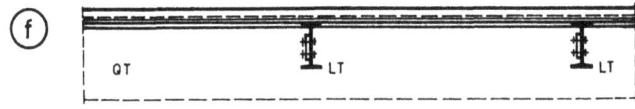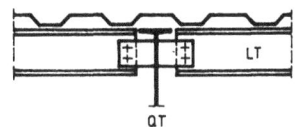
STAHLBLECHDECKE
TRAPEZPROFIL

(g)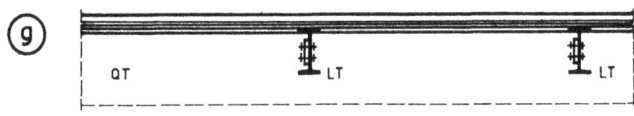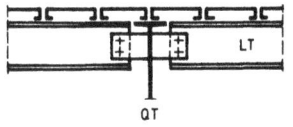
STAHLBLECHDECKE
C-ELEMENTE

TRAPEZPROFIL   WELLPROFIL

(h)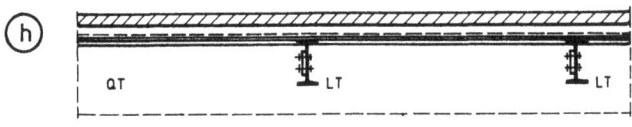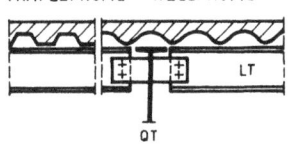
STAHLBLECH-VERBUNDDECKE

(i)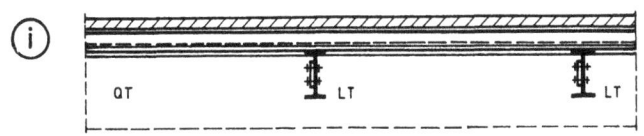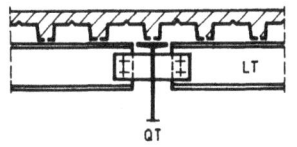
STAHLBLECH-VERBUNDDECKE

(k)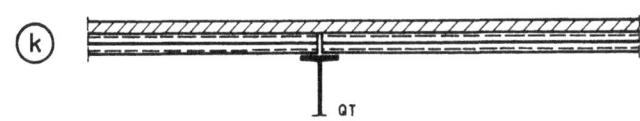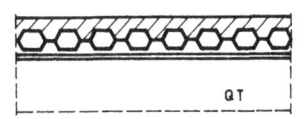
STAHLZELLENDECKE
IM VERBUND

QT = QUERTRÄGER   LT = LÄNGSTRÄGER
FUSSBODENAUFBAU, UNTERDECKEN SOWIE BRANDSCHUTZVERKLEIDUNGEN SIND NICHT DARGESTELLT.

4. Tragwerke aus Beton, Stahlbeton und Spannbeton

von Eberhard Berndt

4.1. Tragprinzipien

4.1.1. Betontragwerke

Der Beton weist Druckfestigkeiten zwischen 1 und 6 kN/cm² (in Ausnahmefällen 10 kN/cm²) auf, die bei druckbeanspruchten Tragelementen günstig genutzt werden können.

Dagegen liegen Zug- und Biegezugfestigkeiten zwischen 5 und 10% bzw. zwischen 15 und 20% der Druckfestigkeit, wobei diese Werte noch einer Reihe von Zufälligkeiten unterworfen sind. Durch das Schwind- und Kriechverhalten des Betons und durch die kaum vermeidbaren Temperaturspannungen werden die maximalen Zugfestigkeiten teilweise schon überschritten. Sie können deshalb für die Tragfähigkeit nicht genutzt werden und müssen als nicht vorhanden in Form der „gerissenen Zugzone" gewertet werden. Demzufolge sind prinzipiell nur mittige oder ausmittige Druckkräfte zulässig, bei denen die gerissene und damit nicht vorhandene Zugzone nur bis zum Querschnittsschwerpunkt bzw. bis zur halben Dicke des Querschnittes reicht. In den Fällen, wo keine Kippgefahr besteht, darf sich als Grenzbedingung die Druckzone bis auf 1/5 der gesamten Querschnittsfläche reduzieren.

4.1.2. Stahlbetontragwerke

4.1.2.1. Biegebeanspruchte Elemente

Beim inhomogenen Baustoff „Stahlbeton" werden die günstigen Eigenschaften von Stahl und Beton in den biegebeanspruchten Tragelementen optimal kombiniert. Druckspannungen werden grundsätzlich dem dafür besonders geeigneten Beton und die Zugspannungen den dünnen Bewehrungsstäben aus Stahl in der „gerissenen Betonzugzone" zugewiesen.

In den Bereichen größerer Querkräfte entstehen aus den Schubspannungen und aus ihrem Zusammenwirken mit den Normalspannungen die schrägen Hauptzugspannungen, die ebenfalls durch entsprechend angeordnete Bewehrungsstäbe aufgenommen werden müssen.

Die Richtungen der Hauptzug- und Hauptdruckspannungen lassen sich in Form der Trajektorien in der Balkenansicht darstellen. Bild 4.1a zeigt den Verlauf in einem homogenen Werkstoff. Bild 4.1b und c demonstriert die Verhältnisse unter der Annahme der gerissenen Biegezugzone eines Stahlbetonbalkens und verdeutlicht zugleich den prinzipiellen Verlauf der Rißbildung im Bruchzustand. Die extrem weiten Schrägrisse und die darüberliegende Zerstörung der Betondruckzone charakterisieren den Grenzzustand des Schubbruches. Die lotrechten Biegerisse und der damit in der Regel verbundene Bruch der Betondruckzone in den maximal beanspruchten Querschnitten sind typisch für den Grenzzustand des Biegebruches. Ein Versagen nach einem dieser Zustände bestimmt bereits die maximale Traglast. Das Rißbild und der Verlauf der Hauptzugspannungen bestimmen zugleich die Lage der Bewehrung in einem Einfeldbalken unter Streckenlast. Neben der in der Biegezugzone durchgehenden unteren Hauptbewehrung werden Bügel und schräge Aufbiegungen erforderlich, um die verschieden geneigt gerichteten Hauptzugspannungen über die gesamte Balkenhöhe zu etwa 80% abzudecken. Der übrige Anteil wird dem Beton zugewiesen. Die an der Oberseite bis über das Auflager durchgeführten und aufgebogenen Stablängen sind einerseits zur Verankerung der Aufbiegungen und andererseits zur ggf. notwendigen Aufnahme von ungewollten Einspannmomenten an den Balkenenden notwendig. Durchgehende obere Stähle dienen, abgesehen von der Aufnahme negativer Momente, zur Sicherung der Bügellage im Bewehrungskorb vor und während des Betoniervorganges (Montagestäbe) und erforderlichenfalls zur Verstärkung der Druckzone

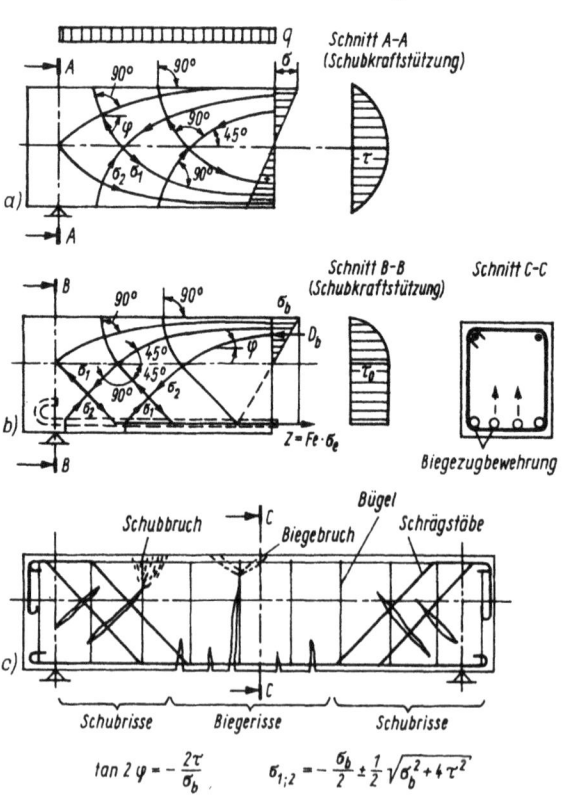

$$\tan 2\varphi = -\frac{2\tau}{\sigma_b} \qquad \sigma_{1;2} = -\frac{\sigma_b}{2} \pm \frac{1}{2}\sqrt{\sigma_b^2 + 4\tau^2}$$

Bild 4.1 Hauptspannungstrajektorien (σ_1 = Zug, σ_2 = Druck) und Bewehrungsprinzip
a) Balken aus homogenem Baustoff
b) Stahlbetonbalken
c) Bruchzustand: Schub- und Biegebruch

Tafel 4.1 Die wichtigsten Bemessungsgleichungen für Stahlbeton- und Spannbetonkonstruktionen nach ETV Beton

I Biegung beim Rechteckquerschnitt, Ermittlung der Biegezugbewehrung

k_o-Werte		Wirtschaftliche Bemessung
$\leq$ Bk 40	$\geq$ Bk 60	Balken: $0{,}20 \leq k_{xR} \leq 0{,}30$
$0{,}80 \geq 1{,}2 - \dfrac{R^n}{100}$	$\geq 0{,}60$	Platten: $0{,}10 \leq k_{xR} \leq 0{,}20$

Für die Anpassungsfaktoren gilt in der Regel $m_b = m_s = 1$ und für den Lastfaktor als Mittelwert $n \sim 1{,}2$. Die Grundwerte der Rechenfestigkeiten R_b^0 und R_s^0 sind Blatt 4.02 zu entnehmen.

1. $M_u = \sum n_i M_i$ n_i nach TGL 20167 und TGL 32274 in [4.32]
2. $m = \dfrac{M_u}{m_b R_b^0 b h_s^2}$
3. $k_{xR} = 1 - \sqrt{1 - 2m} \leq \dfrac{440 k_o}{440 + (1{,}1 - k_o) m_s R_s^0}$
4. Überprüfung, ob wirtschaftlicher Querschnitt vorliegt!
5. $A_s = k_{xR} \dfrac{m_b R_b^0}{m_s R_s^0} b h_s = \dfrac{M_u}{m_s R_s^0 (1 - \frac{1}{2} k_{xR}) h_s}$

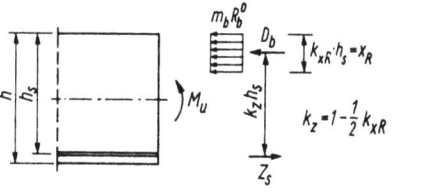
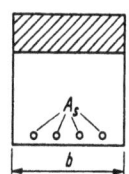

II Biegung beim Plattenbalkenquerschnitt, Ermittlung der Biegezugbewehrung

$c = 8$ bei vorwiegend gleichmäßig verteilter Last
$c = 10$ bei vorwiegender Einzellast und bei Kragträgern
$l_i = k_i l$ als ideelle Stützweite bzw. Abstand der Momentennullpunkte
   k_i nach Tafel 4.4

Die mitwirkende Plattenbreite b_{ef} wird aus folgenden i. d. R. genügend genauen Näherungsbeziehungen bestimmt.

1. $b_{ef} = 2 \dfrac{l_i}{c} + b_w \leq b_i$ beidseitiger Plattenbalken

   $b_{ef} = \dfrac{l_i}{c} + b_w \leq b_i$ einseitiger Plattenbalken

2. $M_u = \sum n_i M_i$
3. $M_u \lesseqgtr M_p' = m_b R_b^0 \left(1 - 0{,}5 \dfrac{h_o}{h_s}\right) \dfrac{h_o}{h_s} b_{ef} h_s^2$

   Fall a $M_u \leq M_p'$

4a. Berechnung nach I mit Gleichungen 2 bis 5 und $b = b_{ef}$

   Fall b $M_u > M_p'$

4b. $M_p = M_p' \dfrac{b_{ef} - b_w}{b_{ef}} = m_b R_b^0 \left(1 - 0{,}5 \dfrac{h_o}{h_s}\right) \dfrac{h_o}{h_s} (b_{ef} - b_w) h_s^2$

5b. $M_R = M_u - M_p$

6b. $m_R = \dfrac{M_R}{m_b R_b^0 b_w h_s^2}$

7b. $k_{xR} = 1 - \sqrt{1 - 2m_R} \leq \dfrac{440 k_o}{440 + (1{,}1 - k_o) m_s R_s^0}$ k_o siehe unter I

8b. $A_s = \left[k_{xR} + \dfrac{h_o}{h_s} \left(\dfrac{b_{ef}}{b_w} - 1 \right) \right] \dfrac{m_b R_b^0}{m_s R_s^0} b_w h_s$

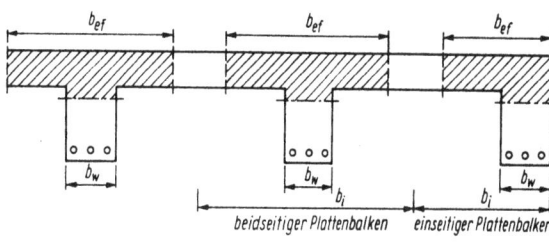

beidseitiger Plattenbalken   einseitiger Plattenbalken

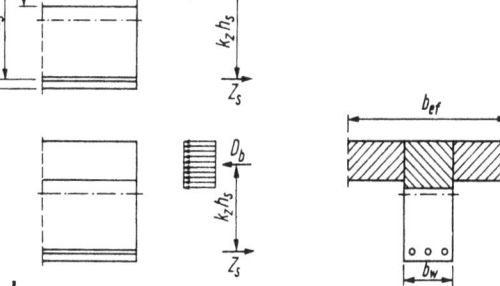

III Biegung und Normalkraft am Rechteckquerschnitt bei großer Ausmittigkeit ($\eta_{cr} \approx 1$)

Große Ausmittigkeit liegt vor, wenn bei Zugkraft $e = \dfrac{M_u}{N_u} \geq z_s/2$

und bei Druckkraft $e = \dfrac{M_u}{N_u} \geq 2{,}5 h$ sind.

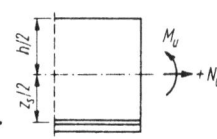

1. $M_u = \sum n_i M_i$; $N_u = \sum n_j N_j$

2   $m = \dfrac{M_u + N_u z_s/2}{m_b R_b^0 b h_s^2}$

3   $k_{xR} = 1 - \sqrt{1 - 2m} \leq \dfrac{440 k_o}{440 + (1{,}1 - k_o) m_s R_s^0}$ k_o siehe unter I

4   $A_s = k_{xR} \dfrac{m_b R_b^0}{m_s R_s^0} b h_s + \dfrac{N_u}{m_s R_s^0}$ N_u mit Vorzeichen einsetzen!

    m_b, m_s, R_b^0, R_s^0 siehe unter I

Bei Fällen der kleinen Ausmittigkeit ist nach [4.5] zu verfahren.

IV Biegung am vorgespannten Rechteckquerschnitt, Ermittlung der Vorspannbewehrung

1   $M_u = \sum n_l M_l$ aus äußerer Last

2   $m = \dfrac{M_u}{m_b R_b^0 b h_p^2}$

3   $k_{xR} = 1 - \sqrt{1 - 2m}$

4   $k_{xR,p} = \dfrac{440 k_o}{440 + (1{,}1 - k_o)(m_s R_p^0 - \sigma_{p,np+\varphi}^{(0)})}$

$k_{xR} \leq k_{xR,p}$ ⟶ Fall 1 ⟶   5.1 $A_p = k_{xR} \dfrac{m_b R_b^0}{m_p R_p^0} b h_p$

$k_{xR} > k_{xR,p}$ ⟶ Fall 2 ⟶   5.2 $\sigma_p = \dfrac{440}{1{,}1 - k_o}\left(\dfrac{k_o}{k_{xR}} - 1\right) + \sigma_{p,np+\varphi}^{(0)}$

                        5.3 $A_p = k_{xR} \dfrac{m_b R_b^0}{\sigma_p} b h_p$

R_p^0 aus Blatt 4.02.

$\sigma_{p,np+\varphi}^{(0)} \approx 650 \ldots 680$ N/mm² bei einer Spannbettvorspannung von etwa 880 N/mm² (St 140/160).

In der Regel gilt für $m_b = m_p = 1$.

k_o siehe unter I .

V Biegung am vorgespannten Plattenbalken, Ermittlung der Vorspannbewehrung

Zunächst gelten die Gleichungen 1 bis 3 nach Abschnitt II.
Für Fall a sind weiterhin die Gleichungen 2 bis 5 nach Abschnitt IV unter Verwendung der mitwirkenden Plattenbreite b_{ef} statt b zu benutzen, wobei wiederum eine Aufspaltung in Fall 1 und Fall 2 vorgenommen werden kann.
Für Fall b werden zunächst die Gleichungen 4b bis 6b nach Abschnitt II verwendet.
Zur weiteren Berechnung dienen folgende Gleichungen:

1   $k_{xR} = 1 - \sqrt{1 - 2 m_R}$

2   $k_{xR,p} = \dfrac{440 k_o}{440 + (1{,}1 - k_o)(m_s R_p^0 - \sigma_{p,np+\varphi}^{(0)})}$

$k_{xp} \leq k_{xR,p}$ ⟶ Fall b 1 ⟶   3.1 $A_p = \left[k_{xR} + \dfrac{h_o}{h_p}\left(\dfrac{b_{ef}}{b_w} - 1\right)\right] \dfrac{m_b R_b^0}{m_p R_p^0} b_w h_p$

$k_{xp} > k_{xR,p}$ ⟶ Fall b 2 ⟶   3.2 $\sigma_p = \dfrac{440}{1{,}1 - k_o}\left(\dfrac{k_o}{k_{xR}} - 1\right) + \sigma_{p,np+\varphi}^{(0)}$ (siehe IV)

                                3.3 $A_p = \left[k_{xR} + \dfrac{h_o}{h_p}\left(\dfrac{b_{ef}}{b_w} - 1\right)\right] \dfrac{m_b R_b^0}{\sigma_p} b_w h_p$

VI Tragfähigkeitsnachweis für bügelbewehrte Stützen und umschnürte Säulen

Bügelbewehrte Stützen

Rechteckquerschnitt $\sum n_l N_l = N_u \leq \psi_1 (m_{b4} m_{b5} R_b^0 b h + m_s R_s^0 A_s) = N(R)$

Beliebiger Querschnitt $N_u \leq \psi_1 (m_{b4} m_{b5} R_b^0 A_b + m_s R_s^0 A_s) = N(R)$

Die Beziehungen gelten genähert für $\lambda \leq 70$. Für $\lambda > 70$ ist nach den Festlegungen in den Abschnitten 2.2.2.2 und 2.5.2.2 aus [4.5] zu verfahren. Alle Werte in Tafel 4.9 sind nach [4.5] ermittelt.

$\sum n_l N_l = N_u \leq \psi_1 \left(m_{b4} m_{b5} R_b^0 \dfrac{\pi}{4} d_{bk}^2 + m_s R_s^0 A_s + \dfrac{2\pi d_{bk} A_{s1}}{s_k} m_s R_{sk}^0\right) = N(R)$

A_{s1} als Querschnittsfläche des Umschnürungsstabes und s_k als Ganghöhe der Umschnürung. Anpassungsfaktor m_s i. d. R. gleich 1.

Anpassungsfaktor m_{b4}	D bzw. b	≦ Bk 10	Bk 12,5 bis 30	≧ Bk 35
vertikal betoniert	< 300	0,80	0,85	0,90
	≧ 300	0,95	0,90	0,95

Anpassungsfaktor $m_{b5} = 0{,}9 + 0{,}1 \dfrac{N_u - N_{ud}}{N_u}$. N_{ud} aus ständig wirkender Last.

λ	10	15	20	25	30	35	40	45	50	55	60	65	70	72	74	76	78	80	82	84	86	88	90	94	96	100
φ_1	1,00	0,98	0,95	0,93	0,92	0,90	0,88	0,85	0,82	0,79	0,76	0,73	0,70	0,68	0,67	0,66	0,65	0,64	0,62	0,61	0,60	0,59	0,57	0,55	0,54	0,52

(Druckbewehrung). In den Blättern 4.01 und 4.02 wird die bauliche Durchbildung der Stahlbetonbewehrung erläutert.

Bei den Platten sind die Schub- und Hauptzugspannungen wesentlich kleiner als bei balkenartigen Tragelementen. Deshalb entfallen die dort üblichen Bügel, und die Zahl der schrägen Aufbiegungen wird wesentlich reduziert (vgl. Abschn. 4.2.4.3.).

Neben der Grenztragfähigkeit sind für die Bemessung und konstruktive Durchbildung auch die Verformungs- und Rißzustände unter den Nutzungsbedingungen maßgebend. Durch die Verbundwirkung zwischen Stahl und Beton setzt die nicht zu vermeidende, jedoch zu beschränkende Rißbildung auch Grenzen für die möglichen zulässigen Stahldehnungen bzw. -spannungen unter Gebrauchslast und verhindert damit den wirtschaftlichen Einsatz besonders hochwertiger Stähle im Stahlbetonbau.

Die Algorithmen für den Nachweis der Biegetragfähigkeit von Elementen mit rechteck- und T-förmiger Druckzone sind in Tafel 4.1 zusammengestellt. Über die Voraussetzungen und Grenzen der Verfahren kann in [4.5] nachgelesen werden.

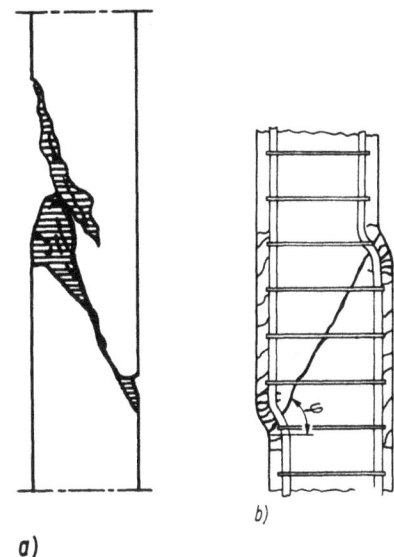

Bild 4.2 Stützenbruch
a) Gleitbruch bei unbewehrten Stützen
b) Bruchbild einer Stahlbetonstütze

4.1.2.2. Druckbeanspruchte Elemente

Bei den Druckgliedern aus Stahlbeton werden je nach Bewehrungsverhältnis durchschnittlich 80 ... 90% der Kräfte dem Beton und der Rest dem Stahl zugewiesen. Die dabei im Gebrauchszustand auftretenden Betonspannungen sind im Vergleich mit unbewehrten Säulen bei zunehmender Schlankheit l_0/b größer, da bewehrte Druckglieder weit größere Sicherheiten gegenüber ungewollten Ausmittigkeiten der Druckkräfte garantieren. Daraus ergibt sich auch die Forderung nach einer Mindestbewehrung von 0,4% bezogen auf den statisch erforderlichen Querschnitt. Durch die Bügel, insbesondere aber durch die spiralförmigen Umschnürungen, wird eine weitere Laststeigerung ermöglicht, da sie den für die unbewehrten Säulen typischen Gleitbruch (Bild 4.2) durch die Aufnahme von Querzugspannungen verhindern.

Die in die Ecken der Stützen eingelegten Stäbe sind in der Regel auf Druck beansprucht und müssen in genügend engem Abstand (vgl. Abschn. 4.2.2.1.) durch umschlossene Bügel gegen Ausknicken gesichert werden.

Die analytischen Beziehungen für die Ermittlung der Tragfähigkeit sind aus Tafel 4.1 ersichtlich.

4.1.3. Spannbetontragwerke

Im Stahlbeton werden nur Stähle bis zu einer Streckgrenze von etwa 50 kN/cm² angewandt. Stähle mit höheren Festigkeitswerten können mit Rücksicht auf die großen Dehnungen und die damit verbundenen ungünstigen Rißbilder statisch nicht ausgelastet werden. Im vorgespannten Beton werden die Spannstähle gegenüber dem Beton vorgedehnt. Damit sind der Steigerung der Stahlgüte fast keine Grenzen gesetzt. Außerdem ermöglicht dieser Spannprozeß, das Grundprinzip zu verwirklichen, die zugbeanspruchten Bereiche von Biege- und Zugelementen zu überdrücken und bei einem entsprechenden Vorspanngrad Risse völlig zu vermeiden. Durch exzentrische Anordnung der Spannglieder kann man neben der gleichmäßig verteilten Druckspannung infolge der Vorspannkraft V einen Momentenzustand M_v dem Tragwerk vorgeben, der dem Momentenbild M_q aus Eigen- und Nutzlast entgegenwirkt.

Nach Überlagerung aller Zustände verbleiben beim sog. Vorspanngrad I (volle Vorspannung) nur Druckspannungen im Betonquerschnitt.

Beim Vorspanngrad II (beschränkte Vorspannung) dürfen unter den langzeitig wirkenden Beanspruchungen ebenfalls keine Zugbeanspruchungen des Betons auftreten.

Dagegen wird beim Vorspanngrad III (teilweise Vorspannung) eine planmäßige Rißbildung unter den vollen Nutzungsbedingungen erwartet. Entsprechende Grenzwerte für die zulässigen Rißweiten werden hierfür festgelegt.

Der Vorspanngrad III (VG III) findet im Hochbau die breiteste Anwendung (Deckenplatten u. a.), während der Vorspanngrad I (VG I) vor allem bei Konstruktionen mit hohen Dichtigkeitsanforderungen (Gas- und Flüssigkeitsbehälter) und der Vorspanngrad II bei Konstruktionen im Freien und mit hohen Anforderungen an die Dauerbeständigkeit (Brücken u. a.) eingesetzt wird.

Spannbetonkonstruktionen garantieren wegen des möglichen Einsatzes von hoch- und höchstwertigen Stählen sowie dem Heranziehen des gesamten Querschnitts zur Biegetragfähigkeit wesentliche Baustoffeinsparungen gegenüber den schlaff bewehrten Konstruktionen.

Die Vorspannung gegen den erhärteten Beton (Vorspannung mit nachträglichem Verbund) gestattet eine gekrümmte Spanngliedführung, die einen optimalen Ausgleich der Beanspruchung gegenüber dem Gebrauchszustand ermöglicht (affine Vorspannung). Die Verbundwirkung wird durch Auspressen der Spannkanäle mit Auspreßmörtel erreicht.

Die Vorspannung im Spannbett oder Spannrahmen (Vorspannung mit sofortigem Verbund) ermöglicht vorwiegend gerade, selten geknickte Spanndrahtführungen. Die üblichen Exzentrizitäten der Drähte sind größer als die Kernweite des Querschnittes. Dadurch entstehen im Auflagerbereich erhebliche Zugspannungen in der Biegedruckzone, wenn nicht durch eine zusätzliche obere Spannbewehrung die gesamte Ausmittigkeit der Vorspannung reduziert wird.

Der Nachweis von Zugspannungen unter Nutzungsbedingungen erfolgt über Spannungsberechnungen nach den Ansätzen der Festigkeitslehre mit den ideellen Querschnittswerten einer Verbundkonstruktion.

Der erforderliche Querschnitt der Spannbewehrung wird hingegen aus den Grenzzustandsbetrachtungen für die Biegetragfähigkeit ermittelt. In Tafel 4.1 sind die maßgebenden Rechengänge dieses Nachweises für rechteck- und T-förmige Querschnitte angegeben. Besondere Schwierigkeiten bereitet dabei immer wieder die genügend genaue Erfassung der Vorspannverluste infolge des visko-elastischen Verhaltens des Betons (Einfluß von Kriechen und Schwinden).

4.2. Tragelemente

4.2.1. Balken

4.2.1.1. Tragsysteme und Querschnittsform

Träger werden vorwiegend durch Biegemomente und Querkräfte beansprucht. Grundsätzlich werden folgende statische Systeme unterschieden:
- Einfeldbalken (statisch bestimmt und statisch unbestimmt),
- Kragbalken,
- beidseitig auskragender Einfeldbalken,
- Durchlaufbalken,
- Gelenkbalken.

In Tafel 4.2 werden die wesentlichen Unterschiede in den Maximalmomenten verdeutlicht, die zugleich Ursache für erhebliche Differenzen im Baustoffverbrauch sind. Bei den beidseitig auskragenden Einfeldträgern und den Gelenkträgern ist dabei der Anteil der Eigenlast bzw. die mögliche Annahme einer über die gesamte Länge gleichmäßig verteilten Verkehrslast (Schnee) von entscheidender Bedeutung. Zum Vergleich werden in dieser Tafel auch Werte für die im Stahlbau häufig verwendeten I-Walzprofile einbezogen.

Weitere Untergliederungen der Biegeträger sind durch Form und Funktion gegeben:
- Nach der Querschnittsform wird grundsätzlich in Rechteckbalken und T- bzw. I-Balken (Tafel 4.1) unterschieden. T-Balken werden meistens als Plattenbalken bezeichnet. Bei ihnen ist die Druckzone gegenüber den anderen Bereichen wesentlich verbreitert. Extreme Entwicklungen dieses Tragelementes sind im Ortbetonbau vorhanden, indem die Stahlbetondeckenplatten (Abschn. 4.2.4.) monolithisch, d. h. biegesteif und schubfest, mit dem Balkensteg verbunden sind. Die Platte hat dabei eine zweifache Tragfunktion, einmal als selbständiges zweidimensionales Tragelement und zum anderen als Druckzone des Plattenbalkens.
- Nach der Funktion der Träger im Bausystem unterscheidet man häufig zwischen Binder und Riegel. Binder sind die Hauptträger bei Dachkonstruktionen von Hallen. Als Riegel werden die horizontalen biegebeanspruchten Elemente von Rahmensystemen, aber teilweise auch die Hauptträger von Flachbauten bezeichnet.

4.2.1.2. Abmessungen und Spannweiten

Die bevorzugten Querschnittsabmessungen von Stahlbetonträgern können den in verschiedenen Genauigkeitsstufen formulierten Vorbemessungsansätzen nach Tafel 4.3 entnommen werden.

Tafel 4.4 k_1-Werte zur Ermittlung der ideellen Stützweite
$l_1 = k_1 l$

Statisches System	k_1
Statisch bestimmter Einfeldträger	1,0
Einseitig eingespannter Einfeldträger	0,8
Beidseitig eingespannter Einfeldträger	0,6
Endfeld vom Durchlaufträger (min l/max $l \geq 0,8$)	0,9
Mittelfeld vom Durchlaufträger (min l/max $l \geq 0,8$)	0,7
Starr eingespannter Kragträger	2,0
Elastisch eingespannter Kragträger	2,4
Vierseitig gelenkig aufgelagerte Platte ($l_y : l_x \leq 1,5$)	0,85

Tafel 4.2 Beanspruchung und Baustoffvergleich der Trägersysteme bei konstanter Streckenlast q und feldweise konstanter Verkehrslast v

Tragsystem	Statisches System und Beanspruchung durch Biegemomente	Stahlbeton-Rechteckquerschnitt Beton	Stahlbeton-Rechteckquerschnitt Betonstahl	Stahl als I-Walzprofil
Statisch bestimmter Einfeldträger	$0{,}125 q l^2$	100	100	100
Kragträger	$0{,}5 q l^2$	200...300	~200	230...260
Durchlaufträger über viele Stützen	$0{,}083 nql^2$; $0{,}042 nql^2$; nq = const. über alle Felder	75...85	~90	75...80
	$0{,}099 nql^2$; $0{,}063 nql^2$; nv = 0,5 nq feldweise und nq über alle Felder	~100; 85...90	80...90 oder ~100	80...85
Gelenkträger über viele Innenstützen	$0{,}063 nql^2$; $0{,}147 l$	60...75	85...90	60...65
	$0{,}063 nql^2$; $0{,}094 nql^2$; nv = 0,5 nq feldw. nq über alle Felder	75...85	90...100	80...85
Beidseitig auskragender Einfeldträger	$0{,}354 l$; $0{,}063 nql^2$; nq = const.	60...75	85...90	60...65
	Momentengrenzlinien; $0{,}063 nql^2$; $0{,}094 nql^2$; nv = 0,5 nq nur im Mittelfeld	75...85	90...100	80...85
Auskragender Einfeldträger mit beidseitig eingerückten Stützen	$0{,}207 l$; $0{,}0215 nql^2$; nq = const.	25...35	40...50	40...50
	$0{,}073 nql^2$; nv = 0,5 nq nur im Mittelfeld	65...75	80...90	70...75

n – Lastfaktor nach TGL 32274 zur Bildung der Rechenlasten für die Berechnungsmethode nach Grenzzuständen

Hierzu können auch die grafischen Darstellungen in Tafel 4.5a genutzt werden, wobei je nach zugrunde gelegtem Auslastungsgrad zusätzlich der Stahlbedarf in cm² oder kg/m ablesbar ist.

Für die vorgespannten Träger lassen sich mit Tafel 4.5b die Querschnittswerte über eine weitere Vorbemessungsstufe präzisieren. Diese Darstellung wurde aus einer Arbeit von W. Krüger [4.34] entwickelt.

Die in der Projektierungsphase zu führenden statischen Nachweise sind für den Grenzzustand der Biegetragfähigkeit in Tafel 4.1 angegeben. Hierzu, wie bei der Verwendung der Tafel 4.5b, ist die Ermittlung der Biegemomente unumgänglich. Wenn nicht exakt nach den Angaben in [4.4] verfahren werden muß („genauer statischer Nachweis"), reichen für viele Fälle der statischen Nachweisführung die gekürzten Angaben nach Tafel 4.6 aus, nahezu gleiche Stützweiten (min $l \geq 0{,}8$ max l) vorausgesetzt.

Für die negativen Feldmomente min M_2 gilt bei biegesteifer Verbindung zwischen Stahlbetonbalken und Unterstützung $nq' = n_g g + 2/3 n_p p$ und bei Auflagerung auf Mörtelfuge $nq' = nq = n_g g + n_p p$.

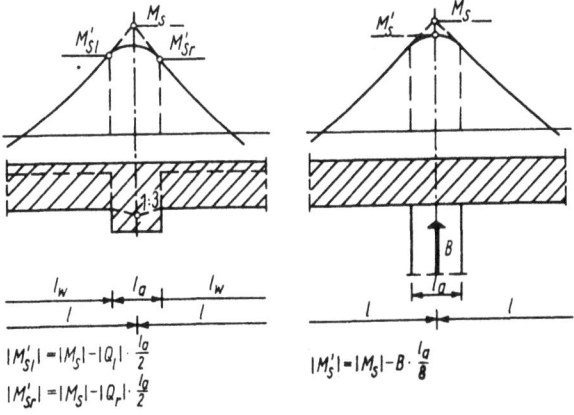

Bild 4.3 Abminderung von Momentenspitzen

Verbindung zwischen Stahlbetonbalken und Unterstützung $nq' = n_g g + 2/3 n_p p$ und bei Auflagerung auf Mörtelfuge $nq' = nq = n_g g + n_p p$.

Tafel 4.3 Vorbemessung für biegebeanspruchte Tragelemente des Hochbaus

Tragelement	Vorbemessungsbeziehungen
1. Balken 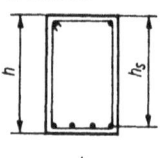 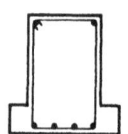	Brauchbare Näherung für Stahlbeton $h \approx \left(\frac{1}{8} \dots \frac{1}{14}\right) l_1;\quad l_1 = k_1 l,$ k_1 nach Tafel 4.4 $h \approx h_s + 4$ cm einlagige Bewehrung $h \approx h_s + 6 \dots 8$ cm zweilagige Bewehrung oder $h \approx 1{,}1 h_s$ für $h \leq 100$ cm; $h \approx 1{,}05 \dots 1{,}08 h_s$ für $h > 100$ cm $b \approx 20 \dots 40$ cm $\quad b \approx 1/2\, h \sqrt[3]{\frac{40}{h}}$ Gute Näherung für Stahlbeton Bk 20 $h_s = 20 \dots 25 \sqrt{M/b}$ Bk 25 $h_s = 18 \dots 22 \sqrt{M/b}$ h, h_s und b in cm, M in kNm
2. Plattenbalken und I-Querschnitt 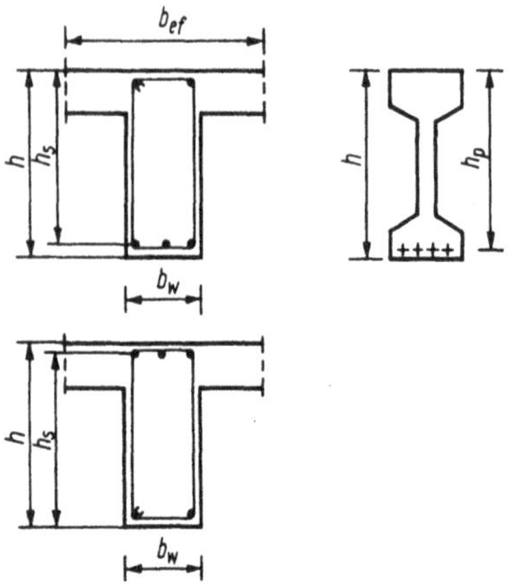 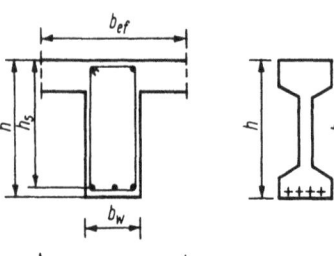	Brauchbare Näherung für Stahlbeton $h \approx \left(\frac{1}{10} \dots \frac{1}{16}\right) l_1 \qquad b_w \approx (0{,}4 \dots 0{,}5)\, h \sqrt[3]{\frac{40}{h}}$ Brauchbare Näherung für Spannbeton $h \approx \left(\frac{1}{12} \dots \frac{1}{22}\right) l_1$ Gute Näherung für Stahlbeton Bk 20 $h_s = 3{,}2 \dots 4{,}2 \sqrt{M}$ evtl. für große Stahleinsparungen: Bk 25 $h_s = 3{,}0 \dots 4{,}0 \sqrt{M}$ $h_s \approx 5 \sqrt{M}$ $b_{ef} = b_w + \frac{l_1}{8} \cdot 2$ vorwiegend Streckenlast $b_{ef} = b_w + \frac{l_1}{10} \cdot 2$ vorwiegend Einzellast Gute Näherung für Plattenbalkenquerschnitte über Abstützungen (negative Momente) Bk 20 $h_s = 19 \dots 22 \sqrt{M/b_w}$ Bk 25 $h_s = 17 \dots 20 \sqrt{M/b_w}$ h_s, b_w, b_{ef}, l_1 in cm, M in kNm
3. Einachsig beanspruchte Voll- und Hohlplatten 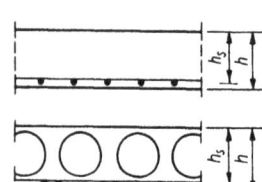	Brauchbare Näherung für Stahlbeton Mindestdicke siehe Tafel 4.13 $h_s \approx \frac{1}{33} l_1$ bei St A-I $h_s \approx \frac{1}{29} l_1$ bei St A-III; $h = h_s + 2$ cm $h_s \approx \frac{1}{25} l_1$ bei St T-IV Brauchbare Näherung für Spannbeton $h \approx \left(\frac{1}{30} \dots \frac{1}{45}\right) l_1$ Gute Näherung bzw. Bemessungsgleichung für Dicke der Stahlbetonplatten $h_s \geq \frac{l_1}{(l_1/h_s)_{zul}};\quad h = h_s + 2$ cm $(l_1/h_s)_{zul}$ nach Tafel 4.12
4. Zweiachsig beanspruchte Platten $l_y \leq 1{,}5 l_x$	Gute Näherung bzw. Bemessungsgleichung für Dicke der Stahlbetonplatten Mindestdicke siehe Tafel 4.13 $h_s \geq \frac{l_1}{(l_1/h_s)_{zul}};\quad h = h_s + 2$ cm $l_1 = \min \begin{cases} 0{,}85 k_{1x} l_x \\ 0{,}85 k_{1y} l_y \end{cases}$ k_{1x} und k_{1y} berücksichtigen die statischen Systeme in x- und y-Richtung und sind Tafel 4.4 zu entnehmen.
5. Rippenplatten 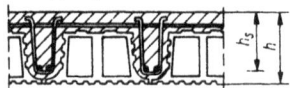	wie einachsig beanspruchte Platten, jedoch $h \approx h_s + 3{,}5$ cm und $h_s = 3{,}5 \dots 4{,}5 \sqrt{M}$ h_s in cm, M in kNm

6. Pilz- und Flachdecken

Mindestdicke siehe Tafel 4.13

$h \geq 15$ bzw. 22 cm

$h_s \geq \dfrac{l_1}{(l_1/h_s)_{zul}}$; $h \approx h_s + 3$ cm

Bk 20 $h_s \geq 2,2\sqrt{M_s}$

Bk 25 $h_s \geq 2,0\sqrt{M_s}$

$M_s \cong 0,100\, ql^2$ bei Pilzdecken

$M_s \cong 0,175\, ql^2$ bei Flachdecken

M in kNm/m, h_s in cm

7. Näherungsweise Ermittlung der Biegebewehrung

$A_s = 6,4\, M/h_s$ für Stahlklasse I
$A_s = 3,8\, M/h_s$ für Stahlklasse III
$A_s = 3,1\, M/h_s$ für Stahlklasse IV

$\begin{cases} A_s \text{ in cm}^2 \text{ oder cm}^2/\text{m} \\ h_s \text{ in cm} \\ M \text{ in kNm oder kNm/m} \end{cases}$

Tafel 4.4 k_1-Werte zur Ermittlung der ideellen Stützweite
$l_1 = k_1 l$

Statisches System	k_1
Statisch bestimmter Einfeldträger	1,0
Einseitig eingespannter Einfeldträger	0,8
Beidseitig eingespannter Einfeldträger	0,6
Endfeld vom Durchlaufträger (min l/max $l \geq 0,8$)	0,9
Mittelfeld vom Durchlaufträger (min l/max $l \geq 0,8$)	0,7
Starr eingespannter Kragträger	2,0
Elastisch eingespannter Kragträger	2,4
Vierseitig gelenkig aufgelagerte Platte ($l_y : l_x \leq 1,5$)	0,85

Tafel 4.5b Graphische Vorbemessung von Spannbetonbalken nach [4.34]

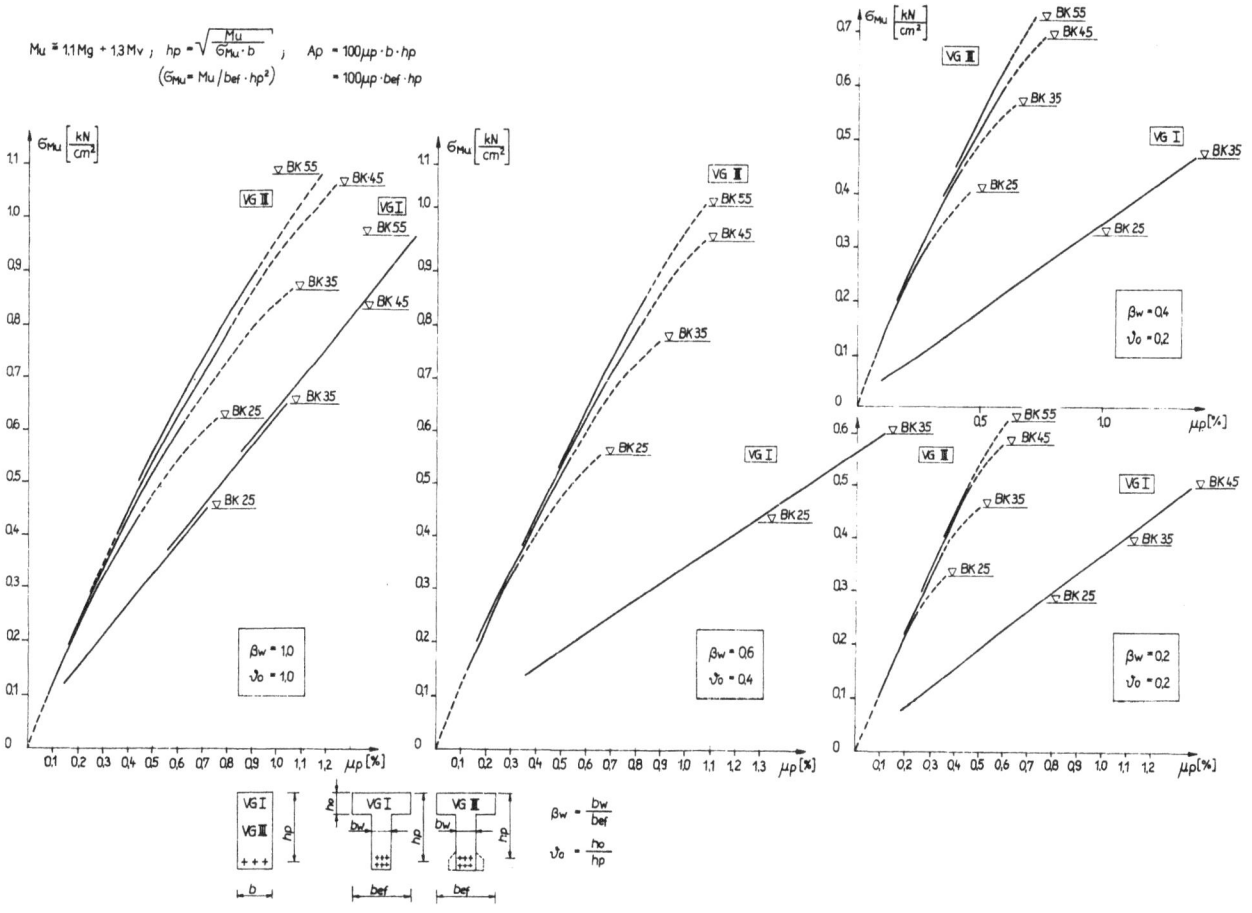

Tafel 4.5a Graphische Vorbemessung von Balken aus Stahlbeton und Spannbeton

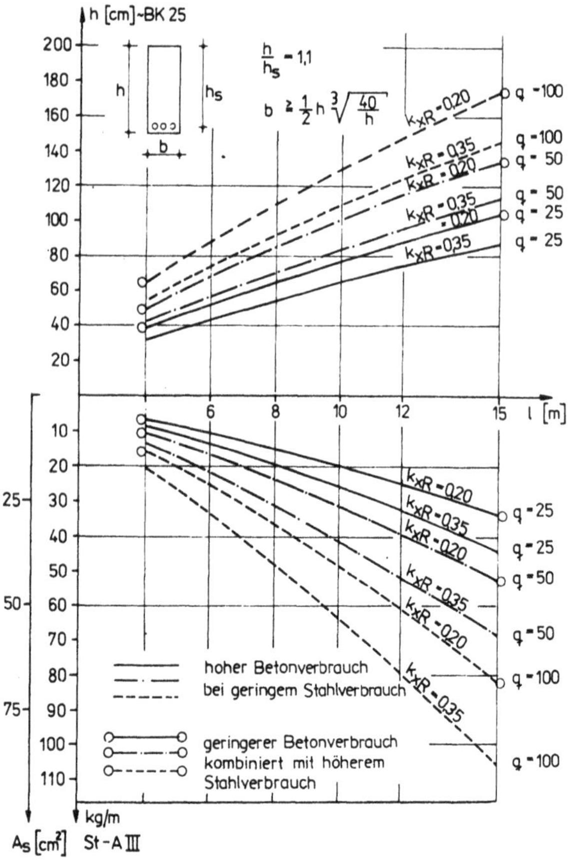

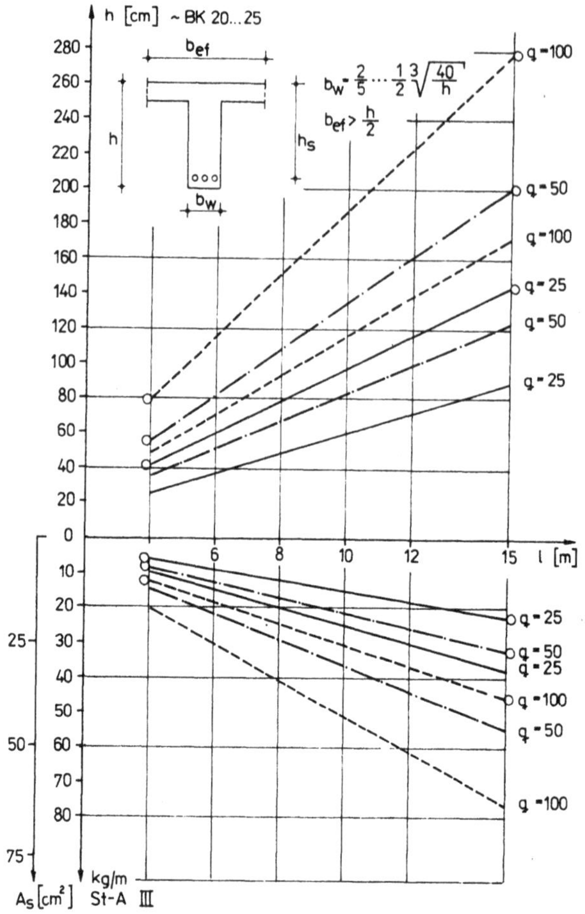

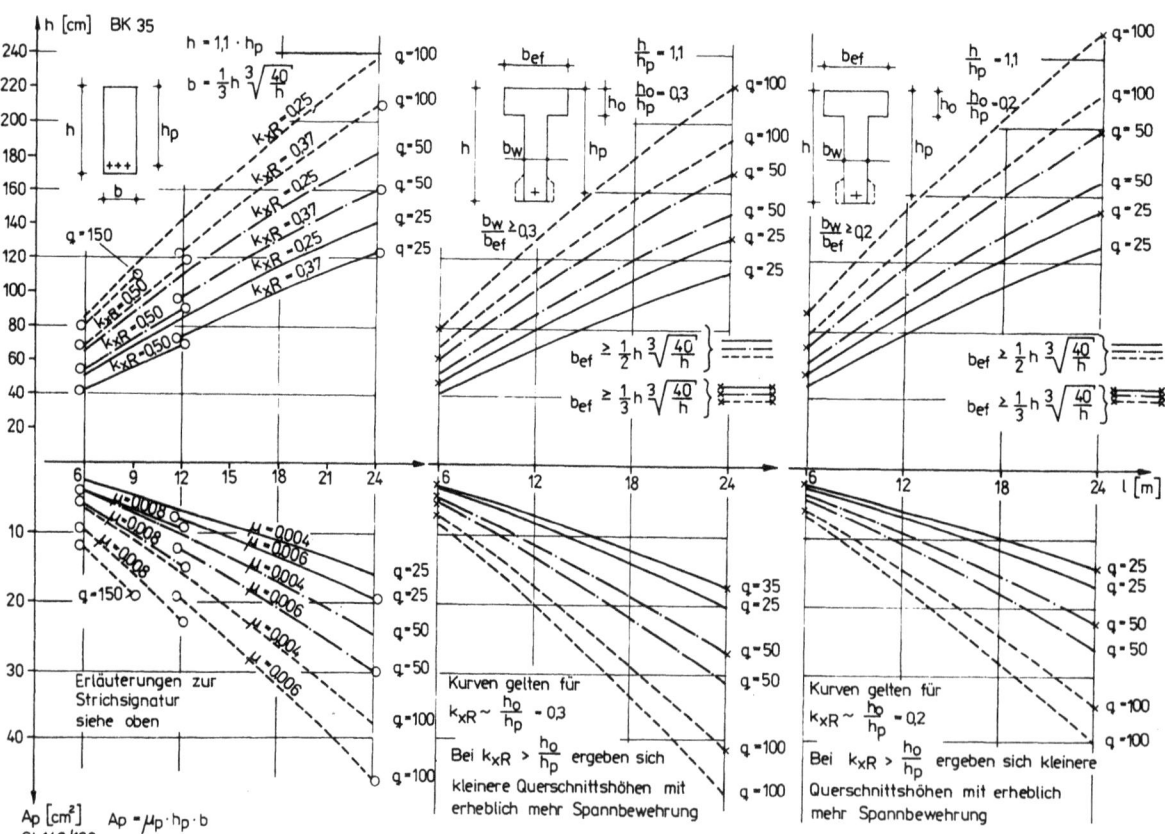

Tafel 4.6 Schnittgrößen bei Durchlaufträgern mit gleicher Stützweite

Felder-anzahl	Schnitt-größe	Lastanordnung $g+p=q$	$G+P=F$ ($l/2$, $l/2$)	$G+P=F$ ($l/3$, $l/3$, $l/3$)
2	M_1	$(0{,}070g + 0{,}096v)\,l^2$	$(0{,}156G + 0{,}203V)\,l$	$(0{,}222G + 0{,}278V)\,l$
	M_C	$-0{,}125(g + v)\,l^2$	$-0{,}186Fl$	$-0{,}333Fl$
	min M_1	$(0{,}070g - 0{,}025v)\,l^2$	$(0{,}156G - 0{,}047V)\,l$	$(0{,}222G - 0{,}056V)\,l$
	B	$(0{,}375g + 0{,}438v)\,l$	$(1{,}313G + 1{,}406V)$	$(1{,}667G + 1{,}833V)$
	C	$1{,}25(g + v)\,l$	$2{,}375F$	$3{,}667F$
≥ 3	M_1	$(0{,}080g + 0{,}101v)\,l^2$	$(0{,}175G + 0{,}213V)\,l$	$(0{,}244G + 0{,}289V)\,l$
	M_C	$-(0{,}107g + 0{,}121v)\,l^2$	$-(0{,}161G + 0{,}181V)\,l$	$-(0{,}286G + 0{,}321V)\,l$
	M_2	$(0{,}046g + 0{,}086v)\,l^2$	$(0{,}132G + 0{,}191V)\,l$	$(0{,}123G + 0{,}228V)\,l$
	M_D	$-(0{,}083g + 0{,}114v)\,l^2$	$-(0{,}125G + 0{,}171V)\,l$	$-(0{,}222G + 0{,}304V)\,l$
	min M_2 [1])	$(0{,}025g - 0{,}033v)\,l^2$	$(0{,}100G - 0{,}050V)\,l$	$(0{,}067G - 0{,}089V)\,l$
	min M_2 [2])	$(0{,}025g - 0{,}025v)\,l^2$	$(0{,}100G - 0{,}038V)\,l$	$(0{,}067G - 0{,}067V)\,l$
	B	$(0{,}400g + 0{,}450v)\,l$	$(1{,}350G + 1{,}425V)$	$(1{,}733G + 1{,}867V)$
	C	$(1{,}143g + 1{,}223v)\,l$	$(2{,}214G + 2{,}335V)$	$(3{,}381G + 3{,}595V)$

[1]) Bei Balken.
[2]) Bei Platten.

Die Spitzen der Stützenmomente dürfen bei Auflagerlängen $l_a \leq 0{,}1\,l$ und biegesteifer Verbindung mit der Unterstützung nach Bild 4.3a durch parabelförmige Ausrundung reduziert werden. Bei einer möglichen Höhenzunahme von mindestens 1 : 3 ist das jeweils größere Stützenrandmoment M_s' für die Bemessung zu berücksichtigen. Für $l_a > 0{,}1\,l$ ist das System durch Berücksichtigung der vollen Einspannmomente $q l_w^2 / 12$ mit der Lichtweite l_w besser zu erfassen.

Ist dagegen die Auflagerung der Innenstützen nur durch Mörtelfugen gegeben, dann wird für die Bemessung der Scheitelwert der Ausrundung M_s' nach Bild 4.3b maßgebend.

Die Querschnittsabmessungen von Spannbetonträgern sind z. T. erheblich kleiner als bei Stahlbeton, wie bereits die Vorbemessungshilfsmittel in den Tafeln 4.3 und 4.5 verdeutlichen. Für die feingegliederten und hochbeanspruchten Hallenbinder (Blatt 4.17) im Abstand von 6...12 m gilt für die Querschnittshöhe h der größere Wert. In Ausnahmefällen sind auch Trägerhöhen von nur $1/20...1/25\,l_i$ ausgeführt worden.

Für $\underline{T}$-förmige Balken sind in Abhängigkeit von Stützweite und Belastung q die ungefähren Querschnittshöhen und -breiten bei Stahlbeton- und Spannbetonausführung in Tafel 4.7 aufgetragen [4.22].

Die wirtschaftlichste Spannweite einer Konstruktion ist last-, system- und querschnittsabhängig. Deshalb sollten die im folgenden für den Hochbau ($p = 3{,}0...5{,}0$ kN/m²) gemachten Angaben in den Grenzbereichen immer wieder neu überprüft und entschieden werden:

Stahlbeton

Rechteckquerschnitte $\quad l \approx 4...7$ m ⎫ (meist in
Plattenbalkenquerschnitte $l \approx 6...12$ m ⎭ Ortbeton)
Stark profilierte $\underline{T}$- und
$\underline{I}$-Querschnitte $\quad l \approx 9...15$ m (Fertigteile)

Spannbeton

Fachwerk
Stark profilierte $\underline{T}$- und
$\underline{I}$-Querschnitte $\quad l \approx 15...24$ m (Fertigteile)
Plattenbalkenquerschnitte
und Hohlkastenquerschnitte $\quad l \approx 25...35$ m (Ortbeton)

4.2.1.3. Bauliche Durchbildung und Anwendungen

Die statische Beanspruchung und die Herstellungstechnologie bestimmen im wesentlichen die **Anwendung** der verschiedenen statischen Systeme.

- Die Ursachen von **Zwängungsbeanspruchungen** (Stützensenkung, außergewöhnlicher Temperaturwechsel) zwingen zum Einsatz von statisch bestimmten Systemen.
- Im **Fertigteilbau** werden zum Zwecke der einfachen Montage und geringer Elementezahlen statisch bestimmte Systeme, insbesondere Einfeldbalken, bevorzugt. Mit Rücksicht auf Baustoffeinsparungen sollten Einfeldbalken mit Auskragungen und Gelenkbalken trotz des zusätzlichen Aufwandes für die Gelenke (Blatt 4.15) und einer etwas größeren Elementezahl mehr Verwendung finden, vgl. Tafel 4.2.

Tafel 4.7 Spannweiten und Querschnitte für I-förmige Einfeldbalken aus Stahl- und Spannbeton, ~ Bk 35

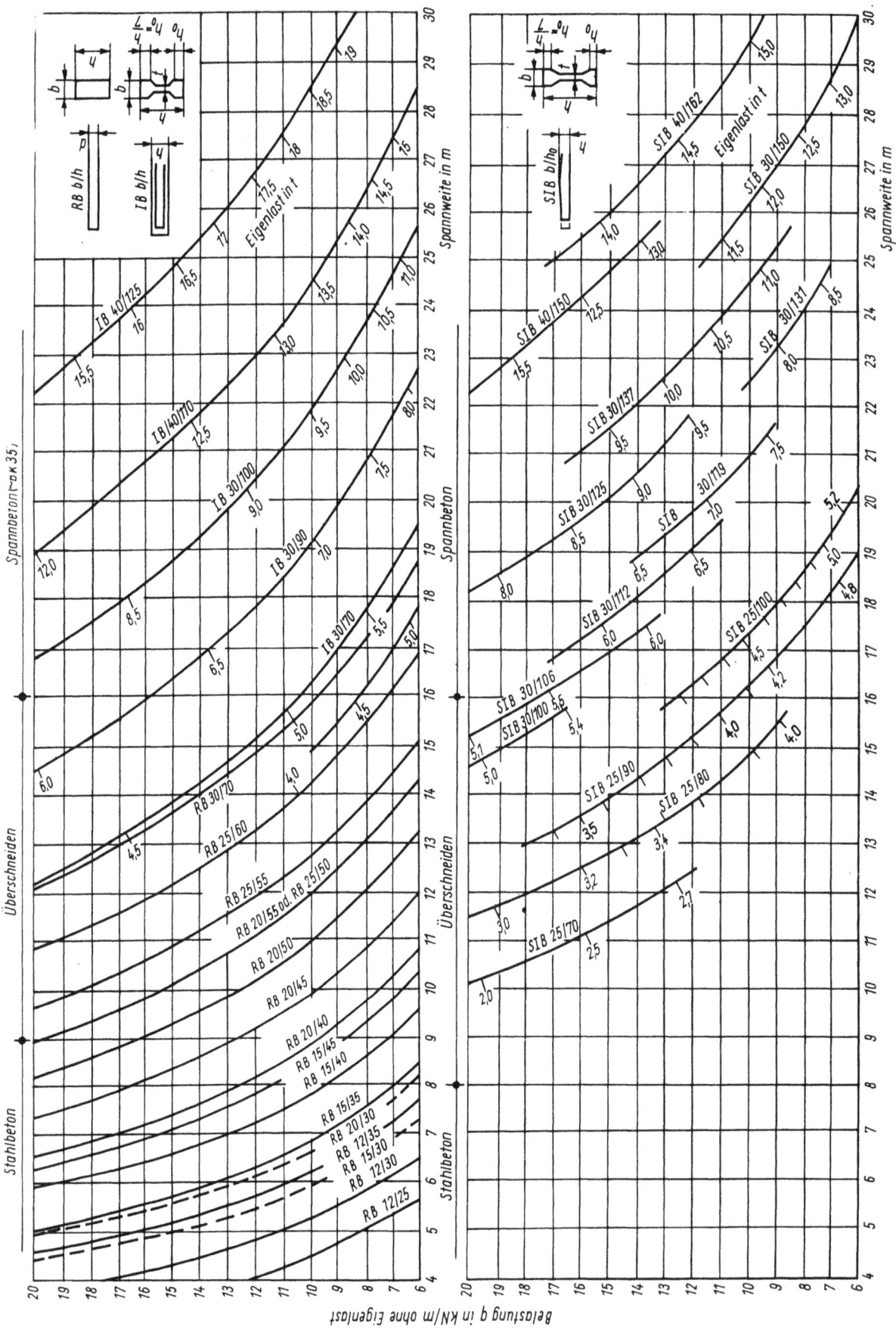

– Im Monolithbau wird auf den in dieser Bauweise am wirtschaftlichsten herstellbaren Durchlaufbalken zurückgegriffen.

Plattenbalken in Stahlbeton sind in Ortbetonausführung als Einfeldträger unter zwei Einzellasten auf Blatt 4.12 und als Zweifeldträger unter Streckenlast mit Schrägen über der Mittelabstützung auf Blatt 4.14 dargestellt. Bemerkenswert ist die Durchdringung und Kreuzung der Bewehrung zwischen Haupt- und Nebenbalken sowie zwischen Balkensteg und Platte. Die prinzipielle Bewehrungsführung eines Rechteckbalkens weicht von der dargestellten nur durch den Wegfall der seitlichen Platten im Querschnitt ab (vgl. Blatt 4.14, Schnitt A-A).

Bei Fertigteilsystemen werden auch häufig Riegel mit einer verbreiterten Zugzone verwendet. Obwohl derartige Querschnitte materialaufwendiger sind, ermöglichen sie eine seitliche Auflagerung der Deckenplatten. Hierdurch werden die Konstruktionshöhe der Decke und die Spannweite der Deckenplatten reduziert, was zu ökonomischen Vorteilen gegenüber anderen Fertigteillösungen führen kann. Eine derartige Lösung für einen Fertigteilbalken mit geschweißten Bewehrungselementen ist auf Blatt 4.13 angegeben.

Die bauliche Durchbildung und Bemessung der Schubsicherung für Konsolen und Kragbalken zeigt Blatt 4.15.

Bei großen Spannweiten, insbesondere bei Hallenbauten, finden weitestgehend Spannbetonbinder als Vollwand- (Blatt 4.17) und Fachwerkträger Anwendung. Die Binder in Pult- und Satteldachform werden aus schlaff bewehrten, 6 m langen, transportfähigen Segmenten zu Trägern von 18 und 24 m (in Ausnahmefällen 30 m) zusammengespannt und in ganzer Länge auf die Stützen gehoben. Beispiele für die Ausbildung der Auflager sind auf Blatt 4.15 enthalten. Bei dem Spannverfahren mit nachträglichem Verbund wird die Möglichkeit einer dem Kräfteverlauf angepaßten gekrümmten Spanngliedführung ausgenutzt. Die nicht geringfügige schlaffe Bewehrung hat mehrere Aufgaben:

- Aufnahme der Transportbeanspruchung der Segmente,
- Druckbewehrung in den Druckstäben des Fachwerkes,
- Aufnahme der Zugspannungen senkrecht zur Vorspannrichtung (Spaltzug-, Hauptzug- und Schwindspannungen).

Blatt 4.16 zeigt einen im Spannbett vorgespannten T-Balken mit Spanndrahtbewehrung St 140/160.

Die in letzter Zeit bevorzugten „T-T"-Platten (Bild 4.4) können von ihren Abmessungen her sowohl den Plattenbalken als auch den Rippenplatten zugeordnet werden. Mit Rücksicht auf den Transport liegen die Breiten zwischen 1,5 und 2,5 m bei einem konstanten Rippenabstand von 1,25 m. Die Rippenhöhen variieren zwischen 300 und 700 mm und gestatten damit Spannweiten von 6...18 m. In vorgespannter Form können auch Dachstützweiten bis zu 25 m überbrückt werden.

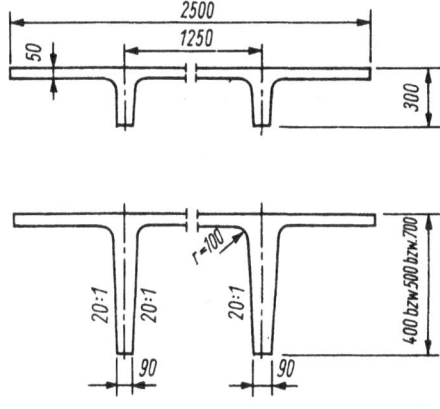

Bild 4.4 Querschnitte von „TT"-Platten

Tafel 4.8 Mindestabmessungen von Stützen

Ausführung	Querschnitt	Kerndurchmesser d_{bk} mm	Kleinste Seitenlänge b mm	Wand- bzw. Stegdicke[1]) mm	Durchmesser der Längsstäbe mm	Maximale Schlankheit λ bzw. l_0/b
Ortbeton	Rechteckquerschnitt unbewehrt	–	≥ 200	–	–	$\lambda \leq 90$ $l_0/b \leq 26$
	Rechteckquerschnitt mit Bügelbewehrung	–	≥ 200	–	≥ 12	$\lambda \leq 150$ $l_0/b \leq 43,5$
	profilierter Querschnitt mit Bügelbewehrung	–	≥ 200	≥ 100	≥ 12	$\lambda \leq 150$
	umschnürte Säulen Außendurchmesser D	≥ 150 (≥ 200)	–	–	≥ 12	$\lambda \leq 100$ $l_0/d_{bk} \leq 25$
Vorgefertigt	Rechteckquerschnitt mit Bügelbewehrung $\lambda \geq 70$, $l_0/b \geq 20$	–	≥ 150	–	≥ 10	$\lambda \leq 200$ $l_0/b \leq 57,8$
	Rechteckquerschnitt mit Bügelbewehrung $\lambda < 70$, $l_0/b < 20$	–	≥ 120	–	≥ 10	$\lambda \leq 200$ $l_0/b \leq 57,8$
	profilierter Querschnitt mit Bügelbewehrung $\lambda \geq 70$	–	≥ 150	≥ 40	≥ 10	$\lambda \leq 200$
	profilierter Querschnitt mit Bügelbewehrung $\lambda < 70$	–	≥ 120	≥ 40	≥ 10	$\lambda \leq 200$
	umschnürte Säulen (Außendurchmesser D)	≥ 150 (≥ 200)	–	–	≥ 12	$\lambda \leq 100$ $l_0/d_{bk} \leq 25$

[1]) Darf nur angewendet werden, wenn eine einwandfreie Einbringung und Verdichtung des Betons möglich ist.

4.2.2. Stützen und Fundamente

4.2.2.1. Tragsysteme und Querschnittsform

Stützen haben vorwiegend zentrisch wirkende Druckkräfte abzutragen. Die Querschnittsgestaltung ist prinzipiell beliebig, jedoch werden

- rechteckige und zusammengesetzte rechteckige Querschnitte als bügelbewehrte Stützen und
- Kreisquerschnitte bzw. Querschnitte in Form regelmäßiger n-Ecks ($n \geq 5$) als umschnürte Säulen

bevorzugt (Bild 4.5).

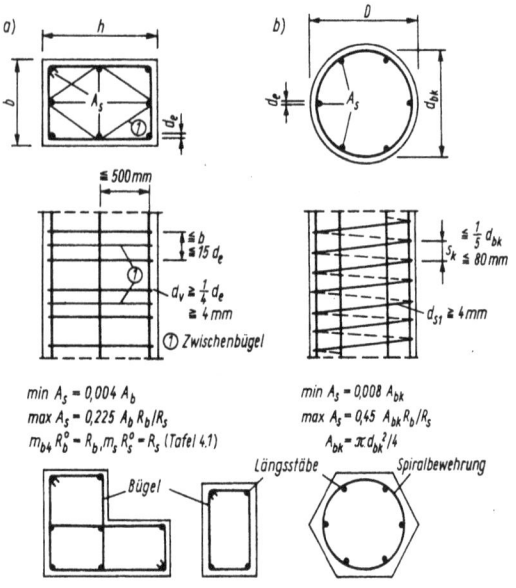

Bild 4.5 Stützenquerschnitte und Stützenbewehrung
 a) bügelbewehrte Stützen
 b) umschnürte Säulen

Die schlank ausgeführten, druckbeanspruchten Tragelemente unterliegen der Knickgefahr, die die Tragfähigkeit maßgeblich beeinflußt. Mitbestimmend für das Stabilitätsverhalten sind die freien Knicklängen, d. h. die Randbedingungen des Systems. Bei Stützen, deren Enden gegen seitliches Ausweichen gesichert sind, ist die Knicklänge gleich der Elementlänge. Geschoßdecken können in Verbindung mit dem Aussteifungssystem als solche Festpunkte gelten, so daß die Geschoßhöhe h_G gleich der Knicklänge l_0 wird (Eulerfall 2). Die im Monolithbau meistens durchgehende Biegesteifigkeit der Stützen von Geschoß zu Geschoß bleibt unberücksichtigt. Flachbauten mit eingespannten Stützen im Fundament zur Horizontalaussteifung besitzen am Stützkopf meistens keinen Festpunkt gegen seitliches Ausweichen. Näherungsweise wird in diesem Fall die doppelte Stützenhöhe als Knicklänge angesetzt (Eulerfall 1).

Die Fundamentsysteme werden grundsätzlich nach Gründungen im „Trockenen" und im „Nassen" unterschieden. Die Belastungsgröße und die Tiefe des anstehenden, genügend tragfähigen Baugrundes bestimmen die Wahl zwischen Flach- und Tiefgründungen.

Systeme für Flachgründungen im Trockenen sind

- Einzelfundament: Block- oder Plattenfundament, Hülsenfundament und Mastengründung,
- Streifenfundament unter Wänden,
- Streifenfundament unter Stützen (Balken, Plattenbalken),
- Trägerrost mit Platte (kreuzende Plattenbalken),
- einachsige beanspruchte Fundamentplatten,
- zweiachsige beanspruchte Fundamentplatten (Pilz- und Flachdeckenkonstruktion),
- Gewölbe oder Schalen.

Systeme für Tiefgründungen sind Pfahl-, Pfeiler- oder Senkbrunnengründungen.

Die Gründungen im Nassen und alle Tiefgründungen sind spezielle Aufgaben des Grundbaues [4.7], die hier nicht behandelt werden sollen.

4.2.2.2. Abmessungen

Im folgenden werden die statisch erforderlichen Abmessungen der Stützen für den Entwurf ohne Berücksichtigung modularer Gesetzmäßigkeiten und getypter Schalungsabmessungen angegeben.
Ausgangspunkt bildet die Normalkraft, die überschläglich nach folgenden Beziehungen ermittelt werden kann (Bild 4.6):

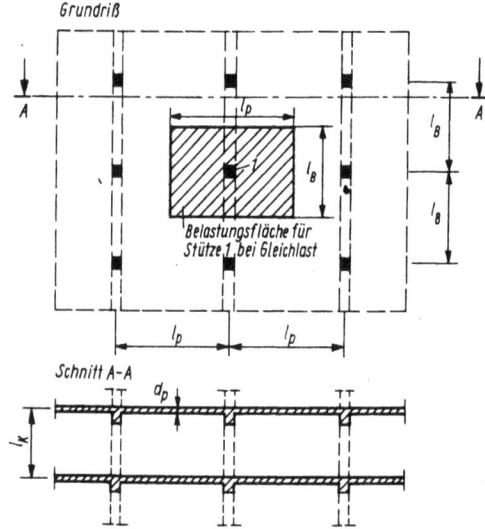

Bild 4.6 Belastung von Stützen und Rahmenstielen

$$N_{\text{vorh}} \approx k(\beta_1 p + g_P + g_F) l_B l_P m \qquad (4.1)$$

mit p nach TGL 32274, $g_P = h_0 \varrho$, $g_F =$ Eigenlast des Fußbodenaufbaues, $m =$ Anzahl der Decken über dem untersuchten Querschnitt der Konstruktion oder Gründung und β_1 als Abminderungsfaktor für Verkehrslasten außer bei Lasten in Industrie- und Landwirtschaftsbauten (TGL 32274) mit $\beta_1 = 0{,}3 + 0{,}6/\sqrt{m}$.

Der Faktor k berücksichtigt die nicht erfaßten Eigenlasten von Balken und Stützen wie auch die Lasterhöhung bei den ersten Innenstützen infolge Durchlaufwirkung. Deshalb ist bei Fertigteilkonstruktionen (Gelenksysteme) k mit 1,1 und bei monolithischen Konstruktionen mit 1,3 zu erfassen.

Hierbei wird vorausgesetzt, daß die Horizontallasten durch Scheiben oder Kerne aufgenommen werden und die Stützen nur mittigen Druck erhalten.

Nach Festlegung der Knicklänge und der Baustoffgüten

können im Sinne einer Vorbemessung die Querschnittsmaße für quadratische bügelbewehrte Stützen aus Tafel 4.9 und für umschnürte Säulen aus Tafel 4.10 ggf. nach Interpolation entnommen werden. Eine Vergrößerung des Bewehrungsanteiles erhöht nur im geringen Maße die Nutzlast. Bei der endgültigen Querschnittswahl sind noch die Mindestabmessungen (TGL 33405) nach Tafel 4.8 zu beachten. Angaben zur minimal und maximal zulässigen Bewehrung sind auf dem Bild 4.5 enthalten.

Treten neben den Druckkräften noch Biegemomente auf, dann können für die Entwurfslösung die erforderlichen Querschnittsabmessungen aus Tafel 4.11 entnommen werden.

Tafel 4.9 Tragfähigkeiten $N(R)$ für bügelbewehrte Stützen mit quadratischem Querschnitt[1] und Mindestbewehrung und teilweise maximaler Bewehrung[2] (m_{b4} nach Tafel 4.1, VI; $m_{b5} = 0{,}92$); Nachweis: $N(R) \geq \sum n_i N_i$ als Rechenlast

$h = b$	A_b	Bewehrung			$l_0 = 3{,}00$ m			$l_0 = 3{,}50$ m			$l_0 = 4{,}00$ m		
			A_s	μ	$N(R)$ in kN			$N(R)$ in kN			$N(R)$ in kN		
cm	cm²	Stck.	cm²	%	Bk 20/I	Bk 25/IV	Bk 35/IV	Bk 20/I	Bk 25/IV	Bk 35/IV	Bk 20/I	Bk 25/IV	Bk 35/IV
15	225	4 ⌀ 12	4,52	2,01	201	270	304	183	238	280	167	213	243
20	400	4 ⌀ 12	4,52	1,16	364	495	652	347	462	607	327	425	558
25	625	4 ⌀ 12	4,52	0,72	547	741	1009	538	724	982	526	702	946
30	900	4 ⌀ 12	4,52	0,50	848	1121	1565	840	1106	1540	828	1087	1506
		4 ⌀ 20	12,57	1,40	1005	1432	1877	997	1414	1850	985	1390	1812
35	1225	4 ⌀ 14	6,16	0,50	1131	1503	2099	1124	1490	2078	1115	1477	2054
40	1600	4 ⌀ 16	8,04	0,50	1525	2024	2832	1518	2012	2813	1510	1998	2780
		6 ⌀ 22	22,81	1,43	1810	2605	3416	1803	2593	3397	1796	2576	3371
45	2025	4 ⌀ 18	10,18	0,50	1893	2520	3526	1887	2510	3508	1880	2500	3488
50	2500	4 ⌀ 18	10,18	0,41	2346	3086	4361	2341	3076	4344	2333	3063	4324
		8 ⌀ 25	39,27	1,57	2723	3852	5127	2716	3839	5110	2710	3828	5089
60	3600	8 ⌀ 16	16,08	0,45	3336	4352	6196	3328	4343	6182	3323	4333	6161
		12 ⌀ 22	45,62	1,27	3693	5083	6931	3687	5075	6916	3683	5064	6896
70	4900	8 ⌀ 18	20,36	0,42	4523	5889	8403	4518	5879	8389	4511	5870	8370
		12 ⌀ 25	58,90	1,20	4992	6849	9363	4986	6838	9353	4980	6827	9332
80	6400	8 ⌀ 22	30,41	0,48	5970	7812	11109	5964	7807	11090	5957	7794	11072
		16 ⌀ 25	78,54	1,23	6480	8866	12158	6477	8861	12145	6470	8846	12131
90	8100	8 ⌀ 25	39,27	0,48	7568	9923	14093	7563	9912	14077	7559	9900	14061
		16 ⌀ 25	78,54	0,97	7954	10708	14878	7949	10702	14870	7940	10690	14853

Tafel 4.9 (Fortsetzung I)

$h = b$	A_b	Bewehrung			$l_0 = 4{,}50$ m			$l_0 = 5{,}00$ m			$l_0 = 6{,}00$ m		
			A_s	μ	$N(R)$ in kN			$N(R)$ in kN			$N(R)$ in kN		
cm	cm²	Stck.	cm²	%	Bk 20/I	Bk 25/IV	Bk 35/IV	Bk 20/I	Bk 25/IV	Bk 35/IV	Bk 20/I	Bk 25/IV	Bk 35/IV
15	225	4 ⌀ 12	4,52	2,01	154	193	207	141	164	175	107	120	127
20	400	4 ⌀ 12	4,52	1,16	304	388	516	283	356	484	249	314	376
25	625	4 ⌀ 12	4,52	0,72	510	673	903	491	639	855	447	565	769
30	900	4 ⌀ 12	4,52	0,50	814	1061	1461	794	1026	1405	740	935	1270
		4 ⌀ 20	12,57	1,40	971	1358	1763	952	1316	1699	902	1199	1537
35	1225	4 ⌀ 14	6,16	0,50	1104	1458	2021	1091	1434	1980	1053	1367	1868
40	1600	4 ⌀ 16	8,04	0,50	1500	1981	2758	1487	1960	2722	1452	1900	2617
		6 ⌀ 22	22,81	1,43	1786	2557	3338	1775	2532	3300	1744	2463	3192
45	2025	4 ⌀ 18	10,18	0,50	1871	2484	3462	1860	2466	3432	1833	2420	3350
50	2500	4 ⌀ 18	10,18	0,41	2323	3050	4300	2314	3032	4268	2287	2988	4190
		8 ⌀ 25	39,27	1,57	2702	3813	5067	2692	3793	5035	2663	3747	4959
60	3600	8 ⌀ 16	16,08	0,45	3313	4320	6141	3304	4304	6113	3281	4268	6048
		12 ⌀ 22	45,62	1,27	3674	5050	6873	3665	5036	6847	3644	4996	6786
70	4900	8 ⌀ 18	20,36	0,42	4503	5857	8351	4493	5843	8328	4472	5808	8268
		12 ⌀ 25	58,90	1,20	4972	6815	9312	4966	6804	9291	4946	6766	9229
80	6400	8 ⌀ 22	30,41	0,48	5950	7786	11054	5940	7769	11035	5920	7739	10974
		16 ⌀ 25	78,54	1,23	6462	8837	12111	6455	8822	12091	6436	8793	12032
90	8100	8 ⌀ 25	39,27	0,48	7551	9890	14038	7542	9879	14023	7525	9846	13968
		16 ⌀ 25	78,54	0,97	7935	10679	14829	7926	10667	14804	7908	10638	14755

[1]) Bei rechteckförmigen Querschnitten kann die Tragfähigkeit nach folgendem Beispiel bestimmt werden:
30 × 90, $l_0 = 3{,}50$ m, Bk 25/IV (Mindestbewehrung),

$$N(R) = \frac{90}{30} \cdot 1106 = 3318 \text{ kN} \quad \text{mit} \quad A_s = \frac{90}{30} \cdot 4{,}52 = 13{,}56 \text{ cm}^2.$$

[2]) Die Maximalwerte dürfen im Einspannbereich von Stützenenden oder in Bereichen örtlicher Schwächung bis auf den doppelten Betrag erhöht werden.

Die erforderlichen statischen Nachweise für bügelbewehrte Stützen und umschnürte Säulen sind für die am häufigsten vorkommenden Fälle in Tafel 4.1 angegeben. Für schlanke Druckglieder ($\lambda > 70$) sind jedoch die genaueren Nachweise nach TGL 33405 [4.5] zu verwenden, die auch den Werten in den Tafeln 4.9 und 4.10 zugrunde liegen.

Nach Festlegung der Stützenquerschnitte können mit einfachen Beziehungen die erforderlichen Fundamentabmessungen bei Gebäuden bestimmt werden, wenn keine Einspannmomente zu übertragen sind.

Für Einzelfundamente (Block-, Hülsen- und Plattenfundamente) sind entsprechende Hinweise zur Bestimmung der Abmessungen auf Blatt 4.05 enthalten.

Bei Streifenfundamenten unter Wänden ist sinngemäß zu verfahren.

Bei den übrigen Systemen hängt die Beanspruchung der Fundamentkonstruktion und des Baugrundes wesentlich von dem elastisch-plastischen Verhalten beider Kontinua ab [4.7]. Für die erste Näherung sind Modellvereinfachungen angebracht.

Dem Streifenfundament unter Stützen wird das System eines Durchlaufbalkens mit der Streckenlast N_{vorh}/l_B (Bild 4.6) zugrunde gelegt. Die Eigenmasse des Fundamentbalkens wird dabei nicht berücksichtigt.

Bei Fundamentplatten unter Wänden gelten die Ansätze für ein- bzw. zweiachsig bewehrte Durchlaufplatten mit der nach oben gerichteten Belastung ($q - h_0\varrho$).

Für Fundamentplatten unter Einzelstützen sind die Systeme der Pilz- und Flachdecken adäquat (Abschn. 4.3.1.3.).

4.2.2.3. Bauliche Durchbildung und Anwendungen

Die Bewehrung der mittig beanspruchten Stützen besteht aus Längsbewehrung, die in den Querschnittsecken bzw. entlang den Querschnittsrändern gleichmäßig verteilt angeordnet wird. Um das Ausknicken dieser Druckbewehrung und einen plötzlichen Zusammenbruch der Säule bei Versagen des Betons zu verhüten, werden die Längsstäbe von Bügeln umschlossen oder spiralförmig umschnürt. Bei bügelbewehrten Stützen sind die zwischen den Eckstäben liegenden Längsstäbe durch Zwischenbügel mit maximal dem doppelten Bügelabstand zu sichern, wenn der Längsstababstand größer als der 15fache Bügeldurchmesser ist. Weitere Hinweise zur konstruktiven Durchbildung sind auf Bild 4.5 angegeben. Blatt 4.08 zeigt beide Formen von Druckgliedern in Ortbetonausführung und eine vorgefertigte Variante. Bei monolithisch hergestellten Stützen wird die Längsbewehrung mit Rücksicht auf den Betonierungsfortgang über Oberkante Decke durch Überlappung gestoßen.

Tafel 4.10 Tragfähigkeiten $N(R)$ nach [4.5] für umschnürte Säulen mit Mindestbewehrung (Knicklängen und Baustoffkennwerte werden variiert); Nachweis: $N(R) \geqq \sum n_i N_i$ als Rechenlast

Betonquerschnitt			Längsstäbe		Umschnürung		$l_0 = 3$ m $N(R)$			$l_0 = 4$ m $N(R)$		
D cm	d_{bk} cm	A_{bk} cm	Stck.	A_s cm²	d_{s1} mm	s_k cm	Bk 20/I kN	Bk 25/IV kN	Bk 35/IV kN	Bk 20/I kN	Bk 25/IV kN	Bk 35/IV kN
20	15,4	186,3	6 ⌀ 12¹⁾	6,79	6	3	259	323	465			
25	20,4	326,9	6 ⌀ 12¹⁾	6,79	6	4	483	678	942	402	565	784
30	25,4	506,7	6 ⌀ 12	6,79	6	5	677	1069	1306	605	956	1167
35	30,4	725,8	6 ⌀ 12	6,79	6	6	884	1338	1691	819	1240	1568
40	35,4	984,2	8 ⌀ 12	9,05	6	7	1166	1730	2222	1103	1636	2102
50	45,4	1619	10 ⌀ 14	15,39	6	8	1891	2760	3592	1827	2667	3471
60	55,2	2393	10 ⌀ 16	20,11	8	8	2921	4312	5561	2852	4211	5431
70	65,2	3339	12 ⌀ 18	30,54	8	8	4069	5982	7741	3997	5877	7605
80	75,2	4441	12 ⌀ 20	37,70	8	8	5259	7698	10052	5222	7593	9914
90	85	5675	12 ⌀ 22	45,62	10	8	7034	10370	13389	6955	10255	13240
100	95	7088	12 ⌀ 25	58,90	10	8	8712	12787	16570	8632	12669	16417

Tafel 4.10 (Fortsetzung)

D cm	d_{bk} cm	A_{bk} cm	Stck.	A_s cm²	d_{s1} mm	s_k cm	Bk 20/I kN	Bk 25/IV kN	Bk 35/IV kN	Bk 20/I kN	Bk 25/IV kN	Bk 35/IV kN
20	15,4	186,3	6 ⌀ 12¹⁾	6,79	6	3						
25	20,4	326,9	6 ⌀ 12¹⁾	6,79	6	4	329	463	642			
30	25,4	506,7	6 ⌀ 12	6,79	6	5	519	821	1002	444	701	856
35	30,4	725,8	6 ⌀ 12	6,79	6	6	739	1119	1414	649	983	1242
40	35,4	984,2	8 ⌀ 12	9,05	6	7	1025	1521	1954	933	1384	1778
50	45,4	1619	10 ⌀ 14	15,39	6	8	1750	2553	3324	1658	2420	3150
60	55,2	2393	10 ⌀ 16	20,11	8	8	2769	4088	5272	2671	3944	5086
70	65,2	3339	12 ⌀ 18	30,54	8	8	3912	5752	7443	3812	5605	7253
80	75,2	4441	12 ⌀ 20	37,70	8	8	5136	7467	9750	5036	7322	9560
90	85	5675	12 ⌀ 22	45,62	10	8	6863	10117	13064	6756	9960	12860
100	95	7088	12 ⌀ 25	58,90	10	8	8537	12530	16236	8428	12370	16029

¹) Zur Ermittlung der Tragfähigkeiten wurden für diese Fälle die maximal zulässigen Bewehrungsquerschnitte zugrunde gelegt, vgl. Bild 4. 5 (<6⌀12).

Bemerkung: Die Werte gelten bei einer Betondeckung von 2,0 cm ($d_{bk} = D - 4 - d_{s1}$ [cm]) und $m_{bs} = 0.92$.

Die in Ortbetonkonstruktionen am meisten vertretene durchgehende biegesteife Verbindung der Säulenenden untereinander und mit dem anschließenden Fundament ist teilweise statisch unerwünscht (Forderung nach schlanken, momentenfreien Stützen). Auf Blatt 4.10 sind Gelenkausbildungen und die verschiedensten Anschlüsse von monolithischen und montierten Stützen an die darunterliegenden Konstruktionen zusammengestellt. Bei den Gelenkausbildungen in Ortbeton ist eine Querschnittsverringerung auf $\approx 30\%$ empfehlenswert. Für die sich daraus ergebenden hohen örtlichen Pressungen im Restquerschnitt können bei geringer Höhe der Einschnürung (20...30 mm) die erhöhten Tragfähigkeiten für Teilflächenbelastungen herangezogen werden. Unter Verwendung der Bezeichnungen nach Bild 4.7 gilt hierfür [4.5]

$$\sum n_i N_i = N_u = k_{d2} m_b R_b^0 A_f \qquad (4.2)$$

mit $m_b = 1$, R_b^0 nach Blatt 4.02, $n \approx 1,2$ und

A_{f1}/A_f	1	2	4	6	8	10	15	20
k_{d2}	1	1,4	2,0	2,3	2,5	2,7	2,9	3,0

Gleichzeitig müssen die in Stütze und Fundament auftretenden Querzugspannungen σ_y (Bild 4.7) durch Querzugbewehrung, gegebenenfalls durch zusätzliche enge Verbügelung, aufgenommen werden.

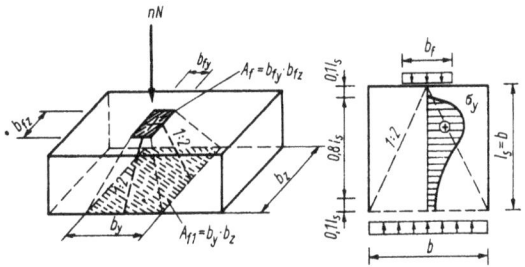

Bild 4.7 Teilflächenbelastung und Querzugbeanspruchung

Die dafür erforderliche Bewehrung kann aus

$$A_s = \frac{0,3 N_u}{R_s^0}\left(1 - \frac{b_f}{b}\right) \qquad (4.3)$$

ermittelt werden und ist über einen Bereich von $l_s \approx b$ (b kleinere Seitenlänge des Stützenquerschnittes) beidseitig der Einschnürung in den anschließenden Stützen- oder Fundamentbereichen zu verteilen. Unterstützt wird diese Wirkung durch einen an den Endquerschnitten der Stützen einbetonierten Kranz aus Winkelprofilen, der gleichzeitig zur Kantensicherung dient.

Moderne Lösungen von Stützenstößen sind die in der DDR entwickelten Zapfen- und Steckstöße (Blatt 4.10), die trotz Biegesteifigkeit keine Schal- und Schweißarbeiten auf der Baustelle erfordern und eine schnelle Kraftschlüssigkeit garantieren. Bei zahlreichen Skelettsystemen wird jedoch mit Rücksicht auf den Arbeitsaufwand auf eine biegesteife Verbindung der übereinander gestellten Fertigteilstützen verzichtet. Der beim Skelettsystem SKBS 75 verwendete gelenkige Stoß ist ebenfalls auf Blatt 4.10 dargestellt.

Die Wahl der geeigneten Fundamente bei Gründungen im Trockenen wird durch die Setzungsempfindlichkeit des Gebäudes, die räumliche Zuordnung und die Größe der Lasteintragungen sowie durch den Schichtenaufbau und die Tragfähigkeit des Baugrundes bestimmt. Für die erste Entwurfsbearbeitung werden nachfolgend einige Empfehlungen für Flachgründungen angegeben.

Wandgründungen
– ein- und mehrgeschossige Gebäude: Streifenfundamente
– vielgeschossige Gebäude: Fundamentplatte (Blatt 4.07)

Stützengründungen (Blatt 4.05)

– eingeschossig
– mehrgeschossig, Stützenabstand $l_x \approx l_y > 6$ m

  a) $q_{zul} > 30$ N/cm² Blockfundament (Ortbeton), Hülsenfundament (Montagebau)
  b) $q_{zul} = 15...25$ N/cm² Plattenfundament (bewehrt)

– mehrgeschossig, Stützenabstand $l_x < 6$ m, $l_y > 8$ m
  bewehrtes Streifenfundament (Blatt 4.06)

– mehrgeschossig, Stützenabstand $l_x \approx l_y \approx 5...6$ m
  bewehrtes Streifenfundament, Trägerrost (Plattenbalken)

– vielgeschossig $l_x \approx l_y \approx 5...6$ m
  bewehrte Fundamentplatte (Flachdeckenkonstruktion)

– vielgeschossig $l_x \approx l_y \approx 7$ bis 10 m
  Trägerrost mit zweiachsig bewehrter Platte, Fundamentplatte (Pilzdeckenkonstruktion)

Die konstruktive Durchbildung von Fundamentplatten unter Einzellasten entspricht einer hochbeanspruchten Flachdecke oder bei möglichen Anordnungen von Stützenfußverbreiterungen einer umgekehrten Pilzdecke (Bild 4.18). Die Bewehrung wird in den Gurt- und Feldstreifen unterschiedlich dimensioniert. Im Gegensatz zur Fundamentplatte unter Wandgründungen (Blatt 4.07) sind bei diesen Konstruktionen Schubbewehrungen erforderlich.

Die Trägerrostausbildung mit Grundplatte entspricht dem umgekehrten Aufbau von kreuzenden Balken mit zweiachsig bewehrten Platten. Die Stützen liegen auf den Kreuzungspunkten der Plattenbalken (vgl. auch Blatt 4.23).

Ungleichmäßige Beanspruchungen und unterschiedliche Baugrundverhältnisse erfordern Trennfugen zwischen den angrenzenden Gründungskörpern (Abschn. 4.4.). Bei Grundwasseranfall ist dabei besonderer Aufmerksamkeit der Fugendichtung zu schenken.

4.2.3. Rahmen, Bogen und Gelenksysteme

4.2.3.1. Tragsysteme

Der prinzipielle Aufbau der Rahmen ist durch die biegesteife Verbindung von Stützen mit Balkensystemen charakterisiert. Entsprechend dem dadurch entstehenden, anders gearteten Tragverhalten werden die Elemente des Rahmens im Unterschied zu den Stützen- und Balkensystemen mit Rahmenstiel und Rahmenriegel oder auch kurz mit „Stiel" und „Riegel" bezeichnet.

Bogensysteme sind gekrümmte Balken mit unverschieblichen Stützpunkten (Kämpfer). Der an den Auflagern von Rahmen und Bogen abzugebende Horizontalschub kann auch durch ein Zugband zwischen den Kämpfern ausgeglichen werden.

Nach Art der Randbedingungen und nach äußerer Form werden viele Systeme unterschieden: Dreigelenk- und Zweigelenksysteme mit und ohne Zugbänder, eingespannte Rahmen bzw. Bögen, zwei- und mehrstielige bzw. ein- und mehrstöckige Rahmen u. a.

Die Monolithtechnologie ist besonders geeignet, die biegesteife Verbindung zwischen Riegel und Stiel auf einfache Art zu realisieren. Dagegen führen gelenkige Verbindungen bei dieser Bauweise zu Schwierigkeiten.

Umgekehrt liegen die Verhältnisse im Fertigteilbau. Deshalb werden bei diesen beiden grundsätzlich unterschiedlichen Technologien im allgemeinen verschiedene statische Systeme bevorzugt. Dementsprechend hat sich mit der Entwicklung der Fertigteilbauweise ein für die Vorfertigung, den Transport und die Montage besonders günstiges System, das Gelenksystem, durchgesetzt (Bild 4.8). Abweichend vom Prinzip der Rahmentragwerke liegt bei ihm eine gelenkige Verbindung zwischen Riegel und Stütze vor. Bei eingeschossigen Bauten erfolgt die Stabilisierung in Längs- und Querrichtung durch die Einspannung der Stützen in den Fußpunkten. Dieses Tragwerk wird teilweise als Riegel-Stützen-System bezeichnet (weitere Ausführungen siehe Abschn. 4.3.3.).

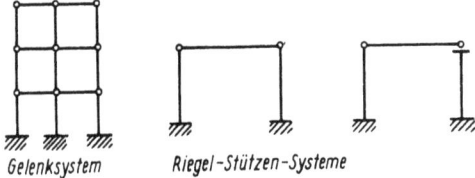

Bild 4.8 Riegel-Stützen-Systeme und Gelenksystem

4.2.3.2. Abmessungen, Bewehrungsführung, Anwendungen

Bei rechteckförmigen Rahmen mit waagerechten Riegeln werden unter lotrechten Lasten die Feldmomente des Ersatzbalkens entsprechend den Steifigkeitsverhältnissen zwischen Stiel und Riegel um 25 bis 50% abgemindert. Daraus ergeben sich folgende Schlußfolgerungen:

Bei zweistieligen Systemen ergeben sich im allgemeinen um etwa 20 ... 30% schlankere Riegel gegenüber dem statisch bestimmten Einfeldbalken mit gleicher Stützweite. Dieser Baustoffeinsparung beim Riegel steht einmal ein Mehraufwand bei den erheblich auf Biegung beanspruchten Stielen gegenüber, und zum anderen erfordert der Rahmenschub größere Fundamente als bei mittiger Beanspruchung. Deshalb erfordern Gelenktragwerke und zweistielige ein- und mehrstöckige Rahmen für lotrechte Lasten nahezu den gleichen Baustoffbedarf.

Auch derartige Rahmensysteme werden gleichzeitig zur Aussteifung benutzt. Eine Vorbemessung für diese kombinierte Beanspruchung ist in der Regel ohne statischen Überschlag nicht möglich (Rahmenformeln nach [4.8]). Bei der Kombination von Biegemoment und Normalkraft wird zur überschläglichen Ermittlung der erforderlichen Querschnitte Tafel 4.11 verwendet oder bei großen Ausmittigkeiten der Normalkraft der exakte statische Nachweis nach Tafel 4.1 geführt.

Tafel 4.11 Erforderliche Stützenquerschnitte bei Druckkraft N und Biegemoment M ($\approx$ Bk 25, $n \approx 1{,}2$)

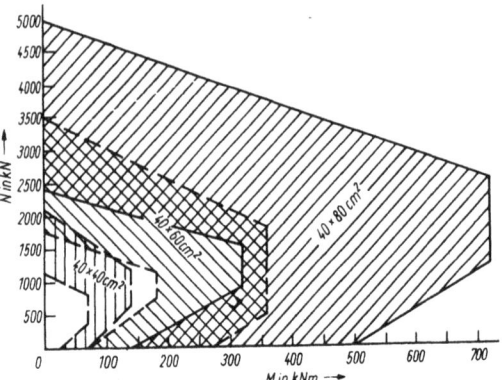

Bei mehrstieligen Systemen werden die Riegel etwas geringer beansprucht als die entsprechenden Durchlaufbalken. Für die erforderlichen Querschnittsabmessungen beim Entwurf kann jedoch der Durchlaufträger (Abschn. 4.2.1.2.) zugrunde gelegt werden. Die Mittelstützen dieser Rahmen sind nahezu biegungsfrei und können nach Abschn. 4.1.2. vorbemessen werden. Die Randstützen erhalten nur die Hälfte der lotrechten Lasten, müssen jedoch wegen der erheblichen Biegemomente etwa mit dem gleichen Querschnitt wie die Mittelstützen ausgeführt werden.

Die Baustoffeinsparungen gegenüber dem Gelenktragwerk betragen für lotrechte Lasten demzufolge etwa 10 ... 20%.

Werden den mehrstieligen Systemen zugleich die Horizontalkräfte des Gebäudes zugewiesen, dann kann die zusätzliche Beanspruchung bei Gebäuden bis zu etwa 8 Geschossen durch eine Erhöhung der Stützenlasten aus lotrechten Kräften um 20% und der Riegelbelastung um 10 ... 15% für die Vorbemessung abgeschätzt werden. Mit diesen erhöhten Kräften können die Riegel wiederum als Durchlaufträger und die Stützen als mittig belastet – wie oben beschrieben – zugrunde gelegt werden.

Bei einstöckigen Rahmensystemen lassen sich durch zweckmäßige Formgebung ähnlich günstige, vorwiegend auf Druck beanspruchte Bauglieder wie bei den Bogensystemen erreichen. Durch eine weitgehende Anpassung der Systemlinie an die Stützlinie aus lotrechter Last [4.31], d. h. an eine quadratische Parabel bei konstanter Streckenlast, lassen sich Biegemomente fast völlig vermeiden. Deshalb ergeben sich ähnliche Vorteile bei nach oben hin geknickter oder konvex gekrümmter Riegelform mit möglichst schräg gestellten Stützen wie beim Bogen mit Stützlinienform. Je größer die Pfeilhöhe f ist, um so kleiner werden die Normalkräfte. In den meisten Fällen wird bei

Bogentragwerken das Verhältnis $\frac{f}{l} \approx \frac{1}{4} \ldots \frac{1}{6}$ bevorzugt.

Wesentlich bei der konstruktiven Ausbildung von Rahmentragwerken aus Stahlbeton ist die Bewehrung der biegesteifen Rahmenknoten und der evtl. vorhandenen Riegelabknickungen. An einspringenden Ecken (negative Ecken) sind die Zugeinlagen entsprechend Blatt 4.12 gerade durchzuführen und in der Druckzone zu verankern. Dadurch entfallen die Abtriebskräfte in der Zugbewehrung. An einer positiven Ecke ergeben die vorhandenen Betondruckkräfte durch ihre Umlenkung nach außen gerichtete Abtriebskräfte F_z (Bild 4.9), die durch Bügel aufgenommen werden müssen, falls solche nicht schon für eine evtl. umgelenkte Zugbewehrung in genügender Anzahl angeordnet wurden. Liegt die Zugbewehrung an der positiven Ecke, ist außer einem genügend großen Ausrundungsradius für die abgeknickte Bewehrung besonders die konzentrierte Steigerung der Druckspannungen an der negativen Ecke zu beachten. Schrägen oder Ausrundungen mit entsprechenden Bewehrungszulagen an der Innenkante (Druckbewehrung) sind deshalb zu empfehlen.

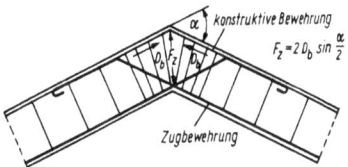

Bild 4.9 Bewehrungsführung in einer Rahmenecke

Für die Anschlüsse an Fundament und Unterkonstruktion gelten prinzipiell auch die konstruktiven Lösungen der Blätter 4.09 und 4.10.

Die Anwendung der Rahmen ist vielseitig. Neben den Hallenbauten (Abschn. 4.3.3.1.) und Aussteifungssystemen (Abschn. 2.2.) treten sie besonders bei den mehrgeschossigen Skelettkonstruktionen auf und werden dort weiter behandelt (Abschn. 4.3.3.2.).

Die Bogentragwerke werden im Hochbau besonders als Hallenbinder verwendet, in jüngster Zeit vorrangig als Schalenbogenträger (Abschn. 6.4.).

Durch die Verwendung von statisch bestimmten Systemen, wie Dreigelenksysteme oder Gelenksysteme mit besonderen Aussteifungssystemen sowie Riegel-Stützen-Systeme, können Zwängungsbeanspruchungen aus unterschiedlichen Baugrundsetzungen oder erheblichen Temperaturänderungen vermieden werden.

4.2.4. Einachsig bewehrte Platten

4.2.4.1. Tragsysteme

Platten sind als flächenartige Tragsysteme definiert, bei denen die Dicke wesentlich geringer als die übrigen Abmessungen ist und die Belastung senkrecht zur Mittelfläche wirkt. Einachsig bewehrte Platten tragen die Lasten vor allem in einer Richtung ab. Für die Berechnung wird der einachsige Spannungszustand (Balkenwirkung) zugrunde gelegt. Hierfür ist eine gegenüberliegende zweiseitige Auflagerung oder Kragarmwirkung erforderlich.

Abweichend davon werden rechteckige Platten mit vierseitiger Auflagerung und einem Seitenverhältnis von $l_y : l_x > 2 : 1$ statisch noch als einachsig tragende Platte angesehen, da mehr als 90% einer Flächenlast über die kürzere Spannweite l_x (Bild 4.10) abgetragen werden. Das verbleibende Tragmoment m_y aus der y-Richtung ist kleiner als 20% von m_x. Seine Aufnahme wird bei der konstruktiven Durchbildung abgesichert.

Als statische Systeme werden unterschieden Krag-, Einfeld- und Durchlaufplatten.

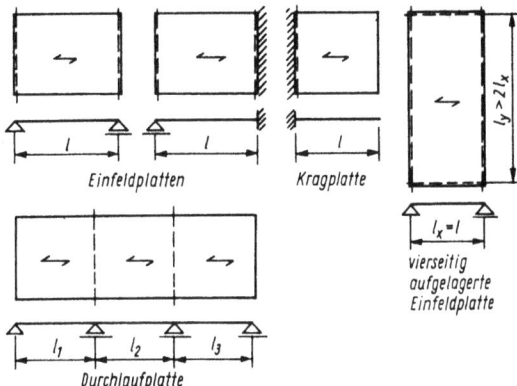

Bild 4.10 Systeme einachsig bewehrter Platten

4.2.4.2. Querschnittsform, Abmessungen, Spannweiten

Wegen der geringen Steifigkeit und der damit verbundenen leichten Verformbarkeit dünner Platten ist für die Wahl ihrer Dicke h nicht die Auslastung des Betons, sondern die maximal zulässige Schlankheit l_i/h_s maßgebend. Diese Werte sind für Stahlbetonplatten in Abhängigkeit von Baustoffgüten, Querschnittsauslastung ($k_{xR} \approx 0{,}06 \ldots 0{,}20$) und Spannweiten der Tafel 4.12 zu entnehmen und setzen ein Durchbiegungsmaß von $f = \frac{1}{300} l$ und das elastische Verhalten im Zustand II voraus. Nach Abschluß des Kriechvorganges kann mit Durchbiegungen von $f = \left(\frac{1}{150} \ldots \frac{1}{200}\right) l$ gerechnet werden. Deshalb ist bei Dachplatten mit geringer Neigung zur Vermeidung eines unbeabsichtigten Gefälles die zulässige Schlankheit l_i/h_s ggf. nicht voll auszunutzen. Ähnliche Bedeutung besitzt dieses Problem bei Deckenplatten mit darüberstehenden setzungsempfindlichen Wänden. Um die Gefahr der Rißbildung in diesen unbewehrten Wänden erheblich einzuschränken, sind die tragenden Decken ebenfalls dicker auszuführen, als es die maximalen Schlankheitswerte ermöglichen würden. Weitere Empfehlungen bzw. Forderungen zur Festlegung der Plattendicke sind den Tafeln 4.3 und 4.13 zu entnehmen.

Zur Führung der statischen Nachweise können die Stütz- und Feldmomente von Durchlaufplatten nach folgender, ausreichend genauer Näherung ermittelt werden [4.4], wenn gleichmäßig verteilte Verkehrslasten auftreten:

$$M = k_M q l^2. \tag{4.4}$$

Tafel 4.12 Maximal zulässige Schlankheiten von biegebeanspruchten Stahlbetonelementen nach TGL 33405/01 [4.5]

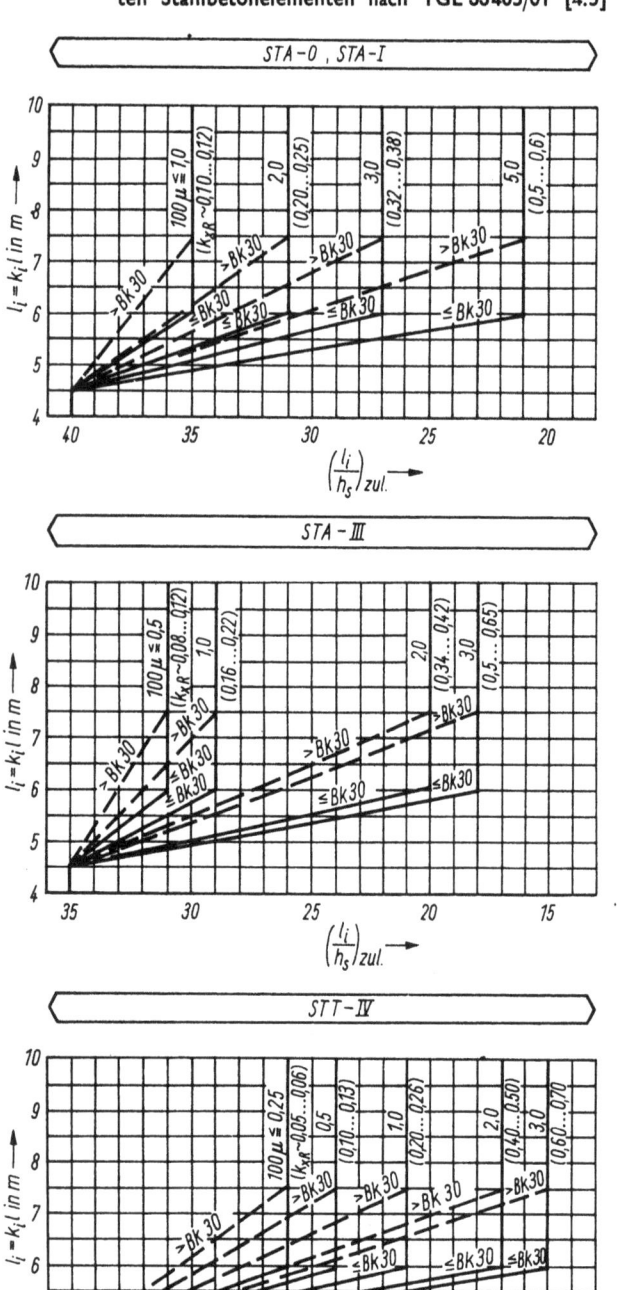

$$h_s = \frac{l_i}{\left(\frac{l_i}{h_s}\right)_{zul.}} \; ; \quad \begin{array}{l} h \sim h_s + 4...5 \text{ [cm] bei Balken} \\ h \sim h_s + 2...2{,}5 \text{ [cm] bei Platten} \end{array}$$

Zwischenwerte sind durch lineare Interpolation zu ermitteln

	Endfeld	1. Innenstütze	Mittelfelder	Innenstützen
k_M	+1/11	−1/9	+1/15	−1/10 ≧ 3 Felder
k_M	+1/11	−1/8	−	− = 2 Felder

Bei feldweise konstant verteilten Verkehrslasten kann auch Tafel 4.6 genutzt werden, die dann genauere Ergebnisse liefert. Für die negativen Feldmomente sowie die Reduzierung der Momentenspitzen über den Innenstützen gelten wiederum die Festlegungen nach Abschn. 4.2.1.2.
Als Richtwerte für bevorzugte Spannweiten im Hochbau können gelten

Stahlbeton-
  Vollplatte 3 ... 5 m
  Rundlochplatte 4,5 ... 6 m (Fertigteil)
  Rippen- bzw. Kassettenplatte 6 ... 7 m (Fertigteil)
  „T-T"-Platten (Abschn. 4.3.1.) 7 ... 12 m (Fertigteil)
Spannbeton-
  Rundlochplatte 6 ... 8 m (Fertigteil)
  Kassettenplatte 8 ... 12 m (Fertigteil)
  „T-T"-Platten 12 ... 20 m (Fertigteil)
Zweischalige Konstruktionen >8 m.

Für auskragende Systeme gelten bei Vollplatten die halben Werte.

4.2.4.3. Bauliche Durchbildung und Anwendungen

Das wesentliche Merkmal besteht in der einachsig geführten Hauptbewehrung. Senkrecht dazu ist im Regelfall eine Querbewehrung mit folgenden Funktionen erforderlich:

- Aufnahme von Biegezugspannungen in Querrichtung infolge behinderter Querkontraktion und geringer Einzellasten,
- Aufnahme der Biegezugspannungen in Querrichtung infolge vierseitiger Auflagerung und einem Seitenverhältnis von $l_x : l_y > 2:1$,
- Aufnahme von Zugspannungen aus Schwinden.

Hieraus ergibt sich in zahlreichen Fällen die Forderung nach einer Mindest-Querbewehrung (Tafel 4.14).

Ist bei einachsig bewehrten Platten eine rechnerisch nicht berücksichtigte Unterstützung parallel zur Hauptbewehrungsrichtung vorhanden, muß zur Aufnahme der an der Plattenoberseite auftretenden Zugbeanspruchungen eine sog. Abreißbewehrung in Querrichtung angeordnet werden (Bild 4.11). Werden die

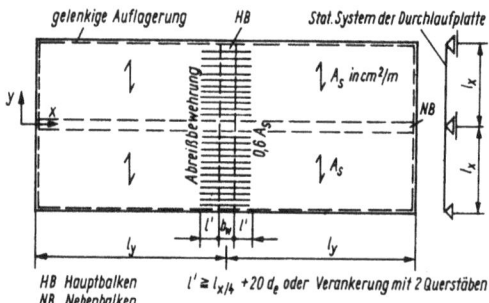

Bild 4.11 Einachsig bewehrte Platte mit Abreißbewehrung

Beanspruchungen nicht genauer ermittelt, sind auf die Länge der Unterstützung 60% der Hauptbewehrung der Platte für Feldmitte an der Oberseite einzulegen. Im Bereich dieser Zulagen senkrecht zur Unterstützungsrichtung darf über eine Breite von maximal ein Viertel der Plattenstützweite die Hauptbewehrung der Platte auf die Hälfte reduziert werden.
Die Blätter 4.20 und 4.21 zeigen detaillierte Bewehrungsführungen für Ein- und Mehrfeldplatten mit geflochtenen und geschweißten Matten.
Spannbetonplatten werden für den Hochbau als Fertigteile verwendet. Die bevorzugte Spannbahn- bzw.

Spannformfertigung erfordert eine gerade geführte Einzeldrahtvorspannung. Um Zugspannungen im Auflagerbereich zu vermeiden, wird in einigen Fällen zusätzlich eine geringere obere Spannbewehrung angeordnet. Anderenfalls ist meistens eine obere schlaffe Bewehrung zur Aufnahme dieser Zugspannungen und eventueller Einspannmomente im Auflagerbereich erforderlich. Ein Beispiel hierfür liefert die Spannbeton-Vollplatte für den Wohnungsbau (Blatt 4.44).

Die Betonplatte kombiniert die tragende, die bauphysikalische und die raumabschließende Funktion und ist unter Beachtung dieses Vorteils z. Z. in keinem

Tafel 4.13 Mindestdicke, Mindestauflagerlänge von Platten und Rippendecken

Deckenkonstruktion	Nutzung	Mindestdicke min h in mm	Mindestauflagerlänge bei Mauerwerk in mm	Beton, Stahlbeton in mm	Stahl in mm
Randgelagerte Ortbetonplatten	in Ausnahmen begehbar	50	h mit den Grenzen $70 \leq h \leq 110$	60	40[1]
	nicht befahrbar	60			
	befahrbar mit Lkw 120	120			
Randgelagerte Fertigteilplatten	nicht befahrbar	50[2]	70	50	30
	befahrbar mit Lkw 120	120	110	60	60
Punktgestützte Platten	nicht befahrbar	150	entfällt		
	befahrbar mit Pkw oder Gabelstapler	220			
Balkendecken aus Fertigbalken	nicht befahrbar	120 bei	110	60	40
	befahrbar	150 $b \leq h^{3)}$		80	60
Rippendecken Druckplatten Ortbeton	nicht befahrbar	50	entfällt		
Fertigteile		30			
Rippen		–	110	60	60
Stahlbetonhohldielen	nicht befahrbar	60	h bzw. ≥ 70	40	30[1]
Stahlsteindecken		90		60	40[1]

[1]) Bei Anordnung zwischen Stahlträgern mindestens I 160 verwenden.
[2]) Bei Randverstärkungen sind auch 30 mm zulässig.
[3]) Bei $b > h$ sind mindestens die Forderungen für Platten einzuhalten.

Tafel 4.14 Querbewehrung in Platten und Druckplatten von Rippendecken

Deckenkonstruktion	Stababstand mm	Belastungsart	Plattenbreite B	Querbewehrung bezogen auf Hauptbewehrung oder in cm²/m
Ortbetonplatten Druckplatten müssen die Mindestwerte enthalten	≤ 350	vorwiegend gleichmäßig	beliebig	$0{,}10\,A_s$ jedoch mindestens $\geq 0{,}95$ cm²/m A-I $\geq 0{,}57$ cm²/m A-III, T-III
		nicht gleichmäßig		$0{,}20\,A_s$ $\geq 0{,}47$ cm²/m B-IV, T-IV
Fertigteilplatten	$\leq 350^{1)}$	vorwiegend gleichmäßig	$\leq \frac{1}{8}L$ $\leq 6{,}5h$	ohne
		nicht gleichmäßig	$< \frac{1}{8}L$	$0{,}035\,A_s$ — Zwischenwerte interpolieren
			$> \frac{1}{2}L$	$0{,}10\,A_s$
Fertigteilplatten des Wohnungsbaues (Vollplatten, $h = 140$ mm)	–	vorwiegend gleichmäßig	≤ 3000 mm	ohne[2]

[1]) Bei Hohlplatten mit Querrippen darf der Höchstabstand $15h$ betragen, wenn die Querbewehrung in Querrippen angeordnet wird.
[2]) Vgl. [4.17].

anderen Baustoff so wirtschaftlich und tragfähig ausführbar. Neben der Aufnahme der vertikalen Lasten dient sie im gesamten Tragsystem auch als aussteifendes Element in Form der Deckenscheibe (Abschnitt 4.3.3.). Ihre Anwendung ist sehr vielseitig, zur Aufnahme lotrechter Lasten als Dach-, Decken- und Fundamentplatte (Abschn. 4.3.1. und 4.2.2.) oder als Tragelement für horizontale Beanspruchung u. a. bei Keller- und Behälterwänden. Je nach Spannweite, Funktion und Technologie werden die verschiedensten Querschnitte bevorzugt. Dabei sind die extrem gegliederten Formen, wie die Kassettenplatten mit minimalen Spiegeldicken von 30 mm für das Dach oder von 50 mm für die Decke, nur anwendbar, wenn keine Mindestdicken wegen des Brandschutzes vorgeschrieben sind.

4.2.5. Zweiachsig bewehrte Stahlbetonplatten

4.2.5.1. Tragsysteme

Das Tragsystem ist durch einen zweiachsigen Biegespannungszustand gekennzeichnet, der sich – im Gegensatz zur einachsig beanspruchten Platte – aus der vierseitigen (in Ausnahmefällen dreiseitigen) Auflagerung ergibt. Ein optimales Tragverhalten ist bei Platten gegeben, die nicht wesentlich von der quadratischen Grundrißform abweichen. Beispielsweise ergeben sich für ein Plattenfeld mit gelenkiger Auflagerung folgende für die Bemessung maßgebende Momente (Bild 4.12):

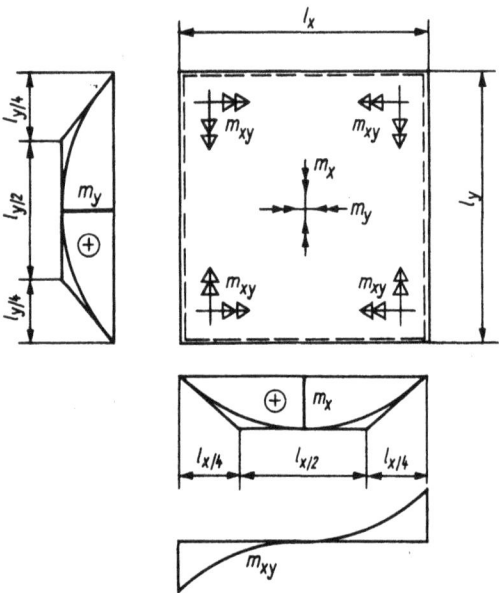

Bild 4.12 Beanspruchung einer vierseitig gelenkig gelagerten, zweiachsig beanspruchten Platte

1. vierseitige Auflagerung (zweiachsig beansprucht)

1.1. $l_y/l_x = 1$

Biegemomente
$m_x = m_y = 0{,}0365 q l_x^2$ im Feld,
Drillmoment
$m_{xy} = 0{,}0463 q l_x^2$ in den Eckbereichen. (4.5)

1.2. $l_y/l_x = 1{,}5$

Biegemomente
$m_x = 0{,}0721 q l_x^2$,
$m_y = 0{,}0142 q l_y^2 = 0{,}0319 q l_x^2$; (4.6)
Drillmoment
$m_{xy} = 0{,}0614 q l_x^2$ in den Eckbereichen.

2. Zweiseitige Auflagerung („einachsig" beansprucht) nur Biegemomente
$m_x = 0{,}125 q l_x^2$, (4.7)
$m_y \approx \mu m_x \approx 0{,}020 q l_x^2$.

Aus dieser Gegenüberstellung ist bereits die statisch günstige Wirkung dieser Plattensysteme ersichtlich. Jedoch sind diese Vorteile nur von Bedeutung bis zu einem Seitenverhältnis von $l_y : l_x \leq 1{,}5 : 1$.

Für beliebige Rechteckgrundrisse und gelenkig gelagerte bzw. eingespannte Ränder sind die Schnittkräfte infolge konstanter Flächenlast in [4.4] tabellarisch aufbereitet. Bei feldweise durchlaufenden Platten (elastisch eingespannte Ränder) können Näherungsbeziehungen nach [4.9] verwendet werden. Für andere Belastungsfälle und Randbedingungen liefern [4.10] und [4.11] aufbereitete Bemessungsgrundlagen.

Bei benachbarten frei aufliegenden Plattenrändern ist es wegen der Torsionssteifigkeit der Platte möglich, daß sich die Krümmung in den Mittelbereichen auf die Plattenränder überträgt und diese in den Eckbereichen abhebt. Auf genügend Auflast oder entsprechende Verankerung ist deshalb zu achten.

Für die Bemessung der Unterzüge ist die Verteilung der Auflagerkräfte wichtig. Im Hochbau ist es ausreichend, die Auflagerkräfte aus den Lastanteilen zu bestimmen, die sich aus der Zerlegung der Grundrißfläche in Dreiecke und Trapeze ergibt (Bild 4.13).

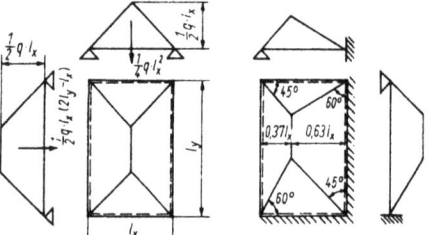

Bild 4.13 Rechnerische Annahme für die Belastung der Auflager von zweiachsig bewehrten Platten

4.2.5.2. Abmessungen und Spannweiten

Bei den zweiachsig bewehrten Platten wird – infolge ihrer geringen Biegebeanspruchung – für die Mindestdicke der Platte noch viel eher der Schlankheitsnachweis maßgebend als bei den einachsig bewehrten Platten. Mit Rücksicht auf die wesentlich geringeren Durchbiegungen dieses Systems gegenüber den einachsig beanspruchten Platten wird bei gelenkiger Auflagerung $l_i = 0{,}85 l$ gesetzt. Bei anderen Randbedingungen wird zur Ermittlung der maßgebenden ideellen Stützweite noch der k_i-Wert aus der Tafel 4.4 berücksichtigt. Hierbei darf der kleinere der beiden Werte

$l_i = 0{,}85 k_i^x l_x$ bzw. $l_i = 0{,}85 k_i^y l_y$

zur Begrenzung der Mindestdicke h nach Gl. (4.8)

$$h = \frac{l_i}{(l_i/h_s)_{zul}} + 2 \quad [\text{cm}] \tag{4.8}$$

mit $(l_i/h_s)/{zul}$ nach Tafel 4.12 eingesetzt werden.
Bevorzugte Spannweiten von zweiachsig („kreuzweise") bewehrten Platten sind:

Vollplatte 4,5 ... 7 m (Ortbeton)
Trägerrost-Kassettenplatte 7 ... 8 m (Ortbeton mit hohem Schalungsaufwand).

4.2.5.3. Bewehrungsführung und Anwendungen

Entsprechend der zweiachsigen Tragrichtung wird in den meisten Fällen eine orthogonale Tragbewehrung eingelegt. Dem größeren Feldmoment ist die größere statische Nutzhöhe $h_{su} = h_{sx}$ zuzuweisen. Längs der Plattenränder braucht auf eine Breite von $l_y/5$ nur die Hälfte der errechneten Bewehrung eingelegt zu werden (Blatt 4.20). Beachtliche Drillungsmomente existieren nur an den sog. „freien" Ecken, die im Eckbereich von zwei gelenkig aufgelagerten Plattenrändern entstehen. Zur Abdeckung dieser Torsionsbeanspruchung muß in jeder freien Ecke in einem quadratischen Bereich von $0{,}3 l_y$ Seitenlänge eine Drillbewehrung eingelegt werden. Die technologisch einfachste Form dieser Bewehrung besteht in einem oberen und unteren orthogonalen Netz aus Stäben, deren Durchmesser und Abstände der maximalen Feldbewehrung entsprechen.

Blatt 4.22 zeigt die geflochtene Bewehrung einer Einfeldplatte und Blatt 4.23 die Lage von geflochtenen und geschweißten Bewehrungsmatten bei Mehrfeldplatten. Die günstige Tragwirkung der kreuzweise bewehrten Platten ergibt bei Spannweiten zwischen 4,5 und 7,0 m und einem Seitenverhältnis von $l_y : l_x \leq 1{,}33$ eine Baustoffeinsparung an Beton von 10 ... 20% und entsprechend dazu an Stahl von 20 ... 15% gegenüber der einachsig bewehrten Platte (Blatt 4.20). Dieser bedeutende Vorteil wird jedoch erheblich abgeschwächt durch größeren Arbeitszeitaufwand und höhere Kosten für die Herstellung der relativ komplizierten Bewehrungsführung. Die Verwendung automatisch vorgefertigter Bewehrungsmatten kann diesen Nachteil teilweise beseitigen. Vor einer Entscheidung der umfassenden Anwendung dieses Stahlbeton-Tragelementes im Ortbetonbau ist der bestehende Gegensatz zwischen Baustoffverbrauch und Fertigungskosten abzuwägen.
Weitere Baustoffvergleiche mit anderen Konstruktionen werden im Abschn. 4.3.1. geführt.

4.2.6. Scheiben, wandartige Träger

4.2.6.1. Tragprinzip

Bei Scheiben ist die Dicke gegenüber Breite und Höhe wesentlich kleiner. Die Belastung wirkt – im Gegensatz zur Platte – in der Mittelfläche.

Wird diese Definition zugrunde gelegt, dann existieren im Stahlbeton zahlreiche Scheibenprobleme:
- Verteilung der Horizontallasten eines Gebäudes auf die Festpunkte durch die Deckenscheibe,
- Ableitung der Horizontallasten auf das Fundament durch die Windscheiben,
- Spannungsverteilung der einzelnen Verankerungskräfte innerhalb einer vorgespannten Platte,
- Übertragung lotrechter Lasten auf Stützen durch wandartige Träger u. a.

Die große Steifigkeit in der Tragebene von Scheiben wird zur Windaussteifung von Hochhäusern genutzt. Die relativ biegeweichen Skeletttragwerke werden im Zusammenwirken der Deckenscheibe mit den Quer- und Längsscheiben gegen Horizontallasten ausgesteift. Bei vielgeschossigen Gebäuden sind diese Scheiben bezogen auf Höhe und Breite relativ schlank, so daß die Spannungen noch nach den Gesetzen der technischen Biegelehre ermittelt werden können. Bei Seitenverhältnissen von $H/L > 1/2$ werden jedoch die Spannungsverteilungen erheblich von der linearen Verteilung bei Balken abweichen (vgl. Bild 4.14), so daß genauere Berechnungen erforderlich werden.

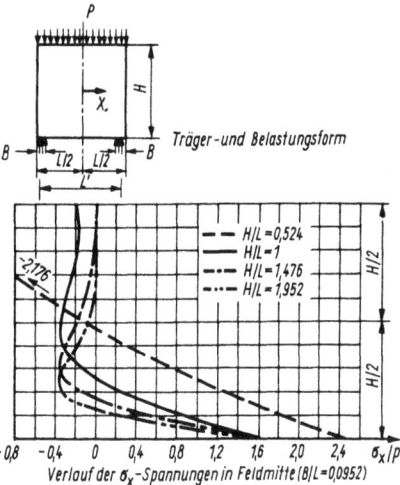

Bild 4.14 Spannungsverteilung in einem wandartigen Einfeldträger unter Streckenlast

Tragsysteme mit derartigen geometrischen Verhältnissen und den Lasteintragungsbedingungen von Balken werden als wandartige Träger bezeichnet. Die Berechnungsgrundlagen dieser Systeme basieren in den meisten Fällen auf den Annahmen der Elastizitätstheorie, die u. a. voll elastische, homogene und isotrope Baustoffe voraussetzen. Diese Bedingungen werden jedoch vom Beton oder Stahlbeton auch bis zum Gebrauchszustand nur annähernd erfüllt.

4.2.6.2. Vorbemessung und Bewehrungsführung

Die begrenzte Gültigkeit der technischen Biegelehre verlangt die Berechnung der wandartigen Träger nach der Scheibentheorie für folgende Seitenverhältnisse:

Kragträger $H/L > 1$, Einfeldträger $H/L > 0{,}5$,
Endfeld von Durchlaufträger $\quad H/L > 0{,}4$,
Mittelfeld von Durchlaufträger $\quad H/L > 0{,}3$.

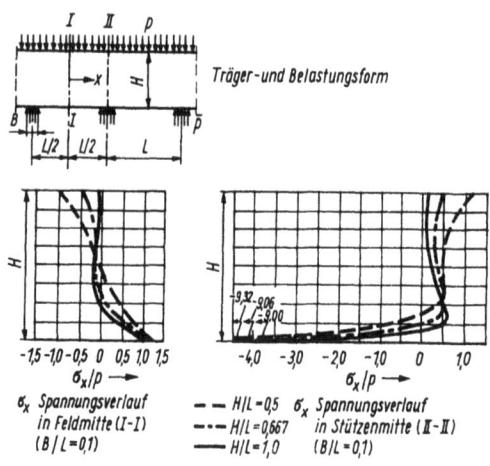

Bild 4.15 Spannungsverteilung in einem wandartigen Durchlaufträger unter Streckenlast

Angaben für die maximalen Druckspannungen und die durch Bewehrung abzudeckenden Zugspannungen sind für den Einfeldträger im Bild 4.14 und für das Mittelfeld eines Durchlaufträgers im Bild 4.15 zusammengestellt. Hinweise zur Größe der Biegezugkräfte sind noch auf Blatt 4.18 enthalten. Die durch Bewehrung abzudeckenden resultierenden Zugspannungen können auch nach folgender Näherung [4.4] ermittelt werden: Zunächst sind die Feld- und Stützenmomente M_F und M_S für den stellvertretenden Biegeträger nach Abschnitt 4.2.1.2. zu bestimmen.
Anschließend können die maßgebenden Biegezugkräfte bzw. die entsprechenden Bewehrungen berechnet werden:

$$A_{S,F} = \frac{nM_F}{z_F R_s} \quad \text{bzw.} \quad A_{S,S} = \frac{nM_S}{z_S R_s} \quad (4.9)$$

mit $R_s = R_s^0$ nach Blatt 4.02, $n \approx 1{,}2$ und z_F, z_S nach Tafel 4.15.

Tafel 4.15 Hebelarme z für wandartige Träger bei beliebiger Lastanordnung

Tragsysteme von wandartigen Trägern	Schlankheit H/L	Hebelarm
Kragträger	1,0...2,0	$z_s = 0{,}65 L + 0{,}1 H$
	$\geq 2{,}0$	$z_s = 0{,}85 L$
Einfeldträger	0,5...1,0	$z_F = 0{,}3 H (3 - H/L')$
	$\geq 1{,}0$	$z_F = 0{,}6 L'$
Endfeld von Durchlaufträgern	0,4...1,0	$z_F = z_s = 0{,}5 H (1{,}9 - H/L)$
	$\geq 1{,}0$	$z_F = z_s = 0{,}45 L$
Innenfeld von Durchlaufträgern	0,33...1,0	$z_F = z_s = 0{,}5 H (1{,}8 - H/L)$
	$\geq 1{,}0$	$z_F = z_s = 0{,}4 L$

Die nach den Bildern 4.14 und 4.15 ermittelten Betonspannungen dürfen die Werte R_b^0/n auf keinen Fall überschreiten, da sich im Zusammenwirken mit den erheblichen Schubspannungen und den Spannungsumlagerungen infolge Rißbildung (Zustand II) noch größere Hauptdruckspannungen einstellen können, als sie in den Diagrammen in Form der Normalspannungen ausgewiesen werden.

Bei der Bewehrungsführung ergeben sich erhebliche Abweichungen gegenüber den balkenartigen Tragelementen. Die Hauptbewehrung ist in den Zugbereichen parallel zu den Trägerlängsrändern anzuordnen und über die Höhe dem in den Bildern 4.14 und 4.15 aufgezeichneten Verlauf der Zugspannungen σ_x entsprechend zu verteilen. Die schrägen Hauptzugspannungen sind entweder durch unter 60° aufgebogene Schrägbewehrungen (Blatt 4.18) oder in einfacherer Form durch eine verstärkte orthogonale Netzbewehrung (Blatt 4.19) aufzunehmen. Hängebewehrungen werden zur Aufnahme von Lasten am unteren Rand erforderlich.

Durchlaufende wandartige Träger sind auf Grund ihrer hohen Steifigkeit sehr empfindlich gegenüber unbeabsichtigten „Stützensenkungen". Der Ausfall einer Zwischenstütze verändert sofort das gesamte Spannungsbild und ergibt in den benachbarten Stützenbereichen große Zugspannungen an der Oberseite, die durch eine sog. Sicherheitsbewehrung an der Oberseite teilweise aufgenommen werden kann.

4.3. Tragwerksteile und Tragwerke

4.3.1. Decken

Das Tragwerksteil Decke hat nach dem Prinzip der Plattenwirkung vorwiegend die lotrechten Nutzlasten auf die vertikalen Druckelemente (Wand, Stütze) zu übertragen. Außerdem verteilt die Decke nach dem Tragprinzip der Scheibe die horizontalen Lasten auf die Aussteifungssysteme des gesamten Tragwerkes.

4.3.1.1. Plattenbalkendecken

Bei größeren Spannweiten bietet sich als typische Ortbetonkonstruktion eine Aufgliederung in Platten und Balken an, die monolithisch miteinander verbunden sind. Die Balken können als parallel liegende Träger, als kreuzende Haupt- und Nebenträger oder als Trägerroste entsprechend dem zu überdeckenden Grundriß angeordnet werden. Sie wirken in allen Fällen bei positiven Momenten als Plattenbalkenquerschnitte (vgl. Abschn. 4.2.1.). Derartige Konstruktionen werden deshalb insgesamt als Plattenbalkendecken bezeichnet.

Die parallel liegenden Plattenbalken sind anzuwenden, wenn nur an zwei gegenüberliegenden Seiten Abstützungen möglich sind. Neben der Ortbetonausführung haben sich mit der fortschreitenden Entwicklung der Fertigteilbauweise zwei vorgefertigte Deckentypen dieses Tragprinzips mit extrem unterschiedlichen Montagelasten durchgesetzt:

1. „T-T"-Platten (Bild 4.4): Breiten von 2500 mm, Querschnittshöhen von 250, 300, 350 ... 700 mm; schlaff bewehrt und vorgespannt mit Spannweiten zwischen 10 und 25 m.
2. Balkendecke mit dicht verlegten, rechteckförmigen und T-förmigen Querschnitten (Montagelasten

$\leq 0{,}8$ Mp): Balkenbreite 250 mm, Querschnittshöhen 180, 200 und 225 mm, Spannweiten bis zu 6 m.

Beim System der Haupt- und Nebenträger können im Hochbau die Balken vereinfachend als lineare Tragelemente in Form von Einfeld- und Mehrfeldbalken aufgefaßt werden. Die Nebenbalken bilden dabei die gegenüberliegenden Auflager von einachsig bewehrten Platten und geben ihre Lasten als Einzelkräfte an den Kreuzungspunkten mit den Hauptbalken ab, die ihrerseits als Einfeldbalken oder bei mehrfacher Auflagerung auf Stützen als Durchlaufbalken die Auflagerkräfte der Nebenbalken abtragen. Im Bild 4.16 werden die Schemata dieser Decke über verschiedenen Grundrissen dargestellt. Konstruktive Einzelheiten sind aus den Blättern 4.12, 4.14 und 4.21 ersichtlich. Auf eine entsprechende Abreißbewehrung über den Hauptbalken ist zu achten (vgl. Abschn. 4.2.4.).

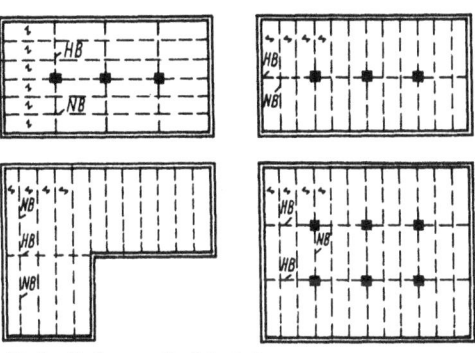

HB Hauptbalken NB Nebenbalken
↬ Spannrichtung der Platten

Bild 4.16 Schemata der Grundrisse von Plattenbalkendecken

Die Platten sind in den meisten Fällen als Vollbetondecken ausgeführt, aber können auch als Rippendecken (Abschn. 4.3.1.2.) ausgebildet werden.

Bei nahezu quadratischen Feldeinteilungen zwischen den kreuzenden Trägern bieten sich zweiachsig bewehrte Platten an, die ihre Lasten auf die gleichwertigen Balken eines Trägerrostes abgeben. Eine vierseitige Abstützung des Balkenrostes muß garantiert sein.

Die günstigsten Spannweiten sind aus denen der einzelnen Tragelemente abzuleiten:

Balken 5...7 m,
einachsig bewehrte Platten 2,5...3,5 (4,5) m,
zweiachsig bewehrte Platten 4,5...7,0 m.

Wie Trägerlage und jeweiliges Tragsystem der dazwischenspannenden Platten den Baustoffverbrauch beeinflussen, wird noch im Abschn. 4.3.1.4. gezeigt. Die wichtigsten Bemessungs- und Vorbemessungsbeziehungen können den Tafeln 4.1, 4.3 und 4.5 entnommen werden. Entsprechende Erläuterungen enthält Abschn. 4.2.1.

4.3.1.2. Rippen- und Stahlsteindecken

Die Reduzierung des Betons in der Zugzone, der für die rechnerische Biegetragfähigkeit ohne Bedeutung ist, führt bei der gleichzeitigen sicheren Einbettung der Zugeinlagen und der noch erforderlichen Übertragung von Schubspannungen zum Rippenquerschnitt. Die Rippendecken bestehen im Unterschied zu den Plattenbalkendecken aus dicht nebeneinanderliegenden Rippen (Abstand ≤ 1200 mm, bevorzugt 500 bis 625 mm). Die Druckplatte muß eine Mindestdicke von 30 mm bei Fertigteilen und 50 mm bei Ortbetonausführung aufweisen, um als Druckzone für die als Plattenbalken wirkende Rippendecke zu gelten. Zur Lastverteilung ist in ihr eine Querbewehrung nach Tafel 4.14 anzuordnen. Die Hohlräume zwischen den Rippen können durch „Füllkörper" (Deckenhohlsteine) aus Leichtbaustoffen geschlossen werden, um eine glatte Untersicht, geringen Schalungsaufwand und gute Wärme- und Schalldämmung zu erreichen. Bei Fertigteil-Rippendecken dürfen die Zwischenbauteile zur statischen Wirkung mit herangezogen werden, wenn eine einwandfreie Kraftübertragung nachweislich gesichert ist. Bis 750 mm Rippenabstand können diese Elemente noch ohne Bewehrung ausgeführt werden.

Tafel 4.16 Querrippenanordnung in Rippendecken

Deckenkonstruktion	Rippenabstand mm	Stützweite mm	Querrippenanzahl und -bewehrung bezogen auf die Hauptbewehrung A_s					
			$p \leq 2$ kN/m²		$2 < p \leq 4$ kN/m²		$p > 4$ kp/m²	
			Anzahl	Bewehrung	Anzahl	Bewehrung	Anzahl	Bewehrung
Ortbetonrippendecken	≤ 330	>7000	–	–	1	$A_{s/2}$	1	A_s
Fertigteilrippen und Ortbeton-Druckplatte	$> 300^{1)2)}$	$5000 < l \leq 7000$	1	$A_{s/2}$	1	$A_{s/2}$	1	A_s
Ortbetonrippen mit Fertigteil-Druckplatten	$> 300^{1)2)}$	>7000	1	A_s	3	$A_{s/2}$	3	A_s
Balkendecken	≤ 750	>5000	–	–	1	$A_{s/2}$	1	A_s
Rippendecken mit tragenden Zwischenbauteilen	$> 750^{2)}$	$5000 < l \leq 7000$	1	$A_{s/2}$	1	$A_{s/2}$	1	A_s
		>7000	1	$A_{s/2}$	1	A_s	1	A_s

[1]) Bei Ortbetonrippendecken beträgt der Höchstabstand 700 mm.
[2]) Bei Fertigteilrippendecken beträgt der Höchstabstand 700 mm bei Rippenbreiten von 40 mm und 1200 mm bei Rippenbreiten von 50 mm.

Am Auflager bzw. im Bereich negativer Momente mit einer Größe von mehr als $\frac{1}{8}$ der maximal zulässigen Feldmomente werden anstelle des Rippenquerschnittes und der Füllkörper Vollbetonstreifen zur Übertragung der Auflagerpressungen bzw. der Biegedruckspannungen ausgebildet.

Bei den vielfältigen Lösungen [4.12] dieser Deckenkonstruktion gibt es auch Kombinationen von Fertigteilrippen mit Ortbetonplatten sowie Ortbetonrippen mit Fertigteilplatten. In allen Fällen ist die schubfeste Verbindung zwischen Rippen und Druckplatte statisch entscheidend. Zur Lastverteilung sind insbesondere bei Spannweiten über 5 bzw. 7 m sowie bei Einzellasten oder Streckenlasten parallel zur Spannweite (Trennwände) Querrippen erforderlich (Tafel 4.16).

Eine breite Anwendung möglicher Lösungen findet die ebenfalls in Handmontage verlegbare L-Decke (Blatt 4.24), die keinen Schalungsaufwand, sondern höchstens Montagejoche benötigt. Wegen dieser Vorteile und dem sehr differenzierten Angebot an Fertigungslängen [4.16] wird die L-Decke bevorzugt bei Rekonstruktionsaufgaben eingesetzt. Größere Spannweiten als die angebotenen Lieferlängen können durch Stöße der L-Schalen erreicht werden, wobei im Stoßbereich meistens eine Querrippe angeordnet wird.

Für die Bemessung von Rippendecken gelten die Beziehungen für Plattenbalkenquerschnitte und sind für den Nachweis der Biegetragfähigkeit in Tafel 4.1 enthalten. Hinweise über die erforderliche Mindesthöhe und Auflagerlänge dieser Decken werden in den Tafeln 4.3 und 4.13 gegeben.

Hohldecken, Kassettendecken und Stahlbetonhohldielen (Blätter 4.25 und 4.26) können ebenfalls zu den Rippendecken gezählt werden. Entsprechende Ausführungen in Stahl- und Spannbeton sind üblich (vgl. Abschn. 4.2.4.).

Mit Rücksicht auf die meistens noch erforderlichen Putzarbeiten bei Rippendecken und ihrer dann verstärkt vorhandenen Neigung zur Rißbildung entlang den Längsfugen der Rippen oder noch mehr längs und quer zu den Stoßfugen der Füllkörper werden bei modernen technologischen Verfahren, wie z. B. beim Tunnelschalverfahren, monolithische Vollbetonplatten bevorzugt. (Beim industriellen Wohnungsbau wird in der DDR nahezu ausschließlich die Vollbetonplatte aus Stahlbeton bis 4,20 m oder in Spannbeton bis 6 m Spannweite und mit einer Dicke von 140 mm eingesetzt).

Die materialökonomischen Effekte einer vorgespannten Hohldecke werden aus Bild 4.17 ersichtlich. Die hier gezeigten Vorzüge schon für die geringen Verkehrslasten des Wohnungs- und Gesellschaftsbaus werden noch deutlicher für die erhöhten Nutzlasten des Industriebaus, wenn nicht in diesen Fällen bewehrte Estrich- bzw. Aufbetonschichten zur Aufnahme extremer Punktlasten zusätzlich gefordert werden müssen. An Stelle solcher Lösungen ist eine Plattenbalkendecke in Ortbeton oft zweckmäßiger (Abschn. 4.3.1.1. und 4.3.1.4.).

Bei Stahlsteindecken werden die Deckensteine immer zur Aufnahme der Biegedruckspannungen und Schubspannungen herangezogen. Demzufolge braucht bei dieser Konstruktion die aufbetonierte Betondruckzone nur 20 ... 50 mm dick zu sein. In den Längsrippen liegt jeweils ein Bewehrungsstab ϕ 6 ohne Bügel, mit einer Betondeckung zu den Ziegelstegen von mindestens 5 mm. Bei statischen Berechnungen ist höchstens die Betonklasse Bk 15 in Ansatz zu bringen. Abweichend von üblichen Nachweisen ist weiterhin die Rechenfestigkeit der Stähle der Klasse I mit 150 N/mm² und der Klasse III und IV mit 180 N/mm² anzunehmen. Stahlsteindecken sind grundsätzlich nur bei vorwiegend ruhenden, gleichmäßig verteilten Verkehrslasten bis zu 3,5 kN/m² anzuwenden. Weitere Ausführungen sind in [4.5] enthalten.

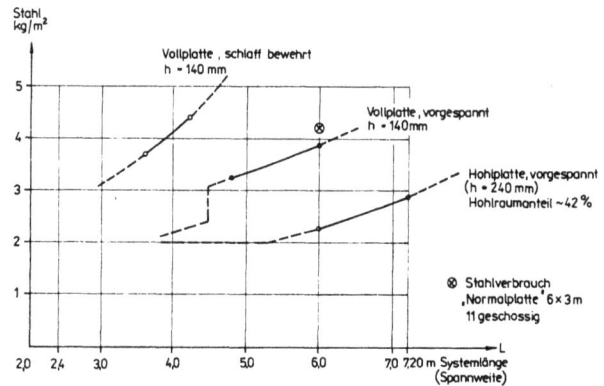

Bild 4.17 Vergleich des Stahlverbrauchs für Voll- und Hohldecken bei Deckenbreiten von 2,40 m und für die Verkehrslast $n_v = 5{,}0$ kN/m²

4.3.1.3. Trägerlose Decken

Bei ihnen wird die kreuzweise bewehrte Stahlbetonplatte ohne Verwendung von Balken auf den Stützen aufgelagert und in der Ortbetonbauweise monolithisch mit ihnen verbunden. Statisch wirken diese Decken als punktgestützte Platten.

Um die Durchstanzwirkung und negativen Momentenspitzen im Bereich der Abstützungen zu reduzieren, werden bei den Pilzdecken die Stützen am oberen Ende pilzartig in verschiedener Form verbreitert (Bild 4.18). Durch die damit gleichzeitig erzwungene Rahmenwirkung wird eine Quersteifigkeit des gesamten mehrstöckigen Tragwerkes garantiert.

Eine Extrementwicklung von trägerlosen Decken stellt die Flachdecke dar, bei der die Platte unmittelbar auf den Stützen aufliegt. Horizontale Beanspruchungen können im allgemeinen nicht aufgenommen werden. Sie sind einem besonderen Aussteifungstragwerk zuzuweisen.

Zur Bemessung von trägerlosen Decken mit nahezu quadratischen Feldern dürfen näherungsweise die Biegemomente an zwei sich kreuzenden Scharen von Durchlaufträgern oder Rahmen in Richtung der Stützenfluchten mit einer Riegelbreite gleich dem quer dazu vorhandenen Stützenabstand berechnet werden [4.5]. In jeder Richtung ist die gesamte Last in ungünstigster Stellung vorzusehen. Eine Ausrundung der Stützenmomente ist jedoch nicht zulässig. Bei Pilzdecken sind die Stützenkopfverbreiterungen nach Bild 4.18 statisch als Schrägen (Vouten) eines Trägers mit einer Neigung von 1 : 3 zu erfassen. Weiterhin ist zur Verteilung der so ermittelten Schnittgrößen jedes Deckenfeld in einen Feldstreifen und in zwei äußere Streifen zerlegt, die jeweils zusammen auf den Stützenachsen einen Gurtstreifen ergeben. Die auf diese Streifen entfallenden Schnittgrößen sind allgemein sowie für eine Flachdecke ausgewertet in Tafel 4.17 und Bild 4.19

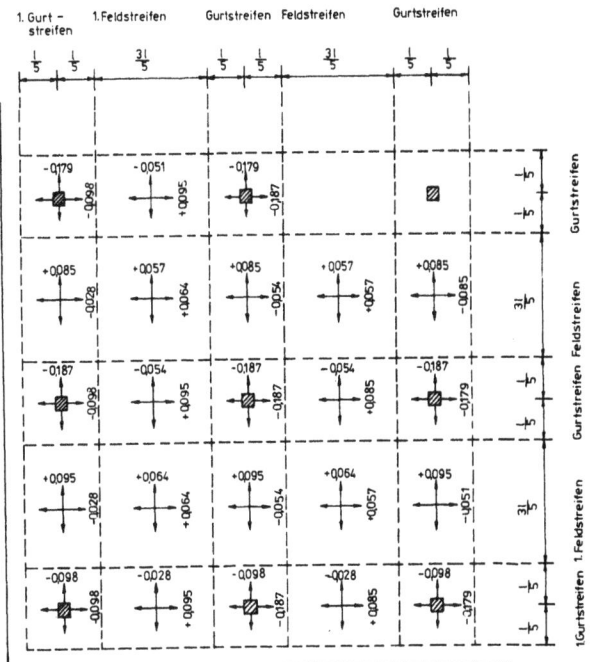

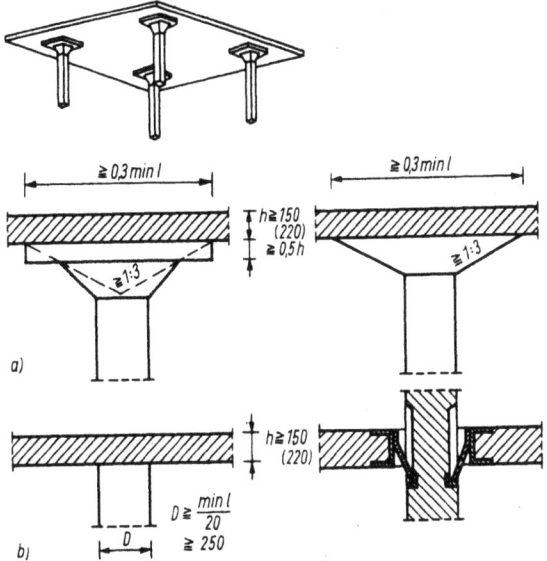

Bild 4.18 Trägerlose Decken
a) Pilzkopfvarianten
b) Stützenanschluß bei Flach- und Hubdecken

zusammengefaßt. Es werden verschiedene Fälle berücksichtigt. Im Fall a sind die Rand- und Eckfelder stetig unterstützt. Dabei erhalten die Randfelder in ihrer Spannrichtung parallel zum stetig gestützten Rand eine um 25% reduzierte Beanspruchung. Der Fall b mit einer allseitigen Auskragung von 0,33 l liefert im allgemeinen die günstigste Beanspruchung, wie ein Vergleich mit den Fällen a und c zeigt. Werden an den auskragenden Decken die Fassadenelemente abgesetzt, dann kann die Auskragungslänge zur Erreichung einer ausgeglicheneren Beanspruchung auf 1/4 bis 1/5 verringert werden. Für den Fall c wird der genäherten Berechnung nach [4.5] ein genaueres Verfahren [4.35] gegenübergestellt.

Wenn genauere Untersuchungen für Hubdecken als nicht erforderlich erscheinen, sind die im Öffnungsbereich nicht aufnehmbaren Momente noch im verbleibenden Gurtstreifen zu berücksichtigen. Zur Aufnahme dieser erhöhten Beanspruchung dient auch die Stützkragenkonstruktion.

Neben den sehr ungleichmäßigen Biegebeanspruchungen wird bei den trägerlosen Decken auch der Nachweis gegenüber Durchstanzen für die Plattendicke bestimmend [4.5]. Für eine Entwurfsbearbeitung genügt es jedoch meistens, die Mindestdicke nach den Beziehungen der Tafel 4.3 und den Forderungen der Tafel 4.13 festzulegen.

Die in beiden Richtungen etwa gleichen und gebräuchlichen Spannweiten von 5...7 m erfordern Plattendicken zwischen 150...250 mm, in Ausnahmefällen 300 mm. Für Verkehrslasten unterhalb 5 kN/m² sollten

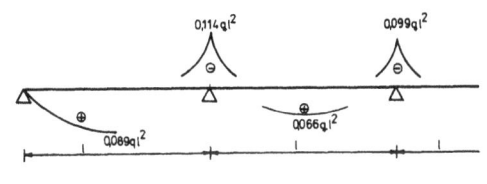

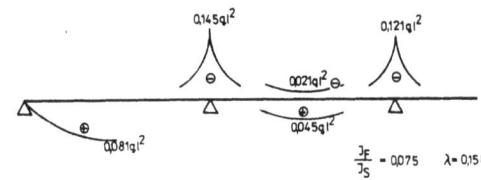

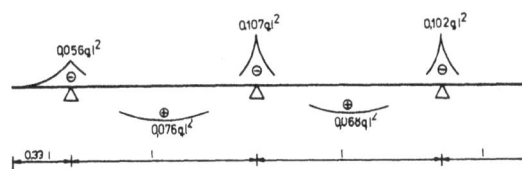

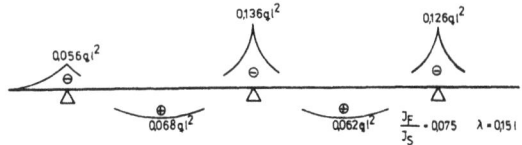

Die endgültigen Momentenwerte für Fall b sind in Tafel 4.17 zu entnehmen.

Bild 4.19 Momentenverteilung in einer Flachdecke

Pilzdecken wegen der geforderten Mindestdicke der Platten von 150 mm und der komplizierten Fertigung nicht angewendet werden. Sie sollten nur in Ortbeton ausgeführt werden. Dagegen bietet sich bei Flachdecken auch eine Baustellen-Vorfertigung in Form des Hubdeckenverfahrens [4.13, 4.14, 4.15] an.

Tafel 4.17 Angenäherte Größe und Verteilung der Momente in trägerlosen Decken mit nahezu quadratischem Stützenraster und $g/q = 0{,}5$ nach [4.5] und [4.35]

a) bei stetiger Randunterstützung
b) bei allseitiger Auskragung von $0{,}33\,l$ über die Stützenachse hinaus
c) bei einem Deckenrandstreifen von $0{,}15\,l$ über die Stützenachse hinaus

Deckenbereich		Schnittgrößen allgemein nach [4.5]		Flachdecke				Pilzdecke		
		Fall a	Fall b, c	Fall a	Fall b	Fall c [4.5]	Fall c [4.35]	Fall a	Fall b	Fall c [4.5]
1. Gurt-streifen parallel zum Rand	Eckstütze	$m_{GS} = -$	$1{,}75 M_{Rand}$	–	–0,098	–0,091	(–0,051/ –0,036)	–	–0,098	–0,095
	Eckfeld	$m_{GF} = -$	$1{,}25 M_{F,1}$	–	+0,095	+0,108	+0,095	–	+0,085	+0,098
	1. Randstütze	$m_{GS} = -$	$1{,}75 M_{S,1}$	–	–0,187	–0,193	–0,117	–	–0,235	–0,250
	Randfeld	$m_{GF} = -$	$1{,}25 M_{F,m}$	–	+0,085	+0,084	+0,080	–	+0,078	+0,074
	mittlere Randstütze	$m_{GS} = -$	$1{,}75 M_{S,m}$	–	–0,179	–0,180	–0,101	–	–0,221	–0,214
Innerer Gurt-streifen	Randstütze	$m_{GS} = -$	$1{,}75 M_{Rand}$	0	–0,098	–0,091	(–0,051/ –0,036)	0	–0,098	–0,095
	Randfeld	$m_{GF} = 1{,}25 M_{F,1}$	$1{,}25 M_{F,1}$	+0,111	+0,095	+0,108	+0,091	+0,101	+0,085	+0,098
	1. Innenstütze	$m_{GS} = 1{,}75 M_{S,1}$	$1{,}75 M_{S,1}$	–0,200	–0,187	–0,193	–0,143	–0,254	–0,238	–0,250
	Mittelfeld	$m_{GF} = 1{,}25 M_{F,m}$	$1{,}25 M_{F,m}$	+0,083	+0,085	+0,084	+0,071	+0,056	+0,078	+0,074
	Mittelstütze	$m_{GS} = 1{,}75 M_{S,m}$	$1{,}75 M_{S,m}$	–0,173	–0,179	–0,180	–0,136	–0,212	–0,221	–0,214
1. Feld-streifen parallel zum Rand tragend	Eckstütze	$m_{FS} = -$	$0{,}5\,M_{Rand}$	0	–0,028	–0,026	(–0,012)	0	–0,028	–0,027
	Eckfeld	$m_{FF} = 0{,}84 M_{F,1}$	$0{,}84 M_{F,1}$	+0,075	+0,064	+0,073	+0,082	+0,068	+0,057	+0,066
	1. Randstütze	$m_{FS} = 0{,}75 \times 0{,}5 M_{S,1}$	$0{,}5\,M_{S,1}$	–0,043	–0,054	–0,055	–0,039	–0,054	–0,068	–0,072
	Randfeld	$m_{FF} = 0{,}75 \times 0{,}84 M_{F,m}$	$0{,}84 M_{F,m}$	+0,042	+0,057	+0,056	+0,065	+0,028	+0,052	+0,050
	mittlere Randstütze	$m_{FS} = 0{,}75 \times 0{,}5 M_{S,m}$	$0{,}5\,M_{S,m}$	–0,037	–0,051	–0,052	–0,039	–0,046	–0,063	–0,061
Innerer Feld-streifen	Randstütze	$m_{FS} = -$	$0{,}5\,M_{Rand}$	0	–0,028	–0,026	(–0,012)	0	–0,028	–0,027
	Randfeld	$m_{FF} = 0{,}84 M_{F,1}$	$0{,}84 M_{F,1}$	+0,075	+0,064	+0,073	+0,082	+0,068	+0,057	+0,066
	1. Innenstütze	$m_{FS} = 0{,}5\,M_{S,1}$	$0{,}5\,M_{S,1}$	–0,057	–0,054	–0,055	–0,053	–0,073	–0,068	–0,072
	Mittelfeld	$m_{FF} = 0{,}84 M_{F,m}$	$0{,}84 M_{F,m}$	+0,055	+0,057	+0,056	+0,062	+0,038	+0,052	+0,050
	Mittelstütze	$m_{FS} = 0{,}5\,M_{S,m}$	$0{,}5\,M_{S,m}$	–0,050	–0,051	–0,052	–0,040	–0,061	–0,063	–0,061
Belastung	F Feld S Stützen-achse			$\times q l^2$				$\times q l^2$		

Die Decken werden dabei um die bereits montierten Stahlstützen auf dem Hallenfußboden vorgefertigt (u. U. im „Blätterteigverfahren") und in ihrer gesamten Größe durch hydraulische Pressen und Hubstangen entlang den Stützen gehoben und mit diesen in den Auflagerpunkten verkeilt und gesichert (Blatt 4.27). Aussteifungskerne werden dabei ebenfalls vor der Deckenherstellung betoniert.
Durch den zunehmenden Einsatz von Stahlbetonstützen, kann der Stahlverbrauch auch bei dieser Bauweise bis zu 20% gesenkt werden.

4.3.1.4. Materialökonomischer Vergleich

Ergänzend zu den bereits verschiedentlich getroffenen Aussagen zum Baustoffverbrauch und den aus dieser Sicht günstigen Spannweiten für die einzelnen Trageelemente wird im folgenden ein Vergleich unter Zugrundelegung etwa gleicher Auslastungsgrade (k_{xR}- bzw. μ-Werte) und gleichwertiger Bewehrungstechnologien zum Beton- und Stahlverbrauch geführt und vor allem in Diagrammen verdeutlicht.
Der Betonverbrauch für Volldecken (ein- und zwei-

achsig beanspruchte Stahlbetonplatten und vorwiegend einachsig beanspruchte Spannbetonplatten) ist in Bild 4.20 dargestellt. Darüber hinaus ist für die entsprechende Plattendicke der durchschnittlich erforderliche Stahlverbrauch in kg/m² für schlaff bewehrte (St A-III) Einfeld- und Durchlaufplatten über die ideelle Stützweite l_i sowie für vorgespannte Einfeldplatten mit Stützweite $l = l_i$ ablesbar. Neben dem sehr günstigen Effekt der Vorspannung auf den Baustoffverbrauch wird ebenso erneut die vorteilhafte Tragwirkung der zweiachsig beanspruchten Platten auf die Materialökonomie sichtbar.

Schallschutztechnische Forderungen können im Bereich gesellschaftlicher Einrichtungen zu anderen Entscheidungen bei der Festlegung der Plattendicke führen. Aus der Sicht des Baustoffeinsatzes sollte man dann insbesondere bei quadratischem Stützenraster und Spannweiten bis maximal 7,50 m die Lösung mit kreuzenden Trägerlagen entlang den Stützenachsen und dem damit notwendigen Einsatz von zweiachsig beanspruchten Platten wählen. Größere Stützenabstände in beiden Richtungen zwingen zur Anwendung von Trägerrostdecken, die hinsichtlich des Baustoffaufwandes bis zu 12 × 12 m noch vertretbar sind (Bild 4.22). Alle diese materialsparenden Lösungen sind durch die notwendigen Trägerlagen in beiden Richtungen sehr schalungsaufwendig. Deshalb fällt auch oft die Entscheidung zugunsten einer Decke mit Trägern nur in einer Richtung (parallel liegende Plattenbalken) und jeweils über die größere Stützweite

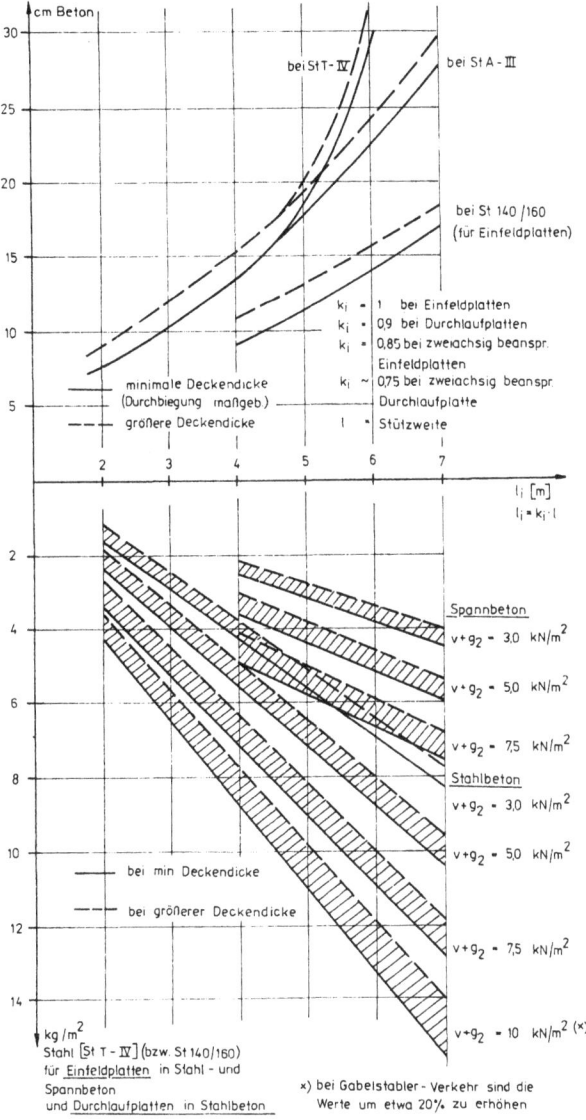

Bild 4.20 Beton- und Stahlverbrauch für Vollplatten in Stahlbeton und Spannbeton

Bild 4.21 zeigt den Einfluß der Trägerlage, der Spannweite und des Tragsystems der dazwischen spannenden Deckenplatten auf den Beton- und Stahlbedarf. Den geringsten Materialaufwand erfordert die Decke aus Haupt- und Nebenbalken mit einer Stützweite der vorwiegend einachsig beanspruchten Platte von 2,0 ... 2,5 m. Entscheidend dafür ist die kleine Stützweite der Platte mit entsprechend geringem Beton- und Stahlverbrauch. Derartig geringe Plattendicken von 70 ... 80 mm sind auch für den üblichen Gabelstaplerverkehr zulässig, dagegen nicht für befahrbare Decken (z. B. mit LKW 120 nach Tafel 4.13).

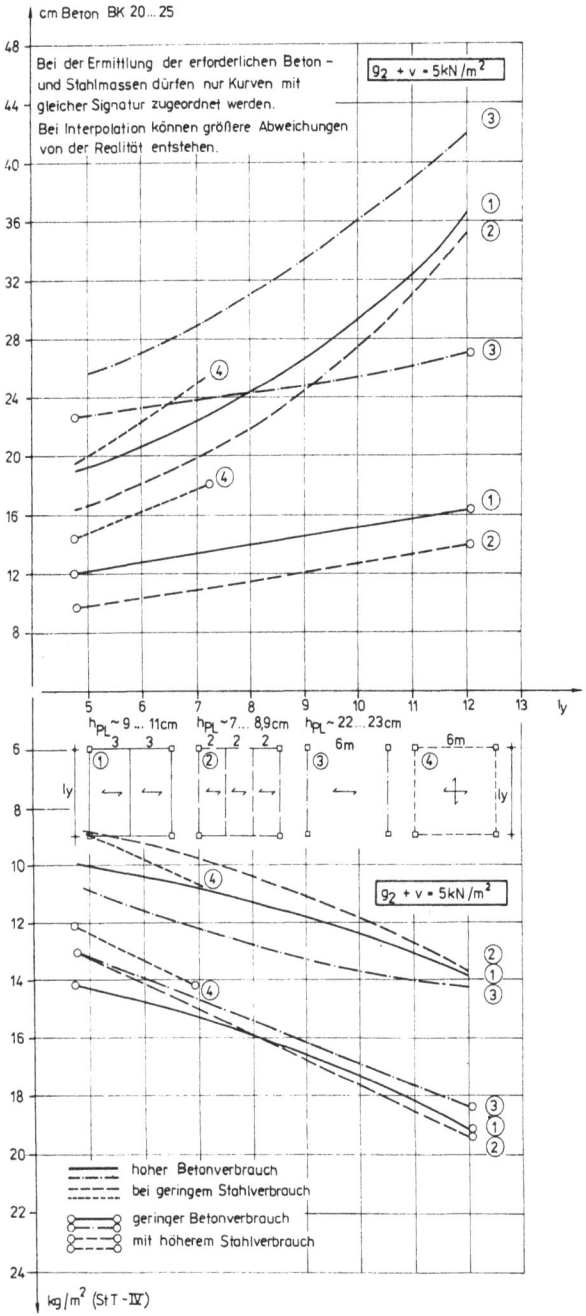

Bild 4.21a Baustoffverbrauch für Plattenbalkendecken ($g_2 + v = 5$ kN/m²)

und senkrecht dazu spannenden einachsig beanspruchten Platten. Der dabei technisch günstige Einsatz von verfahrbaren Schaltischen ohne die sonst notwendigen einklappbaren Stirnschalungen (bei kreuzenden Unterzügen) führt aber zu einem erhöhten Baustoffverbrauch (Bild 4.21).

Obwohl Fertigteildecken i. d. R. nur auf dem Tragsystem des Einfeldbalkens beruhen, meistens auch keine Plattenbalkenwirkung aufweisen und somit ungünstig beansprucht werden, ist durch den Einsatz hoher Betongüten, das beim Fertigteilbau relativ einfach zu realisierende Vorspannprinzip vor allem bei den Deckenplatten und eine weitestgehende Profilierung der Querschnitte (überwiegend Hohlplatten, selten I-Träger) ein geringer Baustoffeinsatz möglich. Im Bild 4.22 wird dieser Sachverhalt durch die für die Decken des Fertigteilskelettsystems SKBS 75 angegebenen Beton- und Stahlverbrauchsmengen noch unterstrichen. Für größere Spannweiten bietet sich noch der Einsatz von vorgespannten Riegeln an.

Die Gegenüberstellung mit den trägerlosen Decken verdeutlicht die bekannte Tatsache, daß die sehr ungleichmäßige Beanspruchung zwischen Feld- und Stützquerschnitt und insbesondere die sehr hohe Beanspruchung des Stützquerschnitts der Decken zu materialintensiven Lösungen führen. Das gilt sowohl für monolithische Flachdecken wie auch noch verstärkt für die Hubdecken mit den sich daraus ergebenden extrem hohen Beanspruchungen der Stützkragenkonstruktionen (Blatt 4.27). Statisch und materialökonomisch vertretbare Lösungen von Flachdecken ergeben sich gegenüber anderen Deckensystemen bei Stützweiten bis 4,8 m (6 m) und geringen Verkehrslasten ($v + g_2 \leq 6$ kN/m²). Verschiedentlich werden heute national und international montierbare „trägerlose" Decken entwickelt, bei denen die Deckenflächen in montagefähige Streifenelemente für Gurt- und Feldstreifen zerlegt werden. Um die höher beanspruchten Gurtstreifen in vertretbaren Abmessungen halten zu können, werden sie statisch entsprechend den Prinzipien von Gelenkträgern zerlegt (Blatt 4.43/5). Weitere Reduzierungen im Stahlaufwand können dadurch erzielt werden, daß die vorgefertigten Feldstreifen im Spannbett vorgespannt werden. Hier-

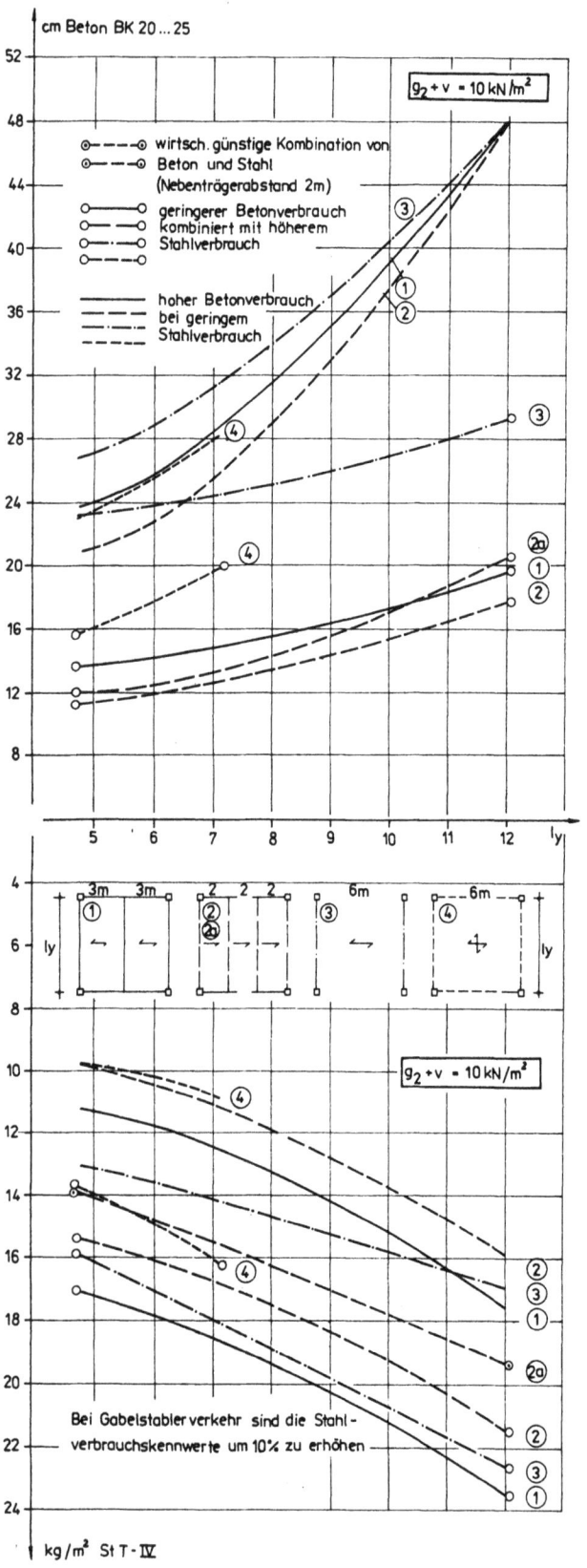

Bild 4.21b Baustoffverbrauch für Plattenbalkendecken ($g_2 + v = 10$ kN/m²)

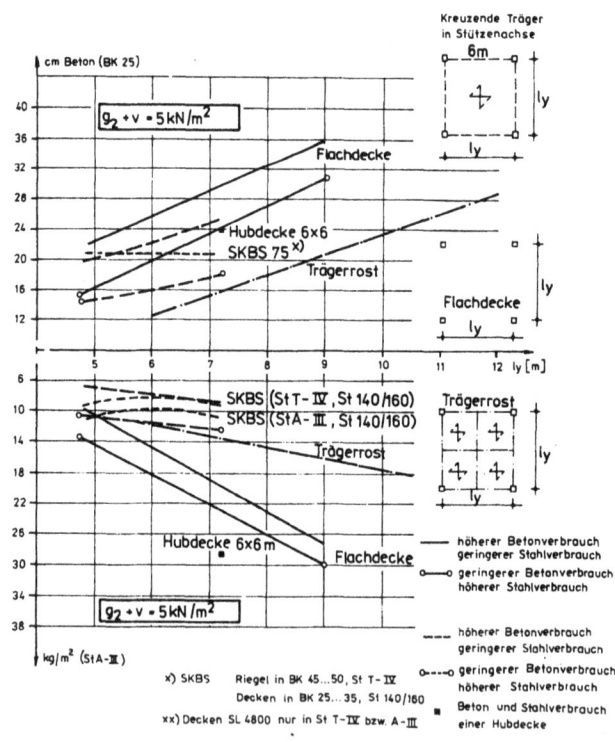

Bild 4.22a Baustoffverbrauch von Trägerrost- und Flachdecken im Vergleich zum Fertigteilsystem SKBS 75 ($g_2 + v = 5$ kN/m²)

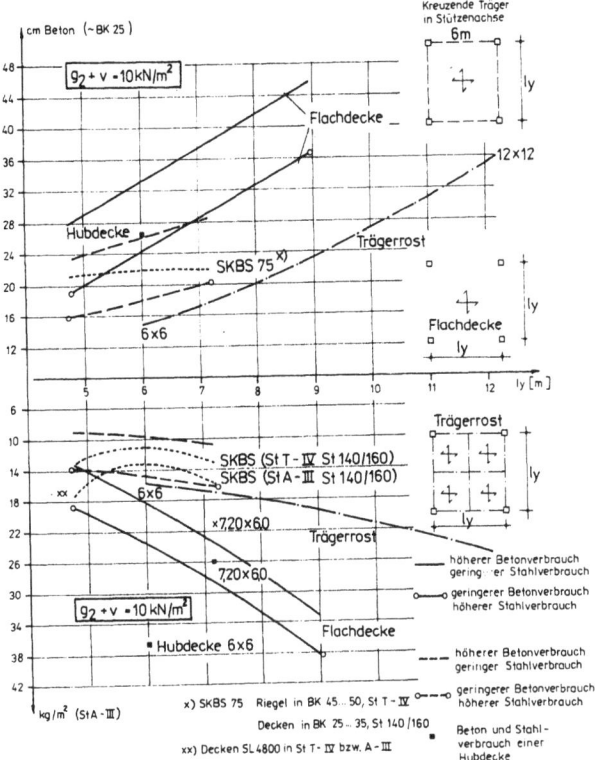

Bild 4.22b Baustoffverbrauch von Trägerrost- und Flachdecken im Vergleich zum Fertigteilsystem SKBS 75 ($g_2 + v = 10$ kN/m²)

für können auch Spannbetonvolldecken aus anderen Systemen verwendet werden, wie z. B. Decken der Wohnungsbauserie WBS 70 bei der LPC-Bauweise. Auch für derartig modifizierte Lösungen gelten prinzipiell die oben getroffenen Aussagen.
Durch eine Anpassung der Deckendicke an die unterschiedliche Momentenbeanspruchung in den Feld- und Gurtstreifen gelangt man zu einer parabolisch geformten Untersicht der Decke, wodurch sich ganz erhebliche Baustoffeinsparungen ergeben. In Tafel 4.18 werden für ein quadratisches Stützenraster von 12 m verschiedene Systeme verglichen. Ein Preisvergleich mit einer Stahlvariante einschließlich der dann notwendigen Brandschutzverkleidungen liefert für die „Flachdecke" mit parabolisch gekrümmter Unterseite ($d_{min}^F = 120$ mm, $d_{max}^{St} = 600$ mm) eine Kosteneinsparung von 40...50 %, wenn die kompliziert geformten Schalungstische eine 20...30fache Umsetzung erfahren.

Tafel 4.18 Baustoffvergleich verschiedener Stahlbetondecken bei einer Spannweite von 12 m ($p = 7,5$ kN/m²)

Systeme	Beton Bk 25 m³/m²	Stahl St A-III kg/m²
Trägerrostdecke mit zweiachsig bewehrter Vollplatte	0,32...0,35	35...40
Pilzdecke	0,40	40
Flachdecke	0,45	45
„Flachdecke" mit parabolischer Untersicht	0,28	37

Bei allen ökonomischen Vergleichen sollten neben den Herstellungskosten (Materialaufwand für Schalung und Gerüst,...) auch die geschaffenen Gebrauchswerte Berücksichtigung finden. So werden bei den Flachdecken neben den relativ geringen Schalungskosten ebenso die optimale Nutzung des umbauten Raumes, die bessere Belüftung, Belichtung und Montage von Installationen einschließlich einfacherer Transport- und Lagermöglichkeiten ins Gewicht fallen. Daraus ergeben sich die spezifischen Einsatzgebiete von Pilzdecken. Flachdecken sind mit Rücksicht auf ihre Empfindlichkeit im Tragverhalten gegenüber Einzellasten besonders für gesellschaftlich genutzte Gebäude und für Objekte der Leichtindustrie sowie zur Überdachung geeignet.

4.3.2. Treppen

Die Treppe hat innerhalb des Tragwerkes eines Gebäudesystems keine primären statisch-konstruktiven Funktionen zu erfüllen. Sie dient zur vertikalen Erschließung und hat die sich daraus ergebenden Verkehrslasten auf die verschiedenen Stockwerkebenen abzutragen.
Nach Vereinfachung der vorhandenen räumlichen Tragwirkung werden als wichtigste statische Systeme im Stahlbeton unterschieden:

a) Tragwirkung als einachsig bewehrte Platte in Richtung des Treppenlaufes. Die Treppenlaufplatte stützt sich auf dem Podestbalken ab (Bild 4.23a). Dabei ist eine Durchlaufwirkung zusammen mit den anschließenden Podestplatten anzustreben. Die Endauflager der dadurch entstandenen Dreifeldplatte mit schräg gestelltem Mittelfeld werden durch die Deckenbalken über die Stirnwände des Treppenhauses gebildet.
Die Durchlaufwirkung wird bei Ortbetonkonstruktionen genutzt (vgl. Blatt 4.28). Bei montierten Treppen dieses Systems folgt häufig eine Trennung in Lauf, Podest und Podestbalken. Um die Montagelasten noch wesentlich zu senken (Montage ohne Hebezeuge), kann der Treppenlauf in Längsstreifen (Lamellentreppen) oder in ein bzw. zwei Balken und Einzelstufen (Mittel- bzw. Randträgertreppe) aufgelöst werden.

b) Tragwirkung als einachsig bewehrte Platte in Richtung des Treppenlaufes, jedoch mit elastischer Abstützung auf den Podestplatten (Bild 4.23b). Die Podestplatten spannen senkrecht zum Lauf und lagern auf den seitlichen Treppenhauswänden auf. Dabei ist eine zusätzliche Abstützung auf den Stirnwänden als dreiseitig aufgelagerte, zweiachsig beanspruchte Platte möglich. Das zugrunde gelegte Tragsystem wird am zweckmäßigsten durch eine monolithische Herstellung erreicht. Eine Auflösung in Fertigteile führt zu einer Trennung von Lauf- und Podestplatten und zu einer Änderung des statischen Systems, wobei die einzelnen Platten nach dem auf Blatt 4.15 angegebenen Konstruktionsprinzip für Gerbergelenke verbunden werden.

c) Treppenlauf und Podestplatte wirken als gemeinsame „abgeknickte" Platte mit Faltwerkswirkung.

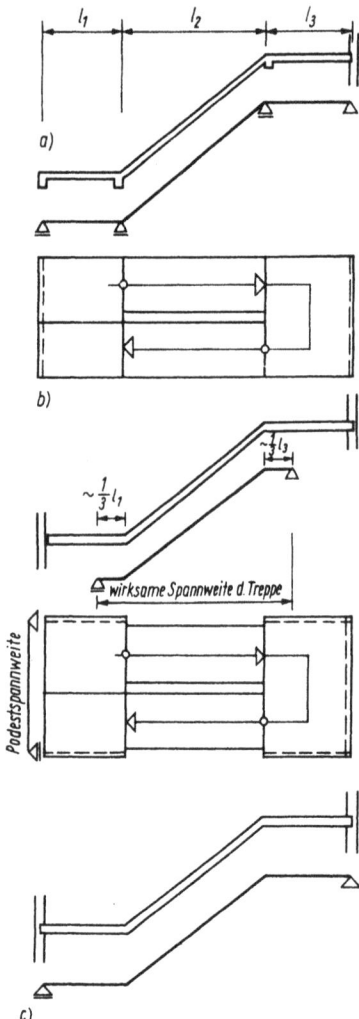

Bild 4.23 Treppensysteme
a) Treppe mit Podestbalken
b) Treppe ohne Podestbalken mit verkürzter wirksamer Spannweite
c) Treppe als „abgeknickte" Platte

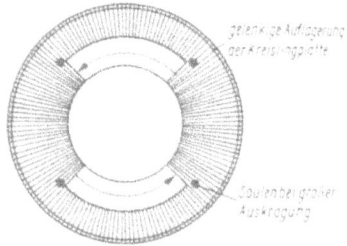

Bild 4.24 Systemvariante einer Wendeltreppe mit kreisringförmiger Podestplatte

Die Abstützung ist an den Stirnwänden erforderlich (Bild 4.23c). Bei der Verwendung im Montagebau werden Lauf und Podestplatte aus einem Teil gefertigt. Die Montagefuge zwischen auf- und absteigendem Treppenlauf liegt in Verlängerung des Treppenauges.
d) Einspannung von Treppenlauf bzw. Stufen in die seitlichen Treppenhauswände. Die Podestplatte kann an die Seiten- und Stirnwände biegesteif oder gelenkig angeschlossen werden.
Um die erforderliche Einspannung konstruktiv noch zweckmäßig lösen zu können, beschränkt sich die Anwendung dieses Systems vorwiegend auf die relativ dicken Wände bei Ziegelbauwerken, auf Ortbetonkonstruktionen und auf vorgefertigte geschoßhohe Treppenzellen.
e) Wendeltreppen bei turmartigen, kreisrunden Erschließungskernen. Die gekrümmten Läufe werden entweder auf den kreisringförmigen Podestplatten abgestützt (Bild 4.24), oder die Läufe wickeln sich um eine Mittelsäule und sind an ihr und an den Treppenhauswänden gelenkig angeschlossen.

4.3.3. Skeletttragwerke

Im Zusammenwirken von Balken, Stützen und Decken- bzw. Dachplatten entsteht das räumliche System des Skeletttragwerkes. Zur Vereinfachung der Berechnung wird es meistens in ebene Tragsysteme zerlegt, denen die Aufnahme der lotrechten oder waagerechten Kraftangriffe zugeordnet wird (Aussteifungssysteme). Die Grundsysteme bilden Rahmen und Gelenktragwerke (Abschn. 4.2.3.). Ausführungen in Ortbeton oder aus Fertigteilen sind möglich. Je nach der Bauweise werden verschiedene statische Systeme angewendet.

4.3.3.1. Eingeschossige Tragwerke

Hierbei handelt es sich hauptsächlich um ein- und mehrschiffige Hallen. Sie werden bei Spannweiten bis zu 30 m bevorzugt aus Fertigteilen hergestellt.
Riegel-Stützen-Systeme kommen für Spannweiten von 6...12 m zum Einsatz. Die Stützen werden in Hülsenfundamente bzw. bei vertretbaren Toleranzen bis zu 25 mm (z. B. Bauten der Landwirtschaft) in Bohrlöcher des gewachsenen Bodens eingespannt. Die Riegel sind parallelgurtig und ausschließlich Einfeldbalken. Ökonomische Vorteile ergeben sich bei diesem System besonders aus der einfachen Montage und Stabilisierung. Blatt 4.30 zeigt ein Beispiel dieser Konstruktion unter Verwendung von Pfetten und leichter Sandwich-Elemente als Dacheindeckung.
Hinsichtlich des Baustoffaufwandes noch günstigere Lösungen für Hallensysteme dieser Spannweiten liefern die Fertigteilrahmen nach Blatt 4.30. Durch zweckmäßige Anordnung der Stoßfugen (Gelenke) lassen sich die Momente in den Riegeln erheblich reduzieren. Die Stützen werden am Kopfende „T"- und „L"-förmig verlängert. Bei geneigter Dachfläche ist dadurch die Systemachse nur wenig von der Stützlinie entfernt.
Bei Spannweiten zwischen 12 und 30 m bietet sich das Binder-Stützen-System (Blatt 4.31) an, das wiederum auf dem Prinzip des Gelenksystems aufbaut und in Hülsenfundamente eingespannte Stützen sowie gelenkig aufgelagerte pult- oder satteldachförmige Binder aufweist. Mit Rücksicht auf die größeren Spannweiten sind die Binder vorgespannt, entweder aus einzelnen Teilen mit einer Einzelmasse von etwa 3,5 t zusammengespannt (Abschn. 4.2.1.) oder einteilig vorgefertigt (Typ „Gröbzig"). Der Binderabstand kann zwischen 6 und 12 m variiert werden, wobei Dachkassettenplatten aus Stahlbeton ($Sl = 6000$ mm) oder Spannbeton ($Sl = 12000$ mm) mit Bitumendämmdach

als Dachhaut eingesetzt werden können. Bei 12 m Binderabstand sind in der Regel Zwischenstützen für die Befestigung der Außenwände notwendig. Die Giebelwandstützen sind vorgestellt und reichen bis Oberkante Dach oder darüber (Attikaausbildung). Ihre horizontale Verankerung an der Dachscheibe ist insbesondere für den Lastfall Windsog empfehlenswert.
Als Umhüllungskonstruktion können in Abhängigkeit von den bauphysikalischen Anforderungen Betonelemente aus Gas- oder Leichtzuschlagstoffbeton ($Sl = 6000$ mm), U-Profil- oder kittlose Verglasung bzw. auch Rahmenelemente für Fenster und Türen verwendet werden. Ausbildungen mit und ohne Attika oder auch Oberlichte sind möglich. Entsprechende Lösungen sind auf den Blättern 4.31 und 4.32 in Form des Typensortiments „BSE-Eingeschossige-Mehrzweckgebäude" für verschiedene Kranausrüstungen dargestellt. Blatt 4.33, Nr. 5, zeigt weiterhin eine Lösung mit einem als Gerberträger montierten Binder, der bei gleichem Konstruktionsprinzip gegenüber dem Einfeldträger etwa 25% weniger Baustoffe benötigt.
Bei Binderabständen von 15 m bis maximal 24 m sollte deren Stützweite auf 9 ... 6 m reduziert werden. Als Eindeckung werden „TT"-Platten oder die im Abschn. 6.3. erläuterten Schalen- und Faltenträger verwendet. Der ungefähre Baustoffverbrauch für „schwere" Dachkonstruktionen ist aus Tafel 4.19 ersichtlich, wobei die dazugehörigen Kostenunterschiede kleiner als ±10% sind. Bei Spannweiten über 30 m sind Ortbetonkonstruktionen möglich, jedoch mit Rücksicht auf die hohen Schalungskosten als massive Rahmen oder Bogen in Stahlbeton wirtschaftlich kaum noch vertretbar. Bei derartigen Stützweiten sollten Raumtragwerke oder Tragwerke aus Stahl Verwendung finden (Abschn. 3., 6., 7. und 8.).
Eingeschossige Skelettbauten werden für große stützenfreie Räume und für flexible Raumnutzung angewandt. Produktionsbauten der Industrie und Landwirtschaft, Lagerhallen, Bauten des Handels und der Versorgung sowie des Sports werden meistens aus Skeletttragwerken entwickelt.

4.3.3.2. Mehr- und vielgeschossige Tragwerke

Mehr- und vielgeschossige Tragwerke werden gleichermaßen aus Fertigteilen und in Ortbeton errichtet.
Die Monolithkonstruktion gestattet die besonders wirtschaftliche Ausführung von biegesteifen Anschlüssen zwischen Riegeln und Stützen. Deshalb ist der Stockwerkrahmen (vgl. Abschn. 4.2.3.1.) das Haupttragelement. Er kann zugleich als Aussteifung gegenüber den Windlasten dienen.
Die Herstellung mit Schaltischen bzw. -wagen (Blatt 4.50) sowie die notwendige Installationsführung erfordern eine bevorzugte Anordnung der Rahmen nur in einer Richtung als Quer- oder Längsrahmen, wobei ihre Lage in Richtung der kleineren Gebäudeabmessung in der Regel wirtschaftlicher ist. Senkrecht zur Rahmenebene ist die Aussteifung durch Scheiben oder

Tafel 4.19 Baustoffbedarf für Hallendachtragwerke

Dachtragwerk	Binderabstand	Spannweite	Dachplatte bzw. Schalenträger				Binder und Binderscheiben			
			Stahl in			Beton	Stahl in			Beton
			StA-I	StA-III	St $\frac{140}{160}$	Bk 35	St A-I	St A-III	St $\frac{140}{160}$	Bk 35
	m	m	kg/m²	kg/m²	kg/m²	cm	kg/m²	kg/m²	kg/m²	cm
Vorgespannte Vollwandbinder und schlaff bew. Kassettenplatten. Leichte Zwischendecke (1 kN/m²)	6	18	3,2	3,3		6,6	2,5	2,0	2,2	3,2
Vorgespannte Vollwandbinder und vorgespannte Kassettenplatten. Leichte Zwischendecke (1 kN/m²)	12	18	3,4		3,3	7,4	1,6		1,2	2,3
Bogenfachwerkbinder und vorgespannte Kassettenplatte (15 kN/Knotenlasten)	12	18	3,8		3,1	8,6	1,5	1,2	0,7	1,9
Vorgespannte Binder und vorgespannte Hp-Schalen	18	18	0,4	3,5	3,6	5,4	1,5		1,4	2,2
Vorgespannte Binder und schlaff bew. Hp-Schalen (2 kN/m² Dachlast ohne Eigenmasse)	12	18	5,1	4,3		5,8	1,5		1,5	2,3
Vorgespannte Vollwandbinder und schlaff bew. Kassettenplatten	6	24	3,2	2,4		6,6	2,4		2,3	3,3
Vorgespannte Vollwandbinder und vorgespannte Kassettenplatten ohne Zwischendecke	12	24	3,4		2,5	7,4	1,7		1,5	2,5

Kerne zu gewährleisten (Blätter 2.07 und 4.33). Die durchlaufende, einachsig bewehrte Deckenplatte dient dabei als horizontal aussteifende Scheibe und kann als Vollplatte oder Rippendecke (Plattenbalkendecke) ausgeführt werden.

Der wirtschaftliche Abstand der Stiele und Rahmen liegt in Abhängigkeit von den Nutzlasten und der Deckenkonstruktion zwischen 4,5 und 6 m. Die Verwendung größerer Spannweiten führt zu einer erheblichen Vergrößerung der Riegelhöhen und damit zu einer Vergrößerung der Geschoßhöhe und zu erhöhten Baukosten. In solchen Fällen sollte für die Decke ein System von Haupt- und Nebenträgern nach Abschnitt 4.3.1.1. verwendet werden, das jedoch zusätzliche technologisch bedingte Aufwendungen benötigt. Eine eventuelle Auskragung der Randriegel von $l/5$ bis $l/3$ bringt wesentliche statische Vorteile für die Riegel und Randstiele, die sich auf den Baustoffverbrauch günstig auswirken.

Zu weiteren Baustoffeinsparungen gelangt man bei der Verwendung von kreuzenden Rahmen und zweiachsig bewehrten Vollplatten bzw. Trägerrostdecken. Die Aussteifung ist in beiden Richtungen durch die Rahmen garantiert. Trotzdem werden bei mehr als 8...10 Geschossen – je nach Gebäudetiefe – die Aufzugschächte und Treppenhäuser als aussteifende Festpunkte genutzt, um die Stützen durch die damit verbundene Reduzierung der Biegemomente in ihren Abmessungen schlanker halten zu können. Bei diesem System lassen sich wirtschaftliche Stützenabstände von 5...8 m erreichen. Als Nachteil ist zu werten, daß die Führung horizontaler Installationen in beiden Richtungen durch die Riegel behindert wird. Deckendurchbrüche in Stützennähe können wirtschaftlich und technologisch vertretbar nur diagonal zu den Deckenfeldern liegen.

Bei der monolithischen Herstellung haben die Schalungskosten einen wesentlichen Anteil an den Gesamtkosten. Vorgefertigte und in ihren Abmessungen standardisierte Schaltafeln oder der Einsatz von Schalungstischen bzw. -wagen, die feldweise verfahrbar und mit dem Kran umsetzbar sind, bilden notwendige Voraussetzungen für eine rationelle Fertigung.

Die endgültige Festlegung der geometrischen Abmessungen von Riegeln und Stützen wird demzufolge durch das Angebot der Schalungstechnologie bestimmt, wobei die modulare Abstimmung (Abschn. 4.5.) für einen rationellen Ausbau des Traggerippes Ausgangspunkt sein sollte.

In der Montagetechnologie wird heutzutage das Gelenksystem in Längs- oder Querrichtung mit zusätzlicher Aussteifung durch Scheiben und Kerne bevorzugt (Blätter 2.07 und 4.33). Dabei können zwischen Riegel und Stiel keine Momente übertragen werden. Bei den früheren Entwicklungen wurde danach gestrebt, die biegesteife Verbindung eines Rahmens durch Verschweißen bzw. Überlappung der Hauptbewehrungen bei der Montage zu erreichen. Das erfordert wesentliche Schweiß- und Ortbetonarbeiten, die das Bautempo beträchtlich reduzieren. Um auch bei den Gelenksystemen eine stockwerkweise Aussteifung während der Montage und vor dem konstruktiven Anschluß an die Festpunkte des Gebäudes zu ermöglichen, werden über zwei bis drei Geschosse biegesteif durchgehende Stützen (Stiele) verwendet.

Anhand der Bauweise des „Vereinheitlichten Geschoßbaues" (VGB) soll nachfolgend die Verwirklichung dieser Grundprinzipien kurz erläutert werden (Blätter 4.34 bis 4.36). Die 3...12 m langen Stützenelemente dieser 5-t-Skelettmontagebauweise werden mittels Steckstoß (Blatt 4.10) beschränkt biegesteif gestoßen. Die Riegel umfassen an jedem Ende die Stützen gabelförmig und werden auf Stahlbarren ohne Zwischenlage verlegt. Die gelenkige Verbindung zwischen Riegel und Stütze und die biegeweichen durchgehenden Stützen verlangen die Stabilisierung in Quer- und Längsrichtung durch Horizontal- und Vertikalscheiben bzw. Kerne. Das oberste Geschoß sowie Gebäude von ein bis maximal drei Geschossen erfordern infolge der biegesteifen Stützenanschlüsse kein besonderes Stabilisierungssystem.

Die Scheiben (Blatt 4.31) erhalten aus den Decken keine lotrechten Lasten, so daß die Zugspannungen aus der Kragarmwirkung durch eine durchgehende vertikale Bewehrung in der Nähe der Stirnflächen aufgenommen werden müssen. Bewehrungsstäbe werden bei montierten Scheiben in Aussparungen eingefädelt, durch Überdeckung gestoßen und durch nachträglichen Ortbeton mit dem Querschnitt verbunden. Die schubfeste Verbindung der Einzelelemente wird durch Profilierung der horizontalen Fugen verbessert. Die Scheiben können auch monolithisch im Gleit- oder Kletterverfahren (Blatt 4.48) hergestellt werden.

Die Horizontalscheibe im Aussteifungssystem wird aus den zweiseitig aufliegenden Deckenplatten gebildet. In Scheibenebene müssen Normalkräfte, Schubkräfte und Biegemomente aufgenommen werden, um die Windlasten auf einzelne Festpunkte übertragen zu können. Beim VGB werden schlaff bewehrte Rundloch-Deckenplatten oder Rippendeckenplatten auf die Auflagerkonsolen der Riegel verlegt, durch Fugen- sowie umschließende Ringankerbewehrungen und durch Ortbetonverguß zur statisch wirksamen Horizontalscheibe verbunden. Der Anschluß an die Windscheiben oder Kerne ist allseitig drucksteif.

Durch die neu entwickelte Skelettbauserie SKBS 75 (Blätter 4.37 bis 4.39) wird eine Erweiterung der Anwendungsbereiche der Fertigteil-Skeletttragwerke VGB und SKBM 72 und eine Vereinfachung der ihnen zugrunde liegenden Konstruktionsvarianten bei gleichzeitiger Reduzierung des Materialaufwandes erreicht. SKBS 75 ist nach dem Baukastenprinzip konzipiert, indem mit relativ wenig differenzierten Elementen bzw. Elementegruppen ein vielfältiger Einsatz bei unterschiedlichen Spannweiten (3,60...7,20 m), Geschoßhöhen (3,30...4,80 m) sowie variablen Deckenbelastungen ($q = 3,35...17,27$ kN/m²) ermöglicht wird. Die modulare Abstimmung erfolgt unter Berücksichtigung passungsgerechter Kombinationslösungen mit dem Ausbau und der gebäudetechnischen Ausrüstung und gewährleistet Anlagerungen mit dem Wandbau und eingeschossigen Skeletttragwerken aus Beton und Stahl.

Die Zuordnung von Stütze und Riegel im Skelettknoten ist im wesentlichen so gelöst, daß statisch bedingte Veränderungen einer Elementegruppe nicht zugleich geometrische Änderungen der anderen Elemente nach sich ziehen. So können verschiedene Riegelelemente bei gleichen Stützenquerschnitten eingesetzt werden, wie auch durch eine Differenzierung zwischen der Einriegel- und der Zweiriegelvariante erheblich unterschiedliche Lasten aufgenommen werden können. Weiterhin sind Auskragungen von 600 bis 2400 mm in Richtung der Riegelspannweiten durch das Hindurch- oder Vorbeiführen der Riegelquerschnitte an der mittig oder beidseitig ausgesparten, über mehrere Geschosse durchgehenden Stütze leicht herstellbar. Installationsriegel oder entsprechende -deckenplatten gewährleisten vielseitige Möglichkeiten von Deckendurchbrüchen. Der Einsatz vorgespannter Rundlochdeckenplatten mit relativ großen statischen Höhen und Hohlraumanteilen von etwa 40% garantiert günstige materialökonomische Lösungen, zumal bei Skelettsystemen die Decke mit einem durchschnittlichen Materialanteil von fast 40% an der Rohbaukonstruktion die Wirtschaftlichkeit eines Systems entscheidend beeinflußt. Durch eine Reihe von Zusatzelementen, wie z. B. den Treppenhaus-Deckenplatten, können die Grundrisse ohne umfangreichen Ortbetoneinsatz variabel gestaltet werden.

Die räumliche Aussteifung wird auch bei diesem System durch Windscheiben bzw. Kerne im Zusammenwirken mit den Deckenscheiben garantiert.

Neben den genannten Möglichkeiten und Vorteilen muß jedoch auch festgestellt werden, daß das entwickelte Elementesortiment der SKBS 75 nicht alle Bereiche gleichermaßen günstig abdeckt. Die zugrunde gelegten Deckenkonstruktionshöhen von mindestens 900 mm im Systemmaß sind für viele Gesellschaftsbauten nicht vorteilhaft. Spezielle Untersuchungen für diese Objekte führten z. B. zu einer Lösung, die auf Blatt 4.42 als Knoten Nr. 1 und 2 angegeben wird. Neben der Verringerung der Gesamthöhe der Decke werden gleichzeitig die Spannweiten der Deckenplatten gegenüber dem Einriegelsystem von SKBS 75 reduziert, was materialökonomische Effekte liefern kann. Der Nachteil dieser Lösung besteht allerdings darin, daß bei Mehrgeschoßstützen Auskragungen der Riegel kaum möglich sind und daß während der einseitigen Montage der Deckenplatten die Riegel wegen des Kippmomentes aus Torsionswirkung zusätzlich abgesteift werden müssen.

Für geringe Deckenbelastungen sind auch die „Leichte Geschoßbauweise" (Blätter 4.40 und 4.41) bzw. abgewandelte Flachdeckenkonstruktionen nach Blatt 4.43, Nr. 5 und 7, besonders zu empfehlen.

Bei nahezu allen vorgefertigten Skeletttragwerken stellt die Einhaltung der zulässigen Auflagerpressung der Riegel auf den Stützen bzw. Stützenkonsolen einen statisch kritischen Punkt dar. Die Auflagerflächen bestimmen häufig die Abmessungen der zu verbindenden Teile und erfordern oft erhebliche Schwächungen der durchgehenden Stützenquerschnitte, wodurch ein weiteres maßgebendes Problem aufgeworfen wird. Folgender Spannungswert darf bei den Pressungen der Auflagerfugen nicht überschritten werden

$$\sigma = \frac{nN}{A} \leq \left[1 - 6\left(1 - 0.8\frac{R_{b1}^0}{R_{b2}^0}\right)\left(\frac{t}{b}\right)^2\right] R_{b2} \quad (4.10)$$

mit $R_{b1}^0 \geq 0.4 R_{b2}^0$ [4.5] und $n \approx 1.2$ [4.32]. Darin bedeuten weiter R_{b1}^0 und R_{b2}^0 die Grundwerte der Rechenfestigkeit des Fugen- bzw. Elementebetons nach Blatt 4.02, $R_{b2} \approx 0.75 R_{b2}^0$ die Rechenfestigkeit des Elementebetons, t die vorhandene Fugendicke und b die kleinere Abmessung der Auflagerfläche bzw. Fugenbreite.

Wird die vorhandene Spannung σ größer als R_{b1}^0, müssen die Elemente an ihren Berührungsflächen ein zusätzliches Bewehrungsnetz mit dem Querschnitt $A_s = 0.1 N / R_s^0$ in beiden Richtungen erhalten.

Bei Baustoffvergleichen schneiden die monolithischen Skeletttragwerke in der Regel günstiger ab. Sie benötigen etwa 10 ... 15% weniger Betonstahl im Vergleich zu Fertigteilsystemen mit schlaff bewehrten Decken, ergeben jedoch trotz erheblich geringerer Beanspruchung infolge Rahmen-, Durchlauf- und Plattenbalkenwirkung gegenüber den Gelenksystemen bei Fertigteilskeletten keine wesentlichen Betoneinsparungen. Die Ursachen hierfür wie auch für die noch relativ geringen Stahleinsparungen resultieren aus der Verwendung höherer Betonklassen im Fertigteilbau und werden auch durch die in der Vorfertigung besser zu realisierenden Profilierungen der Querschnitte und Elemente beeinflußt (Hohlplatten, z. T. I-Querschnitte für Riegel).

Bedeutend sind jedoch i. a. die wesentlich geringeren Konstruktionshöhen von Ortbetondecken.

Beim Einsatz von vorgefertigten und vorgespannten Hohldecken gegenüber den schlaff bewehrten Volldecken in Ortbeton kann sogar der gesamte Baustoffvergleich zugunsten des Montagebaus ausfallen. Bild 4.22 verdeutlicht diese Möglichkeit anhand des allein auf die Deckenkonstruktionen beschränkten Vergleichs im Beton- und Stahlverbrauch zwischen monolithischen Plattenbalkendecken und dem Fertigteilsystem SKBS 75. Im vielgeschossigen Skelettbau weisen generell die Ortbetonausführungen gegenüber schlaff bewehrten Fertigteilsystemen materialökonomische Vorteile auf.

Die Skeletttragwerke werden vorwiegend bei gesellschaftlichen Gebäuden angewandt, bei denen größere, die Hauptparameter der Tafeltragwerke überschreitende Raumabmessungen und flexible Raumnutzungen gefordert werden. Mehrgeschossige Skelette werden auch für Produktions- und Lagerbauten sowie für Betriebs-, Instituts- und Laborgebäude eingesetzt.

4.3.4. Tafeltragwerke

4.3.4.1. Trag- und Konstruktionssysteme

Das Tragelement Tafel stellt statisch den übergeordneten Begriff für zweidimensionale Elemente dar, die eine Scheiben- und Plattenbeanspruchung in überlagerter Form zu übernehmen haben. Die räumliche Steifigkeit der Tafeltragwerke ist durch die Zusammensetzung der Wände und Decken zu prismatischen Faltwerken gegeben. Auf eine schubfeste Verbindung in den Fugen ist deshalb besonders zu achten.

Die einfachen Grundsysteme der Tafelbauten sind der Längs- und Querwandbau. Bei ihnen sind die Längs- bzw. Querwände die tragenden Elemente für die zweiseitig aufliegenden Deckenplatten.

Mit Rücksicht auf die größere erforderliche Aussteifung in Gebäudequerrichtung sollte das Querwandsystem bevorzugt werden, da bei diesen Wänden die Biegezugspannungen aus den Horizontallasten durch die aufzunehmenden Deckenlasten ganz oder teilweise überdrückt werden. Die im wesentlichen unbelasteten Längswände (Außen- und eventuell Mittelgangwände) sind durch ihre größere Ausdehnung in Gebäudelängsrichtung besser geeignet, die geringeren Horizontallasten in Längsrichtung ohne wesentliche Zugspannungen aufzunehmen.

Wesentlich ungünstiger werden die Längswandsysteme beansprucht. Bei den dazugehörigen Querwänden sind infolge der geringen Auflasten Zugspannungen fast nie zu vermeiden. Da jedoch klaffende Fugen nach Abschn. 4.1.1. im Tafelbau bisher nicht zugelassen sind bzw. nur über eine Länge von maximal ein Zehntel der Wandscheibenbreite B auftreten dürfen, werden bei diesem Wandsystem je nach Gebäudetiefe und -höhe durchgehende lotrechte Zugbewehrungen erforderlich.

Bei vielgeschossigen Bauten sind zur Verbesserung der Aussteifung Kombinationen von Quer- und Längswandsystemen anzustreben. Für die rechnerische Erfassung der Aussteifung können vereinfachend nur die Wandscheiben herangezogen werden, die in Windrichtung verlaufen.

Rechenbeispiele für den Lastfall Wind sind für Scheiben und I-Querschnitte mit Öffnungsreihen im Abschn. 2.2. enthalten. Hierbei wird das räumliche System in Querschnitte aufgetrennt, die zur jeweiligen Windrichtung aussteifend wirken. Ein Zusammenwirken der Teilquerschnitte über die Riegel zwischen den Öffnungsreihen wird berücksichtigt. Bei den T- und I-Querschnitten darf die mitwirkende Breite der Wandanteile senkrecht zur Windscheibenrichtung („Flansche") nicht größer als ein Fünftel der gesamten Scheibenhöhe angesetzt werden. Aber auch diese mitwirkende Breite kann in den seltensten Fällen nur genutzt werden, weil dann die zulässigen Grenzwerte der Schubübertragung (vgl. Tafel 4.21) überschritten werden.

Innerhalb des Nachweises zur Gebäudeaussteifung kommt den Geschoßdecken eine große Bedeutung zu. Sie sind bei den Montagewandkonstruktionen aus den Einzelelementen über sog. Ringanker- und Scheibenbewehrung zu wirksamen Horizontalscheiben zu entwickeln, die die Horizontalkräfte in jedem Geschoß auf die unterschiedlich steifen Quer- bzw. Längswände verteilen. Die sich daraus ergebenden Biegezug- und Zugkräfte sind vorrangig durch die Ringanker aufzunehmen. Die Ringankerbewehrungen liegen in Höhe jeder Geschoßdecke jeweils in oder neben den tragenden Außen- und Innenwänden. Bei Verzicht auf tragende Außenlängswände liegen sie an den Außenlängsrändern der Deckenplatten, werden über jeder Fuge verschweißt oder noch einfacher in einem mindestens 12...15 cm breiten Ortbetonstreifen am Außenrand der montierten Decken untergebracht.

Ein vereinfachtes und in der Praxis oft verwendetes Verfahren zur Ermittlung der Biegezug- und Zugbeanspruchungen in den Ringankern wird im Bild 2.5 des Abschn. 2.2.2. prinzipiell dargestellt. Die Schubbeanspruchungen aus der Scheibenwirkung der Decke dürfen die Werte nach Tafel 4.21 nicht überschreiten.

Der Großtafelbau hat sich aus dem Blockbau (Montagelasten $\leq 0,8$ t) und dem Streifenbau (Montagelasten ≤ 2 t) entwickelt, wobei die Montagelasten von anfänglich 5 t bereits heutzutage auf 9 t und höher gesteigert werden.

Bevorzugt für den Wohnungsbau ist die Wohnungsbauserie WBS 70 entwickelt worden. Hier ist die Laststufe 6,3 t sowie das Querwandsystem zugrunde gelegt. Die Systemmaße der Spannbetondeckenplatten (Dicke 140 mm) sind 3000 × 6000 mm und 3000 × 4800 mm. Zusätzlich werden schlaff bewehrte Elemente von 6000 × 2400 mm benötigt, die über die kurze Seitenabmessung spannen.

Auf den Deckenelementen baut die Gesamtgeometrie der Grundrisse auf, indem auch die Innen- und Außenwandelementlängen weitestgehend 6000 mm betragen. Die tragenden Innenwände sind 150 mm dick und werden bis 6 Geschosse in der Bk 12,5 (teilweise bewehrt) und bis 11 Geschosse in Bk 25 (Stahlbeton) ausgeführt. Neben der Minimierung der Elementezahl bzw. ihrer Grundgeometrie wird besonderer Wert auf eine weitgehende Komplettierung in der Vorfertigung sowie auf die Erhöhung der Maßgenauigkeit und der Oberflächenqualität gelegt. Die Verbindung der Elemente erfolgt durch Verschweißen der in den Wandelementen befindlichen Ringankerbewehrung und der Verbindungs- bzw. Scheibenbewehrung der Deckenplatten (Blätter 4.44, 4.45) sowie durch das Ausbetonieren der Vertikal- und Horizontalfugen. Diese Schweißverbindungen garantieren zugleich eine schnelle kraftschlüssige Verbindung während der Montage. Einfachere und weniger differenzierte Elementegeometrien werden jedoch durch das Einlegen der erforderlichen Bewehrungsstäbe in dafür ausgebildete Fugen erreicht. Dieses Prinzip wird bei weitestgehend „offenen" Systemen immer mehr bevorzugt. Die Elemente sind bis auf die druckbeanspruchten Lagerfugen an den zusammenstoßenden Seitenflächen profiliert, um die Schub- und Querkraftübertragung zu gewährleisten. Zur Aussteifung in Gebäudelängsrichtung können neben den im Bereich der Treppenhäuser vorhandenen Längswänden auch die Außenlängswände (Dreischichtenelemente) herangezogen werden.

Bei aufgelösten Erdgeschoßzonen sind die Außenlängswände aber selten selbsttragend ausgebildet. Vielmehr tragen sie ihre Lasten über Aufhängungen oder Aufständerungen jeweils auf die Geschoßdecken oder Querwände ab. In diesen Fällen ist der Längsaussteifung besondere Aufmerksamkeit zu widmen, was i. d. R. zu einschneidenden Maßnahmen für die Grundrißgestaltung führt. In Tafel 4.20 werden Empfehlungen für die dafür erforderlichen Mindestquerschnitte für zwei Wandsysteme mit 5 und 6 Obergeschossen gemacht.

Tafel 4.20 Empfehlungen zur Längsaussteifung von mehrgeschossigen Wohngebäuden in Montagewand-konstruktionen bei nichtaussteifenden Außenlängswänden (Erforderliche Mindestquerschnitte)

Vorbemerkungen:

Grundlage zur Berechnung der Scheiben mit Öffnungsreihen bildet das Näherungsverfahren nach Rosmann [2.2], vgl. auch Abschnitt 2.2.2
Danach sind auch die Ersatzträgheitsmomente J_i ermittelt worden, die für die genäherte Aufteilung der Kräfte auf die unterschiedlich steifen Scheiben benötigt werden: $H_n = \Sigma H \frac{J_{i,n}}{\sum_m J_{i,m}}$

Die erforderlichen T- und I-Querschnitte zur Längsaussteifung setzen eine jeweils mitwirkende Breite der schubfest angeschlossenen Querwand-Anteile (Fugenausbildung 3) oder 4) nach Tafel 4.21) mit einer Mindestbreite von 2,55 m mit Ausnahme der Treppenhauslängswände unter Punkt 7 und 8 im Tafelteil I voraus. Eine symmetrische Lage der Flansche zum Steg (Längswand) ist dabei nicht Voraussetzung.

Hinsichtlich der Auflasten wird in zwei Fälle unterschieden:

Mitwirkung von benachbarten Deckenfeldern

Ohne Mitwirkung benachbarter Deckenfelder (z.B. neben Treppenhaus oder Giebelwand)

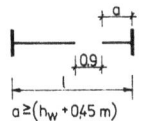

$a \geq (h_w + 0,45 m)$

$a \geq (h_w + 0,45 m)$

Die minimalen Längsaussteifungen sind für die Wohnungsbausysteme WBS 70 mit 6 Geschossen und Keller und für 12 m und 14,40 m Gebäudetiefen sowie jeweils einseitiger Loggia zusammengestellt. Vielfältige weitere Varianten sind möglich. Für 5 Geschosse und Keller (H~18 m) können die etwas reduzierten, aber erforderlichen Mindestquerschnitte den entsprechenden Hinweisen in Klammern entnommen werden.

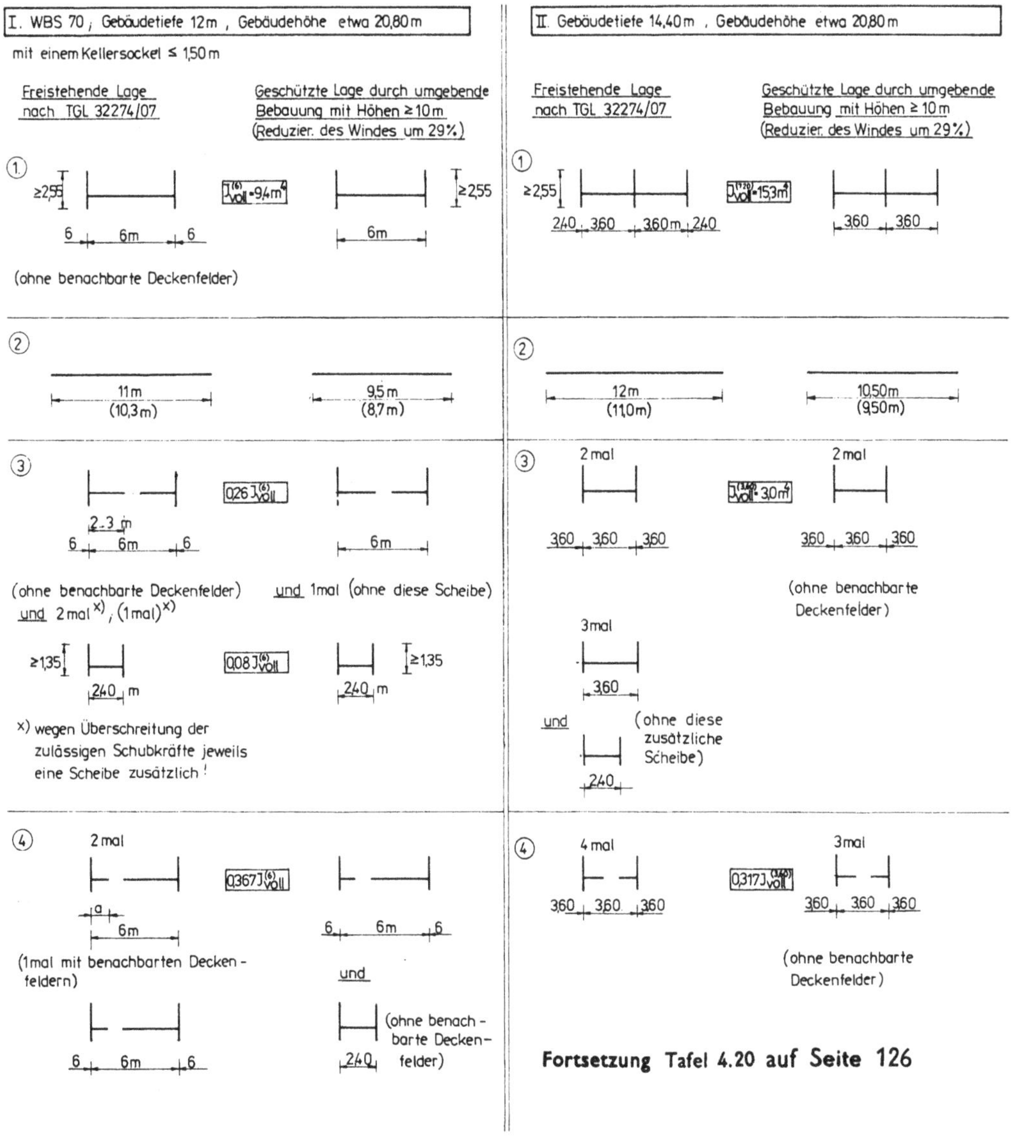

I. WBS 70; Gebäudetiefe 12 m, Gebäudehöhe etwa 20,80 m

mit einem Kellersockel ≤ 1,50 m

II. Gebäudetiefe 14,40 m, Gebäudehöhe etwa 20,80 m

Fortsetzung Tafel 4.20 auf **Seite 126**

Mit der Weiterentwicklung des industriellen Monolithbaus gewinnen Wandbauten in Ortbeton an Bedeutung. Leistungsfähige Technologien wie das Tunnelschalverfahren (Blatt 4.49) ergeben neue Möglichkeiten, wie u. a. die rationelle Ausführung von Lückenbebauungen.

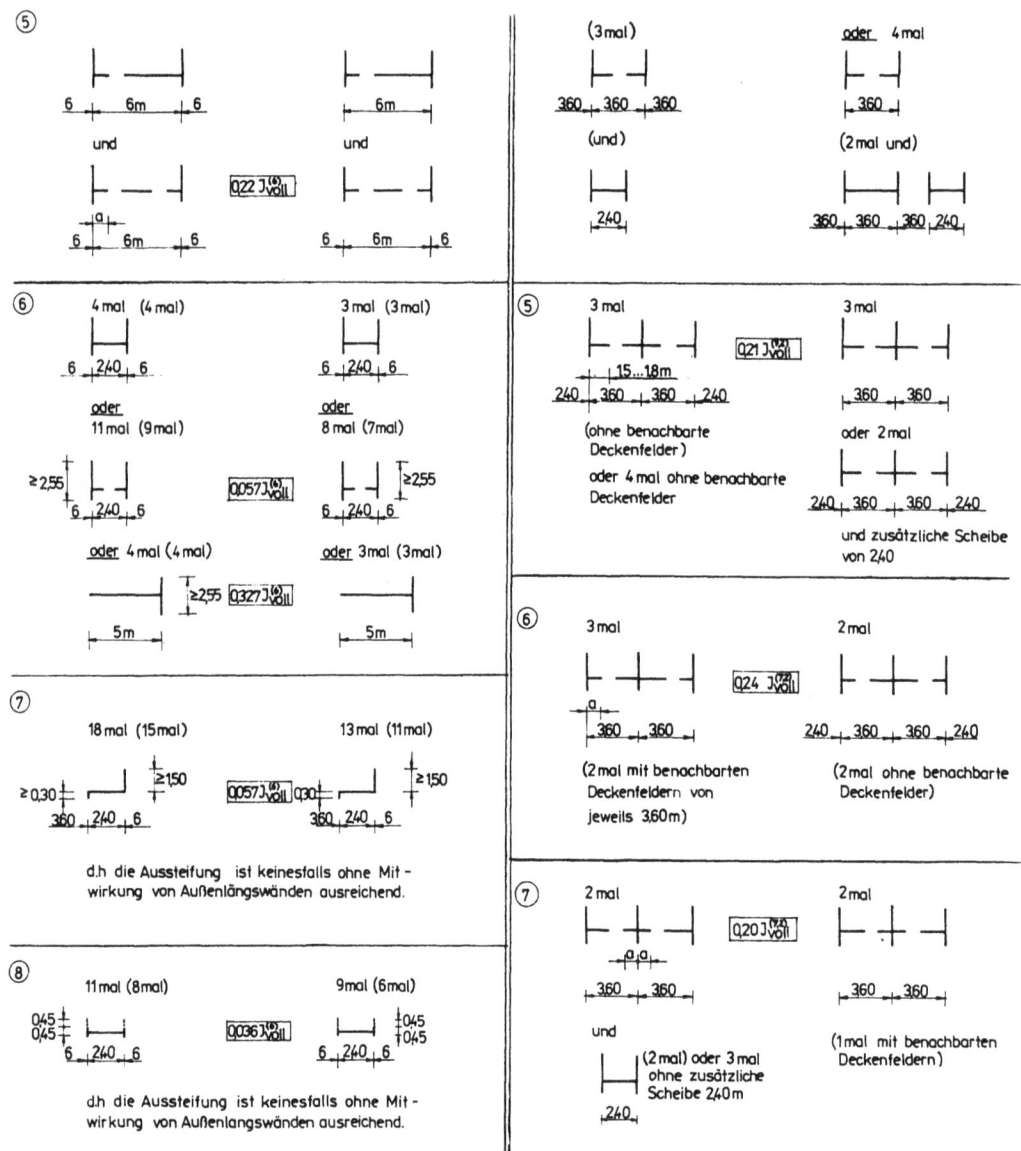

4.3.4.2. Bauliche Durchbildung und Anwendungen

Unabhängig von den zuvor beschriebenen Nachweisen sind die Ringankerbewehrungen bis 6 Geschosse mit einem Mindestquerschnitt von 1,5 cm² und über 6 Geschosse mit mindestens 2,2 cm² unabhängig von der Stahlqualität auszuführen.

Für die Auflagerlängen der Platten gelten die Mindestwerte nach Tafel 4.13.

Die Mindestdicken h tragender Wände sind nach [4.5]

100 mm in Stahlbeton,
120 mm in Schwerbeton und
190 mm in Leichtbeton.

Wände mit 150 mm Dicke (WBS 70) können noch unbewehrt ausgeführt werden, wenn näherungsweise die Beanspruchungen die Werte nach Tafel 4.21 nicht überschreiten.

Anderenfalls sind bewehrte Konstruktionen anzuwenden, wobei eine lotrechte Mindestbewehrung von $0,004 bh$ ($\emptyset$ 8, $a \leq 170$ mm an jeder Wandseite) mit einer Querbewehrung von 1/5 der lotrechten Bewehrung und einem maximalen Querstababstand von 350 mm anzuordnen ist.

Die somit an jeder Wandseite vorhandenen Bewehrungsnetze sind mit mindestens 4 S-Haken je m² zu verbinden. Ist der erforderliche bezogene Bewehrungsquerschnitt je Wandseite größer als 1 %, ist der S-Hakenabstand in beiden Richtungen auf $2h$ zu reduzieren. Bei großen Wanddicken $h > 300$ mm ist der Abstand der lotrechten Bewehrung auf $2/3h$ zu begrenzen.

Statisch besonders kritisch sind die Nachweise zur Tragfähigkeit der Wand-Decken-Knoten. In Abhängigkeit von ihrer geometrischen Ausbildung sowie den einbindenden Decken (Voll- oder Hohldecken) ergeben sich unterschiedliche Grenzwerte, die in vereinfachter Darstellung gegenüber [4.17] wiederum der Tafel 4.21 entnommen werden können.

International durchgeführte Analysen haben bewiesen, daß Tafeltragwerke innerhalb ihrer spezifischen Grenzen, wie Raumgrößen, Spannweiten und Variabilität, die günstigsten ökonomischen Lösungen ergeben. Beim mehr- und vielgeschossigen Wohnungsbau ist der Tafelbau – hinsichtlich des Arbeitsaufwandes und Baustoffverbrauches – allen anderen Konstruktionen, auch dem Block- und Streifenbau, überlegen.

Der Anwendungsbereich erstreckt sich besonders auf Wohngebäude, Bettenhäuser für Hotels und Krankenhäuser, Kindergärten und teilweise auch Schulen, Ambulatorien und Sozialgebäude.

Tafel 4.21 Ansätze zur Vorbemessung von Tafeltragwerken in Montagebauweise

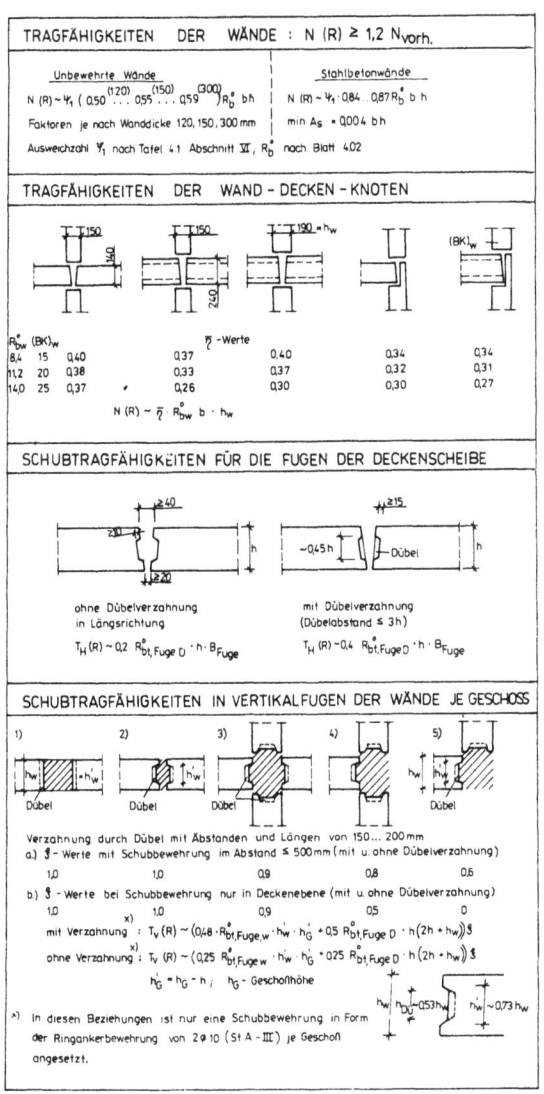

Um die oft erwünschte Mischung verschiedener funktioneller Forderungen nach flexibleren und größeren Räumen und Belastbarkeiten zu ermöglichen, werden Mischbauweisen, bestehend aus tragenden Tafeln sowie Riegeln und Stützen (Linearelemente), entwickelt. Auf der Grundlage einheitlicher Maßstrukturen (Abschnitt 4.5) und den Prinzipien „offener" Konstruktionen, d. h. variabler Anschluß- und Austauschmöglichkeiten zwischen den verschiedenen Elementen, werden „offene" Bausysteme konzipiert [4.33]. Unter diesen Gesichtspunkten sind zahlreiche Lösungen bzw. Vorschläge entwickelt worden [4.31], die jedoch noch keine umfangreiche Anwendung erfahren haben.

Neben der weiteren Vervollkommnung der Tafeltragwerke werden seit einigen Jahren verstärkt Untersuchungen zur Unterlagerung von Wandkonstruktionen mit montierten Skeletttragwerken durchgeführt. Entsprechende Möglichkeiten hierzu werden auf Blatt 4.46 dargestellt.

4.4. Tragwerksfugen

Entsprechend den statischen Erfordernissen werden zwei Arten von Tragwerksfugen unterschieden.

Dehnungsfugen müssen zum Abbau von Zwängungsbeanspruchungen aus Temperaturwechseln und dem Schwindverhalten des Betons angeordnet werden. Ihre statische Wirksamkeit ist bereits garantiert, wenn die Fuge nur bis Fundamentoberkante durchgeht. Der Höchstabstand wird je nach Steifigkeit des Tragwerkes gegenüber horizontalen Verschiebungen abgestuft [4.29]. Danach sollten mehrgeschossige monolithische Skelettbauten Fugen im Abstand von 50 m aufweisen. Montierte Tragwerke gestatten eine Vergrößerung des Abstandes auf 60 m. Tafeltragwerke aus Fertigteilen können z. T. bis 80 m Länge ohne Dehnungsfugen ausgestattet sein. Dagegen sind bei monolithischen Dachkonstruktionen mit geringer Wärmedämmung Fugenabstände von 8…12 m zu empfehlen. Für die darunterliegenden Geschosse gelten wiederum die Maximalwerte.

Setzungsfugen sind bei der Gefahr von Differenzsetzungen zwischen verschiedenen Bauwerksbereichen erforderlich. Ursachen hierfür können wesentliche Unterschiede im Baugrund, in der Gründungstiefe, in der Gründungsart, im Bautermin und in den vorhandenen Fundamentpressungen sein. Ihre statische Wirkung ist nur gesichert, wenn das gesamte Bauwerk in den betreffenden Bereichen durchgehende Fugen aufweist. Die Setzungsfuge erfüllt damit auch die Funktion einer Dehnungsfuge. Ihre Lage wird durch die genannten Ursachen bestimmt.

Verschiedene konstruktive Möglichkeiten für die Tragwerksfugen werden in Abhängigkeit von der Tragwerksform auf Blatt 4.47 erläutert.

4.5. Modulare Zuordnung der Tragelemente

Bei der Festlegung der Abmessungen des Tragwerkes ist nicht allein von den statischen Erfordernissen auszugehen, sondern auf die Gesamttechnologie der Herstellung eines Bauwerkes Rücksicht zu nehmen. Die Zusammenfügung des Tragwerkes mit den vielfältigsten Formen des Ausbaues und die Austauschbarkeit verschiedener Baugruppen im Sinne offener Systeme verlangen einheitliche maßliche Abstimmungen auf der Grundlage von Modul und Raster [4.12].

Das bisher am häufigsten angewandte Achsraster ist ein ebenes oder räumliches Gitter aus parallelen, rechtwinklig sich kreuzenden Rasterlinien. Ihre gegenseitigen Abstände r gelten als Baustandardmaße und sind ein vielfaches des Moduls M [4.30].

Durch die Anordnung eines Bandes über jeder Rasterlinie entsteht ein Bandraster mit dem vielfachen Wert eines Moduls B $\left(B = \dfrac{M}{k}\right)$ als Bandbreite. Der Abstand zwischen den Bändern ist dadurch modular gegliedert. Durch die Begrenzung der Querschnittsabmessungen (Breite und Dicke) der Tragelemente auf wenige Werte der möglichen Bandbreiten stellen die lichten Abstände zwischen den Elementen des Rohbaues bevorzugte Abmessungen für die Ausbaukonstruktion dar. Diese modulare Zuordnung ermöglicht die standardisierte Komplettierung des gesamten Bauwerkes und ist für die Entwicklung offener Bausysteme von besonderer Bedeutung.

Literatur

[4.1] Brendel, G.: Stahlbetonbau. 5. Aufl. Leipzig 1971.
[4.2] Meynig, F.: Konstruktion und Bemessung im Stahlbetonbau. 6. Aufl. Berlin 1972.
[4.3] Kaller, W.; Raue, R.; Böhme, H.: Stahlbeton, Konstruktion und Berechnung. Bd. 1 und 2. Berlin 1977.
[4.4] TGL 33404/01 und 02 Betonbau, Schnittgrößen- und Verformungsermittlung, Grundsätze und Berechnungshilfsmittel. Ausgabe 05.80.
[4.5] TGL 33405/01 und 02 Betonbau, Nachweis der Trag- und Nutzungsfähigkeit, Konstruktionen aus Beton, Stahlbeton, Spannbeton. Ausgabe 10.80.
[4.6] TGL 33406/01 und 02 Betonbau, Hilfsmittel für die Nachweisführung; Konstruktionen aus Beton, Stahlbeton und Spannbeton. Ausgabe 04.80.
[4.7] Plagemann; Langner: Die Gründung von Bauwerken. Teil 1. Leipzig 1970.
[4.8] Pörschmann, H. (Hrsg.): Bautechnische Berechnungstafeln für Ingenieure. 22. Aufl. Leipzig 1988.
[4.9] Löser, B.: Bemessungsverfahren. 18. Aufl. Berlin, München, Düsseldorf 1971.
[4.10] Czerny, F.: Tafeln für vierseitig gelagerte Rechteckplatten, in: Betonkalender. Berlin 1962.
[4.11] Stiglat; Wippel: Platten, Plattenstreifen, punktgestützte Platten, zwei-, drei- und vierseitig gestützte Platten. Berlin, München 1966.
[4.12] Wiel, L.: Baukonstruktionen des Wohnungsbaues. 11. Aufl. Leipzig 1988.
[4.13] Büttner, O.: Hubverfahren im Hochbau. Berlin 1971.
[4.14] Rosenberg, H.: Gedanken zur Hubdecken-Bauweise und Ausführungsbeispiele. Der Bauingenieur 1968, H. 2.
[4.15] Augustin, F.: Einige technische Besonderheiten des Hubdeckenverfahrens. Beton- und Stahlbetonbau 1967, H. 2.
[4.16] TGL 116-0274 Massivdecken für traditionelle Bauweise, L-Decke. Ausgabe 12.61 und Zulassung Nr. 90/72 der Staatlichen Bauaufsicht, Berlin 1972 (zurückgezogen).
[4.17] Wandbauten in Montagebauweise, Tafel-, Streifen- und Blockkonstruktion, Bauliche Durchbildung und Berechnung. Richtlinie der Staatlichen Bauaufsicht, in Vorbereitung.
[4.18] Berndt, K.: Die Montagebauarten des Wohnungsbaues in Beton. Wiesbaden und Berlin 1969.
[4.19] Hampe, E.: Vorgespannte Konstruktionen. Bd. 1 und 2. Berlin 1964/1965.
[4.20] Herberg, W.: Spannbeton. Teil 1 und 2. 2. Aufl. Leipzig 1960/1962.
[4.21] Major; Zeidler: Industriehallen, Entwurf und Ausführung. Berlin 1962.
[4.22] Koncz, T.: Handbuch der Fertigteil-Bauweise. 3. Aufl. Berlin 1970.
[4.23] Mokk, L.: Montagebau in Stahlbeton. Industriebau, Gesellschaftsbau. Bd. 1 und 2. Berlin und Budapest 1968/1973.
[4.24] Herholdt, G.: Plattenbauweise. Berlin 1963.
[4.25] v. Halácz, R.: Industrialisierung der Bautechnik, Bauen und Bauten mit Stahlbetonfertigteilen. Düsseldorf 1966.
[4.26] Ingenieur-Taschenbuch Bauwesen. Band IV. Hochbau. Teil 1. Hrsg. von H. Rettig. Leipzig 1964.
[4.27] Franz, G.: Konstruktionslehre des Stahlbetons. Band 1. Grundlagen und Bauelemente. 3. Aufl. Berlin, Heidelberg, New York 1970. Band 2. Tragwerke. 1969.
[4.28] Zulassung der Staatlichen Bauaufsicht Nr. 7/65. Hohl- und Volldeckenplatten einschließlich Änderung vom 14.8.1969. TGL 24778 Stahlbetonhohldielen. Ausgabe 12.75.

TGL 22823 Spannkeramikdecken. Ausgabe 11.85.
TGL 117-0139 Massivdecken für traditionelle Bauweise, Deckenziegel. Ausgabe 09.67.

[4.29] TGL 22903 Bewegungsfugen in Bauwerken. Ausgabe 04.83.
[4.30] TGL 37706 Maßordnung im Bauwesen. Ausgabe 10.80.
[4.31] Rickenstorf, G.: Tragwerke für Hochbauten. 1. Aufl. Leipzig 1972.
[4.32] TGL 32274 Lastannahmen für Bauwerke. Ausgabe 12.76.
[4.33] Berndt, E.: Einige Aspekte zu den Tragkonstruktionen bei offenen Bausystemen. Wiss. Zeitschrift der TU Dresden 23 (1974) H. 3/4.
[4.34] Krüger, W.: Arbeitsmittel für die Spannbetonvorbemessung und Bemessungsnomogramme. Als Manuskript gedruckt, IHS Wismar 1986.

4. TRAGWERKE AUS BETON, STAHLBETON UND SPANNBETON

4.1 BAUSTOFFE
ALLGEMEINE KONSTRUKTIONSREGELN
TGL 33405/01 — BLATT 4.01

ABZÜGE UND ZUSCHLÄGE ZUR ERMITTLUNG DER SCHNITTLÄNGE FÜR ST A-0 UND ST A-I

d_e mm	ZUSCHLAG FÜR TRAGBEWEHRUNG MIT ABBIEGUNG VON 45°			ZUSCHLAG FÜR TRAGBEWEHRUNG MIT ABBIEGUNG VON 90°		ZUSCHLAG FÜR TRAGBEWEHRUNG MIT ABBIEGUNG VON 45° UND 90°			BÜGEL (STATISCH BEANSPRUCHT)			WERTE ZUR ERMITTLUNG DES ZUSCHLAGES FÜR TRAGBEWEHRUNG UND BÜGEL 2 HAKEN HALBRUND	1 HAKEN RECHTWINKLIG	ABZUGES FÜR TRAGBEWEHRUNG 2 ABBIEGUNGEN 45° 1)	1 ABBIEGUNG 90°	d_e mm
6				160	160	160	160	160							–	6
7	160	160	160						100	70	40	160	120			7
8				130	100	100	130	130							30	8
10																10
12		140	150			80	120	120								12
14	190	170	180		110	90	130	140	110	70	30	190	140		40	14
16	200	180	190	150	120	100	140	150	120	80	40	200	180	10		16
18					100	80	130	140	100	50	–				50	18
20	230	210	220	180	130	110	160	170	–	–	–	230	210			20
22	340	300	320	270	200	160	230	250				340	240		70	22
25	380	340	360	310	240	200	270	290				380	280			25
28	430	390	410	340	250	210	300	320	–	–	–	430	300	20	90	28
32	490	450	470	400	310	270	360	380				490	350			32
36	550	510	530	440	330	290	400	420	–	–	–	550	390		110	36
40	610	570	590	500	390	350	460	480				610	430			40

ABZÜGE UND ZUSCHLÄGE ZUR ERMITTLUNG DER SCHNITTLÄNGE FÜR ST A-III, T-IV, B-IV

d_e mm	ABZUG FÜR TRAGBEWEHRUNG MIT ABBIEGUNG VON 45°			ABZUG FÜR TRAGBEWEHRUNG MIT ABBIEGUNG VON 90°		ABZUG FÜR TRAGBEWEHRUNG MIT ABBIEGUNG VON 45° UND 90°			ZUSCHLAG FÜR BÜGEL			WERTE ZUR ERMITTLUNG DES ABZUGES FÜR TRAGBEWEHRUNG 2 ABBIEGUNGEN 45° 2)	1 ABBIEGUNG 90°	ZUSCHLAGES FÜR TRAGBEWEHRUNG UND BÜGEL 2 HAKEN HALBRUND	1 HAKEN RECHTWINKLIG	d_e mm
6	–	–		20	40	40	20	20	110	90	60		20	160	70	6
7												–			80	7
8				30	60	60	30	30	120						90	8
10									160	130	100		30		110	10
12					80	50	40		200	160	140			190	130	12
14	20	10									120	10		300	160	14
16			60	120	140	80	70		300	240	180		60	380	210	16
18																18
20														420	230	20
22	30	15	90	180	210	120	100		–	–	–	15	90	470	250	22
25														530	290	25
28	40	20	110	220	260	150	130		–	–	–	20	110	590	320	28
32														680	370	32

1) FÜR $D = 10 \cdot d_e$ 2) FÜR $D = 15 \cdot d_e$ (BZW. ≥ BK 20)

ZUSCHLÄGE FÜR HAKEN

2 HAKEN	d_e	6	7	8	10	12	14	16	18	20	22	25	28	32	36	40
HALBRUND	ST A-0, A-I	160					190	200		230	340	380	430	490	550	610
	ST A-III, T-IV	160				190	300	380		420	470	530	590	680	760	840
RECHTWINKLIG	ST A-0, A-I	250					290	370		410	470	540	600	690	770	860
	ST A-III, T-IV	250					320	420		460	510	580	640	740	830	920

AUFBIEGUNGEN

KRÜMMUNG DER AUFBIEGUNGEN — ERMITTLUNG DES AUFBIEGEMASZES s — AUFBIEGUNG BEI DÜNNEN STAHLBETONPLATTEN

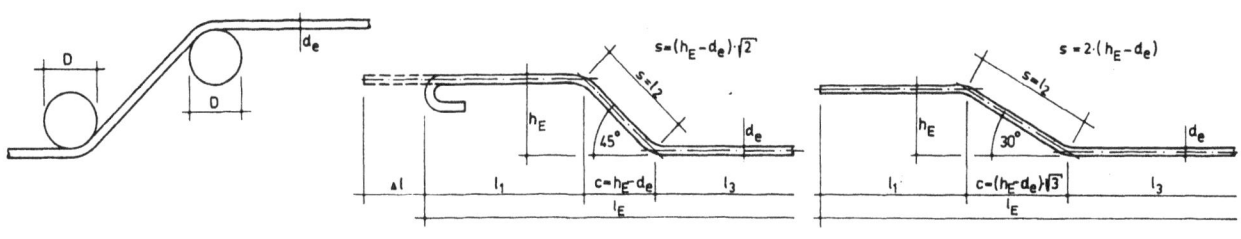

ST A-0, ST A-I } BETONKLASSE < 20 $D = 15 \cdot d_e$
               ≥ 20 $D = 10 \cdot d_e$
ST A-III, ST T-IV } BETONKLASSE < 20 $D = 20 \cdot d_e$
                   ≥ 20 $D = 15 \cdot d_e$

EINBAUHÖHE : h_E
EINBAULÄNGE : l_E
SCHNITTLÄNGE: $l = \Sigma\, l_n \pm \Delta l$
Δl : ZUSCHLÄGE FÜR HAKEN UND ABZÜGE FÜR AUF- UND ABBIEGUNGEN

4. TRAGWERKE AUS BETON, STAHLBETON UND SPANNBETON

4.1 BAUSTOFFE
ALLGEMEINE KONSTRUKTIONSREGELN
BLATT 4.02

HAKENAUSBILDUNG

ST A-0, A-I $\begin{cases} \text{BEI } d_e \leq 20 & D = 2{,}5 \cdot d_e \\ \text{BEI } d_e > 20 & D = 4{,}5 \cdot d_e \end{cases}$

ST A-III, T-IV $\begin{cases} \text{BEI } d_e \leq 12 & D = 4{,}5 \cdot d_e \\ \text{BEI } d_e > 12 & D = 7{,}0 \cdot d_e \end{cases}$

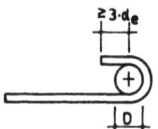 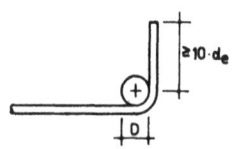 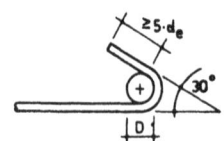

FESTIGKEITSWERTE DER BAUSTOFFE

① BEZIEHUNGEN ZWISCHEN DEN WÜRFELDRUCKFESTIGKEITEN R, ERMITTELT AN PRÜFKÖRPERN MIT VERSCHIEDENEN KANTENLÄNGEN ($a = 100, 150, 200$ UND 300 mm)

$$R^{(150)} = R = \begin{cases} 1{,}10 \cdot R^{(300)} \\ 1{,}05 \cdot R^{(200)} \\ 0{,}91 \cdot R^{(100)} \end{cases} \text{ (NACH TGL 33433 / 04)}$$

UND DEN ZUGFESTIGKEITEN R_{bt}, ERMITTELT ÜBER SPALTZUGFESTIGKEITEN AN WÜRFELN MIT VERSCHIEDENEN KANTENLÄNGEN

$$R_{bt}^{(150)} = R_{bt} = \begin{cases} 1{,}05 \cdot R_{bt}^{(200)} \\ 0{,}90 \cdot R_{bt}^{(100)} \end{cases} \text{ (NACH TGL 33433 / 10)}$$

② NACHWEIS DER NORMFESTIGKEITEN FÜR EINZELNE BETONKLASSEN
— NORMWERT DER WÜRFELDRUCKFESTIGKEIT (TGL 33433 / 02)

STICHPROBENUMFANG:
- $3 \leq n \leq 6$ $\min x_i \geq 1{,}10 \cdot R^n$
- $6 < n < 15$ $\min x_i \geq 1{,}06 \cdot R^n$
- $n \geq 15$ $x_{5\%} = \bar{x} - 1{,}645 \cdot s \geq R^n$

— NORMWERT DER ZUGFESTIGKEIT (TGL 33433 / 02)

STICHPROBENUMFANG:
- $3 \leq n \leq 6$ $\min x_i \geq 1{,}15 \cdot R_{bt}^n$
- $6 < n \leq 9$ $\min x_i \geq 1{,}10 \cdot R_{bt}^n$
- $9 < n < 15$ $\min x_i \geq 1{,}05 \cdot R_{bt}^n$
- $n \geq 15$ $x_{5\%} = \bar{x} - 1{,}645 \cdot s \geq R_{bt}^n$

DABEI BEDEUTEN:

$\bar{x}$ DAS ARITHMETISCHE MITTEL MIT $\bar{x} = \frac{1}{n} \sum_{1}^{n} x_i$

s DIE STANDARDABWEICHUNG MIT $s = \sqrt{\sum_{1}^{n}(x_i - \bar{x})^2 \cdot \frac{1}{n-1}}$

$R^n = \bar{x} \cdot (1 - 1{,}645 \cdot 0{,}133) = 0{,}778 \cdot \bar{x}$

BK... = $R^n = 0{,}778 \cdot 1{,}05 \cdot R^{(200)} = 0{,}817 \cdot B...$

③ UNTER VORAUSSETZUNG EINER DURCHSCHNITTLICHEN HÄUFIGKEITSVERTEILUNG DER PRÜFERGEBNISSE DER WÜRFELDRUCKFESTIGKEITEN MIT EINEM VARIATIONSKOEFFIZIENTEN $s/\bar{x} = v = 0{,}133$ ERGIBT SICH NEBENSTEHENDE RELATION ZWISCHEN DEN BISHER ÜBLICHEN BETONGÜTEN B... UND DEN NACH DEM ETV BETON NEU FORMULIERTEN BETONKLASSEN BK...:

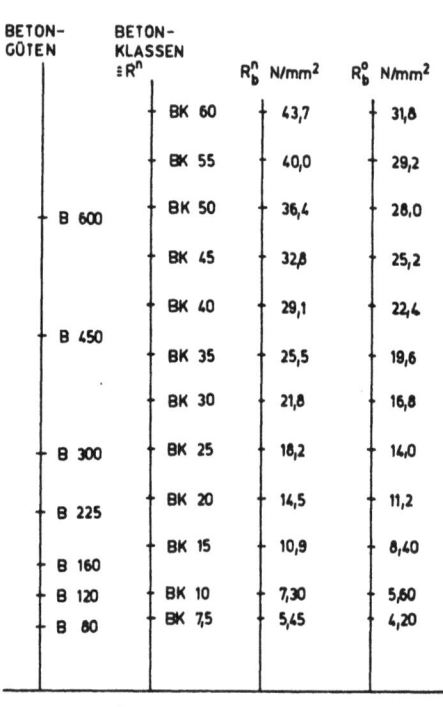

RELATION ZWISCHEN BETONGÜTE UND BETONKLASSE

④ FESTIGKEITSWERTE FÜR SCHWERBETON IN N/mm² NACH TGL 33403

BETONKLASSEN	BK	7,5	10	12,5	15	20	25	30	35	40	45	50	55	60
NORMWERT DER WÜRFELDRUCKFESTIGKEIT ($a = 150$ mm)	R^n	7,50	10,0	12,5	15,0	20,0	25,0	30,0	35,0	40,0	45,0	50,0	55,0	60,0
NORMWERT DER PRISMENDRUCKFESTIGKEIT	R_b^n	5,45	7,30	9,10	10,9	14,5	18,2	21,8	25,5	29,1	32,8	36,4	40,0	43,7
GRUNDWERT[1] DER RECHENFESTIGKEIT BEI DRUCKBEANSPRUCHUNG	R_b^o	4,20	5,60	7,00	8,40	11,2	14,0	16,8	19,6	22,4	25,2	28,0	29,2	31,8
NORMWERT DER BETONZUGFESTIGKEIT	R_{bt}^n	0,70	0,85	0,95	1,10	1,35	1,55	1,75	1,90	2,10	2,30	2,50	2,60	2,80
GRUNDWERT[2] DER RECHENFESTIGKEIT BEI ZUGBEANSPRUCHUNG	R_{bt}^o	0,45	0,55	0,65	0,75	0,90	1,05	1,15	1,30	1,40	1,50	1,65	1,65	1,75

1) RECHENWERT DER DRUCKFESTIGKEIT $R_b = m_b \cdot R_b^o$; $R_b^o = R_b^n / k_b$, $k_b \sim 1{,}3...1{,}4$ ALS SOG. MATERIALFAKTOR
2) RECHENWERT DER ZUGFESTIGKEIT $R_{bt} = m_b \cdot R_{bt}^o$
m_b (I.D.R. ≤ 1) ALS PRODUKT DER ANPASSUNGSFAKTOREN NACH TGL 33403, TAFEL 3

⑤ FESTIGKEITSWERTE FÜR BETON- UND SPANNSTAHL IN N/mm² NACH TGL 33403

	FESTIGKEITS-KENNGRÖSZE	BETONSTAHL			
		0	I	III	IV
ST A	R_s^n	220	240	400	
	R_s^o	190	210	350	
ST T, ST B, ST B RI	R_s^n			400	500
	R_s^o			350	430

		SPANNSTAHL	
		60/90	140/160
SPANN-STAHL	R_p^n	600	1400
	R_p^o-ZUG	520	1220
	R_p^o-DRUCK	500	500

R_s^n NORMWERT DER TECHNISCHEN STRECKGRENZE,
R_s^o RECHENFESTIGKEIT VON BETON- UND SPANNSTÄHLEN

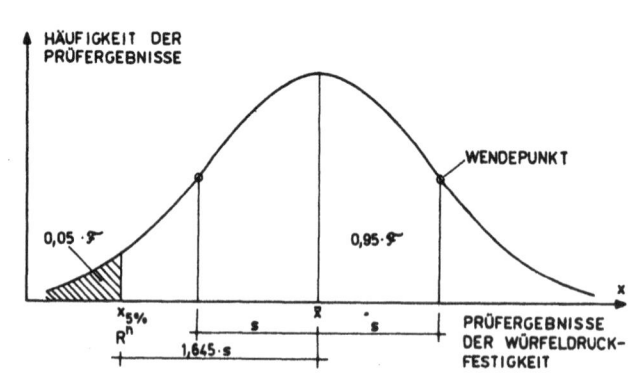

NORMALVERTEILUNG DER WÜRFELDRUCKFESTIGKEITEN

4. TRAGWERKE AUS BETON, STAHLBETON UND SPANNBETON

4.1 BAUSTOFFE
ALLGEMEINE KONSTRUKTIONSREGELN
BLATT 4.03

VERANKERUNGSLÄNGEN (TGL 33405/01)

① GRUNDWERTE l_{bo}
- GUTER VERBUNDBEREICH: ≤ 250 mm ÜBER SCHALUNGSBODEN ODER LOTRECHTE ODER UM ≥ 45° GEGEN DIE HORIZONTALE GENEIGTE STÄBE UND KEINE RISZBILDUNG PARALLEL DER STABACHSE.

STAHLGÜTE UND VERANKERUNGSART		BK	10	12,5	15	20	25	30	35	40	45	50	55	60	
ST A-I	MIT HAKEN		75	60	50	40	30	25			20				
ST A-III	OHNE HAKEN		66	56	50	40	35	32	28	26	24	22	22	21	×d_e
ST T-III	MIT HAKEN		55	45	40	30	25	21			20				
ST T-IV	OHNE HAKEN		82	70	60	50	43	39	35	32	30	28	28	26	
ST B-IV Ri	MIT HAKEN		71	60	50	40	32	28	24	21		20			

- SCHLECHTER VERBUNDBEREICH: DIE OBEN FORMULIERTEN FORDERUNGEN WERDEN NICHT ERFÜLLT.

STAHLGÜTE UND VERANKERUNGSART		BK	10	12,5	15	20	25	30	35	40	45	50	55	60	
ST A-I	MIT HAKEN		150	120	100	80	70	64	56	52	48	44	44	42	
ST A-III	OHNE HAKEN		132	112	100	80	70	64	56	52	48	44	44	42	×d_e
ST T-III	MIT HAKEN		110	90	80	60	50	42	34	30	26	22	22	20	
ST T-IV	OHNE HAKEN		164	140	120	100	86	78	70	64	60	56	56	52	
ST B-IV Ri	MIT HAKEN		142	118	98	78	64	56	48	42	38	34	34	30	

② VERANKERUNGSBEISPIELE FÜR AUF- BZW. ABBIEGUNGEN

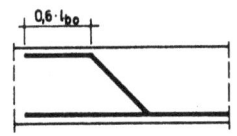
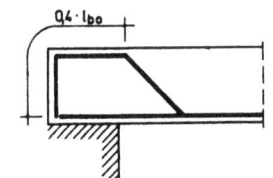
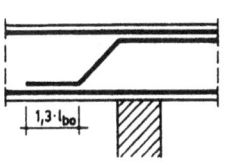

③ SUMME DER VERANKERUNGSLÄNGEN AN DEN ENDAUFLAGERN FÜR FELDBEWEHRUNG l_{b1} UND a_2

	RUNDSTÄHLE	RIPPENSTÄHLE
OHNE HAKEN	$a_2 = \dfrac{n \cdot Q \cdot \frac{l_v}{h_s} + n \cdot N}{R_{bt}^o \cdot \pi \cdot d_e}$	$a_2 = \dfrac{1}{2,4} \cdot \dfrac{n \cdot Q \cdot \frac{l_v}{h_s} + n \cdot N}{R_{bt}^o \cdot \pi \cdot d_e}$
MIT RUND- ODER RECHTWINKLIGEN HAKEN	$a_2 = \dfrac{n \cdot Q \cdot \frac{l_v}{h_s} + n \cdot N}{R_{bt}^o \cdot \pi \cdot d_e} - 22,5 \cdot d_e n_e$	$a_2 = \dfrac{1}{2,4} \left[\dfrac{n \cdot Q \cdot \frac{l_v}{h_s} + n \cdot N}{R_{bt}^o \cdot \pi \cdot d_e} - 37,5 \cdot d_e n_e \right]$
MIT AUFGESCHWEISZTEN QUERSTÄBEN (AK II), n_{eQ} STABANZAHL	$a_2 = \dfrac{n \cdot Q \cdot \frac{l_v}{h_s} + n \cdot N - \min F_{1,2} n_{eQ}}{R_{bt}^o \cdot \pi \cdot d_e}$	$a_2 = \dfrac{1}{2,4} \cdot \dfrac{n \cdot Q \cdot \frac{l_v}{h_s} - n \cdot N - \min F_{1,2} n_{eQ}}{R_{bt}^o \cdot \pi \cdot d_e}$

Q QUERKRAFT
N NORMALKRAFT AM NACHZUWEISENDEN AUFLAGER
n GRENZLASTFAKTOR NACH TGL 20167
h_s STATISCH WIRKSAME HÖHE
l_v VERSATZMASZ NACH NEBENSTEHENDER GRAFIK

$$\min F_{1,2} = \min \begin{cases} m_{s5} \cdot R_s^o \cdot \pi \cdot \dfrac{\min d^2}{4} \\ \left(17,5 - \dfrac{R_b^o}{3}\right) \cdot R_b^o \cdot d_1 \cdot d_2 \end{cases} \text{ IN N UND mm}^2$$

d_1, d_2 STABDURCHMESSER DER PUNKTVERBINDUNG
min d NENNDURCHMESSER DES DÜNNEREN STABES DER VERBINDUNG
m_{s5} ANPASSUNGSFAKTOR DER PUNKTVERBINDUNG (AK II). BEI UNGLEICHEN BETONSTAHLKLASSEN IST JEWEILS DER WERT DER NIEDRIGSTEN BETONSTAHLKLASSE FOLGENDER TABELLE EINZUSETZEN. ZWISCHENWERTE WERDEN DURCH LINEARE INTERPOLATION ERMITTELT.

BETONSTAHL-KLASSE	m_{s5} FÜR min d/max d	
	0,33	1,0
I	0,9	0,7
III	0,7	0,45
IV	0,7	0,45

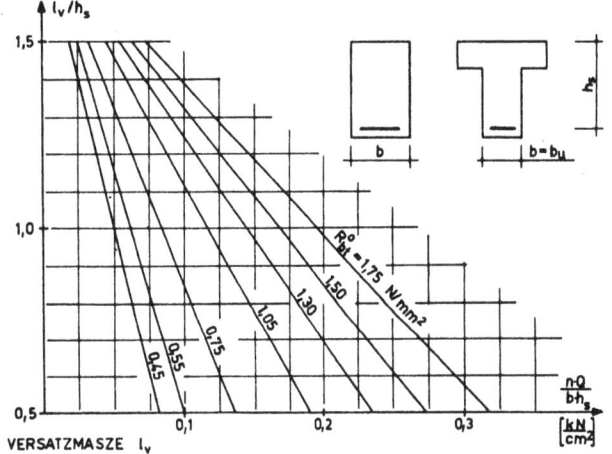

④ VERANKERUNGSBEISPIELE FÜR ENDAUFLAGER
BEI VERWENDUNG VON ANNÄHERND GLEICHEN STABDURCHMESSERN ERGEBEN SICH DIE LÄNGEN l_{b1} UND Σl_{b1} ENTSPRECHEND DEN NACHFOLGENDEN DARSTELLUNGEN $\left\{\begin{array}{c} l_{b1} \\ \Sigma l_{b1} \end{array}\right\} = \dfrac{a_2}{n_e}$ (n_e ALS STABANZAHL IM VERANKERUNGSBEREICH)

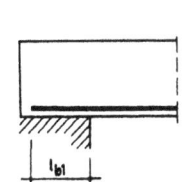
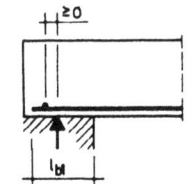
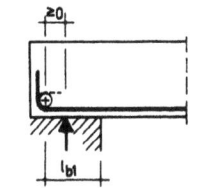
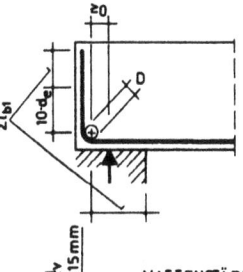

⑤ BEISPIELE FÜR BÜGELFORMEN UND -VERANKERUNGEN

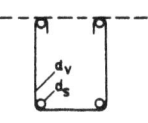
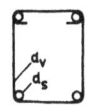
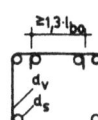
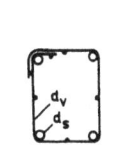
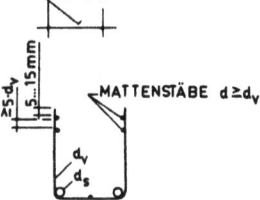

| QUERKRAFT- ODER STÜTZENBÜGEL | QUERKRAFTBÜGEL BEI PLATTENBALKEN | TORSIONSBÜGEL | | QUERKRAFTBÜGELMATTE IN AK I | IN AK II (BETON ≥ BK 20) |

4. TRAGWERKE AUS BETON, STAHLBETON UND SPANNBETON
4.1 BAUSTOFFE
ALLGEMEINE KONSTRUKTIONSREGELN
BLATT 4.04

⑥ ZUGKRAFTDECKUNG UND VERANKERUNGSLÄNGEN FÜR GERADE ENDENDE STÄBE

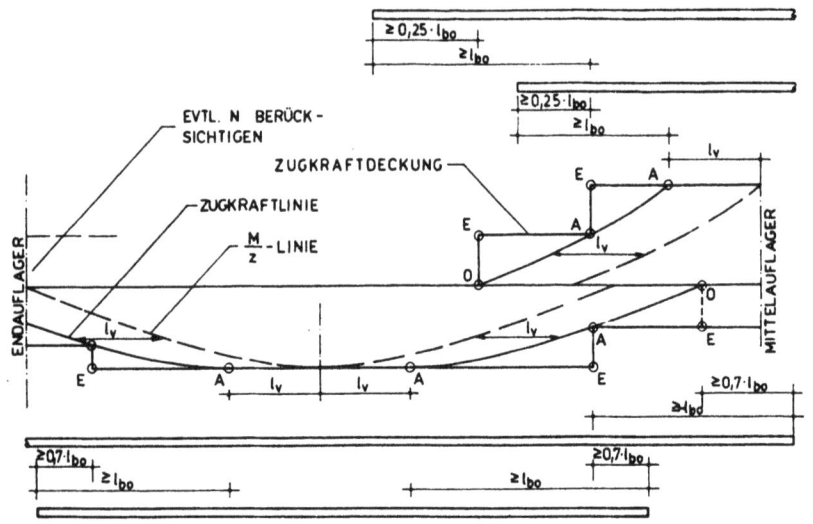

A PUNKT, AN DEM DER BETREFFENDE STAB RECHNERISCH VOLL AUSGELASTET IST

E PUNKT, AN DEM DER BETREFFENDE STAB RECHNERISCH NICHT MEHR BENÖTIGT WIRD, ALSO AUCH AUF- BZW. ABGEBOGEN WERDEN KANN. (VERANKERUNGSLÄNGEN HIERFÜR SIEHE UNTER ②)

MINDESTBETONDECKUNG min c
BEI NICHT BETONAGGRESSIVEN MEDIEN[3] IN mm (TGL 33405/01 UND 02)

NUTZUNGSBEDINGUNGEN	RELATIVE LUFTFEUCHTE	SPANNBETONKONSTRUKTIONEN ALLGEMEIN[1]	FERTIGTEILE	MASTE AUSZEN	INNEN	STAHLBETONKONSTRUKTIONEN $\geq$ BK[2] 7,5	< BK 7,5 UND LEICHTBETON
TROCKENE INNENRÄUME EINSCHLIESZLICH KÜCHEN UND BÄDER IM WOHNUNGSBAU	$\leq$ 75 %	30	20	–	–	10	15
FEUCHTE INNENRÄUME, ALLGEMEIN IM FREIEN	> 75 % $\leq$ 90 %	30	25	20	15	15	20
NASZRÄUME, IM FREIEN BEI HÄUFIG WECHSELNDER FEUCHTE	> 90 %	30	30	20	15	20	25

1) BEI WASSERBEHÄLTERN UND BRÜCKEN ÜBER DAMPFBETRIEBENEN EISENBAHNEN min c = 40 mm   2) BETONKLASSE
3) VGL. TGL 33408/01 BIS 03

BETONDECKUNG STAHLABSTÄNDE

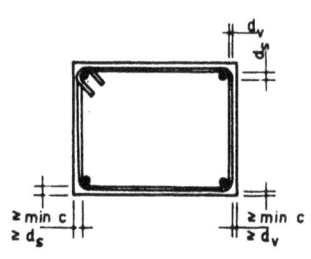 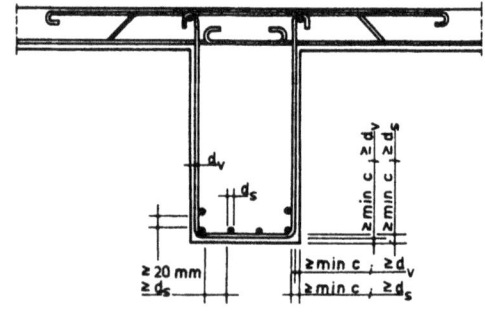

ANORDNUNG DER QUERKRAFTBEWEHRUNG

KONSTRUKTIVER HÖCHSTABSTAND BEI SCHRÄGSTÄBEN (TGL 33405/01)   GESTAFFELTE BÜGELANORDNUNG   STATISCH-KONSTRUKTIV GÜNSTIGER VORWIEGEND STRECKENLAST   ABSTAND DER SCHRÄGSTÄBE BEI VORWIEGEND EINZELLAST IN FELDMITTE

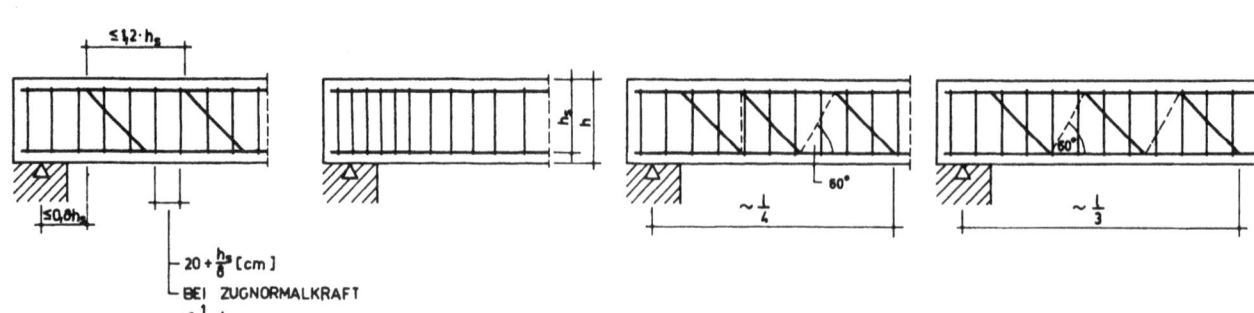

4. TRAGWERKE AUS BETON, STAHLBETON UND SPANNBETON

4.2 FUNDAMENTE
BLATT 4.05

BLOCKFUNDAMENTE FÜR ORTBETONKONSTRUKTIONEN

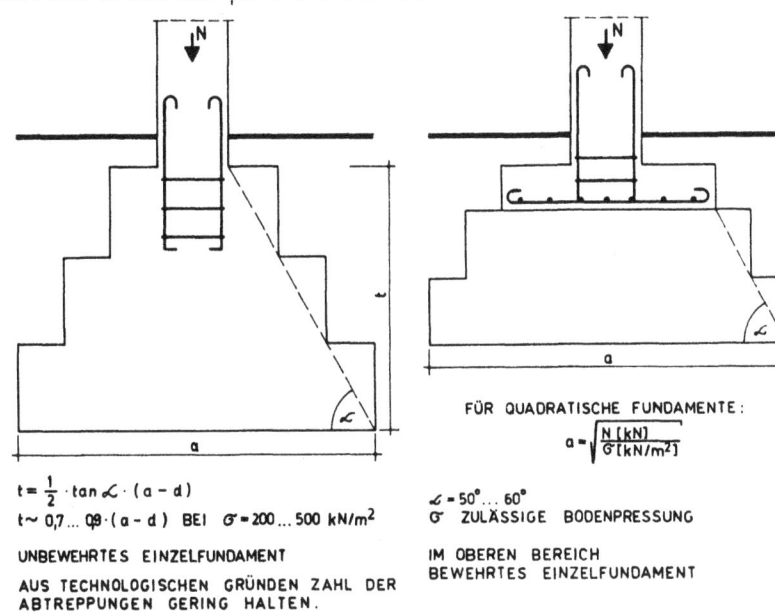

$t = \frac{1}{2} \cdot \tan \alpha \cdot (a - d)$

$t \sim 0{,}7 \ldots 0{,}9 \cdot (a-d)$ BEI $\sigma = 200 \ldots 500$ kN/m²

UNBEWEHRTES EINZELFUNDAMENT

AUS TECHNOLOGISCHEN GRÜNDEN ZAHL DER ABTREPPUNGEN GERING HALTEN.

FÜR QUADRATISCHE FUNDAMENTE:

$a = \sqrt{\dfrac{N\,[\text{kN}]}{\sigma\,[\text{kN/m}^2]}}$

$\alpha = 50° \ldots 60°$
σ ZULÄSSIGE BODENPRESSUNG

IM OBEREN BEREICH BEWEHRTES EINZELFUNDAMENT

② EVT. SCHUBBEWEHRUNG

BEWEHRTES EINZELFUNDAMENT

HÜLSENFUNDAMENTE FÜR FERTIGTEILKONSTRUKTIONEN
(TGL 112-0315)

η-WERTE FÜR STAHLHAFTLÄNGEN

k_{xR}	BETONGÜTE DER STÜTZE	ST A-0, ST A-I HAKEN MIT	ST A-0, ST A-I HAKEN OHNE	ST A-III
≤ 0,6	B 225 (~BK 20)	28	40	50
	B 300 (~BK 25)	20	30	40
	≥ B 450 (~BK 35)	18	25	35
≥ 0,6	≥ B 225 (~BK 20)	20	20	25

$h \geq b$
$h \geq 0{,}08 \cdot h_s$
$h \geq \eta \cdot d_e$
d_e ⌀ DER STÜTZENBEWEHRUNG

GEOMETRISCHE BEZIEHUNGEN

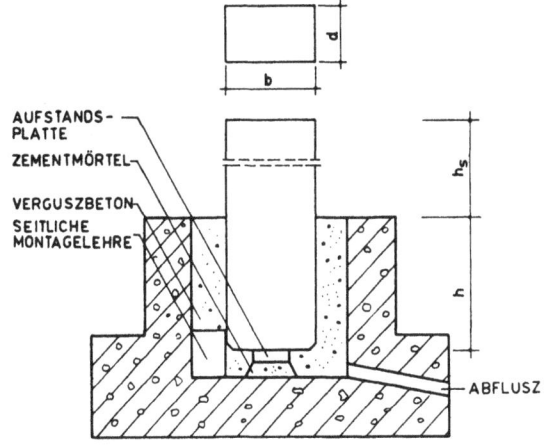

ANORDNUNG DER BEWEHRUNG IM HÜLSENFUNDAMENT

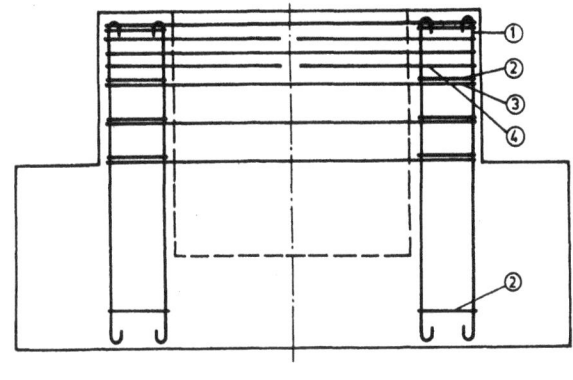

FUNDAMENT MIT MONTAGEMULDE

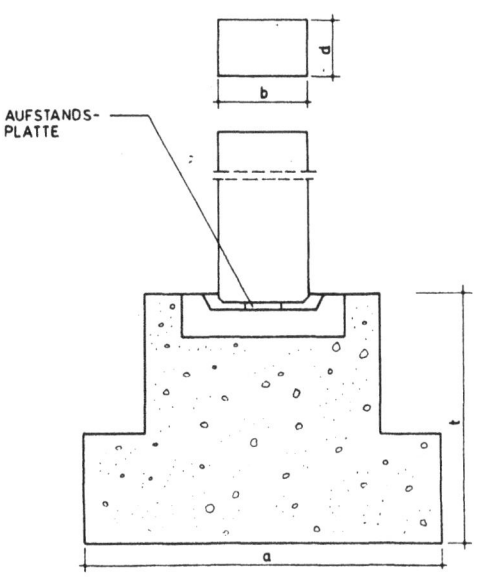

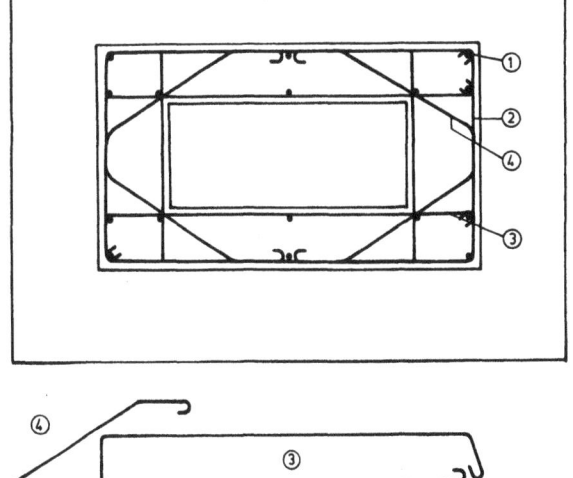

4. TRAGWERKE AUS BETON, STAHLBETON, SPANNBETON

4.2 FUNDAMENTE
M. 1:50, 1:100 BLATT 4.06

BEWEHRTES STREIFENFUNDAMENT FÜR STÜTZEN IN ORTBETON

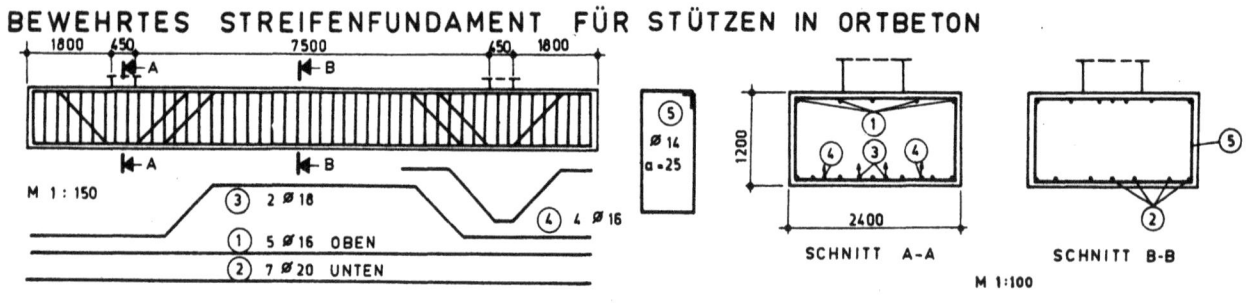

BEWEHRTES STREIFENFUNDAMENT FÜR WINDSCHEIBE IN ORTBETON

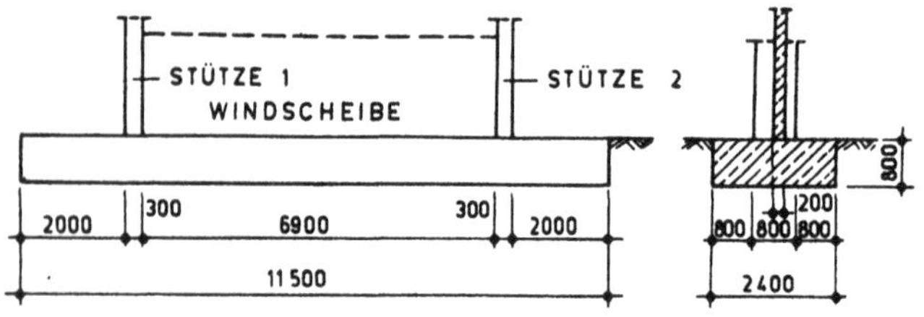

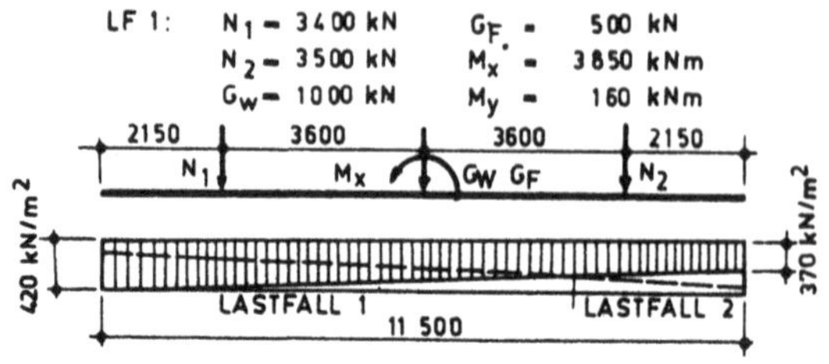

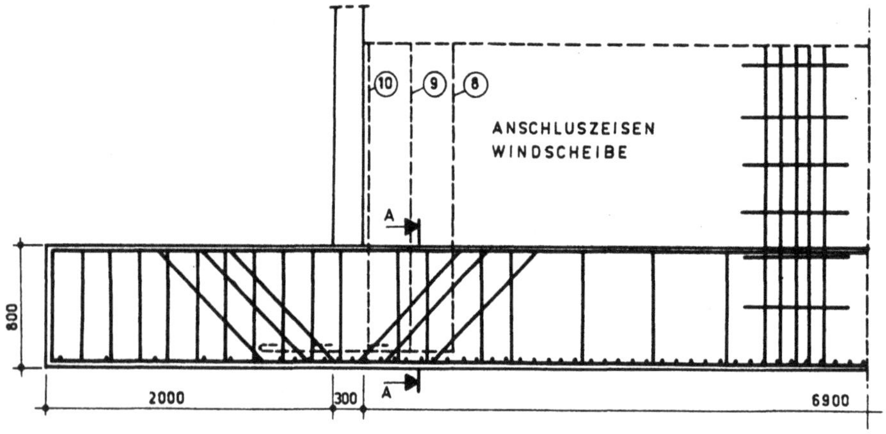

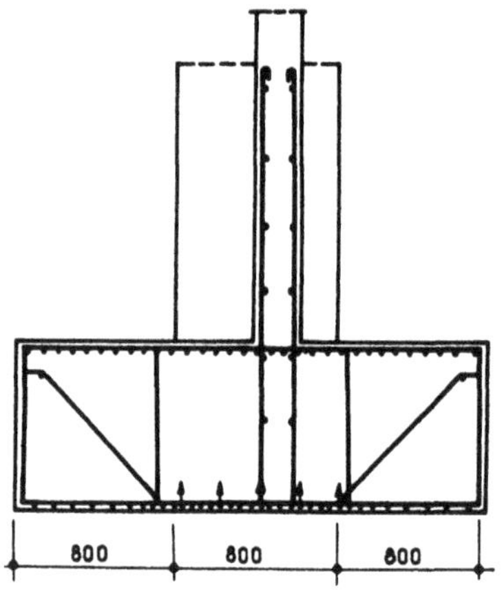

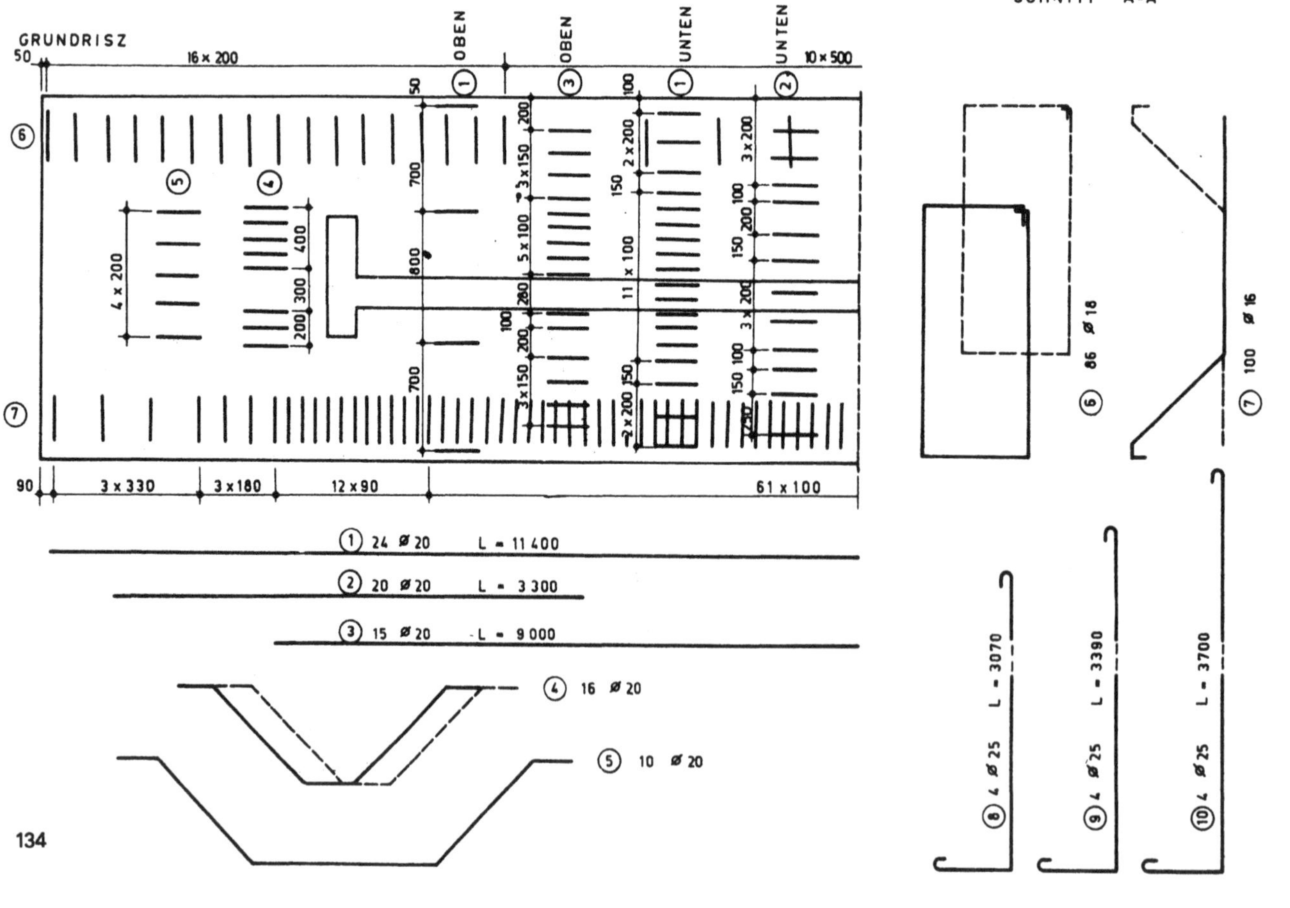

4. TRAGWERKE AUS BETON STAHLBETON UND SPANNBETON

4.2 FUNDAMENTE

FUNDAMENTPLATTE EINES WOHNHOCHHAUSES
GRUNDRISS

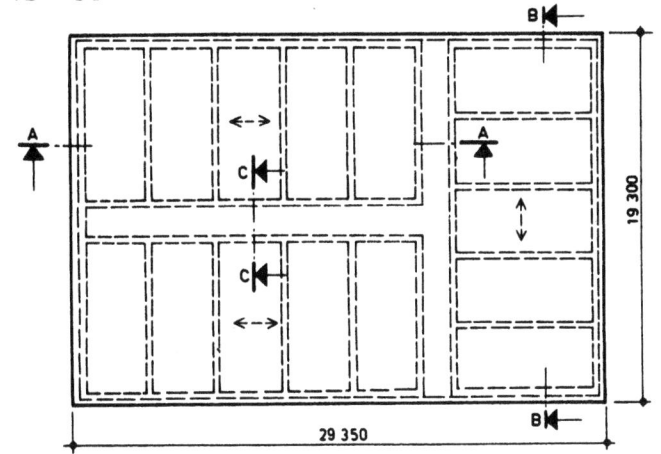

SCHNITT C-C

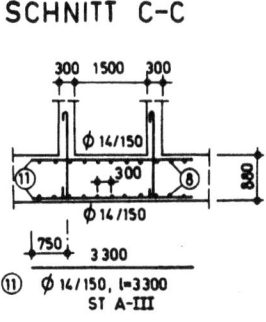

SCHNITT A-A

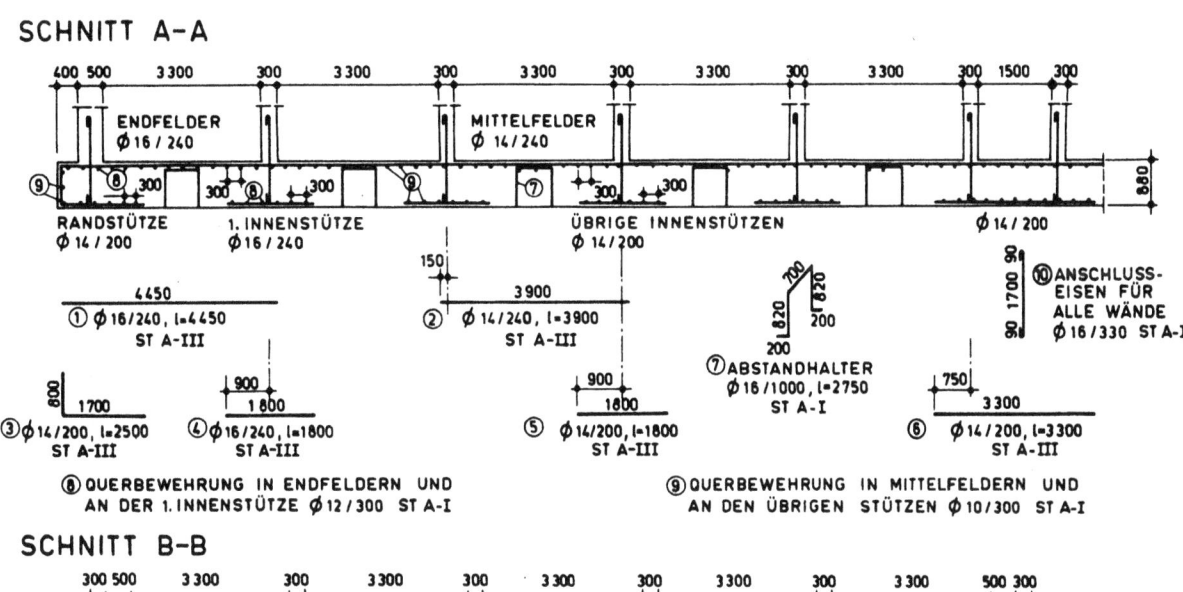

SCHNITT B-B

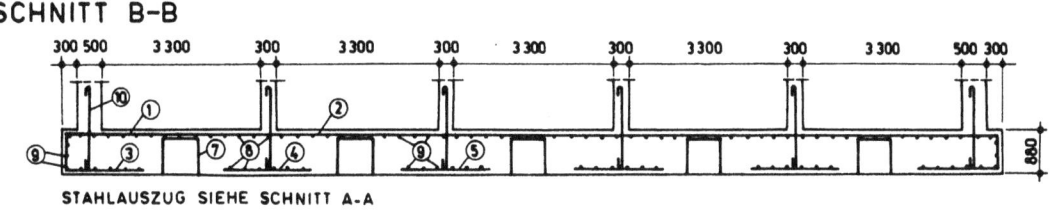

STAHLAUSZUG SIEHE SCHNITT A-A

FUNDAMENTPLATTE EINES SCHORNSTEINES

SCHNITT A-A

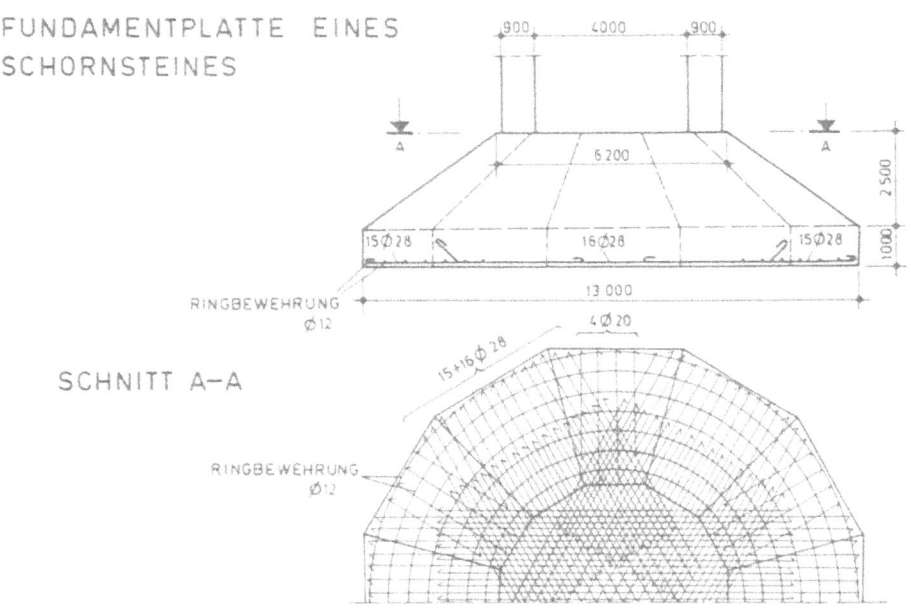

4. TRAGWERKE AUS BETON, STAHLBETON UND SPANNBETON

4.3 STÜTZEN UND SÄULEN
BLATT 4.08

BÜGELBEWEHRTE STÜTZE MIT EINGESPANNTEM STÜTZENFUSS

UMSCHNÜRTE SÄULE

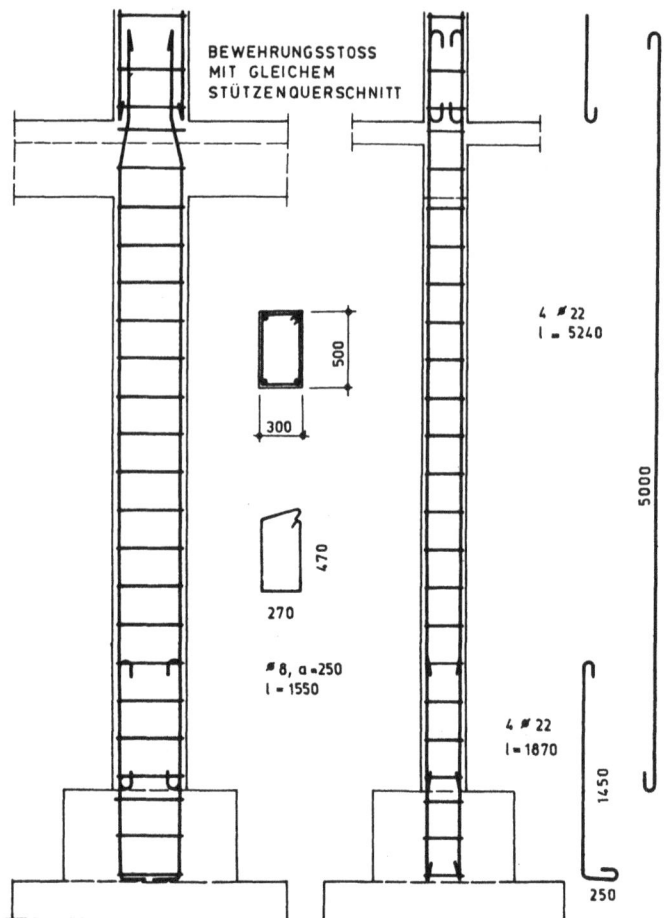
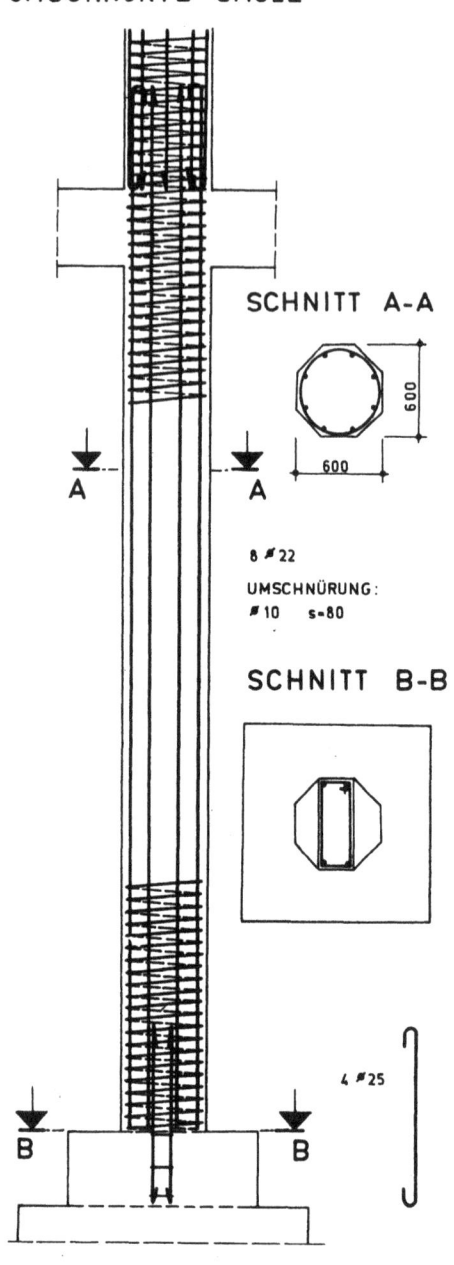

BÜGELANORDNUNG BEI GRÖSSEREN UND GEGLIEDERTEN QUERSCHNITTEN

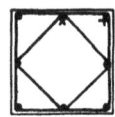 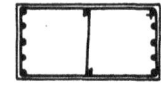 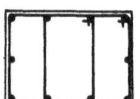

EINGESCHOSSIGE FERTIGTEILSTÜTZE – SKBS 75
VGL. BLÄTTER 4.37 BIS 4.39

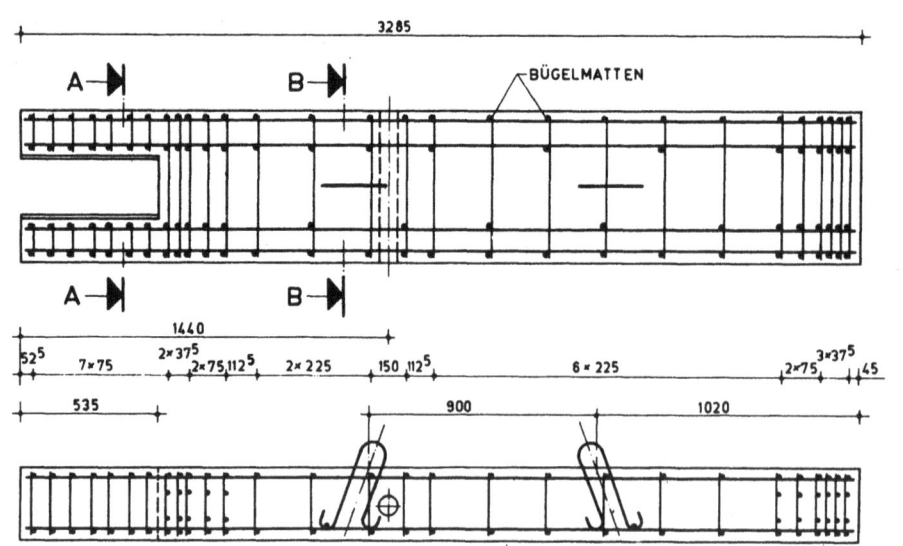

SCHNITT A-A
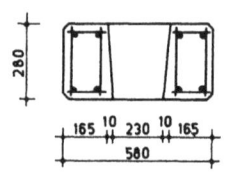

SCHNITT B-B
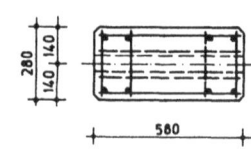

4. TRAGWERKE AUS BETON, STAHLBETON UND SPANNBETON

4.3 STÜTZEN UND SÄULEN
M 1:50 — BLATT 4.09

STÜTZENAUSBILDUNG BEI STOCKWERKRAHMEN

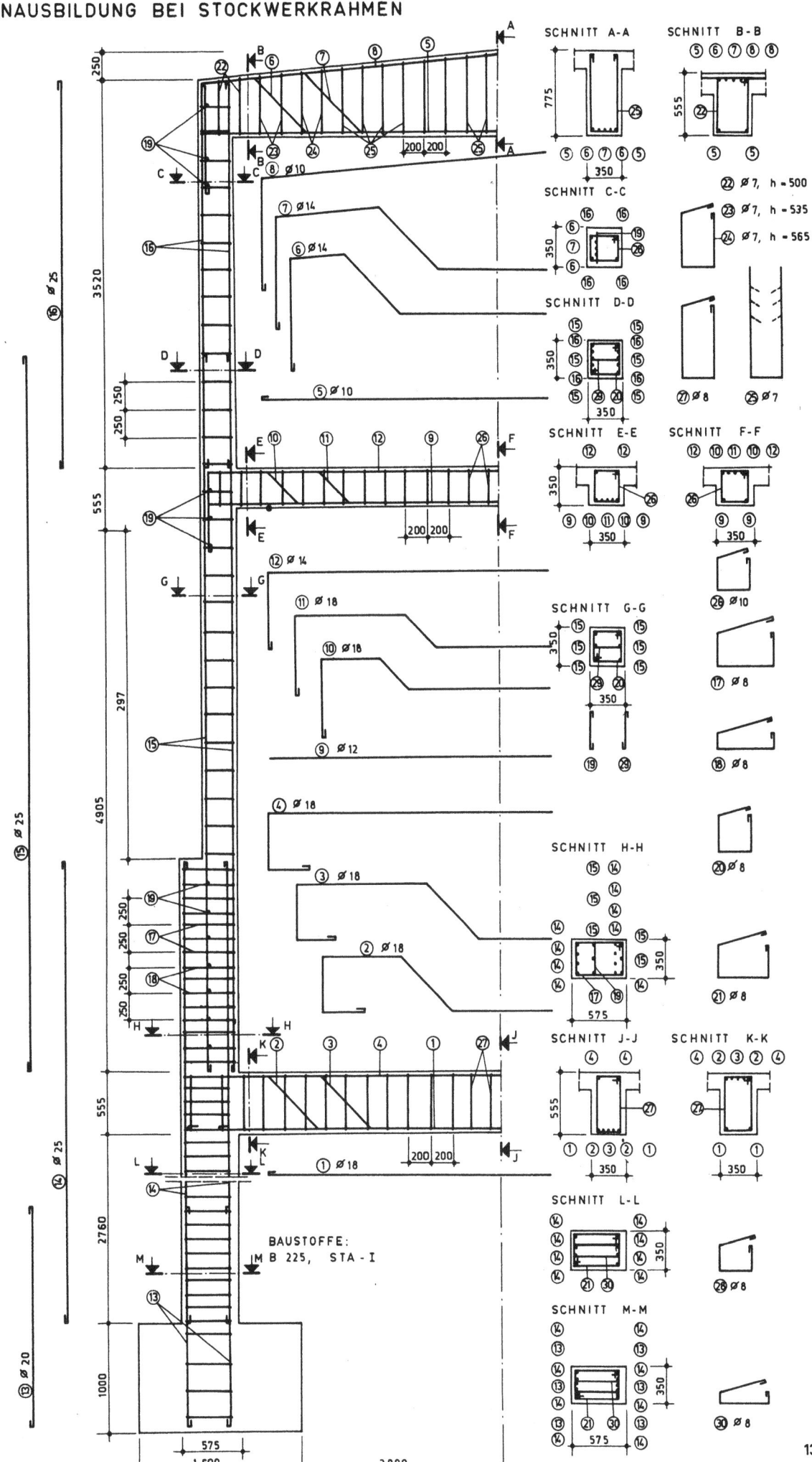

4. TRAGWERKE AUS BETON, STAHLBETON UND SPANNBETON
4.3 STÜTZEN UND SÄULEN
BLATT 4.10

FUNDAMENTANSCHLÜSSE BEI ORTBETONSTÜTZEN

BIEGESTEIFE ANSCHLÜSSE: BLOCKFUNDAMENTE UND PLATTENFUNDAMENTE, SIEHE BLATT 4.05

GELENKIGE ANSCHLÜSSE: FÜR KLEINE VERDREHUNGEN

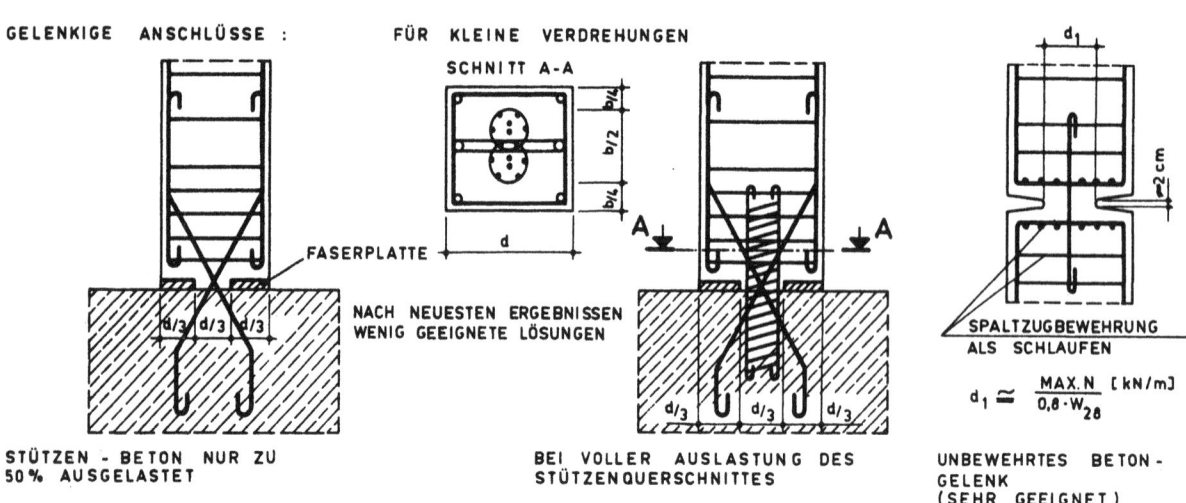

- FASERPLATTE
- NACH NEUESTEN ERGEBNISSEN WENIG GEEIGNETE LÖSUNGEN
- STÜTZEN-BETON NUR ZU 50% AUSGELASTET
- BEI VOLLER AUSLASTUNG DES STÜTZENQUERSCHNITTES
- SPALTZUGBEWEHRUNG ALS SCHLAUFEN
- UNBEWEHRTES BETONGELENK (SEHR GEEIGNET)

$$d_1 \cong \frac{MAX.N}{0{,}6 \cdot W_{28}} \; [kN/m]$$

FUNDAMENTANSCHLÜSSE BEI FERTIGTEILSTÜTZEN

BIEGESTEIFE ANSCHLÜSSE

STÜTZENSTOSZ BEI BAUSYSTEM SKBS-75

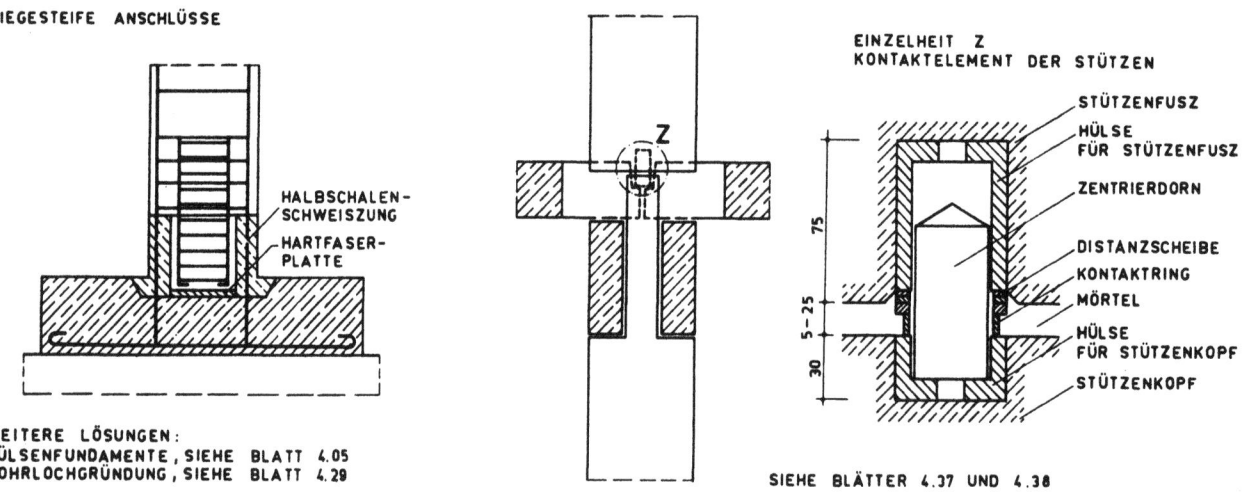

- HALBSCHALENSCHWEISZUNG
- HARTFASERPLATTE

WEITERE LÖSUNGEN:
HÜLSENFUNDAMENTE, SIEHE BLATT 4.05
BOHRLOCHGRÜNDUNG, SIEHE BLATT 4.29

EINZELHEIT Z KONTAKTELEMENT DER STÜTZEN
- STÜTZENFUSZ
- HÜLSE FÜR STÜTZENFUSZ
- ZENTRIERDORN
- DISTANZSCHEIBE
- KONTAKTRING
- MÖRTEL
- HÜLSE FÜR STÜTZENKOPF
- STÜTZENKOPF

SIEHE BLÄTTER 4.37 UND 4.38

STECKSTOSZ

BIEGESTEIFER STÜTZENSTOSS PRINZIP

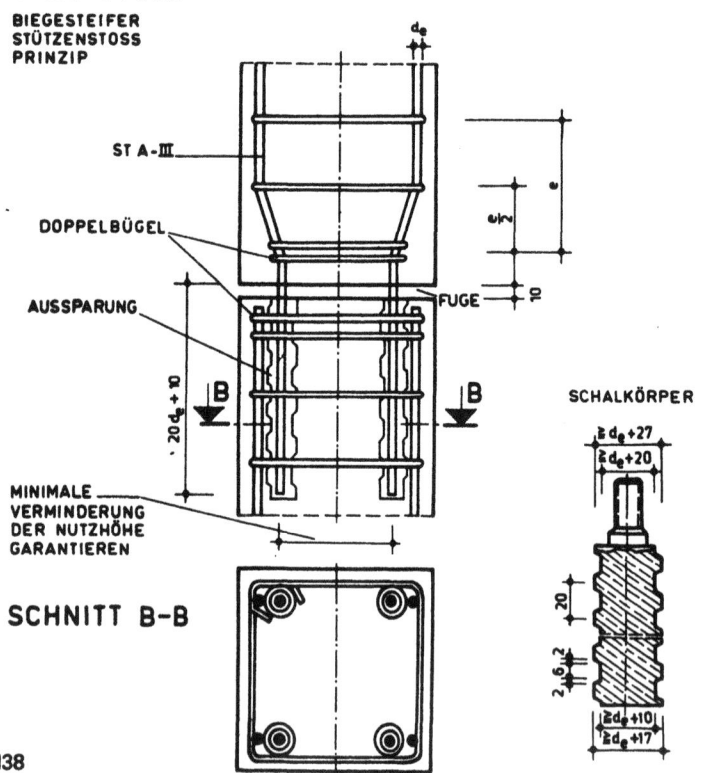

- ST A-III
- DOPPELBÜGEL
- AUSSPARUNG
- FUGE
- SCHALKÖRPER
- MINIMALE VERMINDERUNG DER NUTZHÖHE GARANTIEREN

SCHNITT B-B

HERSTELLUNGSBEDINGUNGEN

1. BETONFLÄCHE $F_b \leq 0{,}25\,m^2$ $(0{,}36\,m^2)$
2. BETONGÜTE DER STÜTZENFERTIGTEILE $\geq$ B 300
3. ZUSAMMENBAU MUSS 45 MINUTEN NACH DEM ANMACHEN DES MÖRTELS BEENDET SEIN
4. MINDESTENS 24 STUNDEN NACH DEM ZUSAMMENBAU LAGESICHERUNG DURCH MONTAGEHALTERUNG
5. 24 STUNDEN NACH DEM ZUSAMMENBAU 70% DES BIEGEMOMENTES UND 100% DER LÄNGSKRÄFTE (ZUG UND DRUCK) EINER UNGESTOSSENEN STÜTZE AUFNEHMBAR
6. ZUSAMMENSETZUNG DES FUGENMÖRTELS: MINDESTZEMENTGÜTE PZ 375 OHNE ZUSCHLAGSTOFFE
   ZUSATZMITTEL 1% K_2CrO_4 ODER 0,5% $CaCl_2$ + 0,5% $MgSiF_6$
   WASSER-ZEMENT-WERT $\frac{W}{Z} = 0{,}25$
7. MÖRTELFESTIGKEITEN
   NACH 24 STUNDEN:
   DRUCKFESTIGKEIT $\geq 3{,}50\,kN/cm^2$
   BIEGEZUGFESTIGKEIT $\geq 0{,}50\,kN/cm^2$
   NACH 28 TAGEN:
   DRUCKFESTIGKEIT $\geq 6{,}00\,kN/cm^2$
   BIEGEZUGFESTIGKEIT BEI $1{,}00\,kN/cm^2$

4. TRAGWERKE AUS BETON, STAHLBETON UND SPANNBETON

4.4 BIEGETRÄGER
BLATT 4.11

BEWEHRUNG EINES EINFELDBALKENS IN ORTBETON

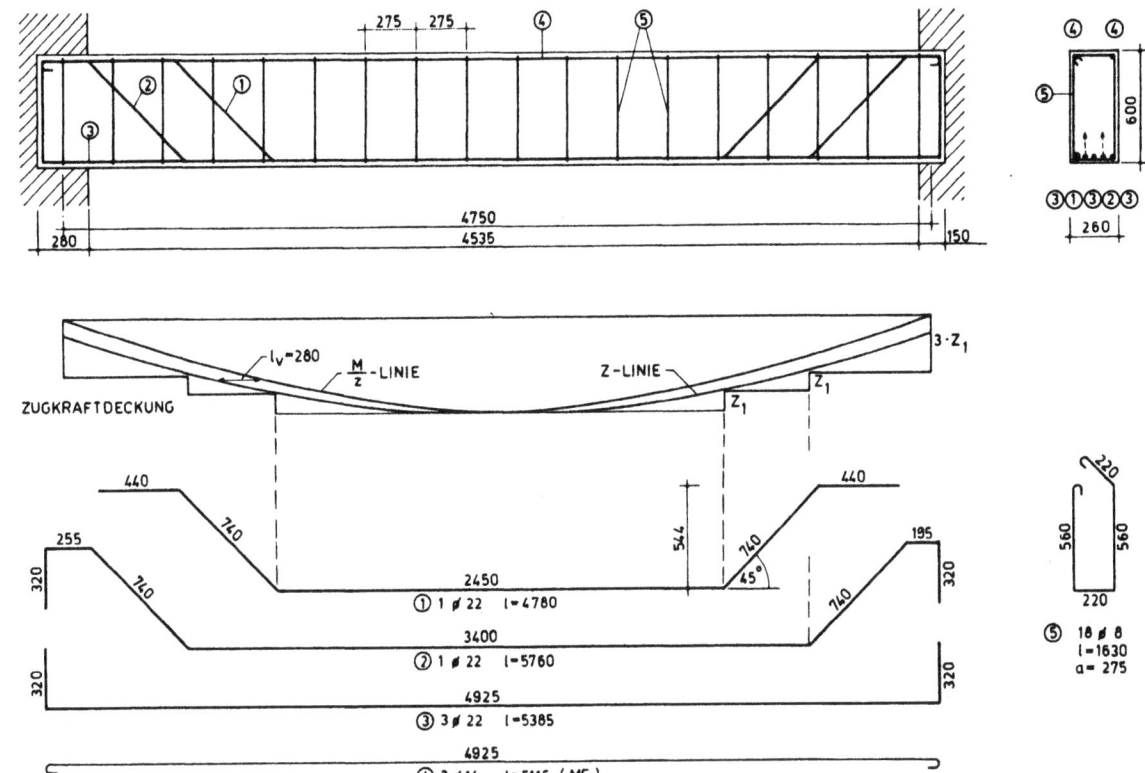

BEWEHRUNG EINES EINFELDPLATTENBALKENS MIT KRAGARM

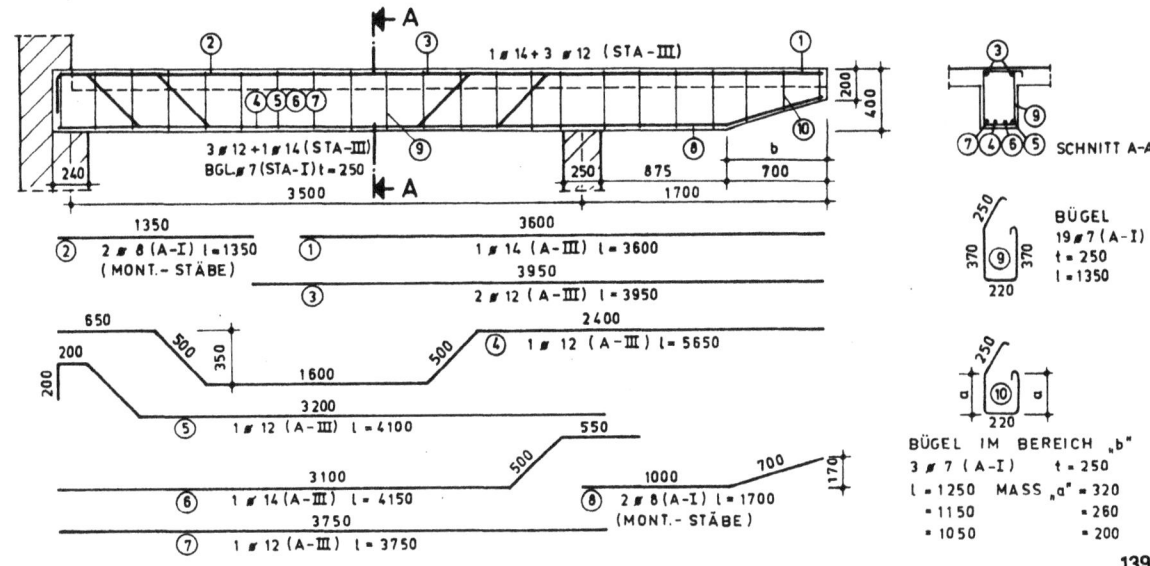

4. TRAGWERKE AUS BETON, STAHLBETON UND SPANNBETON

4.4 BIEGETRÄGER, RAHMENECKEN
BLATT 4.12

EINFELDTRÄGER-PLATTENBALKEN, LÄNGSSCHNITT
HAUPTTRÄGER VON BLATT 4.21
M 1:50

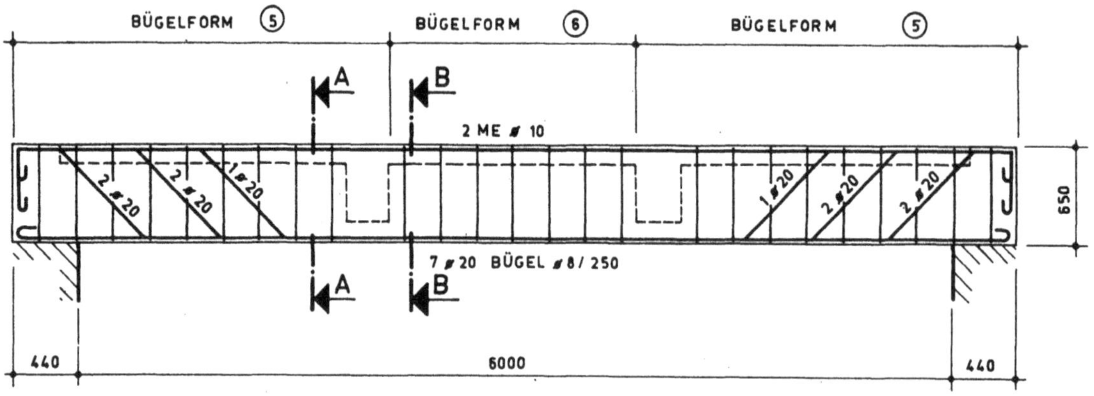

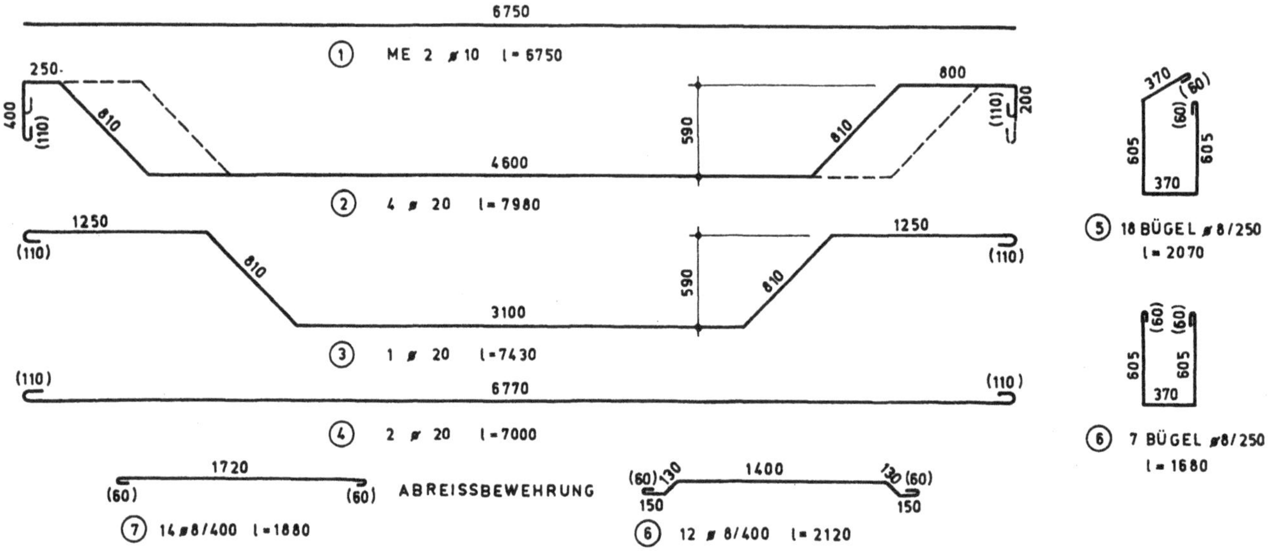

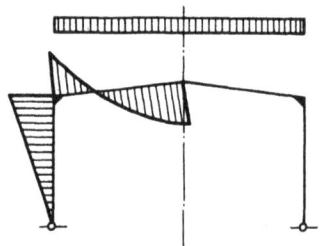

ZWEIGELENKRAHMEN

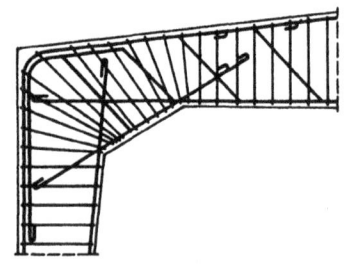

RAHMENECKE

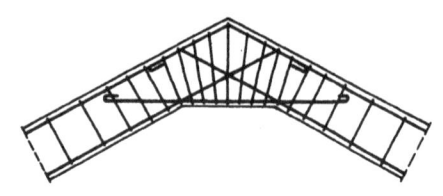

RAHMENRIEGEL MIT EINSPRINGENDER ECKE

BEHÄLTERECKE

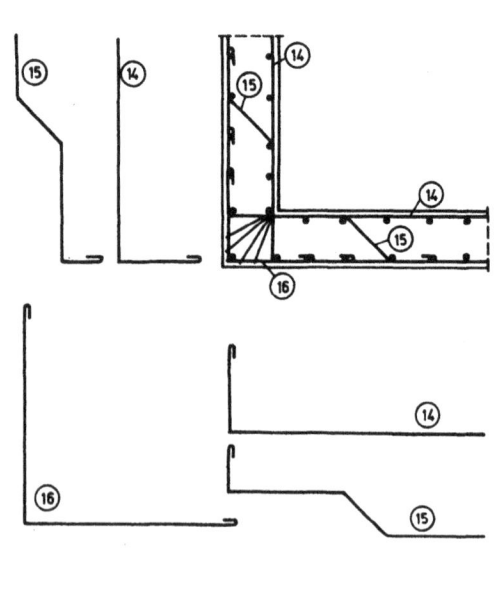

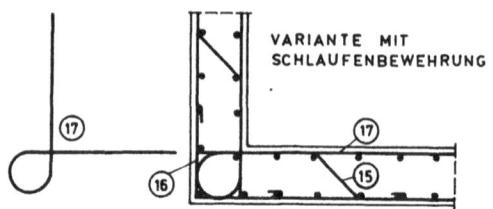

VARIANTE MIT SCHLAUFENBEWEHRUNG

4. TRAGWERKE AUS BETON, STAHLBETON UND SPANNBETON

4.4 BIEGETRÄGER
BLATT 4.13.

RIEGEL MIT VERSENKTEM DECKENAUFLAGER (VGL. BLATT 4.42)

SKBS 75 - RIEGEL MIT AUSKRAGUNG (VGL. BLATT 4.37)

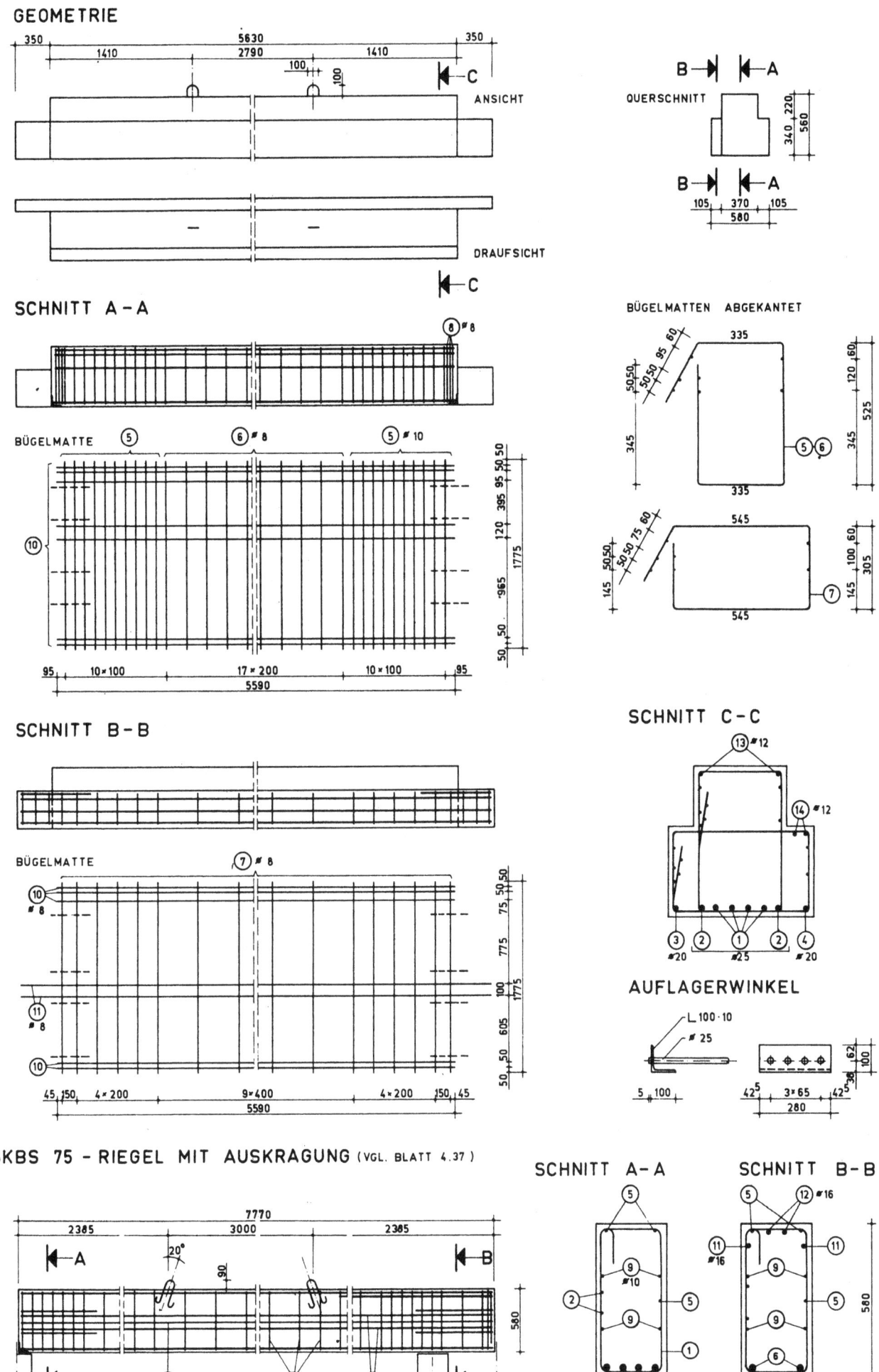

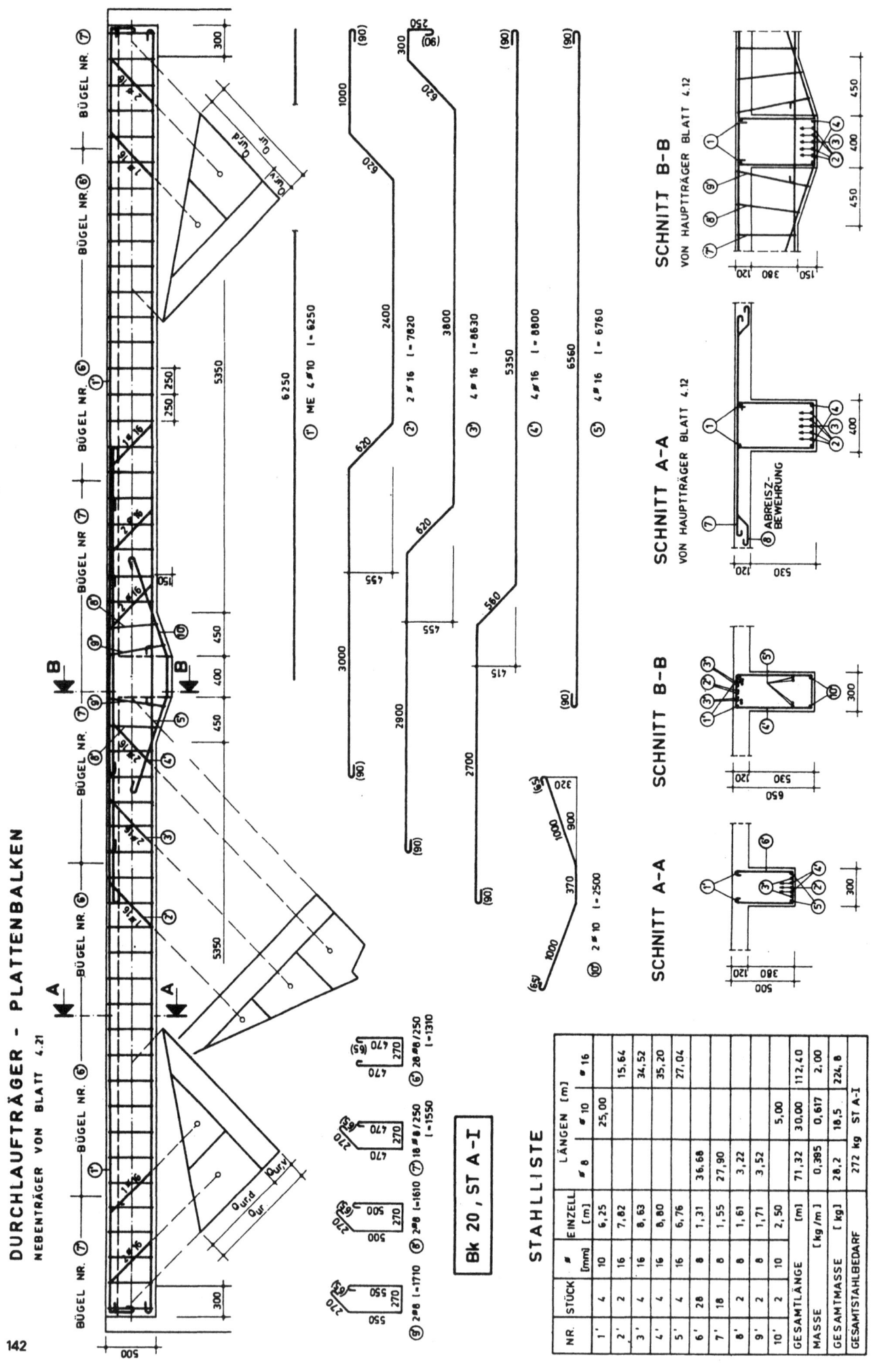

4. TRAGWERKE AUS BETON, STAHLBETON UND SPANNBETON

4.4 BIEGETRÄGER
BLATT 4.15

BEWEHRUNG VON KRAGTRÄGERN

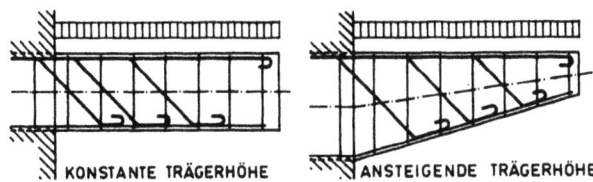
GLEICHFÖRMIGE BELASTUNG — KONSTANTE TRÄGERHÖHE / ANSTEIGENDE TRÄGERHÖHE

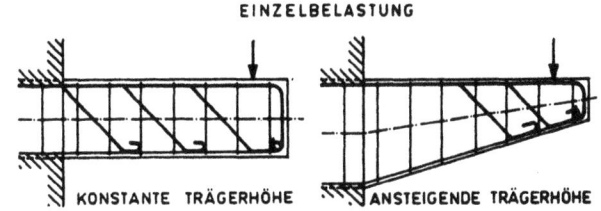
EINZELBELASTUNG — KONSTANTE TRÄGERHÖHE / ANSTEIGENDE TRÄGERHÖHE

BEWEHRUNG VON KONSOLEN

DIREKTE LASTEINTRAGUNG

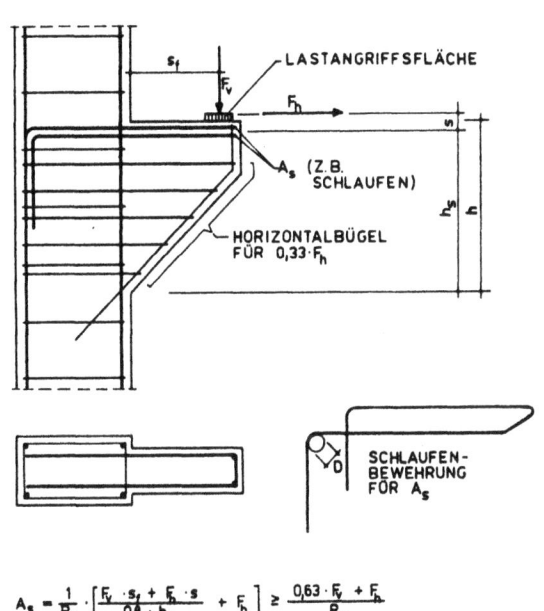

$$A_s = \frac{1}{R_s} \cdot \left[\frac{F_v \cdot s_f + F_h \cdot s}{0{,}8 \cdot h_s} + F_h \right] \geq \frac{0{,}63 \cdot F_v + F_h}{R_s}$$

FÜR $\frac{h}{2} < s_f < h$

INDIREKTE LASTEINTRAGUNG

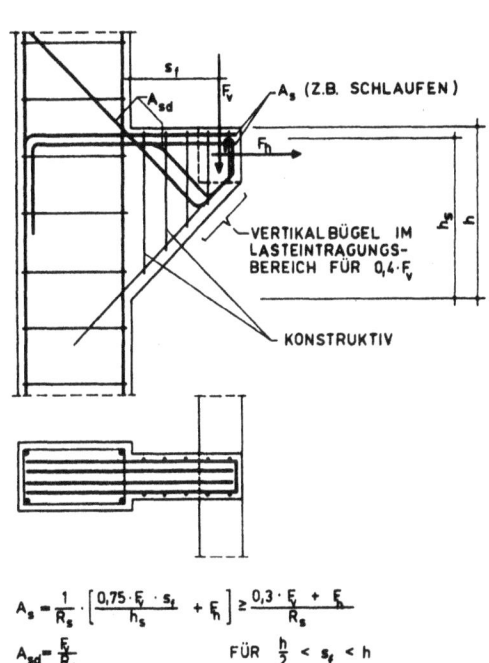

$$A_s = \frac{1}{R_s} \cdot \left[\frac{0{,}75 \cdot F_v \cdot s_f}{h_s} + F_h \right] \geq \frac{0{,}3 \cdot F_v + F_h}{R_s}$$

$$A_{sd} = \frac{F_v}{R_s}$$

FÜR $\frac{h}{2} < s_f < h$

TRÄGERAUFLAGER

AUFLAGERUNG IM MÖRTELBETT — GUMMISCHICHTENLAGER

AUSGELEGTES GUMMI-PROFILBAND ALS MÖRTELABSCHLUSZ

GLEITLAGER AUS STAHL (GERBERTRÄGERGELENK) — 2 KREUZUNGEN, GLEITPLATTE

FESTES LAGER AUS STAHL (GERBERTRÄGERGELENK) — 3 KREUZUNGEN

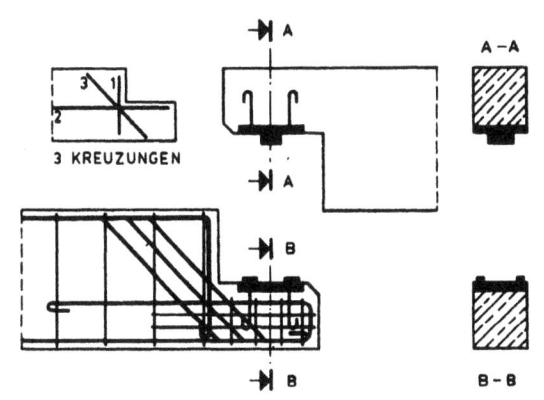

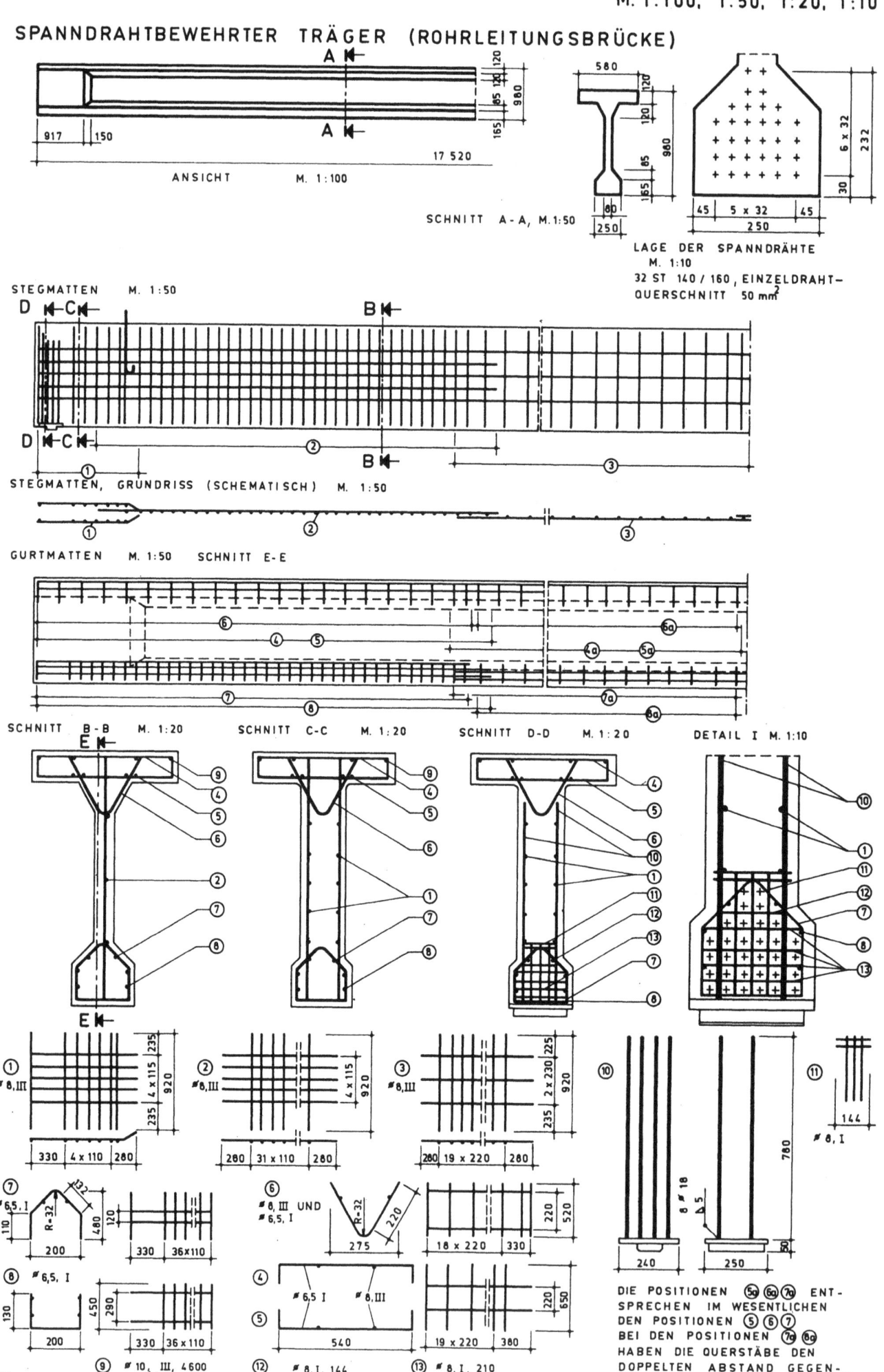

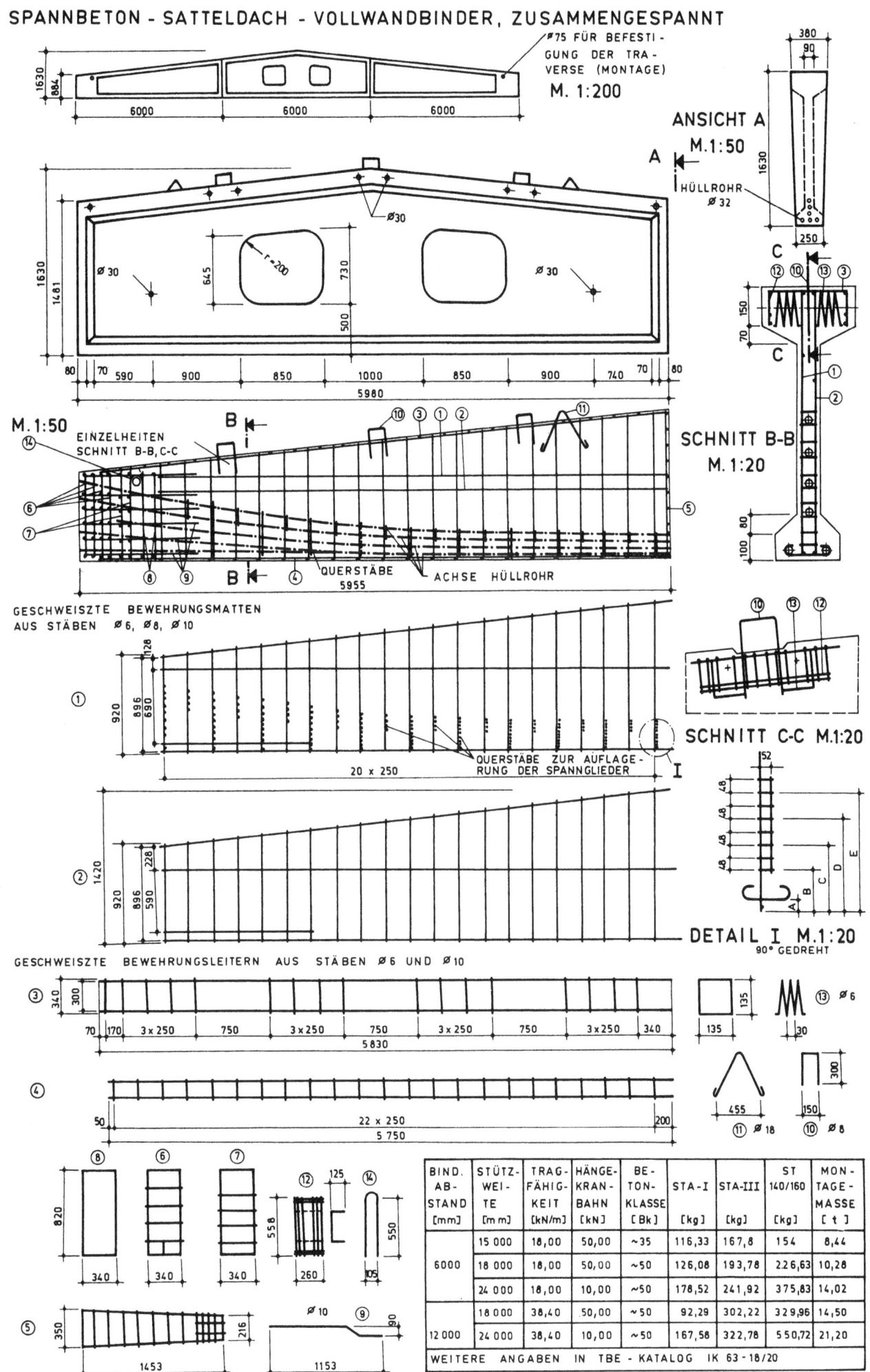

4. TRAGWERKE AUS BETON, STAHLBETON UND SPANNBETON

4.5 WANDARTIGE TRÄGER
M. 1:100   BLATT 4.18

WANDARTIGER DURCHLAUFTRÄGER – UNTERE SILOZELLENWAND

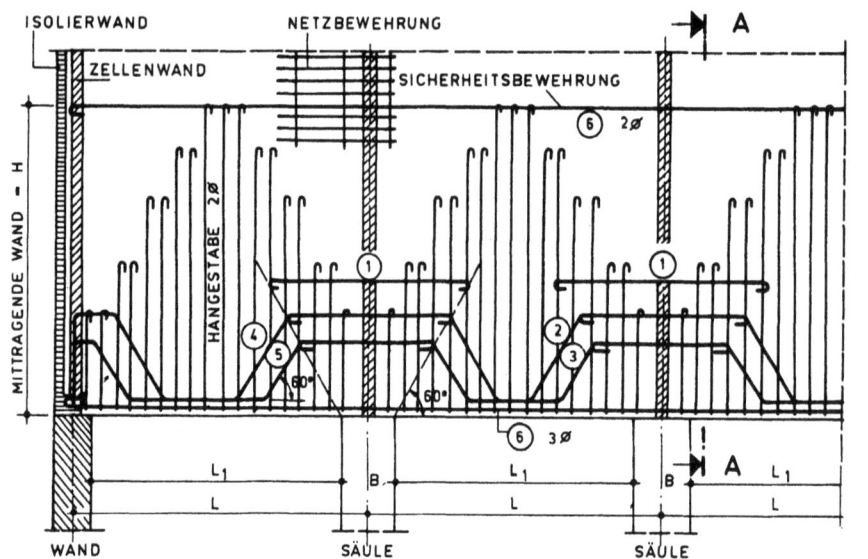

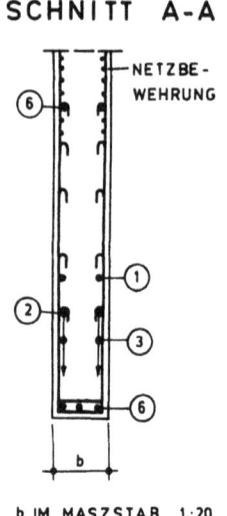

SCHNITT A-A

b IM MASZSTAB 1:20

STAHLAUSZUG HAUPTBEWEHRUNG:

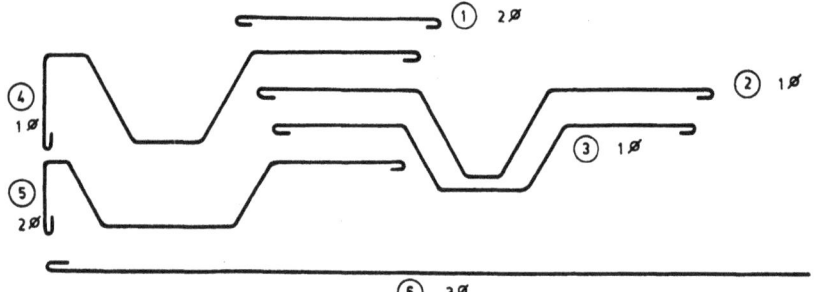

HÄNGESTÄBE NUR BEI LASTEINTRAGUNG AM UNTEREN RAND

BERECHNUNGSTABELLE
WANDARTIGER DURCHLAUFTRÄGER
A. STRECKENLAST p   B. EINZELLAST P

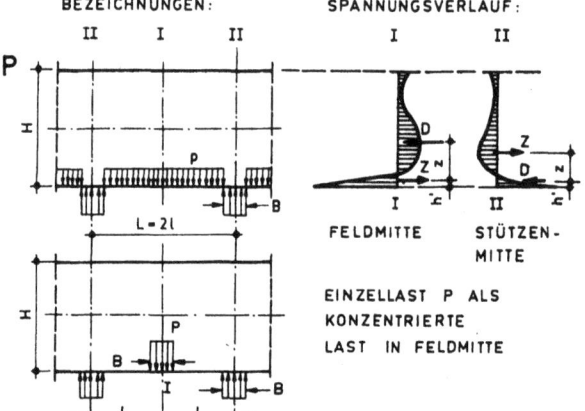

BEZEICHNUNGEN: SPANNUNGSVERLAUF:

FELDMITTE   STÜTZENMITTE

EINZELLAST P ALS KONZENTRIERTE LAST IN FELDMITTE

$\frac{H}{L}$	$\frac{B}{L}$	FELDMITTE I-I				STÜTZENMITTE II-II				FELD- UND STÜTZENMITTE			
		M	Z	h'	z	M	Z	h'	z	M	Z	h'	z
$\frac{2}{3}$	1/2	0,125	0,151	0,111	0,620	0,125	0,151	0,111	0,620	0,125	0,151	0,111	0,620
	1/5	0,160	0,182	0,122	0,660	0,240	0,331	0,059	0,515	0,200	0,244	0,072	0,615
	1/10	0,165	0,186	0,124	0,666	0,285	0,428	0,036	0,492	0,225	0,278	0,044	0,606
	1/20	0,166	0,187	0,125	0,667	0,309	0,498	0,021	0,465	0,238	0,303	0,026	0,591
$\frac{H}{L} \geq 1$	1/2	0,125	0,144	0,109	0,435	0,125	0,144	0,109	0,435	0,125	0,144	0,109	0,435
	1/5	0,160	0,172	0,121	0,462	0,240	0,324	0,059	0,370	0,200	0,241	0,068	0,415
	1/10	0,165	0,177	0,123	0,466	0,285	0,424	0,036	0,342	0,225	0,276	0,043	0,408
	1/20	0,166	0,176	0,124	0,467	0,309	0,497	0,021	0,312	0,238	0,298	0,025	0,395
FAKTOR		$p \cdot l^2$	$p \cdot l$	$\cdot l$	$\cdot H$	$p \cdot l^2$	$p \cdot l$	$\cdot l$	$\cdot H$	$P \cdot l$	P	$\cdot l$	$\cdot H$

WANDARTIGER EINFELDTRÄGER

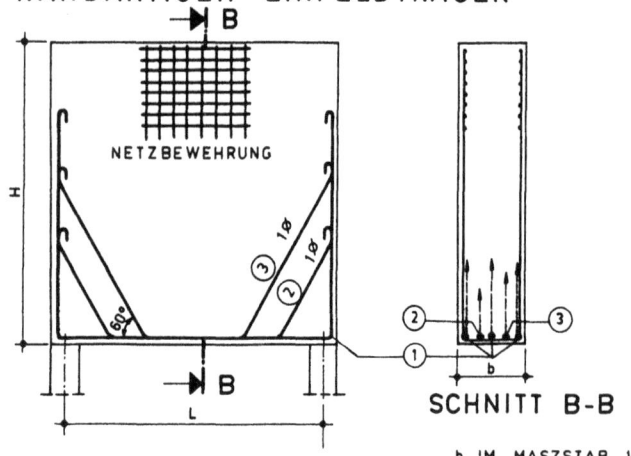

STAHLAUSZUG HAUPTBEWEHRUNG

SCHNITT B-B

b IM MASZSTAB 1:10

4. TRAGWERKE AUS BETON, STAHLBETON UND SPANNBETON
4.5 WANDARTIGE TRÄGER
MODERNE BEWEHRUNGSFÜHRUNG

WANDARTIGER EINFELDTRÄGER - LAST OBEN UND UNTEN

M. 1:100 BLATT 4.19

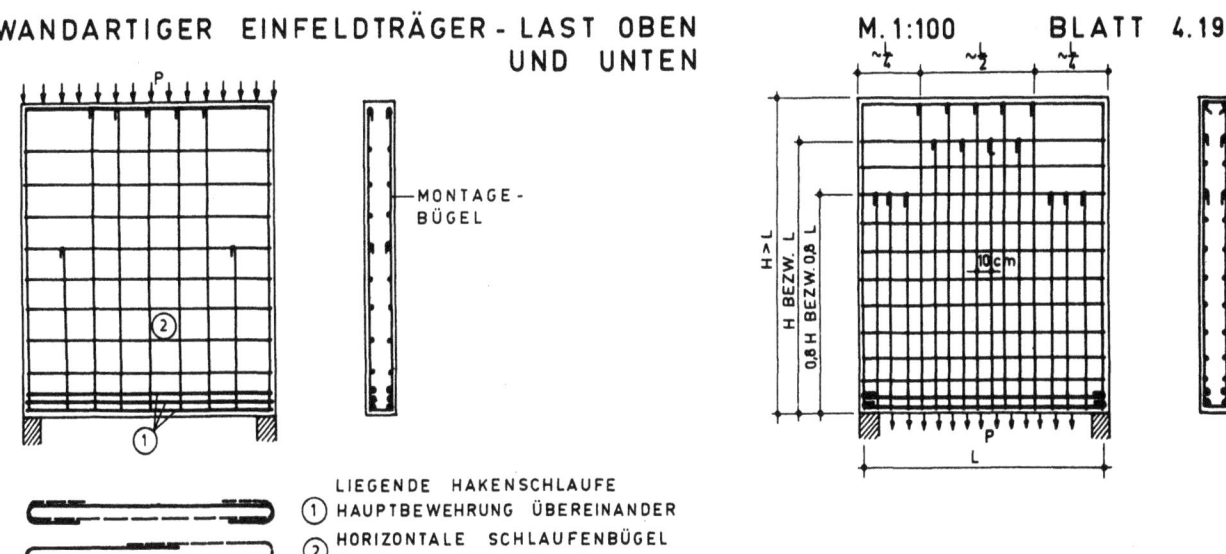

① LIEGENDE HAKENSCHLAUFE HAUPTBEWEHRUNG ÜBEREINANDER
② HORIZONTALE SCHLAUFENBÜGEL ÜBER HAUPTBEWEHRUNG

WANDARTIGER ZWEIFELDTRÄGER - LAST OBEN

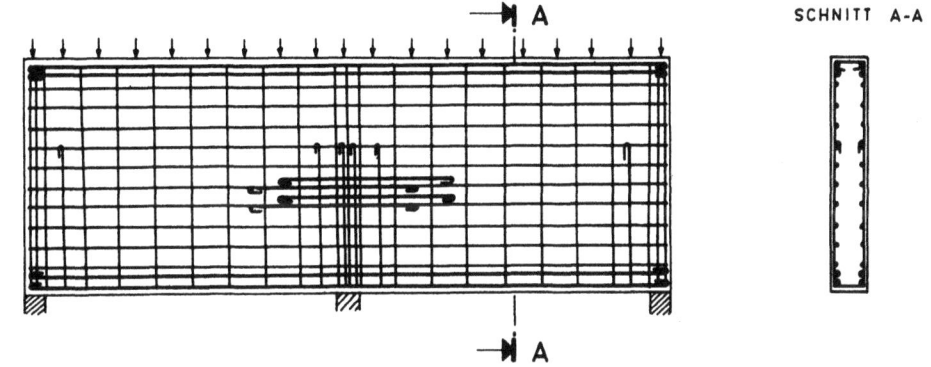

SCHNITT A-A

WANDARTIGER DURCHLAUFTRÄGER - UNTERGESCHOSSWAND

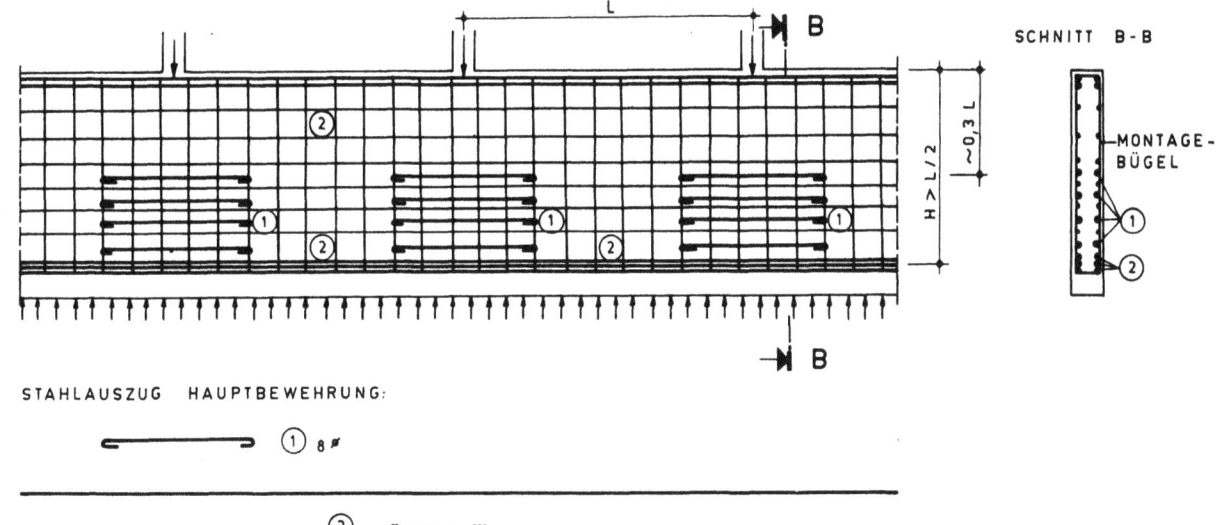

SCHNITT B-B

STAHLAUSZUG HAUPTBEWEHRUNG:

① 8 ∅

② 10 ∅ ST A - III

BEWEHRUNGSGRUNDSÄTZE:

- KEINE SCHRÄGSTÄBE
- LIEGENDE HAKEN ALS ZUGSTABVERANKERUNG
- BÜGEL SIND NUR MONTAGESTÄBE
- HORIZONTALE BEWEHRUNG UMFASST RAND SCHLAUFENFÖRMIG
- FELDBEWEHRUNG AUF EINE HÖHE VON ~ 0,1 L VERTEILEN
- STÜTZENBEWEHRUNG AUF HÖHE ZWISCHEN 0,4 L - 0,8 L VERTEILEN
- REICHLICHE VERANKERUNGSLÄNGEN

4. TRAGWERKE AUS BETON, STAHLBETON UND SPANNBETON

4.6 PLATTEN UND PLATTENDECKEN

EINACHSIG BEWEHRTE EINFELDPLATTE

PRINZIPDARSTELLUNG

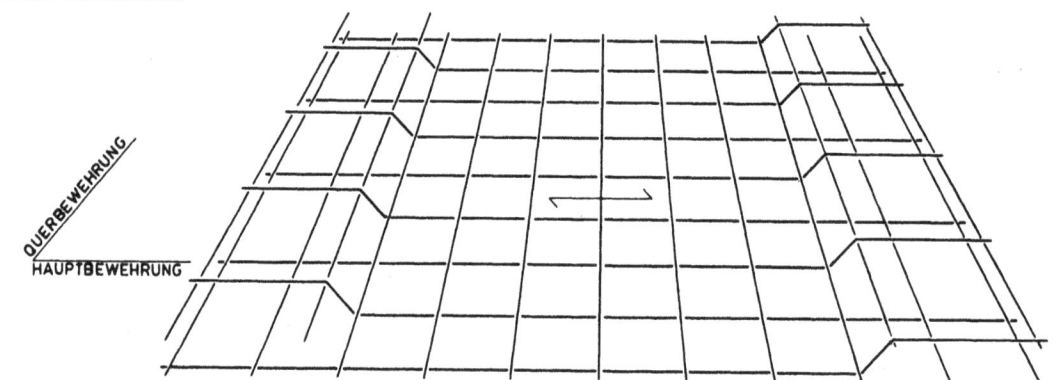

BEWEHRUNG EINER EINFELDPLATTE IN ORTBETON MIT ST A-III

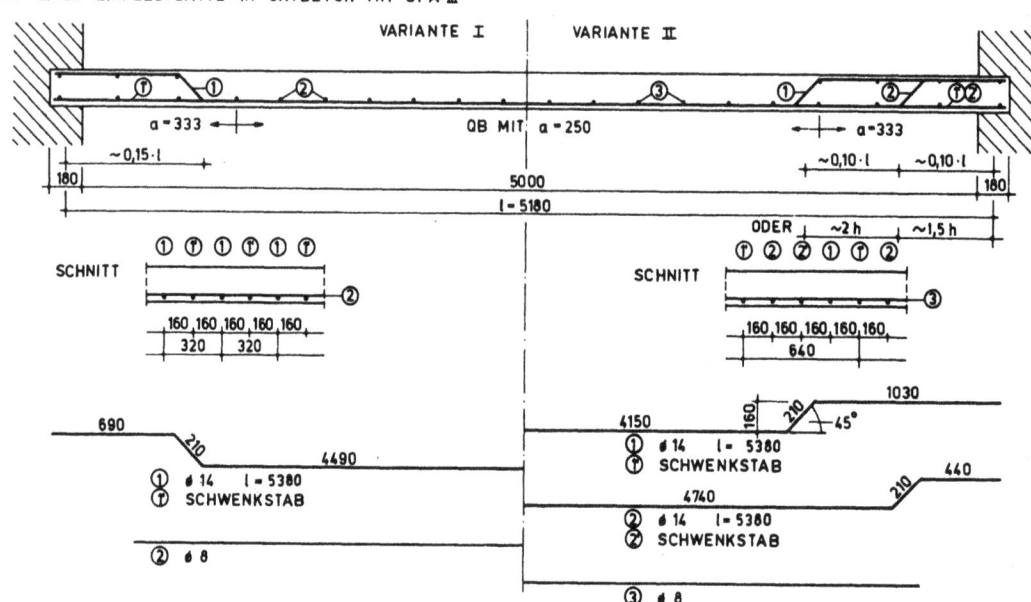

ZWEIACHSIG BEWEHRTE EINFELDPLATTE

PRINZIPDARSTELLUNG

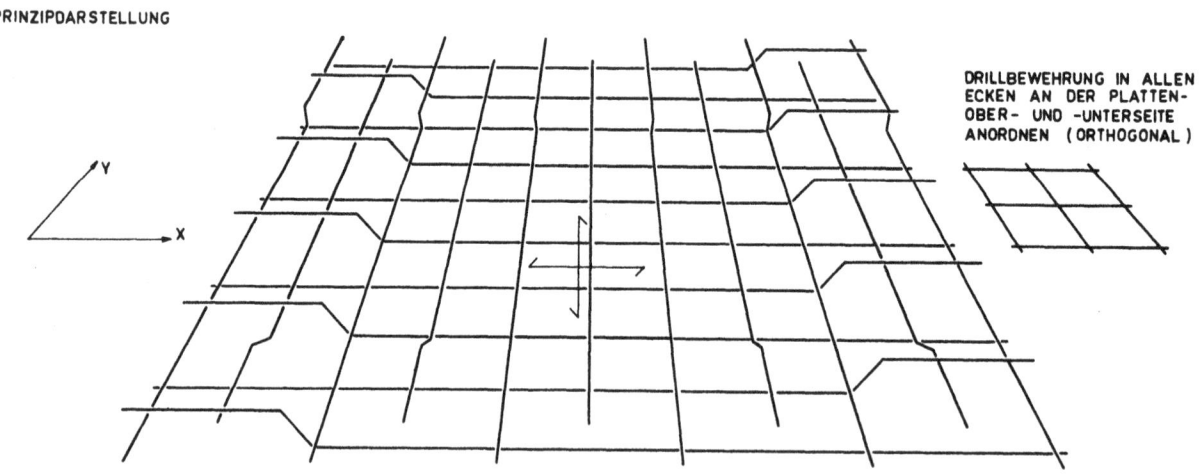

DRILLBEWEHRUNG IN ALLEN ECKEN AN DER PLATTEN-OBER- UND -UNTERSEITE ANORDNEN (ORTHOGONAL)

BEWEHRUNGSANORDNUNG

HAUPTBEWEHRUNG

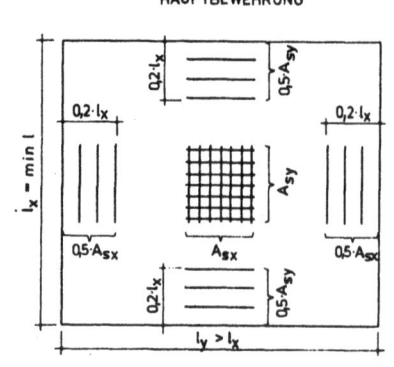

DRILLUNGSBEWEHRUNG OBEN   UNTEN

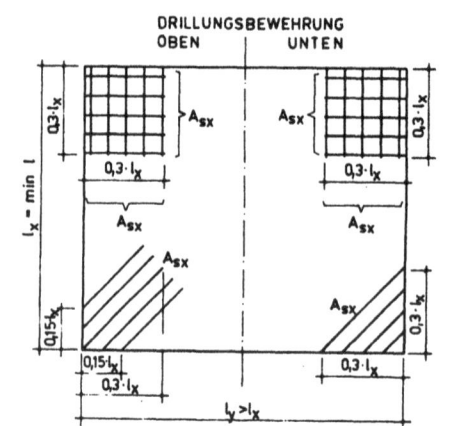

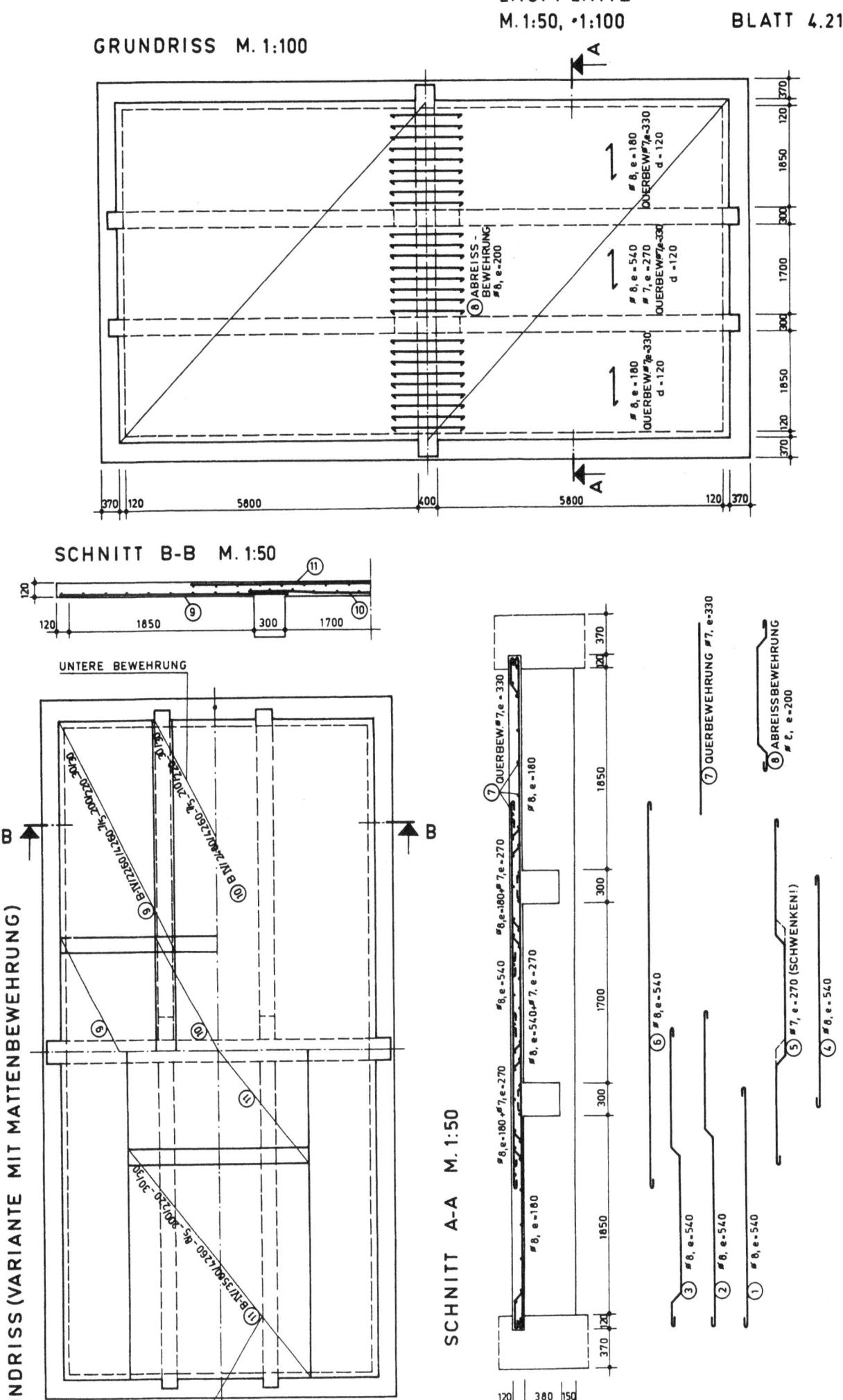

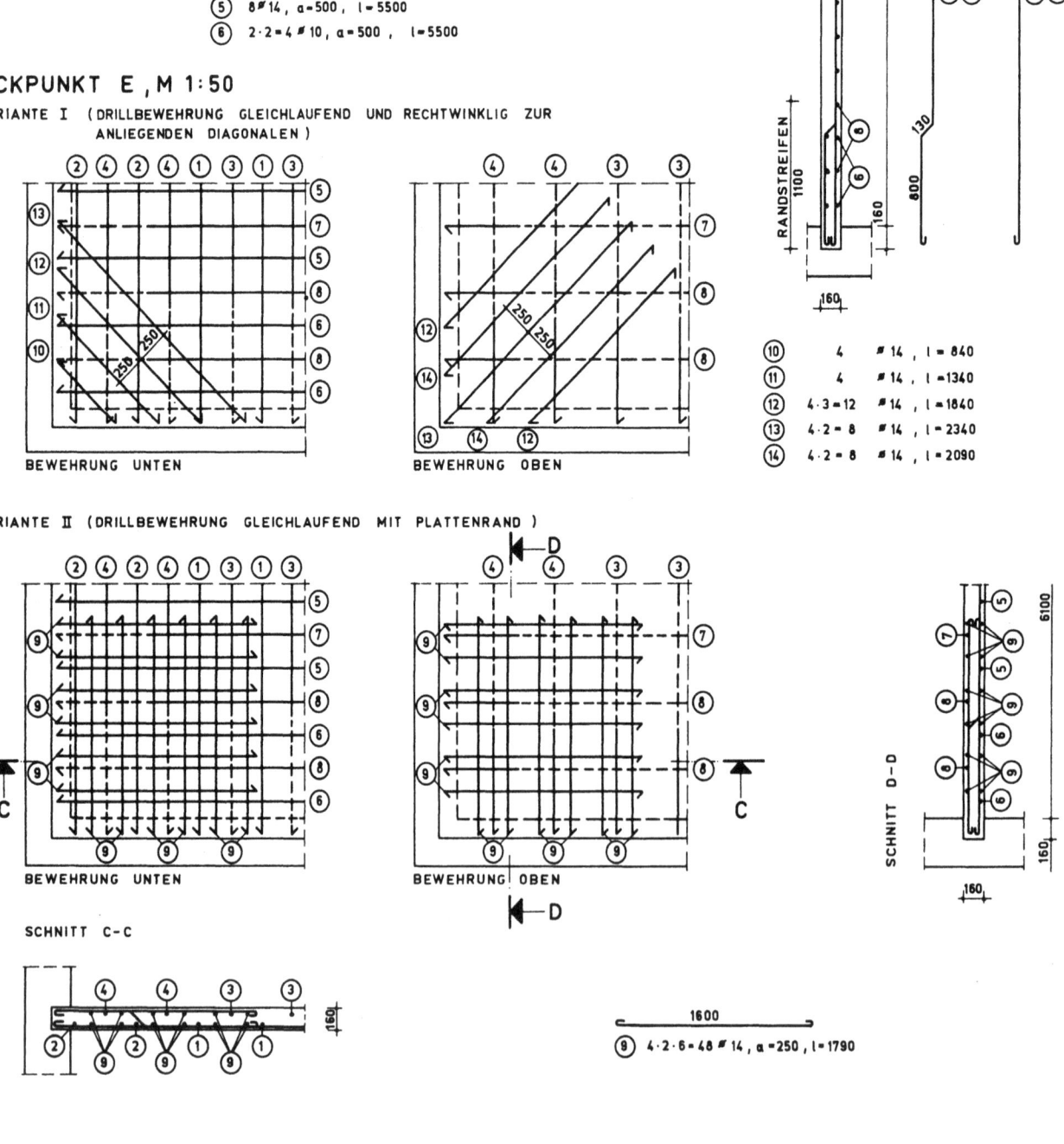

4. TRAGWERKE AUS BETON, STAHLBETON UND SPANNBETON

4.6 PLATTEN UND PLATTENDECKEN

ZWEIACHSIG BEWEHRTE 6-FELD-PLATTE

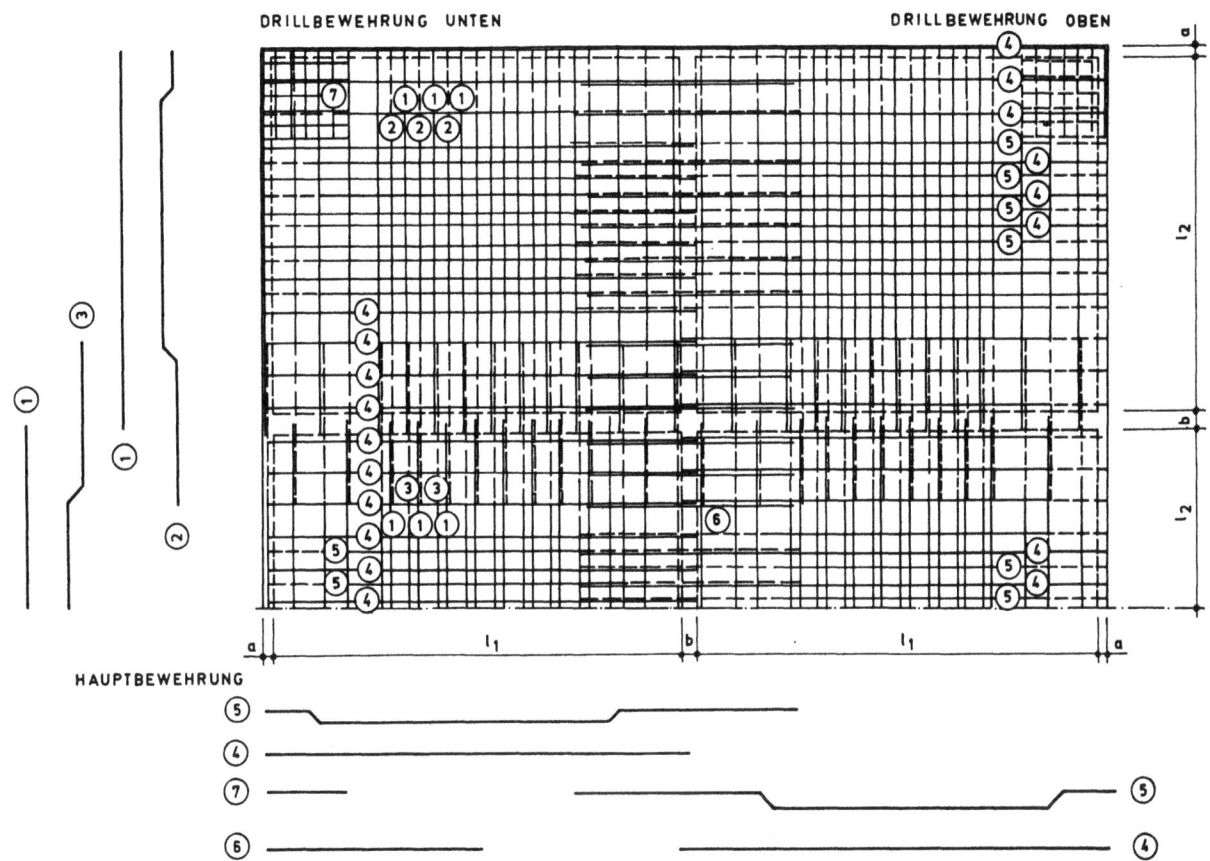

ZWEIACHSIG BEWEHRTE PLATTE MATTENBEWEHRUNG

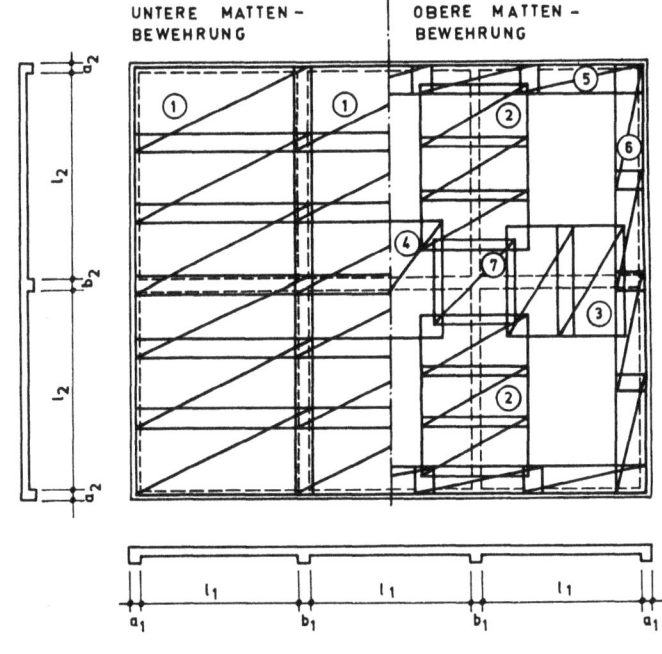

ALS BEISPIEL MATTE ①

4900 / 2350 - 8/6 - 150 / 200 - 50 / 20 [MM]

- 4900 – LÄNGE DER MATTE
- 2350 – BREITE DER MATTE
- 8 – DURCHMESSER LÄNGSSTAB
- 6 – DURCHMESSER QUERSTAB
- 150 – ABSTAND DER LÄNGSSTÄBE
- 200 – ABSTAND DER QUERSTÄBE
- 50 – RANDÜBERSTAND QUERSTAB
- 20 – RANDÜBERSTAND LÄNGSSTAB

ÜBERDECKUNGSSTÖSZE VON GESCHWEISZTEN MATTEN IN AK II

① FÜR HAUPTBEWEHRUNG

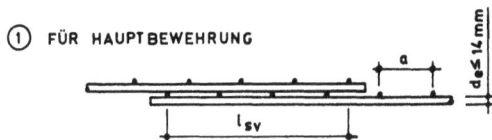

- IM ZUGBEREICH

$$l_{sv} = MAX \begin{cases} 300 \text{ mm} \\ 3,5 \cdot a \cdot \dfrac{A_{s,erf.}}{A_{s,vorh.}} \end{cases} \rightarrow \geq 1,5a; \geq 2,5a; \geq 3,5a$$

– UND NACHWEIS DER ERFORDERLICHEN ANZAHL $n_{e,Q}$ DER QUERSTÄBE

$$n_{e,Q} = \dfrac{\alpha_v \cdot F_s}{\min F_{1,2}}$$

$F_s = n_e \cdot R_s \cdot A_s$ AUFNEHMBARE ZUGKRAFT DER HAUPTBEWEHRUNG
$\min F_{1,2}$ NACH BLATT 4.03 UNTER ③

α_v	
RUNDSTAHL	RIPPENSTAHL
1,33	1,00

- IM DRUCKBEREICH

$l_{sv} \geq 300$ mm

② FÜR QUERBEWEHRUNG

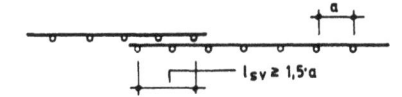

BEI DÜNNWANDIGEN ELEMENTEN

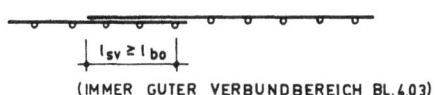

(IMMER GUTER VERBUNDBEREICH BL. 4.03)

(ÜBERDECKUNGSSTÖSZE BEI GEKNÜPFTEN BEWEHRUNGEN SIEHE TGL 33405/01)

4. TRAGWERKE AUS BETON, STAHLBETON UND SPANNBETON

4.6 PLATTEN UND PLATTENDECKEN
BLATT 4.24

STAHLBETONRIPPENDECKE

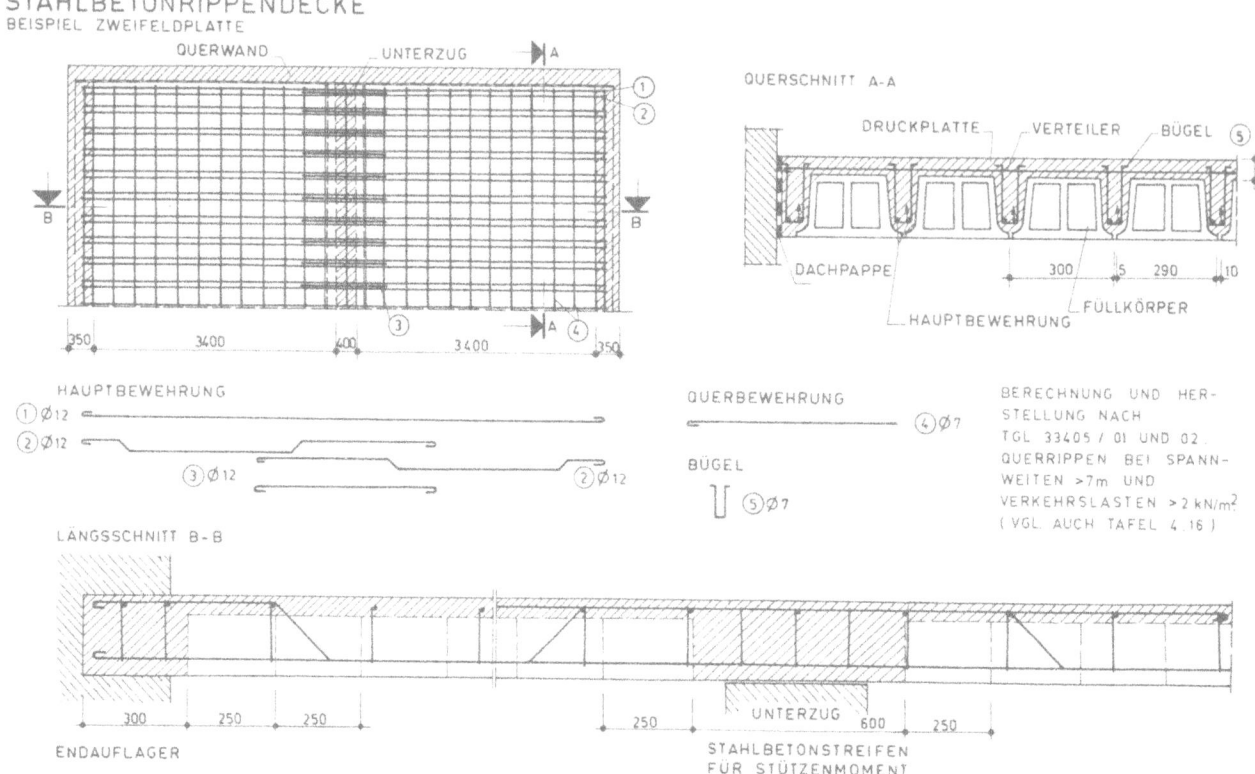

L-DECKE NACH TGL 116-0274

L-DECKE NACH ZULASSUNG 90/72

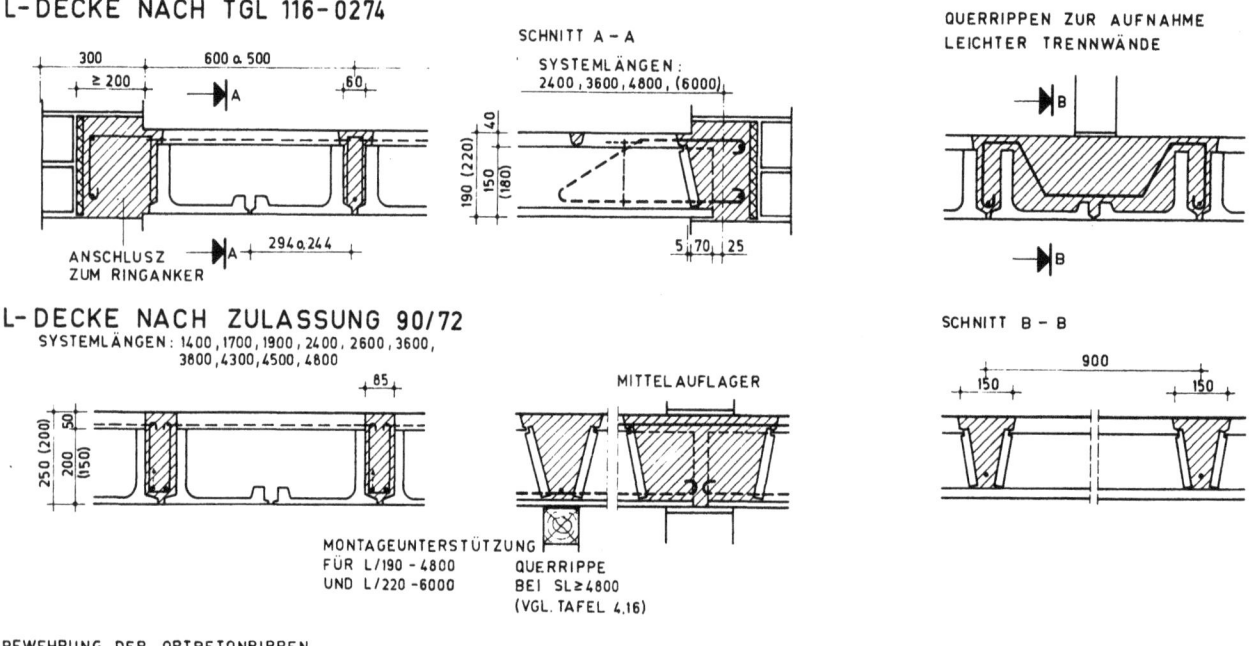

BEWEHRUNG DER ORTBETONRIPPEN
FÜR L-DECKEN NACH TGL 116-0274 UND ZULASSUNG 90/72   FÜR L-DECKEN MIT NICHT AUSREICHENDER SCHALENBEWEHRUNG

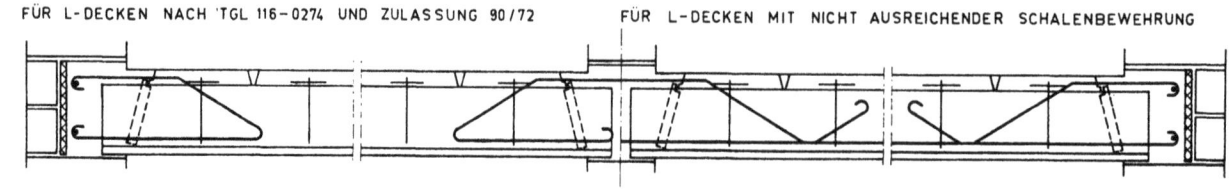

VERGRÖSZERUNG DER SPANNWEITEN BIS ZU ETWA 7,20 m DURCH STOSZEN VON L-SCHALEN NACH ZULASSUNG 90/72
(4,80 m + 2,40 m ODER 3,60 m + 3,60 m)

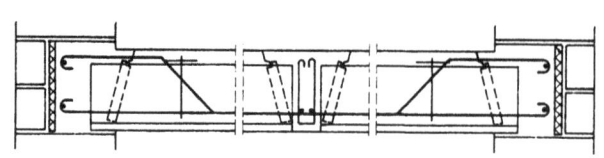

ANORDNUNG VON ORTBETONDRUCKSCHICHTEN

AUFZUBRINGENDE DRUCKSCHICHT AUS ORTBETON	BEI BELASTUNGSART	BEI DECKEN-SCHEIBEN-WIRKUNG
—	VORWIEGEND RUHEND UND GLEICHMÄSZIG, ≤5 kN/m² (EINSCHL. TRENNWÄNDE)	BIS 5 GESCHOSSE
≥ 30 mm	VORWIEGEND RUHEND UND GLEICHMÄSZIG >5 kN/m²	ÜBER 5 GESCHOSSE
≥ 50 mm	DYNAMISCHE BELASTUNGEN	ÜBER 5 GESCHOSSE

4. TRAGWERKE AUS BETON, STAHLBETON UND SPANNBETON

4.8 PLATTEN UND PLATTENDECKEN
BLATT 4.25

FERTIGTEILDECKEN

HOHLRAUMDECKENPLATTEN

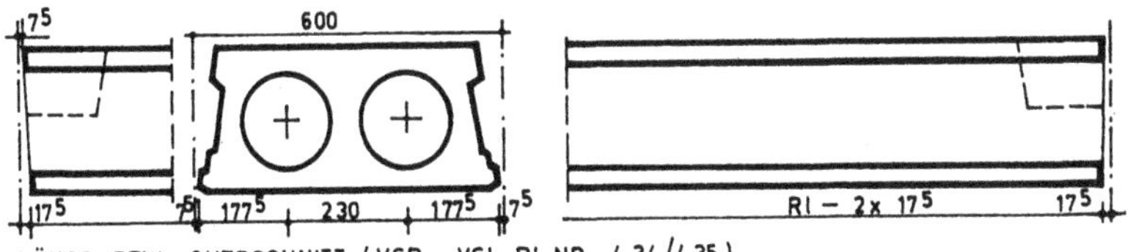

LÄNGS- BZW. QUERSCHNITT (VGB VGL. BL.NR. 4.34/4.35)

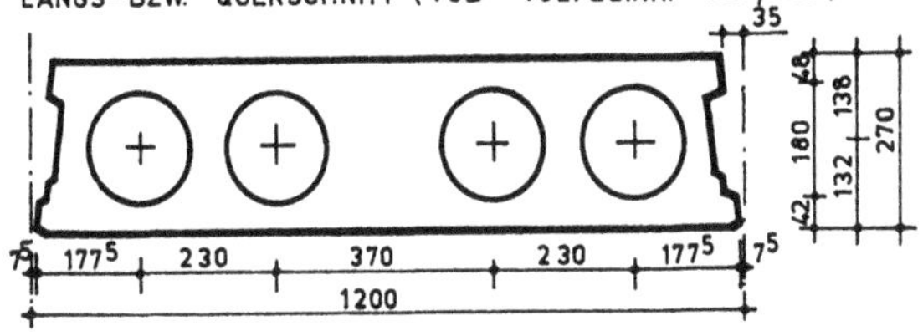

SORTIMENT NACH KATALOG B 8427 PEG					
SYSTEM LÄNGE	BAURICHTMASSE			EIGEN GEWICHT	VERK. LAST
	Rl	Rb	Rd		
mm	mm	mm	mm	kN/m²	kN/m²
2400	1600				
3000	2200				
3600	2800	600	280	~4.5	20.0
4800	4000	1200			
6000	5200				
7200	6400				

- NUR NORMALDECKENELEMENTE DES VGB
- FÜR ANDERE BAUSYSTEME SIND RICHTLÄNGEN DEMENTSPRECHEND ZU WÄHLEN
- AUSBAUZUSCHLAG VON 2 kN/m² ZUSÄTZLICH ZUR VERKEHRSLAST MÖGLICH

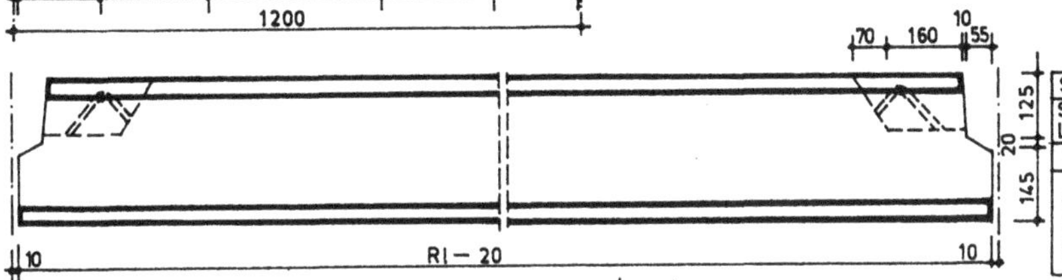

LÄNGSSCHNITT (SKBS 75: NORMALDECKE - VGL. BL. 4.37/4.38)

SORTIMENT NACH KATALOG B 7917 PWT					
SYSTEM LÄNGE	BAURICHTMASSE			EIGEN GEWICHT	VERK. LAST [2]
	Rl	Rb	Rd		
mm	mm	mm	mm	kN/m²	kN/m²
4800	4800	600	300	5.80	17.0
6000 [1]	6000	1200		4.05	17.0
7200 [1]	7200				17.0

- NUR NORMALDECKENELEMENTE DER SKBS 75
- [1] AUSFÜHRUNG IN SPANNBETON
- [2] MAX. VERKEHRSLAST EINSCHL. AUSBAUZUSCHLAG: $g_2 + p$

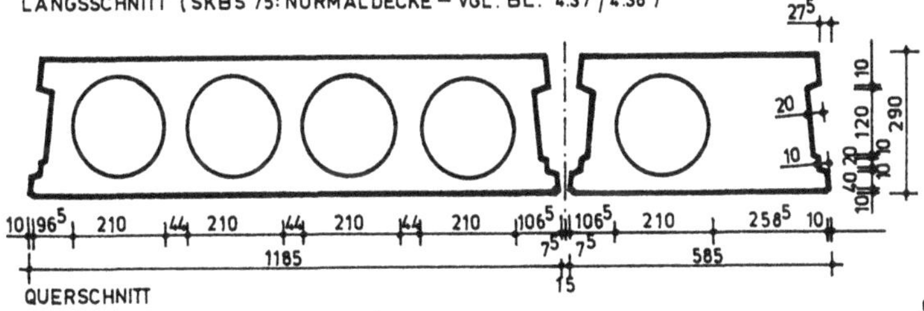

QUERSCHNITT

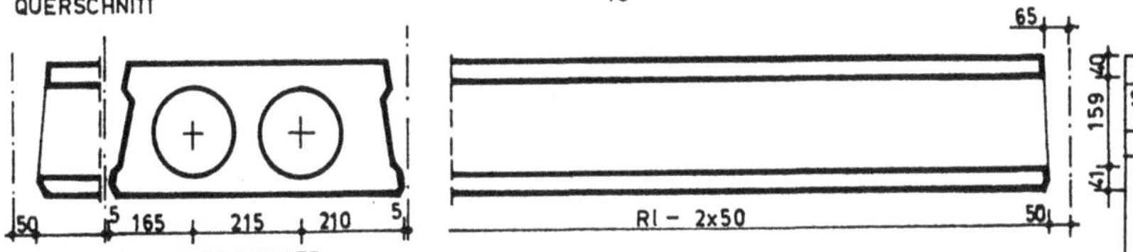

LÄNGS BZW. QUERSCHNITT

SORTIMENT NACH KATALOG AEG/IB 428					
SYSTEM LÄNGE	BAURICHTMASSE			EIGEN GEWICHT	VERK. LAST
	Rl	Rb	Rd		
mm	mm	mm	mm	kN/m²	kN/m²
2400	2400				41.4
3600	3600	600	250	4.2	13.8
4800	4800	1200		3.8	11.5
6000	6000				10.1
7200	7200				4.95

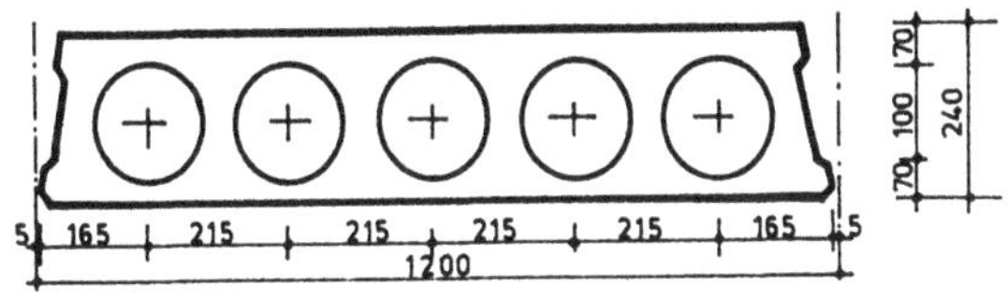

KASSETTENDECKENPLATTEN

LÄNGSSCHNITT

QUERSCHNITT

SORTIMENT NACH KATALOG 65-81					
SYSTEM LÄNGE	BAURICHTMASSE			EIGEN GEWICHT	VERK. LAST
	Rl	Rb	Rd		
mm	mm	mm	mm	kN/m²	kN/m²
6000	6000	750 1500	300 350	3.6 4.1	15 25

VERKEHRSLAST EINSCHL. AUSBAUZUSCHLAG

STAHLBETONHOHLDIELEN

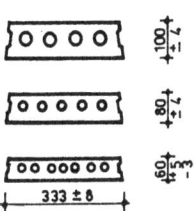

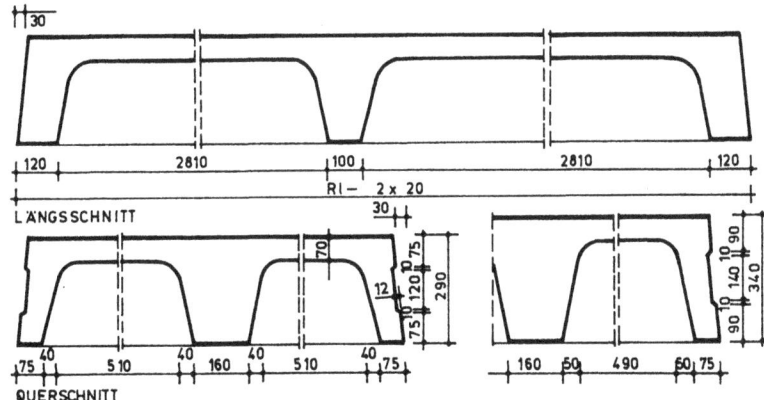

NENN-DICKE mm	BEW.-KENNZ.	MAX. MASSE kg	ZUL. Q_A kN	ZUL. M kNm	ZUL. GLEICHMÄSSIG VERTEILTE BELASTUNG [2] (q_{zul}) IN kN/m² BEI l IN mm																	
					1000	1100	1200	1300	1400	1500	1600	1700	1800	1900	2000	2100	2300	2500	2700	3000		
100	I	200	3.83	2.0	24	21.7	19.8	18.25	15.7	13.65	11.9	10.5	9.4	8.4	7.56	6.85	5.65	4.8	4.1	3.3		
	II		3.83	2.56	—	—	—	—	16.9	15.75	14.75	13.45	12	10.7	9.65	8.75	7.25	6.15	5.25	4.2		
	III		3.83	3.17	—	—	—	—	—	—	13.85	13.05	12.35	11.75	10.9	9.05	7.6	6.5	5.25			
80	I	170	2.52	0.64	10.1	8.3	6.9	5.85	5.05	4.35	3.80	3.4	3.0	2.7	2.4	—	—	—	—	—		
	II		3.33	1.01	15.9	13.0	10.65	9.2	7.9	6.85	6.0	5.3	4.7	4.2	3.8	3.45	—	—	—	—		
	III		3.33	1.63	20.8	18.9	17.25	14.9	12.7	11.05	9.7	8.55	7.6	6.8	6.15	5.55	—	—	—	—		
60	I	140	1.99	0.79	12.4	10.2	8.5	7.25	5.4	—	—	—	—	—	—	—	—	—	—	—		
	II		2.64	1.05	16.5	13.6	11.3	9.6	8.25	7.15	—	—	—	—	—	—	—	—	—	—		

ANMERKG: [1] EINSCHL. FUGENVERGUSS [2] EINSCHL. EIGENLAST BEI $\gamma = 1.65$
BEACHTE TGL 24 778 / AUSG. 12.75

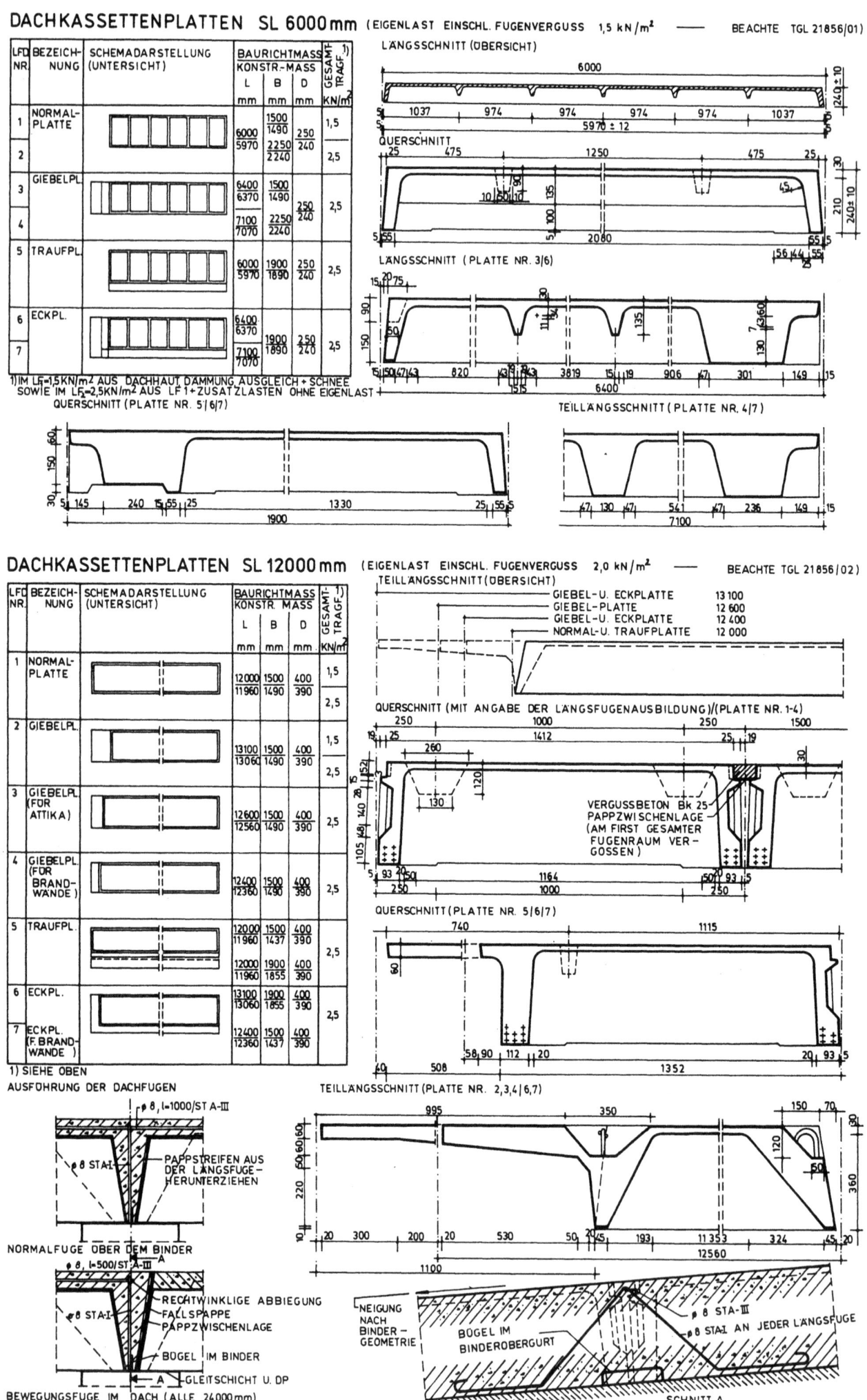

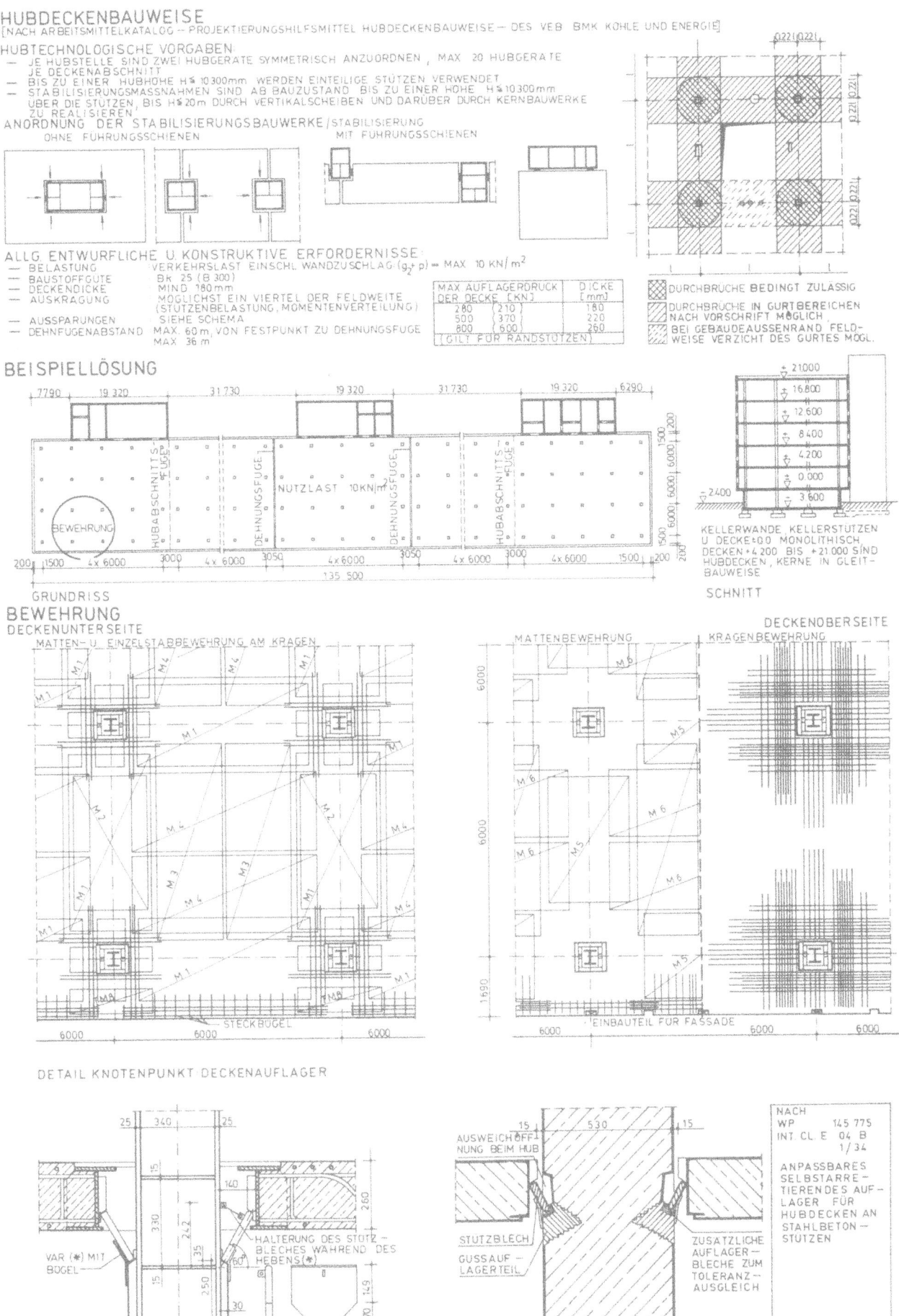

4. TRAGWERKE AUS BETON, STAHLBETON UND SPANNBETON

4.7 TREPPEN
M. 1:100, 1:50   BLATT 4.28

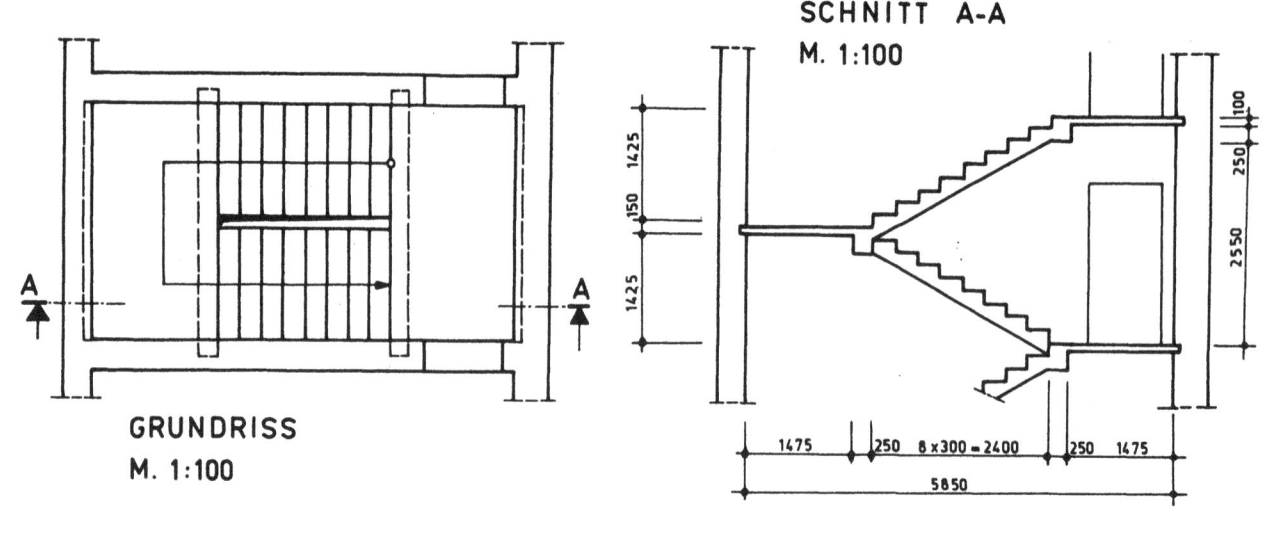

GRUNDRISS
M. 1:100

SCHNITT A-A
M. 1:100

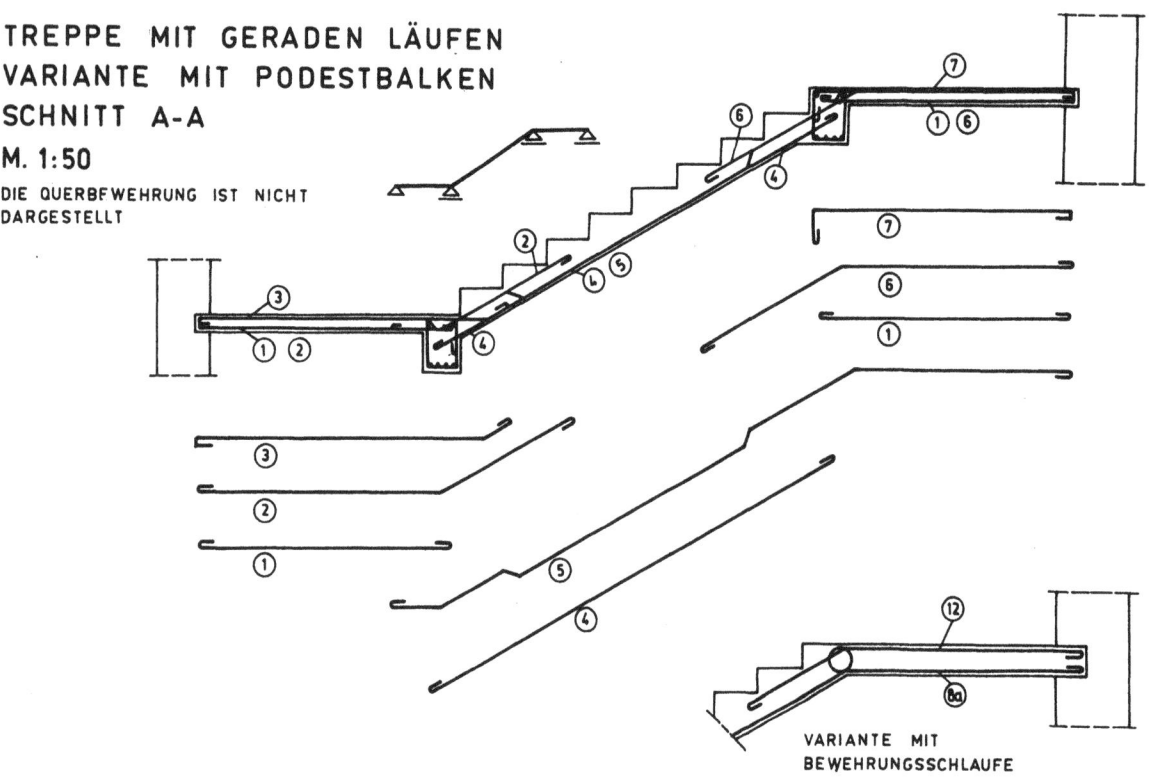

TREPPE MIT GERADEN LÄUFEN
VARIANTE MIT PODESTBALKEN
SCHNITT A-A
M. 1:50
DIE QUERBEWEHRUNG IST NICHT DARGESTELLT

VARIANTE MIT BEWEHRUNGSSCHLAUFE

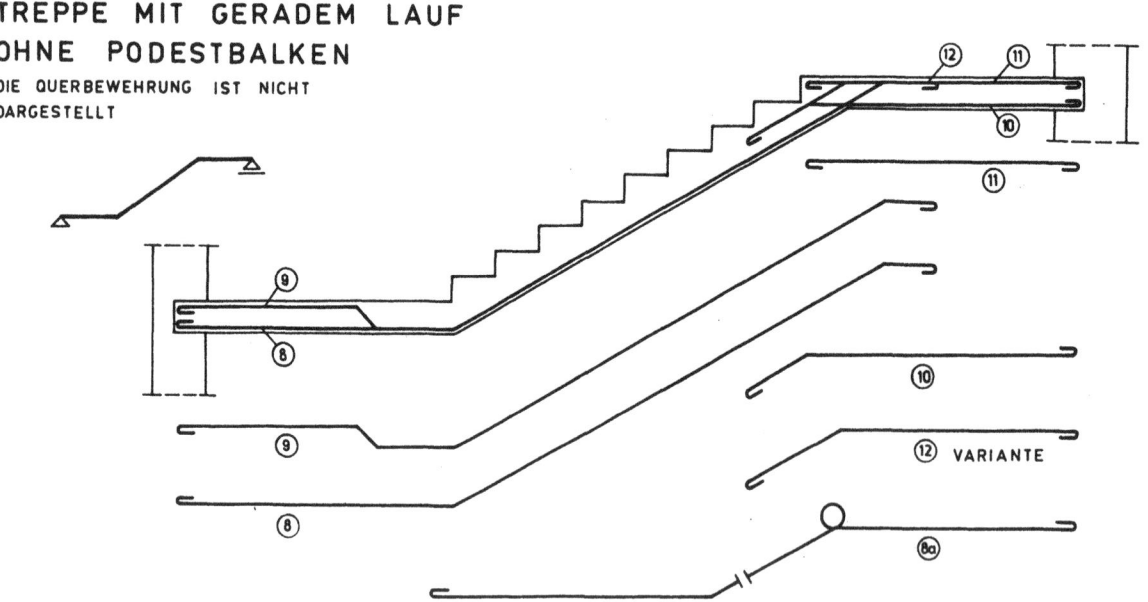

TREPPE MIT GERADEM LAUF
OHNE PODESTBALKEN
DIE QUERBEWEHRUNG IST NICHT DARGESTELLT

⑫ VARIANTE

4. TRAGWERKE AUS BETON, STAHLBETON UND SPANNBETON

4.9 STAHLBETONSKELETTTRAGWERKE
M.1:20, 1:50   BLATT 4.29

HALLENTRAGWERKE UND -SYSTEME

RIEGEL-STÜTZEN-TRAGWERK MIT BOHRLOCHGRÜNDUNG

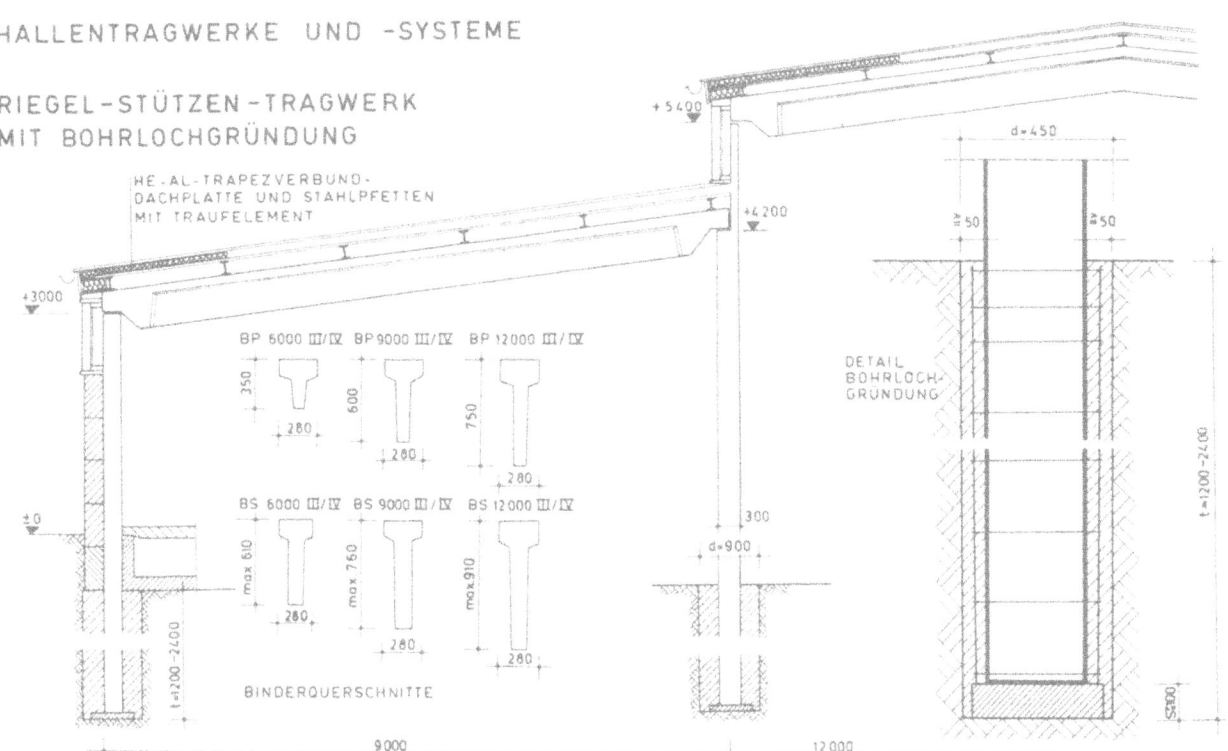

RIEGEL-STÜTZEN-SYSTEME FÜR HALLEN DER LANDWIRTSCHAFT

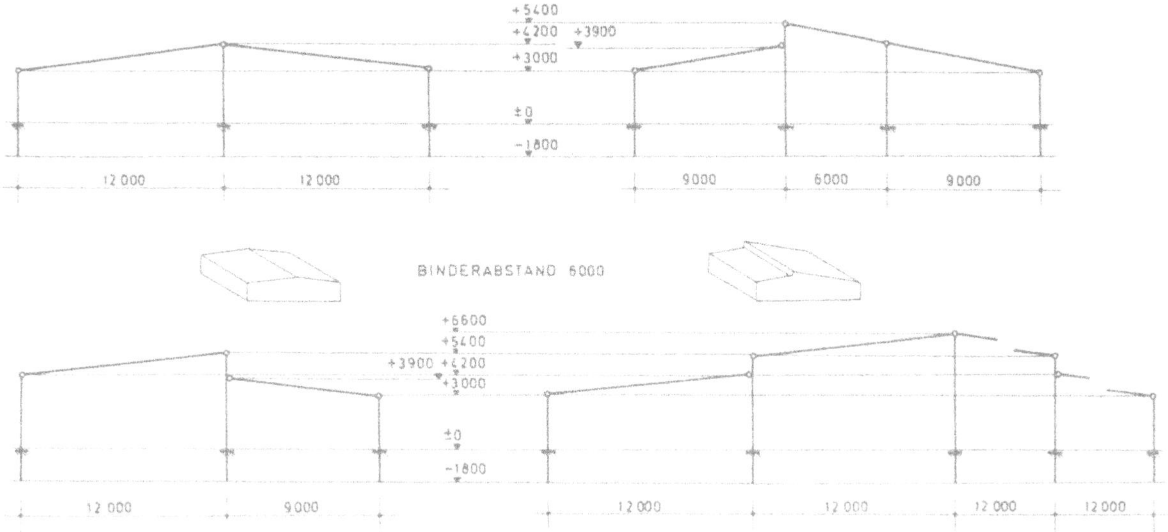

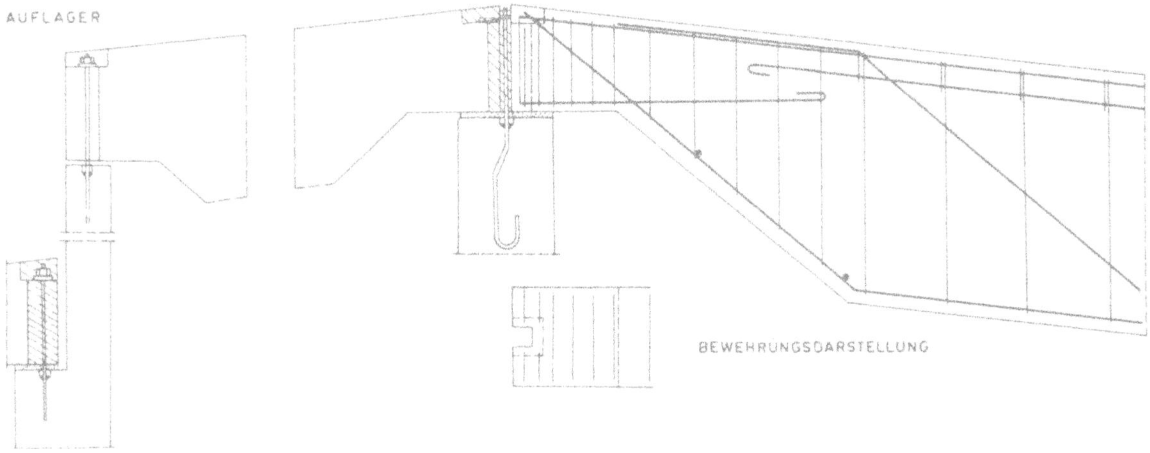

4. TRAGWERKE AUS BETON STAHLBETON UND SPANNBETON

4.9 STAHLBETONSKELETTTRAGWERKE

BLATT 4.30

HALLENTRAGWERKE UND -SYSTEME PRINZIPDARSTELLUNG

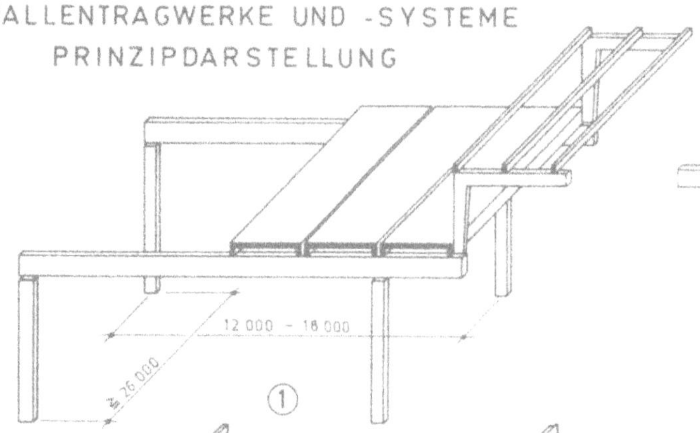

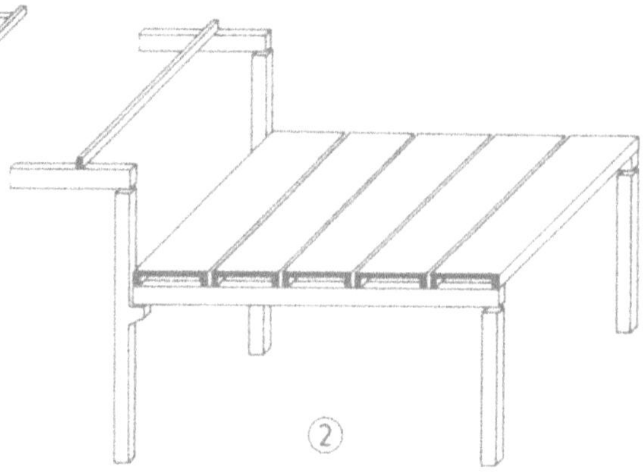

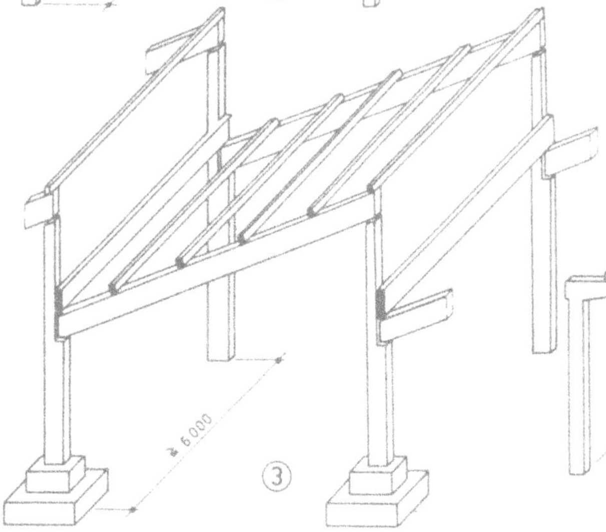

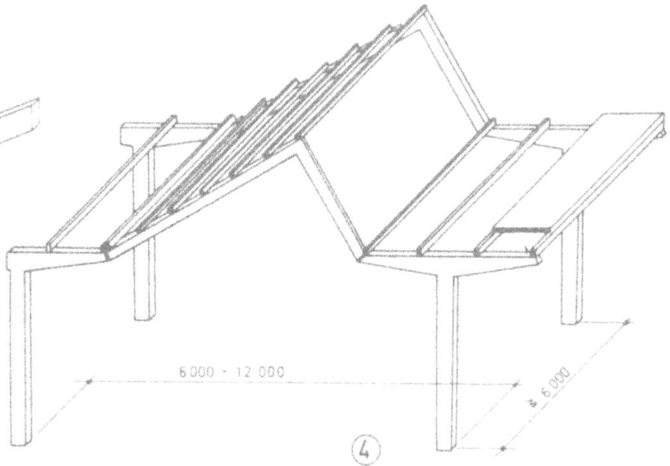

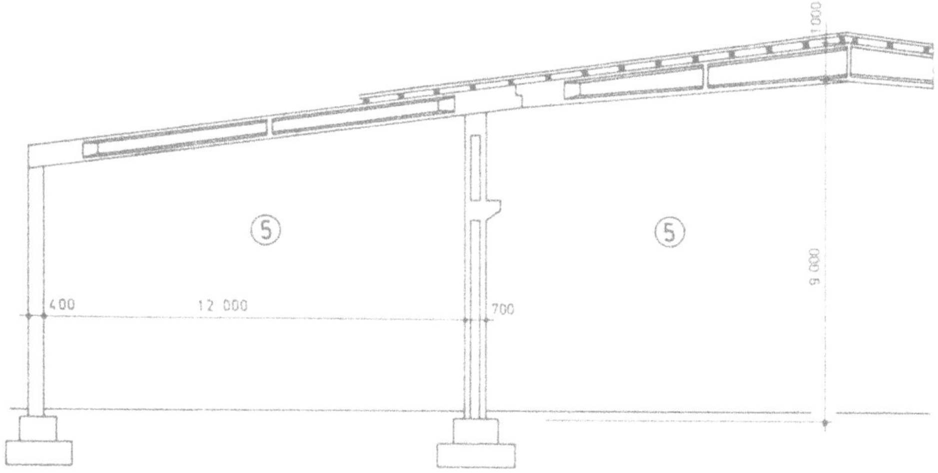

① HALLE MIT ERHÖHUNG DES MITTELSCHIFFES / AUSKRAGEN DER RIEGEL

② HALLE MIT ERHÖHUNG DES MITTELSCHIFFES / FREIAUFLIEGENDER RIEGEL

③ SHEDHALLE MIT LINEAREN ELEMENTEN

④ SHEDHALLE MIT "T"-STIELEN UND DREIECKRAHMEN

⑤ BINDER-STÜTZEN-KONSTRUKTION (BINDER ALS GELENKTRÄGER)

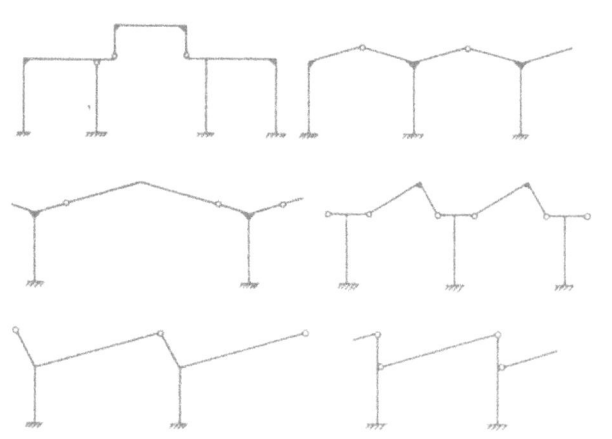

HALLENSYSTEME IN FERTIGTEILRAHMEN

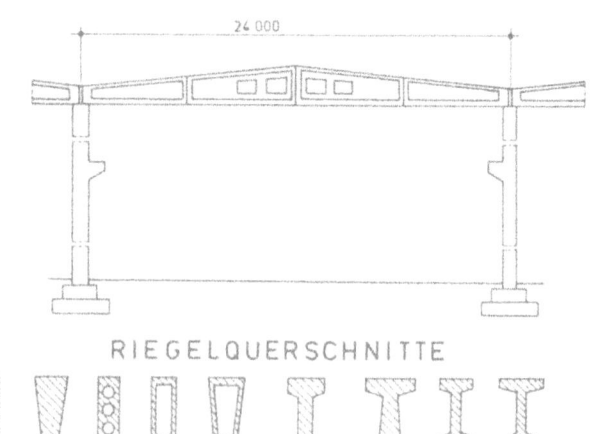

BINDER-STÜTZEN-KONSTRUKTION

RIEGELQUERSCHNITTE

4. TRAGWERKE AUS BETON, STAHLBETON UND SPANNBETON

4.8 STAHLBETONSKELETTTRAGWERKE
BLATT 4.31

EMZG – EINGESCHOSSIGE MEHRZWECKGEBÄUDE

EMZG 83
KATALOG B 8211 PKA

	SATTELDACHKONSTRUKT. 5% DACHNEIGUNG (DN), AA 6000, m./o. EBK	SATTELDACHKONSTRUKT. 5% DN, AA 12000 m./o. EBK	SATTELDACHKONSTRUKT. 5% DN, AA 6000 m./o. ZBK (EBK)	RIEGELKONSTRUKTION 5% DN, AA 6000 m./o. EBK	VT-FALTENDACHKONSTR. AA 6000/12000 m./o. EBK
ACHSABSTAND AA	6000	12000	6000	6000	6000 (12000)
SYSTEMLÄNGE (min/SL)	n × 6000 = 24000	n × 12000 = 48000	n × 6000 = 18000	n × 6000 = 18000	12000 / 24000
SB EINER ZELLE SBZ	18000 / 24000			6000 / 12000	12000/18000/24000
SYSTEMBREITE (max)	96000	144000	72000	48000	72000
DEHNFUGENABSTAND	96000	72000	96000	24000 / 96000	72000

KRANAUSRÜSTG SYSTEMHÖHE	OHNE	MIT EBK BIS 2×8t	OHNE	MIT EBK BIS 12,5t	MIT ZBK BIS JE 1×20t/5t	OHNE	MIT EBK BIS 1×8t	OHNE	MIT EBK BIS 2×8t
3000	•					•			
3600	•					•			
4200	•					•			
4800	•	•	•	•		•	•	•	•
5400	•	•	•	•		•	•		
6000	•	•	•	•		•	•		
6600	•	•	•	•		•	•		
7200	•	•	•	•	•	•	•		
7800	•	•	•	•	•	•			
8400	•	•	•	•	•	•	•	•	•
9000	•		•	•	•	•			
9600	•		•	•	•	•			
10200			•	•	•				
10800			•	•	• (AUCH EBK)				
11400			•	•					
12000			•	•					

QUERSCHNITTE					
RANDSTÜTZEN	400/500 — SH≦8400	500/600	400/800	400/500	400/500
MITTELSTÜTZEN	500/600 — 7200≠SH≠9600	500/600	400/1000	400/500	500/600
GIEBELSTÜTZEN	500/600	500/600	500/600	400/600 SH≦6000 / 500/600	500/600

HEBEZEUGE FÜR SATTELDACHKONSTR. AA 6000

S - LAGE DER SCHLEIFLEITUNG
EBK: BEACHTE TGL 39448/39449
ZBK: BEACHTE TGL 10384, AUSG. 12/65
AB SH=9600 WIRD EIN LAUFSTEG ERFORDERLICH!

KRANTRAGKRAFT STÜTZEN	[t]	FLURGESTEUERTE EINTRÄGERBRÜCKENK.				KABINENGESTEUERTE EINTRÄGERBRÜCKENK.				ZWEITRÄGERBRÜCKENK.			
		e_2	e_3	h	h_k	e_2	e_3	h	h_k	e_2	e_3	h	h_k
400/600¹⁾ 500/600²⁾		SH 4800 – 9600				SH 7200 – 9600							
	1	850	1000	1180	1800	1000	1000	2280	2700				
	2	850	1000	1270	1800	1000	1200	2390	2700				
	3,2	850	1000	1340	1800	1000	1250	2470	2700				
	5	850	1000	1480	1800	1150	1250	2670	2700				
	8	1000	1150	1860	2100	1150	1150	2920 / 2980	2700				
	12,5	1300	1300	3370 / 3220	2700	1300	1300	3660 / 3510	3000				
400/800³⁾ 400/1000³⁾		SH 9600 – 12000				SH 9600 – 12000				SH 7200¹⁾ – 12000			
	5	850	1000	2740	3300	1150	1250	3030	3300	1200	1200	2820	3300
	8	1000	1150	2820	3300	1150	1150	3280 / 3100	3300	1300	1300	2900	3300
	12,5	1300	1300	3970 / 3820	3300	1300	1300	3960 / 3810	3300	1400	1400	3030 / 2850	3300
	12,5/3,2									1800	1800	3170	3300
	20 5									1800	1800	3170	3300

ANMERKG: DOPPELANGABE GILT F. SBZ 18000/SBZ 24000, ¹⁾BEI SH 7200 NUR FLURGEST

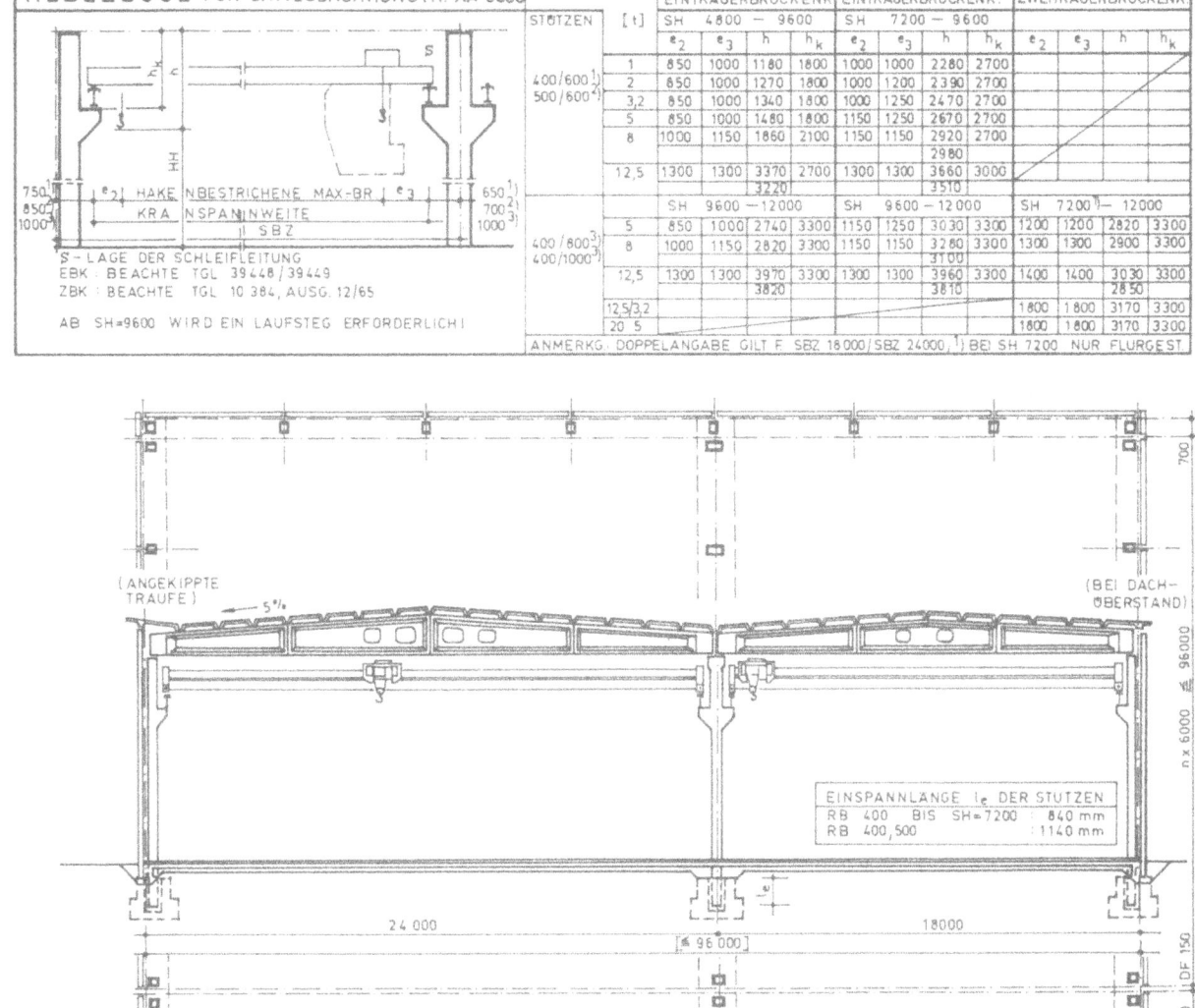

GRUNDRISS UND QUERSCHNITT SATTELDACHKONSTR. AA 6000 m. EBK

EINSPANNLÄNGE l_e DER STÜTZEN
RB 400 BIS SH=7200 : 840 mm
RB 400,500 : 1140 mm

4. TRAGWERKE AUS BETON, STAHLBETON UND SPANNBETON

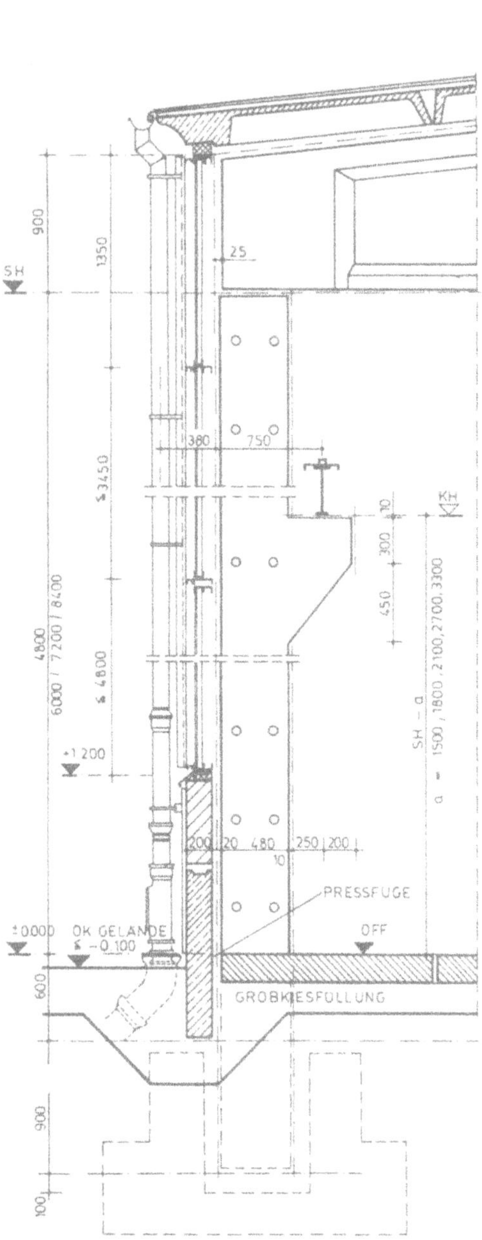

4.8 STAHLBETONSKELETTTRAGWERKE
BLATT 4.32

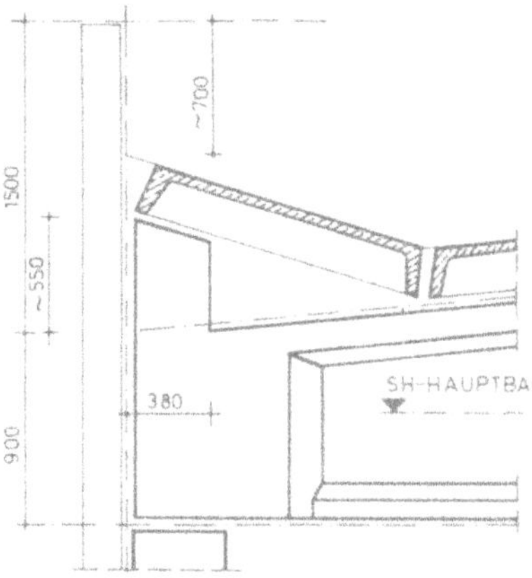

EMZG - EINGESCHOSSIGE MEHRZWECKGEBAUDE

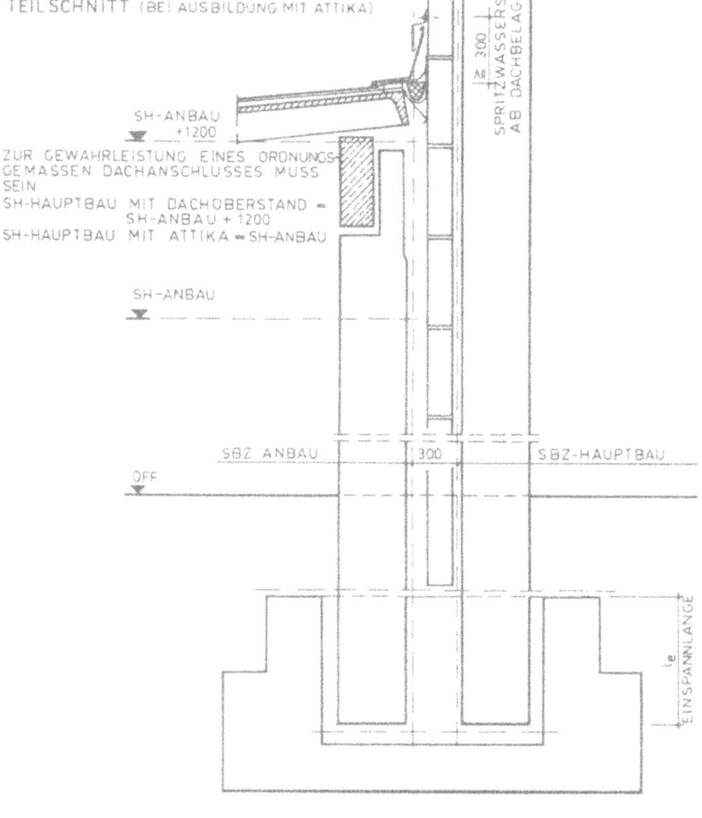

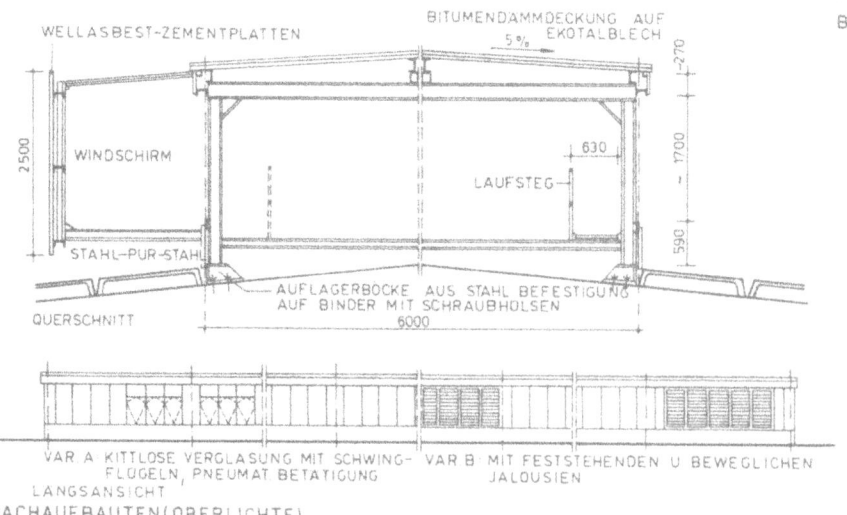

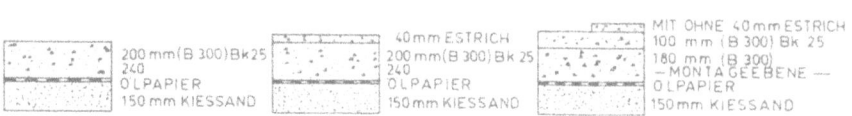

BEMERKUNGEN ZUR DACHKONSTR.

TRAGKONSTRUKTION:
SPANNBETON-SATTELDACHVOLLWANDBINDER SL=18000/24000 mm, RIEGEL SL=6000mm

DACHDECKE:
DACHKASSETTENPLATTEN SL= 6000mm, 240 mm HOCH, EIGENLAST EINSCHL FUGENVERGUSS 1,5 KN/m²
DACHKASSETTENPLATTEN SL= 12000 mm, 390 mm HOCH, EIGENLAST EINSCHL FUGENVERGUSS 2 KN/m²

DACHDECKUNG:
BITUMENDAMMDECKUNG MIT DAMPFSPERRE, DAMMSCHICHT U. DACHDECKUNG FUR VARIABLE EINSATZGEBIETE.
EIGENLAST EINSCHL HÖHENTOLERANZ-AUSGLEICH MAX 0,7 KN/m²

AUSSPARUNGEN:
VON Ø 130 BIS Ø 1030 SOWIE 1200/1200 BZW 1200/2400 mm

DACHAUFBAUTEN ZUR BELICHTUNG UND BELUFTUNG
DACHAUFBAUTEN SIND EINSETZBAR BIS SCHNEEGEBIET 4. DURFEN NICHT IN DER DEHNUNGSFUGE BZW IM GIEBELFELD ENDEN.
WINDSCHIRME U LAUFSTEGE SIND VORZUGSWEISE BEIDERSEITIG VORZUSEHEN, EINSEITIGE ANORDNUNG IST MOGLICH.

ZUSATZLASTEN:
IN ABHANGIGKEIT VON DEN ZUL BELASTUNGEN DER DACHKONSTR AN ABHANGERN IN DEN DACHPLATTENFUGEN BZW AN DEN BINDERN FUR UNTERGEHANGTE DECKEN, INSTALLATIONEN UA

4. TRAGWERKE AUS BETON, STAHLBETON UND SPANNBETON

4.6 STAHLBETONSKELETTTRAGWERKE

ORTBETONBAUWEISEN / PRINZIPDARSTELLUNG

GRUNDRISSE (RIEGELLAGE IN UNTERSICHT) / AUSSTEIFUNG NACH BLATT 2.07

QUERRAHMEN   LÄNGSRAHMEN   KREUZENDE RAHMEN

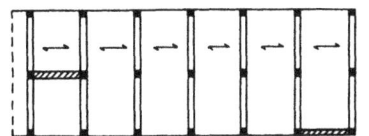 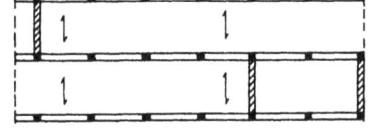 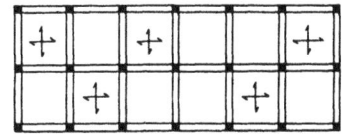

EINACHSIG BEWEHRTE DECKEN   ZWEIACHSIG BEWEHRTE DECKEN

QUERSCHNITTE

QUERRAHMEN MIT KRAGARM   QUERRAHMEN   KREUZENDE RAHMEN

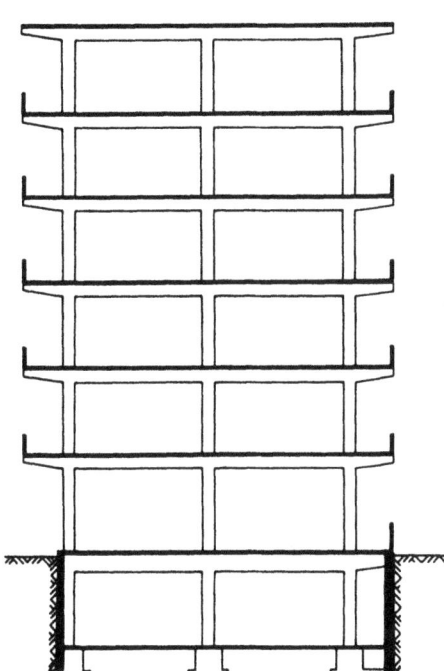 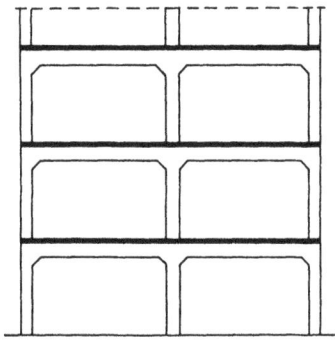 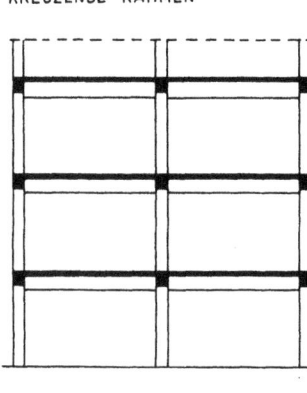

LÄNGSRAHMEN   KREUZENDE RAHMEN (LÄNGSSCHNITT)

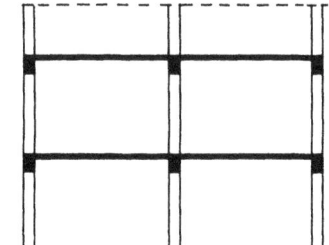 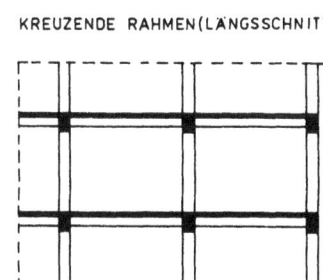

FERTIGTEILBAUWEISEN / PRINZIPDARSTELLUNG

GRUNDRISS (RIEGELLAGE IN UNTERSICHT) / SCHEIBENAUSSTEIFUNG NACH BLATT 2.07

RIEGEL-STÜTZEN-SYSTEM IN QUERRICHTUNG   RINGANKERANORDNUNG

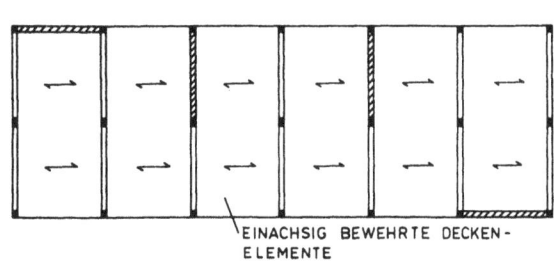 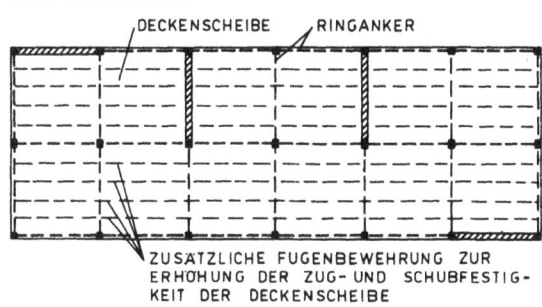

EINACHSIG BEWEHRTE DECKENELEMENTE

DECKENSCHEIBE — RINGANKER

ZUSÄTZLICHE FUGENBEWEHRUNG ZUR ERHÖHUNG DER ZUG- UND SCHUBFESTIGKEIT DER DECKENSCHEIBE

GRUNDRISS (RIEGELLAGE IN UNTERSICHT) / KERNAUSSTEIFUNG NACH BLATT 2.07

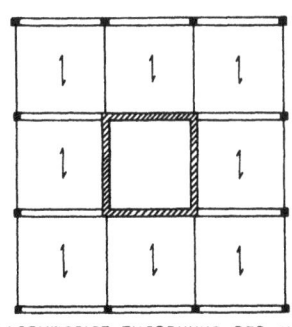 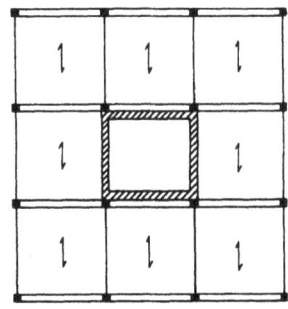 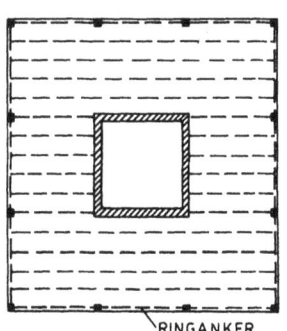

RINGANKER

DIE LAGEMÄSSIGE ZUORDNUNG DER KERNE GEGENÜBER DEM SKELETT KANN UNABHÄNGIG VON DER HERSTELLUNGSTECHNOLOGIE NACH ZWEI MÖGLICHKEITEN VORGENOMMEN WERDEN:

A) DER KERN BILDET ZUGLEICH AUFLAGER FÜR RIEGEL UND DECKENPLATTEN
VORTEIL: HOHE DRUCKKRÄFTE KOMPENSIEREN DIE BIEGEZUGSPANNUNGEN AUS DEN HORIZONTALLASTEN
NACHTEIL: ZUSÄTZLICHE ANSCHLUSSELEMENTE DES SKELETTS UND AUFLAGERMÖGLICHKEITEN AM KERN ERFORDERLICH.

B) DIE STÜTZEN TANGIEREN IN DEN ECKPUNKTEN DEN AUSSTEIFUNGSKERN.
VORTEIL: KEINE ZUSÄTZLICHEN ANSCHLUSSELEMENTE UND AUFLAGERÖFFNUNGEN IM KERN.
NACHTEIL: KERN ERHÄLT BETRÄCHTLICHE ZUGSPANNUNGEN, DIE DURCH VIEL BEWEHRUNG AUFGENOMMEN WERDEN MÜSSEN.

4. TRAGWERKE AUS BETON, STAHLBETON UND SPANNBETON

4.8 STAHLBETONSKELETTTRAGWERKE
BLATT 4.34

VGB - VEREINHEITLICHTER GESCHOSSBAU
KONSTRUKTIVER GEBÄUDEAUFBAU

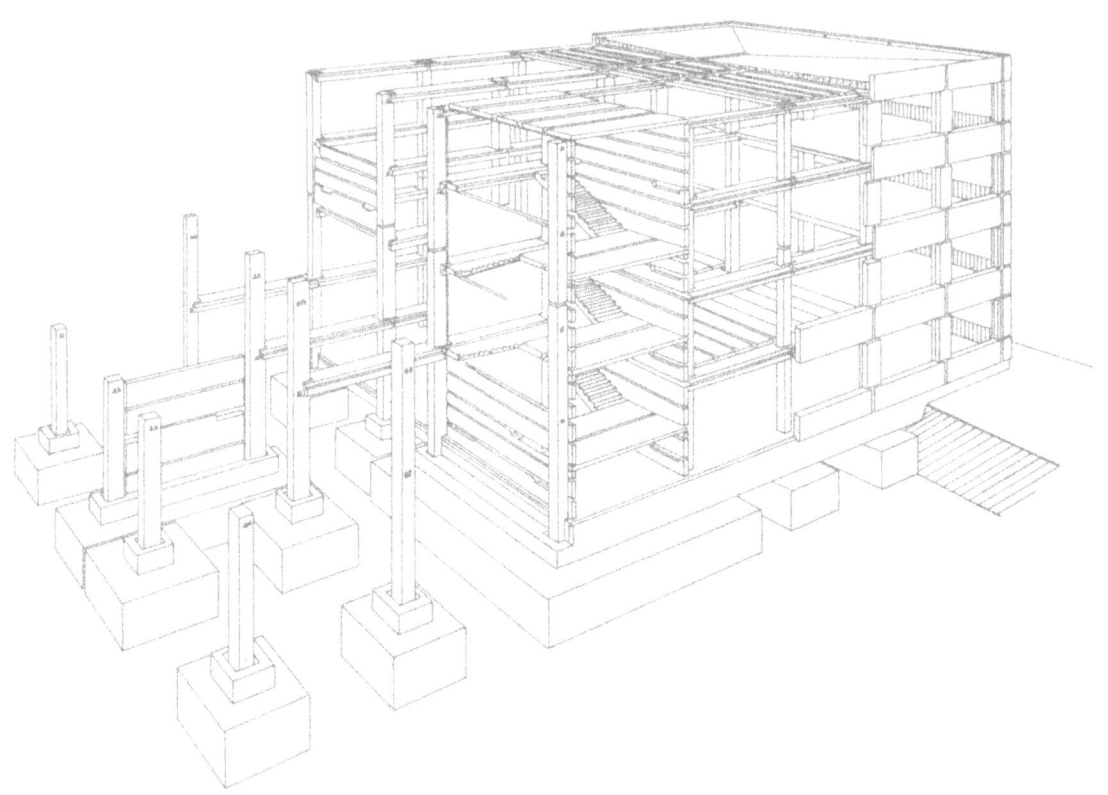

GEBÄUDEBILDUNG/RASTERMASSE
GRUNDRISS

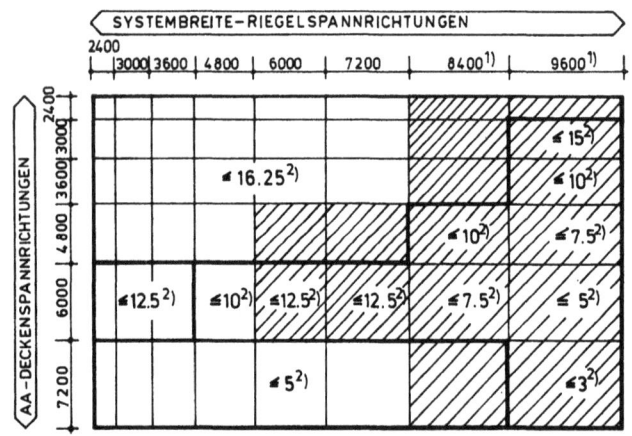

AUFRISS

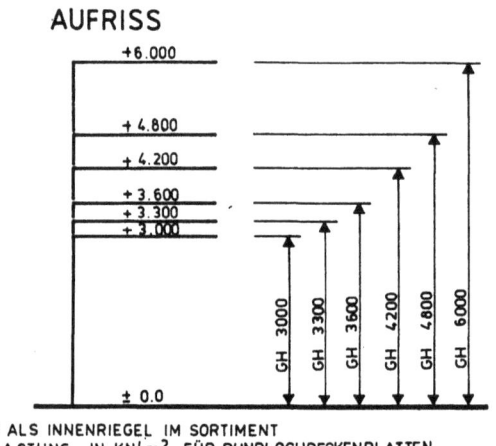

1) NUR ALS INNENRIEGEL IM SORTIMENT
2) BELASTUNG IN KN/m² FÜR RUNDLOCHDECKENPLATTEN
□ RIEGELHÖHE 500mm / ▨ RH = 650 mm

ELEMENTEÜBERSICHT

ELEMENTEGRUPPE	ELEMENT	RH (mm)	RB (mm)	RL (mm)	BEMERKUNGEN
STÜTZEN		400	400	3000,3300,3600,4200,4800,6000³⁾,...,8400,9000³⁾,...,12600⁴⁾	3) ZWEIGESCHOSS-STÜTZEN 4) DREIGESCHOSS-STÜTZEN
		400	600	3000 bis 9900	
		400	800	3000 bis 7200	
RIEGEL	INNENRIEGEL	500 650	1000 1000	2400,3000,3600,4200,4800,6000,7200, 6000,7200,8400,9600	EINTEILUNG NACH LAGE IM GEBÄUDE (VGL. BLATT 4.35)
	AUSSENRIEGEL	500 650	1100 1100	2400,3000,3600,4200,4800,6000,7200 6000,7200	
DECKENPLATTEN	RUNDLOCHPLATTEN	280	600 1200	1600,2200,2800,4000,5200,6400	
	RANDDECKENPLATTEN	280 500	600,1200 600	1600,2200,2800,4000,5200,6400 4000,5200,6400	
	INSTALLATIONSPLATTEN	280	1200	2800,4000,5200,6400	
WANDSCHEIBEN	NORMALELEMENTE	590 740 890	190 190 190	4000,4400,5200,5600,6400,6800	
	NORMALEL. M. SCHWEISS-FENSTER	890	190	4000,4400,5200,5600,6400,6800	
	PASSELEMENT	590	190	3800,5000,6200	
TREPPEN	(ELEMENTE SIEHE BLATT 4.36)				
AUSSENWÄNDE	BRÜSTUNGSPLATTEN	900 1200 1500 1800 2100 2400	230	1200,2400,3000,4800,4800,6000	IM SORTIMENT ERGÄNZUNGS-ELEMENTE WIE ECK-, FENSTERGEWÄNDE- UND ATTIKAELEMENTE
	GESCHOSSHOHE ELEMENTE	3300 4200 4800	230 230	1200,1500,1800,2400 1200,1500,1800	

4. TRAGWERKE AUS BETON, STAHLBETON UND SPANNBETON

4.8 STAHLBETONSKELETTTRAGWERKE

VGB-VEREINHEITLICHTER GESCHOSSBAU KNOTENAUSBILDUNG

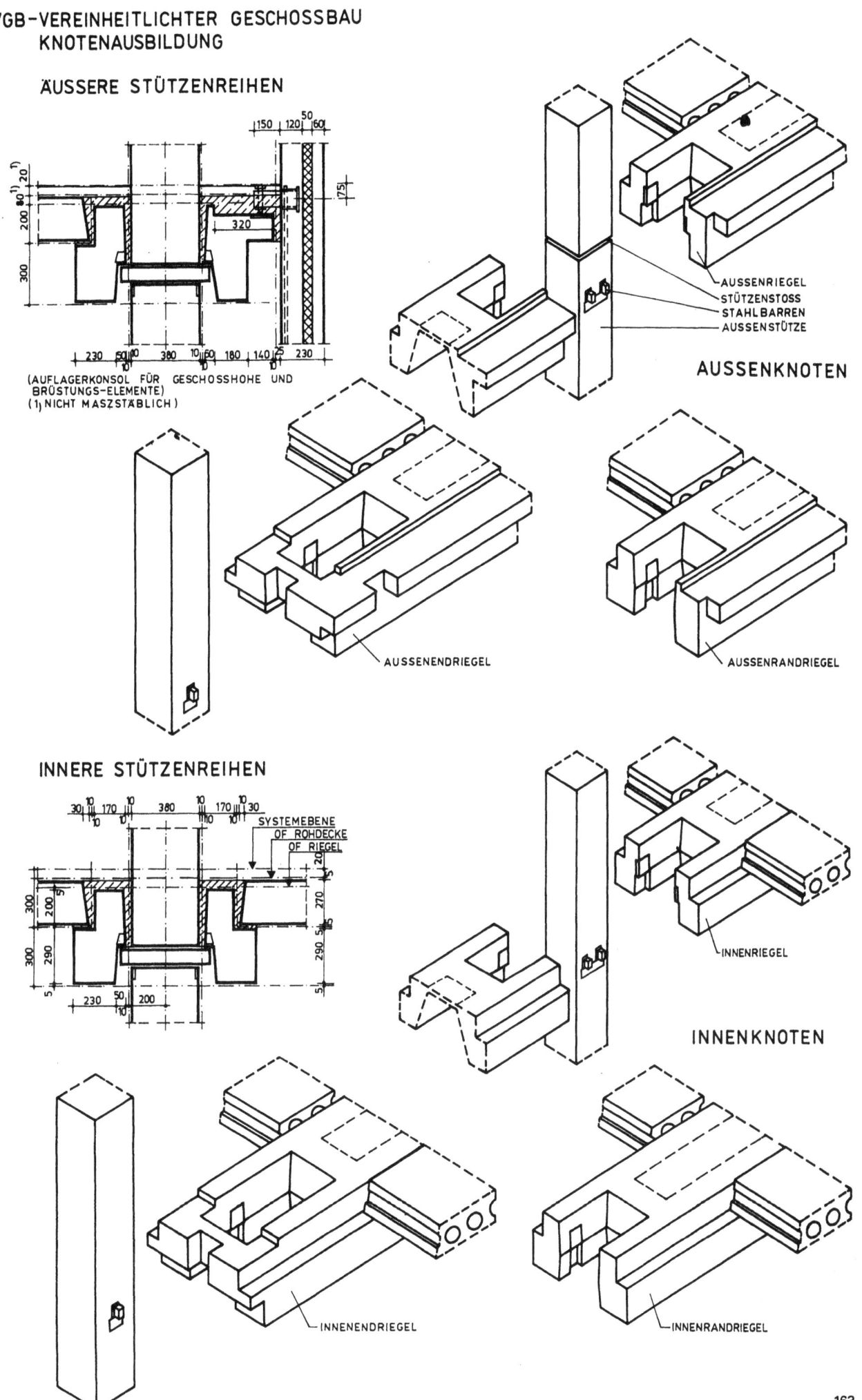

4. TRAGWERKE AUS BETON, STAHLBETON UND SPANNBETON

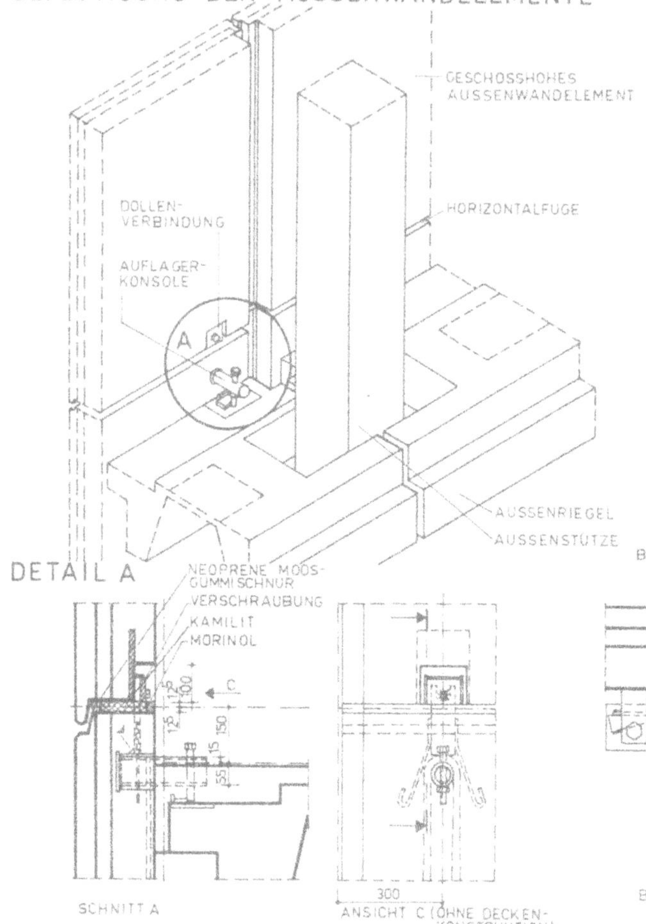

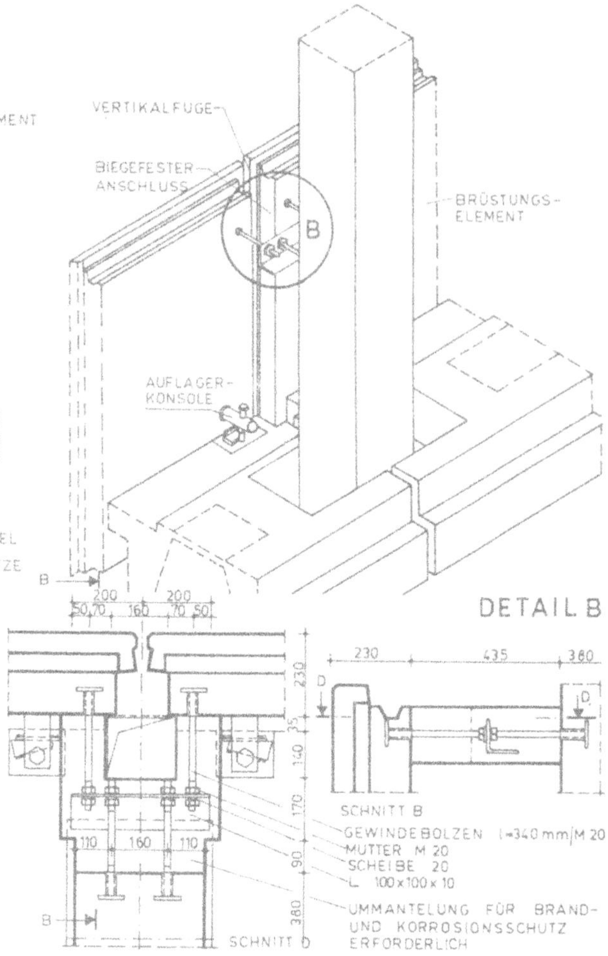

4.8 STAHLBETONSKELETTTRAGWERKE

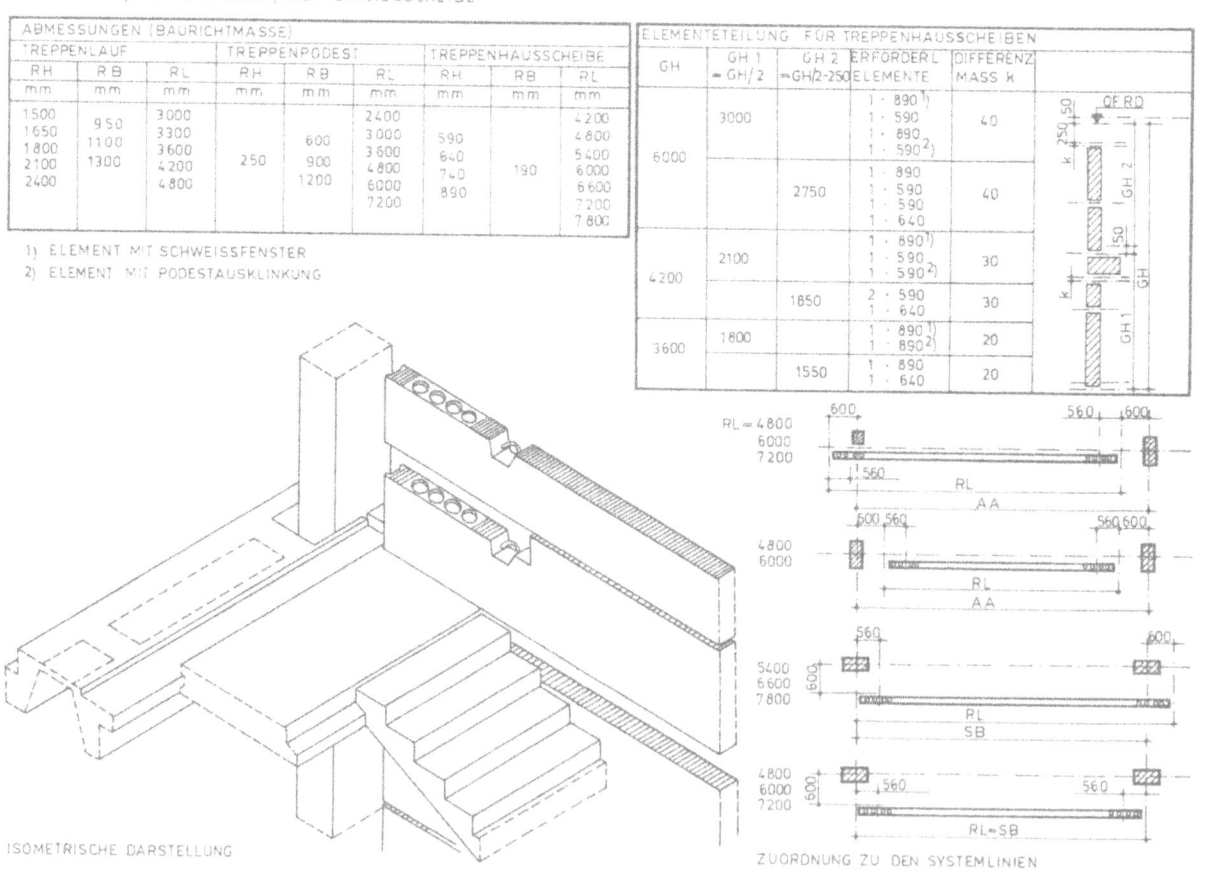

4. TRAGWERKE AUS BETON, STAHLBETON UND SPANNBETON

4.8 STAHLBETONSKELETTTRAGWERKE
BLATT 4.37

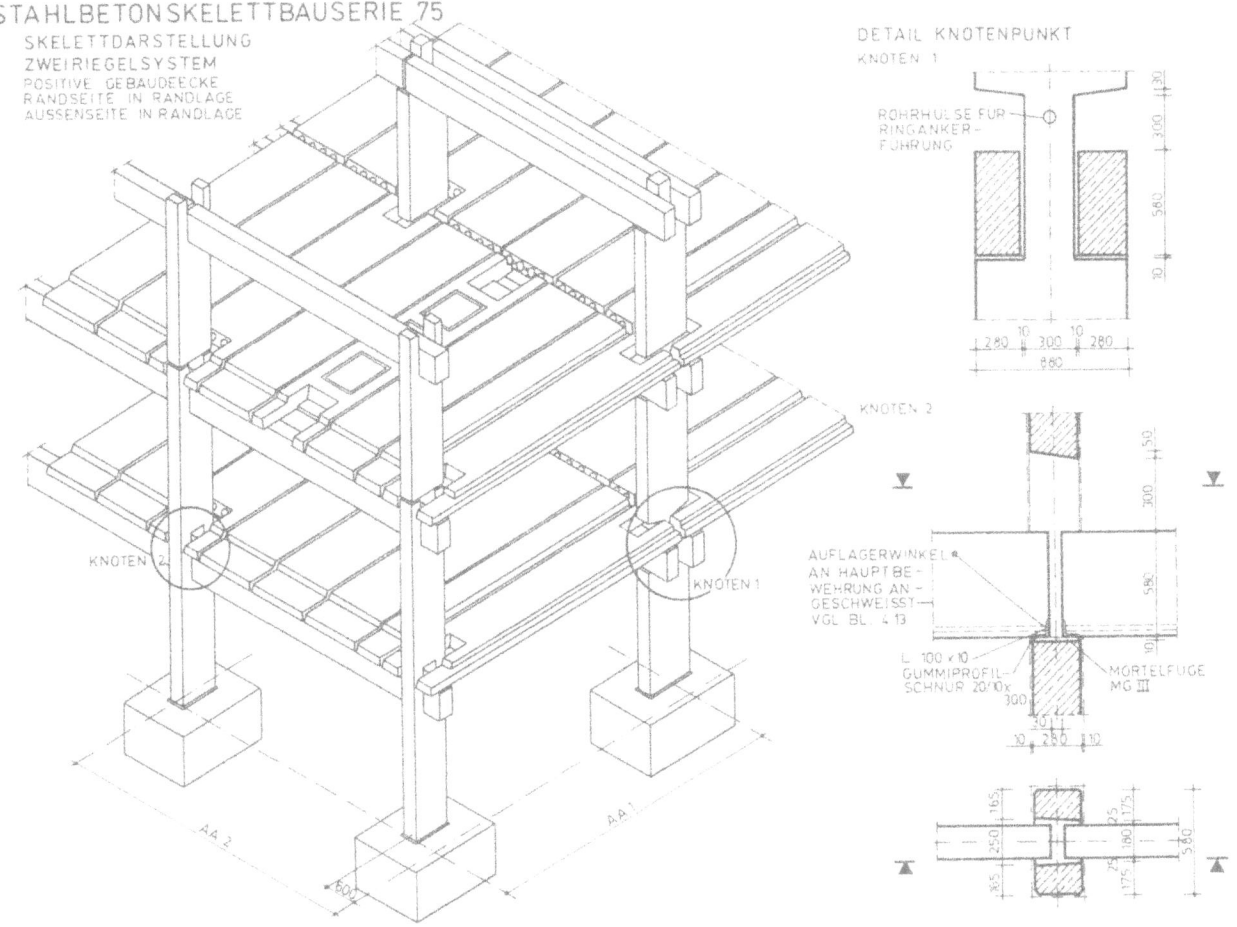

STAHLBETONSKELETTBAUSERIE 75
SKELETTDARSTELLUNG
ZWEIRIEGELSYSTEM
POSITIVE GEBAUDEECKE
RANDSEITE IN RANDLAGE
AUSSENSEITE IN RANDLAGE

DETAIL KNOTENPUNKT
KNOTEN 1
ROHRHÜLSE FÜR RINGANKERFÜHRUNG

KNOTEN 2
AUFLAGERWINKEL AN HAUPTBEWEHRUNG ANGESCHWEISST – VGL BL. 4.13
L 100 x 10
GUMMIPROFILSCHNUR 20/10x
MÖRTELFUGE MG III

GEBÄUDEBILDUNGSPRINZIPIEN

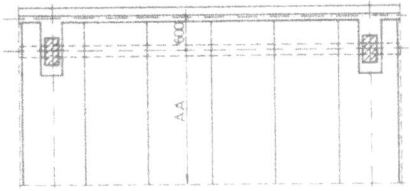

AUSSENSEITE – ACHSLAGE
SYSTEMLINIE UND STÜTZENACHSE LIEGEN ZUSAMMEN DIE DECKENPLATTEN KRAGEN 600mm ÜBER

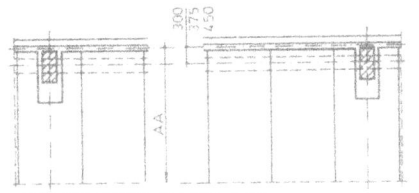

AUSSENSEITE – RANDLAGE
STÜTZEN UND DECKENPLATTEN AN DER SYSTEMLINIE. ABSTAND DER STÜTZENACHSE VON DER SYSTEMLINIE = 300mm, 375mm, 450mm

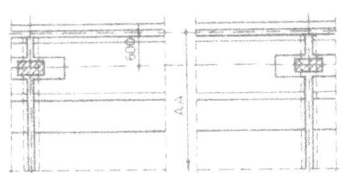

RANDSEITE – RANDLAGE
STÜTZENACHSE LIEGT IM ABSTAND VON 600mm VON DER SYSTEMLINIE NACH INNEN. DIE DECKENPLATTEN LIEGEN AN DER SYSTEMLINIE. RIEGELAUSKRAGUNGEN NICHT VORGESEHEN

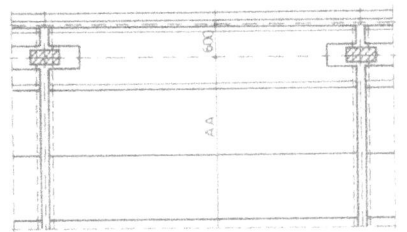

RANDSEITE – ACHSLAGE
SYSTEMLINIE UND STÜTZENACHSE LIEGEN ZUSAMMEN. DIE RIEGEL RAGEN (VGL AUSKRAGUNG) UM 600mm, MIT KRAGRIEGELN UM 1800mm ODER 2400mm ÜBER DIE SYSTEMLINIE HINAUS

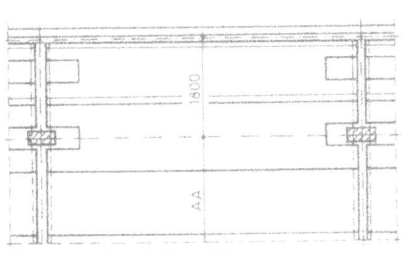

RANDSEITE – ACHSLAGE
AUSKRAGUNG 1800mm

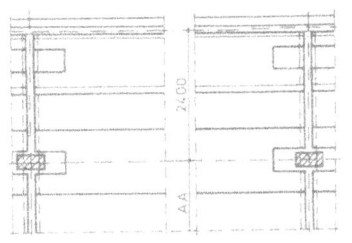

RANDSEITE – ACHSLAGE
AUSKRAGUNG 2400mm

GRUNDRISSENTWICKLUNG / FELDGEOMETRIE

RIEGELELEMENTE →	4800	6000	7200
DECKENELEMENTE 4800	17.0	17.0	17.00 / 17.0
6000	17.0	15.95	12.70 / 17.0
7200	17.0	14.05	9.85 / 17.0

WERTE IN DEN FELDERN GEBEN DIE MAX. BELASTBARKEIT DER DECKENFELDER AUS AUSBAU U. VERKEHRSLASTEN (g_2+p) [kN/m²] AN
☐ EINRIEGELSYSTEM
▨ ZWEIRIEGELSYST
1) BEZOGEN AUF NORMALDECKE RIEGEL 300/600

STÜTZENKNOTENBELASTUNG [kN] IN ABHÄNGIGKEIT D. STÜTZEN/RIEGELQUERSCHN.

RIEGELSYSTEM		EINRIEGELSYSTEM							ZWEIRIEGELS	
STÜTZENQUERSCHNITT		300/600		300/750		300/900		600/900	300/900	600/900
RIEGELQUERSCHNITT		200/300	200/600	200/300	300/600	200/300	300/600	300/600	300/600	300/600
ZUL. ST. KNOTENBEL	NK₁	1500	2600	3700	3000	5000	4300	6500	2500	5200
	NK₁	1500	2050	3700	2450	5000	4300		2500	
	NK₂	1300	1750	3400	2000	4700	3850		1750	
	NK₁	1500	2050	3700	2450					
	NK₂	1300	1750	3400	2000					
	NK₃	1100	1450	3100	1550					

4. TRAGWERKE AUS BETON, STAHLBETON UND SPANNBETON

4.8 STAHLBETONSKELETTTRAGWERKE
BLATT 4.38

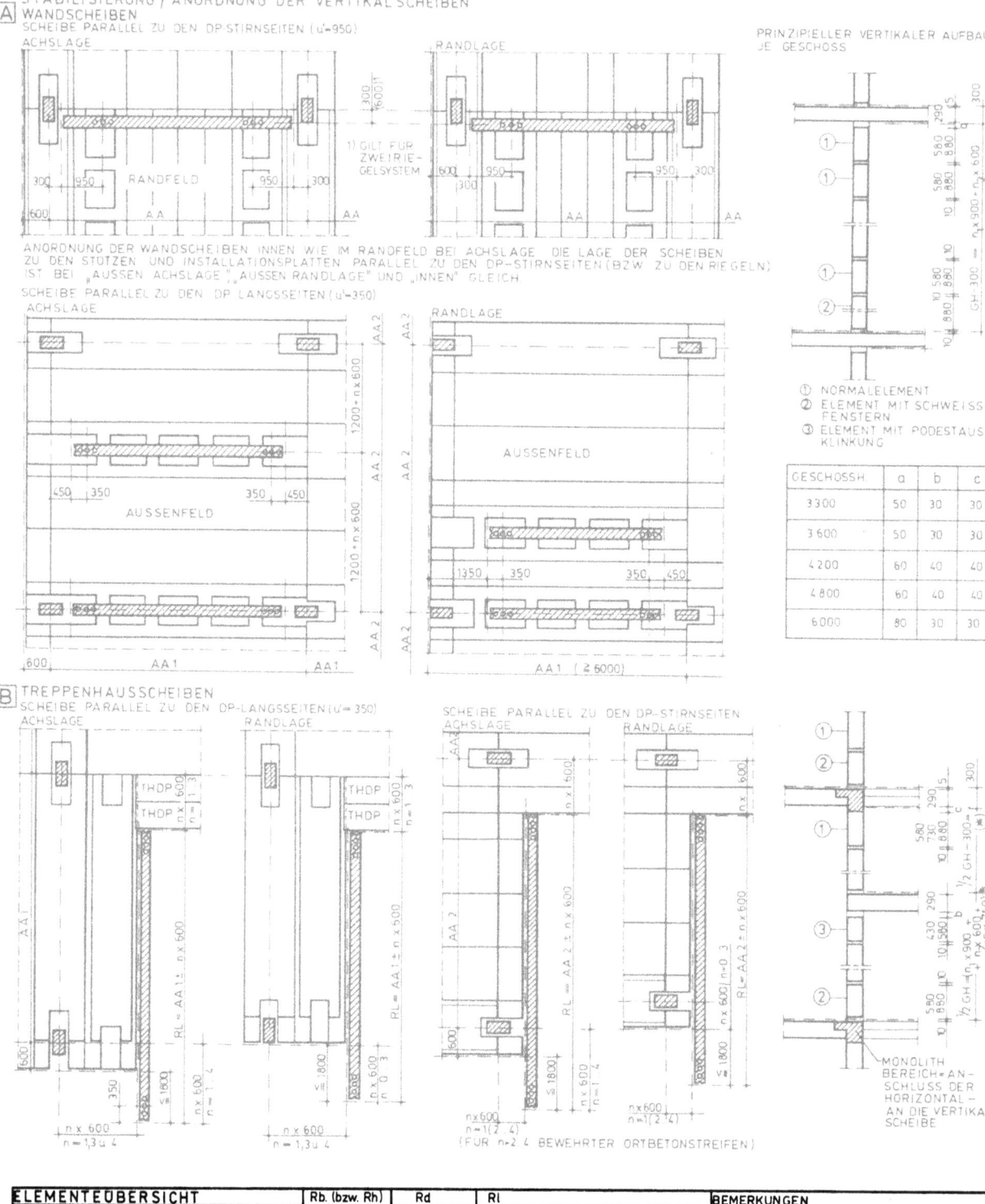

4. TRAGWERKE AUS BETON, STAHLBETON UND SPANNBETON

4.8 STAHLBETONSKELETTTRAGWERKE
BLATT 4.39

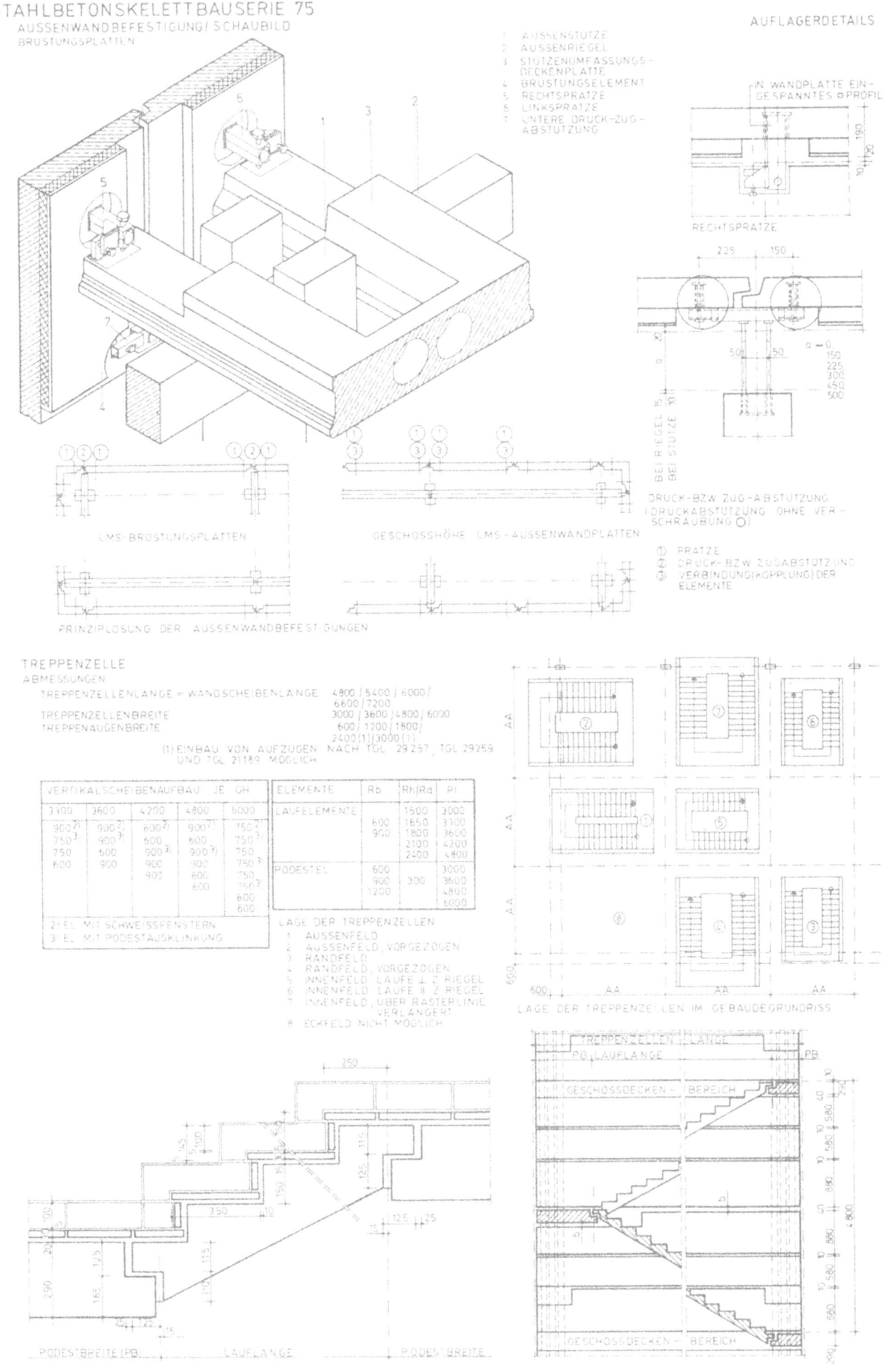

4. TRAGWERKE AUS BETON, STAHLBETON UND SPANNBETON
4.6 STAHLBETONSKELETTTRAGWERKE
BLATT 4.40

LEICHTE GESCHOSSBAUWEISE COTTBUS

ERLÄUTERUNG	ZIELSTELLUNG: DIE LEICHTE GESCHOSSBAUWEISE (LGBW) STELLT EINE WAND-SKELETT-BAUWEISE DAR, DIE JEDOCH AUCH DIE BEIDEN GRENZFÄLLE — REINEN SKELETT- ODER WANDBAU — ERMÖGLICHT. GRUNDLAGEN: DIE BAUWEISE IST MODULAR KOORDINIERT, WOBEI BESTIMMTE ELEMENTEGRUPPEN UNTER BEIBEHALTUNG DER GRUNDGEOMETRIE GEGENEINANDER AUSTAUSCHBAR SIND. ANWENDUNG: SERIENBAUTEN GESELLSCHAFTLICHER EINRICHTUNGEN BIS 4 GESCHOSSE MIT DECKENNUTZLASTEN $\approx 10\,kN/m^2$ SOWIE FUNKTIONSUNTERLAGERUNG IM WOHNUNGSBAU

MODULARE STRUKTUR — GRUNDRISSRASTER — KONSTRUKTIONSGRUPPEN

VORZUGSPARAMETER VERTIKAL
- 2800[1] mm ⎫ MIT DECKEN-
- 3300 mm ⎬ TRAGENDEN WÄNDEN KOMBINIERBAR
- 4200 mm ⎭
- 5100 mm
- 6000 mm

[1] AUSNAHME NUR FÜR KINDEREINRICHTUNGEN

RIEGELSPANNRICHTUNG: 2400, 3600, 4800, 6000, 7200, 12000
DECKENSPANNRICHTUNG
RH = 250
RIEGELHÖHE (RH) = 600
RH = 1200

AUSSENKONSTRUKTION
AUSSENSKELETT MIT BRÜSTUNGSPLATTEN
— BRÜSTUNGSPLATTEN
— AUSSENSTÜTZEN
— AUSSENRIEGEL
GESCHOSSHOHE AW-PLATTEN
GESCHOSSHOHE FENSTERRAHMENELEMENTE
STREIFENFÖRMIGE AW-PLATTEN

INNENKONSTRUKTION
INNENWÄNDE 190 mm, GESCHOSSHOCH
INNENWÄNDE 90 mm, GESCHOSSHOCH
INNENSKELETT
— INNENRIEGEL
— INNENSTÜTZEN
INNENWÄNDE FÜR GH ≥ 3300 mm

DECKENKONSTRUKTION
DACHKASSETTENPLATTEN
DECKENPLATTEN

ERGÄNZUNGSELEMENTE
IW-RAHMENELEMENTE
SOCKELWANDPLATTEN
FERTIGTEILFUNDAMENTE

ENTSPR. DER ZUGEORDNETEN RASTERGEOMETRIE SIND DIESE GESCHOSSZAHLEN IN ABHÄNGIGKEIT DER NUTZLAST (NL) IN kN/m² MAX. MÖGLICH	NL	GESCHOSSANZAHL (FÜR GESCHOSSHÖHE 3300 mm, Bk 40 (B 450))					
	4	—	21	17	12	9	4
	6	—	19	15	10	8	—
	10	—	15	12	8	6	—

KONSTRUKTIONSSCHEMA

1. BRÜSTUNGSPLATTEN
2. AUSSENSTÜTZE
3. AUSSENRIEGEL 355 x 240
4. GESCHOSSHOHE AW-PLATTE
5. IW 190 mm
6. INNENRIEGEL
6.1 EINRIEGELANORDNUNG
6.2 ZWEIRIEGELANORDNUNG
7. INNENSTÜTZE
8. DACHKASSETTENPLATTE, KONISCH
9. DECKENPLATTE
10. SOCKELWANDPLATTE
11. INSTALLATIONSKANAL

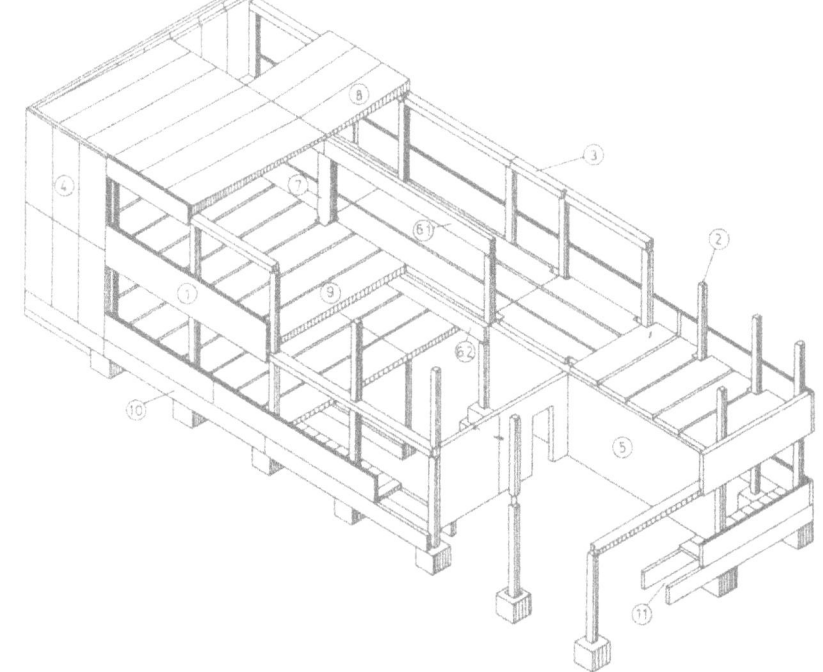

ELEMENTEÜBERSICHT (OHNE ERGÄNZUNGSELEMENTE)

	ELEMENTE	HÖHE/BREITE	DICKE	LÄNGE[1]	BEMERKUNGEN
AUSSENKONSTR.	BRÜSTUNGSPLATTEN	*	140	2400, 3600, 4800, 6000, 7200	* ARTEN: UNTERE (AB OK MONTAGEEBENE), MITTLERE (VON STURZ BIS ANSCHLAG), OBERE (ATTIKA)
	AUSSENSTÜTZEN	240	240	2800, 3300	VORZUGSWEISE ALS ZWEI-GESCHOSS-ST.
	AUSSENRIEGEL	240	355	2400, 3600, 4800, 6000, 7200	BIS L=3600 ALS EINFELDRIEGEL, DARÜBER ALS ZWEIFELDRIEGEL
	AW-PLATTEN, GESCHOSSHOCH	2800[1] / 3300[1]	290	1200, 2400, 3600	DECKENTRAGEND BZW. AUSSTEIFEND
	FENSTERRAHMENELEMENTE	2800[1] / 3300[1]	440	2400, 3600	ERSETZEN AUSSENSKELETT
	AW-PLATTEN, STREIFENFÖRMIG	600[1] / 900[1] / 1200[1]	290	600 ... 6000, n x 300	VERTIKAL U. HORIZONTAL EINSETZBAR, SELBSTTRAGEND
INNENKONSTR.	INNENWÄNDE GH=2800 / GH=3300	2550 / 3050	90/190	600 ... 4800, n x 50 (BEST. VORZUGSLÄNGEN)	190 mm — DECKENTRAGEND/AUSSTEIFEND, 90 mm — TRENNWÄNDE
	INNENWÄNDE FÜR GH>3300	1200 / 400	190	n x 200 BIS 6000	STREIFENFÖRMIGE ELEMENTE, VORZUGSWEISE IN EINGESCHOSS. GEB.
	INNENRIEGEL	590	240	2400, 3600, 4800, 6000, 7200	
		1180	240	12 000 (ALS FISCHBAUCHBINDER)	AM AUFLAGER 590 HOCH
	INNENSTÜTZEN	240 / 590	240/590	3300, 4200, 5100, 6000	
	DACHKASSETTENPLATTEN	1000[1] / 1200[1]	—	3600, 6000, 7200	KONISCH → WEGFALL DES GEFÄLLEBETON
	DECKENPLATTEN	1000[1] / 1200[1]	245	2400, 3600, 4800, 6000, 7200	

ANMERKUNG: HÖHE BZW. BREITE U. DICKE STELLEN KONSTRUKTIONSMASZE DAR, [1] RICHTMASZE, ANGABEN IN [mm]

4. TRAGWERKE AUS BETON, STAHLBETON UND SPANNBETON

BLATT 4.41

LEICHTE GESCHOSSBAUWEISE COTTBUS
ELEMENTEANORDNUNG IM GRUNDRISS
[SCHEMADARSTELLUNG: — STÜTZEN- BZW. WANDELEMENTE / — RIEGEL]

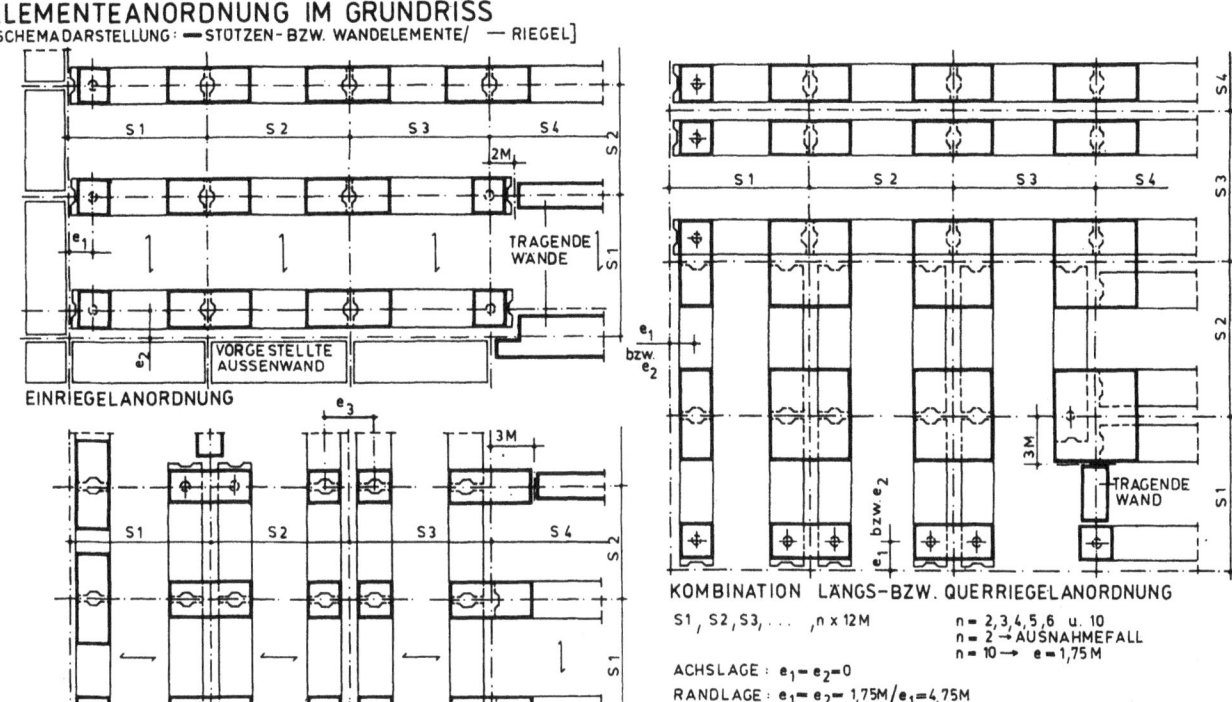

$S1, S2, S3, \ldots, n \times 12M$

$n = 2, 3, 4, 5, 6$ u. 10
$n = 2 \rightarrow$ AUSNAHMEFALL
$n = 10 \rightarrow e = 1,75 M$

ACHSLAGE: $e_1 = e_2 = 0$
RANDLAGE: $e_1 = e_2 = 1,75M / e_1 = 4,75M$
SPREIZUNG: $e_3 = m \times 0,5 M$ $m = 7 \rightarrow$ REGELFALL

KOMBINATION LÄNGS- BZW. QUERRIEGELANORDNUNG

ELEMENTEANORDNUNG IM AUFRISS
INNENKONSTRUKTION

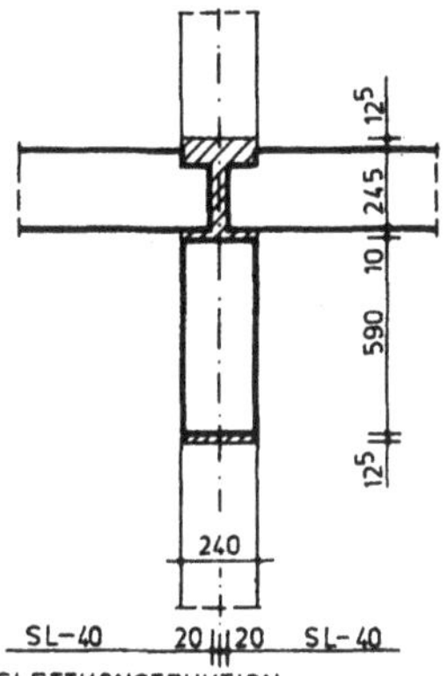

SKELETTKONSTRUKTION EINFACHRIEGEL | DOPPELRIEGEL 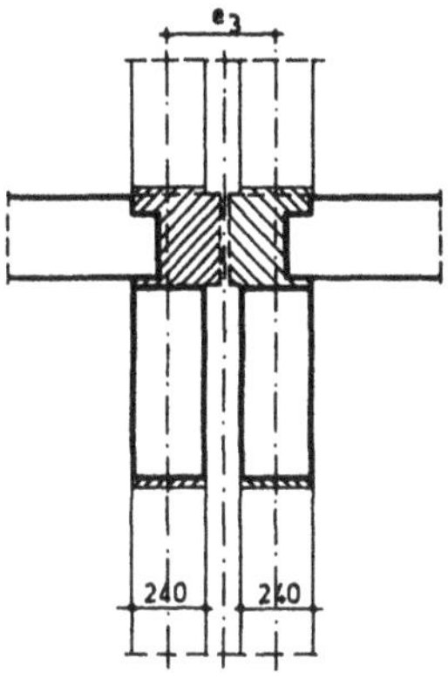 | DOPPELRIEGEL GESPREIZT 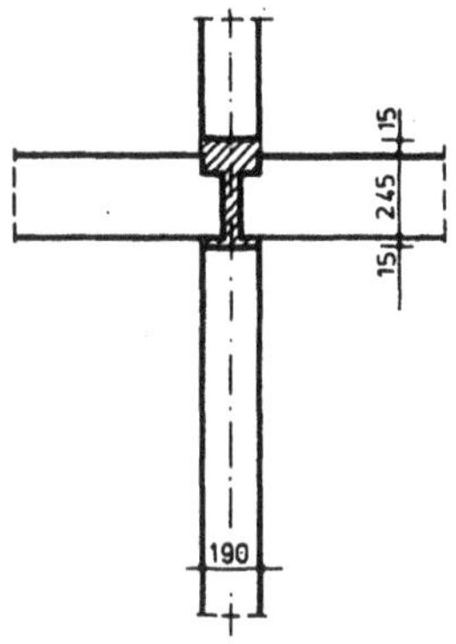 | DECKENTRAGENDE INNENWAND

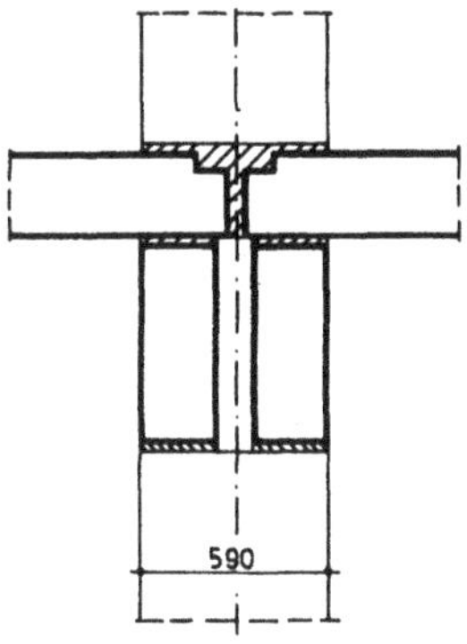

AUSSENKONSTRUKTION

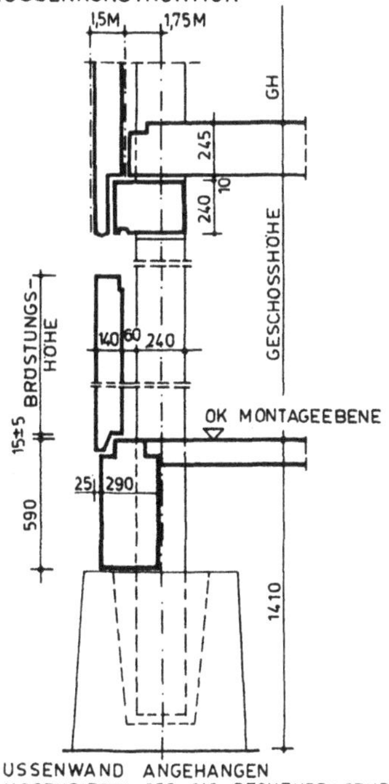

AUSSENWAND ANGEHANGEN AUSSENRIEGEL 355 x 240 DECKENTRAGEND

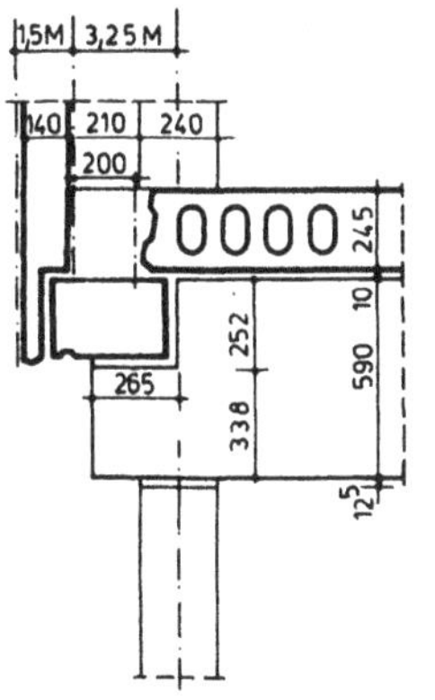

AUSSENWAND ANGEHANGEN AUSSENRIEGEL 355 x 240 NICHT DECKENTRAGEND

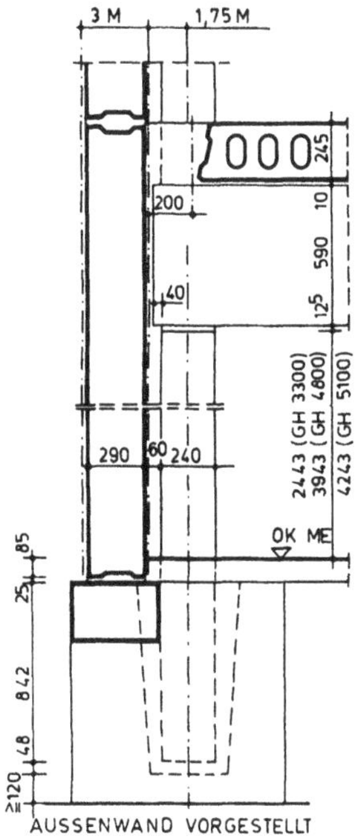

AUSSENWAND VORGESTELLT

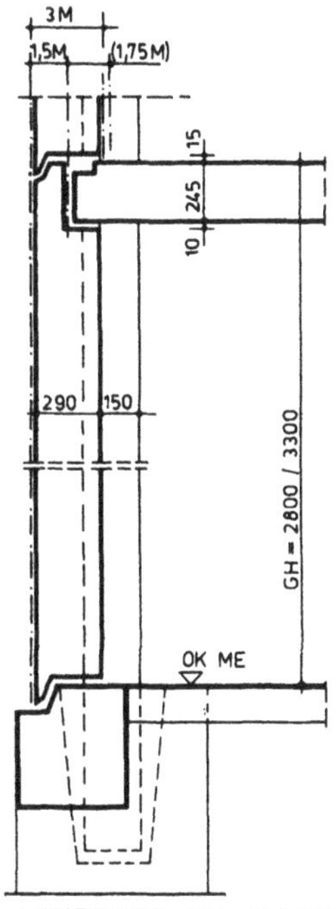

AUSSENWAND DECKENTRAGEND

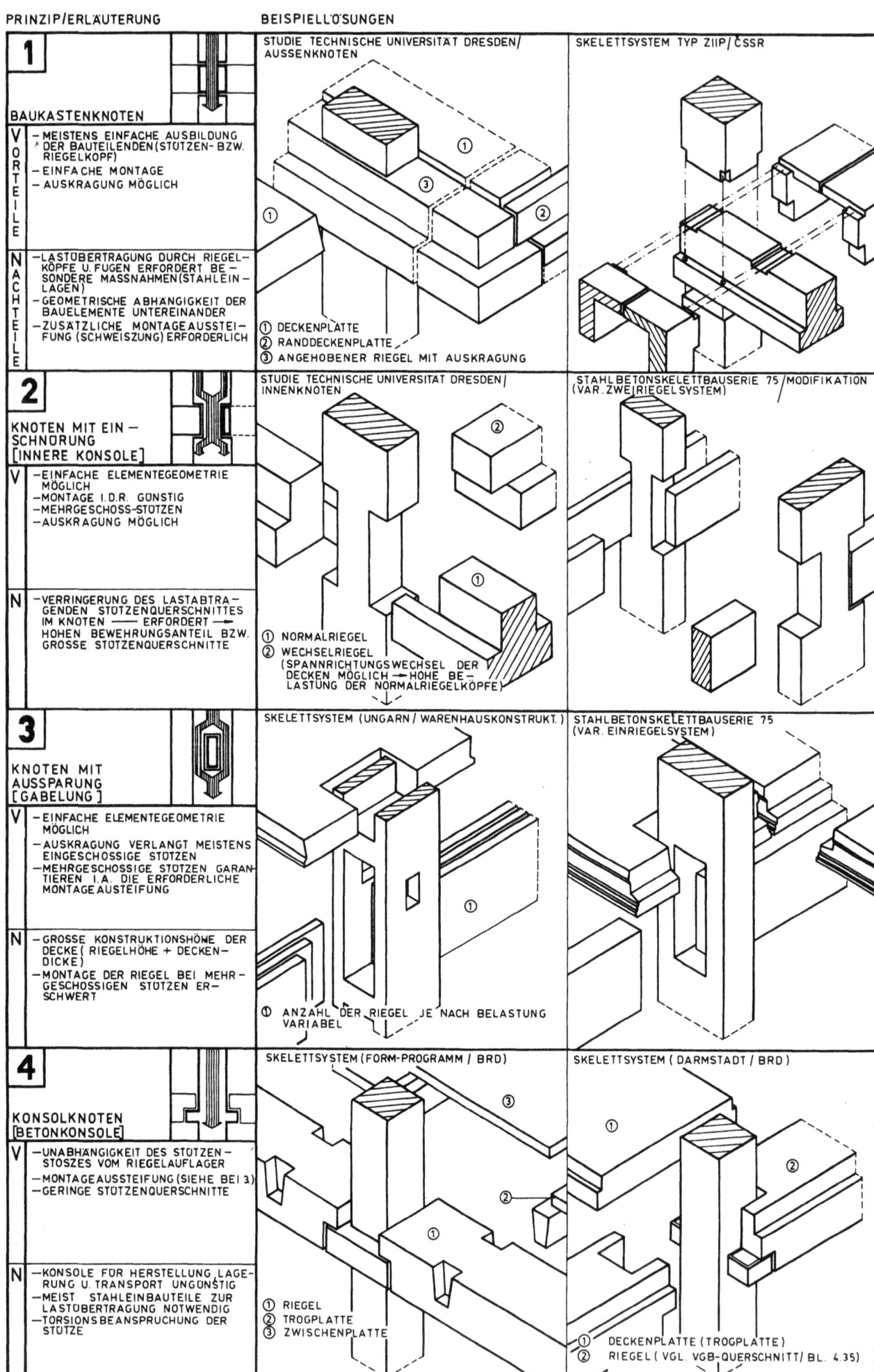

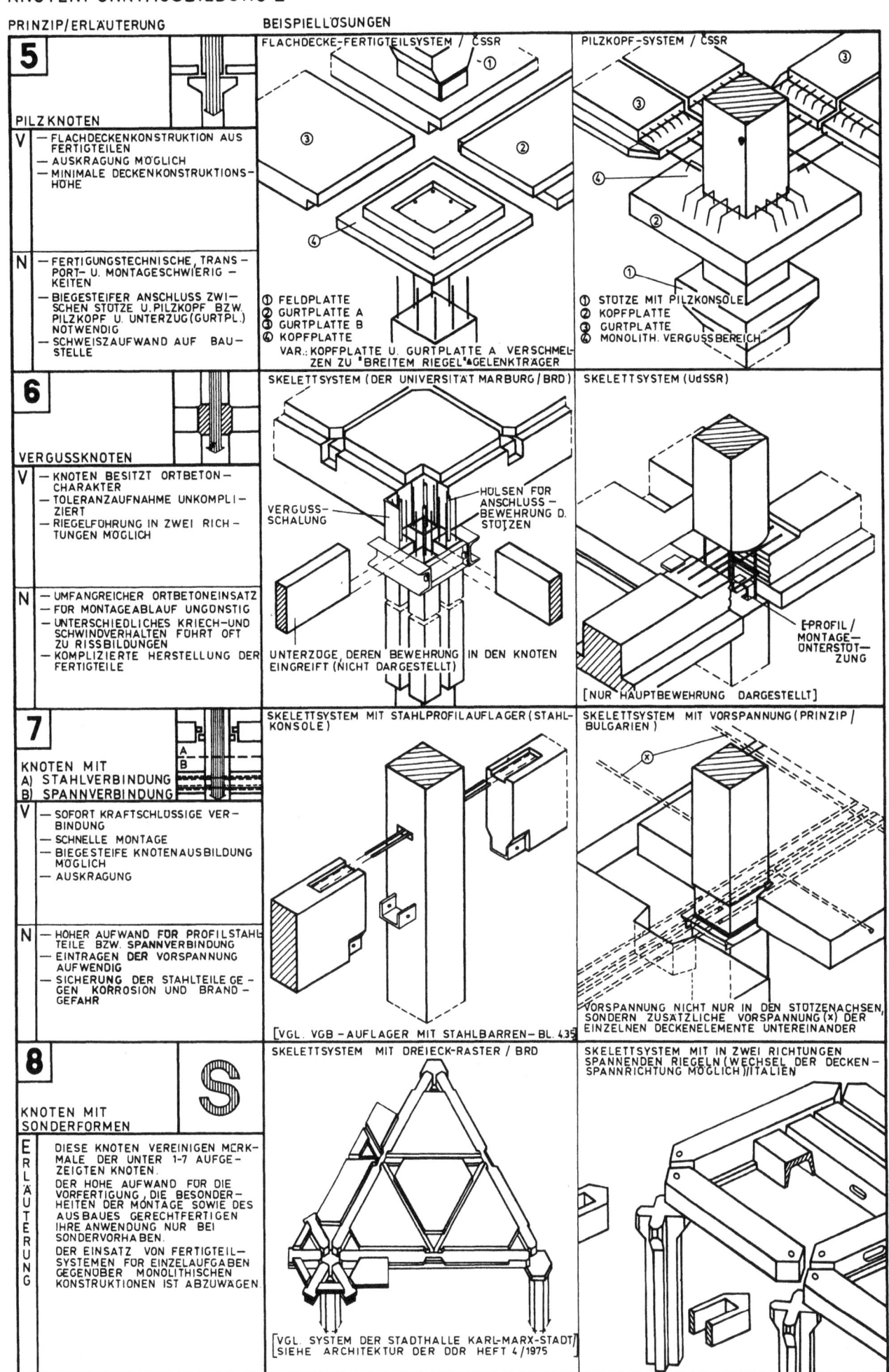

4.9 STAHLBETONWANDKONSTRUKTIONEN
WOHNUNGSBAUSERIE WBS 70
BLATT 4.44

TRAGWERKE AUS BETON, STAHLBETON UND SPANNBETON

DREISCHICHTIGES AUSSENWANDELEMENT
6000 mm LÄNGSWAND

BEWEHRUNG WETTERSCHUTZSCHICHT
MATTENBEWEHRUNG / AUSFÜHRUNGSKLASSE AK II, WIDERSTANDSPUNKTSCHWEISSEN WP

BEWEHRUNG TRAGSCHICHT

DECKENELEMENT 6000×3000 / SPANNBETON
BEWEHRUNGSBEISPIEL UND LÄNGSSCHNITT

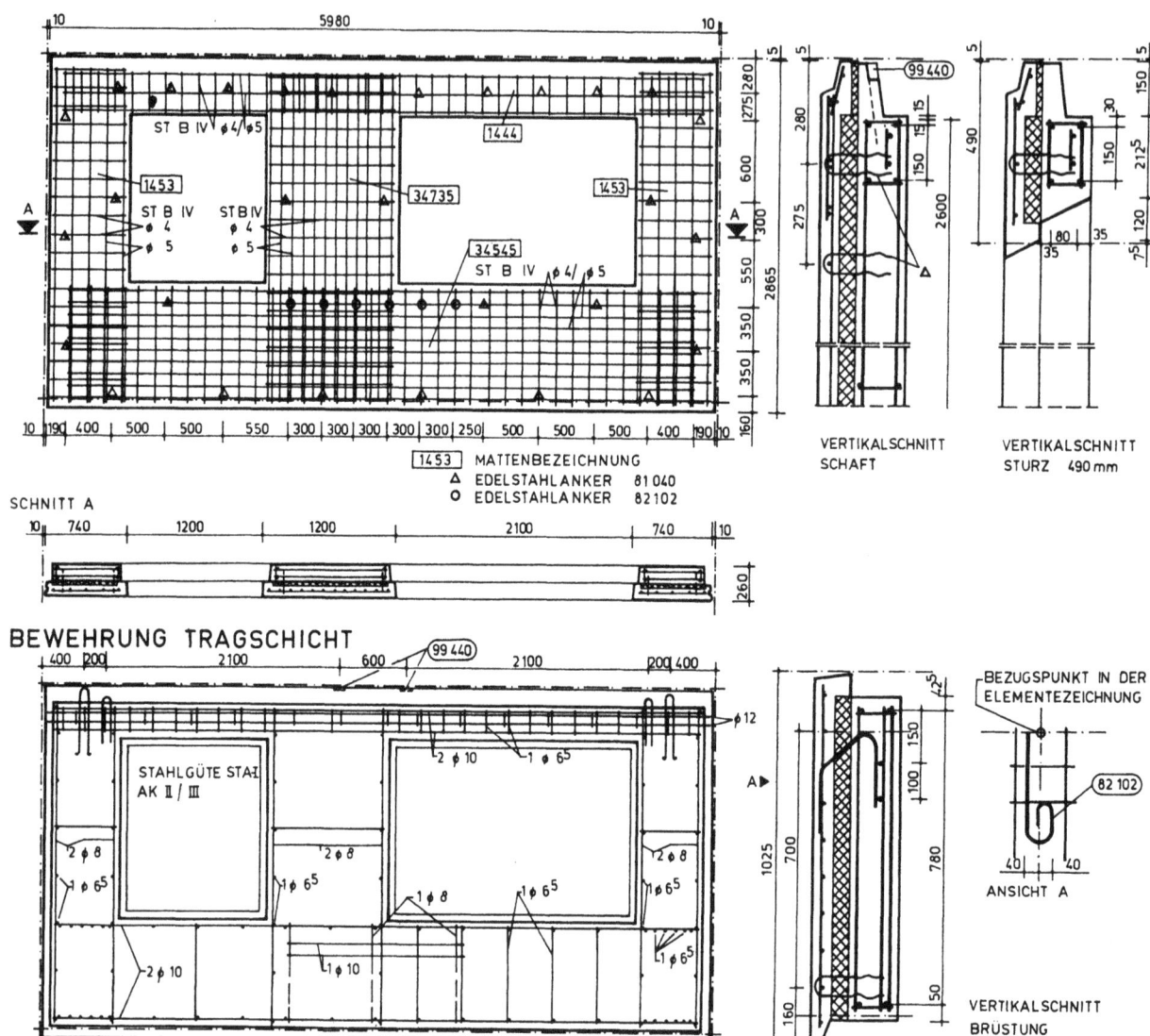

4. TRAGWERKE AUS BETON, STAHLBETON UND SPANNBETON

4.9 STAHLBETONWANDKONSTRUKTIONEN
WOHNUNGSBAUSERIE WBS 70
BLATT 4.45

1. AUSBILDUNG DER WANDSTÖSSE

1.1 INNENWÄNDE UNTEREINANDER
1.1.1 MIT SCHUBÜBERTRAGUNG IN NUR EINER WANDEBENE
1.1.2 MIT SCHUBÜBERTRAGUNG IN ZWEI WANDEBENEN
PROFILIERUNG DER VERTIKALFUGE

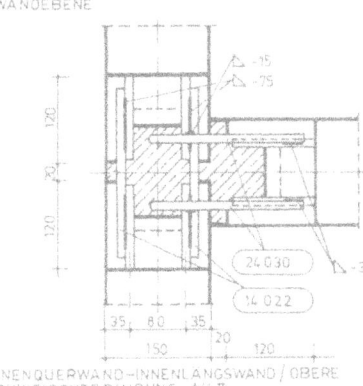

INNENQUERWAND – INNENLÄNGSWAND / OBERE SCHWEISSVERBINDUNG, AK II
(WIE UNTER 1.1.1)
INNENQUERWAND – INNENLÄNGSWAND / VERBINDUNG IN BRÜSTUNGSHÖHE, AB 6. VOLLGESCHOSS

1.2. AUSSENWAND – INNENWAND
AUSSENLÄNGSWAND – INNENQUERWAND [1]

1.3. AUSSENWAND, ECKAUSBILDUNG
AUSSENLÄNGSWAND – GIEBELWAND [1]

NEGATIVE AUSSENWANDECKE [1]

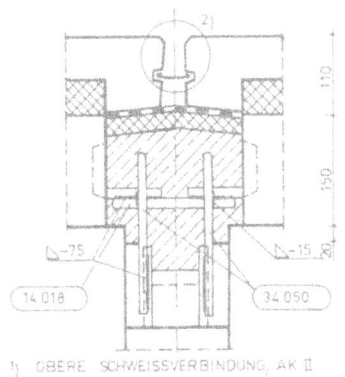 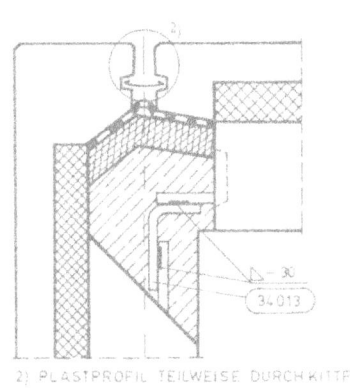 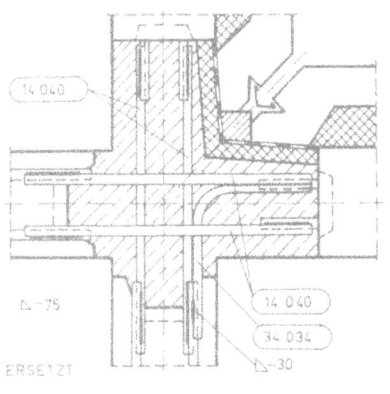

[1] OBERE SCHWEISSVERBINDUNG, AK II
[2] PLASTPROFIL TEILWEISE DURCH KITTFUGE ERSETZT

2. DECKENAUFLAGERUNG

2.1. VOLLPLATTE: DICKE d=140 mm, LÄNGE l=6000 mm

DECKE – GIEBELWAND / AUSSENLÄNGSWAND
DIREKTE AUFLAGERUNG

INDIREKTE AUFLAGERUNG

DECKE AUF INNENWAND / VERBINDUNG IN SPANNRICHTUNG

 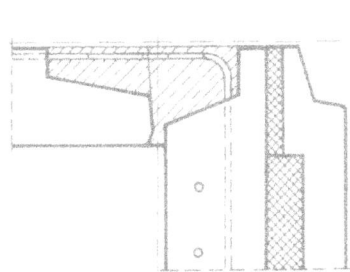 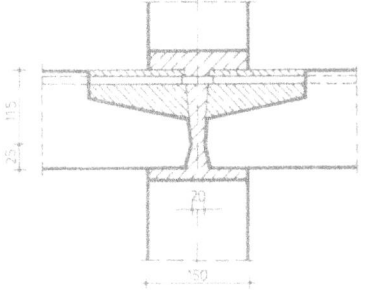

2.2. HOHLPLATTE: DICKE d=240 mm, LÄNGE l=6000 mm / 7200 mm

DECKE – AUSSENWAND
AUFLAGER IN SPANNRICHTUNG

DECKE – AUSSENWAND
DECKE SPANNT PARALLEL ZUR AUSSENWAND

DECKE AUF INNENWAND
AUFLAGER IN SPANNRICHTUNG

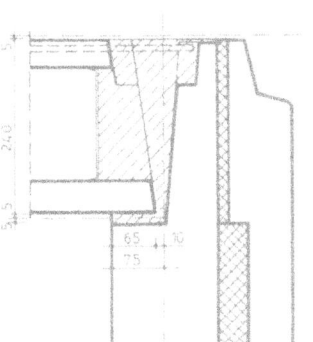 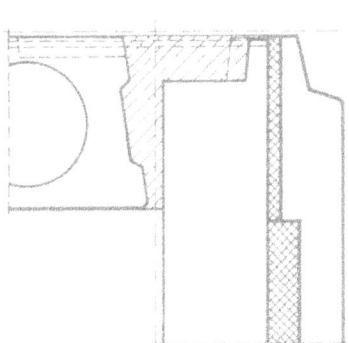 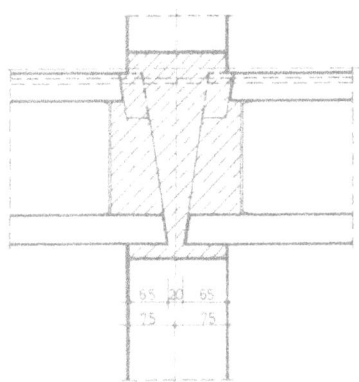

ANWENDUNG: WBS 70 / GESELLSCHAFTSBAU BZW. FUNKTIONSUNTERLAGERUNG
GESCHOSSHÖHE 3300 mm

4. TRAGWERKE AUS BETON, STAHLBETON UND SPANNBETON

4.9 STAHLBETONWANDKONSTRUKTIONEN
WOHNUNGSBAUSERIE WBS 70
BLATT 4.46

KONSTRUKTIONSLÖSUNGEN FÜR FUNKTIONSUNTERLAGERUNGEN

RAHMEN FÜR UNTER- UND ANLAGERUNG

WANDBAUADÄQUATE ABFANGEKONSTRUKTIONEN — DIE ANGABEN GELTEN AUCH FÜR UNTERLAGERUNGSSYSTEME MIT DARÜBERLIEGENDEN WANDSCHEIBEN MIT ÖFFNUNGSREIHEN

VARIANTE	RAHMENABMESSUNGEN BK 25				FUNKTIONELLE EIGNUNG	ANZAHL DER ABZUFANGENDEN GESCHOSSE [1]							
	SYSTEM ABST.	DICKE	LICHTE WEITE	STIEL-BREITE	RIEGEL-HÖHE		3600 mm		4800 mm		6000 mm		7200 mm	
							A	B	A	B	A	B	A	B
	mm	mm	mm	mm	mm									
1	3600	260	2400	450	600	[2]	4	8	3	6	2	5	1	4
2	4800	260	3600	450	600	BEFRIED.	3	6	2	4	–	3	–	2
3	6000	260	4500	600	600	GUT	–	5	–	3	–	2	–	–
4	7200 [3]	260	5700	600	600	SEHR GUT	–	4	–	2	–	–	–	–

DECKENSPANNWEITE KNOTENAUSBILDUNG

[1] GRÖSSERE GESCHOSSZAHLEN DURCH BESONDERE MASSNAHMEN IM KNOTENBEREICH
[2] SPEZIELLE LÖSUNG
[3] STÜTZE-RIEGEL-VARIANTE

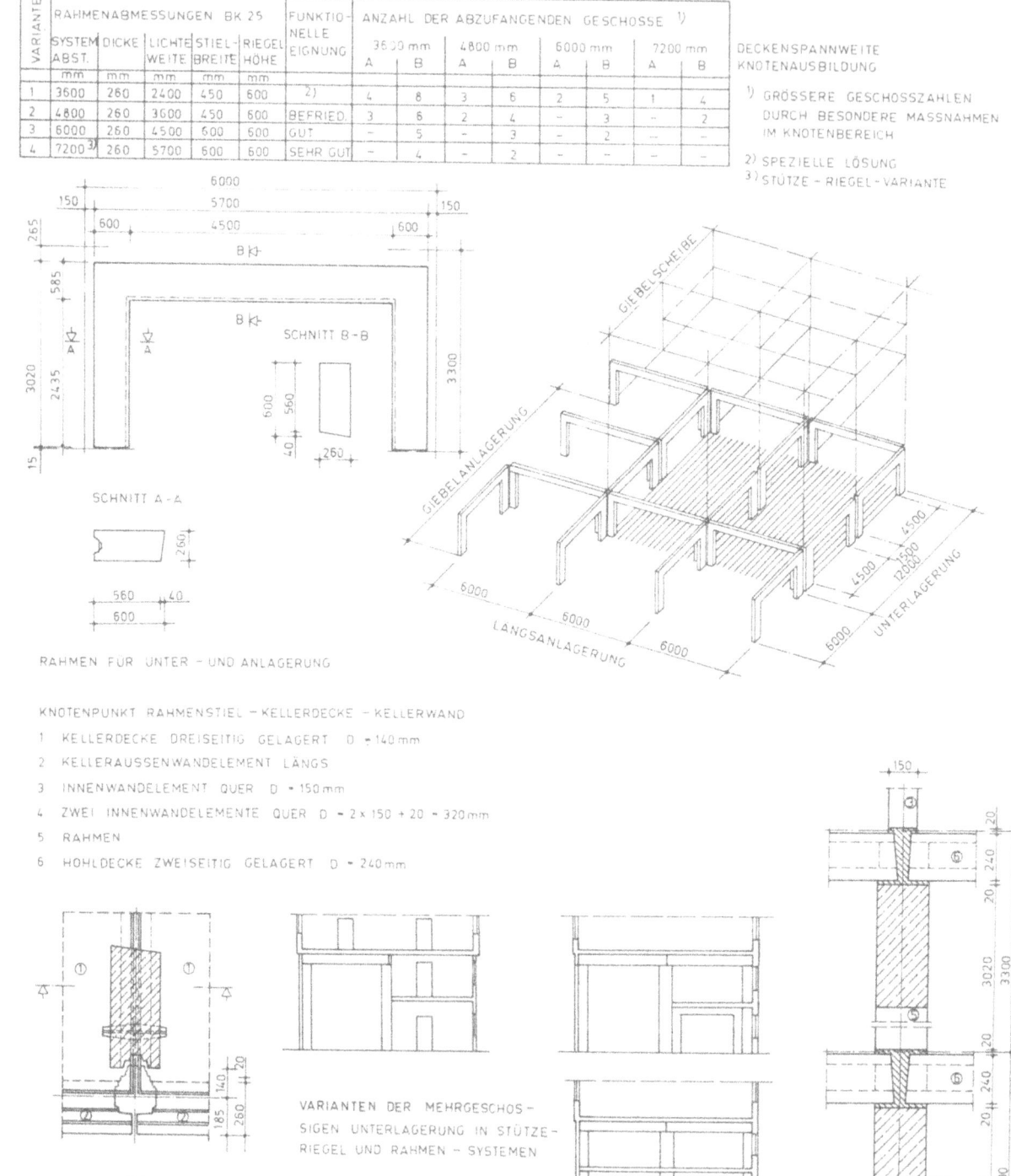

RAHMEN FÜR UNTER- UND ANLAGERUNG

KNOTENPUNKT RAHMENSTIEL – KELLERDECKE – KELLERWAND

1 KELLERDECKE DREISEITIG GELAGERT D = 140 mm
2 KELLERAUSSENWANDELEMENT LÄNGS
3 INNENWANDELEMENT QUER D = 150 mm
4 ZWEI INNENWANDELEMENTE QUER D = 2 x 150 + 20 = 320 mm
5 RAHMEN
6 HOHLDECKE ZWEISEITIG GELAGERT D = 240 mm

VARIANTEN DER MEHRGESCHOSSIGEN UNTERLAGERUNG IN STÜTZE-RIEGEL- UND RAHMEN-SYSTEMEN

KNOTEN A

KNOTEN B

PRAKTIKABLE LÖSUNG ZUR ERHÖHUNG DER MASSGEBENDEN KNOTENTRAGFÄHIGKEIT MIT DOPPELT STEHENDER KELLERQUERWAND

ZWEIGESCHOSSIGE UNTERLAGERUNG MIT HOHLDECKEN

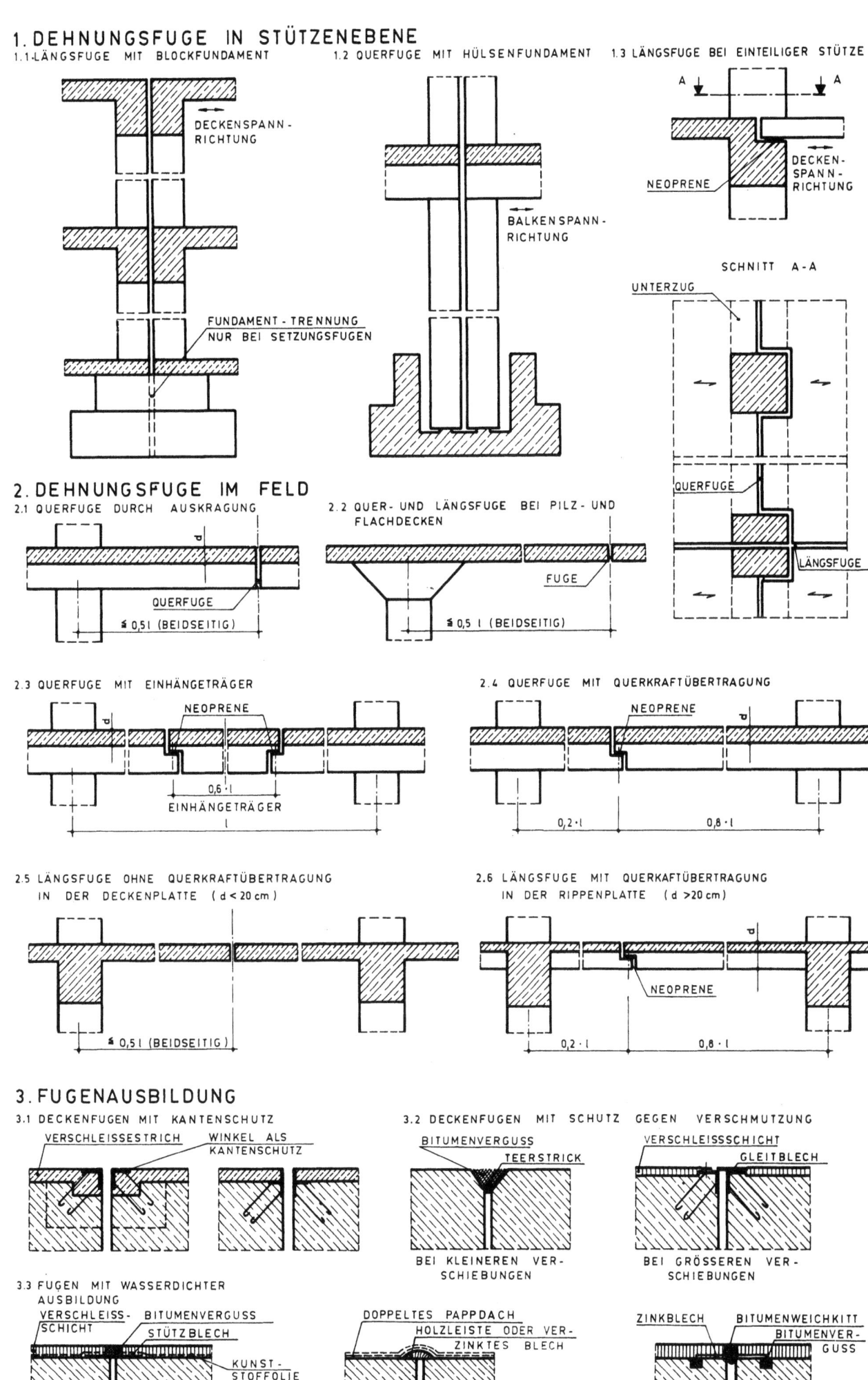

4. TRAGWERKE AUS BETON, STAHLBETON UND SPANNBETON

4.11 M. 1:50, 1:1000

SCHALVERFAHREN BLATT 4.48

GLEITSCHALUNG-KLETTERSTANGEN INNERHALB DES BETONS

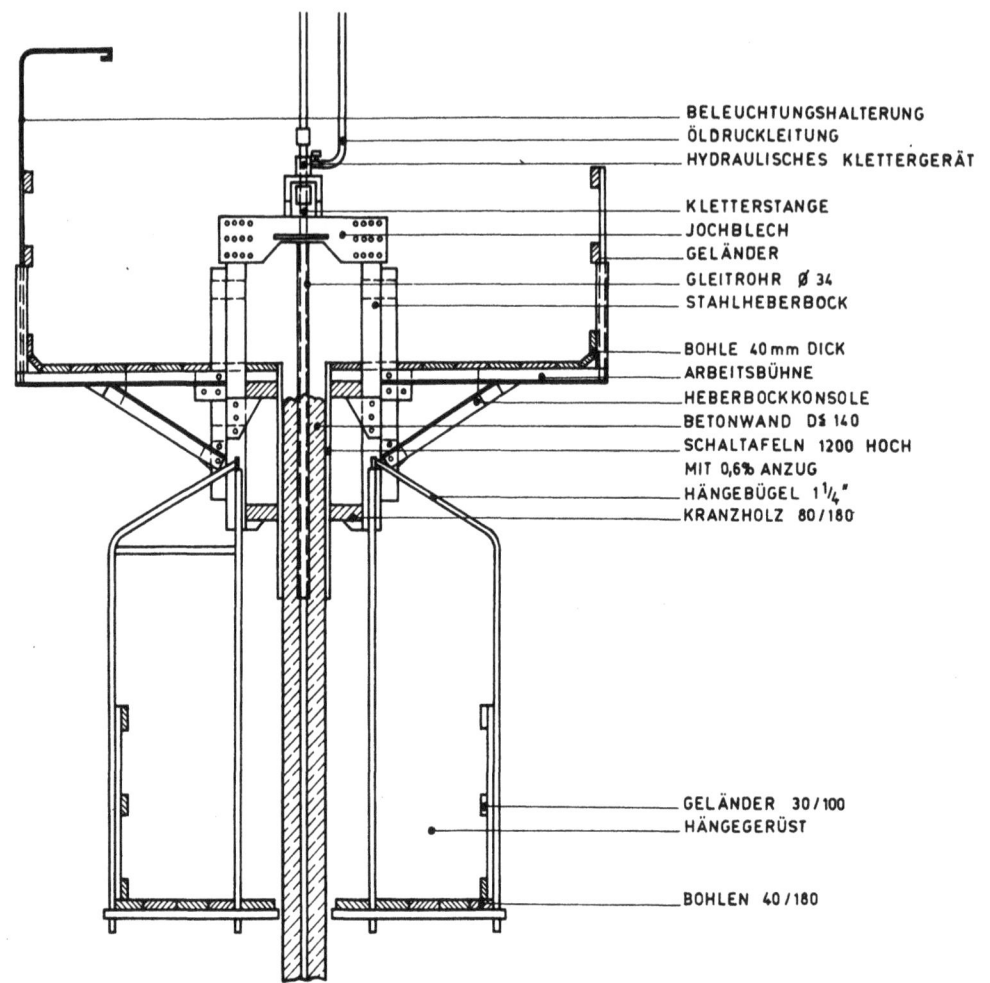

KLETTERSCHALUNG MIT LEHR- UND ARBEITSGERÜST

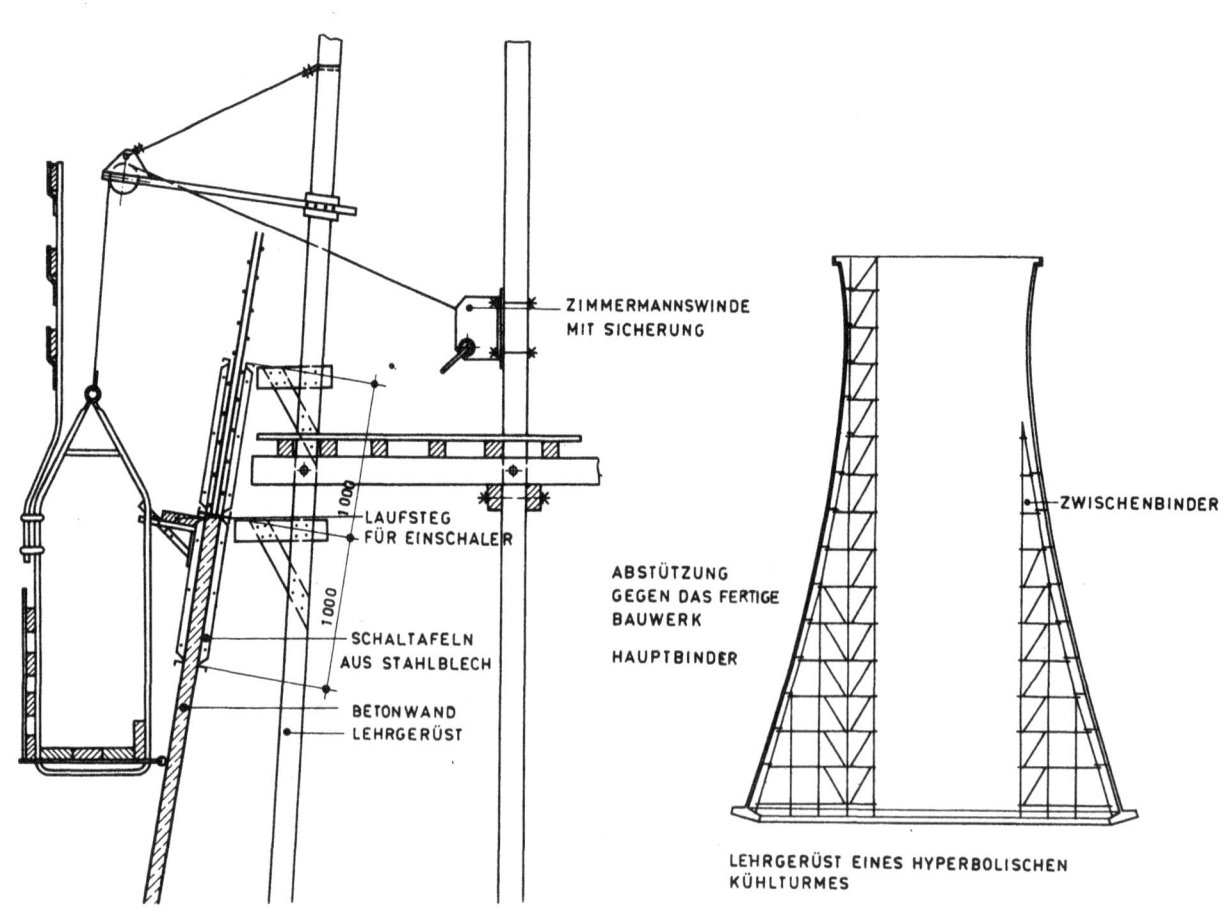

LEHRGERÜST EINES HYPERBOLISCHEN KÜHLTURMES

4. TRAGWERKE AUS BETON, STAHLBETON UND SPANNBETON

4.11 SCHALVERFAHREN
BLATT 4.49

TUNNELSCHALVERFAHREN
STATISCHE SYSTEME VON SCHALUNGSTUNNELN

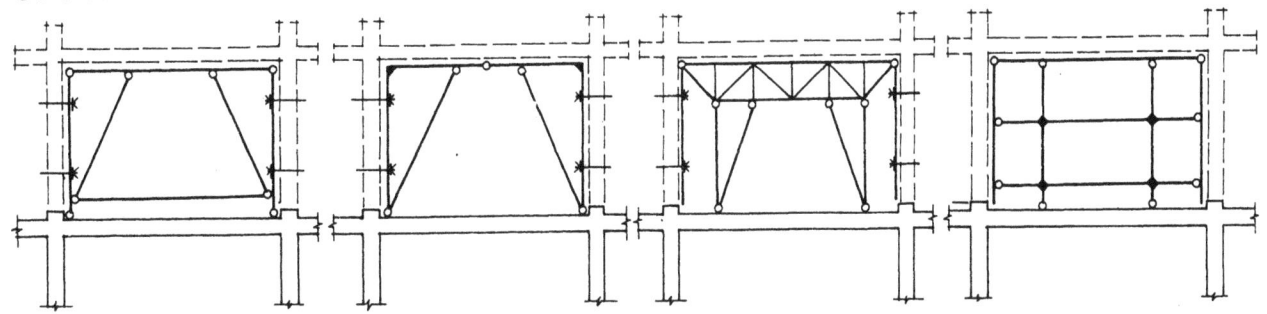

- STÜTZE-RIEGELSYSTEM MIT GELENKIGER ECKVERBINDUNG, KOPFBÄNDERN UND ZUGBAND
- WANDSCHALUNG MIT DEM NACHBARTUNNEL VERSPANNT
- SYSTEME: EILENBURG (DDR)
  HÜNNEBECK (BRD)
  SECTRA (F)

- DREIGELENK-RAHMEN MIT KOPFBÄNDERN
- WANDSCHALUNG MIT DEM NACHBARTUNNEL VERSPANNT
- SYSTEME: OUTINORD (F)
  HÜNNEBECK (BRD)

- FACHWERK-ZWEIGELENK-RAHMEN
- WANDSCHALUNG MIT DEM NACHBARTUNNEL VERSPANNT
- SYSTEME: STOLICA (PL)
  ACROW-WOLFF (BRD)

- STOCKWERKRAHMEN
- WANDSCHALUNG OHNE VERSPANNUNG MIT DEM NACHBARTUNNEL
- SYSTEM: GLD (FRANKREICH)

SCHALUNGSTUNNEL SYSTEM EILENBURG (DDR)

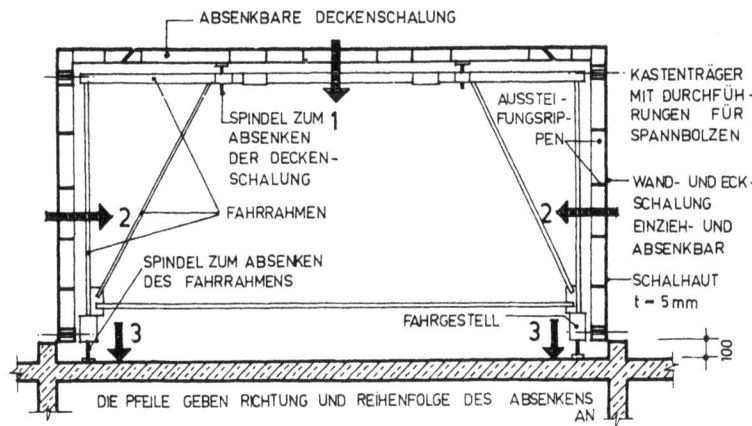

DIE PFEILE GEBEN RICHTUNG UND REIHENFOLGE DES ABSENKENS AN

ABMESSUNGEN VON GEBÄUDEN BEI HERSTELLUNG IM TUNNELSCHALVERFAHREN SYSTEM EILENBURG (DDR)

DECKENSTÜTZWEITE mm	GESCHOSSHÖHE mm	DECKENDICKE mm	WANDDICKE mm	MÖGLICHE GESCHOSSZAHL BEI ENTSPR. WANDDICKE
GRUPPE 1				
7200	2800	190	150 190 240	16 22 28
6000	2800	190	150 190 240	(B 300/StA-III)
GRUPPE 2				
4800	2800	190	150 190 240	22 28 32
3600	2800	190	150 190 240	
2400	2800	190	150 190 240	(B 300/StA-III)

MITTELGANGHAUS IM TUNNELSCHALVERFAHREN HERGESTELLT

- STARK AUSGEZOGENE WÄNDE IM TUNNELSCHALVERFAHREN HERGESTELLT
- DIE PFEILE GEBEN DIE AUSFAHRRICHTUNG DER SCHALTUNNEL AN

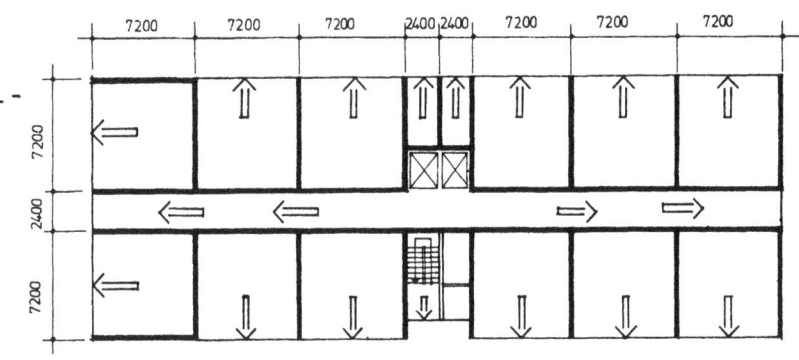

SCHEMA DES BAUABLAUFS
UMSCHLAGZYKLUS DER SCHALTUNNEL

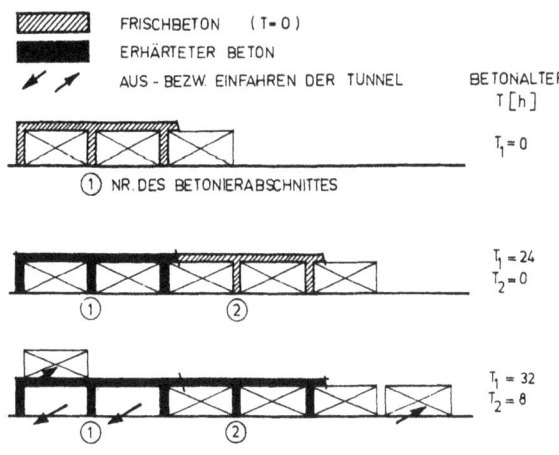
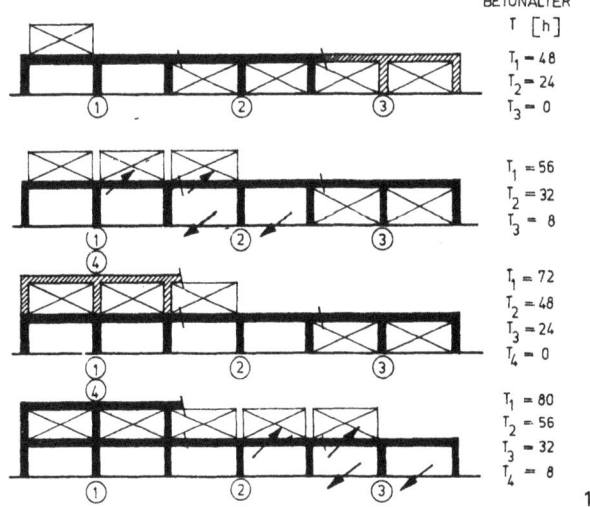

4. TRAGWERKE AUS BETON, STAHLBETON UND SPANNBETON

4.11 SCHALVERFAHREN
BLATT 4.50

SCHALUNGSGERECHTES PROJEKTIEREN AUF DER GRUNDLAGE DES SYSTEMS US-72

WANDSCHALUNG - KONSTRUKTIONSMASZE NACH FBO NR.020 DES VEB BMK OST

WANDECKE US-72 d ≤ 400 mm

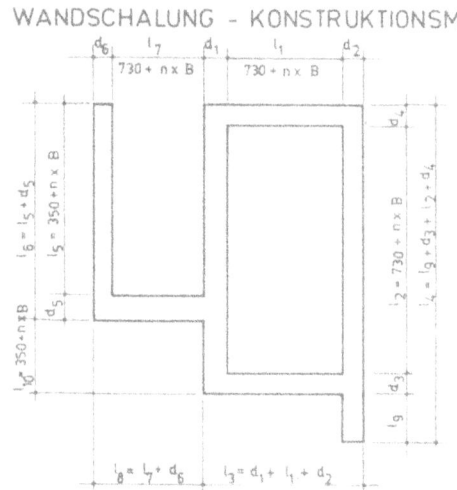
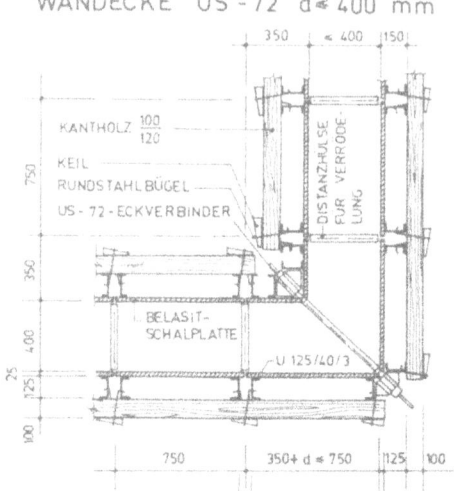

DIE SCHALMASZE ERGEBEN SICH DURCH REIHUNG DER REGEL- UND PASZSCHALPLATTEN UNTER BEACHTUNG VORGEFERTIGTER SONDERELEMENTE, (Z.B. ECKELEMENTE) AUSSALLÜCKEN UND DICKE DER SCHALPLATTEN.

AUSSCHALLÜCKE   25 ÷ 30 mm
INNENECKELEMENT   350 mm
WANDDICKE   d = n × 50 mm
RASTER B = 750 mm,   350 mm,
             250 mm ;   150 mm

WANDHÖHE : VORZUGSMASZ n × 750 mm

SCHALUNG FÜR EINE PLATTENBALKENDECKE

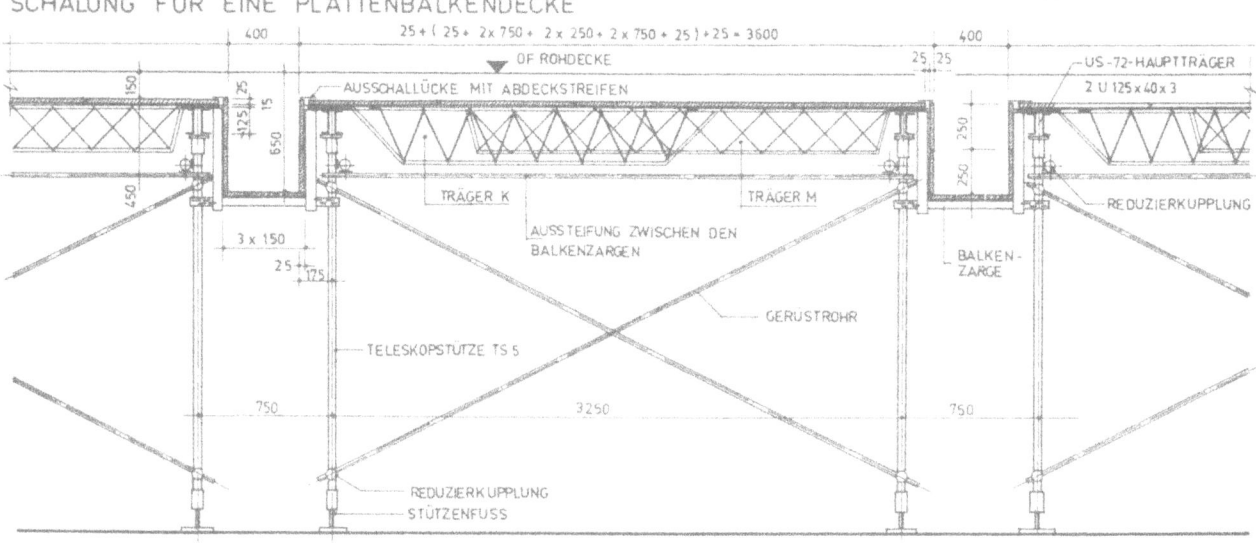

BELASIT-SCHALPLATTEN NACH MERKBLATT VEB BMK KOHLE U. ENERGIE BT. IB - DRESDEN

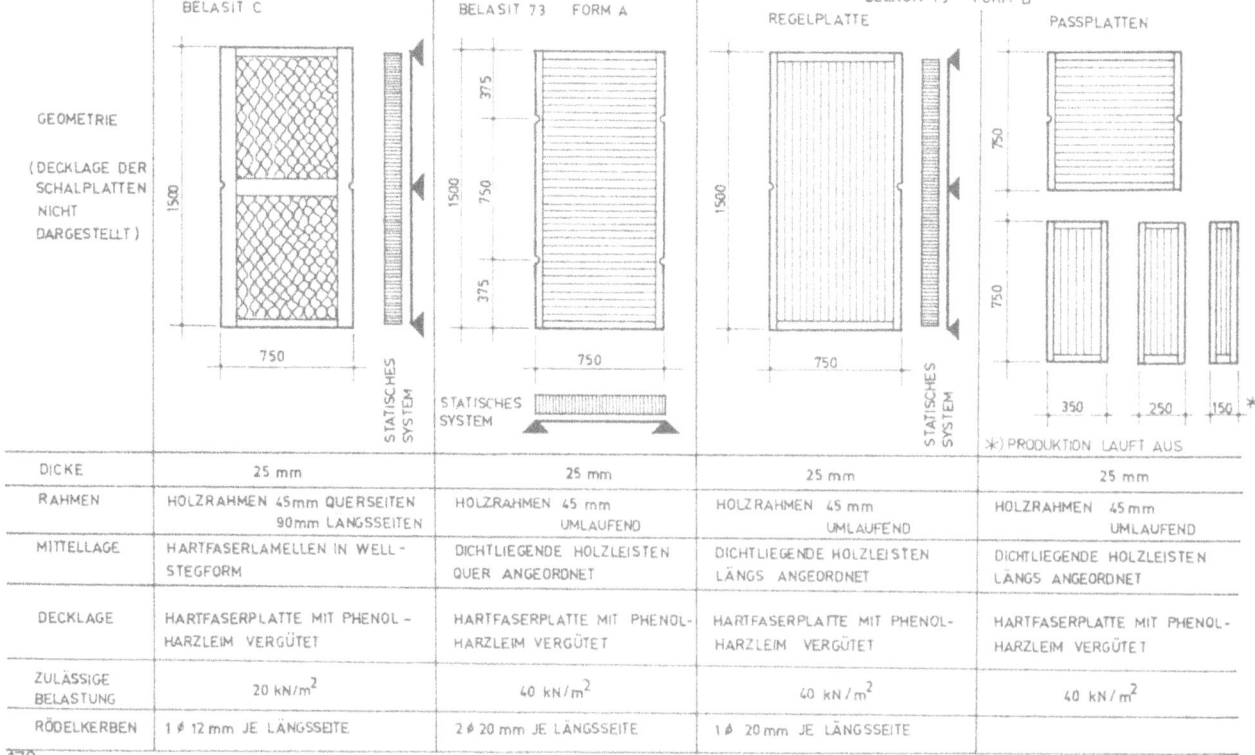

	BELASIT C	BELASIT 73 FORM A	BELASIT 73 FORM B REGELPLATTE	PASSPLATTEN
DICKE	25 mm	25 mm	25 mm	25 mm
RAHMEN	HOLZRAHMEN 45mm QUERSEITEN 90mm LANGSSEITEN	HOLZRAHMEN 45 mm UMLAUFEND	HOLZRAHMEN 45 mm UMLAUFEND	HOLZRAHMEN 45 mm UMLAUFEND
MITTELLAGE	HARTFASERLAMELLEN IN WELL-STEGFORM	DICHTLIEGENDE HOLZLEISTEN QUER ANGEORDNET	DICHTLIEGENDE HOLZLEISTEN LÄNGS ANGEORDNET	DICHTLIEGENDE HOLZLEISTEN LÄNGS ANGEORDNET
DECKLAGE	HARTFASERPLATTE MIT PHENOL-HARZLEIM VERGÜTET	HARTFASERPLATTE MIT PHENOL-HARZLEIM VERGÜTET	HARTFASERPLATTE MIT PHENOL-HARZLEIM VERGÜTET	HARTFASERPLATTE MIT PHENOL-HARZLEIM VERGÜTET
ZULÄSSIGE BELASTUNG	20 kN/m²	40 kN/m²	40 kN/m²	40 kN/m²
RÖDELKERBEN	1 ⌀ 12 mm JE LÄNGSSEITE	2 ⌀ 20 mm JE LÄNGSSEITE	1 ⌀ 20 mm JE LÄNGSSEITE	

5. Tragwerke aus Holz

von Günther Rickenstorf und
Dagobert Fenster

5.1. Baustoff Holz

Unter den Baustoffen für tragende Konstruktionen ist er nahezu der einzige, der als reproduktiver Rohstoff immer wieder nachwächst. Trotzdem ist seine Anwendung im Bauwesen in den letzten Jahrzehnten mehr und mehr zurückgegangen. Hierfür sind vor allem die große volkswirtschaftliche Bedeutung des Holzes in anderen Industriezweigen, aber auch der in den früheren Jahren getriebene Raubbau Ursache.
Als Vorteile des Holzes gelten insbesondere:
- Günstige physikalische und chemische Eigenschaften, z. B. relativ hohe Festigkeit bei geringer Rohdichte (verhältnismäßig leichte Konstruktionen mit geringen Transport- und Montagelasten, was bei schlechtem Baugrund oder schwer zugänglichen Baustellen (Gebirge) entscheidend sein kann), günstige Wärmeleitfähigkeit und gute schalltechnische sowie elektrische Eigenschaften. Holz widersteht weitgehend chemischen Angriffen durch Gase, Dämpfe, Säuren, Laugen und Salze.
- Technologische Vorzüge wie leichte Bearbeitbarkeit (schnelle Abbund- und Montagearbeiten ohne aufwendige Maschinen und Werkzeuge, mühelose Anpassung an örtliche Verhältnisse bei Umbauten, Absteifungen, Gerüsten usw.), sofortige Tragfähigkeit (schnellstmögliche Nutzungsfähigkeit bei Stabilisierungen, Absteifungen und in Katastrophenfällen) und leichter Auf- und Abbau (Wiederverwendung bei Gerüsten, fliegenden Bauten usw.).
- Lange Lebensdauer, sofern das Holz durch bauliche Maßnahmen vor Feuchtigkeit (Witterungseinflüsse u. a.) und durch chemische Holzschutzmaßnahmen gegen Holzschädlinge geschützt wird.

Nachteilig können sich auswirken:
- Empfindlichkeit gegen pflanzliche und tierische Schädlinge,
- Schwinden und Quellen bei Feuchtigkeitswechsel,
- Brennbarkeit und
- relativ niedriger Elastizitätsmodul.

Die genannten Nachteile sind durch zweckmäßige Materialauswahl und Konstruktionen sowie Vergütungs- und Schutzmaßnahmen weitgehend in ihrer Auswirkung zu verhindern.

5.1.1. Festigkeit

Holz ist bedingt durch sein natürliches organisches Wachstum mit wechselndem Früh- und Spätholzanteil (Jahresringe) und Kern- und Splintholz ein anisotroper, inhomogener Baustoff, der bei Druck- und Zugbeanspruchung in Faserrichtung oder rechtwinklig zur Faserrichtung sowie bei Biegebeanspruchung und Abscheren unterschiedliche Festigkeiten aufweist, die außerdem für Nadelhölzer (Kiefer, Fichte, Tanne) und Laubhölzer (Eiche, Buche) verschieden sind. Alle Festigkeitswerte sind feuchteabhängig.

Da sich Laub- und Nadelholz in der Druckfestigkeit rechtwinklig zur Faserrichtung (Querdruckfestigkeit) wesentlich unterscheiden, wird für hoch belastete Teile mit dieser Beanspruchungsart Eichenholz verwendet.

Zugbeanspruchungen senkrecht zur Faserrichtung führen zum Aufreißen des Holzes und sind deshalb unzulässig. Außerdem wirken sich Holzfehler (Äste) stärker aus, weshalb stark beanspruchte Zugstäbe aus astfreiem Holz herzustellen sind.

5.1.2. Elastizitätsmodul

Der Elastizitätsmodul des Holzes ist von den gleichen Einflüssen abhängig wie die Festigkeitswerte. Da die Unterschiede hier bei Längs- oder Querdruckbeanspruchung noch gravierender sind als bei der Festigkeit, wurden bei der Festlegung der zulässigen Spannungen für Druck rechtwinklig oder schräg zur Faserrichtung für den Fall größere Werte zugestanden, daß Formänderungen (Eindrückungen) unbedenklich sind.

5.1.3. Feuchtegehalt

Als Holzfeuchte wird der auf die darrtrockene Holzmasse bezogene Wassergehalt [%] bezeichnet. Man unterscheidet
- nasses (frisches) Holz > 30 % Wassergehalt,
- halbtrockenes Holz > 20 ... 30 % Wassergehalt und
- lufttrockenes Holz > 0 ... 20 % Wassergehalt.

Für tragende Konstruktionen soll mit Rücksicht auf das Festigkeits- und Formänderungsverhalten sowie wegen des Schädlingsbefalles nur lufttrockenes Holz verwendet werden.

Der Fasersättigungspunkt ist die Holzfeuchte, bei der kein freies Wasser in den Hohlräumen vorhanden ist. Feuchteänderungen unterhalb des Fasersättigungspunktes führen bei Wasserabgabe zum Schwinden, bei Wasseraufnahme zum Quellen. Die Schwind- und Quellmaße sind richtungsabhängig, d. h. in Faserrichtung, radial und tangential und außerdem im Kern- bzw. Splintholz unterschiedlich. Dadurch entstehen Eigenspannungen und Formänderungen, die auch bei sorgfältiger Trocknung nicht zu vermeiden sind und die Ursache von Schwindrissen und des Verwerfens bei Schnittholz darstellen.

5.1.4. Holzgüte und Materialkennwerte

Nach [5.1] werden für vierseitig und parallel geschnittene Nadelhölzer unterschieden

- Güteklasse I mit besonders hoher Tragfähigkeit,
- Güteklasse II mit gewöhnlicher Tragfähigkeit und
- Güteklasse III mit geringer Tragfähigkeit.

Bauholz der Güteklasse I wird nur in Ausnahmefällen für einzelne, hochbeanspruchte Bauteile verwendet und muß sichtbar bleibend gekennzeichnet werden.

Bauholz der Güteklasse II ist das übliche Bauholz für statisch beanspruchte Tragwerke und bedarf keiner Kennzeichnung.

Die Güteklasse III wird nur bei untergeordneten Bauteilen verwendet, die statisch nicht ausgenutzt werden können, bei denen aber aus baulichen Gründen bestimmte Maße vorhanden sein müssen, z. B. kurze Balken, Futterhölzer u. ä.

Für die Einstufung gelten im wesentlichen folgende Gesichtspunkte:

- Schnittklasse (scharfkantig, vollkantig, fehlkantig oder sägegestreift) in Abhängigkeit von der größten zulässigen Breite der Baumkante als Bruchteil des größten Querschnittsmaßes,
- Maß- und Faserabweichungen, Krümmung,
- Holzfehler (Insektenfraß, Risse),
- Anzahl, Größe und Lage der Äste.

Für die Bemessung von Tragwerken aus Holz sind die zulässigen Spannungen in den Hauptrichtungen mit unterschiedlichen Werten für die Grenzlastfälle H und HZ nach TGL 33135/01 [5.2] maßgebend (Tafel 5.1).

Wirkt der Kraftangriff schräg zur Faserrichtung, ergibt sich die zulässige Druckspannung für den Angriffswinkel $0° < \alpha < 90°$ nach der Gleichung

$$\text{zul } \sigma_{d_\alpha} = \text{zul } \sigma_{d\|} - (\text{zul } \sigma_{d\|} - \text{zul } \sigma_{d\perp}) \sin\alpha. \qquad (5.1)$$

Der Nachweis elastischer Formänderungen wird mit den in Tafel 5.2 angegebenen Elastizitätsmoduli geführt.

Tafel 5.2 Elastizitätsmoduli in kN/cm² für Bauholz nach TGL 33135/01 [5.2]

Holzart	Beanspruchungsrichtung	
	parallel zur Faserrichtung	rechtwinklig zur Faserrichtung
Nadelschnittholz	1000	30
Nadelrundholz	1200	30
Brettschichtholz aus		
Nadelhölzern	1100	30
Laubholz	1250	60

5.2. Verbindungsmittel des Holzbaues

Die Verbindungsmittel sollen die durch das natürliche Wachstum längen- und querschnittsmäßig begrenzten Hölzer zu Bauelementen und Tragwerken bzw. Bauwerken kraftschlüssig, dauerhaft und unverschieblich verbinden. Sie werden hauptsächlich nach der Art der Kraftübertragung in

- flächenhaft oder punktförmig wirkende bzw. in
- unlösbare oder lösbare Verbindungsmittel gemäß der Lösbarkeit eingeteilt. Bekannt sind die

Tafel 5.1 Zulässige Spannungen für Bauschnittholz, Rundholz und Brettschichtenholz bei Belastung parallel zur Klebefuge in kN/cm², Auszug [5.2]

Werte gelten für Gleichgewichtsfeuchtesatz $\leq 18\%$.

Beanspruchung	Nadelholz Güteklasse						Rundholz		Brettschichtenholz Sorte 1		Laubholz	
	I		II		III							
	H	HZ	H	HZ	H	HZ	H	HZ	H	HZ	H	HZ
Biegung zul σ_b allgemein	1,3	1,5	1,0	1,15	0,7	0,8	1,2	1,4	1,3	1,5	1,0	1,15
bei Durchlaufwirkung	1,43	1,65	1,1	1,27	0,77	0,88	1,32	1,54	1,43	1,65	1,1	1,27
Zug zul $\sigma_{z\|}$ in Faserrichtung	1,05	1,2	0,85	1,0	–	–	0,85	1,0	1,05	1,2	1,0	1,15
Druck zul $\sigma_{d\|}$ in Faserrichtung	1,1	1,25	0,85	1,0	0,6	0,7	1,0	1,15	1,1	1,25	1,0	1,15
Druck zul $\sigma_{d\perp}$ rechtwinklig zur Faserrichtung	0,2	0,23	0,2	0,23	0,2	0,23	0,2	0,23	0,2	0,23	0,3	0,35
Druck zul $\sigma_{d\perp}$ rechtwinklig zur Faserrichtung Eindrückungen unbedenklich	0,25	0,29	0,25	0,29	0,25	0,29	0,29	0,29	0,25	0,29	0,4	0,46
Abscheren zul τ in Faserrichtung	0,09	0,11	0,09	0,11	0,09	0,11	0,09	0,11	0,09	0,11	0,1	0,12

- Schraubenverbindungen (punktförmig und lösbar),
- Nagelverbindungen (punktförmig und unlösbar),
- Dübel (punktförmig und meistens lösbar) und die
- Klebeverbindungen (flächenhaft und unlösbar),

von denen hier nur auf die drei letztgenannten wegen ihrer größeren Bedeutung näher eingegangen wird.

5.2.1. Nagelverbindungen

Verwendet werden üblicherweise Drahtnägel (Senkkopfnägel). Es besteht jedoch die Tendenz zu Nägeln mit gerilltem oder gewindeartig gedrehtem Schaft und höherer Tragkraft bzw. größerem Ausziehwiderstand.

Die Tragfähigkeit von Nägeln, die rechtwinklig zu ihrer Längsachse belastet werden, nimmt linear mit ihrer Anzahl zu, sofern nicht mehr als 10 Nägel in einer Reihe in der Kraftrichtung hintereinander angeordnet werden. Die zulässigen Belastungen der Nägel sind in Tafel 5.3 zusammengestellt.

Tafel 5.3 Zulässige Belastung eines Nagels in kN je Nagelscherfläche [5.2], Auszug

Nagel-durch-messer	Min-dest-holz-dicke	Eindringtiefe min t		zulässige Belastung zul F		
		ein-schnit-tig	mehr-schnit-tig	Nadelschnittholz		Laub-schnitt-holz
				nicht vorge-bohrt	vorge-bohrt	
mm	mm	mm	mm	kN	kN	kN
3,1	24	19	13	0,185	0,23	0,55
3,4	24	21	14	0,215	0,27	0,65
3,8	24	23	15	0,26	0,325	0,78
4,2	26	25	17	0,31	0,39	0,93
4,6	28	28	19	–	0,45	1,09

Sie gelten, sofern die Mindestholzdicken der zu verbindenden Teile nicht unterschritten werden und die von der Nagelspitze bis zur ersten Scherfläche vorhandenen Eindringtiefen t den Mindesteindringtiefen min t von Tafel 5.3 entsprechen.

Für vorh t > min t beträgt die zulässige Belastung

$$F = \frac{\text{vorh } t}{\text{min } t} \text{zul } F \leq 2 \text{ zul } F. \quad (5.2)$$

In vorgebohrte Löcher geschlagene Nägel ergeben eine größere Lochleibungsfestigkeit. Deshalb sind die zulässigen Belastungen bei Nadelschnittholz um etwa 20% größer, wenn die Nagellöcher mit 85% des Nageldurchmessers vorgebohrt werden.

Die Nägel müssen unter Einhaltung von Mindest- und Größtabständen geschlagen werden. Die Mindestabstände sind in Abhängigkeit vom Nageldurchmesser d in Bild 5.1 für ausgewählte Beispiele dargestellt. Die Größtabstände betragen parallel zur Faserrichtung 40d und rechtwinklig dazu 20d.

Die Nagellänge ist davon abhängig, ob die Verbindung ein- oder mehrschnittig wirken soll, während die Wahl der Nageldicke so zu treffen ist, daß bei nassem Holz dickere und bei trockenem Holz dünnere Nägel verwendet werden. Außerdem ist zu beachten, daß für die gleiche Anschlußkraft dünnere Nägel die kleinere Anschlußfläche benötigen.

Bereitet die Einhaltung der Mindestnagelabstände Schwierigkeiten, kann die Fläche zur Unterbringung der erforderlichen Nagelzahl z. B. bei Zugstreben vergrößert werden durch

- Überstand der Strebe (siehe Bild 5.1),
- Anordnung bei Beihölzern und durch
- Vergrößerung des Verhältnisses der Querschnittshöhe zur Dicke der Strebe.

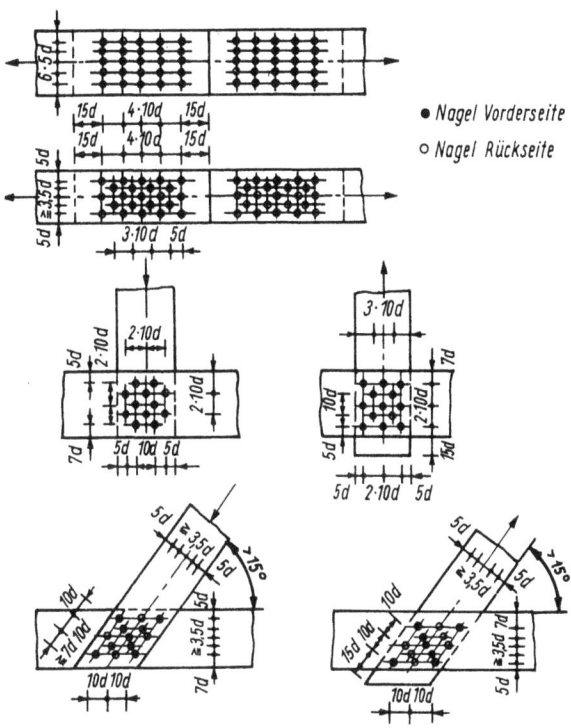

Bild 5.1 Mindestnagelabstände

5.2.2. Dübel

Dübel werden in den vielfältigsten Formen angewendet. Man unterscheidet

- Dübel, deren zulässige Tragkraft rechnerisch ermittelt werden kann (Rechteckdübel aus Metall und Hartholz u. a.) und
- Spezialdübel [5.3], deren zulässige Tragkraft durch Versuche ermittelt wurde.

Die Dübel können als

- Einlaßdübel, die in paßgerecht hergestellte Vertiefungen eingelegt werden (Keilringdübel, Scheibendübel) und
- Einpreßdübel, die in die zu verbindenden Hölzer eingepreßt werden (Ringdübel mit Dornen)

eingebaut werden, wobei die Querschnittsminderungen der Hölzer nicht vernachlässigt werden dürfen.

Alle Dübelverbindungen müssen durch Spannschrauben im Mittelpunkt jedes Spezialdübels zusammengehalten und gegen Kippen der Dübel gesichert werden.

Die zulässigen Belastungen ausgewählter Spezialdübel sind in Abhängigkeit von der Zahl der in Kraftrichtung hintereinander liegenden Dübel in Tafel 5.4 angegeben. Sie gelten, sofern die Mindestmaße der zu verbindenden Hölzer und der Mindestdübelabstand untereinander und vom Stabende in Kraftrichtung bei einer Dübelreihe nicht unterschritten werden.

5.2.3. Klebeverbindungen

Die Klebeverbindung ist die modernste Verbindungsart des Holzbaues.
Bauteile aus Brettschichten, geklebt, bestehen aus geschichteten, ganzflächig unter Preßdruck geklebten Brettern [5.4].
Nadelholzbretter werden auf etwa 12 ... 15% Feuchtegehalt künstlich getrocknet, maschinell durch Keilzinkung verbunden und gehobelt. Nach genau dosierter Auftragung des Klebers (Harnstoffharzkleber, bei klimatischen Beanspruchungen auch Phenolharzkleber) werden Brettschichtträger unter genau definierten Bedingungen (Temperatur, Preßdruck und -zeit) mit beliebigem Querschnitt und vielfältiger Form (gerade, gekrümmt, abgestuft usw.) hergestellt.
Die Faserrichtungen der zu verbindenden Hölzer müssen parallel zueinander verlaufen, und die Klebefugen dürfen durch Hauptkräfte nur auf Abscheren beansprucht werden.

5.2.4. Schraubenverbindungen

Schraubenverbindungen sind zulässig, wenn

- die infolge der größeren Nachgiebigkeit der Schrauben zu erwartenden größeren Verformungen für die Trag- und Nutzungsfähigkeit keine Einschränkungen ergeben,
- der Einfluß der Verformungen berücksichtigt wird und die Lösbarkeit der Verbindungsmittel gefordert ist,
- die Muttern von Schraubenverbindungen nachgespannt oder gegen unbeabsichtigtes Lockern gesichert werden.

5.3. Bemessung der Tragglieder

5.3.1. Zugstäbe

Der Spannungsnachweis ist unter Berücksichtigung der Querschnittsschwächungen (Bohrungen, Einschnitte, Ausfräsungen usw.) zu führen:

$$\sigma_z = \frac{N}{A_n} \leq \text{zul } \sigma_{z\|}. \tag{5.3}$$

Die nutzbare Querschnittsfläche A_n darf für die Vorbemessung bei

- Nagelverbindungen durch Nageldurchmesser 3,1 bis 3,8 mm zu 86% und durch Nageldurchmesser 4,2 bis 8,0 mit 89% des ungeschwächten Querschnittes und bei
- Dübelverbindungen durch Dornringdübel mit 79% und durch Keilringdübel mit 72% angesetzt werden.

Unsymmetrische Querschnittsschwächungen führen zu ausmittigen Beanspruchungen, für die als Spannungsnachweis genau wie bei zusätzlichem Biegemoment M gilt

$$\sigma = \frac{N}{A_n} + \frac{\text{zul } \sigma_{z\|}}{\text{zul } \sigma_b} \frac{M}{W_n} \leq \text{zul } \sigma_{z\|}. \tag{5.4}$$

Zugstäbe können einteilig (z. B. zwischen zweiteiligen Gurten) oder mehrteilig ausgeführt werden und erhalten, um eine möglichst große Anschlußfläche zu erzielen, hochkantige, bohlen- oder brettähnliche Querschnitte aus astfreiem Holz.

Tafel 5.4 Zulässige Belastung eines Spezialdübels in kN [5.4], Auszug

Dübel[1]/ Außendurchmesser	Mindestabmessungen Hölzer min b/h		Mindestdübelabstand	Zulässige Belastung eines Dübels Neigung der Kraft- zur Faserrichtung			> 30° ≦ 60°	> 60° ≦ 90°
	Neigung der Kraft- zur Faserrichtung			≦ 30°				Hirnholzanschluß
	≦ 30°	> 30° ≦ 90°		Dübelzahl in Kraftrichtung hintereinander				
	mm	mm	mm	1 und 2 kN	3 und 4 kN	5 und 6 kN	1 und 2 kN	1 und 2 kN
KRD/65	40/100	40/110	140	11,5	10,5	9,0	10,0	9,0
KRD/95	60/120	60/150	220	17,0	14,5	13,5	14,5	12,5
KRD/160	100/200	100/240	340	34,0	30,5	27,0	27,5	21,5
DRD/65	40/100	40/110	140	11,5	10,0	9,0	11,0	10,0
DRD/95	60/120	60/140	200	21,0	19,0	17,0	19,0	17,5
RD/66	40/100	40/100	130	11,0	10,0	9,0	9,0	9,0
RD/100	60/130	60/160	200	18,0	16,0	15,5	15,5	13,5

[1] Keilringdübel KRD
   Dornringdübel DRD
   Runddübel   RD

5.3.2. Druckstäbe

Die Knickgefahr wird durch die von der Schlankheitszahl

$$\lambda = \frac{s_k}{i} \quad (5.5)$$

abhängige **Knickzahl** ω berücksichtigt. Für gerade, planmäßig mittig belastete Druckstäbe gilt

$$\sigma_\omega = \frac{\omega N}{A} \leq \text{zul } \sigma_{d\|}. \quad (5.6)$$

In Anschlüssen, bei denen die Druckkraft nicht in alle Querschnittsteile eingeleitet wird, ist der Druckspannungsnachweis

$$\sigma = \frac{N}{A_n} \leq \text{zul } \sigma_{d\|} \quad \text{bzw.} \quad \text{zul } \sigma_{d\perp} \quad (5.7)$$

zu führen. Dabei bedeuten
λ = maßgebende Schlankheitszahl, s_k = Knicklänge,
i = Trägheitshalbmesser, N = größte Druckkraft,
A = Querschnittsfläche, A_n = wirksame Querschnittsfläche.

Für eine überschlägige Bemessung genügen die Knickzahlen ω nach Tafel 5.5. Sie gelten für Nadel- und Laubholz aller Güteklassen.

Tafel 5.5 Knickzahlen [5.2], Auszug

λ	1	10	20	30	40	50	60	70
ω	1,00	1,04	1,08	1,15	1,26	1,42	1,62	1,88
λ	80	90	100	130	150	175	200	250
ω	2,20	2,58	3,00	5,07	6,75	9,19	12,00	18,75

Hinsichtlich der Querschnittsausbildung sind zu unterscheiden
- einteilige Druckstäbe und
- mehrteilige Druckstäbe mit bzw. ohne Spreizung.

5.3.2.1. Einteilige Druckstäbe

Zur Vorbemessung kann das erforderliche Trägheitsmoment bestimmt werden zu

$$\text{erf } I_{\min} = 4{,}0 N s_k^2 \quad [\text{cm}^4], \quad (5.8)$$

wobei die Stabkraft N in kN und die Knicklänge s_k in m einzusetzen sind.
Für Druckstäbe eignen sich besonders Querschnitte mit relativ großem Trägheitshalbmesser. Einteilige Druckstäbe werden deshalb bevorzugt aus Rundhölzern oder mit quadratischem bzw. quadratähnlichem Querschnitt ausgebildet.

5.3.2.2. Mehrteilige Druckstäbe

Für größere Knicklängen und Kräfte müssen mehrteilige Druckstäbe ausgebildet werden. Ihr wirksames Trägheitsmoment I_w ist von der Bauart, der Spreizung und dem Verbindungsmittel abhängig. Zu seiner Berechnung bzw. zur Bestimmung des wirksamen Schlankheitsgrades λ_w wird auf [5 2] verwiesen, ebenso zur Bemessung der Zwischen- bzw. Bindehölzer, die zum einheitlichen Zusammenwirken angeordnet werden müssen.

5.3.3. Ausmittig belastete Druckstäbe

Für gerade, planmäßig ausmittig belastete Druckstäbe sowie für Stäbe mit mittigem Kraftangriff und zusätzlichem Biegemoment M ist der Nachweis

$$\sigma_\omega = \frac{\omega N}{A} + \frac{\text{zul } \sigma_{d\|}}{\text{zul } \sigma_b} \frac{M}{W} \leq \text{zul } \sigma_{d\|} \quad (5.9)$$

zu führen, wobei die größte zutreffende Knickzahl ω nach Tafel 5.5 unabhängig von der Richtung der Biegebeanspruchung einzusetzen ist.

Als Spannungsnachweis für Anschlüsse gilt

$$\sigma = \frac{N}{A_n} + \frac{\text{zul } \sigma_{d\|}}{\text{zul } \sigma_b} \frac{M}{W_n} \leq \text{zul } \sigma_{d\|} \quad (5.10)$$

5.3.4. Biegeträger

Biegeträger können in den vielfältigsten Formen ausgebildet werden als
- Vollholzträger,
- Vollwandträger,
- Fachwerkträger und als
- Sonderform (unterspannter Träger u. a.).

Vollhölzer sind als Biegeträger nur für begrenzte Spannweiten und Belastungen geeignet, darüber hinaus müssen Biegeträger mit schubfesten Verbindungsmitteln (Nägel, Dübel, Kleber) aus Einzelteilen zusammengesetzt werden, wobei möglichst Querschnittsformen mit großen Werten des auf die Querschnittsfläche A bezogenen Widerstandsmomentes W zu wählen sind (z. B. I-Träger).

Für die Bemessung ist zu beachten, daß neben den Biegespannungen auch die Schubspannungen und die Durchbiegungen nachzuweisen sind. Ihr entscheidender Einfluß ist in hohem Maße von der Querschnittsform abhängig und muß von Fall zu Fall untersucht werden.

Grundsätzlich sind für einachsige Biegung folgende Nachweise zu führen [5.2]:

$$\sigma_b = \frac{M}{W} \leq \text{zul } \sigma_b, \quad (5.11)$$

$$\tau = \frac{QS}{bI} \leq \text{zul } \tau, \quad (5.12)$$

$$f = \frac{5ql^4}{384EI} \leq \text{zul } f \quad (5.13)$$

mit M = Biegemoment, W = Widerstandsmoment,
Q = Querkraft, S = statisches Moment des anzuschließenden Querschnittsteiles in bezug auf die Schwerachse,

b = Breite der Schubfuge, I = Trägheitsmoment.
Die Gl. (5.13) gilt für den häufigen Fall des Einfeldträgers mit der Stützweite l und gleichmäßig verteilter Linienlast q.

Hinsichtlich der entsprechenden Nachweise für Biegeträger mit mehrteiligem Querschnitt in genagelter oder gedübelter Ausführung unter Berücksichtigung des wirksamen Trägheitsmomentes I_w einschließlich der Berechnung der Verbindungsmittel wird auf [5.2] verwiesen.

5.4. Anwendungsbeispiele

Holz sollte trotz seiner vorzüglichen Eigenschaften zweckmäßigerweise nur dort eingesetzt werden, wo
- kurze Bauzeiten einzuhalten,
- kleine Lasten abzutragen sind,
- eine begrenzte Standzeit für das Bauwerk vorgesehen ist oder
- spezielle gestalterische Forderungen bzw. besondere Ansprüche hinsichtlich der Widerstandsfähigkeit gegen aggressive Medien erfüllt werden sollen.

Der Holzmangel und der große technologische Aufwand für die Herstellung herkömmlicher Holztragwerke (Kantholzbinder, Holzbalkendecken u. a.) führte zur Anwendung neuer Bauweisen, Fertigungstechniken und Konstruktionen. Die Entwicklungstendenzen zu holzsparenden Holztragwerken mit geringem Fertigungsaufwand werden durch die
- genagelten Brettbinder (Blatt 5.01 bis 5.03),
- die Holz-Klebebauweise (Blatt 5.04 und 5.05),
- die Holz-Stahl-Verbundweise (Blatt 5.06) und die
- Holz-Flächentragwerke [5.5]

gekennzeichnet.
Als hauptsächliche Anwendungsgebiete sind zu nennen:
- Dachtragwerke und Hallenbauten für Wohngebäude und spezielle gesellschaftliche Bauten (Turn- und Sporthallen, Ausstellungshallen, Gaststätten) als Kehlbalken- und Pfettendächer, genagelte Brettbinder, Vollwandkonstruktionen, geklebte Rahmenkonstruktionen und Schalen bzw. Faltwerke.
- Hallenbauten für bestimmte Industriezweige (chemische Industrie) und Landwirtschaft (Lagerhallen für Düngemittel und chemische Produkte, Bergeräume) als verdübelte und geklebte Rahmenkonstruktionen, genagelte Brettbinder.
- Gerüste (Lehrgerüste, abgebundene Arbeitsgerüste) als verschraubte und verdübelte Schnittholz- und Rundholzkonstruktionen.

Die Hauptabmessungen ausgewählter Holztragwerke können der Tafel 5.6 entnommen werden [5.6].

Tafel 5.6 Holztragwerke, Hauptabmessungen

	Tragwerk	Stützweiten l m	$\dfrac{h}{l}$	$\dfrac{f}{l}$ bzw. $\dfrac{h_o}{l}$
Ebene Fachwerke	Parallelträger	10…30	$\dfrac{1}{6} \cdots \dfrac{1}{12}$	
	Trapezträger	10…30	$\dfrac{1}{6} \cdots \dfrac{1}{10}$	
	Dreieckträger	6…24	$\left(\dfrac{1}{3}\right)\dfrac{1}{6} \cdots \dfrac{1}{8}$	
	Mansardträger	15…35	$\dfrac{1}{6} \cdots \dfrac{1}{8}$	
Brettschichtenkonstruktionen	Parallelträger	5…25	$\dfrac{1}{16} \cdots \dfrac{1}{18}$	
	Trapezträger	5…25	$\dfrac{1}{14} \cdots \dfrac{1}{16}$	$\approx \dfrac{1}{30}$
	Dreigelenkbinder mit oder ohne Zugband	15…50	$\dfrac{1}{17} \cdots \dfrac{1}{19}$	$> \dfrac{1}{7} \cdots \dfrac{1}{8}$
	Dreigelenk- oder Zweigelenkbogen	20…100	$\dfrac{1}{25} \cdots \dfrac{1}{50}$	$> \dfrac{1}{7} \cdots \dfrac{1}{8}$
	Unterspannte Holzklebebinder	15…36	$\dfrac{1}{40} \cdots \dfrac{1}{60}$	$> \dfrac{1}{7} \cdots \dfrac{1}{8}$

Literatur

[5.1] TGL 117-0767 Bauschnittholz, Gütebedingungen. Ausgabe 02.63.
[5.2] TGL 33135/01 Holzbau, Tragwerke, Berechnung und bauliche Durchbildung. Ausgabe 01.84.
[5.3] TGL 33135/02 Holzbau, Tragwerke, Technische Forderungen an Verbindungsmittel. Ausgabe 01.84.
[5.4] TGL 33136/01 Holzbau, Bauteile aus Brettschichten, geklebt. Ausgabe 03.78.
[5.5] Minke, G.: Holzflächentragwerke. Stuttgart 1969.
[5.6] Mönck, W.: Holzbau, Grundlagen für Bemessung und Konstruktion. 10. Aufl. Berlin 1985.

5. HOLZBAU — BRETTBINDER IN NAGELBAUWEISE – SYSTEME
BLATT 5.01

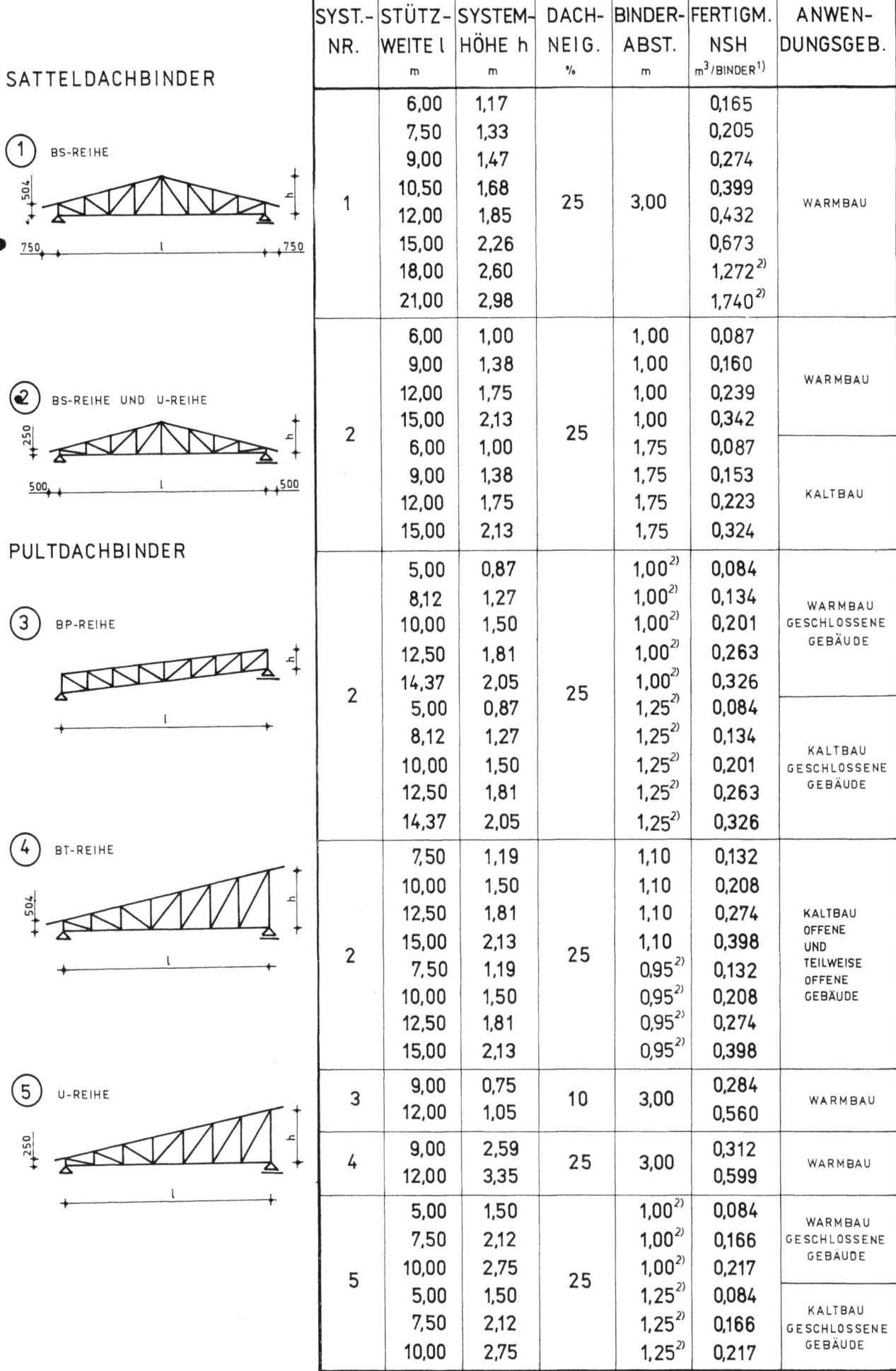

SYST.-NR.	STÜTZ-WEITE l [m]	SYSTEM-HÖHE h [m]	DACH-NEIG. [%]	BINDER-ABST. [m]	FERTIGM. NSH [m³/BINDER[1]]	ANWEN-DUNGSGEB.
SATTELDACHBINDER ① BS-REIHE						
1	6,00	1,17	25	3,00	0,165	WARMBAU
	7,50	1,33			0,205	
	9,00	1,47			0,274	
	10,50	1,68			0,399	
	12,00	1,85			0,432	
	15,00	2,26			0,673	
	18,00	2,60			1,272[2]	
	21,00	2,98			1,740[2]	
② BS-REIHE UND U-REIHE						
2	6,00	1,00	25	1,00	0,087	WARMBAU
	9,00	1,38		1,00	0,160	
	12,00	1,75		1,00	0,239	
	15,00	2,13		1,00	0,342	
	6,00	1,00		1,75	0,087	KALTBAU
	9,00	1,38		1,75	0,153	
	12,00	1,75		1,75	0,223	
	15,00	2,13		1,75	0,324	
PULTDACHBINDER ③ BP-REIHE						
2	5,00	0,87	25	1,00[2]	0,084	WARMBAU GESCHLOSSENE GEBÄUDE
	8,12	1,27		1,00[2]	0,134	
	10,00	1,50		1,00[2]	0,201	
	12,50	1,81		1,00[2]	0,263	
	14,37	2,05		1,00[2]	0,326	
	5,00	0,87		1,25[2]	0,084	KALTBAU GESCHLOSSENE GEBÄUDE
	8,12	1,27		1,25[2]	0,134	
	10,00	1,50		1,25[2]	0,201	
	12,50	1,81		1,25[2]	0,263	
	14,37	2,05		1,25[2]	0,326	
④ BT-REIHE						
2	7,50	1,19	25	1,10	0,132	KALTBAU OFFENE UND TEILWEISE OFFENE GEBÄUDE
	10,00	1,50		1,10	0,208	
	12,50	1,81		1,10	0,274	
	15,00	2,13		1,10	0,398	
	7,50	1,19		0,95[2]	0,132	
	10,00	1,50		0,95[2]	0,208	
	12,50	1,81		0,95[2]	0,274	
	15,00	2,13		0,95[2]	0,398	
⑤ U-REIHE						
3	9,00	0,75	10	3,00	0,284	WARMBAU
	12,00	1,05			0,560	
4	9,00	2,59	25	3,00	0,312	WARMBAU
	12,00	3,35			0,599	
5	5,00	1,50	25	1,00[2]	0,084	WARMBAU GESCHLOSSENE GEBÄUDE
	7,50	2,12		1,00[2]	0,166	
	10,00	2,75		1,00[2]	0,217	
	5,00	1,50		1,25[2]	0,084	KALTBAU GESCHLOSSENE GEBÄUDE
	7,50	2,12		1,25[2]	0,166	
	10,00	2,75		1,25[2]	0,217	

[1] SCHNEEGRUNDWERT 0,5 kN/m²
[2] SCHNEEGRUNDWERT 0,7 kN/m²

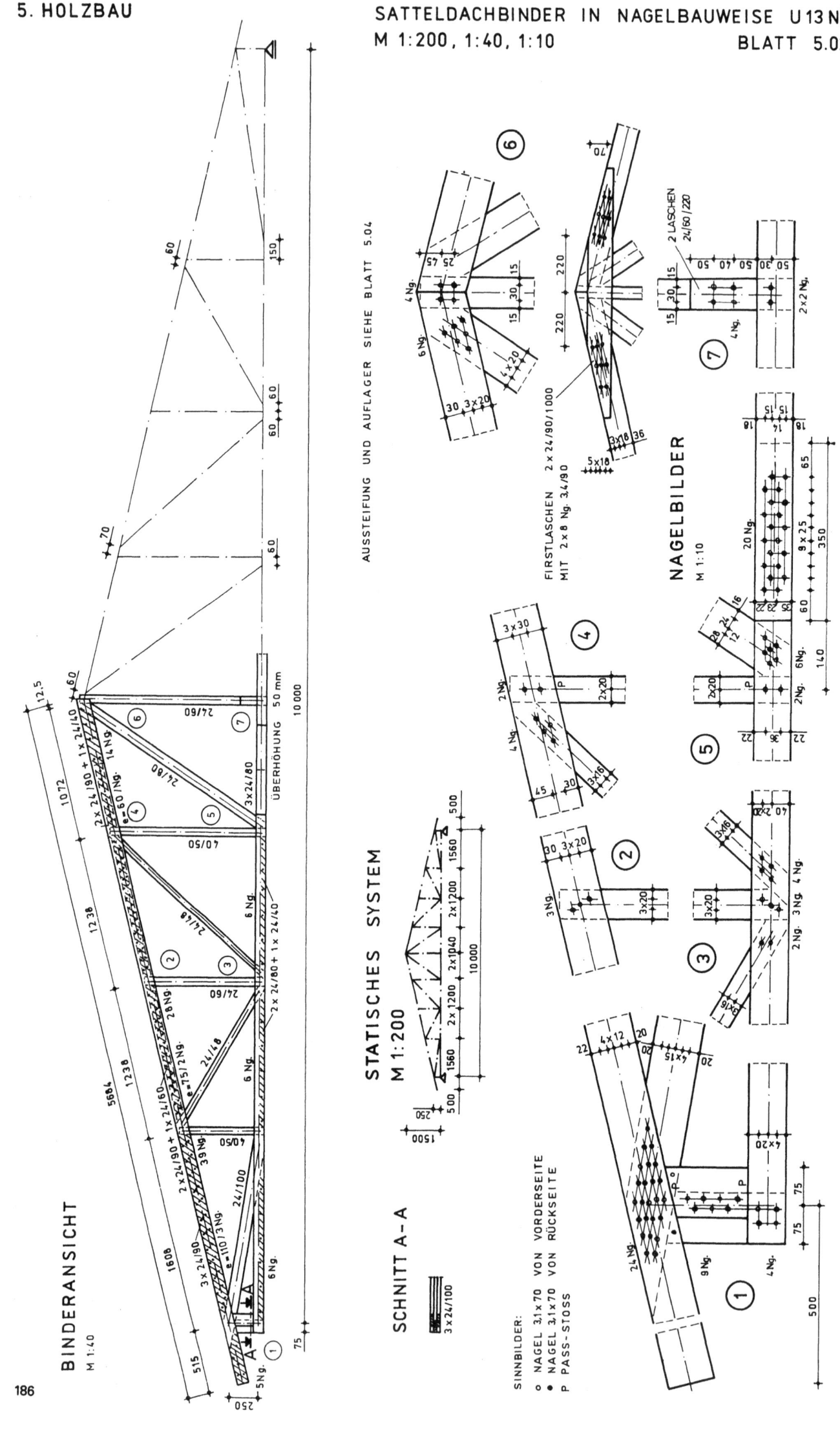

5. HOLZBAU

PULTDACHBINDER IN NAGELBAUWEISE BT 15.1
M 1:150, 1:60, 1:15 — BLATT 5.03

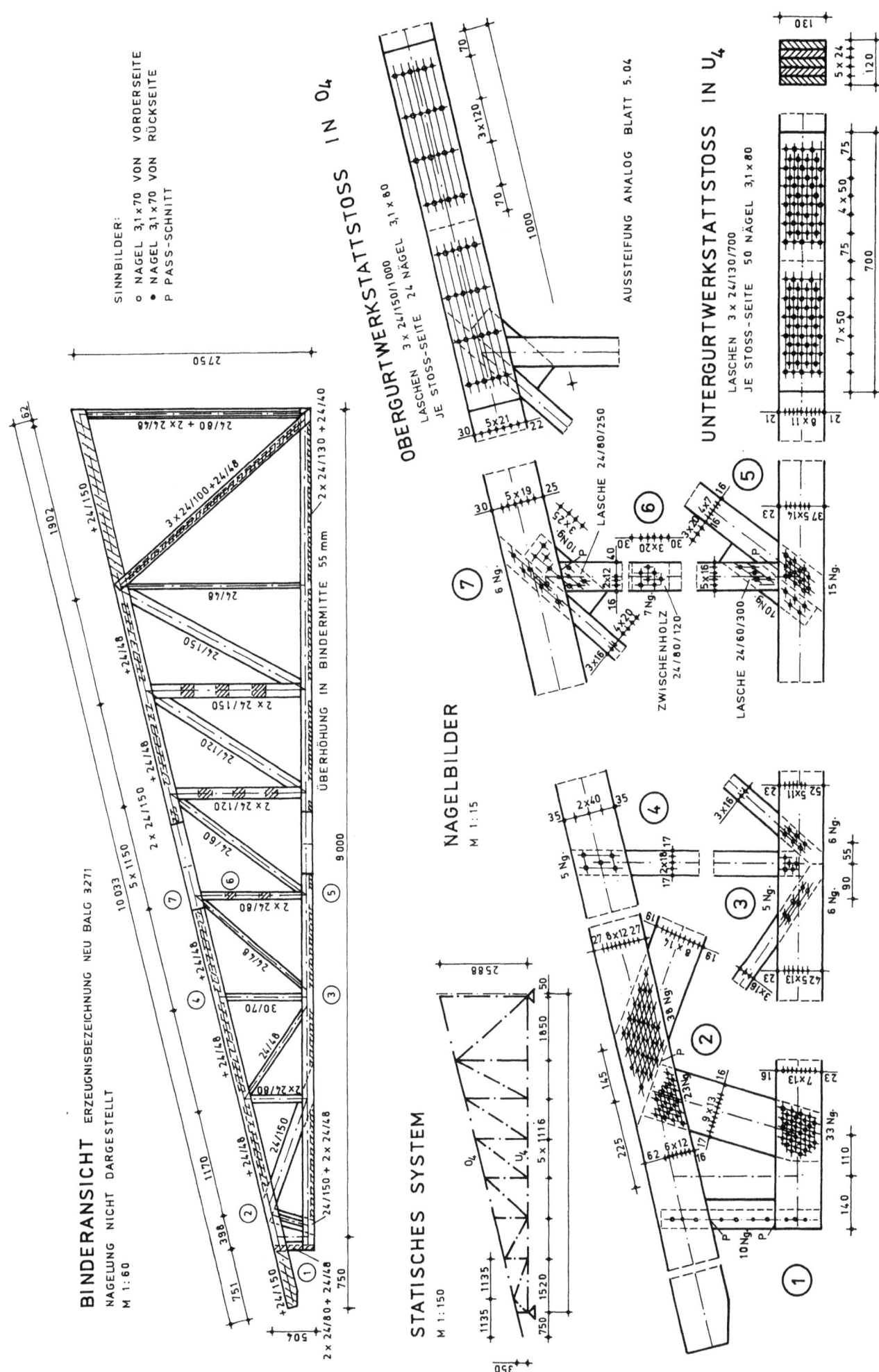

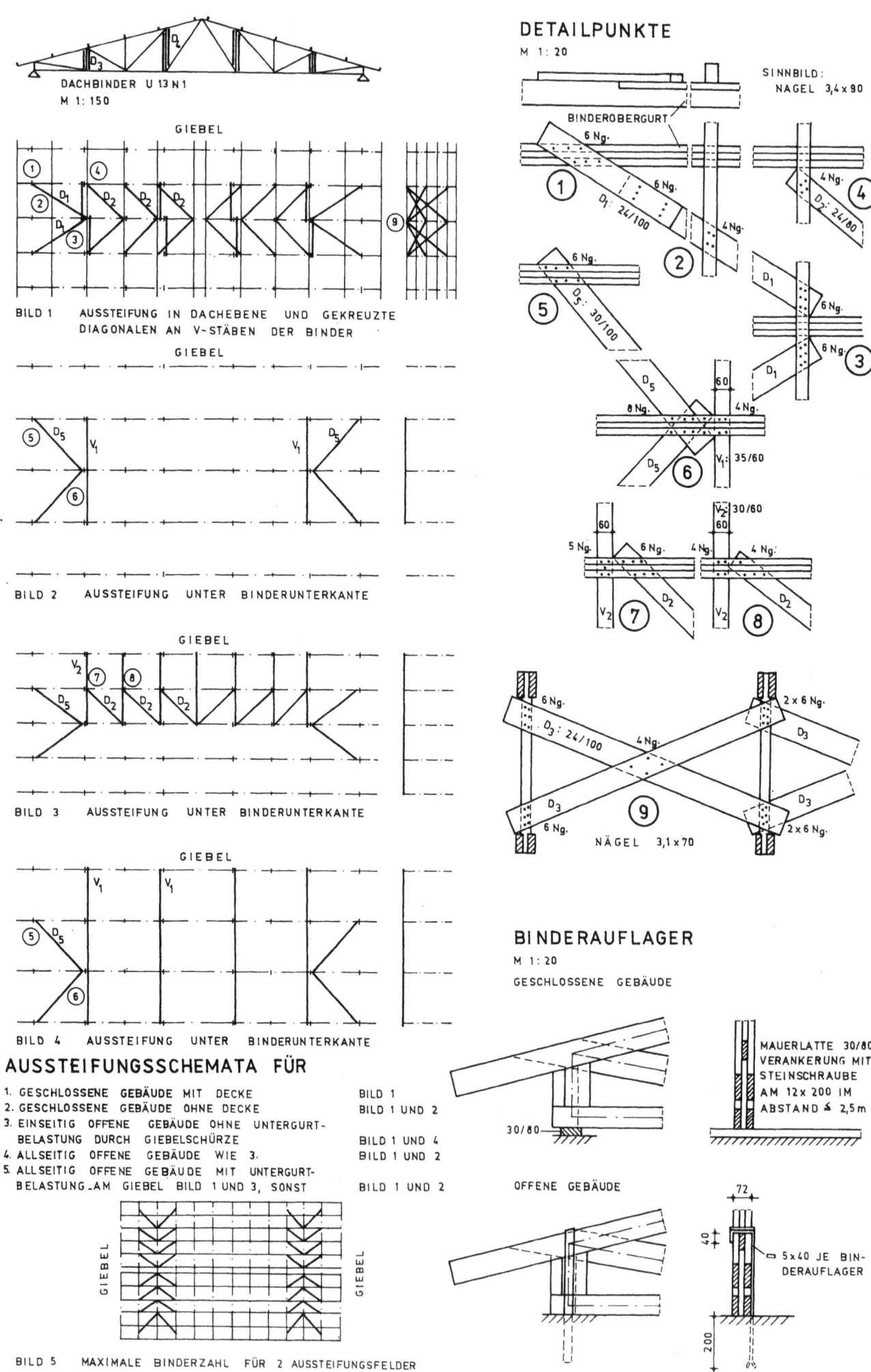

5. HOLZBAU

SATTELDACHBINDER IN KLEBEBAUWEISE
M 1:100, 1:20 — BLATT 5.05

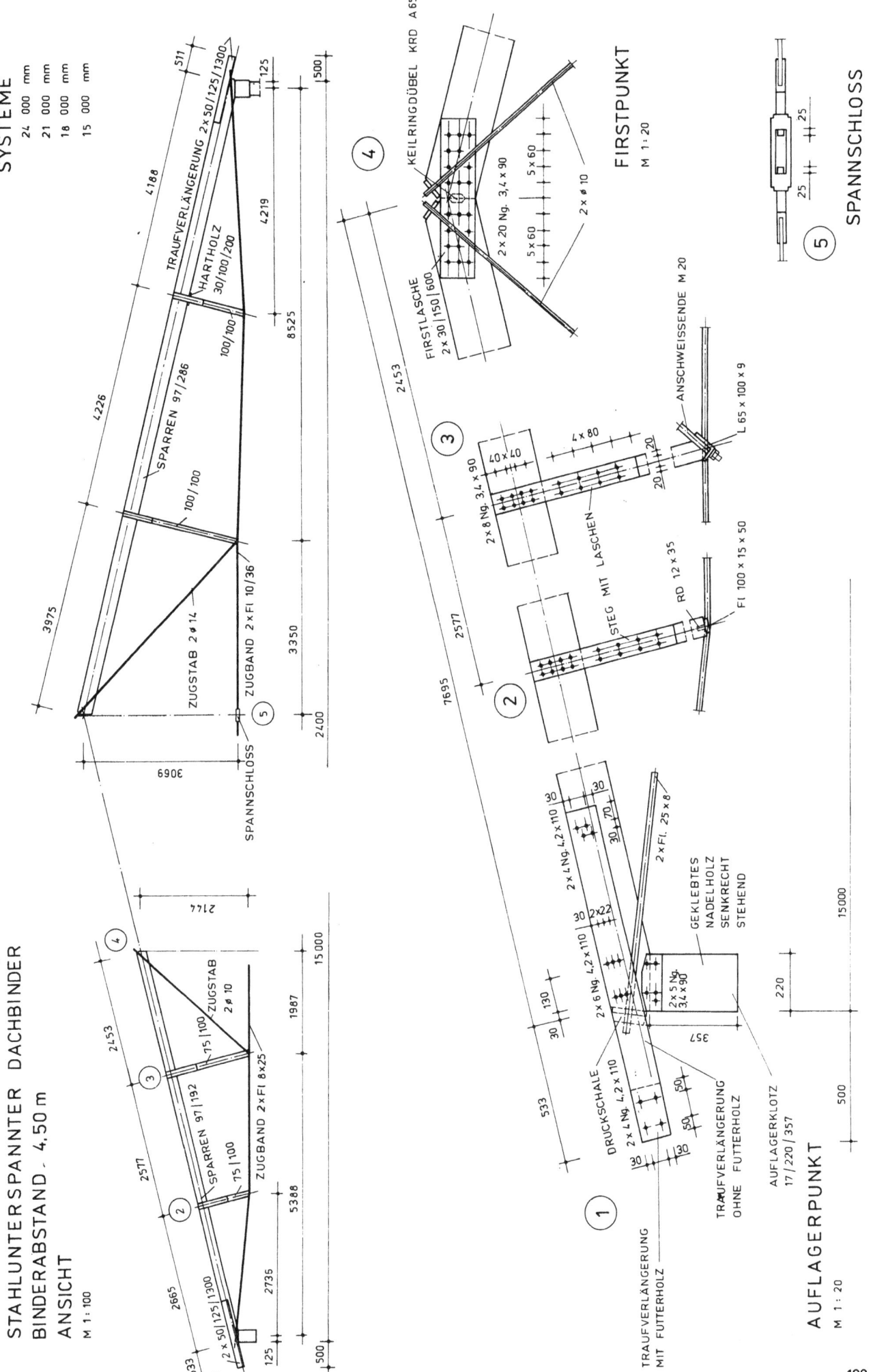

5. HOLZBAU

KALIDÜNGERLAGERHALLE IN KLEBEBAUWEISE
M 1:100, 1:40, 1:25
BLATT 5.06

DETAILPUNKTE
M 1:25

BINDERANSICHT
M 1:100

SCHNITT A-A
M 1:40

SINNBILDER:
- ○ NAGEL 4,2×120 VON VORDERSEITE
- ● NAGEL 4,2×120 VON RÜCKSEITE
- ⊗ 2 HARTHOLZ-RUNDDÜBEL C 66

6. Flächentragwerke als Dachkonstruktionen

von Eberhard Berndt

6.1. Schalen

6.1.1. Definition und Wirkungsprinzip

Schalen sind einfach bzw. doppelt gekrümmte Flächentragsysteme mit räumlichem Spannungszustand, bei denen die Dicke wesentlich kleiner als die übrigen Abmessungen ist.
Sie tragen die Flächenlasten primär durch Membrankräfte, d. h. durch Zug-, Druck- und Schubkräfte ab. An den Schalenrändern lassen sich die für die Aufrechterhaltung einer Membranwirkung notwendigen Randbedingungen (Verformungs- und Spannungsbedingungen) nicht in vollem Umfange am Tragwerk realisieren. Dadurch entstehen Störungen im Kräftefluß der Membran, die zwangsläufig zu Biegemomenten und Querkräften in den Randzonen führen. Bei sehr elastisch gelagerten Rändern breiten sich diese Störungen über die gesamte Schale aus und beeinflussen maßgeblich die Dimensionierung.
Entwurfsziel muß es sein, Schalen mit vorwiegender Membranwirkung, d. h. mit minimalem Baustoffaufwand, zu konstruieren. Im folgenden werden nur Tragwerke aus Beton behandelt. Sie kombinieren auf Grund des nahezu biegefreien Spannungszustandes und ihres geschlossenen Gefüges besonders wirtschaftlich die tragende und die raumabschließende Funktion. Die Schale kann dabei so geformt werden, daß sie sich vollkommen dem zu schaffenden Raum anschmiegt.

6.1.2. Geometrische Einteilungsprinzipien

Grundlage für das 1. Einteilungsprinzip bildet die Gaußsche Krümmung (Bild 6.1):

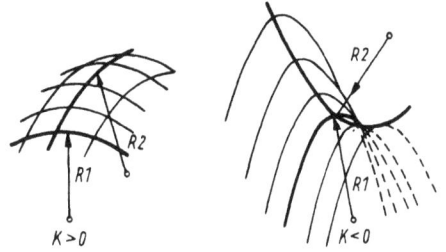

Bild 6.1 Hauptkrümmungsradien und Gaußsche Krümmung

$K = \dfrac{1}{R_1 R_2}$, R_1 und R_2 sind die Hauptkrümmungsradien senkrecht zueinander stehender Hauptnormalschnitte.
$K = 0$ bei einfach gekrümmten Schalen,
$K > 0$ bei doppelt gekrümmten Schalen mit positiver Gaußscher Krümmung,
$K < 0$ bei doppelt gekrümmten Schalen mit negativer Gaußscher Krümmung.

Grundlage des 2. Einteilungsprinzips bildet die Form der Erzeugenden:
Durch das Wandern einer geraden Erzeugenden entstehen Regelflächen. Das sind u. a. Zylinder, Kegel, Konoid, Rotationshyperboloid, hyperbolisches Paraboloid.
Alle übrigen Flächen sind Nichtregelflächen.

6.1.3. Einfach gekrümmte Schalen

6.1.3.1. Geometrie

Geometrische Flächen (Blatt 6.01): Zylinder (Kreis, Ellipse), Kegel und Konoid.
Ausschnitte von Kreiszylinderflächen werden am häufigsten angewandt und in symmetrischer Ausführung als Tonnenschalen bezeichnet. Es werden unterschieden: Einzeltonnen, in Längsrichtung durchlaufende Tonnen, Tonnenreihen und durchlaufende Tonnenreihen.
Wird ein Kreiszylinderausschnitt zum Zwecke der Belichtung einseitig angehoben, so ergibt sich die Kreiszylinder-Shedschale (Tonnenshed). Dabei ist eine nach oben hin konvexe oder konkave Krümmung möglich, wobei die zweite Form eine bessere Belichtung, eine breitere Entwässerungsrinne und ein bei gleicher Bauhöhe kleineres Bauvolumen ergibt.

6.1.3.2. Kräftefluß

Trotz der geometrischen Ähnlichkeit des Querschnittes mit dem Bogentragwerk ergibt sich bei der Tonnenschale ein wesentlich anderer Kräfteverlauf. Während beim flächenhaft ausgedehnten Bogen (z. B. Zweigelenkbogen) auf Grund der Unverschieblichkeit der Widerlager die stetig verteilten Flächenlasten in Form eines ebenen Spannungszustandes nur in Bogenrichtung (vorwiegend durch Normalkräfte, weniger durch Momente und Querkräfte) abgetragen werden, wird bei der Tonnenschale durch den Ersatz der seitlichen Widerlager des Bogens durch elastisch verformbare Randträger und durch die Abstützung des Tragwerkes an den Stirnseiten durch sogenannte Binderscheiben (Giebelscheiben) ein räumlicher Spannungszustand im Tragwerk erzeugt (Blatt 6.01). Entsprechend der Steifigkeit der Randträger wird die Belastung bei kurzen Schalen ($b > l$) vorwiegend in Bogenrichtung durch Ringnormalkräfte n_φ und bei langen Schalen ($l > b$) primär in Längsrichtung durch Längskräfte n_x und Schubkräfte abgetragen. Die Schubkräfte werden in die Ebene der Binderscheiben abgeleitet. Bei langen Tonnenschalen sind die Schalenlängskräfte n_x über die Querschnittshöhe nahezu linear verteilt, d. h., n_x kann genügend genau aus der Analogie der Balkenbiegung ermittelt werden:

$$n_x = \frac{M}{I} yh \qquad (6.1)$$

mit dem Trägheitsmoment I des Schalenquerschnittes einschließlich der Randträger. Diese Verteilung der Längskräfte ist mit der Membranwirkung nicht mehr vergleichbar. Sie ergibt eine sehr unterschiedliche Auslastung der Schale, indem nur im Scheitel und am Kämpferanschnitt Extremwerte der Spannungen σ_x auftreten. Gleichzeitig treten in Ringrichtung erhebliche Biegemomente auf.

Nach dem gleichen Prinzip wirkt das Tonnenshed mit dem Rinnenträger zusammen als räumliches Tragwerk. Dabei kann das Lichtband bei rahmenartiger Ausbildung der Fenstersprossen in die Tragwirkung einbezogen werden. Bei nach oben hin konkav gekrümmten Sheds entstehen in Ringrichtung Zugspannungen, die in Stahlbeton einen Mehrverbrauch an Bewehrung erfordern.

Zugspannungen und Biegemomente in der Schalenfläche können stark reduziert werden, wenn die Schalen vorgespannt werden. Neben der Vorspannung der Randglieder ist auch eine Spanngliedführung in der Schalenmittelfläche für die statische Wirkung günstig. Durch die Kombination von gekrümmter und gerader Spanngliedführung in der Mittelfläche nahe am Schalenrand kann bei Tonnenreihen auf die Randträger verzichtet werden, da die Vorspannkräfte die am Schalenrand auftretenden Membrankräfte und -verformungen weitestgehend kompensieren. Die Vorspannung kann dabei in Lage und Größe so gewählt werden, daß der Membranspannungszustand für einen konstanten Lastanteil (Eigenlast + halbe Schneelast) nahezu wieder erreicht wird. Dadurch wird eine günstige Baustoffausnutzung gewährleistet.

6.1.3.3. Formgebung

Bei Einzelschalen sind an den Längsrändern Randbalken zur Aufnahme der Membranrandkräfte und zur Reduzierung der Randverformungen notwendig. Bei langen Schalen ist eine Vorspannung dieser Randglieder sehr zu empfehlen.
Bei vorgespannten Tonnenreihen kann auf die mittleren Randträger verzichtet werden. Die Bereiche der Kämpfer sind jedoch zu verstärken (Zwickel) bzw. durch dickere Gegenschalen zu versteifen (Wellenschale). Die Stirnseiten der Schale sind durch Scheiben, Rahmen oder Bögen mit Zugbändern zur Querschnittsstabilität und zur Ableitung der Schalenschubkräfte auszusteifen (Blatt 6.04). Eine Durchlaufwirkung über mehrere Binderscheiben ist möglich.
Das gleiche Formgebungsprinzip gilt für Shedkonstruktionen. Die notwendigen Binderscheiben können dabei zu Hallenbindern zusammengefaßt werden, um die Stützweiten auch in Querrichtung zu vervielfachen. Entwurfskennwerte für Tonnen- und Shedschalen sind Blatt 6.12 zu entnehmen.

Auf den Blättern 6.04 und 6.05 wird ein vorgespanntes Tonnendach beschrieben. Die Kämpferanschnitte sind durch ausgerundete Zwickel verstärkt. Die Schalendicke im Bereich der Spannglieder beträgt mit Rücksicht auf die in den z. Z. gültigen bauaufsichtlichen Bestimmungen der DDR enthaltenen Betonüberdeckungen bei Spannbeton (Blatt 4.04) 70 ... 80 mm. Bei Anwendung von Spanngliedern mit 250 kN Spannkraft in der Schalenmittelfläche sind Mindestdicken von 80 bis 90 mm erforderlich, die jedoch außerhalb der Spanngliedbereiche auf 45 ... 60 mm reduziert werden können.

Tafel 6.1 Mindestdicke und Mindestbewehrung

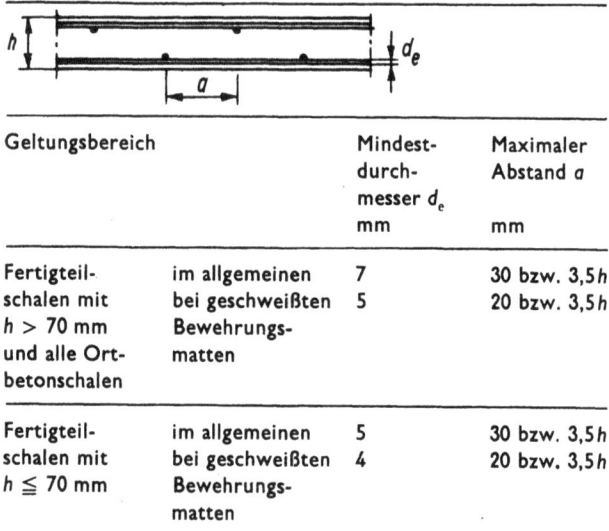

Geltungsbereich		Mindestdurchmesser d_e mm	Maximaler Abstand a mm
Fertigteilschalen mit $h > 70$ mm und alle Ortbetonschalen	im allgemeinen	7	30 bzw. 3,5h
	bei geschweißten Bewehrungsmatten	5	20 bzw. 3,5h
Fertigteilschalen mit $h \leq 70$ mm	im allgemeinen	5	30 bzw. 3,5h
	bei geschweißten Bewehrungsmatten	4	20 bzw. 3,5h

Die Verankerungen der Spannglieder erfordern Verankerungsbereiche von 140 ... 180 mm Dicke, die meistens durch das Auskragen der Schale über die Binderscheiben hinaus geschaffen werden. Um die eindeutige Eintragung der Vorspannkräfte in die Schale zu sichern, sind Gummilager zwischen Stütze und Binderscheibe anzuordnen.
Außer den Spanngliedern sind obere und untere dünne Netzbewehrungen zur Aufnahme der restlichen Schalenbiegemomente einzulegen.
Bei erforderlichen Oberlichtern in Tonnenschalen sind am zweckmäßigsten im Bereich des Schalenscheitels rechteckförmige Aussparungen vorzusehen, die durch Quer- und Längsrippen in Form von Vierendeelrahmen ausgesteift werden. Die Abmessungen der Rippen betragen etwa das 3 ... 5fache der Schalendicke, wenn die Fläche einer Öffnung die Größe von 2 ... 3 m² nicht überschreitet.

6.1.4. Doppelt gekrümmte Schalen mit positiver Gaußscher Krümmung

6.1.4.1. Geometrie

Geometrische Flächen (Blatt 6.02):

- Rotationsflächen wie Kugel, Ellipsoid, Paraboloid und Flächen beliebiger Rotationskurven mit gleichgerichteten Krümmungsradien.
- Translationsflächen wie elliptisches Paraboloid,

Torusausschnitt und Flächen beliebiger Leit- und Translationskurven mit gleichgerichteten Krümmungsradien.

Diese Flächen zählen zu den Nichtregelflächen.
Als Dachkonstruktionen werden die verschiedensten Ausschnitte benutzt. Die häufigste Anwendung findet der Ausschnitt einer Kugel über Kreisgrundriß (Kugelkappe) oder über regelmäßigen und beliebigen n-eckigen Grundrissen.
Bei rechteckförmigen Grundrissen mit $a/b > 1,5$ werden die Translationsflächen bevorzugt.

6.1.4.2. Kräftefluß

Die bei den einfach gekrümmten Schalen skizzierte Analogie zum Träger ist bei den doppelt gekrümmten Schalen nicht gegeben. Sie tragen die gleichmäßig verteilten Flächenlasten durch optimale räumliche Tragwirkung ab. Das Tragverhalten dieser Schalengruppe wird stellvertretend an einer Rotationsschale, speziell an der Kugelkalotte, erläutert. In Meridianrichtung treten nur Druckkräfte auf, die auch eine wenig unterschiedliche Verteilung aufweisen. In Ringrichtung existieren aus Eigen- und Schneelast ebenfalls nur Druckkräfte, wenn der Öffnungswinkel α des Kugelabschnittes kleiner als 46 ... 50° ist. Bei größeren Kugelabschnitten, z. B. bei der Halbkugel, sind unterhalb der sogenannten Bruchfuge (Bild 6.2) in Ringrichtung Zugspannungen vorhanden. Dieser biegungsfreie Spannungszustand ist grundsätzlich nicht an die Form der Rotationskurve gebunden. Während beim Bogen unter konstanter Streckenlast nur die Parabel als Stützlinie einen momentenfreien Zustand liefert, ist bei Rotationsschalen der Kreis, die Ellipse, die Parabel, die Kettenlinie oder eine Kurve 3. Grades anwendbar zur Erreichung des oben beschriebenen Membranspannungszustandes. Die Form der Rotationskurve beeinflußt nur die Größenverhältnisse der Meridian- und Ringkräfte.

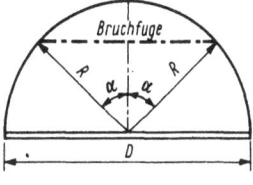
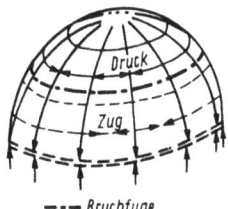

Bild 6.2 Geometrie und Bruchfuge einer Kugelkappe

Auch bei diesen Schalen treten am Auflager mehr oder weniger große Störungen in den Gleichgewichts- und Verformungsbedingungen der Membran auf, die in den Randzonen zu Biegemomenten in Meridianrichtung führen.
Bei kreisförmigem Grundriß der Schale werden die horizontalen Komponenten der Meridiankräfte als Gleichgewichtsgruppe einem Zugring und die lotrechten Komponenten den Stützen zugewiesen. Bei flachen Kappen ist der Zugring vorzuspannen, um die unterschiedlichen Ringverformungen zwischen Schale (Stauchung) und Randbalken (Dehnung) auszugleichen.

Durch die Vorspannung kann der Randbalken dehnstarrer, schlanker und verdrehungsweicher ausgeführt werden, was zugleich einen Abbau der nicht restlos vermeidbaren Schalenmomente im Randstörungsbereich bedeutet.
Eine direkte Ableitung der schrägen Meridiankräfte, die dem Membranspannungszustand weitestgehend entsprechen, ist durch schräg gestellte Stützen möglich. Der Horizontalschub kann noch in Gründungshöhe durch einen Fundamentring gegenseitig ausgeglichen werden.
Einen stark abgewandelten Spannungszustand erhält man bei der Anwendung einer Rotationsschale über n-eckigem Grundriß. Die an den Umgrenzungslinien entstehenden lotrechten Kreisabschnitte sind durch Randscheiben (Binderscheiben), Bögen oder Bögen mit Zugbändern auszufachen. Diese Aussteifungsscheiben sind nur in der Lage, Normalkräfte und Schubkräfte in ihrer Ebene aufzunehmen, während sie senkrecht dazu als widerstandslos verschieblich angesehen werden können. Auf Grund dieser Randbedingungen müssen die Meridian- und Ringkräfte in der Schale so umgelenkt werden, daß an den Rändern nur resultierende Schubkräfte auf die Randscheiben abgegeben werden. Dadurch entstehen in den Eckbereichen erhebliche Zugspannungen, die in der Praxis schon oft durch Vorspannen von Spanngliedern überdrückt wurden. Dem Prinzip nach ähnlich ist das Kräftespiel in einer beliebigen Translationsschale über rechteckigem Grundriß.
Eine günstigere Spannungsverteilung läßt sich auch bei n-eckigen Grundrissen ($n > 4$) erreichen, wenn sogenannte Vordächer zum Abtragen der Meridiankräfte auf die Fußpunkte herangezogen werden.

6.1.4.3. Formgebung

Die hier besprochene Schalenform sichert am besten die Einheit von Form und Konstruktion bei minimalem Baustoffaufwand, ohne dabei immer die wirtschaftlichste Lösung darzustellen, da die Ökonomie der Fertigung meistens von anderen Formparametern bestimmt wird.
Die geforderten Mindestdicken von 50 mm für Ortbetonschalen und 30 mm für Fertigschalen nach TGL 33405/01 sind in zahlreichen Fällen statisch ausreichend. Jedoch werden aus konstruktiv-technologischen Gründen meistens Dicken von mindestens 50 ... 60 mm ausgeführt.
Dieser Schalengruppe lassen sich auch für verschiedene Belastungsarten Formen gleicher Festigkeit zuordnen (z. B. Tropfenform für einen Behälter mit Flüssigkeitsfüllung und gleichzeitigem Überdruck). Derartige komplizierte geometrische Formen mit z. T. veränderlichen Schalendicken sind nur unter größten technologischen Schwierigkeiten herstellbar und haben deshalb kaum praktische Bedeutung erlangt.
Bei kreisförmigem Grundriß werden Zugringe und lotrechte Stützen oder Randverstärkungen und entsprechend der Richtung der Meridiankräfte schräg gestellte Stützen erforderlich. Der Stützenabstand ist

wegen der begrenzten Abmessungen des Randgliedes klein zu halten (Blatt 6.02)

$$a \leq \frac{D}{8}. \qquad (6.2)$$

Werden Kalotten mit einem Öffnungswinkel $\alpha < 46°$ verwendet, dann ist zur Reduzierung der unterschiedlichen Ringverformungen zwischen Schale und Zugring (siehe Abschn. 6.1.4.2.) der Meridian in der benachbarten Zone des Ringes abweichend vom Kreis durch einen Übergangsbogen so zu formen, daß Krümmung und Schalendicke zum Rand hin allmählich zunehmen (Bild 6.3).

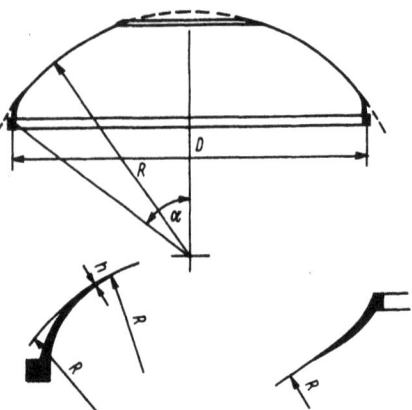

Bild 6.3 Übergangsbögen bei Kugelschalen

Durch entsprechende Vorspannung der Randglieder kann ebenfalls die Randstörung vermieden werden, was gegenüber den Übergangsbögen heute vorgezogen wird.

Der vorgespannte Zugring erfordert als Querschnittsfläche

$$F_b \approx \frac{1}{18\,000} \frac{D^2}{\tan \alpha}. \qquad (6.3)$$

Bei erforderlichen Oberlichtern sind am zweckmäßigsten kreisrunde Öffnungen im Schalenscheitel vorzusehen. Die Schale wird an diesem Rand durch einen Druckring mit Übergangsbogen versteift.

Die Schalendicke wird meistens durch die notwendige Beulsicherheit bestimmt. Als erste Näherung kann gelten

$$h \geq \frac{R}{600} \quad \text{oder} \quad h \geq \frac{R^2}{40\,000}. \qquad (6.4)$$

Bei Dicken über 80 mm sollte zur Materialeinsparung eine zweischalige Konstruktion oder eine Rippenschale ausgeführt werden. Bevorzugte Abmessungen und Materialverbrauchsmengen sind Blatt 6.12 zu entnehmen. Bei Spannweiten bis zu 20 m genügt eine einfache Netzbewehrung (Tafel 6.1). Größere Spannweiten erfordern eine obere und untere Netzbewehrung und bei verbleibenden Zugspannungen in der Mittelfläche eine zusätzliche Trajektorienbewehrung.

Eine Kugelschale über dreieckigem Grundriß zeigt Blatt 6.06. Die Randbögen sind selbsttragend ausgebildet. Ihre Dicke vergrößert sich zu den Kämpfern hin. Die Kreisbogenform schaltet Biegemomente nicht völlig aus. Der Horizontalschub der Bögen wird durch Zugbänder ausgeglichen. Die Schalendicke beträgt im großen Mittelbereich 80 mm und vergrößert sich in den Randzonen auf 150 ... 200 mm. Die Eckbereiche sind in Richtung der Hauptzugspannungen durch Spannglieder vorgespannt.

Eine Kuppelschale mit extremer Spannweite, entworfen nach dem Prinzip von Nervi (Palazetto dello sport), wird auf Blatt 6.09 wiedergegeben. Diese Rippenschale wird aus kassettierten rhomboidalen Fertigteilen aus Armo-Zement hergestellt. Die Rippen werden durch Ortbeton wesentlich verstärkt. Das Netz der Rippen wurde mehr aus formalen Gründen gewählt, denn die aufzunehmenden Hauptspannungen verlaufen in Meridian- und Ringrichtung. Die Meridiankräfte werden über eine versteifte Randzone in die schräg gestellten Stützen eingeleitet.

6.1.5. Doppelt gekrümmte Schalen mit negativer Gaußscher Krümmung

6.1.5.1. Geometrie

Geometrische Flächen (Blatt 6.03):

- Regelflächen wie Rotationshyperboloid (einschaliges Hyperboloid) und hyperbolisches Paraboloid mit gerader Umrandung (Hyparfläche) bzw. mit Begrenzung durch Hauptkrümmungslinien (Sattelfläche).
- Nichtregelflächen wie Torusausschnitt mit Gegenkrümmung und beliebige Translationsfläche mit Gegenkrümmung.

Die häufigste Anwendung findet das hyperbolische Paraboloid, dessen Fläche entsteht, wenn eine Gerade längs zweier windschief zueinander liegender Geraden bewegt wird und auf diesen verhältnisgleiche Abschnitte zurücklegt. Die dazugehörigen horizontalen Projektionen (Grundrisse) dieser Flächen können sein: Quadrat, Rechteck, Parallelogramm, einfach symmetrisches und nicht symmetrisches Viereck.

Die Form des hyperbolischen Paraboloids kann auch als Translationsfläche gedeutet werden, wobei Erzeugende und Leitkurve Parabeln sind. Ebene Schnitte schief zu den erzeugenden Geraden ergeben in vertikaler Richtung Parabeln und in horizontaler Richtung Hyperbeln. Werden die lotrechten Schnitte längs der Winkelhalbierenden der zwei Geradenscharen und rechtwinklig zueinander geführt, entsteht die Sattelfläche als spezieller Ausschnitt dieser windschiefen Fläche.

6.1.5.2. Kräftefluß

Stellvertretend wird der Kräftefluß in Hyparflächen beschrieben. Die normal zur Schalenfläche gerichteten Belastungskomponenten (Eigen- und Schneelast bei schwach geneigten, nicht angekippten Flächen) ergeben nur Schubkräfte längs der erzeugenden Geraden, die in Randscheiben oder Randträger eingeleitet werden müssen und in letzteren Druck- oder auch Zugkräfte ergeben. Die Randscheiben werden in ihrer

Ebene als starr und senkrecht dazu als widerstandslos verschieblich betrachtet. Die Schubkräfte ergeben nach dem Gesetz der Hauptspannungen längs den nach oben hin konvex gekrümmten Parabeln die **Hauptdruckkräfte** und in den hängenden Parabeln die **Hauptzugkräfte**. Normalkräfte längs den Erzeugenden entstehen durch tangential zur Schalenfläche angreifende Kraftkomponenten oder durch die Eigenlasten der an den Schalenrändern angehängten **Randträgern**. Diese Randlasten erzeugen Zugspannungen in x- und y-Richtung. Bei einer Einspannung der Randträger im Fußpunkt werden nur etwa 10% der Lasten durch die Kragarmwirkung abgetragen. Die übrigen Lastanteile werden näherungsweise durch ein „**Seilsystem**" aufgenommen (Bild 6.4), wobei die Seillinien dem Netz

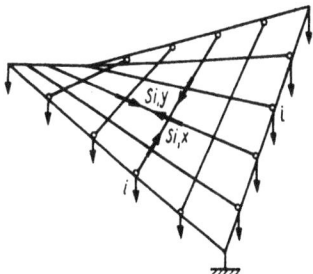

Bild 6.4 „Seilsystem" zur Aufnahme der Randträgerlasten

der beiden Geradenscharen entsprechen. Die Seile spannen die gegenüberliegenden Randträger gegeneinander ab. Bei dieser Lösung können sich unterschiedliche Kräfte in den benachbarten Seilen ergeben, die bei der Kontinuumswirkung der Schale durch geringe Biegemomente und Querkräfte ausgeglichen werden müssen [6.10]. Die Störungen gegenüber der Membranwirkung erstrecken sich in diesem Falle, abweichend von den sonst üblichen Randstörungen aller anderen Schalentypen, nahezu über die gesamte Schale.
Die Zugkräfte aus dem stellvertretenden „Seilsystem" können auch durch entsprechende **Vorspannung** aufgenommen werden.
Bei zusammengesetzten Hyparflächen, sog. **Mehrflächnern**, werden die Schubkräfte aus Eigenlast der Schale in die **Gratbalken** eingeleitet. Die Richtung der Schubkräfte wird durch die Höhenunterschiede der Eckpunkte bestimmt. Sie sind bei den größten Höhendifferenzen der Eckpunkte immer nach unten gerichtet. Alle übrigen Richtungen in einer Fläche ergeben sich entsprechend der bekannten Verteilung der Schubkräfte am differentialen Flächenelement. Entweder sind beide Kräfte zum Schnittpunkt der Kanten hin gerichtet oder verlaufen entgegengesetzt.

6.1.5.3. Formgebung

Hyparflächen sind zur Aufnahme der Schubkräfte immer mit **Randträger oder -scheiben** auszuführen.
Freitragende Randbalken sollten der Neigung der Schalenfläche als verwundene Träger (Bild 6.5) folgen, über den Widerlagern durchlaufen und am Fußpunkt biegesteif angeschlossen sein. An den freien Ecken der Schale ist mit möglichst wenig Masse eine ausreichende Biegesteifigkeit in beiden Richtungen des Randträgers zu sichern (Hohlbalken, Hohlplatte).
Bei flach geneigten Schalen ist trotzdem mit größeren Durchbiegungen der weit auskragenden Teile („**hängende Flügel**") zu rechnen. Deshalb sind in diesen Bereichen in Verbindung mit der Fassade schlank gehaltene Abstützungen vorzusehen. Diese Unterstützungen werden um so mehr erforderlich, wenn größere horizontale Lasten bzw. antimetrische Kräfte aufzunehmen sind. Die Randträger können in diesem Fall als nicht verwundene Rechteckquerschnitte geformt werden (Bild 6.5).

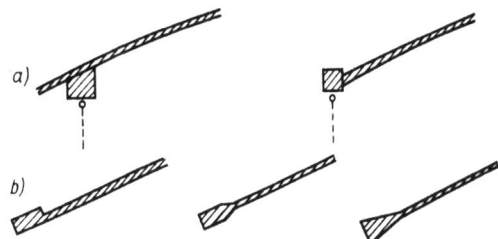

Bild 6.5 Randträgerformen bei Hyparflächen
a) ebene unterstützte Randträger
b) verschwundene Randträger

Oberlichter lassen sich durch Spreizen der Gratbalken auf relativ einfache Weise ermöglichen.
Ein ausführbares Beispiel eines Vierflächners wird auf den Blättern 6.07 und 6.08 gezeigt. Die Gratbalken werden gegeneinander durch Querriegel zur Aufnahme von Zugkräften, die senkrecht zu den Rand- und Gratbalken wirken, ausgesteift.
Die resultierenden Kräfte aus den Gratbalken werden in schräge Stützen, die Resultierenden aus den Randbalken in lotrechte Stützen eingeleitet.
Die **Bewehrung** besteht aus einem oberen und unteren Netz und einer Trajektorienbewehrung längs der etwa diagonal gerichteten Hauptzugkräfte der Schale. An Stelle der Hauptzugbewehrung ist eine Vorspannung möglich. Die Spannglieder sind dann entweder längs der Zugparabeln oder entlang den Erzeugenden vorzuspannen, wobei die letzte Anordnung durch die kreuzenden Spannglieder in den meisten Fällen zu dicke Konstruktionen liefert.
Die Vorspannung entlang den Zugparabeln wird bei den Hängeschalen angewandt. Um die Randträger möglichst momentenfrei und schlank zu erhalten, werden sie zweckmäßigerweise nach der räumlichen Stützlinie gestaltet. Der sich daraus ergebende Grundriß wird ellipsenähnlich geformt sein.
Durchdringungen zweier oder mehrerer Sattelflächen ergeben recht komplizierte Formen [6.2]. Ihr Kräfteverlauf kann z. Z. nur über Modellversuche bestimmt werden.

6.2. Faltwerke

6.2.1. Definition und Kräftefluß

Faltwerke bestehen aus zwei oder mehreren Scheiben, die zu prismatischen oder pyramidalen Tragwerken zusammengefügt werden.

In den Faltwerkskanten können beliebig gerichtete Kräfte angreifen, die in den Scheiben im wesentlichen einen ebenen Spannungszustand nach der Scheibentheorie erzeugen (Membranwirkung. Die Membranwirkung wird jedoch wesentlich gestört einmal bei zu großer Deformation in Scheibenebene und zum anderen bei Lastangriff auf der gesamten Faltwerksfläche (Eigenlast, Schneelast). Diese Flächenlasten müssen zunächst durch Biegespannungen aus der Plattenwirkung nach den Faltwerkskanten abgetragen werden, wobei man hierfür einen normal zu den Kanten aus dem Faltwerk herausgeschnittenen Streifen als gebrochenen Stabzug zugrunde legen kann, der in den Eckpunkten lotrecht gestützt und durch die Eigen- und Nutzlast belastet wird. Die Stützkräfte ergeben die Kantenlasten, die für die Membrankräfte ausschlaggebend sind.

Die Biegespannungen aus der Plattenwirkung können wiederum zu erheblichen Änderungen des Membranspannungszustandes führen.

6.2.2. Formgebung

Prinzipiell sind bei horizontal sich erstreckenden, prismatischen Faltwerken (Dachkonstruktionen) Binderscheiben an den Auflagern erforderlich. Diese Giebelscheiben haben wie bei Schalen die Schubkräfte aus der Membranwirkung auf die Stützkonstruktion zu übertragen und eine Querschnittsaussteifung zu sichern. Aufgelöste, gegliederte Formen wie Rahmen und Rahmen mit Zugband sind anwendbar.

Bei den symmetrisch beanspruchten V-Faltwerken mit Auflagerung jedes Faltentales auf Stützen sind keine nennenswerten Querschnittsveränderungen in Form von Kantenverschiebungen vorhanden. Deshalb kann m. E. auf Binderscheiben verzichtet werden. Es entstehen jedoch dadurch erhebliche Beanspruchungen im Auflagerbereich, die durch Verdickungen ($\approx 2h$) der Faltwerksscheiben aufgenommen werden können. Bei dieser Sonderlösung entsteht in Querrichtung ein Faltwerksschub, der durch Zugbänder in Stützenkopfhöhe ausgeglichen werden muß.

Bei trapezförmigen Faltwerken kann auf Aussteifungsscheiben nicht verzichtet werden, da sonst die Kanten großen Verschiebungen unterworfen sind.

Während bei den vorgefertigten Faltwerksträgern (Abschn. 6.3.) eine Vorspannung im Spannbett angebracht ist, werden Faltwerkskonstruktionen mit großen Spannweiten nach dem Verfahren des nachträglichen Verbundes vorgespannt. Das betrifft sowohl die Ortbetonkonstruktionen als auch die nachträglich auf der Baustelle aus Einzelteilen zusammengesetzten Fertigteillösungen. Die sich daraus ergebenden relativ großen Dicken der Scheiben sind durch die Wahl großer Querschnittsbreiten statisch auszulasten (Blatt 6.12).

In den Verankerungsbereichen der Spannglieder müssen die Elemente auf 160 ... 200 mm verdickt werden. Diese konstruktiven Lösungen sollten mit Rücksicht auf die wirtschaftliche Ausführung der Faltenträger im Spannbett erst bei Spannweiten zwischen 30 ... 35 m ihr Anwendungsgebiet finden.

Faltwerke aus Dreieckscheiben können entsprechend dem Kräfteverlauf gestaltet werden (siehe Skizze auf Blatt 6.12), indem eine Erhöhung des Trägheitsmomentes im Mittelschnitt und vergrößerte Querschnittssteifigkeit gegen Deformationen im Auflagerbereich erreicht werden können.

6.3. Schalen- und Faltwerksträger

6.3.1. Definition und Kräftefluß

Wenn Schalen und Faltwerke nicht mehr in der Lage sind, die angreifenden Kräfte annähernd ohne Biegezustand abzutragen (d. h., die Membranlösung erfüllt nicht mehr die Gleichgewichtsbedingungen), dann werden die als Schalen und Faltwerke geformten Tragsysteme entsprechend ihrer bevorzugten Tragwirkung in einer Richtung (Trägerprinzip) als Schalen- und Faltwerkträger bezeichnet. Die Beanspruchung in Längsrichtung kann ausreichend genau nach Gl. (6.1) ermittelt werden. Die Tragwirkung in Querrichtung ist von untergeordneter Bedeutung. Die daraus resultierenden, unvermeidlichen Querbiegemomente bestimmen jedoch die Elementdicke (Bild 6.6). Weitere Ausführungen hierzu sind [6.12] zu entnehmen.

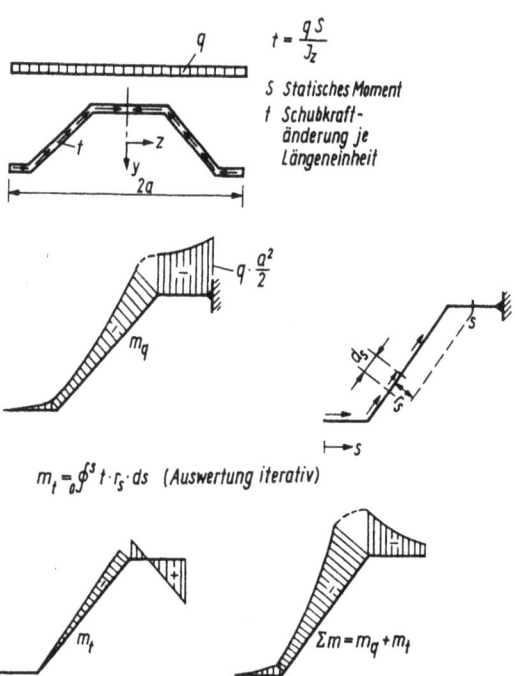

Bild 6.6 Ermittlung der Querbiegemomente m bei einem Faltenträger

6.3.2. Formgebung

Ihre Herstellung im Betonwerk und der Transport auf die Baustelle sind bestimmend für die Abmessungen. Die Breite der Elemente (2 ... 3 m) ist viel geringer als ihre Länge (12 ... 24 m). Entwurfsrichtwerte können Blatt 6.12 entnommen werden.

Entsprechend ihrer bevorzugten Tragwirkung ist eine Vorspannung in Längsrichtung vorteilhaft. Die Einzeldrahtvorspannung im Spannbett gestattet mit Rücksicht auf die erforderliche Betondeckung geringere Dicken als die Vorspannung mit Spanngliedern. Die gerade Spanndrahtführung fordert für Schalenträger die Anwendung von Regelflächen, insbesondere von Wellenschalen und Hyperboloiden.

Bei dem weitverbreiteten Hp-Schalenträger (Blatt 6.10) ist als Geometrie der Ausschnitt eines einschaligen Hyperboloides verwendet worden. Diese Regelfläche gestattet die Anordnung der Spanndrähte längs der kreuzenden Schar von Erzeugenden. In Stahlbetonausführung wird bei Spannweiten ab 15 m eine Längsrippe zur Querschnittserhöhung notwendig.

Auf Blatt 6.11 werden Einzelheiten der VT-Falte und beliebige Faltenquerschnitte und deren Kombinationsmöglichkeiten gezeigt. Gegenüber der nach oben geöffneten Form liefert die VT-Falte eine größere Tragfähigkeit hinsichtlich Querschnittsformtreue und Stabilität, jedoch ergibt diese Falte Schwierigkeiten beim konstruktiven Anschluß von Oberlichtern.

Die Vorteile beider Elemente können nach [6.3] folgendermaßen zusammengefaßt werden:

- Variable Längengestaltung durch Fehlen von Rippen und Aussteifungen,
- variable Breitengestaltung durch Zwischenbauteile,
- geringer Platzbedarf beim Stapeln und Transportieren,
- einfache Fertigungsmöglichkeiten im Spannbett (gegebenenfalls in Gleitfertigung),
- zügige Montage ohne Vormontage und ohne Lehrgerüst,
- variable Belastungsmöglichkeit durch unterschiedliche Spannstahlanzahl.

Die Querschnittsform bestimmt auch maßgebend die Größe der Querbiegemomente [6.12].

6.4. Schalen- und Faltenbögen

6.4.1. Definition und Kräftefluß

Das Tragprinzip dieser Konstruktionen entspricht dem eines Bogens (Zweigelenkbogen, Dreigelenkbogen mit oder ohne Zugband). Der Querschnitt ist jedoch nicht rechteck- oder T-förmig ausgebildet, sondern ist entsprechend den Schalen und Faltwerken geformt. Die Dicke der Elemente ist sehr viel kleiner als die übrigen Abmessungen. In Querrichtung des Bogens treten durch Lastverteilungen teilweise unterschiedliche Beanspruchungen auf. Der Spannungszustand dieser Tragwerke weicht jedoch nicht wesentlich vom ebenen Spannungszustand eines Bogens ab.

6.4.2. Formgebung

Richtwerte für eine Dimensionierung enthält Blatt 6.12.

Konstruktionen ohne Zugbänder sind i. d. R. nur bei Abstützungen der Bögen auf Fundamentstreifen möglich. Dagegen werden bei Auflagerung auf Stützen immer Zugbänder erforderlich, um die Bogenwirkung zu sichern und den Horizontalschub auszugleichen.

Der Abstand der Wellen- oder Faltentäler sollte $\frac{1}{8} \ldots \frac{1}{12}$ der Spannweite l betragen. Um einerseits die relativ flachen Querschnitte wenig verformbar und stabilitätssicher zu gestalten, werden alle 6...12 m Aussteifungsrippen in Querrichtung erforderlich.

Literatur

[6.1] Joedicke, J.: Dokumente der modernen Architektur 2. Schalenbau, Konstruktion und Gestaltung. Stuttgart 1962.

[6.2] Sanchez-Arcas, M.: Form und Bauweise der Schalen. Berlin 1961.

[6.3] Rühle, H.: Räumliche Dachtragwerke, Konstruktion und Ausführung, Band 1. Berlin 1969.

[6.4] Berndt, E.: Die Wirkungsweise von gekrümmt und gerade geführten Spanngliedern in langen Tonnenschalen. IASS-Kongreß, Leningrad (1966), Thema I.

[6.5] Born, J.: Schalen-Faltwerke-Rippenkuppeln und Hängedächer. Band 3. Düsseldorf 1964.

[6.6] Haas, A. M.: Design of thin concrete shells. Düsseldorf 1969.

[6.7] Siegel, C.: Strukturformen der modernen Architektur. 2. Aufl. München 1965.

[6.8] Chajdukov, G.: Armocementnye konstrukcii. Moskva 1963.

[6.9] Angerer, F.: Bauen mit tragenden Flächen. München 1960.

[6.10] Schlaich, J.: Zum Tragverhalten von Hyparschalen mit nicht unterstützten Randträgern. Beton- und Stahlbetonbau 1970, H. 3.

[6.11] Hampe, E.: Statik rotationssymmetrischer Flächentragwerke, Band 1 bis 5. 3. Aufl. Berlin 1968/1973.

[6.12] Rickenstorf, G.: Tragwerke für Hochbauten, Anhang, 1. Aufl. Leipzig 1972.

6. GEOMETRIE, KRÄFTEFLUSS UND FORMGEBUNG

6.1 EINFACH GEKRÜMMTE SCHALEN (GAUSZSCHE KRÜMMUNG K=0)

BLATT 6.01

1. GEOMETRIE

OFFENER KREISZYLINDER

KREISZYLINDER
$$\frac{y^2}{r^2} + \frac{z^2}{r^2} = 1$$
$$x = \pm \frac{l}{2}$$

ELLIPTISCHER ZYLINDER
$$\frac{y^2}{a^2} + \frac{z^2}{b^2} = 1$$
$$x = \pm \frac{l}{2}$$

HYPERBOLISCHER ZYLINDER
$$\frac{y^2}{a^2} - \frac{z^2}{b^2} = 1$$
$$x = \pm \frac{l}{2}$$

PARABOLISCHER ZYLINDER
$$y^2 = -2pz$$
$$x = \pm \frac{l}{2}$$

KEGELSCHALE

ELLIPTISCHER KEGEL
$$\frac{x^2}{a^2} + \frac{y^2}{b^2} - \frac{(z-c)^2}{c^2} = 0$$

KREISKEGEL
$$\frac{x^2}{r^2} + \frac{y^2}{r^2} - \frac{(z-c)^2}{c^2} = 0$$

KONOIDSCHALE

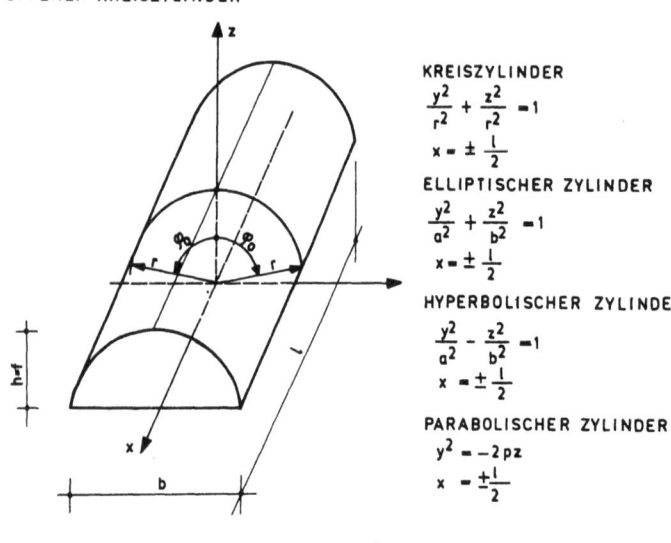
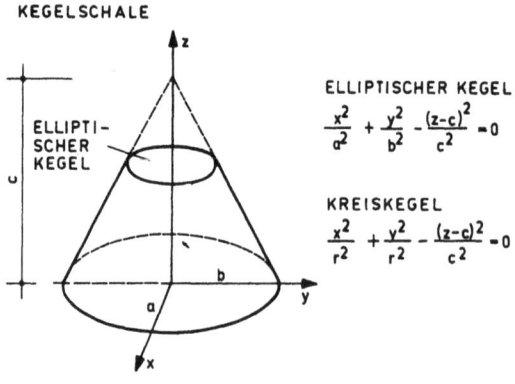
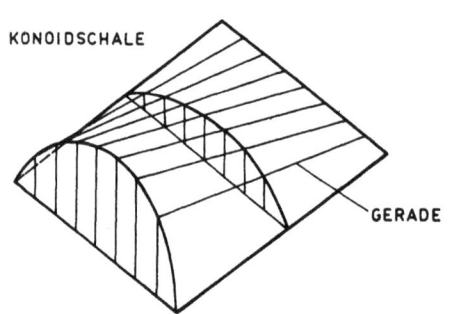

2. KRÄFTEFLUSS

LANGE TONNENSCHALE

KURZE TONNENSCHALE

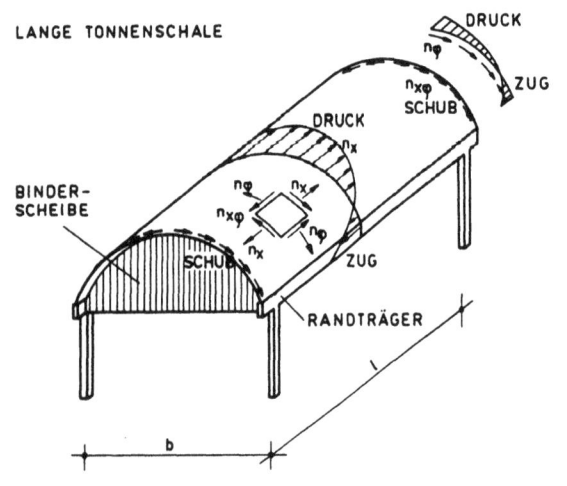
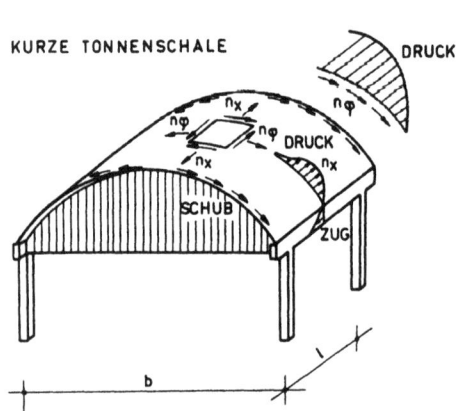

3. FORMGEBUNG VON TONNENSCHALEN

TONNE MIT RANDTRÄGER

TONNENREIHE MIT RANDTRÄGER

TONNENREIHE OHNE RANDTRÄGER (VORGESPANNT)

TONNENREIHE MIT GEGENSCHALE (MEIST VORGESPANNT)

4. FORMGEBUNG VON SHEDSCHALEN

KONVEX GEKRÜMMT

KONKAV GEKRÜMMT

„SYSTEM FINSTERWALDER"

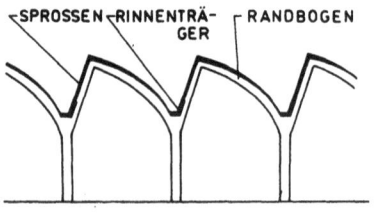
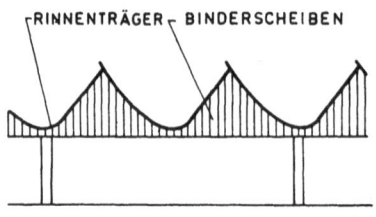
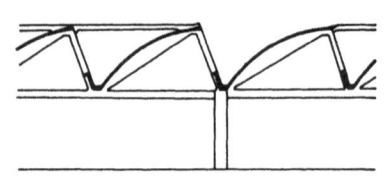

6 GEOMETRIE, KRÄFTEFLUSS UND FORMGEBUNG

6.2 DOPPELT GEKRÜMMTE SCHALEN (GAUSZSCHE KRÜMMUNG K>0)
BLATT 6.02

1. GEOMETRIE

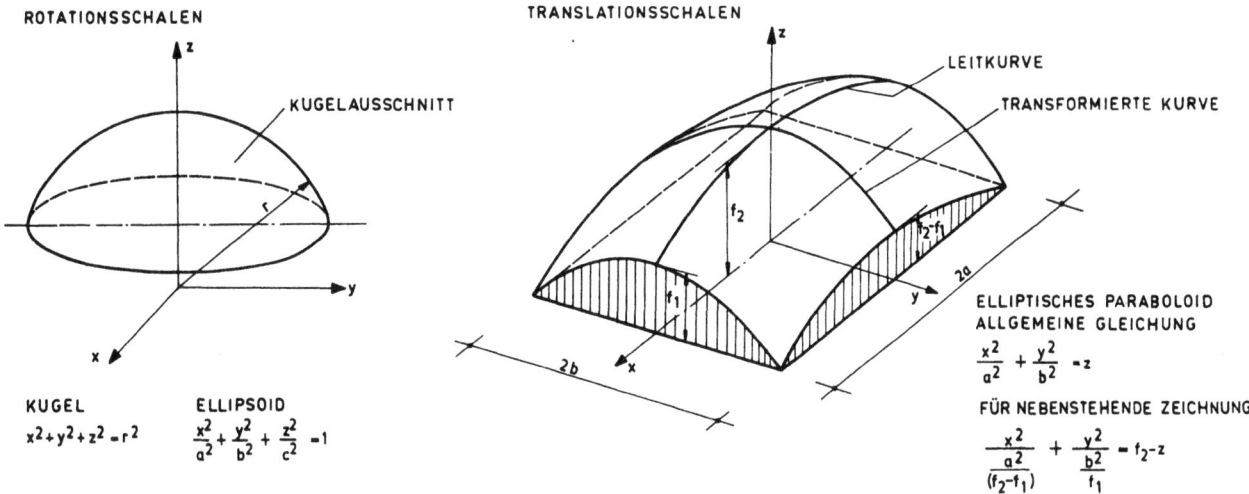

ROTATIONSSCHALEN — KUGELAUSSCHNITT

KUGEL
$$x^2 + y^2 + z^2 = r^2$$

ELLIPSOID
$$\frac{x^2}{a^2} + \frac{y^2}{b^2} + \frac{z^2}{c^2} = 1$$

TRANSLATIONSSCHALEN — LEITKURVE, TRANSFORMIERTE KURVE

ELLIPTISCHES PARABOLOID
ALLGEMEINE GLEICHUNG
$$\frac{x^2}{a^2} + \frac{y^2}{b^2} = z$$

FÜR NEBENSTEHENDE ZEICHNUNG
$$\frac{x^2}{\frac{a^2}{(f_2-f_1)}} + \frac{y^2}{\frac{b^2}{f_1}} = f_2 - z$$

2. KRÄFTEFLUSS UND FORMGEBUNG

2.1. KUGELSCHALE ÜBER KREISFÖRMIGEM GRUNDRISS

SCHALENKRÄFTE

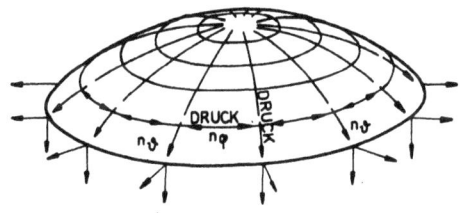

LOTRECHTE STÜTZEN MIT RINGTRÄGER

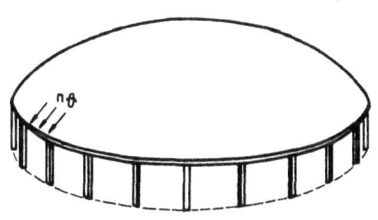

SCHRÄGGESTELLTER STÜTZENKRANZ

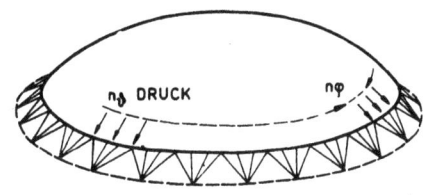

SCHRÄGGESTELLTE STÜTZEN MIT FUNDAMENTRING

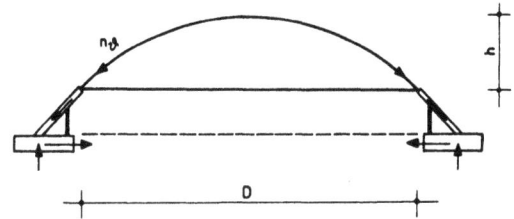

2.2. KUGELSCHALEN ÜBER N-ECKIGEM GRUNDRISS

AUSSTEIFUNG DURCH BINDERSCHEIBEN

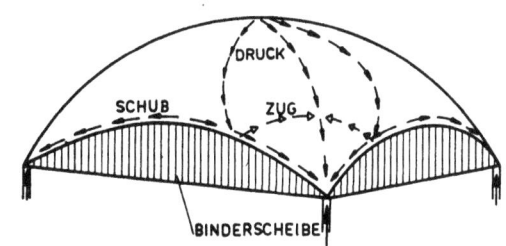

AUSSTEIFUNG DURCH RANDBOGEN UND WIDERLAGER

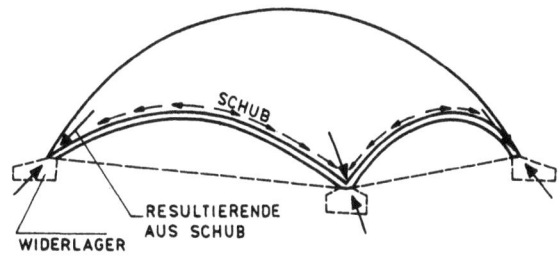

AUSSTEIFUNG DURCH BOGEN MIT ZUGBAND

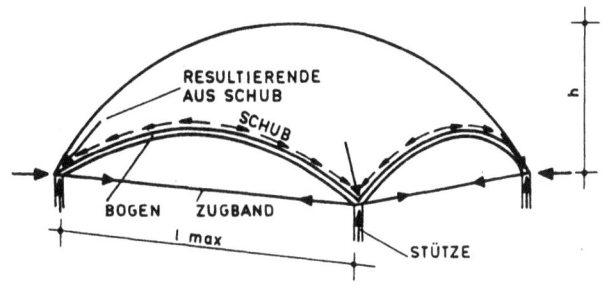

AUSSTEIFUNG DURCH VORDACH UND ZUGBAND

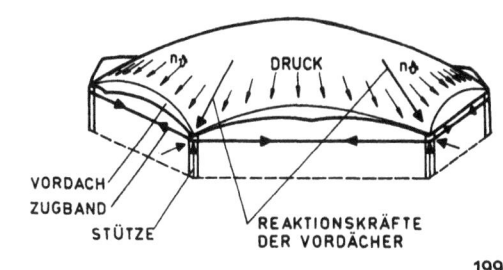

6. SCHALENTRAGWERKE

6.3 DOPPELT GEKRÜMMTE SCHALEN
(GAUSZSCHE KRÜMMUNG K<0)

BLATT 6.03

1. GEOMETRIE

HYPERBOLISCHES PARABOLOID

ROTATIONSHYPERBOLOID
(EINSCHALIGES HYPERBOLOID)

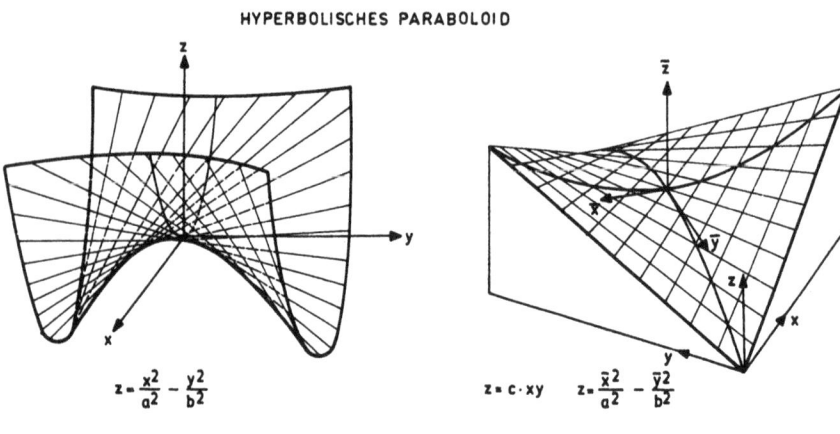

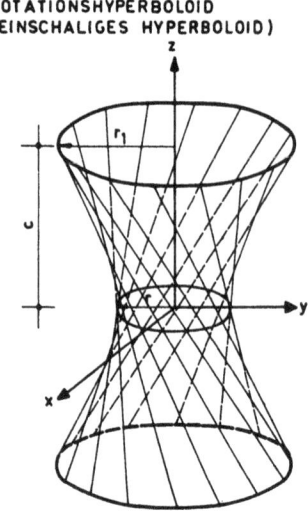

$z = \frac{x^2}{a^2} - \frac{y^2}{b^2}$

$z = c \cdot xy$ $z = \frac{\bar{x}^2}{a^2} - \frac{\bar{y}^2}{b^2}$

$\frac{x^2}{r^2} + \frac{y^2}{r^2} - \frac{z^2}{c^2} = 1$

2. KRÄFTEFLUSS UND FORMGEBUNG

EINFLÄCHNER ÜBER RECHTECKIGEM GRUNDRISS

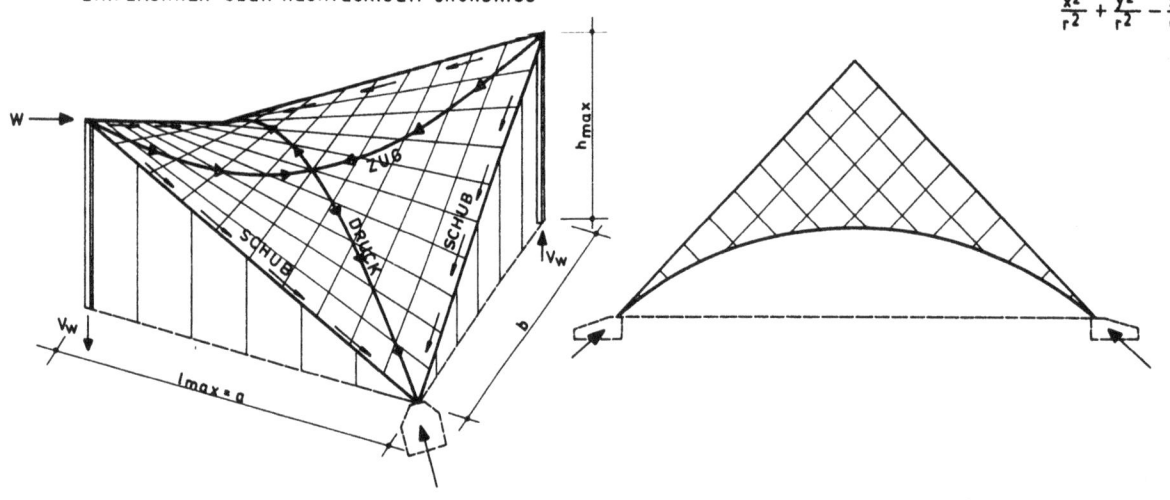

VIERFLÄCHNER MIT HORIZONTALEN GRATBALKEN

PILZKONSTRUKTION

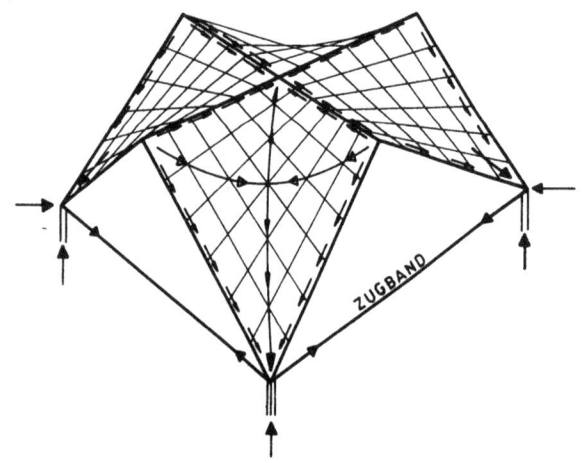

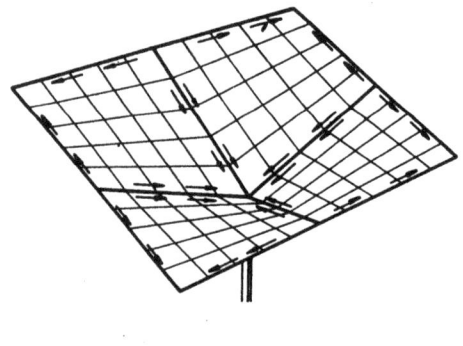

VIERFLÄCHNER MIT HORIZONTALEN TRAUFBALKEN

HYPERBOLISCHE PARABOLOIDE ÜBER N-ECKIGEM GRUNDRIS

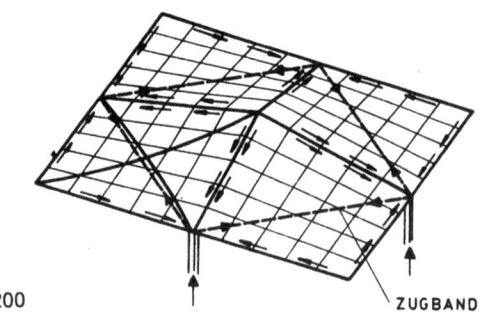

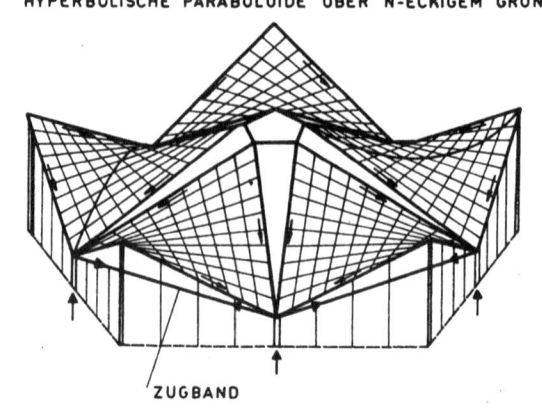

6. SCHALENTRAGWERKE

6.4. VORGESPANNTE KREISZYLINDERSCHALE ALS TONNENDACH

M.1:200, 1:50   BLATT 6.04

SPANNGLIEDLAGE AUF BLATT 6.05

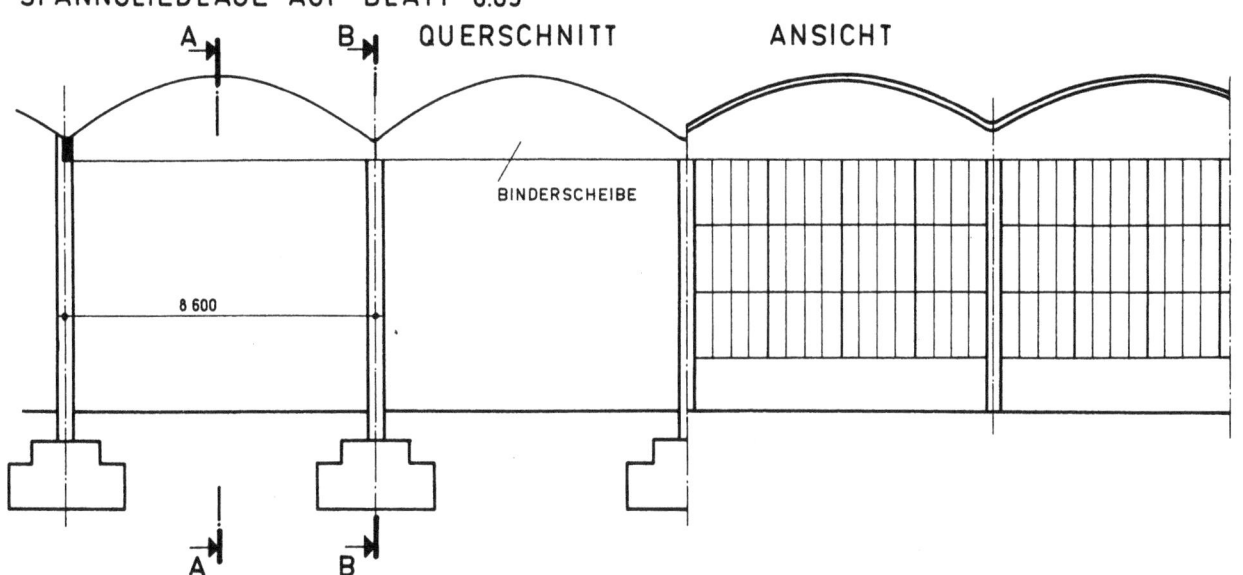

VARIANTEN FÜR BINDERSCHEIBENAUSBILDUNG

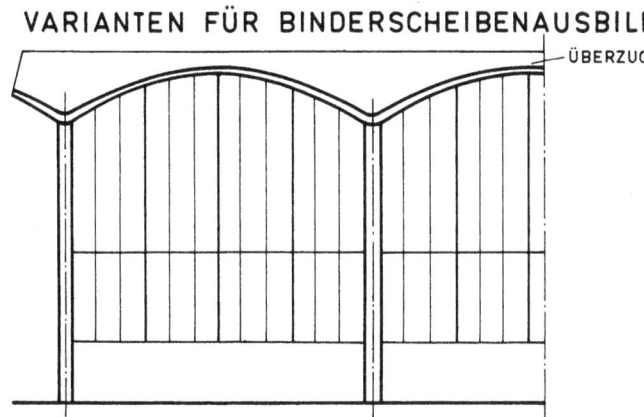
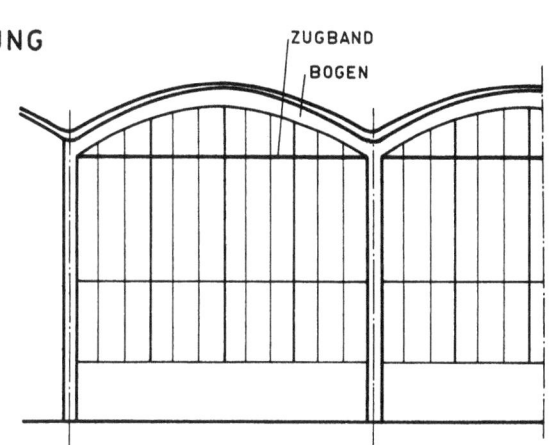

SCHNITT A-A

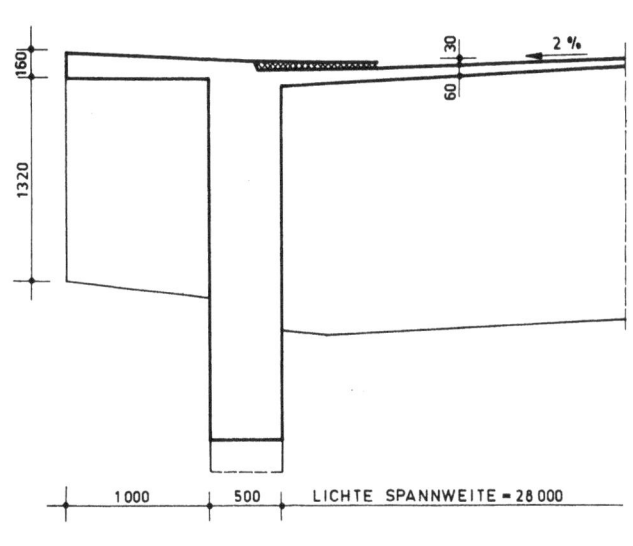

SCHNITT B-B

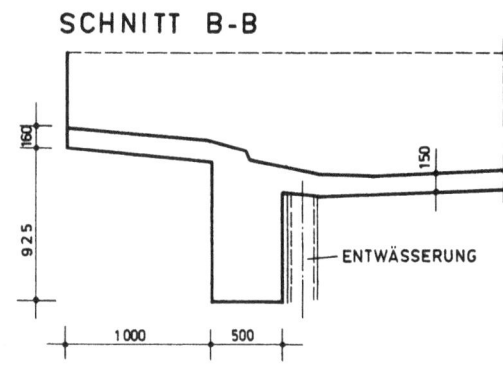

SYSTEMSKIZZE DES QUERSCHNITTES

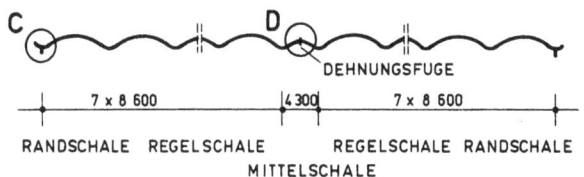

DETAIL C

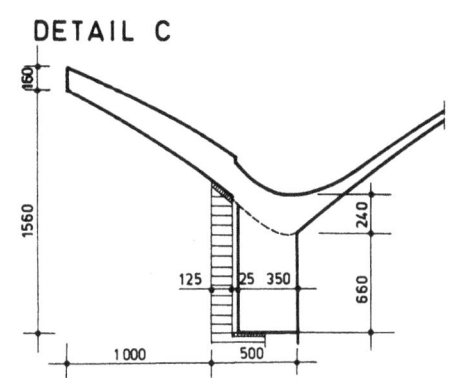

DEHNUNGSFUGE DETAIL D (M.1:20)

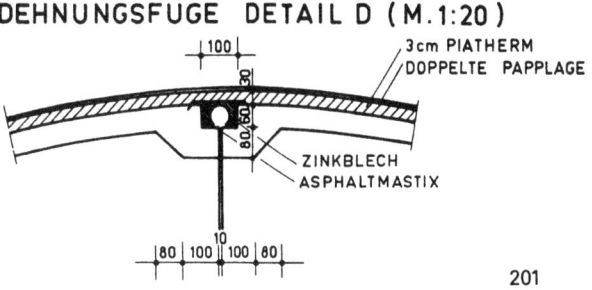

6. SCHALENTRAGWERKE

6.4. VORGESPANNTE KREISZYLINDERSCHALE ALS TONNENDACH

SCHALENBEWEHRUNG ZU BLATT 6.04   M. 1:100, 1:20   BLATT 6.05

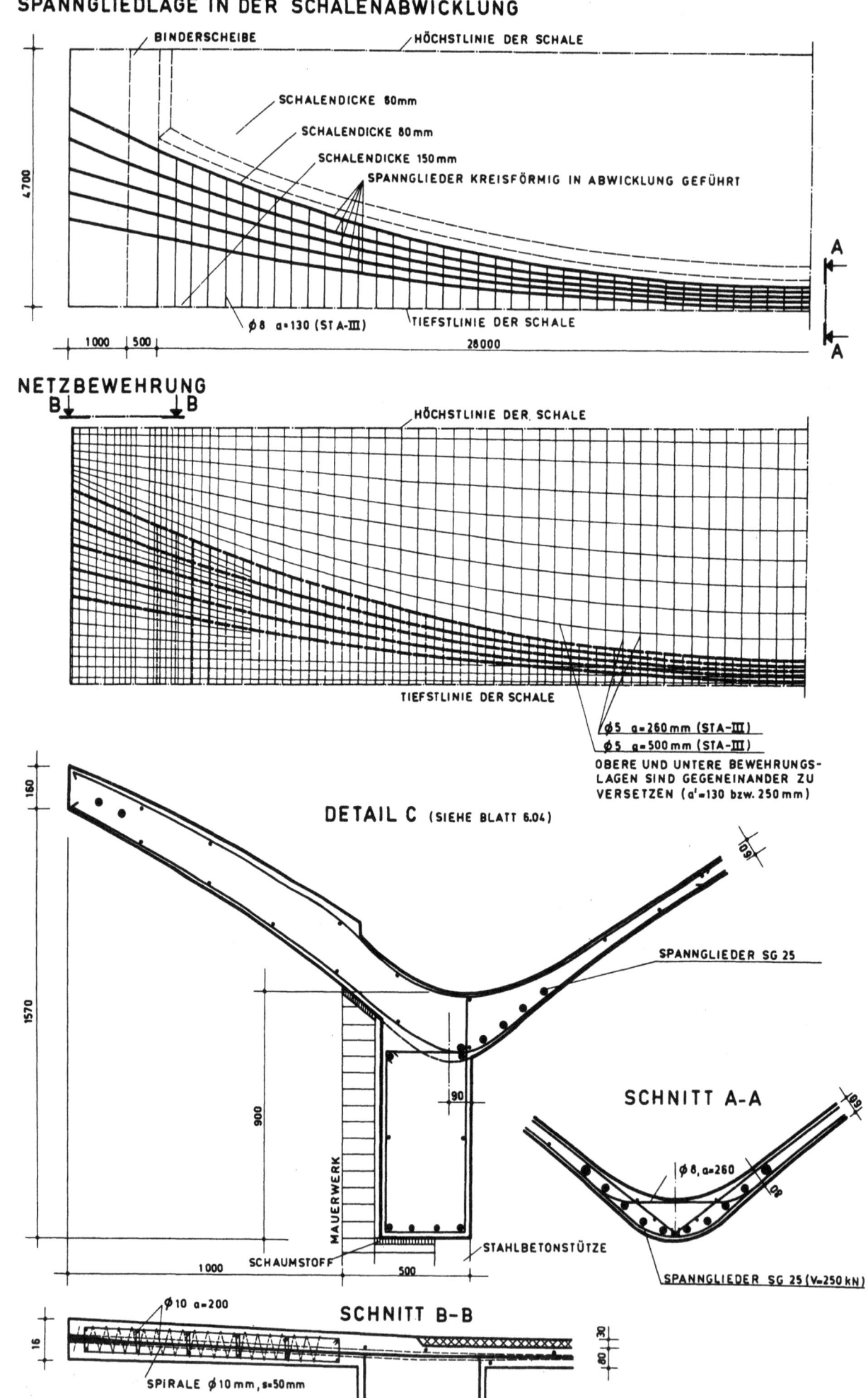

6. SCHALENTRAGWERKE 6.5 VORGESPANNTE KUGEL – SCHALE
M. 1:500   BLATT 6.06

ÜBER DEM GRUNDRISS EINES GLEICHSEITIGEN DREIECKS SPANNT DIE KUGELSCHALE, DIE IHRE LASTEN DURCH SCHUBKRÄFTE AUF DIE BÖGEN ÜBERTRÄGT. DIE HORIZONTALSCHÜBE DER FREIGESPANNTEN BÖGEN WERDEN DURCH ZUGBÄNDER ZWISCHEN DEN FUNDAMENTEN AUSGEGLICHEN. DIE GROSSEN ZUGSPANNUNGEN IN DEN ECKBEREICHEN DER SCHALE WERDEN DURCH VORSPANNUNG ÜBERDRÜCKT

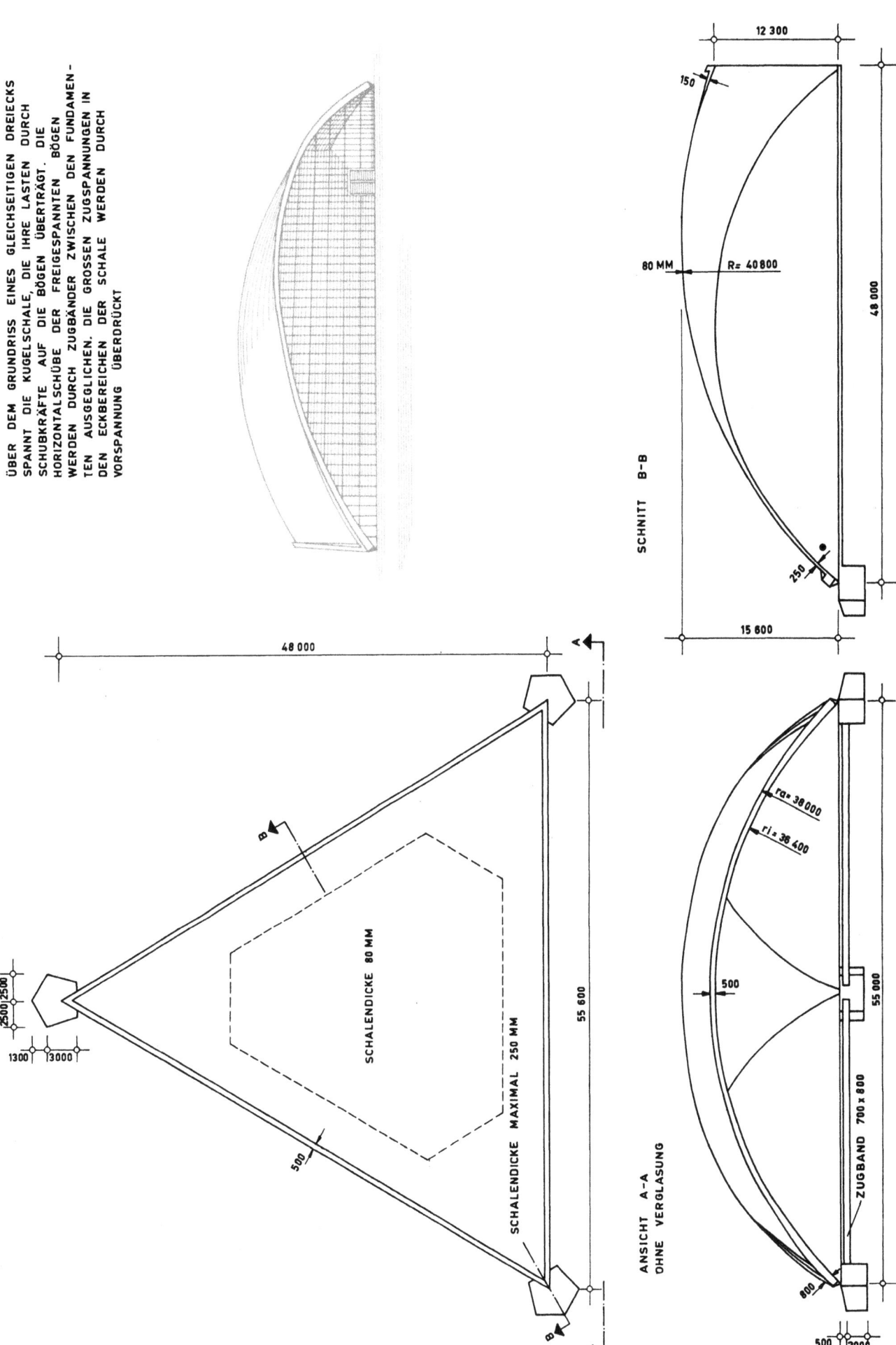

6. SCHALENTRAGWERKE 6.5 HYPERBOLISCHE PARABOLOIDSCHALE
M. 1:500   BLATT 6.07

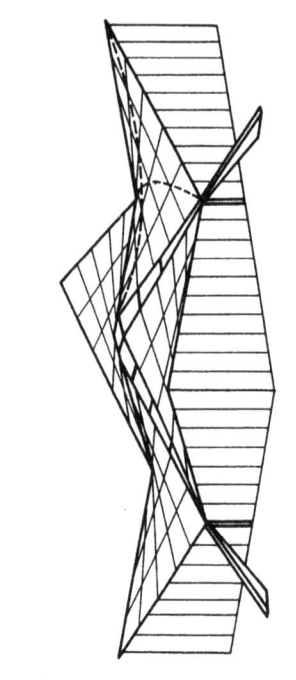

1. SCHALE AUS VIER HYPERBOLISCHEN PARABOLOID-FLÄCHEN MIT RECHTWINKLICH KREUZENDEN ERZEUGENDEN
2. ZWEI ABSTÜTZUNGEN VON BENACHBARTEN FLÄCHEN WURDEN JEWEILS ZU EINER SCHRÄGEN ABSTÜTZUNG ZUSAMMENGEFASST.
3. AUSGLEICH DER HORIZONTALEN REAKTIONSKRÄFTE DURCH ANORDNUNG VON ZUGBÄNDERN ZWISCHEN DEN GEGENÜBERLIEGENDEN FUNDAMENTEN
4. ZUR UNTERBRINGUNG DER BELICHTUNGSÖFFNUNGEN SIND DIE GRATBALKEN GESPREIZT

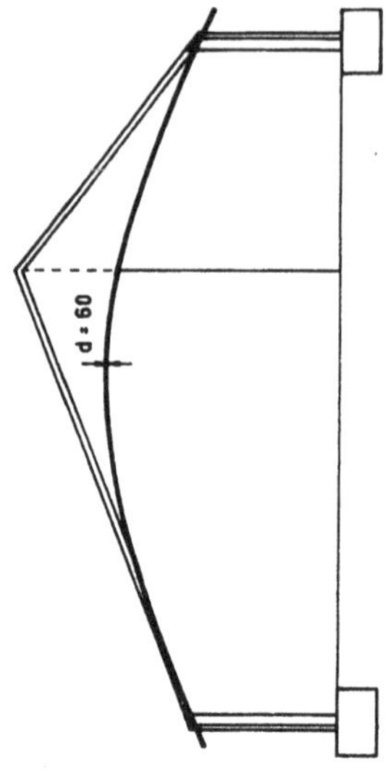

SCHNITT II-II

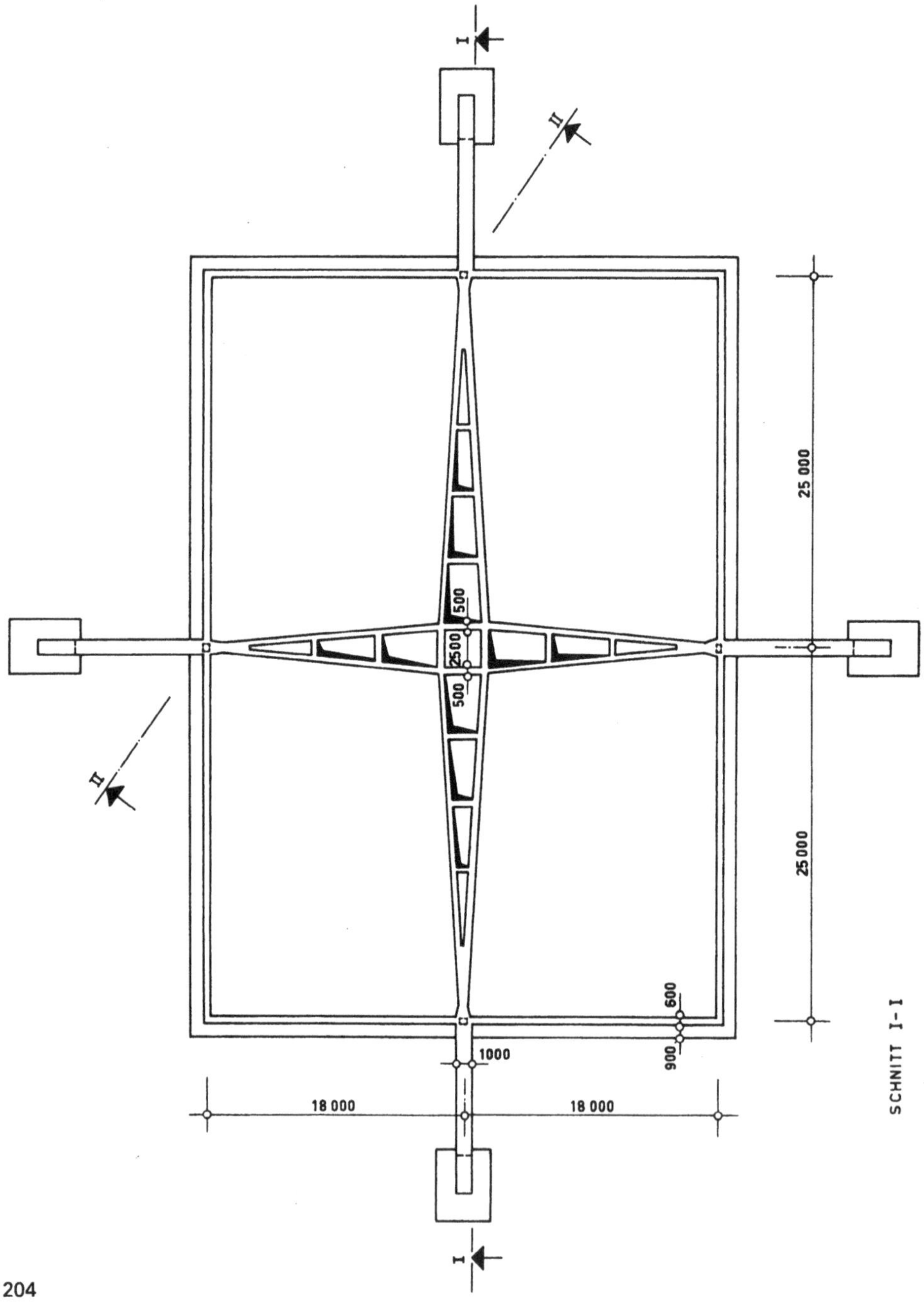

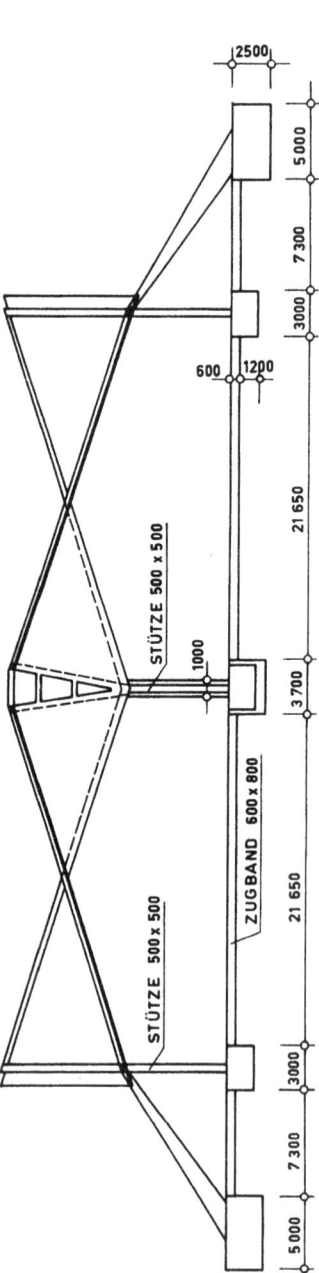

SCHNITT I-I

6. SCHALENTRAGWERKE

6.6 HYPERBOLISCHE PARABOLOIDSCHALE
M. 1:50, 1:20   BLATT 6.08

SCHALENBEWEHRUNG ZU BL. NR. 6.07

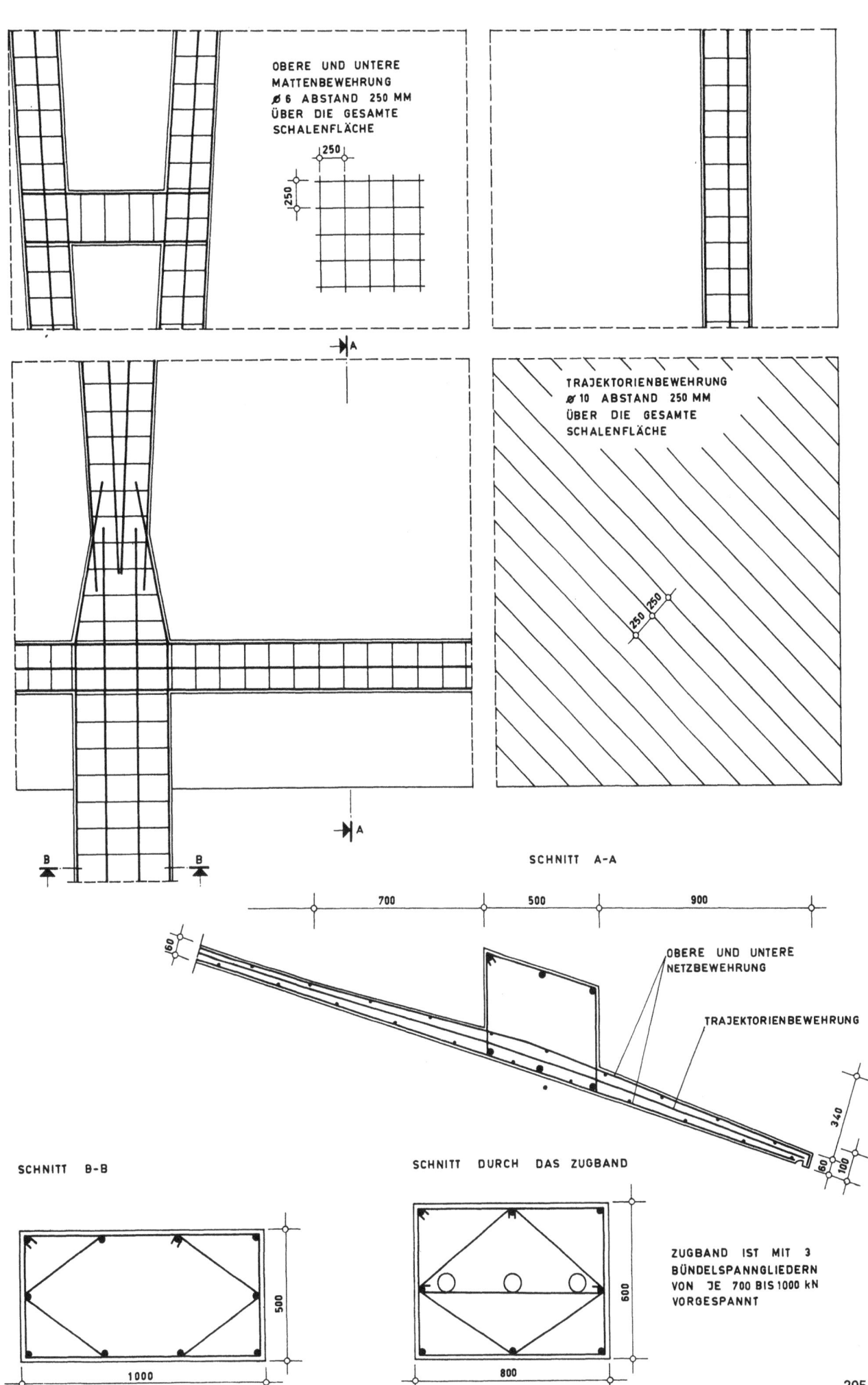

6. SCHALENTRAGWERKE   6.7 RIPPENSCHALE (SYSTEM NERVI)

BLATT 6.09

DRAUFSICHT   UNTERSICHT

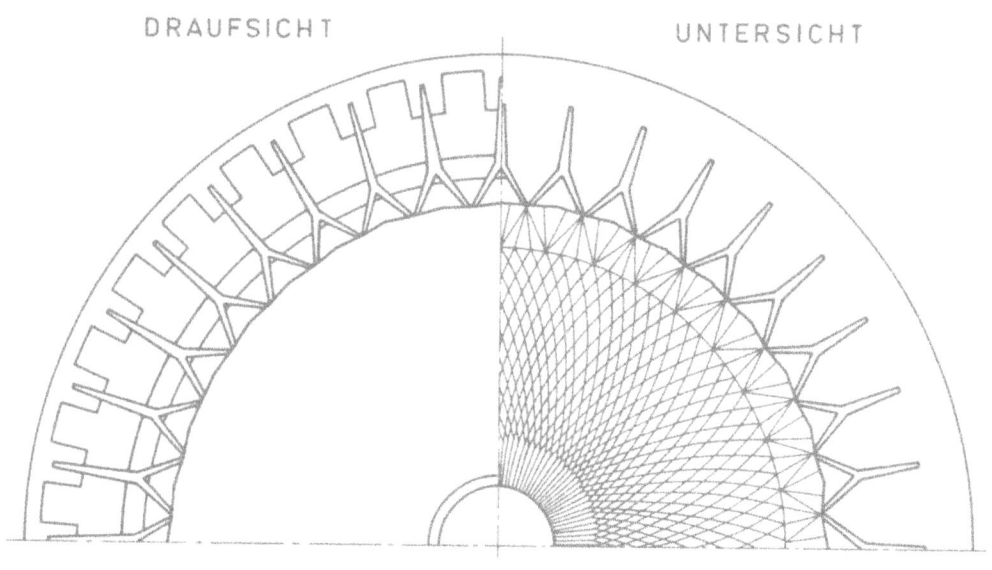

ANSICHT   SCHNITT

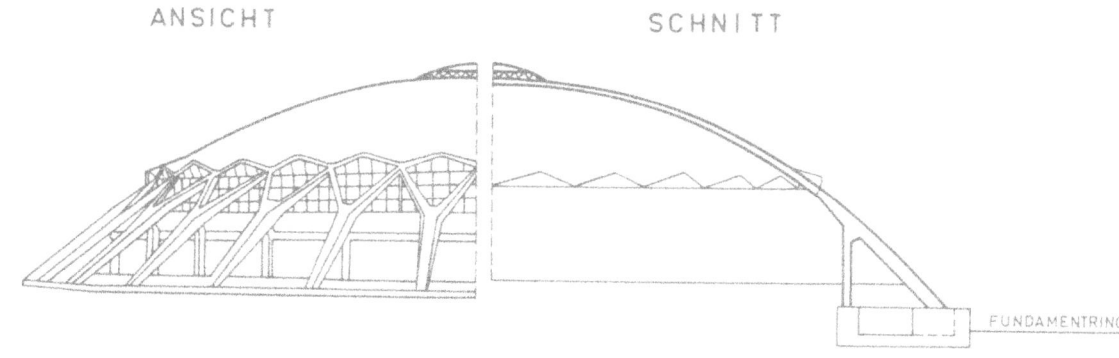

FUNDAMENTRING

STÜTZENKONSTRUKTION

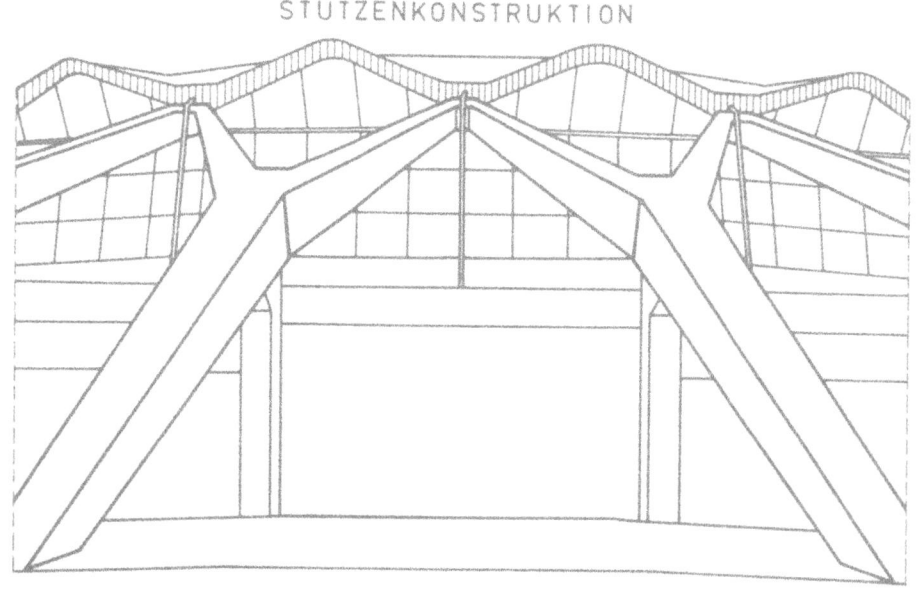

- RIPPENSCHALE AUS ARMO-ZEMENT (FERRO-Z.)

- VORGEFERTIGTE KASSETTEN-FÖRMIGE ELEMENTE

- DURCH SCHRÄG GESTELLTE STÜTZEN UND VERSTEIFTEN RAND SOLL MEMBRANWIRKUNG IM WESENTLICHEN ERHALTEN BLEIBEN

- RIPPENFÜHRUNG WEICHT VON HAUPTSPANNUNGS-RICHTUNG AB. DADURCH ENTSTEHEN ZUSÄTZLICHE SCHUBKRÄFTE.

FERTIGTEIL - GRUNDELEMENT   SCHALENQUERSCHNITT

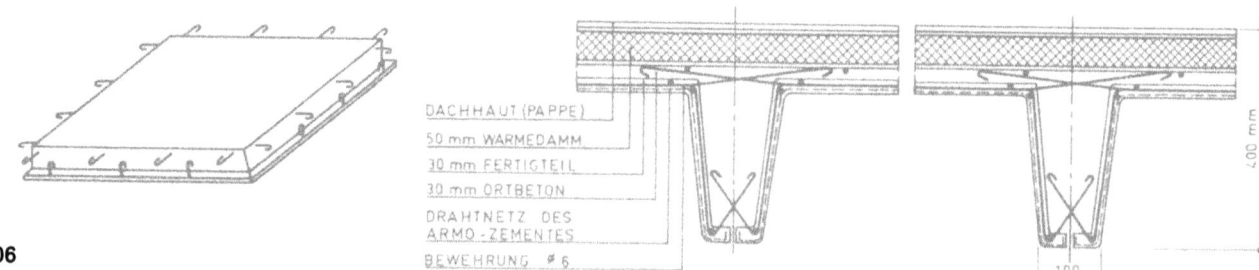

DACHHAUT (PAPPE)
50 mm WÄRMEDAMM
30 mm FERTIGTEIL
30 mm ORTBETON
DRAHTNETZ DES ARMO-ZEMENTES
BEWEHRUNG ⌀ 6

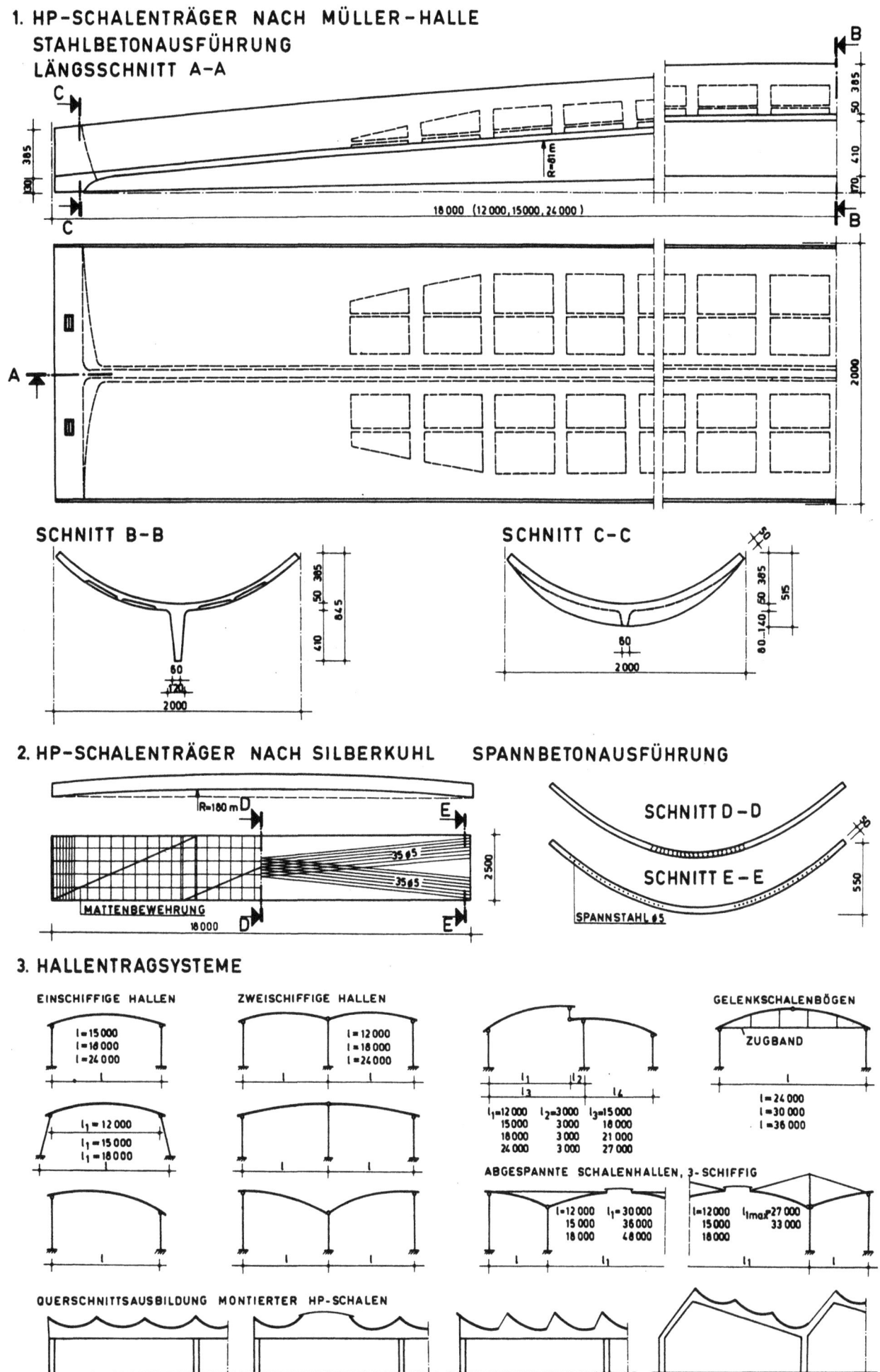

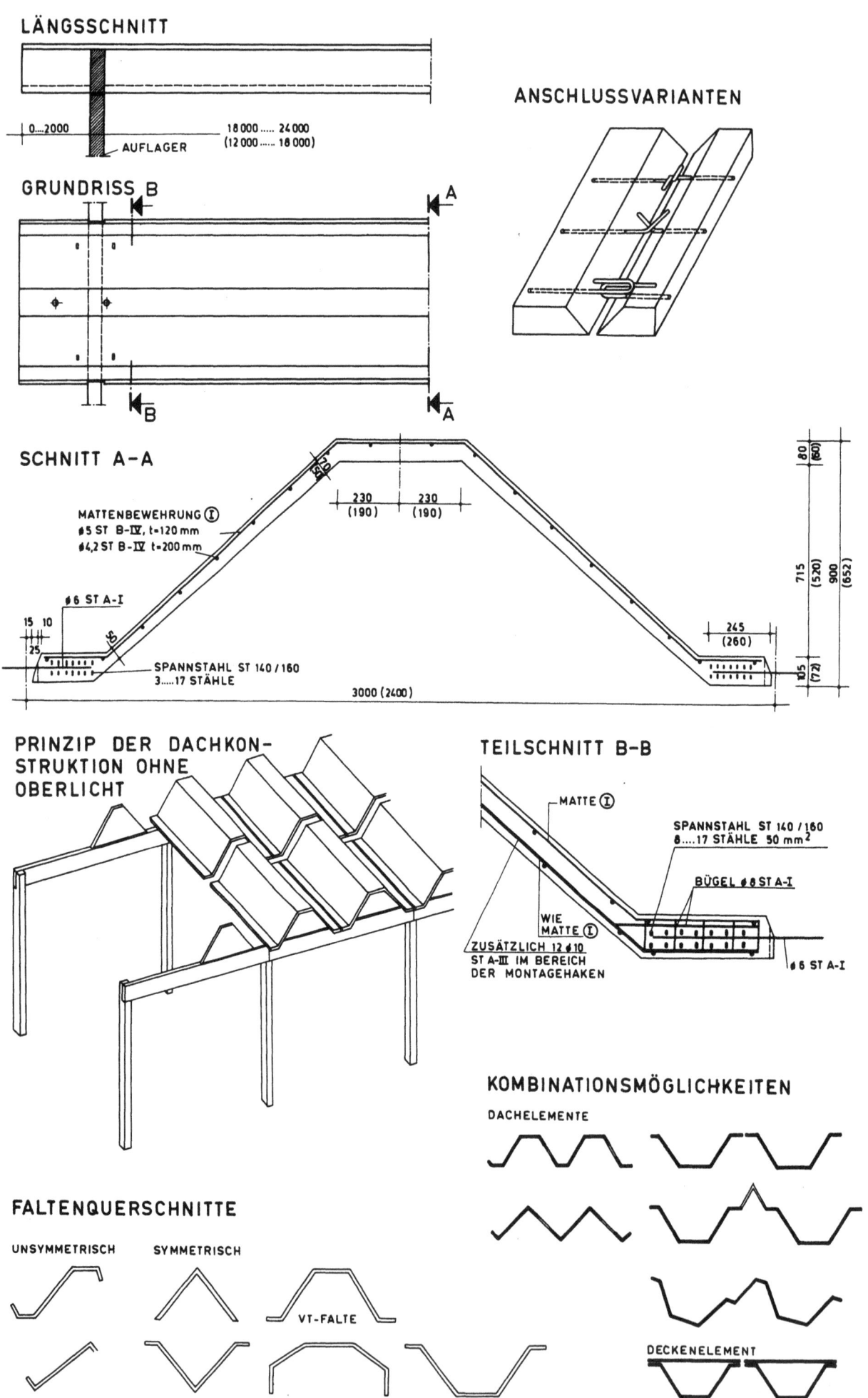

6. SCHALENTRAGWERKE

6.9 ENTWURFSRICHTWERTE FÜR DACHKONSTRUKTIONEN
BLATT 6.12

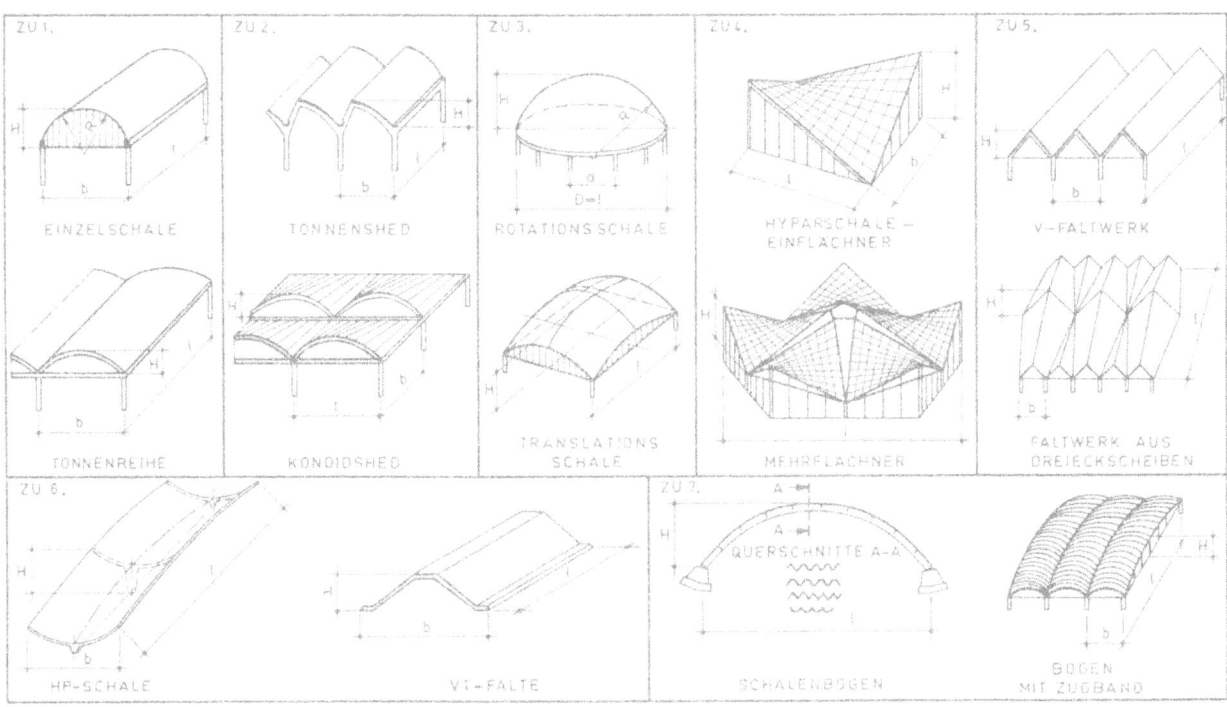

SCHALENTYPEN	SCHLANK-HEIT $\frac{H}{l}$	BREITE b [m]	RADIUS R [m]	DICKE h [cm]	BEVORZUGTE SPANN-WEITEN l [m]	BETON (~BK 25) [m³/m²]	BETON-STAHL (St A-I) [kg/m²]	SPANN-STAHL (St 140/160) [kg/m²]
1. TONNENSCHALEN – LANGE SCHALEN (l > 2b)								
SCHLAFF BEWEHRT	1/10 – 1/7	8 – 12	≈b	6 – 8	20 – 25	0,09–0,12	14 – 18	—
VORGESPANNT	1/15 – 1/10	8 – 15	≈b	6 – 9	20 – 45	0,08–0,11	5 – 7	2,0 – 3,0
MITTELLANGE SCHALEN (b < l < 2b) SCHLAFF BEWEHRT	1/10 – 1/8	10 – 15	≈b	6 – 8	12 – 20	0,09–0,11	14 – 18	—
VORGESPANNT	1/18 – 1/12	10 – 15	≈b	6 – 7	15 – 25	0,07–0,09	5 – 6	1,8 – 2,5
KURZE SCHALEN (l ≤ b) – SCHLAFF BEWEHRT	1/6 – 1/4	12 – 25	0,6 b – 1,0 b	6 – 8	8 – 12	—	—	—
2. SHEDSCHALEN								
ZYLINDRISCHE SCHALEN – LANGE SCHALEN SCHLAFF BEWEHRT	1/5 – 1/3	7,5 – 10	≈b	6 – 8	15 – 20	0,09–0,12	15 – 20	—
VORGESPANNT	1/8 – 1/5	8 – 12	≈b	6 – 8	20 – 35	0,08–0,10	5 – 6	2,0 – 3,0
KURZE SCHALEN – SCHLAFF BEWEHRT	—	8 – 10	0,8 b – 1,0 b	8 – 10	10 – 12	0,12–0,14	14 – 16	—
KONOID – UND HYPARSCHALENSHED	1/4 – 1/3	6 – 12	—	6 – 8	12 – 20	0,10–0,11	12 – 14	—
3. DOPPELT GEKRÜMMTE SCHALEN, K > 0								
ROTATIONSSCHALE ÜBER KREISGRUNDRISS (ZUGRING VORGESPANNT)	1/6 – 1/4	—	0,8 D – 1,0 D	6 – 12	35 – 60	0,08–0,15	10 – 18	
ROTATIONSSCHALE ÜBER N-ECKIGEN GRUNDRISS UND TRANSLATIONSSCHALE (ECKBEREICHE MEISTENS VORGESPANNT)	1/5 – 1/3	0,5–1,0 l	—	7 – 14	30 – 60	0,08–0,15	14 – 22	
4. DOPPELT GEKRÜMMTE SCHALEN, K < 0								
HYPERBOLISCHE PARABOLOID – SCHALEN ÜBER RECHTECKIGEN GRUNDRISS (EINFLÄCHNER)	1/5 – 1/3	(2/3...1) l	—	6 – 10	30 – 45	0,09–0,12	9 – 14	—
HYPERBOLISCHE PARABOLOID – SCHALEN ÜBER BELIEBIGEN GRUNDRISS	1/5 – 1/4	(2/3...1) l	—	7 – 10	40 – 60	0,10–0,15	12 – 15	—
BELIEBIGE SATTELFLÄCHEN (TRANSLATIONS-SCHALEN ÜBER OVALEN GRUNDRISS)	1/5 – 1/3	(2/3...1) l	—	8 – 10	30 – 40	0,10–0,15	12 – 15	—
5. FALTWERKE								
TONNENFALTWERK – SCHLAFF BEWEHRT	1/10 – 1/7	8 – 12	—	6 – 8	18 – 20	0,10–0,13	15 – 20	—
VORGESPANNT	1/15 – 1/10	8 – 12	—	6 – 10	25 – 35	0,08–0,11	6 – 9	2,5 – 3,0
V-FALTWERK – VORGESPANNT	1/18 – 1/15	5 – 8	—	6 – 10	25 – 30	0,08–0,11	8 – 10	4 – 5
FALTWERKE AUS DREIECKSCHEIBEN	1/12 – 1/8	3 – 6	—	6 – 8	18 – 20	0,08–0,11	8 – 10	2,5 – 3,0
6. SCHALEN – UND FALTWERKTRÄGER AUF SPANNBETONBINDERN								
SCHALENTRÄGER SCHLAFF BEWEHRT (MIT RIPPE)	1/22 – 1/18	2 – 2,5	—	5 – 6	12 – 18	(BK 35) 0,07–0,08	16 – 22	1,2 – 1,5
VORGESPANNT (MEISTENS OHNE RIPPE)	1/30 – 1/22	2 – 2,5	—	6 – 7	15 – 25	0,07–0,10	7 – 8	4 – 5,5
FALTEN VORGESPANNT	1/30 – 1/22	2 – 2,5	—	6 – 7	15 – 25	(BK 35) 0,08–0,11	8 – 9	5 – 6
7. SCHALEN – UND FALTENBÖGEN								
BOGEN (MEISTENS PARABOLISCH GEFORMT)	1/5 – 1/3	d' = 1 – 2	—	10 – 12	50 – 100	0,12–0,16	15 – 25	—
BOGEN MIT ZUGBAND (ZUGBAND VORGESPANNT)	1/6 – 1/4	8 – 15	—	8 – 12	40 – 70	0,10–0,16	12 – 20	4 – 6

7. Räumliche Stabtragwerke, vorgespannte Stahltragwerke, Stahlverbundtragwerke

von Peter Liebau und Günther Rickenstorf

7.1. Räumliche Stabtragwerke

7.1.1. Konstruktionsprinzip, Tragwirkung, Anwendung

Räumliche Stabtragwerke sind eine spezielle Form des Leichtbaus. Sie erzielen durch die räumliche Zuordnung stabförmiger Elemente platten-, schalen- oder faltwerkartige Wirkung. Eine einheitliche Bezeichnungsweise dieser Tragwerksgruppen hat sich bisher noch nicht durchgesetzt (so z. B. auch Raumstabwerke [7.1] u. a.).

Das Konstruktionsprinzip besteht im wesentlichen darin, möglichst einheitliche, serienmäßig vorgefertigte Stab- und Knotenelemente räumlich miteinander zu verbinden. Die Knotenelemente werden in gleicher Ausführung für das gesamte Tragwerk verwendet. Bei einigen Systemen können sie zusätzlich verstärkt und damit unterschiedlichen Verbindungskräften angepaßt werden (z. B. Unistrut).

Ihr Konstruktionsprinzip macht diese Tragwerke besonders geeignet für eine Ausführung in Stahl, bei entsprechend geringeren Stützweiten bzw. bei Kuppeln auch in Aluminium. Wegen ihrer relativ geringen Eigenlast und einer allseitigen Lastabtragung werden räumliche Stabtragwerke insbesondere zur Überdachung großer stützenfreier Räume verwendet (Sportanlagen, Ausstellungshallen, Produktionshallen usw.). Einfache, schnelle Montage sowie effektvolle Gestaltungsmöglichkeiten erschließen auch Einsatzbereiche mit geringeren Stützweiten. Allerdings konnten sie trotz rationeller Fertigungsverfahren nicht die herkömmlichen Dachkonstruktionen aus Fachwerkbindern, Pfetten und Aussteifungsverbänden bei Stützweiten bis etwa 24 m in Kosten und Materialaufwand unterbieten.

Da die Knotenelemente in der Regel patentiert sind, entstanden eine Reihe von Systemen, die sich hauptsächlich nur in der Knoten-Konstruktion unterscheiden. Zentrische Stabanschlüsse werden angestrebt. Alle im Metallbau üblichen Verbindungsarten können angewendet werden (Schrauben, Schweißungen, Klebeverbindungen).

Weitere Vorteile räumlicher Stabtragwerke sind das geringe Transportvolumen und die Möglichkeit einer Handmontage. Ausgenommen hiervon sind neuere Kuppelkonstruktionen, bei denen größere vorgefertigte Einheiten verwendet werden. Zur Charakterisierung der geometrischen Form räumlicher Stabtragwerke werden u. a. die Begriffe Lage und Lauf verwendet. Eine Konstruktionsfläche in der Ausdehnungsrichtung des Tragwerkes wird als Lage bezeichnet. Es werden ein- und zweilagige, bei sehr großen Spannweiten auch dreilagige Konstruktionen angewendet (Bild 7.1). Die sich recht- oder schiefwinklig kreuzenden Raster der stabförmigen Konstruktionselemente in Grundriß bzw. Abwicklung werden als Lauf bezeichnet (Bild 7.2).

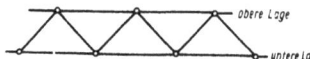

Bild 7.1 Zweilagiges räumliches Stabtragwerk (Ansicht)

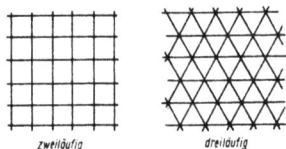

Bild 7.2 Zwei- und dreiläufiges räumliches Stabtragwerk (Grundriß)

Ein wesentlicher Gesichtspunkt für die geometrische und konstruktive Durchbildung der räumlichen Stabtragwerke ist die Möglichkeit teilautomatischer oder vollautomatischer Herstellung der Einzelteile. Nur dadurch lassen sich die Kosten in Grenzen halten. Eine solche Fertigungstechnologie erfordert entsprechend hohe Stückzahlen der Einzelteile. Wenn – abgesehen von geometrisch erforderlichen Unterschieden in den Stablängen – jeweils nur eine Stabsorte verwendet wird, lassen sich Überdimensionierungen für bestimmte Teile des Gesamttragwerkes nicht vermeiden. Große Serienstückzahlen mit Einsparungen im Werkstattaufwand wären der Vorteil. Wird andererseits jedes Element entsprechend seiner Belastung bemessen, so ergibt sich eine größere Anzahl unterschiedlicher Stäbe und eine jeweils geringere Serienstückzahl. Bei der Beurteilung spielt auch der geplante Produktionsumfang eine Rolle. In der Regel ist also die Zahl der unterschiedlichen Konstruktionselemente zu optimieren. Die beiden vorstehend genannten Fälle sind Extremfälle der Optimierungsaufgabe.

Der Hauptanteil des Werkstattaufwandes entsteht an den Knoten, d. h. durch die Herstellung der Knoten selbst sowie die der Stabanschlüsse. Deshalb ist in eine Optimierung auch die Zahl der Knotenpunkte einzubeziehen. So wird bei mehrlagigen Stabtragwerken versucht, durch größere Konstruktionshöhen weniger Knotenpunkte zu erreichen.

7.1.2. Aufbau räumlicher Stabtragwerke

Stabile räumliche Stabtragwerke werden vorwiegend nach den Bildungsgesetzen für Raumfachwerke (Annahme gelenkiger Knoten) aufgebaut:

- Ausgehend von drei im Raum gehaltenen Punkten wird jeder weitere Raumknoten durch drei Stäbe angeschlossen.
- Jede aus Dreiecken zusammengesetzte Mantelfläche,

die einen einfach zusammenhängenden Raum vollständig umschließt, liefert im allgemeinen ein stabiles, statisch bestimmtes Raumfachwerk. An jeden Knoten schließen mindestens drei Stäbe an, die nicht in einer Ebene liegen.

Diese Bedingungen sind praktisch nicht immer erfüllt. Insbesondere mit Einsetzen einer breiten Entwicklung verschiedenartiger räumlicher Stabtragwerke wurde zunächst auf eine exakte Einhaltung derartiger Bildungsgrundsätze verzichtet, wobei durch die relative Biegesteifigkeit der meisten Knotenkonstruktionen trotzdem ausreichend stabile Gesamttragwerke entstanden. Die zunehmend größer werdenden Stützweiten machten nachhaltig eine gründlichere wissenschaftliche Durchdringung [7.1, 7.2, 7.3 u. a.] erforderlich.

Ebenso wie bei Fachwerken wird eine reine Normalkraftbeanspruchung der Stäbe angestrebt. Biegebeanspruchungen sind – abhängig von der Konstruktion des Knotens – besonders bei einlagigen Stabtragwerken kaum zu vermeiden, bleiben aber gering. Ob ein starres räumliches Fachwerk vorliegt, kann durch den Vergleich der Anzahl notwendiger mit der vorhandener Stäbe überprüft werden:

$$c = s + t - 3k \qquad (7.1)$$
$< 0 \rightarrow$ beweglich
$= 0 \rightarrow$ starr
$> 0 \rightarrow$ überstarr

mit s = Stabanzahl, t = Stützkraftanzahl, k = Knotenanzahl.

Mehrlagige Stabtragwerke lassen sich als Reihung (Packung) einzelner geometrisch gleicher Grundkörper auffassen, deren Kanten durch die Stäbe gebildet werden. Tafel 7.1 gibt einen Überblick über die wichtigsten Grundkörper.

Tafel 7.1 Geometrische Grundkörper (Auswahl [7.3])

Grundkörper	Bezeichnung	Zeichen	c	Stabilisierung	Lage im Grundriß
	Tetraeder	T	0	starr	
	Oktaeder	O	0	starr	
	Halboktaeder	HO	-1		
	Dreieckprisma mit einfacher Aussteifung	PA1	0	starr	
	Sechseckpyramide	PY6	-3		

Aus Gl. (7.1) ergibt sich der Grad der statischen Unbestimmtheit c für die Beurteilung des Gesamtsystems mit m Längs- und n Querreihungen einzelner Grundkörper nach [7.3] z. B. für das
- Oktaeder-Tetraeder-System (O-T) mit dreieckigem Grundriß (Blatt 7.02)

$$c_n = \tfrac{3}{2}(n^2 - 3n + 2); \qquad (7.2)$$
$c_n = 0 \quad (n = 1; 2),$
$c_n > 0 \quad (n > 2);$

- Halboktaeder-Tetraeder-System (HO-T), (Blatt 7.02)

$$c_{mn} = 2mn - 3(m + n - 1). \qquad (7.3)$$

Entsprechend der Vielzahl von Stäben ist auch der Aufwand bei der statischen Berechnung erheblich. Er läßt sich durch den Einsatz von Rechenautomaten bewältigen. Die Zahl der unbekannten statischen Größen hängt von der Stabzahl ab. Auch die Ausbildung der Stabanschlüsse (biegeweich oder biegesteif) kann eine Rolle spielen. Für eine Reihe von räumlichen Stabtragwerken liegen in der DDR Rechenprogramme vor [7.1].

7.1.3. Konstruktionsdetails (Blatt 7.01)

7.1.3.1. Stäbe, Knoten

Vor allem bei Verwendung leichter Hüll- und Ausbauelemente gestatten es die geringe Eigenmasse und die geringen Knicklängen selbst bei größeren Stützweiten, Leichtbauprofile für die Stäbe einzusetzen. Geschlossenen Profilen (Stahl- und Aluminiumrohre, Profilrohre) wird hierbei wegen ihrer relativ kleinen Oberfläche (Korrosionsschutz) und ihrer günstigen Querschnittswerte (für Druckbeanspruchung) der Vorzug gegeben. Andererseits ist der Materialpreis für Rohre meist erheblich höher als der für andere Profile. Solche Gesichtspunkte sind besonders bei Massenfertigung zu beachten. Auch stehen nicht in allen Walzprogrammen Rohre in höherer Stahlqualität (z. B. H 52) zur Verfügung. Je nach Art des geplanten Bauwerkes können lösbare und nicht lösbare Stab-Knoten-Verbindungen vorgesehen werden.

Lösbare Anschlüsse werden fast immer als Schraubverbindungen zwischen Stab und Knoten ausgebildet. Sie gestatten eine spätere Demontage oder Umgestaltung und eine vollständige Vorkonservierung (z. B. durch Feuerverzinken). Der Montageaufwand ist gering, wenn für jeden Stabanschluß nur eine Schraube verwendet wird. Die im Stahlbau gebräuchliche Anschlußart des seitlichen Aneinanderfügens von Stab und Knotenblech führt infolge hoher Lochleibungsdrücke bei nur einer Schraube je Stabanschluß zu unwirtschaftlichen Lösungen, wenn nicht Material hoher Güte (z. B. Güte 10.9 nach TGL 12517) eingesetzt wird. Beim System Unistrut (Abb. 6) sind deshalb zusätzlich noch zwei Nocken vorgesehen, die in entsprechende Vertiefungen eingreifen. Sie vergrößern so die wirksame Verbindungsfläche. Die Knotenbleche werden in einem Arbeitsgang gepreßt. Verstärkungen der Stäbe und Knoten durch Zulagen sind möglich. Auch nachträgliche Veränderungen am Tragwerk (z. B. Stützenstellung) können vorgenommen werden. Beim System Weimar (Abb. 4) entsteht ein absolut zentrischer Anschluß durch Schraubenbolzen, die drehbar an jedem Stabende befestigt sind. Das System justiert sich durch präzise Vorfertigung selbst. Bis 1978 wurde ein weiteres System in der DDR hergestellt (System IFI, Abb. 5), das nur eine Schraube für den Anschluß aller Stäbe am Knoten erfordert. Es ermöglicht eine sehr rationelle Fertigung. Für die Montage sind Lehren notwendig.

Nicht lösbare Anschlüsse werden vor allem durch Schweißen hergestellt. Schweißanschlüsse erfordern besondere Justiermaßnahmen bei der Montage (Lehren). Sie ermöglichen eine gefälligere Ansicht der sichtbaren Tragwerksteile. Der zweckmäßigste Stabanschluß erfolgt über einen Kugelknoten (bei großen Knoten Hohlkugeln). Die Kugel gestattet Anschlüsse in beliebiger Richtung (Abb. 3). Bei einlagigen Konstruktionen (wie Tonnen oder Kuppeln) genügt für geringe Spannweiten bereits ein Stahlring als Knotenstück. Die Vorkonservierung wird an den Schweißstellen zerstört.

Geklebte Anschlüsse sind selten. Sie haben den Nachteil, nicht sofort kraftschlüssig zu sein. Außerdem ist ein Anpreßdruck erforderlich. Er muß z. B. durch zusätzliche Anordnung von Schrauben aufgebracht werden.

Das System Triodetic verwendet stranggepreßte Knotenstücke mit gezahnten Einschnitten, in welche die flachgedrückten Rohrstabenden geschoben werden. Eine abschließende Deformation des Knotenelementes bewirkt den festen Stabanschluß.

7.1.3.2. Auflager

Anzahl und Anordnung richten sich vor allem nach den maximal durch die Stab-Knoten-Verbindung übertragbaren Kräften. Daraus läßt sich auch die konstruktive Ausbildung einer Auflagerung ableiten: Sie besteht meist darin, daß die zu stützenden Tragwerksknoten einfach an der Unterkonstruktion wie Einzelstabanschlüsse befestigt werden. Mit der Stützweite steigt auch die Anzahl der in eine Kraftableitung einzubeziehenden Knoten. Die Auflageranordnung ergibt sich aus der möglichen Tragwirkung der Gesamtkonstruktion (Begriffe siehe Abschn. 7.1.4.):

Ebene Stabroste werden vierseitig gestützt, wobei allseitig Auskragungen möglich sind. Zweiseitige Stützung ist nur sinnvoll, wenn die Konstruktion quer zur Spannrichtung ausgemagert werden kann. Größere Stützweiten erfordern stets Umfangsstützungen und damit Grundrisse, deren Seitenlängen nicht allzu große Unterschiede aufweisen.

Stabwerktonnen und -falten werden vorwiegend zweiseitig gestützt und benötigen Queraussteifungen. Stabwerkkuppeln sind in der Regel umfangsgestützt.

7.1.3.3. Hüllkonstruktionen

Während anfangs in einigen Fällen Stabwerktonnen und -kuppeln auch direkt mit Beton auf Drahtgewebe umschlossen wurden und so eine zusammenhängende Oberfläche erhielten, sind heute leichte Eindeckungen üblich. Sie lassen sich nach zwei Gesichtspunkten ordnen:

1. Die Hüllkonstruktion hat nur eine Schutzfunktion gegen Witterungseinflüsse. Meist sind Pfetten erforderlich, die auf den Stabwerksknoten entweder direkt oder in einem zur Erzeugung des Dachgefälles notwendigen Abstand befestigt werden. Bahneneindeckungen werden bevorzugt.

2. Die Hüllkonstruktion beteiligt sich an der Tragwirkung. Das ist für die Hauptbeanspruchung bei Stabwerktonnen und -kuppeln möglich (Blatt 7.04), wenn sie z. B. aus verschweißten Stahlblechen besteht. Bei Stabrosten mit faltwerkartigem Aufbau kann eine direkt auf der Obergurtebene befestigte Eindeckung aus profiliertem Stahlblech queraussteifend wirken.

Anzustreben sind Stabtragwerke, deren Hüllkonstruktion keine zusätzlichen Stützungen, wie z. B. Pfetten, benötigt. Bei großen Stabwerkstützweiten und damit großen Knotenabständen lassen sie sich allerdings nur selten vermeiden. Die räumliche Verzweigung der Stabwerke wird allgemein als interessanter Gestaltungseffekt genutzt und sichtbar gemacht (nach außen durch untergehängte oder nach innen durch aufgesetzte Hüllkonstruktion).

7.1.4. Tragwerksformen

Es wurde bereits auf die noch immer vorhandene Unterschiedlichkeit der Bezeichnungen von räumlichen Stabtragwerken hingewiesen. Die hier verwendeten Bezeichnungen sind nach ihrer Anschaulichkeit ausgewählt.

7.1.4.1. Ebene Stabroste (Blatt 7.02)

Sie sind ebene Stabtragwerke und werden mindestens zweilagig ausgeführt (bei einlagiger Ausbildung entstehen reine Biegebeanspruchungen). Eine konstante Konstruktionshöhe ist aus Gründen der Serienfertigung erforderlich. Die geometrische Form hängt von den durch die Knotenkonstruktion gegebenen Möglichkeiten und von den statischen Erfordernissen ab. So ergeben z. B. dreiläufige Stabtragwerke gegenüber zweiläufigen bei gleicher Konstruktionshöhe eine größere Stabkonzentration und damit größere Stützweiten. Sie ermöglichen die Überdachung von aus dem Dreieck abgeleiteten Grundrißformen.

Geometrische Grundkörper können z. B. Oktaeder O, Halboktaeder HO, Tetraeder T, Prisma PA, Cubus C sowie Kombinationen daraus sein. Einige Systeme verwenden vorgefertigte Einheiten, die diesen geometrischen Grundkörpern entsprechen (Space-Deck-System). Eine gebräuchliche Reihung (Packung) solcher Grundkörper ist die Kombination HO + T (u. a. System Weimar). Sie ergibt bei $s = h \cdot \sqrt{2}$ gleiche Stablängen (Bild 7.3).

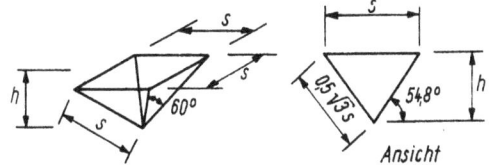

Bild 7.3 Geometrische Beziehungen am Packsystem HO + T

Ebenfalls gleiche Stablängen lassen sich bei der Packung O + T erzielen (dreiläufiges Stabwerk).
Die Konstruktionshöhen betragen

$$h \approx \left(\frac{1}{15} \cdots \frac{1}{25}\right) L.$$

Der Stahlverbrauch kann näherungsweise mit

$$M \approx (0{,}7 \ldots 0{,}9) L \tag{7.4}$$

mit M = Stahlverbrauch [kg/m²], L = kürzere Stützweite [m] angenommen werden.
Vorbemessungen sind möglich, wenn die größten Gurtstabkräfte aus Schnittkrafttabellen für Platten (z. B. für kreuzweise bewehrte Platten nach [7.7]) ermittelt werden. Dabei hat die Konstruktionshöhe h nur geringen Einfluß auf die Normalkräfte in den einzelnen Gurtstäben, weil mit zunehmender Höhe zwar die Summe der Normalkräfte, aber ebenso die Anzahl der Stäbe je betrachteten Tragwerksabschnitt geringer wird. Da etwa die Hälfte der Stäbe Druckkräfte erhält, sind bei der Wahl ökonomischer Konstruktionshöhen auch Fragen der Stabschlankheit zu beachten.

7.1.4.2. Stabwerktonnen (Blatt 7.03)

Die Krümmung randgestützter Tonnen kann der Stützlinie angepaßt werden, wobei die Stäbe vorwiegend Normalkräfte erhalten. Bei punktgestützten Tonnen ist der Kreisbogen günstig, die freien Ränder müssen ausgesteift werden (Randträger). Für Spannweiten bis etwa 30 m genügen einlagige Konstruktionen (Blatt 7.03). Größere Spannweiten erfordern zwei- und mehrlagige Tragwerke. Die Knotenverbindungen einlagiger Tragwerke müssen zumindest für die Aufnahme der Windlasten biegesteif ausgebildet werden. Der Bogenstich sollte aus Stabilitätsgründen stets größer als $0{,}2B$ sein, da sonst das Stabwerk durchschlägt. Aussteifende Scheiben oder andere aussteifende Elemente sind in bestimmten Abständen erforderlich (vgl. Abschn. 6.). Die Knotenkonstruktionen müssen Stabanschlüsse gemäß den durch die Tonnenkrümmung bestimmten Winkeln gestatten. An den Auflagern treten Horizontalkräfte auf, die eine entsprechende Unterkonstruktion erfordern (biegesteife Stützen, Zugbänder o. ä.). Der Stahlverbrauch liegt bei etwa

$$M \approx (0{,}5 \ldots 0{,}7) B, \tag{7.5}$$

B = Stützweite [m] (Bogensehne).

Auch bei Stabwerktonnen ist eine weitgehende Werkstattvorfertigung möglich. So besteht z. B. die Blumfield-Tonne aus im Scheitelpunkt gestoßenen Halbschalen, die ursprünglich als Schalungsträger für eine Betonschale konstruiert wurden. Die Diagonalstäbe (Bandstahl) nehmen nur Zugkräfte auf. Auch Dreigelenksysteme (z. B. Wuppermann-Bogenhalle) gestatten eine weitgehende Vorfertigung. Vielfach werden zusammenhängende Fachwerke entsprechend der Tonnenkrümmung aneinandergereiht. In der DDR waren bis 1978 Stabwerktonnen nach dem System IFI im Angebot (Sport- und Lagerhalle).

7.1.4.3. Stabwerkkuppeln (Blatt 7.04)

Die Kuppel ist wegen ihrer zweiachsigen Krümmung ein besonders stabiles Tragwerk. Sie eignet sich zur freien Überdeckung sehr großer Flächen. Hierbei haben Stahlkuppeln wegen ihrer geringen Eigenmasse und der einfachen Fertigung meist den Vorzug. Im wesentlichen läßt sich bei Stahlkuppeln unterscheiden zwischen

– Kuppeln, deren Haupttragglieder direkt vom Scheitel bis zum Fuß (Meridianrichtung) führen und seitlich stabilisiert sind (z. B. Rippenkuppel, Schwedler-

Tafel 7.2 Räumliche Stabtragwerke, Übersicht

Querschnitt	Stützung, bevorzugte Stützweiten	Materialbedarf (kg/m²)
ebene Stabroste		
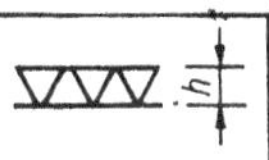	Stützweiten: $L = 20 \cdots 80$ m Konstruktionshöhe: $h = \left(\frac{1}{15} \cdots \frac{1}{25}\right) L$ 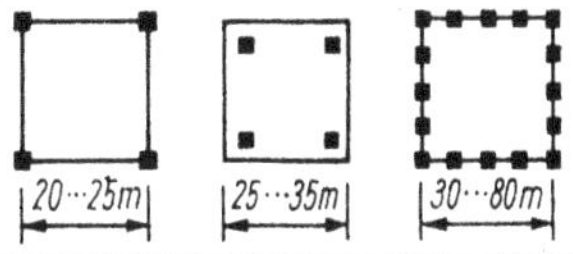 $20 \cdots 25$ m $25 \cdots 35$ m $30 \cdots 80$ m	$M \approx 0{,}7 \cdots 0{,}9 L$ L - kleinster Stützungsabstand (m)
Stabfaltwerke		
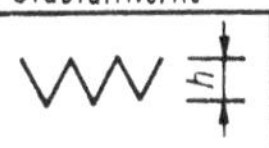	Stützweiten: $L = 15 \cdots 40$ m Konstruktionshöhe: $h = \left(\frac{1}{10} \cdots \frac{1}{15}\right) L$ 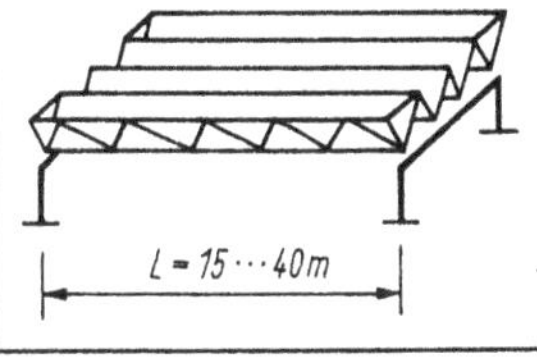 $L = 15 \cdots 40$ m	$M \approx 0{,}7 \cdots 0{,}8 L$ L - Stützungsabstand (m)
Stabwerktonnen		
Einlagig 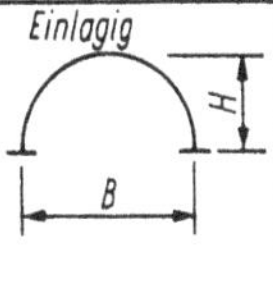	Stützweiten: $B = 6 \cdots 30$ m Bogenstich: $H = \left(\frac{1}{2} \cdots \frac{1}{8}\right) B$ 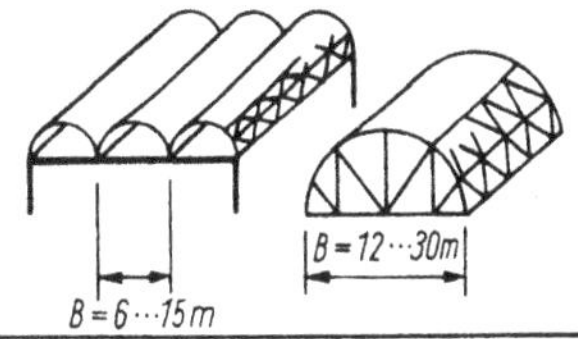 $B = 6 \cdots 15$ m $B = 12 \cdots 30$ m	$M \approx (0{,}5 \cdots 0{,}7) B$ B (m)
Zweilagig 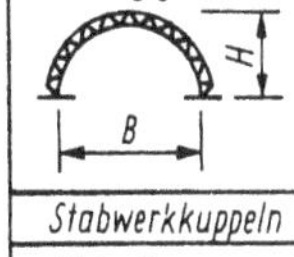	Stützweiten: $B = 30 \cdots 80$ m Bogenstich: $H = \left(\frac{1}{2} \cdots \frac{1}{8}\right) B$ Konstruktionshöhe: $h \sim 1 \cdots 2$ m	
Stabwerkkuppeln		
Einlagig 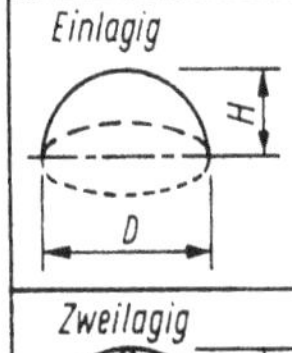	Durchmesser: Stahl: $D = 20 \cdots 100$ m Aluminium: $D = 15 \cdots 50$ m Kuppelhöhe: $H = \left(\frac{1}{2} \cdots \frac{1}{8}\right) D$	Stahl: $M \approx 0{,}5 D$ Aluminium: $M \approx 0{,}2 D$ D (m)
Zweilagig 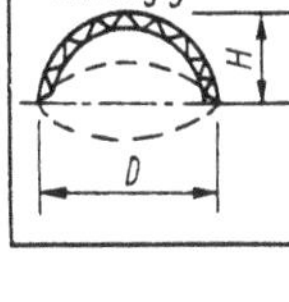	Durchmesser: Stahl: $D = 90 \cdots 200$ m Aluminium: $D = 50 \cdots 80$ m Kuppelhöhe: $H = \left(\frac{1}{2} \cdots \frac{1}{8}\right) D$ Konstruktionshöhe: $h \sim 1 \cdots 3$ m	

Kuppel, Zimmermann-Kuppel),
- Kuppeln, die aus einem sich kreuzenden Netz von Tragwerkselementen bestehen (z. B. Lamellenkuppel, Netzwerkkuppel, Stabrostkuppel, geodätische Kuppel).

Unter lotrechter Belastung erhalten die in Meridianrichtung verlaufenden Stäbe Druckkräfte. In Breitenkreisrichtung wirken im unteren Kuppelteil Zug- und im oberen Teil Druckkräfte. Diesen statischen Erfordernissen entsprechend schließt – bei aufgeständerter Kuppel – meist ein kräftiger Zugring das Tragwerk am Fuß ab. Bei manchen Kuppeln wird aus konstruktiven Gründen im Kuppelscheitel eine Laterne vorgesehen. Durch sie können die eng zusammenlaufenden Tragwerksteile besser angeschlossen werden. Infolge der komplizierteren geometrischen Form sind bei Kuppeln mehr unterschiedliche Stablängen erforderlich als bei den anderen Stabwerken. Die Knotenpunkte werden meist einheitlich ausgeführt. Spannweiten bis 200 m können wirtschaftlich überdacht werden. Der Stahlverbrauch beträgt etwa

$$M \approx 0{,}5D \qquad (7.6)$$

mit M = Stahlverbrauch [kg/m²], D = Kuppeldurchmesser [m].

Je nach Spannweite sind die Konstruktionen ein- oder mehrlagig. Einige moderne Kuppeln wurden so ausgebildet, daß eine Stahlblech-Außenhaut sich an der Kraftaufnahme beteiligt. Zum Teil werden vorgefertigte hexagonale Grundelemente verwendet. Die Gliederung der Kugeloberfläche in sphärische Dreiecke (geodätische Kuppel) wurde von Fuller oft angewendet. Auch Aluminium als Werkstoff für Kuppeln ist üblich.

7.1.4.4. Stabfaltwerke (Blatt 7.05)

Wie bei allen räumlichen Stabtragwerken wird eine Normalkraftbeanspruchung der Stäbe angestrebt. Das gelingt nur bei zweilagigen Stabfaltwerken und bei einlagigen dann, wenn Lasten und Stützkräfte an den Faltwerkkanten angreifen. Stabfaltwerke können als Reihung zweiseitig gestützter, gegeneinander geneigter Fachwerkträger aufgefaßt werden. Sie entstehen z. B. als einläufige Stabroste aus Einzelstäben, die jeweils die Länge der Knotenabstände haben. Ein solches System wurde mit der Knotenverbindung Typ IFI als Dachtragwerk für die Stützenraster 12 × 12/12 × 18/ 12 × 24 m bis 1978 gefertigt. Mehrere ökonomische Gesichtspunkte führten zu einer grundsätzlichen Veränderung der Konstruktion:
- Minimierung der Stab- und Knotenanzahl als Folge durchlaufender Gurtstäbe,
- Senkung des Kosten- und Materialaufwandes durch Verwendung offener Profile, die gegenüber Stahlrohren billiger sind und auch aus höherfestem Stahl geliefert werden,
- Wegfall von Pfetten, Einbeziehung der Dachhaut in die Gesamttragwirkung.

Typisch für den wesentlichen Einfluß der Fertigungs- und Montagetechnologie auf die Konstruktion serienmäßig produzierter Stahltragwerke ist auch die Tatsache, daß sich z. B. in der DDR die Vormontage von Segmenten der angegebenen Stützenraster bewährt hat und auch Voraussetzung für die neue Konstruktion bleibt.

7.2. Vorgespannte Stahltragwerke

Die Festigkeit hochwertiger Stähle kann bei herkömmlichen – nicht vorgespannten – Stahlkonstruktionen nicht voll ausgenutzt werden, weil mit den höheren Spannungen auch größere Formänderungen verbunden sind. Das Ziel der Vorspannung ist es, den maßgebenden Beanspruchungszustand (innere Kräfte) aus Gebrauchslast durch einen Vorspannzustand mit entgegengesetztem Wirkungssinn derart zu überlagern, daß die resultierenden Beanspruchungen und Formänderungen in zulässigen Grenzen bleiben. Die Verteilung der inneren Kräfte vorgespannter Stahltragwerke unterliegt somit der zielgerichteten Einflußnahme des Konstrukteurs.

Anwendung:
- zur Senkung von Stahlbedarf und Kosten,
- zur Erzielung größerer Spannweiten,
- zur Verringerung der Konstruktionshöhe,
- zur nachträglichen Tragfähigkeitserhöhung.

Andererseits entstehen
- höherer Projektierungsaufwand,
- zusätzlicher Montageaufwand beim Vorspannen,
- höhere Qualitätsanforderungen.

Nach der Art der Erzeugung der Vorspannung werden Tragwerke unterschieden mit
- Spanngliedvorspannung durch Anwendung von Spanngliedern, wie Drähte, Seile, Kabel usw. (Bilder 7.5, 7.6 und 7.7) bzw. durch Anwendung vorgespannter Gurtplatten u. ä.,
- Zwangsvorspannung durch thermische oder mechanische Deformation vor der Montage bzw. durch mechanische Deformation nach der Montage,
- Ballastvorspannung durch Ballastgewichte, Keile u. ä.

Zugstäbe als montierbare Einzelbauteile, z. B. innerhalb einer Fachwerkkonstruktion, können vorgespannt werden, um hochfesten (nicht als Walzprofil verfügbaren) Stahl einzusetzen. Vorgespannte Zugstäbe stellen eine Kombination von Walzprofilen normaler Qualität mit Spannstählen hoher Festigkeit dar (Blatt 7.07), wobei eine gemeinsame Beanspruchung im Einbauzustand nur bei Abbau von Druckbeanspruchungen aus Vorspannung im Stahl geringerer Qualität möglich ist.

Druckstäbe können zur Erhöhung ihrer Stabilität mit einer leichten Vorspannung versehen werden. So sind z. B. abgespannte Maste in einigen Fällen von vier symmetrisch abgespreizten Spannstäben umschlossen worden (Blatt 7.07). Vorgespannte Zug- und Druckstäbe besitzen Spannglieder, deren Schwerpunkt mit dem Schwerpunkt der Grundkonstruktion identisch ist.

Vollwandige Biegeträger können mit geraden, gekrümmten oder polygonal geführten Spanngliedern vorgespannt werden (Blatt 7.06a bis l). Die Spannglieder liegen immer dort, wo in der Grundkonstruktion Zugbeanspruchungen wirksam werden würden. Die Spannglieder können durchgehend von Auflager zu Auflager angeordnet werden (Vorteil: leichteres Vorspannen) oder nur Teilstrecken des Trägers vorspannen (Vorteil: geringerer Stahlverbrauch). Zweckmäßig werden bei kurzen Biegeträgern durchgehende Spannglieder eingesetzt.

Für Einfeldträger mit veränderlicher Querschnittshöhe und geknickter Spanngliedführung kann empfohlen werden (Bild 7.4)

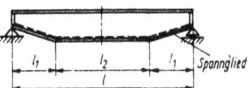

Bild 7.4 Vorgespannter Biegeträger mit veränderlicher Trägerhöhe

$$l_1 = (0{,}2 \ldots 0{,}35)\, l. \tag{7.7}$$

Maßgebend ist die Form der Momentenverteilung aus äußerer Belastung.

Durch Verlagerung der Schwerachse zum Druckgurt (unsymmetrische Querschnitte) werden optimale Auslastungen des vorgespannten Biegeträgers erzielt. Als Empfehlung gilt (Bild 7.5)

$$h_2 = (1{,}7 \ldots 2{,}0)\, h_1. \tag{7.8}$$

Auch bei unterspannten Trägern (Bild 7.6) sind die Spreizstäbe so anzuordnen, daß der Verlauf der Unterspannung der Momentenlinie aus äußerer Belastung ähnlich ist. Außermittigkeit a zwischen $0{,}25\,l$ und $0{,}40\,l$ ergibt bei konstanter Linienbelastung des statisch bestimmt gelagerten Einfeldträgers wirtschaftliche Vorspannkräfte und Gesamtkonstruktionen.

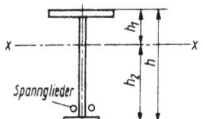

Bild 7.5 Vorgespannter Biegeträger, wirtschaftlicher Trägerquerschnitt

Bild 7.6 Unterspannter Biegeträger

Bild 7.7 Vorgespanntes Fachwerk mit sprengwerkartiger Spanngliedführung

Für vorgespannte Fachwerke sind ebenfalls verschiedene Spanngliedanordnungen möglich (hierzu auch Tafel 7.3):

- Nur die hoch auf Zug beanspruchten Stäbe der Grundkonstruktion werden vorgespannt (bei großen Stablängen etwa >6 m bzw. bei Stützweiten des Fachwerkes $>40 \ldots 60$ m wirtschaftlich vertretbar, Blatt 7.06c und e). Nach [7.10] sollte das Verhältnis der zulässigen Spannungen von Spannstahl und Grundkonstruktion >5 betragen.

- Mehrere Stäbe eines Stabzuges (z. B. Untergurt, Blatt 7.06b und f) werden mit einem durchgehenden (bis etwa 30 m) bzw. mit einem gestoßenen Spannglied vorgespannt.

- Teile der Grundkonstruktion werden durch ein oder mehrere Spannglieder innerhalb der Gurte des Fachwerkes vorgespannt (vgl. Blatt 7.06a, c und d; geeignet für Spannweiten >24 m). Vor allem die von den Spanngliedern gekreuzten Fachwerkstäbe (Blatt 7.06d) werden durch die Vorspannung entlastet. Dabei sollten die Spannglieder auf einer Länge von etwa $0{,}5\,l$ in der Achse des Untergurtes verlaufen.

- Ein oder mehrere Spannglieder liegen außerhalb der Umrisse der Grundkonstruktion (vgl. Blatt 7.06h und i; geeignet für kleine und mittlere Stützweiten >18 m). Hierbei können alle bzw. die größere Zahl der Fachwerkstäbe hinsichtlich der Größe ihrer Stabkraft günstig beeinflußt werden.

Tafel 7.3 Vorgespannte Fachwerke [7.10]

Fachwerkart	wirtschaftliche Stützweiten	Stahleinsparung	Konstruktionshöhe
⟨diagram⟩	$>40 \ldots 60$ m	$8 \ldots 12\%$	
⟨diagram⟩ ⟨diagram⟩	$45 \ldots 80$ m	$10 \ldots 20\%$	$h \sim \left(\frac{1}{10} \ldots \frac{1}{20}\right) l$
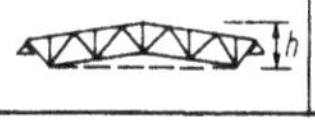 ⟨diagram⟩	$30 \ldots 40$ m	$25 \ldots 30\%$	$h \sim \left(\frac{1}{10} \ldots \frac{1}{40}\right) l$

Eine Vorspannung von Fachwerken lohnt sich vor allem dann, wenn größere Eigenlasten (Stahlbetonplatten zur Dacheindeckung, als Brücken-Fahrbahn usw.) oder größere Stützweiten auftreten.

Bei vorgespannten Rahmen und Bögen können die Spannglieder in Höhe der Fußpunkte, in Höhe des Riegeluntergurtes, als Unterspannung des Riegels, parallel zu den Streben o. ä. angeordnet werden (Blatt 7.06a bis f). Sie haben dann entweder eine Entlastung der Riegelmitte und Fundamente, der Rahmenecke, des Stieles o. ä. analog den oben angegebenen Wechselbeziehungen zur Folge.

Hinsichtlich der baulichen Durchbildung soll hier nur auf einige wichtige Besonderheiten hingewiesen werden:

- Der Verankerungsbereich der Spannglieder hat die konzentrierte Eintragung großer Spannkräfte aufzunehmen. Er ist gut durch Verstärkungsbleche, Schotten u. a. auszusteifen (Blatt 7.07).

- Die Stegbleche unterliegen erhöhter Beulgefahr. Erforderlichenfalls sind zusätzliche Quer- und Längssteifen anzuordnen. Dies ist vor allem dort erforderlich, wo Umlenkkräfte aus Richtungsänderungen der Spannglieder aufzunehmen sind.

- Die Zuggurte sind so auszubilden, daß ein sicherer Korrosionsschutz und mechanischer Schutz der Spannglieder garantiert ist (Rohrquerschnitt u. ä.). Die Lage der Spannglieder im Zuggurt ist durch die Anordnung von Schotten, Blenden usw. in ausreichend dichtem Abstand (kleiner als die zehnfache Untergurtbreite) zu sichern.

Der größere Arbeitsaufwand für die Herstellung und Montage vorgespannter Tragwerke kann durch folgende Vorteile gegenüber vergleichbaren, nicht vorgespannten Stahltragwerken aufgehoben werden:
- Stahleinsparung bis zu etwa 20%; bei Fachwerken im Stützweitenbereich zwischen 40 und 60 m bis 40% Stahleinsparung möglich.
- Kleinere Eigenmasse und damit kleinere Beanspruchung der Fundamente.
- Kleinere Formänderungen (größere Steifigkeit).

Vorgespannte Stahltragwerke werden daher für Dachtragwerke, Hallentragwerke, Kranbahnen, Kranbrücken, Straßen- und Eisenbahnbrücken mit mittleren und großen Stützweiten sowie für Türme, Maste und Behälter wirtschaftlich eingesetzt. Die Stahleinsparung kann gesteigert werden, wenn etappenweises Vorspannen entsprechend der Eigenlastzunahme bei Baufortschritt möglich ist.

7.3. Stahlverbundtragwerke

Allgemein wird unter Verbund das zielgerichtete Zusammenwirken verschiedener Baustoffe bei der Lastabtragung verstanden, wobei in den Berührungsflächen zwischen den aus unterschiedlichen Baustoffen bestehenden Tragwerksteilen Kräfte zu übertragen sind. Ein bekanntes Beispiel dafür ist der Stahlbetonträger, bei dem die speziellen Materialeigenschaften des Betons (Druckfestigkeit) und des Stahls (Zugfestigkeit) genutzt werden. Meist reicht dabei allein die glatte Berührungsfläche beider Baustoffe zur Kraftübertragung (Sicherung des Zusammenwirkens) nicht aus, und zusätzliche konstruktive Maßnahmen (im Stahlbetonbau z. B. Profilierung der Stahloberflächen und Endhaken) werden notwendig.

Im Prinzip gelten gleiche Zusammenhänge für die Stahlverbundtragwerke: vorwiegend druckbeanspruchte Bereiche von Stahlquerschnitten werden durch Beton ersetzt. Der Grundgedanke ist dabei, die technologischen und ökonomischen Vorzüge der beiden Baustoffe Stahl und Beton in einem Bauwerk zu nutzen und sie außerdem möglichst vollständig an der Lastabtragung zu beteiligen. Als Anwendungsbereich kommen daher vor allem solche Bauwerke in Frage, bei denen ein stabförmiges Tragwerksteil aus Stahl durch plattenförmige Bauteile aus Beton, Stahl- oder Spannbeton ergänzt wird. Die gegenwärtig bevorzugten Anwendungsbereiche liegen bei Decken-, Dach- und Brückentragwerken sowie neuerdings auch im Kernkraftwerksbau („Stahlzellenverbundbauweise").

Ziel der Herstellung eines Verbundes zwischen Stahl und Beton ist vor allem die Senkung des Stahlbedarfs (bis zu 40%) und damit meist auch eine Kostensenkung. In welchem Umfange allerdings die Kostensenkungen wirksam werden, hängt vom Aufwand ab, der für die Herstellung und Sicherung des Verbundes zwischen Beton und Stahl notwendig ist.

7.3.1. Stahlverbundträger (Blatt 7.08)

Deckenträger des Stahlskelettbaus und Fahrbahnträger des Brückenbaus werden meist nach ihrer Montage mit der Betondeckenplatte (-fahrbahnplatte) verbunden. Die Verwendung von bereits vorgefertigten Verbundträgern ist dagegen seltener. Die Obergurte der Stahlträger können einen Querschnitt (Bild 7.8a) erhalten, dessen Abmessungen sich aus konstruktiven Bedingungen (Auflagerung der Deckenplatte, Herstellung des Verbundes) ergeben. Während Deckenträger im Stahlskelettbau vorwiegend als Einfeldträger ausgebildet sind und ihre Druckzone dann stets an der Oberseite des Verbundträgers – also im Betonquerschnitt – liegt, kann bei anderen Verbundkonstruktionen des Hochbaus ein Durchlaufträger als statisches System vorteilhaft sein. In diesem Falle treten bereichsweise auch Zugbeanspruchungen im Betonquerschnitt auf. Da der Beton solche Beanspruchungen nur sehr begrenzt überträgt, wird hier auf einen Verbund verzichtet bzw. durch Erzeugung eines Vorspannungszustandes die Zugzone vorgedrückt mit dem Ziel, im Gebrauchszustand (unter der planmäßigen Höchstlast) Risse im Beton zu verhindern (Bild 7.8b).

Die Querschnitte von Verbundträgern können den Beanspruchungen entsprechend auch bereichsweise wechseln.

7.3.2. Stahlverbundfachwerke (Blatt 7.08)

Für sie gelten analoge Grundsätze wie für Verbundträger. Werden vorgefertigte Verbundelemente eingesetzt, dann kann auf den Fachwerk-Obergurt verzichtet und die Betonplatte direkt mit den Füllstäben verbunden werden. Auch Dreigurtträger mit vorgespanntem Untergurt sind möglich (Bild 7.8d).

In der DDR hat sich das pfettenlose Verbunddach [7.14] seit langem bewährt. Dabei werden 6 oder 12 m lange Dachkassettenplatten schubfest mit dem Stahlbinder-Obergurt über einbetonierte Anschlußbleche verschweißt. Die aus Kassettenplatten gebildete Dachscheibe übernimmt die Stabilisierung, so daß weitere Aussteifungssysteme in der Dachebene entfallen. Das Zusammenwirken aller Kassettenplatten durch Verschweißung mit dem Obergurt der Fachwerkbinder (oder Rahmen) bewirkt gleichzeitig auch eine Beteiligung an der Aufnahme von Druckbeanspruchungen des Obergurtes. Bild 7.9 stellt mögliche Stahleinsparungen aus der Verbundwirkung dar.

7.3.3. Stahlverbunddecken (Blatt 7.08)

Betondecken mehrgeschossiger Stahlskelettgebäude können nicht nur mit den Deckenträgern im Verbund stehen, sondern selbst als Verbundkonstruktion aus-

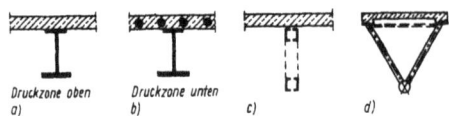

Bild 7.8 Querschnitte von Stahlverbundtragwerken
   a) und b) Verbundträger, c) und d) Verbundfachwerke

Stahl-qualität	Stahlbedarf [kg] ohne Verbund	Stahlbedarf [kg] mit Verbund	Einsparung
St 38	774	555	28%
H 52	589	398	32%
St 38	1062	628	41%
H 52	774	488	37%

Bild 7.9 Stahleinsparung (nur Binderobergurt) durch Verbund [7.12]

gebildet sein. Vorwiegend werden Verbunddecken eingesetzt, um aufwendige Schalungen bei Ortbeton zu vermeiden und gleichzeitig einen Teil der Deckenbewehrung zu rationalisieren. Vorgefertigte Verbunddecken sind selten. Da Kooperationsbeziehungen zwischen Stahl- und Betonbaubetrieben (Lieferung von Fertigteildecken) oft kompliziert und darüber hinaus monolithische Betondecken jeder Grundrißform und Belastung einfach anpaßbar sind, werden solche Decken im Stahlhochbau häufig verwendet. Zwischen den Deckenträgern spannende profilierte (abgekantete, mit Sicken o. ä. versehene) Stahlbleche dienen zunächst als Schalung und müssen zur Herstellung eines wirksamen Flächenverbundes an ihrer Berührungsfläche zum Beton Dübel, Aussparungen, Wulste o. ä. erhalten [7.13].

7.3.4. Stahlverbundstützen

Zur Erhöhung des Feuerwiderstandes sowie zur Beulaussteifung dünnwandiger Konstruktionen können Stahlstützen außen (bei offenen Stahlquerschnitten) oder innen (bei geschlossenen Stahlquerschnitten) mit Beton ergänzt werden, der sich an der Kraftübertragung beteiligt [7.13].

7.3.5. Verbundmittel (Blatt 7.08)

Zur Übertragung zwischen Beton und der Stahlkonstruktion wirkender Kräfte und damit zur Herstellung einer Verbundwirkung sind zusätzliche konstruktive Maßnahmen notwendig:

- Verbundanker als aufgeschweißte Schrägstäbe (Rundoder Flachstahl),
- Verbunddübel als aufgeschweißte biegesteife oder bedingt biegesteife Profilstahlstücke oder Bolzen (Bolzen können technologisch einfach aufgeschweißt werden), wobei auch eine Umkehrung der Kraftrichtung bei wechselnder Belastung möglich ist, und
- hochfeste Schrauben bei vorgefertigten Deckenplatten zur Übertragung von Verbundkräften über den Reibungswiderstand.

Auch Mörtelkleber werden zur schubfesten Verbindung von Beton und Stahl verwendet.
Je nach Ausführung und Anordnung der Verbundmittel läßt sich ein starrer oder elastischer Verbund erzeugen. Hierdurch wird die Größe möglicher Relativverschiebungen zwischen Beton und Stahl – d. h. der Anteil beider Werkstoffe an der Kraftaufnahme – beeinflußt.

7.3.6. Berechnung

Besondere Probleme bei der Erfassung des Beanspruchungszustandes und damit bei der Bemessung von Stahlverbundkonstruktionen ergeben sich durch die wesentlichen Unterschiede im zeitabhängigen Formänderungsverhalten beider Werkstoffe. Unter Dauerlast entstehen im Beton plastische Verformungen (Kriechen), die erst nach zwei und mehr Jahren abklingen und durch sein Austrocknen (Schwinden) vergrößert werden. Diese Verformungen verändern die Kräfteverteilung des Verbundquerschnitts im Verlauf der ersten Nutzungszeit und müssen berücksichtigt werden. Ausführliche Hinweise sind in [7.11], Literaturhinweise in [7.12] und [7.13] enthalten. Von Compaß [7.12] werden Vorbemessungstafeln für Stahlverbund-Fachwerke zur Verfügung gestellt (vgl. Blatt 7.08).

Der dem Verbundquerschnitt zuzuordnende Lastanteil wird bestimmt durch die Last, die nach Herstellung des Verbundes auf das Stahlverbundtragwerk wirkt:

- Das Stahlelement (Stahlträger, Stahlblech) wird bis zur Herstellung der vollen Verbundwirkung kontinuierlich oder an bestimmten Stellen gestützt, so daß der Verbundquerschnitt die gesamte Belastung überträgt, bzw.
- die Abstützung erfolgt nur an den für den Gebrauchszustand festgelegten Stellen und das Stahlelement übernimmt die Eigenlasten des gesamten Stahlverbundtragwerkes allein. Der Verbund wird dann nur für die weiteren Lastanteile wirksam.

Literatur

[7.1] Büttner, O.; Stenker, H.: Metalleichtbauten. Bd. 1, Ebene Raumstabwerke. Berlin 1971.
[7.2] Rühle, H.: Räumliche Dachtragwerke. Konstruktion und Ausführung. Bd. 2. Stahl, Plaste. Berlin 1970.
[7.3] Michael, A.: Beitrag zur Entwicklung von Raumstabwerken. Dissertation IHS Cottbus 1976.
[7.4] Makowski, Z. S.: Räumliche Tragwerke aus Stahl. Düsseldorf 1964.
[7.5] Deutsche Architektur, Berlin 8 (1969) H. 7.
[7.6] Deutsche Architektur, Berlin 7 (1968) H. 5.
[7.7] Pörschmann, H.: Bautechnische Berechnungstafeln für Ingenieure. 22. Aufl. Leipzig 1988.
[7.8] Belenja, E.: Vorgespannte Metallkonstruktionen. Berlin 1966.
[7.9] Brodka, J.; Klobukowski, J.: Vorgespannte Stahlkonstruktionen. München 1969.
[7.10] Jankowiak, W.; Murkowski, W.: Materialökonomie bei vorgespannten Stahlfachwerken. Bauplanung–Bautechnik, Berlin 30 (1976) H. 11.
[7.11] Sattler, K.: Theorie der Verbundkonstruktionen. Berlin 1959.
[7.12] Compaß, E.: Beitrag zur wirtschaftlichen Vorbemessung von Stahlverbund-Fachwerken im Hochbau. Dissertation TU Dresden 1975.
[7.13] Haim, D.: Zur Berechnung von Stahlverbundtragwerken. Bauplanung–Bautechnik, Berlin 33 (1979) H. 4.
[7.14] Pfettenlose Verbunddächer / Richtlinien. Schriftenreihe der Bauforschung, Reihe Industriebau H. 33. Berlin 1974.

7.1 RÄUMLICHE STABTRAGWERKE

7.1.3 KONSTRUKTIONSDETAILS
BLATT 7.01

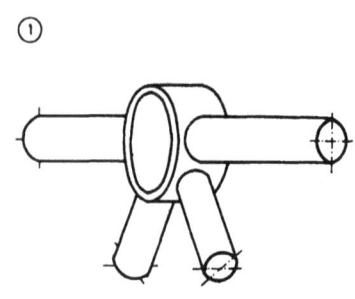

① SCHWEISSANSCHLUSS FÜR GEKRÜMMTE STABWERKE KLEINERER STÜTZWEITE

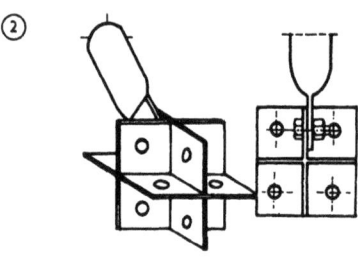

② KNOTEN MIT 12 ANSCHLUSSMÖGLICHKEITEN (FÜR BAUWERKE GERINGER BELASTUNG)

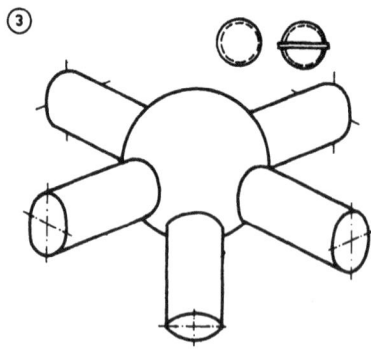

③ RÄUMLICHER STABANSCHLUSS (GESCHWEISST) ÜBER EINE HOHLKUGEL

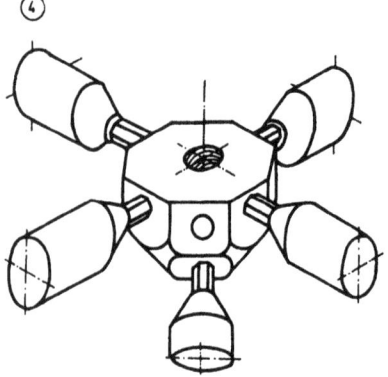

④ SCHRAUBVERBINDUNG SYSTEM WEIMAR

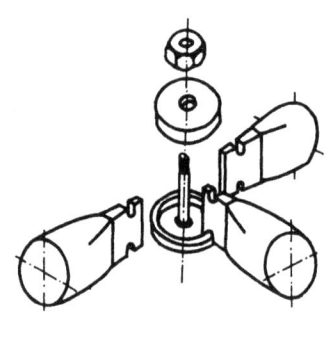

⑤ ANSCHLUSS FÜR ROHRSTÄBE EBENER ODER GEKRÜMMTER STABWERKE (IFI)

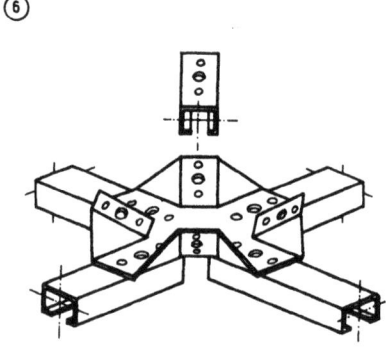

⑥ SCHRAUBANSCHLUSS FÜR 8 STÄBE ÜBER GEPRESSTE KNOTENBLECHE (UNISTRUT)

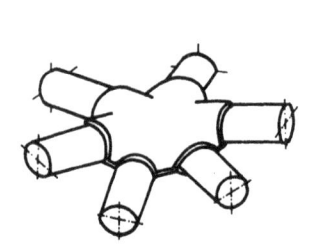

⑦ SCHWEISZANSCHLUSS AUS ZWEI GEPRESSTEN SCHALEN FÜR EINLAGIGE DREILÄUFIGE, KOMPLETTIERBAR FÜR ZWEILAGIGE STABWERKE

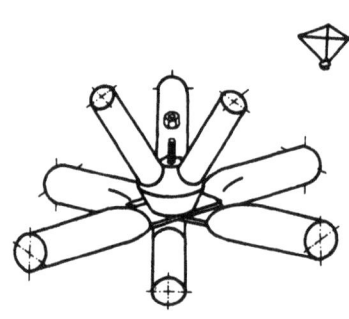

⑧ SCHRAUBVERBINDUNG MIT VORGEFERTIGTEN EINHEITEN (PYRAMIDEC)

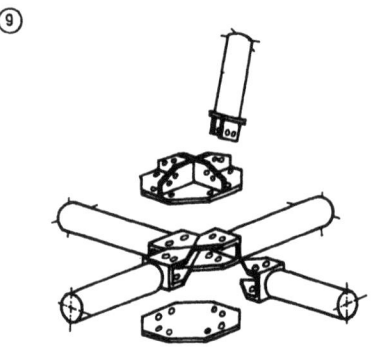

⑨ SCHRAUBVERBINDUNG TRIDIMATEC

KNOTENPUNKTE DES MLK-STABROSTES UMHÜLLUNGSKONSTRUKTION MIT EKOTAL-ELEMENTEN (UNGEDÄMMT)

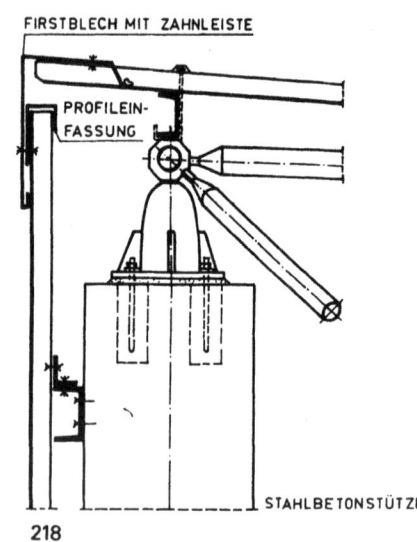

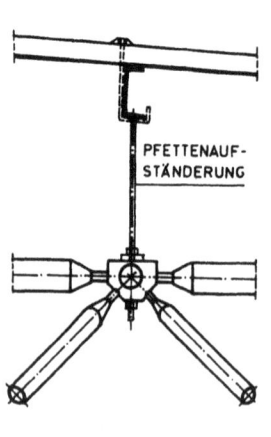

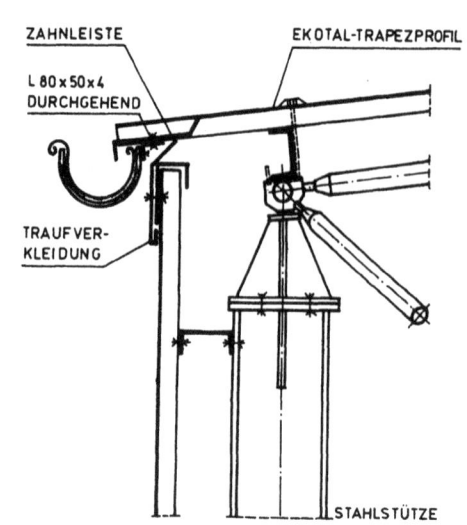

7.1. RÄUMLICHE STABTRAGWERKE

7.1.4. EBENE STABROSTE
BLATT 7.02

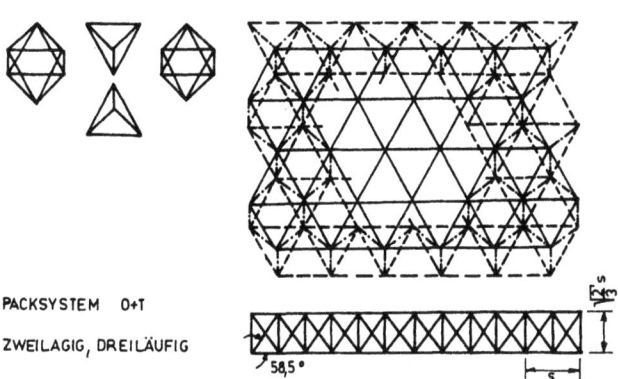

PACKSYSTEM O+T
ZWEILAGIG, DREILÄUFIG

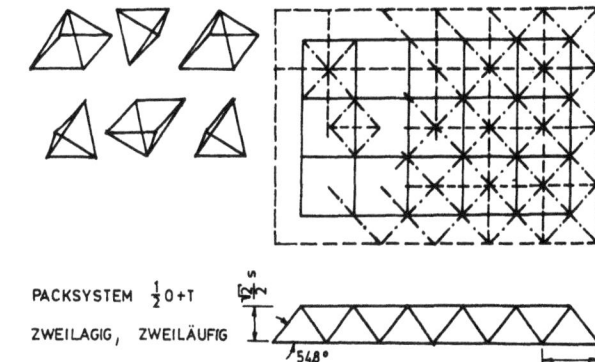

PACKSYSTEM ½O+T
ZWEILAGIG, ZWEILÄUFIG

SPACE - DECKSYSTEM

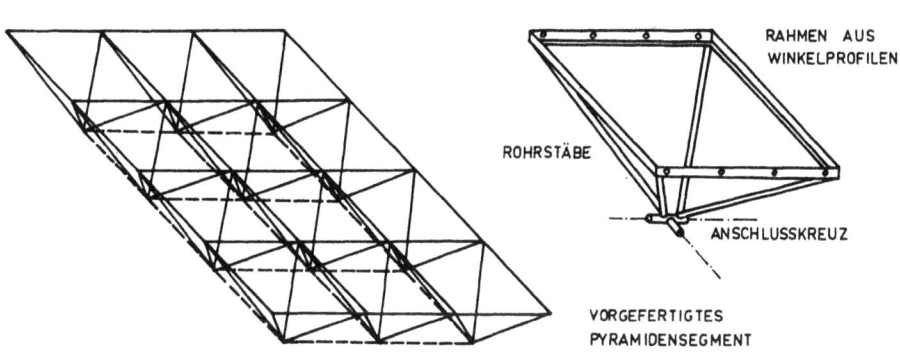

STÜTZUNGSVARIANTEN

a) UMFANGSSTÜTZUNG

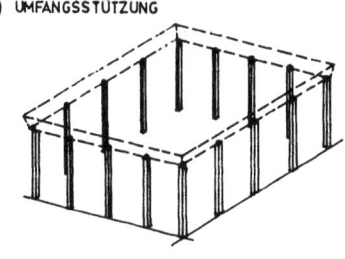

b) STÜTZKRAFTVERTEILUNG AUF JEWEILS VIER KNOTEN DER UNTEREN STABLAGE

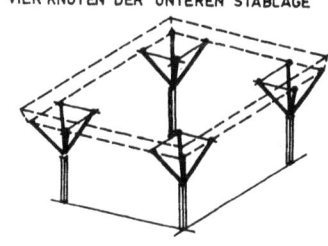

PYRAMITEC - SYSTEM

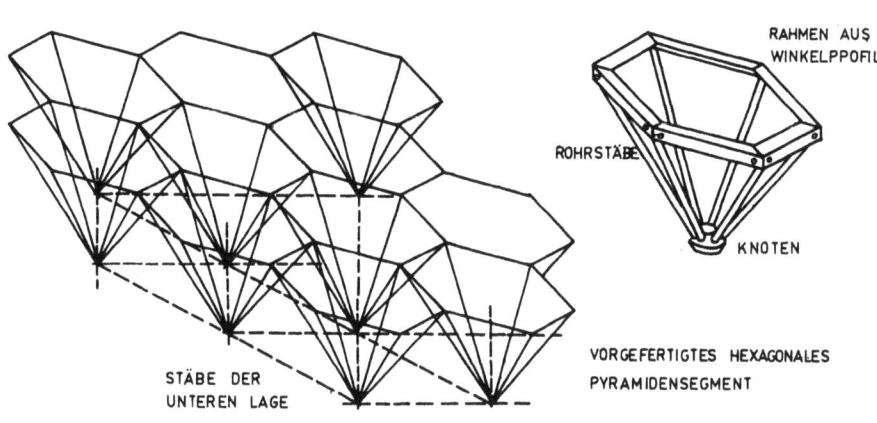

c) STÜTZKRAFTVERTEILUNG AUF JEWEILS VIER KNOTEN DER OBEREN STABLAGE

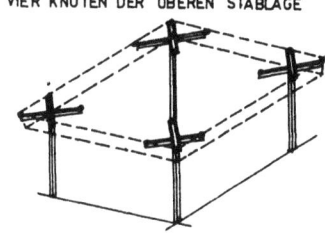

FACHWERKROSTE

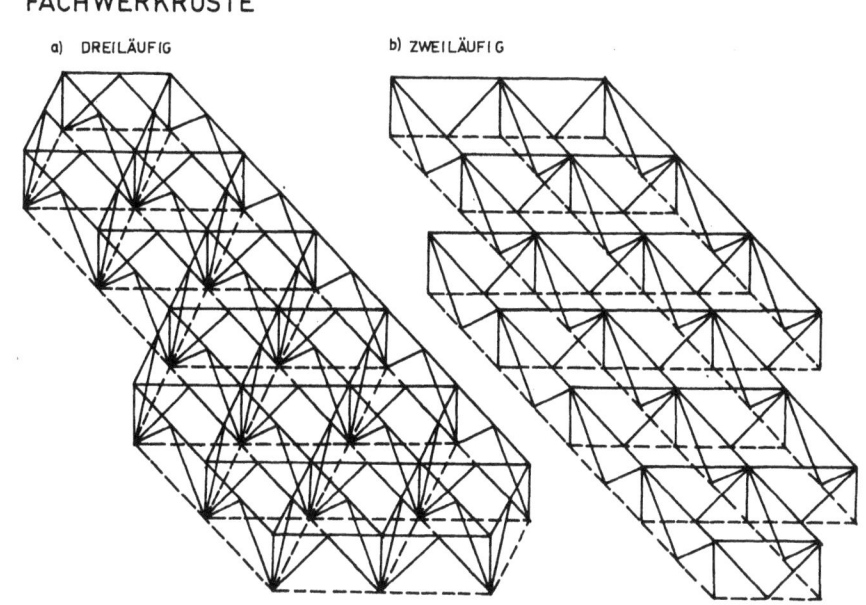

d) FALTUNG, ZWEISEITIGE STÜTZUNG AUF RAHMEN

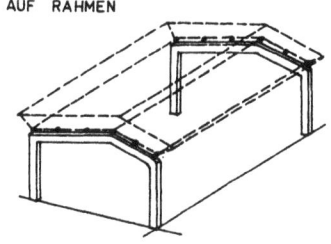

e) STÜTZUNG IN DEN ECKEN DER ABGESTUFTEN TEIL-DACHFLÄCHEN

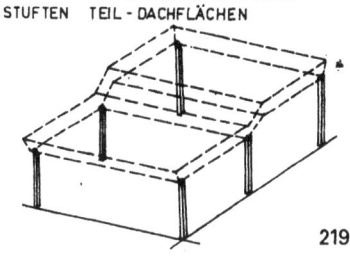

7.1 RÄUMLICHE STABTRAGWERKE

7.1.4 STABWERKTONNEN (EINLAGIG)
BLATT 7.03

VORGEFERTIGTE STABWERKTONNE

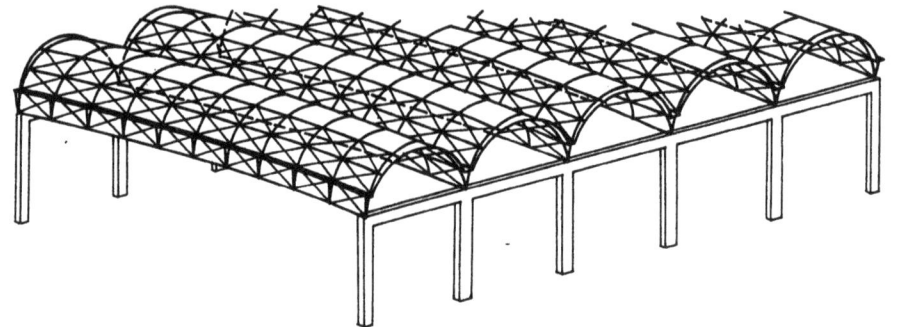

BÖGEN UND LÄNGSSTÄBE AUS ROHR, DIAGONALSTÄBE DER FACHWERKE KÖNNEN NUR ZUGKRÄFTE AUFNEHMEN (RUNDSTAHL)

STABNETZWERK TYP WAREN
VORGEFERTIGTE RANDTRÄGER WERDEN MIT EINZELSTÄBEN VERBUNDEN

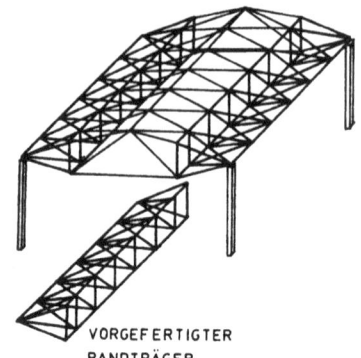

VORGEFERTIGTER RANDTRÄGER

STABWERKTONNE AUS VORGEFERTIGTEN HALBSCHALEN

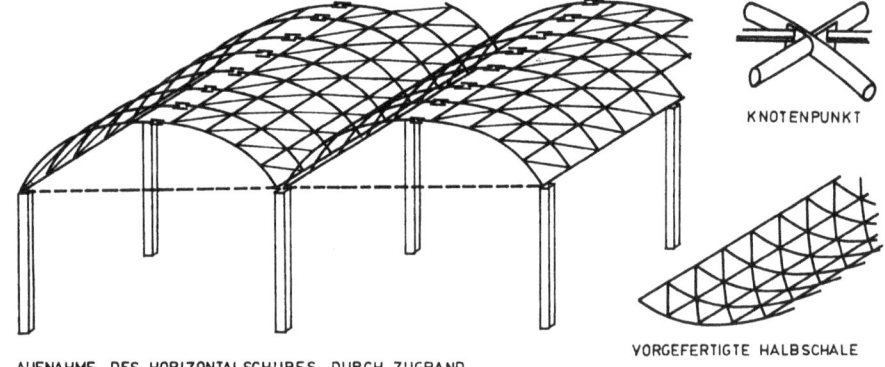

KNOTENPUNKT

VORGEFERTIGTE HALBSCHALE

AUFNAHME DES HORIZONTALSCHUBES DURCH ZUGBAND ODER BIEGESTEIFE STÜTZEN

STABWERKTONNE AUS EINZELSTÄBEN

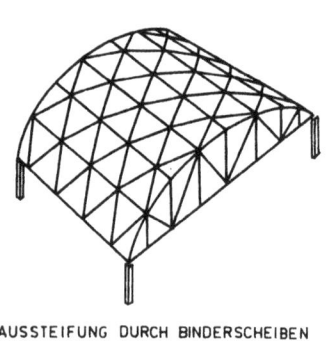

AUSSTEIFUNG DURCH BINDERSCHEIBEN ODER BIEGESTEIFE BOGEN MIT ZUGBAND

STABWERKTONNE AUS MONTIERBAREN EINZELSTÄBEN

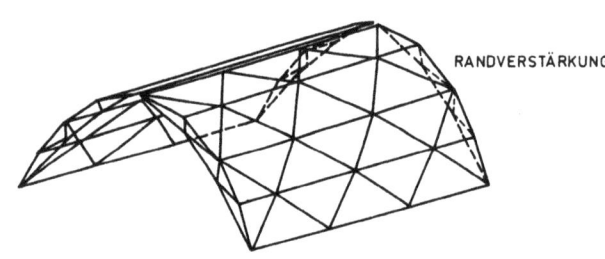

RANDVERSTÄRKUNG

VORGEFERTIGTE EINZELSTÄBE WERDEN ÜBER KNOTENPUNKTE MIT SECHS ANSCHLUSSMÖGLICHKEITEN VERSCHRAUBT, ZWEI TONNEN-HALBSCHALEN SIND IM SCHEITEL GELENKIG VERBUNDEN

STABWERKTONNE AUS VORGEFERTIGTEN FACHWERKELEMENTEN

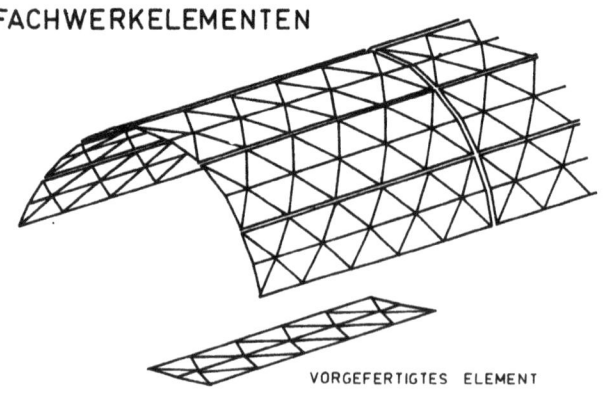

VORGEFERTIGTES ELEMENT

DIE VORGEFERTIGTEN ELEMENTE WERDEN MITEINANDER VERSCHRAUBT, WOBEI AUCH GERINGE BIEGEMOMENTE ZU ÜBERTRAGEN SIND.

STÜTZUNGSVARIANTEN

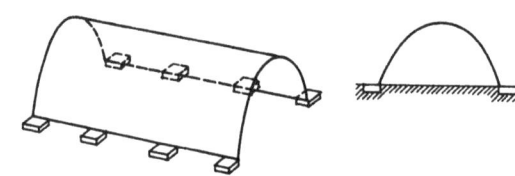

a) STÜTZUNG UNMITTELBAR AUF EINZELFUNDAMENTEN

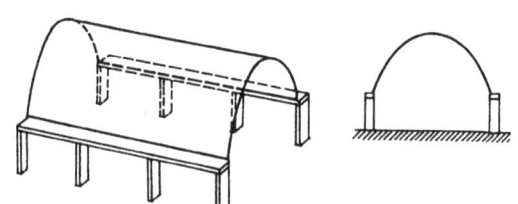

b) RAHMENARTIGE UNTERKONSTRUKTION

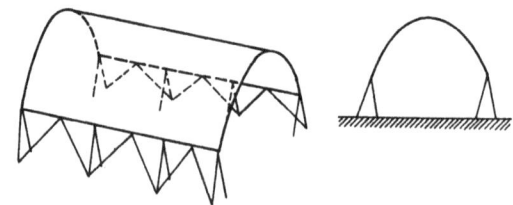

c) UNTERKONSTRUKTION AUS EINZELSTÄBEN

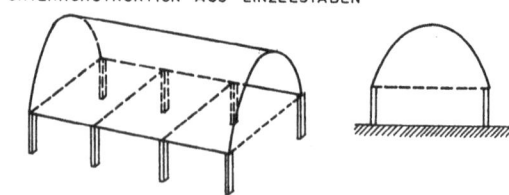

d) AUFNAHME DER HORIZONTALKRÄFTE DURCH ZUGBÄNDER

7.1 RÄUMLICHE STABTRAGWERKE — 7.1.4 STABWERKKUPPELN
BLATT 7.04

AUSWAHL TYPISCHER KUPPELARTEN

 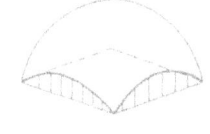 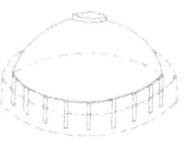  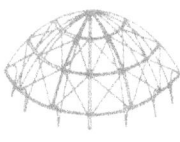 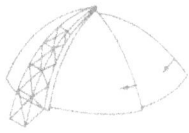

KUPPEL ÜBER KREIS-GRUNDRISS, ALLSEITIGE RANDSTÜTZUNG

KUPPEL ÜBER POLYGONALEM GRUNDRISS, BÖGEN (AUCH FACHWERKSCHEIBEN) ZUR RANDAUSSTEIFUNG

AUFGESTÄNDERTE KUPPEL, HORIZONTALER ZUGRING IM AUFLAGERBEREICH

AUFGESTÄNDERTE KUPPEL, POLYGONALER GRUNDRISS, RANDBÖGEN MIT ZUGBAND

RIPPENKUPPEL, RIPPEN IN MERIDIANRICHTUNG, STABILISIERUNG DURCH AUSKREUZUNG

KUPPEL MIT ZUSAMMENSCHIEBBAREN SEKTOREN, AUFHÄNGUNG AM FACHWERKMAST

STABFÜHRUNG

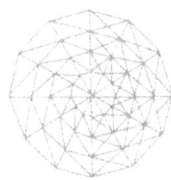 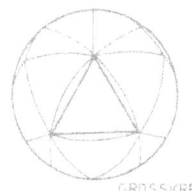 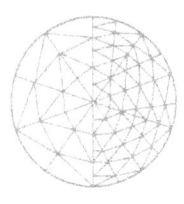 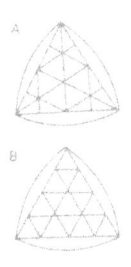 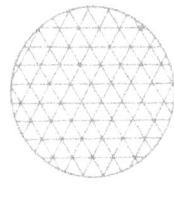

a) LÄNGS DER MERIDIANE U./BZW BREITENKREISE, AUSKREUZUNG

b) VERBINDUNG DER ECKPUNKTE SPHÄRISCHER DREIECKE (GEODÄTISCHE KUPPELN) UND UNTERTEILUNG DIESER FLÄCHEN (A U. B)

c) ROSTARTIGE STABANORDNUNG IM GRUNDRISS

KUPPELKONSTRUKTIONEN (ANSICHT / GRUNDRISS)

① SCHWEDLER-KUPPEL

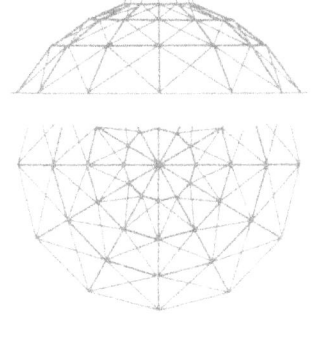

② ZIMMERMANN-KUPPEL

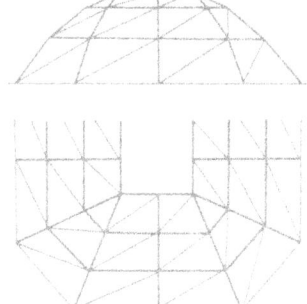

③ LAMELLEN-KUPPEL

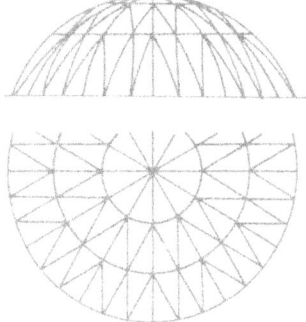

④ FALTWERK-KUPPEL

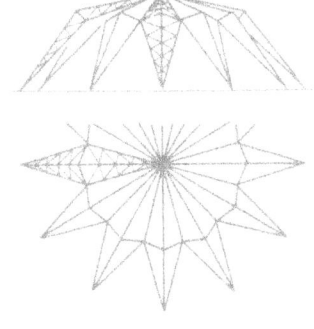

⑤ NETZWERK-KUPPEL

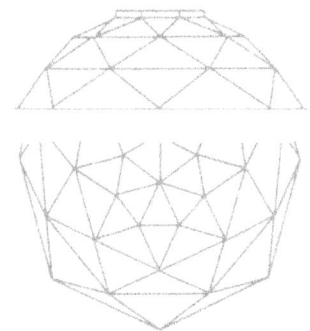

⑥ ROST-KUPPEL

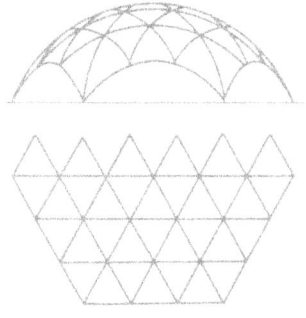

KUPPEL AUS HEXAGONALEN EINZELELEMENTEN

DURCHMESSER 115 m

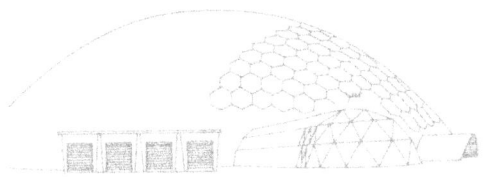

HEXAGONALES EINZELELEMENT AUS GEFALTETER BLECHHAUT, DIE ÜBER ZUGSTANGEN AN EINEM ROHRSECHSECK AUFGEHÄNGT IST UND STATISCH MITWIRKT

STABILE VORGEFERTIGTE EINZELELEMENTE DURCH VERSPANNUNG, DACHEINDECKUNG NICHT AN DER TRAGWIRKUNG BETEILIGT (LINDSAY-EINHEIT)

7.1. RÄUMLICHE STABTRAGWERKE   71.4. STABFALTWERKE

ENTWICKLUNG DES STABNETZFALTWERKES TYP BERLIN/RUHLAND

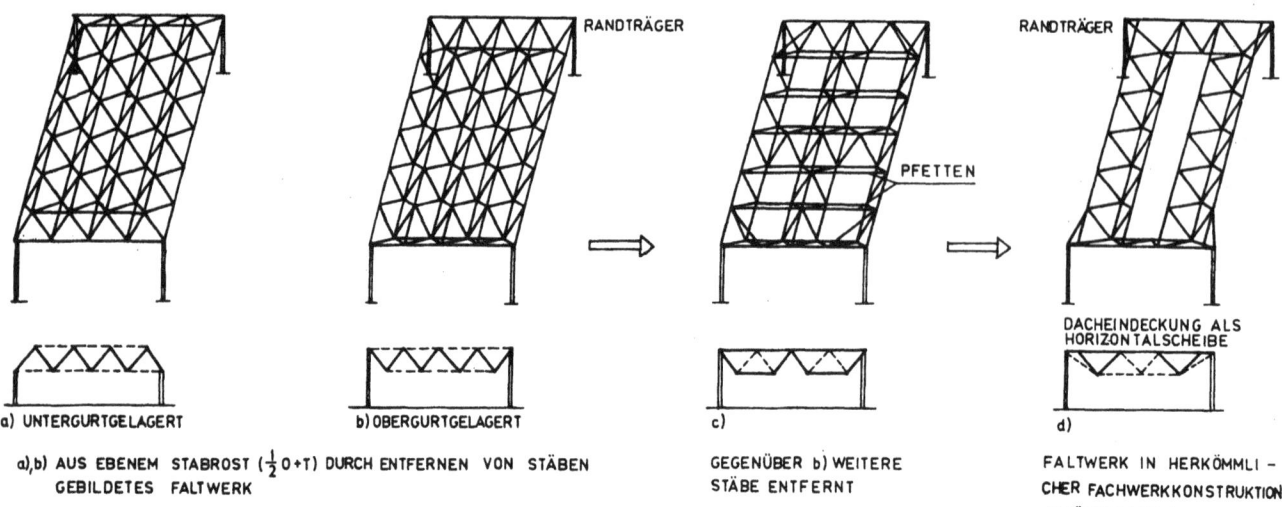

a) UNTERGURTGELAGERT

a),b) AUS EBENEM STABROST ($\frac{1}{2}$ O+T) DURCH ENTFERNEN VON STÄBEN GEBILDETES FALTWERK

b) OBERGURTGELAGERT

c) GEGENÜBER b) WEITERE STÄBE ENTFERNT

d) FALTWERK IN HERKÖMMLICHER FACHWERKKONSTRUKTION ABLÖSUNG DES TYPS BERLIN

AUS EBENEN FACHWERKTRÄGERN MONTIERTE FALTWERKE (DARGESTELLT IM QUERSCHNITT)
VERWENDUNG DURCHGEHENDER WINKEL BZW. LEICHTBAUPROFILE IN DEN GURTEN

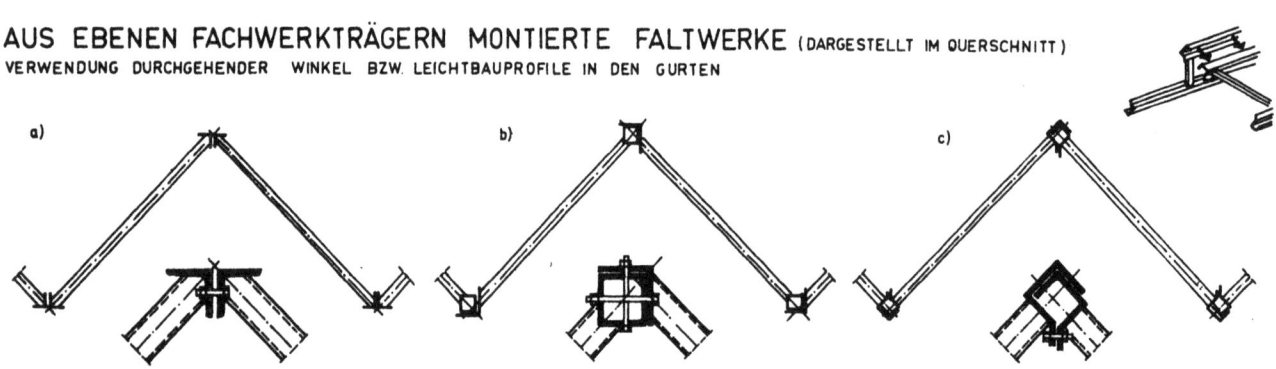

FALTWERK ÜBER KREISGRUNDRISS

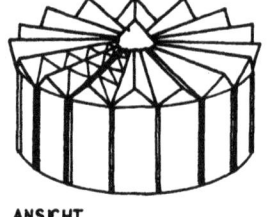
ANSICHT

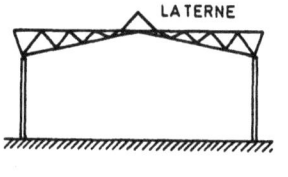
QUERSCHNITT

FALTWERK ALS DREIGURTTRÄGER

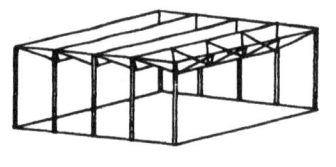
ANSICHT

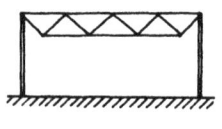
QUERSCHNITT

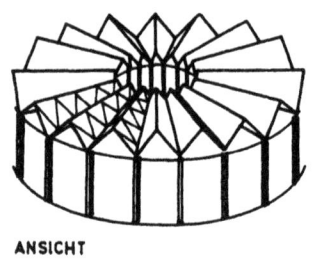
ANSICHT

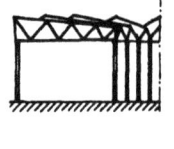
QUERSCHNITT

FALTWERK MIT UNTERSPANNUNG

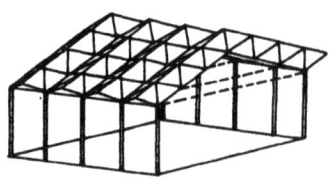
ANSICHT

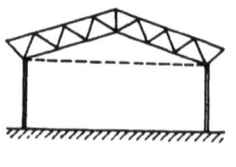
QUERSCHNITT

DACHFALTWERK

BEISPIEL A: AUSSTEIFUNG DER DACHFLÄCHEN DURCH BÖGEN INNERHALB DER DACHKONSTRUKTION, AUSGEFÜHRT IN DEN ABMESSUNGEN 24 x 35 m

BEISPIEL B: RAUTENFACHWERK MIT AUSSTEIFENDEM RANDTRÄGER

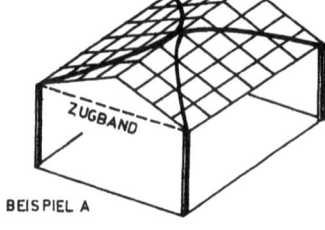
BEISPIEL A

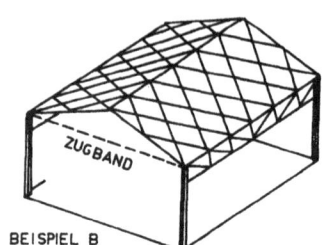
BEISPIEL B

7.2 VORGESPANNTE STAHLTRAGWERKE

VORSPANNSYSTEME
BLATT 7.06

PRINZIPSKIZZEN

VORGESPANNTER BIEGETRÄGER

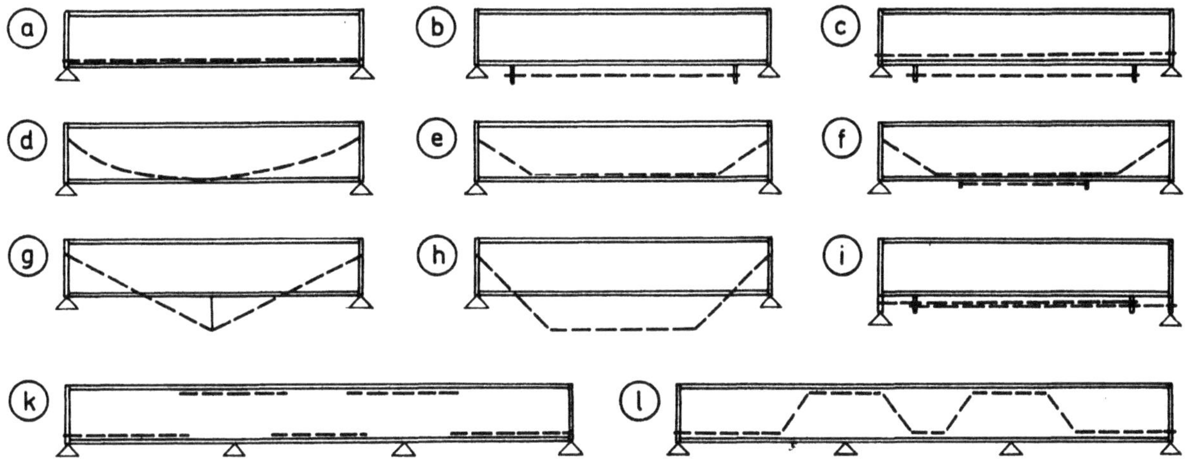

VORGESPANNTE FACHWERKTRÄGER

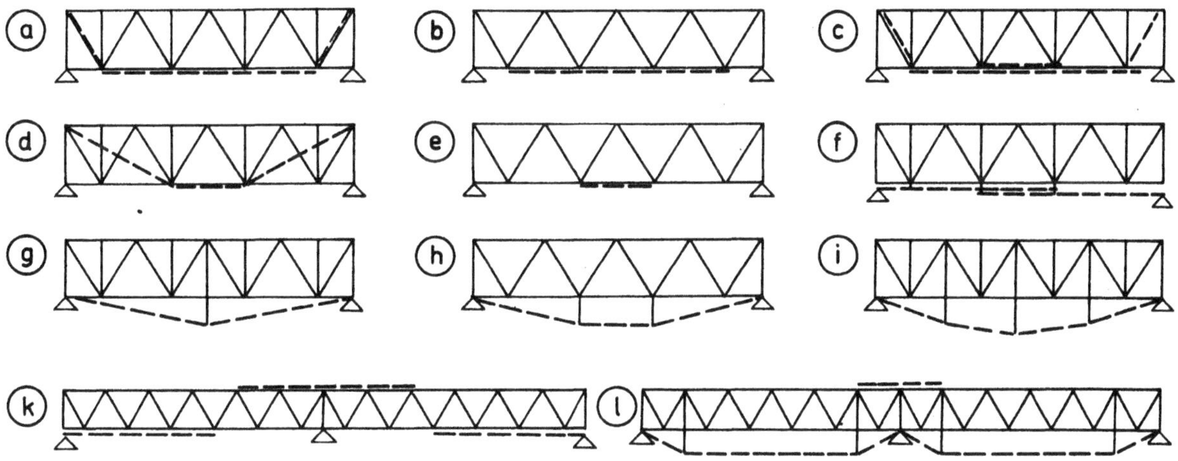

VORGESPANNTE RAHMEN

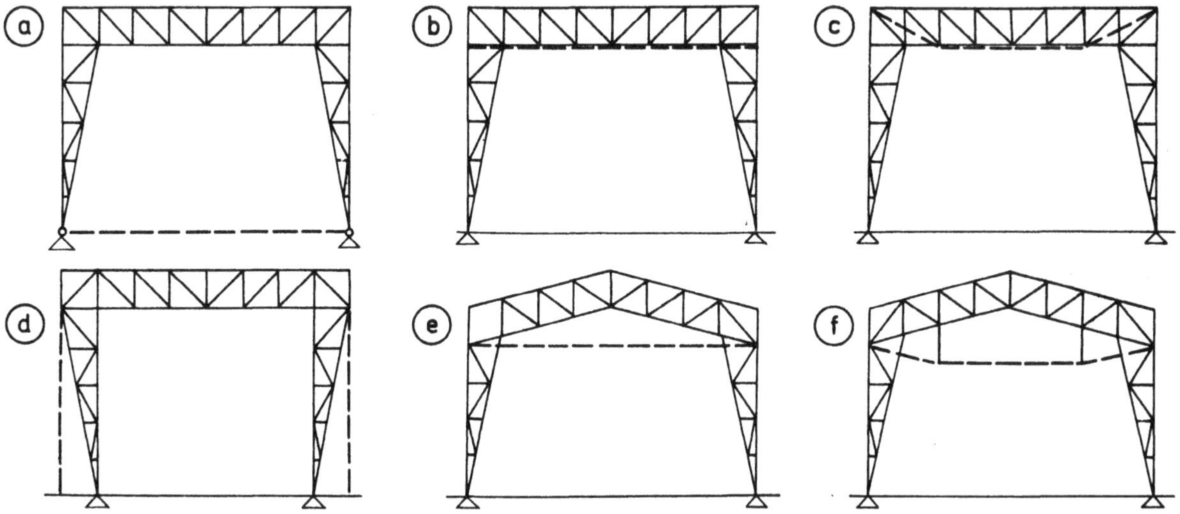

VORGESPANNTE BOGEN

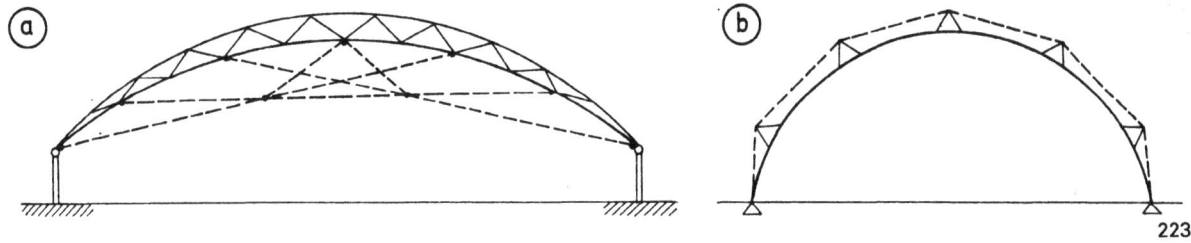

7.2 VORGESPANNTE STAHLTRAGWERKE

KONSTRUKTIONSDETAILS
BLATT 7.07

VORGESPANNTER DRUCKSTAB
VORSPANNUNG ZUR ERHÖHUNG DER STABILITÄT

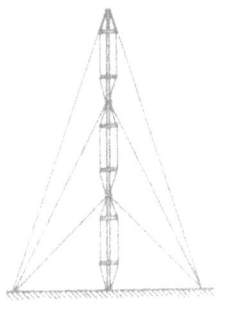

VORGESPANNTER SCHAFT EINES SENDETURMES, SEITLICH ABGESPANNT

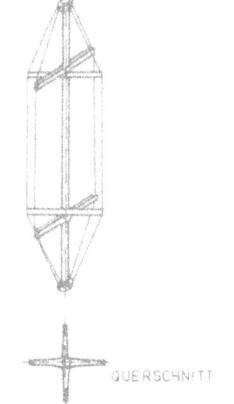

QUERSCHNITT

VORGESPANNTES STAHLROHRFALTWERK

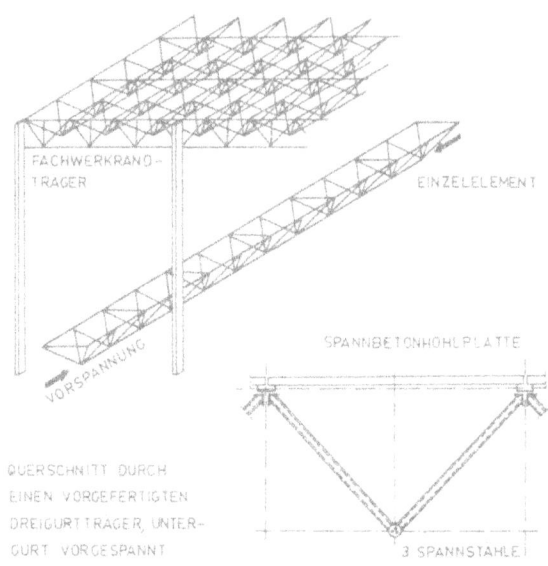

FACHWERKRANDTRÄGER — EINZELELEMENT — VORSPANNUNG — SPANNBETONHOHLPLATTE — 3 SPANNSTÄHLE

QUERSCHNITT DURCH EINEN VORGEFERTIGTEN DREIGURTTRÄGER, UNTERGURT VORGESPANNT

VORGESPANNTER ZUGSTAB
EINSATZ HOCHFESTEN STAHLS BEI MONTIERBAREN EINZELSTÄBEN

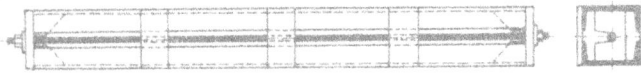

ZUGSTABQUERSCHNITTE

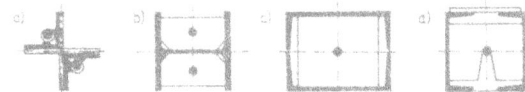

a)   b)   c)   d)

UNTERSPANNTER TRÄGER

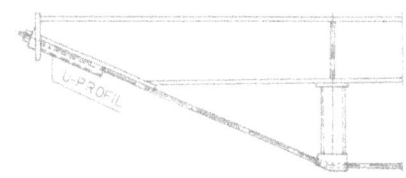 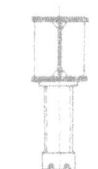

U-PROFIL

VORGESPANNTE FACHWERKTRÄGER

a) OFFENE SPANNGLIEDLAGE IN DER UNTERGURTACHSE KORROSIONSSCHUTZ DURCH ANSTRICHE

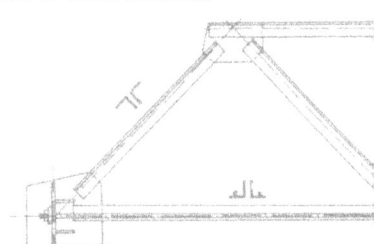

b) GESCHLOSSENE SPANNGLIEDLAGE IN DER UNTERGURTACHSE, KORROSIONSSCHUTZ DURCH VORKONSERVIERUNG UND LUFTABSCHLUSZ, NACHTEIL: FEHLENDE KONTROLLMÖGLICHKEIT

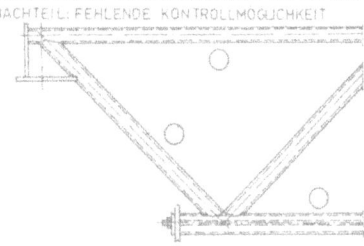

c) OFFENE UNTERSPANNUNG

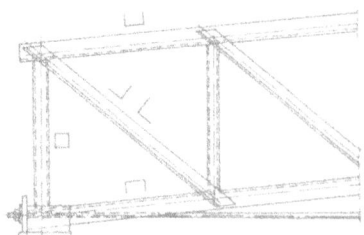

VORGESPANNTE BIEGETRÄGER

a) OFFENE SPANNGLIEDLAGE AUSZERHALB DES TRÄGERQUERSCHNITTS

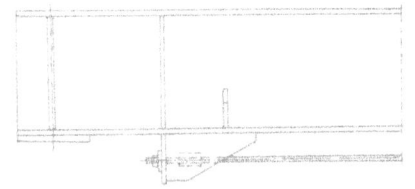 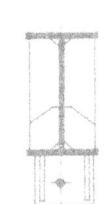

b) GESCHLOSSENE SPANNGLIEDLAGE

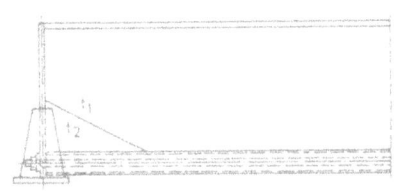 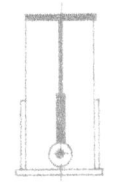

c) ZWEI FREILIEGENDE SPANNGLIEDER

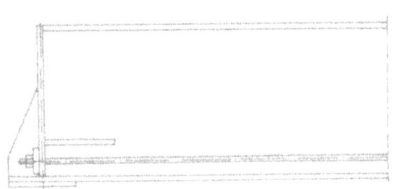 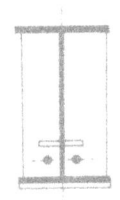

d) SPANNGLIED IM GESCHLOSSENEN TRÄGERQUERSCHNITT
(ENTWICKLUNG: EISENBAU LADWIG, DRESDEN)

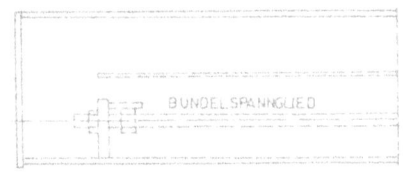 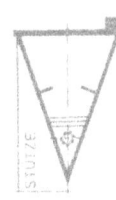

BÜNDELSPANNGLIED — STÜTZE

7.3. STAHLVERBUNDTRAGWERKE

KONSTRUKTIONSBEISPIELE BLATT 7.08

VERBUND MIT FERTIGTEIL-DECKENPLATTEN

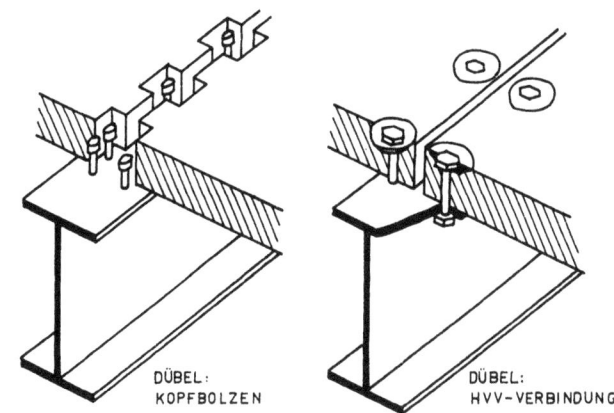

VERBUNDMITTEL

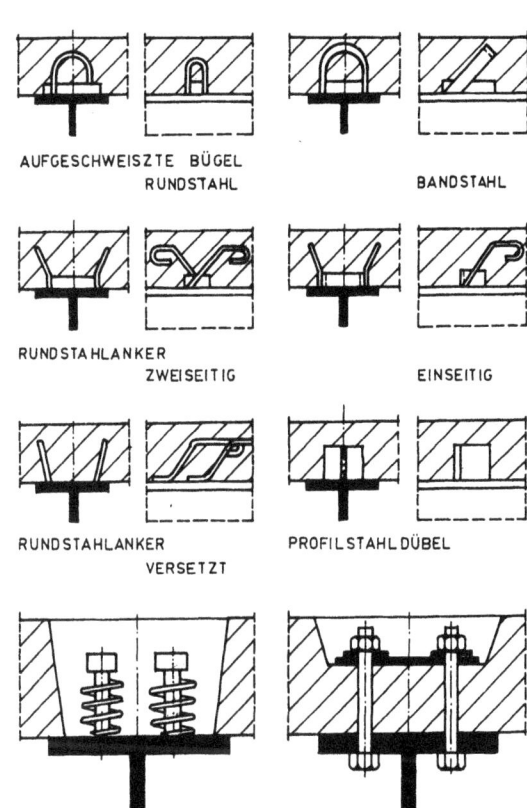

VERBUND MIT ORTBETON-DECKENPLATTEN

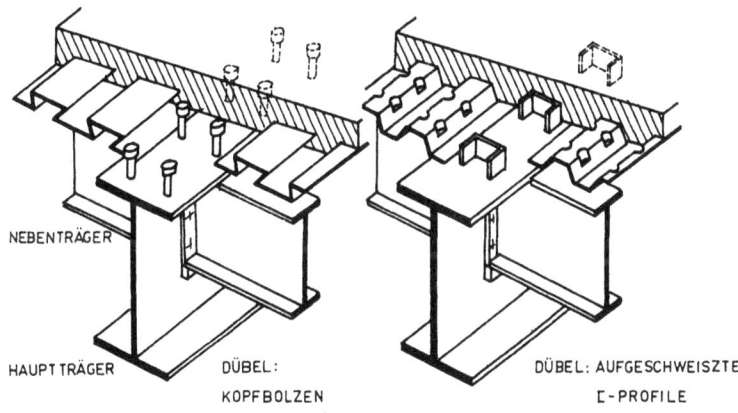

PFETTENLOSE VERBUNDDÄCHER [7.14]

a) EINBAUTEILE IN DEN ECKEN DER KASSETTENPLATTEN (SL = 6000/12000 mm)

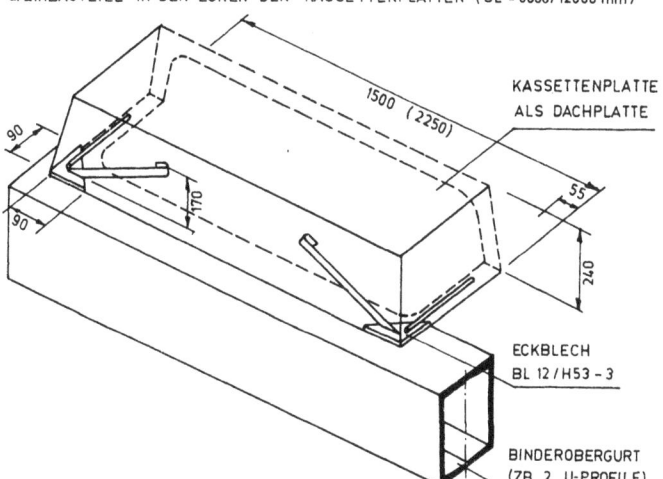

b) FESTE (VERSCHWEISZTE) UND BEWEGLICHE (NICHT VERSCHWEISZTE) AUFLAGERUNG DER KASSETTENPLATTEN

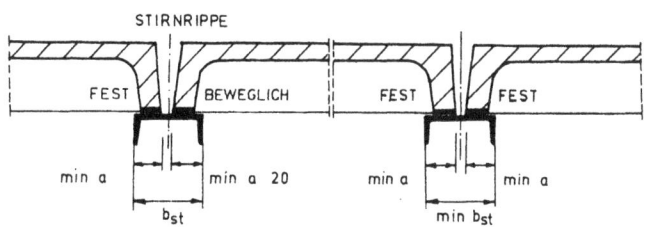

DACHPLATTEN SL [mm]	AUFLAGERBREITE min a [mm]	MINDESTBREITE BINDEROBERGURT min b_{st} [mm]
6000	50	160
12000	60	200

c) STARRES WIDERLAGER BEI AUSSPARUNGEN IN DER DACHSCHEIBE

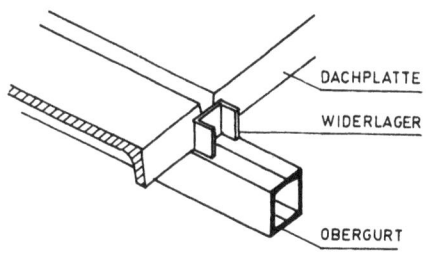

d) VERANKERUNG AM FIRST ZUR AUFNAHME DER ABTRIEBSKRAFT

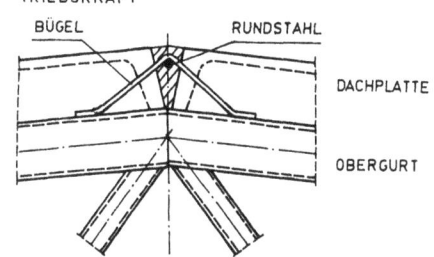

e) MATERIALBEDARF FÜR STAHLVERBUNDFACHWERKE [7.12.]

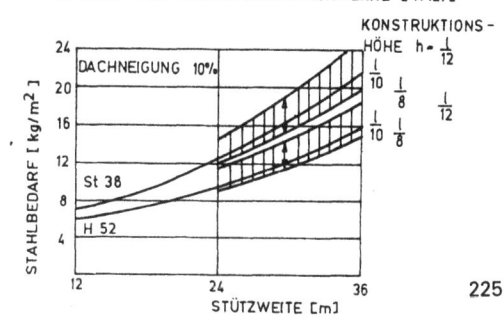

8. Seildachtragwerke

von Hans-Peter Bräuer

Nachdem die bereits Ende des 19. Jahrhunderts in Rußland durch Shukov errichteten ersten Hängedächer aus Drahtseilen [8.3] keine weitere Verbreitung gefunden hatten, kam es erst im Jahre 1950 durch Nowicky beim Entwurf seiner Raleigh-Halle [8.4] zur Wiederentdeckung des Seiles als Tragelement im Hochbau. Seitdem finden Seiltragwerke in aller Welt zunehmend Anwendung für Gesellschafts-, Industrie- und Landwirtschaftsbauten, wobei sie vor allem dann bevorzugt werden, wenn große Flächen stützenfrei zu überdachen sind.

Diese Eignung verdanken sie in erster Linie der Tatsache, daß sie Lasten über ihre häufig weit gespannten Tragseile mittels reiner Zugbeanspruchung ableiten. Auf dieser Grundlage wird es möglich,

- einen minimalen Materialeinsatz für das Dachtragwerk zu erzielen, da weder die querschnittsvergrößernde Knickzahl druckbeanspruchter Tragelemente noch die ungleichmäßige Querschnittsauslastung der Biegeelemente in Kauf genommen werden muß, und
- beliebig hochfesten Stahl konstruktiv anzuwenden. Die in naher Zukunft zu erwartende Vervielfachung der Stahlfestigkeiten [8.3] wird vor allem im Bereich der Zug-Systeme voll nutzbar sein.

Welche Spannweiten durch Seiltragwerke erschließbar sind, deuten moderne Hängebrücken mit Pylonenabstand von fast 1 300 m an. Obwohl die bisher ausgeführten Hängedächer selten mehr als 100 m frei überspannen, lassen Projekte und Studien für Spannweiten von 300 ... 600 m erwarten, daß im Zusammenhang mit der Entwicklung großräumiger Technologien künftig bedeutend größere Weiten mit Hilfe dieser Konstruktionen stützenfrei überdacht werden [8.1, 8.2]. Wirtschaftliche Vorteile ergeben sich dabei aus:

- der Dachmontage ohne Schalung und Gerüste (außer für die Randkonstruktion),
- der weitgehenden Ausnutzung des hochfesten Stahles,
- der relativ kurzen Bauzeit,
- dem hohen Vorfertigungsgrad und aus
- geringen Transport- und Montagekosten infolge leichter Fertigteile.

Seildachtragwerke weisen die geringste Bauhöhe aller Raumtragwerks-Arten auf $\left(\frac{1}{15} ... \frac{1}{25} \text{der Spannweite}\right)$, sind akustisch und lüftungstechnisch vorteilhaft und besitzen neben geringer Setzungsempfindlichkeit eine relativ hohe Feuersicherheit [8.3, 8.5]. Vor allem aber bietet die Anwendung der Seilkonstruktionen im Hochbau, besonders die der Seilnetze, dem Entwerfenden eine außergewöhnliche Vielzahl von Möglichkeiten der Formgebung. Durch zielgerichtetes Gestalten im Sinne eines Optimierungsprozesses können Tragsysteme entwickelt werden, die den funktionellen, technischen, ökonomischen und ästhetischen Anforderungen an das Bauwerk in hohem Maße entsprechen [8.6].

Die beim Entwurf von Seildachkonstruktionen auszubildenden statischen Teilsysteme, dargestellt in Tafel 8.1, tragen folgenden Hauptanforderungen aus der Statik und Kinematik des Seiles Rechnung:

- Beseitigung der für Baukonstruktionen unverträglich großen kinematischen Verschiebungen bei Lastveränderung (Bild 8.1). Dieser Forderung, deren Erfüllung für die Funktion wie für die Konstruktion des Daches unbedingt notwendig ist, wird durch das Dachstabilisierungssystem entsprochen.
- Gewährleistung des Ausgleiches der in Dachfirst-Höhe auftretenden großen Horizontalkräfte, die in der Regel ein Mehrfaches der Vertikallast betragen. Dies veranschaulicht Bild 8.2. In Abhängigkeit von den unterschiedlichen Randbedingungen für die Bauwerksgestalt (Funktion, Ästhetik, Baugrund usw.) kommt hierfür ein geschlossenes oder ein offenes Randverankerungssystem zur Anwendung. Während das erstere den Horizontalkraft-Ausgleich in Dachhöhe gewährleistet, wird im offenen System die Spreizkraft erst im Baugrund ausgeglichen. In jedem Falle jedoch hat die Wahl und Durchbildung des Randverankerungssystems entscheidenden Einfluß auf die Ökonomie des Gesamtbauwerkes.
- Verminderung der freien Spannweiten durch Zwischenstützung ist oft auch bei Anwendung von Seil-Tragsystemen sinnvoll, da sie zur Verringerung der zu verankernden Horizontalkräfte führt. Bei Zeltsystemen (Blatt 8.05) dient das Zwischenstützungssystem darüber hinaus zur Gewährleistung der erforderlichen Höhenentwicklung.

8.1. Tragsysteme

Auf den Blättern 8.01 bis 8.06 ist eine Anzahl möglicher Tragsysteme, nach Grund-Typen geordnet, im Sinne einer Anregung dargestellt, die vielfältig variiert und durch weitere rationelle Systeme ergänzt werden kann. Zur Verdeutlichung der für die einzelnen Tragelemente zutreffenden Beanspruchungsart wurden dabei Zugglieder grundsätzlich mit einem Strich und Druck- sowie Biegeglieder mit mindestens zwei Strichen dargestellt.

In entsprechender Ordnung weist Tafel 8.2 hierzu Einflußfaktoren und Parameter für den Entwurf aus. Im folgenden sollen zu den einzelnen System-Typen noch einige erläuternde und ergänzende Bemerkungen gemacht werden.

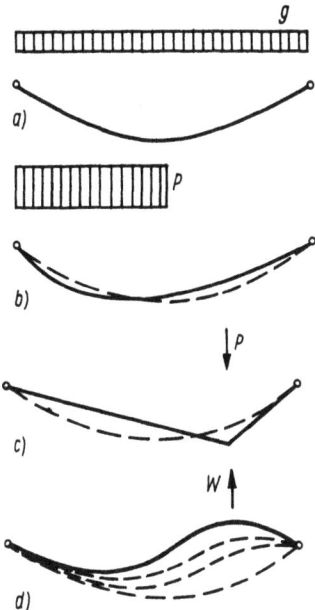

Bild 8.1 Abhängigkeit der Seilform von der Belastung
a) Gleichlast
b) halbseitige Last
c) Einzellast
d) Windsog

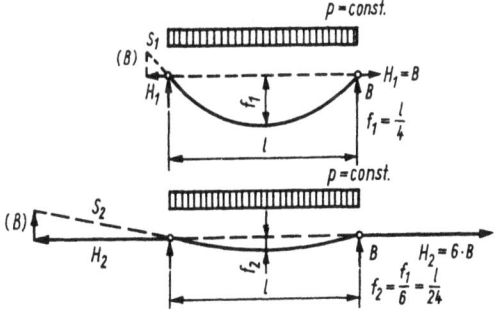

Bild 8.2 Einfluß der Pfeilhöhe f auf die Größe der Horizontalkräfte

8.1.1. Hängeschalen (Blatt 8.01)

Hängeschalen stellen die Weiterentwicklung der ursprünglich nur durch Eigenlast stabilisierten einlagigen Seildachtragwerke dar, deren Betondachfläche nun,

Tafel 8.1 Varianten statischer Teilsysteme für den Entwurf von Seildachtragwerken

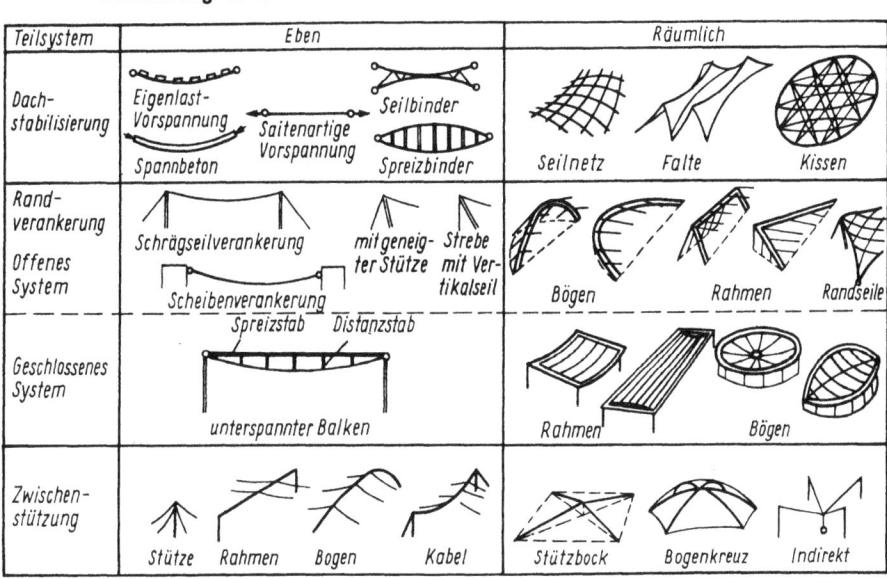

zur weiteren Verminderung der Verformbarkeit und zur Vermeidung der Rißgefahr, zusätzlich vorgespannt ist. Ihre Herstellung und Vorspannung erfolgt meist so, daß die im Abstand von etwa 1,0...1,5 m verlegten Tragseile des Daches nach Einhängen von Beton-Fertigteilplatten durch Belastung mit einem Ballast, der um etwa 30...50% größer als die zu erwartende maximale Nutzlast ist, zusätzlich gedehnt und in diesem Zustand die Plattenfugen vergossen werden [8.2]. Die gedehnten Seile bzw. Spannglieder erzeugen nach Wegnahme der Zusatzbelastung Druckspannungen in der gesamten Betondachfläche, die sie gegenüber zeitweiligen Lasten (Schnee, Wind, Begehung) als schubsteife, gering verformbare Schale wirken lassen.

Neben dieser ausführlich dargestellten Methode der Vorspannung, die u. a. beim realisierten Projekt des Blattes 8.07 angewandt wurde, sind bei Verwendung von Spannstählen jedoch auch andere Vorspann-Verfahren, zu denen im Abschn. 4. Hinweise gegeben werden, möglich.

Während die Dachentwässerung bei Hängeschalen über Rechteckgrundriß durch Ausbildung einer zu den Giebeln geneigten Trauf-Rinne leicht möglich ist, bereitet sie bei Kreisgrundriß generell Schwierigkeiten, denen nur mit einer Innenentwässerung des Daches akzeptabel zu begegnen ist.

8.1.2. Spannstahldächer (Blatt 8.01)

Spannstahldächer erhalten ihre Flächenstabilisierung durch eine hohe, saitenartige Vorspannung der in 1,0...2,0 m Abstand, oft paarweise angeordneten Seile oder Spannglieder. Die Ableitung der großen Horizontalkräfte aus Vorspannung sowie lang- oder kurzzeitigen Lasten erfolgte bei bisher ausgeführten Bauwerken in der Regel über massive Endbauwerke oder Stützböcke in den Baugrund.

Im 6. Bild des Blattes ist ein geschlossenes Randverankerungssystem dargestellt (Vorschlag des Verfassers). Es bietet, durch Nutzung ohnehin erforderlicher schwerer Träger in Dachhöhe (Kranbahnträger u. dgl.) zur Ausbildung eines Spreizsystems, die Möglichkeit, Spannstahldächer auch für beliebig hohe und relativ kurze Hallen anzuwenden.

Tafel 8.2 Grundtypen der Seildachtragwerke Einflußfaktoren und Parameter für den Entwurf

Tragsystem (Blatt-Nr.)	Prinzip-darstellung	Spannweiten-bereich	geometrische Parameter	günstiger Grundriß	Vorzugs-bedingungen	Typ der Dachhaut	bisherige Anwendung
Hängeschale (5.01)		$l = 40...70\,m$ bzw. bei Kreisgrundriß $\emptyset\,30...>100\,m$	$f = \frac{1}{8}...\frac{1}{15}\,l$	Rechteck Kreis	• große Dachlasten (Schneegebiet > II) • hohe bauklimatische Forderungen	schwer (Beton) bis mittelschwer (LB), vorgefertigte Elemente art Kleinformatig (1...2 m²)	• Sporthallen (bes. Schwimmhallen) • Auditorien • Produktionshallen • Bahnsteigdächer • Stadiondächer
Spannstahldach (5.01)		$L = n \cdot a > 45\,m$ ($L...$Gesamtlänge)	$w_p \leq \frac{1}{50}\,a$ ($w_p...w$ bei max p)	Rechteck langgestreckt	• Gebäudehöhe $H \leq 5\,m$ • Geb.-Länge $L > 60\,m$ • Kranbahn erford. (H und L beliebig)	sehr leicht (dünnes Profil-blech von Rolle oder Strang)	• Bahnsteigdächer • Landwirtschafts-hallen • Industriehallen
Seilbinder (5.02)		$l = 40...>120\,m$	$f_o = f_u = \frac{1}{15}...\frac{1}{25}\,l$	Rechteck (Kreis möglich)	• große Spannweite • Forderung: Material- und Montageaufwand → Min.	leicht, großformatig (Leichtbauplatten in Kassetten- oder Stützstoffbauweise)	• Sporthallen • Industriehallen • Auditorien • Hangars
Spreizbinder Kissen (5.03)		$l = 40...120\,m$	$f_o = f_u \approx \frac{1}{20}\,l$	Kreis (Rechteck möglich)	• große Spannweite • Baugrund mit geringer Tragfähigkeit (Kreisringträger anwenden!)	großformatig leicht (s.o.) bis mittelschwer (falls als Schale vor-gesehen)	• Kongreßhallen • Messehallen • Sporthallen
Seilnetz zwischen steifen Randgliedern (5.04)		bei geraden Randgliedern $l \leq 30\,m$ bei Randbögen $l = 30...$ca. $100\,m$	$f_o = \frac{1}{8}...\frac{1}{20}\,l$ (Tr.seil) $f_u = \frac{1}{20}...\frac{1}{60}\,l$ (Sp.seil) $\frac{f_o}{f_u} \triangleq \frac{max\,p}{min\,p}$	gleichmäßig, ge-krümmte Rand-kurve (Kreis, Ellipse, Parabel)	• hohe Kultur-wert-anforderungen • sehr tragfähiger Baugrund • geringe Schneelast	leicht (Profilblech, Sperrholz) bis mittelschwer (LB, Armozement) • meist Platten < 4 m²	• Messehallen • Film- und Konzertsäle • Sporthallen • Auditorien
zeltförmiges Seilnetz / Rundzelt (5.05)		$D = 30...$ca. $100\,m$ (für $D < 50\,m$ meist Membranzelte)	$f_o = \frac{1}{5}...\frac{1}{15}\,l$ $f_R = \frac{1}{5}...\frac{1}{8}\,l$ $a_R = 10...20\,m$ $\gamma = 30...45°$	regelmäßiges Vieleck-bogen-förmig, aber jede Form näherungsweise erreichbar	• Forderung: gute Umsetzbarkeit, Montage und Transport schnell und leicht • zugfester Baugrund	sehr leicht (PVC-beschichtetes Poly-estergewebe o.ä.) • abschnittsweise vorgefertigt	• Ausstellungszelte • Parkplatz- und Lagerüberdachungen • Dächer für große Produktionsanlagen
zeltförmiges Seilnetz / Wellenzelt (5.05)		$l = 20...60\,m$	$f_o = f_u = \frac{1}{10}...\frac{1}{20}\,l$	Rechteck Kreis	• Forderungen: große stützenfreie Fläche • Transport und Montage leicht	sehr leicht (vgl. Rundzelt) • in großen Teil-flächen vor-gefertigt	• Ausstellungszelte • Gartenrestaurants • Lagerhallen
Seil-Träger-Netz (5.06)		wie bei Seilnetzen, abh. vom Randglied	Falls Träger als Sp.seil $f_o = \frac{1}{15}...\frac{1}{25}\,l$ falls Träger als Tr.seil $f_u = \frac{1}{40}...\frac{1}{75}\,l$	an den Seilenden - bogenförmig an den Trägerenden - gerade	• besondere Dach-form gefordert (abweichend von der Seilfläche)	leicht, großformatig (Profilblechtafeln mit Dämmschicht)	• Sporthallen • Film- und Konzertsäle • Auditorien
(5.06) Abge-hangenes Dach		$l = 30...100\,m$	$\alpha \geq 20...25°$	Rechteck Kreis	• Forderung nach weiter Auskragung • hohes Gebäude als Stützelement	schwer (Beton) bis mittelschwer (LB) • großformatige, vor-gefertigte Platten	• Flughafengebäude (Hangars, Um-schlagpavillons) • Sporthallen • Messehallen

8.1.3. Seilbindersysteme (Blatt 8.02)

Die diesem Tragwerkstyp entsprechende Dachstabilisierung führt durch Anwendung von Spannseilen in der Ebene der Tragseile und Verbindung dieser Seile durch Zugdiagonalen zur Ausbildung von Seilbindern.

Die dargestellten Seilbinder entsprechen ausnahmslos dem im Ausland patentierten System Jawerth, da dieses den gegenwärtig höchsten Entwicklungsstand auf dem Gebiet der ebenen Spannsysteme verkörpert [8.7].

Durch schubfeste Verbindung (Koppelung) von Trag- und Spannseil in Bindermitte und Anordnung geneigter Zugstangen als Spannelemente zwischen den Kabeln wird eine für Seilsysteme ungewöhnlich kleine Verschieblichkeit unter einseitiger Dachlast und eine hervorragende Dämpfung gegenüber Windschwingungen erzielt [8.8]. Bei Hallen mit Kranbahn kann - wie oben - ein geschlossenes Randverankerungssystem Vorteile bringen.

8.1.4. Spreizbinder, Kissen (Blatt 8.03)

Die vor allem über Kreisgrundriß entwässerungstechnisch ungünstige konkave Form der auf Seilbindern ausgebildeten Dachfläche war Anlaß zur Entwicklung des Spreizbinders, bei dem das Spannseil über dem Tragseil verläuft und über Druckstäbe (Spreizstäbe) mit diesem zusammenwirkt.

Spreizsysteme über Kreisgrundriß (Kissen) bieten besondere Vorteile: Die Anwendung des ebenen Kreis-ringträgers als Verankerungssystem führt zu geringer Baugrundbeanspruchung durch reine Vertikallasten mit relativ kleinem Eigenlast-Anteil. Die Dachentwässerung ist einwandfrei lösbar.

Systeme auf Spreizbinder-Basis benötigen in jedem Falle die Anordnung von Kippverbänden, die auf Blatt 8.03 nicht dargestellt sind (vgl. Blatt 8.11). Andere Kissensysteme bieten von Haus aus größere Steifigkeit (dreiläufiges System nach le Ricolais), sind aber im allgemeinen arbeitsaufwendiger [8.5].

8.1.5. Seilnetze zwischen steifen Rändern (Blatt 8.04)

Bei Seilnetzen erfolgt die Stabilisierung des Daches durch Ausbildung eines räumlichen Tragsystems, bei dem die Spannseile, rechtwinklig oder schräg kreuzend, direkt über der Tragseilschar verlaufen und mit ihnen gemeinsam eine sattelförmige, vorgespannte Netzfläche bilden.

Da die Randglieder von Seilnetzsystemen wegen ihrer hohen Belastung statisch günstig geformt werden sollten, erweist es sich als zweckmäßig, nach einigen Vorüberlegungen über Grundriß-Abhängigkeiten und erforderliche Höhenentwicklung, die Form des Tragsystems über eine Variierung geeigneter Randglieder zu entwickeln [8.9]. In dieser Phase des Entwurfsprozesses, die entscheidend für die funktionelle und ästhetische Qualität des Bauwerkes sein kann, ist die Zusammenarbeit zwischen Architekt und Ingenieur von besonderer Bedeutung. Eine Hilfe bei der Ermittlung einer günstigen Form der Netzflächen bieten auch die in [8.4] beschriebenen experimentellen Entwurfsmethoden (Seifenhaut-Experimente u. ä.). Die zur Randverankerung von Seilnetzen dienenden Bögen oder Rahmen sollten – wie auf Blatt 8.04 dargestellt – nur eben gekrümmt und in Vertikalrichtung abschnittsweise gestützt sein.

8.1.6. Zeltartige Seilnetze (Blatt 8.05)

Vom konstruktiven Aufbau den Seilnetzen zwischen steifen Randgliedern gleich, sind zeltartige Seilnetze zwischen Hochpunkten und unterer Verankerung als Rotationsflächen zu entwickeln und vorzuspannen.
Hinsichtlich erreichbarer Grundrißformen bieten Zeltsysteme eine kaum vergleichbare Anpassungsfähigkeit.
Durch die verschiedenen möglichen Stützungsvarianten

- Innenstützung (ein- oder mehrfach),
- Außenstützung (in gleicher oder verschiedener Höhe) und
- direkte oder indirekte Stützung

und die Möglichkeit der Einführung von Grat-, Kehl- oder Augenseilen läßt sich eine unbeschränkt große Zahl unterschiedlicher Tragsysteme entwickeln. Zur Ermittlung der optimalen Zeltform wird eine in [8.4] und [8.6] beschriebene modelltechnische Entwurfsmethode empfohlen, die trotz beachtlichen Aufwandes schneller und sicherer zum Ziel führt als der Versuch einer mathematischen Optimierung.

8.1.7. Seil-Träger-Netze (Blatt 8.06)

Soll eine vorgegebene Dachfläche mit ungleichmäßiger oder sehr geringer Krümmung (ggf. Null) in einer Richtung als Netz-Struktur entworfen werden, so kann dies durch Ersetzen einer Seillage gegen eine Schar entsprechend gekrümmter Tragelemente mit Biegesteifigkeit geschehen [8.10].
Die Entwicklung der optimalen Tragwerksform erfolgt auch hier zweckmäßigerweise auf modellstatischem Wege.

8.1.8. Abgehangene Dächer (Blatt 8.06)

Im Tragsystem Abgehangener Dächer werden die Lasten biegesteifer Dachflächen über Schräg- oder Vertikalseile mittleren oder seitlichen Pylonen bzw. Stützen zugeleitet und von diesen in den Baugrund abgeführt. Diese Seiltragwerksart, eine Kombination von Biege- und Zugelementen verkörpernd, findet bereits seit Ende des 19. Jahrhunderts für den Bau von Hängebrücken Anwendung. Da die Zugelemente bei diesen Konstruktionen in der Regel nur geringe Querbeanspruchungen erhalten, werden häufig an Stelle von Seilen Flach- oder Profilstähle verwendet [8.2].

8.2. Tragkonstruktionen (Blätter 8.07 bis 8.16)

Der Einfluß des Horizontalzuges bei Seildachtragwerken ist häufig über die gesamte Gebäudehöhe bis zu den Fundamenten zu berücksichtigen [8.1]. Daraus folgt, daß die Behandlung der Konstruktion dieser Dächer nicht auf den Dachbereich beschränkt bleiben kann, sondern auf das Gesamtbauwerk ausgedehnt werden muß. Um den notwendigen inneren Zusammenhang zwischen den Konstruktionslösungen des Daches und denen der anderen Bauwerksteile sichtbar zu machen, geschieht die Erläuterung der Tragkonstruktionen hier durch detaillierte zeichnerische Darstellung von ausgeführten Gebäuden mit Seildach.
Weitere Hinweise zur Konstruktion und Technologie der dargestellten Projekte sind im Anhang zu [8.11] enthalten. Ebenfalls an dieser Stelle sind umfangreiche Aussagen und Darstellungen zu Konstruktionsdetails, wie zum Seilmaterial, zu Seil-Endverankerungen, -anschlüssen und -knoten sowie zur Dachhaut-Ausbildung aufgeführt.

8.3. Vorbemessung

Zum Zwecke der Vorbemessung soll im folgenden ein aus [8.11] entnommenes Näherungsverfahren dargestellt werden, das bei Verwendung von Kurventafeln eine schnelle, mathematisch einfache und – für das Stadium der Bauwerks-Konzipierung – ausreichend genaue Ermittlung der Seilkräfte ermöglicht. Es muß jedoch darauf hingewiesen werden, daß – obwohl Seildachtragwerke gegenüber statischer Überbelastung ein günstiges Verhalten zeigen – in jedem Falle während der Projektierungsphase ein genauer Festigkeitsnachweis zu führen ist, der die aerodynamische Stabilität (Sicherheit gegen Windschwingungen) und die Sicherheit der Randkonstruktion des Daches belegt. Ein solcher Nachweis kann zweckmäßig nach [8.12] oder [8.13], für Seilnetze auch nach [8.9] und im Falle der EDV-Anwendung nach [8.1] oder auch nach [8.13] geführt werden.
Grundsätzlich gelten für vertikal belastete Seile die statischen Beziehungen (Bild 8.3):

Moment des Ersatzträgers $M(x) = Hd(x)$,

Horizontalkraft $H = \dfrac{\max M}{f} = \text{const.}$,

Seilkraft $S = \dfrac{H}{\cos \beta}$,

Seillänge $L \approx l \left(1 + \dfrac{8}{3} \dfrac{f^2}{l^2} + \dfrac{h^2}{l^2}\right)$,

Maximalbelastung $\max q = g + \max p$,

Minimalbelastung $\min q = g - \min |w|$.

Unter der Voraussetzung gleichgroßer, entgegengerichteter Krümmungen und gleichgroßem E-Modul von Trag- und Spannseillage, eines Steifigkeitsfaktors φ aus dem Quotienten von Minimal- und Maximallast sowie gleichmäßig verteilter Dachlast (g, p und w) gelten für die einzelnen Tragsystem-Typen die nachfolgend aufgeführten Vorbemessungsansätze.

8.3.1. Hängeschalen

Hängeschalen über Rechteckgrundriß (Bild 8.4)
Resultierende Streifenlast $R = qla$,

Horizontalkraft $H = \dfrac{Rl}{8f}$,

maximale Seilkraft $\max S = \max R s_1$,

erforderlicher Stahlquerschnitt $\text{erf } A = \nu_B \dfrac{\max S}{\sigma_B}$

mit dem Sicherheitsfaktor $\nu_B = 3$, dem dimensionslosen Tafelwert s_1 nach Tafel 8.3 und der Seilbruchspannung σ_B.

Hängeschalen über Kreisgrundriß (Bild 8.5)
analog

$R = ql\dfrac{a}{2}$, $H = \dfrac{Rl}{12f}$,

$\max S = \max R s_2$, $\text{erf } A = \nu_B \dfrac{\max S}{\sigma_B}$

mit s_2 nach Tafel 8.3.

Die Durchsenkung w_m in Seilmitte ergibt sich aus

$$w_m \left(\dfrac{16f^2}{3l^2} + \dfrac{H_g}{EA} \right) = \dfrac{H_p f}{EA}.$$

Tafel 8.3 Funktionswerte s_1 für Hängeschalen

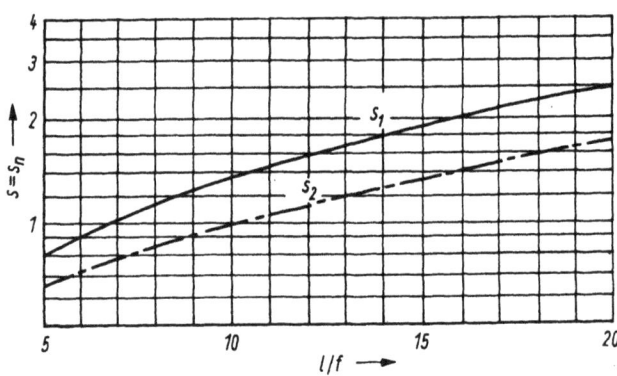

8.3.2. Spannstahldächer (Bild 8.6)

Da Spannstahldächer ohne Durchhang f entworfen werden und lediglich unter Belastung eine Durchsenkung w erleiden, ist für sie das in diesem Abschnitt angeführte Vorbemessungsverfahren nicht anwendbar. Es wird dafür eine unter Anwendung der exakten Berechnungsansätze aufgestellte Bemessungstafel für die maximale Seilkraft S und die erforderliche Vorspannkraft V angegeben, die den nachfolgend genannten, praktisch sehr häufig vorliegenden Bedingungen entspricht, als Abschätzungsgrundlage jedoch auch für andere Belastungs- oder Spannungsverhältnisse Aussagen ermöglicht.

Annahmen für die Aufstellung von Tafel 8.4 waren:

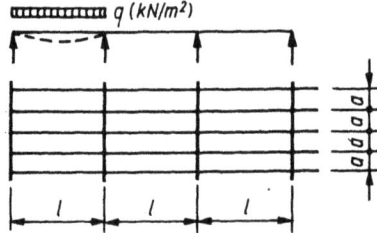

Bild 8.6 Spannstahldach, Systemskizze

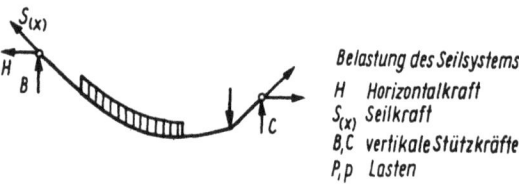

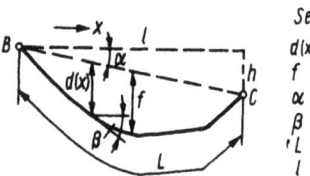

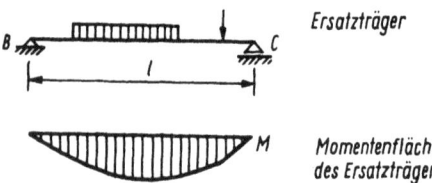

Bild 8.3 Geometrie und Belastung des nicht vorgespannten Seiles

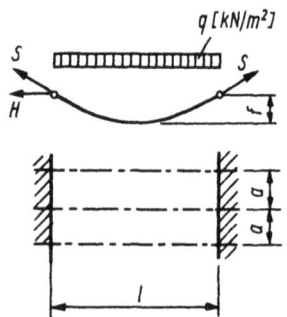

Bild 8.4 Hängeschale über Rechteckgrundriß

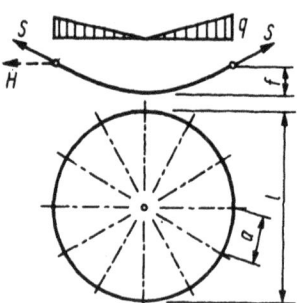

Bild 8.5 Hängeschale über Kreisgrundriß

$q = 0{,}75 \text{ kN/m}^2$ (aus $g'' + s''$),

$T = (273{,}15 \pm 25) \text{ K}$,

$l = 2 \ldots 10 \text{ m}$, $\max w = \dfrac{1}{50} l$,

$\sigma_B = 1500 \text{ N/mm}^2$ (Stahl-Bruchspannung).

Bemessung: $\text{erf } A = \dfrac{a}{5} \max S$ [cm²].

Erforderlicher Seilquerschnitt mit a [m] und $\max S$ [kN/m] aus Tafel 8.4.

Tafel 8.4 Bemessungstafeln für Spannstahldächer bei Normalbedingungen (siehe Text)

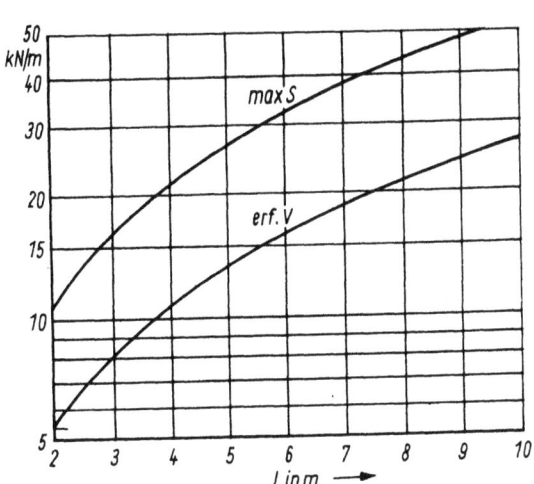

8.3.3. Seil- und Spreizbinder (Bild 8.7)

Steifigkeitsfaktor $\quad \varphi = \dfrac{A_2}{A_1} = \dfrac{\min q}{\max q}$,

Vorspannungsfaktor $\quad \varrho = \dfrac{f_2}{f_1} = \dfrac{H_{10}}{H_{20}} = 1$,

Lastverteilungszahlen $\quad \varkappa_1 = \dfrac{1}{1+\varphi}, \quad \varkappa_2 = 1 - \varkappa_1$,

Krümmung $\quad k = \dfrac{8f_1}{l^2} = \dfrac{8f_2}{l^2}$.

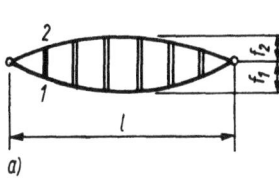
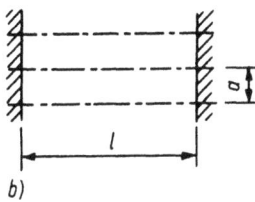
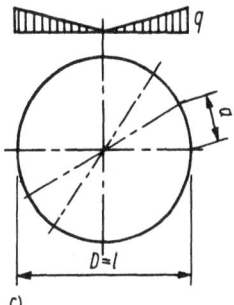

Bild 8.7 Seil- und Spreizbinder
a) Ansicht
b) über Rechteckgrundriß
c) über Kreisgrundriß

Seil- und Spreizbinder über Rechteckgrundriß (Bild 8.7b)

$\max R = \max q l a, \qquad \max H_1 = \dfrac{\max Rl}{8f_1}$,

$\max S_1 = \max R s_1 \quad$ mit s_1 nach Tafel 8.5,

$\text{erf } A_1 = \nu_B \dfrac{\max S_1}{\sigma_B}, \qquad \text{erf } A_2 = \varphi A_1$,

$\max w_m \approx 1{,}6 \dfrac{\varkappa_1 \max H_1}{k E A_1}$.

Seil- und Spreizbinder über Kreisgrundriß (Bild 8.7c)

$\max R = \max q l \dfrac{a}{2}, \qquad \max H_1 = \dfrac{\max Rl}{12 f_1}$,

$\max S_1 = \max R s_2 \quad$ mit s_2 nach Tafel 8.5,

$\text{erf } A_1 = \nu_B \dfrac{\max S_1}{\sigma_B}, \qquad \text{erf } A_2 = \varphi A_1$,

$\max w_m \approx 0{,}55 \dfrac{\varkappa_1 \max H_1}{k E A_1}$.

Ausfachung

beim Seilbinder: $\quad \max Z = \dfrac{\varkappa_2 \max q a \lambda}{\cos \gamma}$,
(Bild 8.8a)

$\quad \text{erf } A_Z = \dfrac{\max Z}{\text{zul } \sigma}$;

beim Spreizbinder: $\max D = -\varkappa_2 \max q a \lambda$,
(Bild 8.8b)

$\quad \text{erf } A_D = \dfrac{\omega \max D}{\text{zul } \sigma}$

mit der geschätzten Knickzahl ω zwischen 3 und 5.

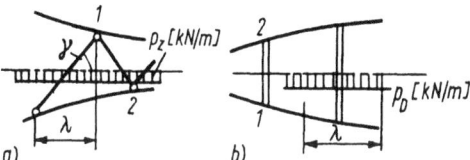

Bild 8.8 Seil- und Spreizbinder, Ausfachung

Tafel 8.5 Werte s_1 für Seilbinder

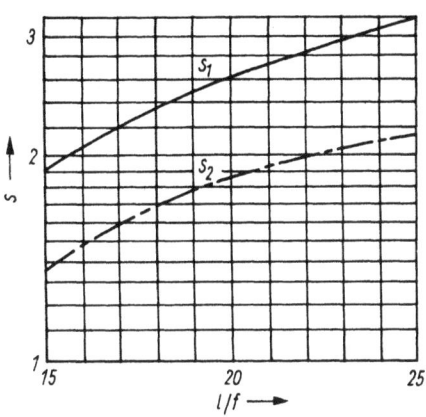

8.3.4. Seilnetz zwischen steifen Rändern (Bild 8.9)

$\varphi = \dfrac{A_y}{A_x} = \dfrac{\min q}{\max q}$,

Vorspannungsverhältnis $\varrho = \dfrac{H_{x0}}{H_{y0}} = \dfrac{k_y}{k_x} = 1$,

Krümmungen: aus $k = \dfrac{8 f_x}{l_x^2} = \dfrac{8 f_y}{l_y^2} \;$ folgt $\; f_y = f_x \dfrac{l_y^2}{l_x^2}$,

Lastverteilungszahlen $\varkappa_x = \dfrac{1}{1+\varphi}, \quad \varkappa_y = 1 - \varkappa_1$,

$\max R_x = \max q l_x a, \qquad \max H_x = \dfrac{\max R_x}{k_x l_x}$,

$\max S_x = \max R_x s_x \quad$ mit s_x nach Tafel 8.6,

$$\text{erf } A_x = \nu_B \frac{\max S_x}{\sigma_B}, \qquad \text{erf } A_y = \varphi A_x,$$

$$w_m = (1{,}15 \ldots 1{,}35) \frac{\varkappa_x \max H_x}{k E A_x}.$$

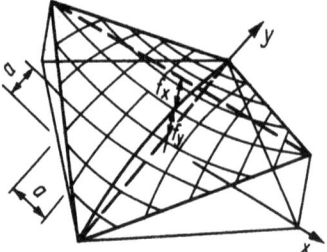

Bild 8.9 Seilnetz zwischen steifen Rändern

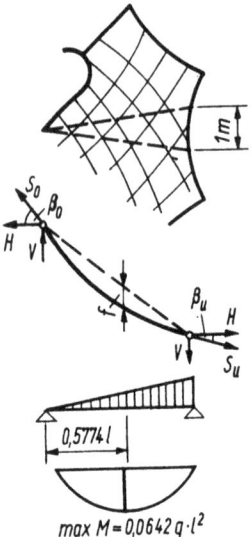

Bild 8.10 Zeltartige Seilnetze

Tafel 8.6 Werte s_x für Seilnetze

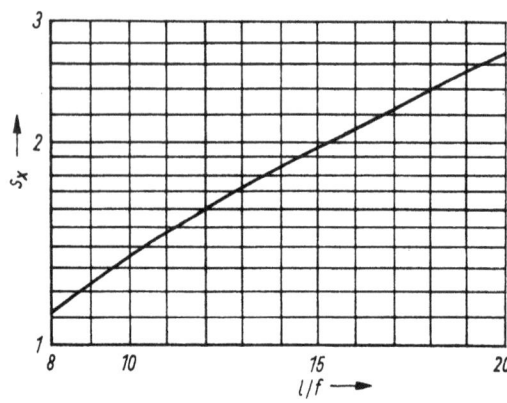

8.3.5. Zeltartige Seilnetze (Bild 8.10)

$$\varphi = \frac{A_y}{A_x} = \frac{\min q}{\max q},$$

Vorspannungsverhältnis $\varrho = \dfrac{H_{x0}}{H_{y0}} = \dfrac{k_y}{k_x} = 1$.

Krümmungen: aus $k = \dfrac{16 f_x}{l_x^2} = \dfrac{16 f_y}{l_y^2}$ folgt $f_y = f_x \dfrac{l_y^2}{l_x^2}$,

Lastverteilungszahlen $\varkappa_x = \dfrac{1}{1+\varphi}, \qquad \varkappa_y = 1 - \varkappa_x$;

$$\max R_x = \max q l_x \frac{a}{2}, \qquad \max H_x = \frac{2 \max R_x}{k l_x},$$

$$\max S_{x0} = \max R_x s_{x0} \quad \text{mit } s_{x0} \text{ nach Tafel 8.7,}$$

$$\text{erf } A_x = \nu_B \frac{\max S_{x0}}{\sigma_B}, \qquad \text{erf } A_y = \varphi A_x,$$

$$w_m = (1{,}15 \ldots 1{,}35) \frac{\varkappa_x \max H_x}{k E A_x}.$$

Tafel 8.7 Werte s_{x0} für Zelte

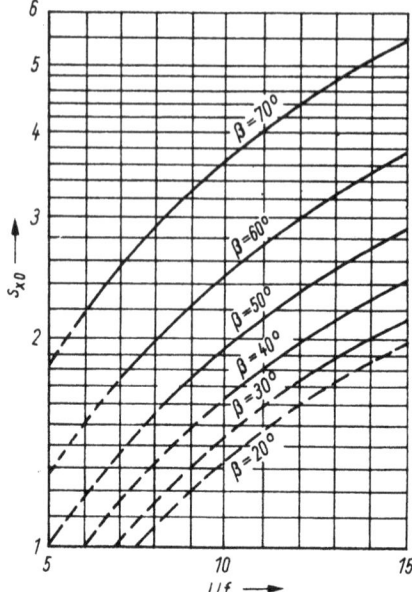

Literatur

[8.1] Dmitriev, L. G.; Kasilov, A. V.: Vantovye pokrytija (rasčet i konstruirovanie) (Hängedächer – Berechnung und Konstruktion). Kiev 1968.

[8.2] Kirsanov, N. M.: Al'bom konstrukcij visjaščich pokrytij. Konstruktivnye i komponovočnye rešenija (Konstruktionsalbum Hängedächer. Konstruktive Lösungen und Bauweisen). Moskva 1965.

[8.3] Rabinovic, I. M.: Hängedächer (Übersetzung aus dem Russischen). Wiesbaden–Berlin (W) 1966.

[8.4] Otto, F.: Grundbegriffe und Übersicht der zugbeanspruchten Konstruktionen. Aus: Zugbeanspruchte Konstruktionen, Bd. 2. Berlin (W), Frankfurt/M., Wien 1966.

[8.5] Makowski, Z. S.: Räumliche Tragwerke aus Stahl. Düsseldorf 1963, S. 180 bis 203.

[8.6] Roland, C.: Frei Otto – Spannweiten. Berlin (W), Frankfurt/M., Wien 1965.

[8.7] Seidel, G.: Der vorgespannte Seil-Fachwerkbinder. Proceedings of the II. International Conference on Prestressed Metal Structures, Tále (ČSSR) 1966, S. 511 bis 523.

[8.8] Jawerth, D.: Ein Beitrag zur Frage der Eigenschwingungen, windanfachenden Kräfte und aerodynamischen Stabilität bei hängenden Dächern. Der Stahlbau 1966, S. 1 bis 7.

[8.9] Eras, G.; Elze, H.: Berechnungsverfahren für vorgespannte, doppelt gekrümmte Seilnetzwerke. Schriftenreihe Ingenieurtheoretische Grundlagen der Deutschen Bauakademie, KB 251.4. Berlin 1960.

[8.10] Tsuboi, Y.; Kawaguchi, M.: Probleme beim Entwurf einer Hängekonstruktion anhand des Beispiels der Schwimmhalle für die Olympischen Spiele 1964 in Tokio. Der Stahlbau 1966, H. 3, S. 65 bis 85.

[8.11] Bräuer, H. P.: Untersuchung der Strukturelemente, Einflußfaktoren und System-Parameter von Hängedächern bei besonderer Beachtung des Tragsystems und der Vorbemessung. Dissertation TU Dresden.

[8.12] Schleyer, K. F.: Berechnung von Seilen, Seilnetzen und Seilwerken. Aus: Zugbeanspruchte Konstruktionen, Bd. 2. Berlin (W), Frankfurt/M., Wien 1966.

[8.13] Pöschel, G.; Ackermann, G.; Beckmann, U.: Berechnung von Seiltragwerken mit schwerem Dach über kreisförmigem Grundriß. Schriftenreihen der Bauforschung, Reihe Industriebau Heft 16. Berlin 1968.

8. SEILTRAGWERKE 8.1 TRAGSYSTEME
BLATT 8.01

EINLAGIGE EBENE SEILSYSTEME

HÄNGESCHALEN

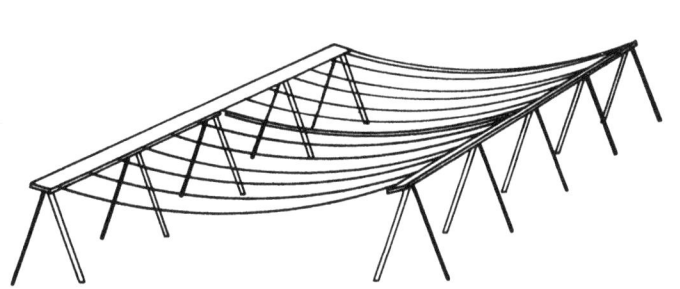

HÄNGESCHALE
ÜBER RECHTECKGRUNDRISS
OFFENES SYSTEM

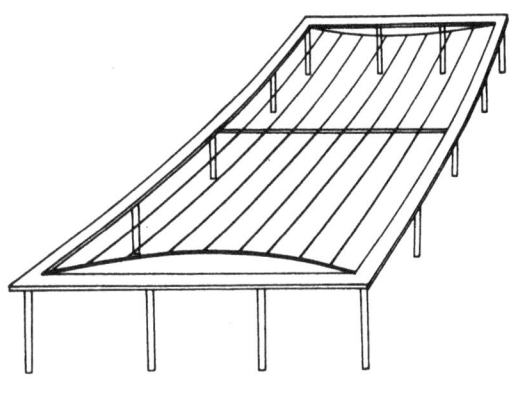

HÄNGESCHALE
ÜBER RECHTECKGRUNDRISS
GESCHLOSSENES SYSTEM

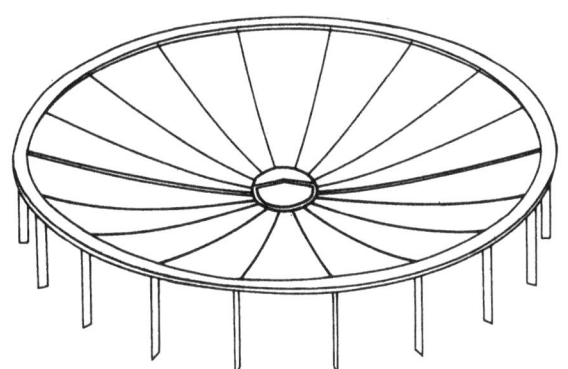

HÄNGESCHALE
ÜBER KREISGRUNDRISS
MIT ZENTRALEM ZUGRING
GESCHLOSSENES SYSTEM

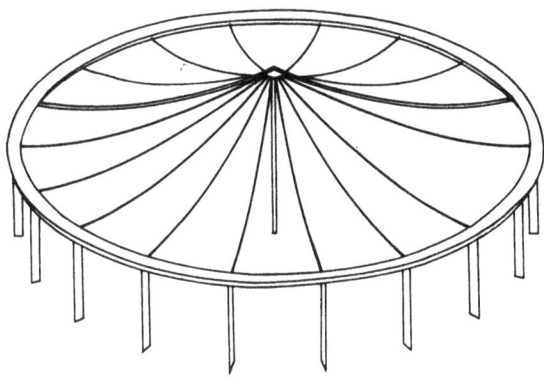

HÄNGESCHALE
ÜBER KREISGRUNDRISS
MIT INNENSTÜTZE (ZELTSCHALE)

SPANNSTAHLDÄCHER

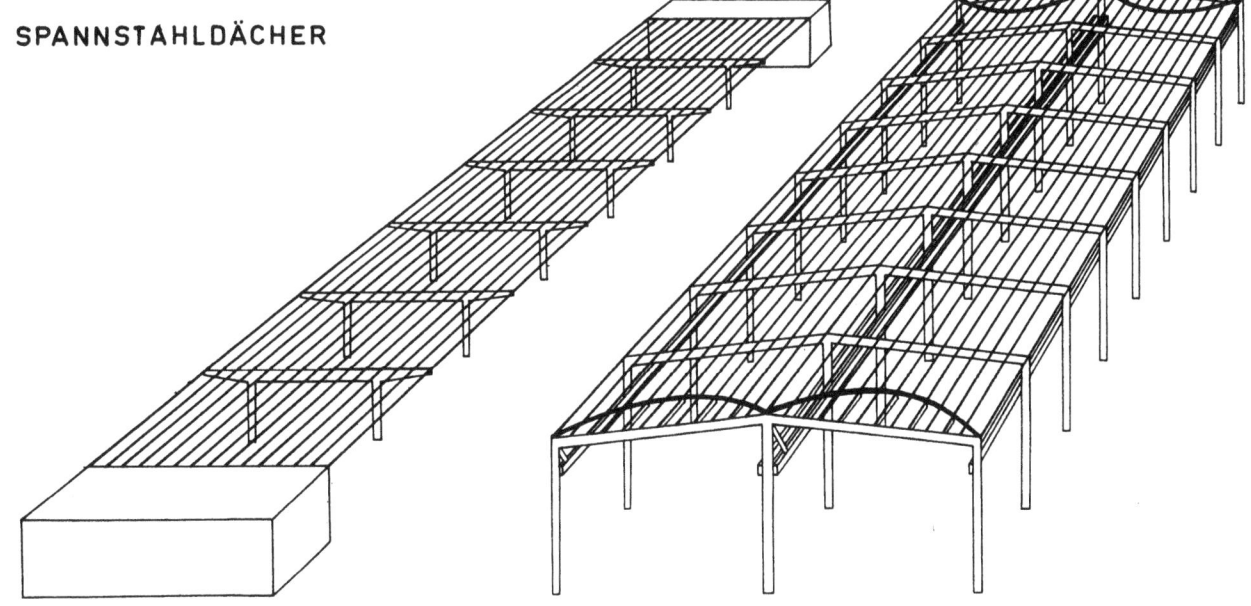

SPANNSTAHLDACH
ZWISCHEN MASSIVEN ENDBAUWERKEN
OFFENES SYSTEM

SPANNSTAHLDACH
ZWISCHEN UNTERSPANNTEN RAHMENRIEGELN
GESCHLOSSENES SYSTEM

8. SEILTRAGWERKE

8.1 TRAGSYSTEME
BLATT 8.02

ZWEILAGIGE EBENE SEILSYSTEME
SPANNSYSTEME / SEILBINDER

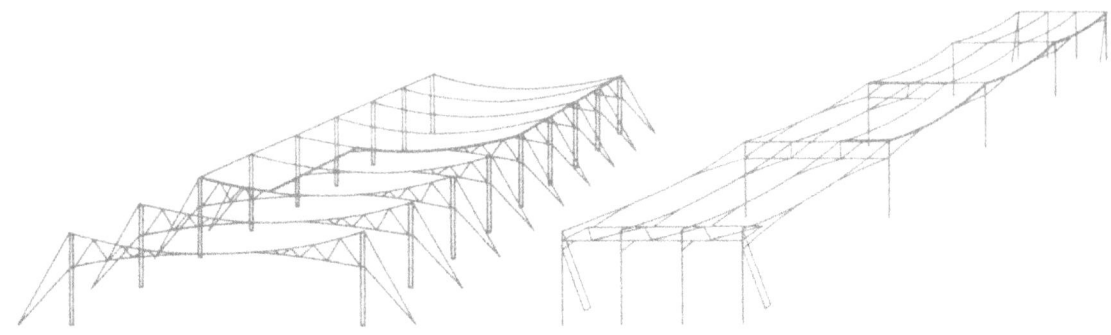

GRUNDSYSTEM DES SEILBINDERS NACH JAWERTH. PARALLELBINDER MIT GEKOPPELTEN SEILEN UND SCHRÄG-VERSPANNUNG, NACH AUSSEN SCHRÄG VERANKERT.

DURCH EINSCHALTUNG VON ZWISCHEN-STÜTZEN GEREIHTE SEILBINDER FÜR LANGGESTRECKTE HALLENGRUNDRISSE. HORIZONTALKOMPONENTE DER BINDER ÜBER STÜTZBÖCKE ABGELEITET

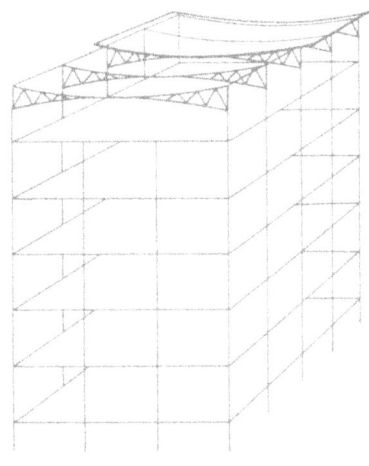
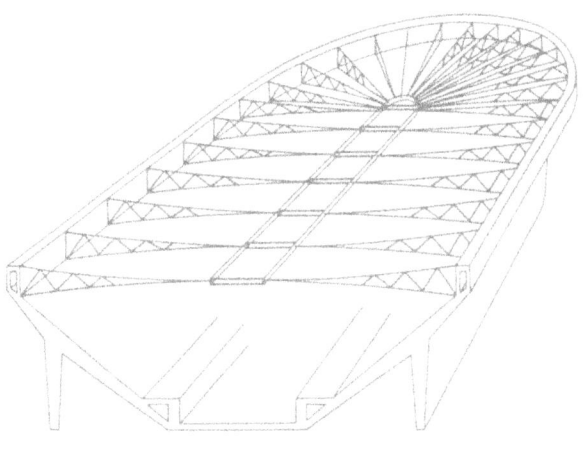

SEILBINDER ALS LEICHTE, WEIT-GESPANNTE DACHKONSTRUKTION VIELGESCHOSSIGER GEBÄUDE

AN TRIBÜNENKONSTRUKTION ANGE-HÄNGENE SEILBINDER MIT ZWISCHENGESPANNTEM LICHTBAND

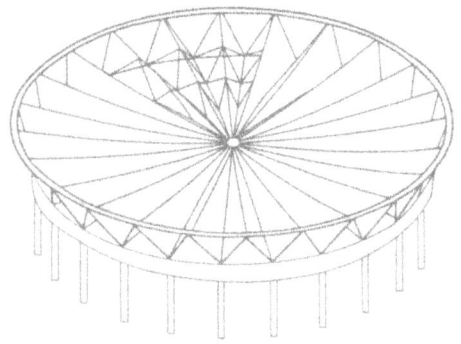
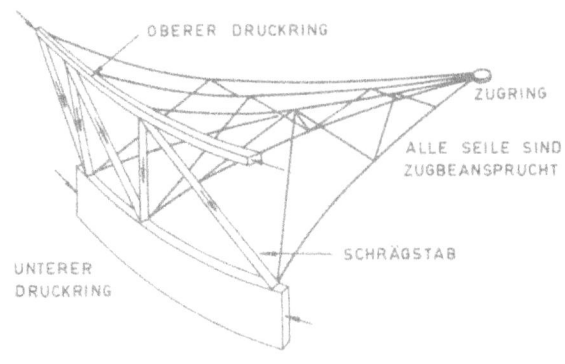

FALTENDACH ÜBER KREISGRUNDRISS GEBILDET DURCH GENEIGTE SEILBINDER ZWISCHEN ZUG- UND DRUCKRING

DETAIL DER BINDERANORDNUNG MIT ANGABE DES KRÄFTEFLUSSES

8. SEILTRAGWERKE

8.1 TRAGSYSTEME
BLATT 8.03

ZWEILAGIGE EBENE SEILSYSTEME
SPREIZSYSTEME / SPREIZBINDER – KISSENSYSTEME

SPREIZBINDER

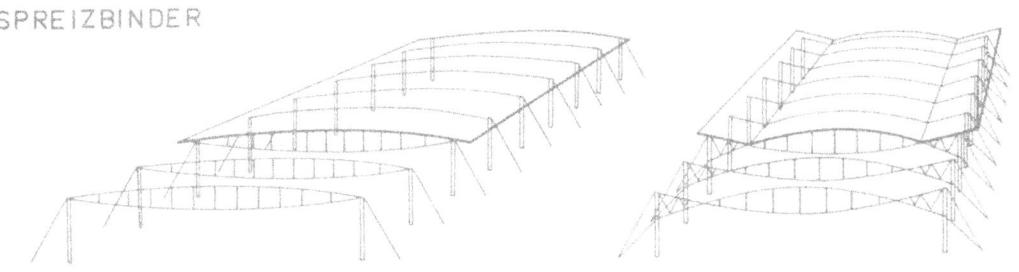

GRUNDSYSTEM
DES SPREIZBINDERS MIT VERTIKALEN
SPREIZEN UND AUSSENABSPANNUNG

KOMBINATION
VON SPREIZ- UND SPANNBINDER
MIT ABSPANNUNG NACH AUSSEN

KISSENSYSTEME

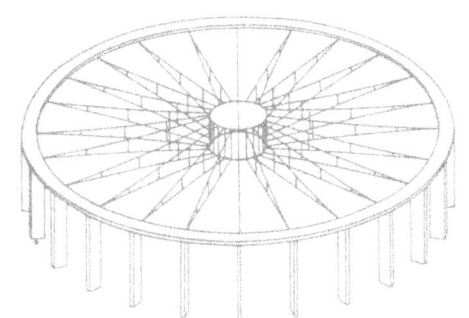

ROTATIONS-SEILSYSTEM
MITTIG GESPREIZT DURCH ZUGRING
VERTIKAL VERSPANNT (SPEICHENRAD)

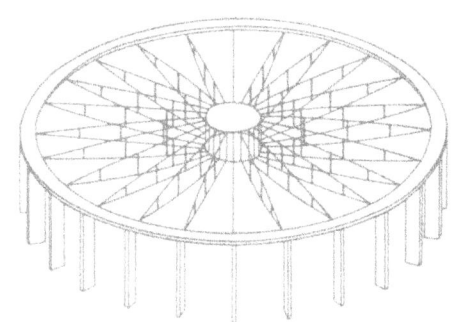

ROTATIONS-SEILSYSTEM
BESTEHEND AUS SPREIZBINDERN
ZWISCHEN DRUCK- UND ZUGRING

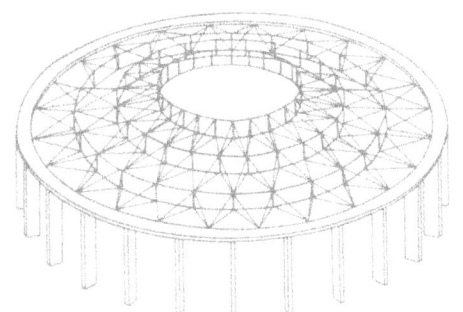

RINGAUFBAU-SYSTEM
MIT ZENTRALER ÜBERHÖHUNG
DURCH EINBAU VON SPREIZSTÄBEN

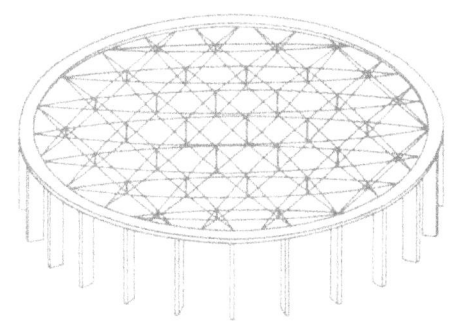

DREI-RICHTUNGS-SYSTEM
NACH LE RICOLAIS, BESTEHEND AUS
UNTER 60° KREUZENDEN SPREIZBINDERN

8. SEILTRAGWERKE

8.1 TRAGSYSTEME
BLATT 8.04

ZWEILÄUFIGE RÄUMLICHE SEILSYSTEME
SEILNETZE ZWISCHEN BÖGEN UND RAHMEN

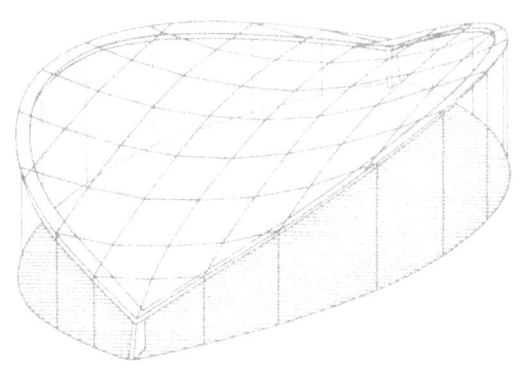

GRUNDSYSTEM
DES ORTHOGONALEN SEILNETZES
ZWISCHEN GENEIGTEN RANDBÖGEN

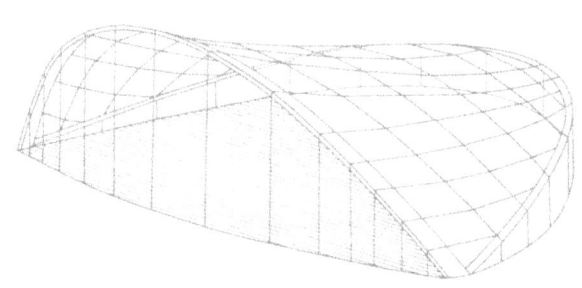

SEILNETZ
ZWISCHEN UNSYMMETRISCH
GENEIGTEN RANDBÖGEN

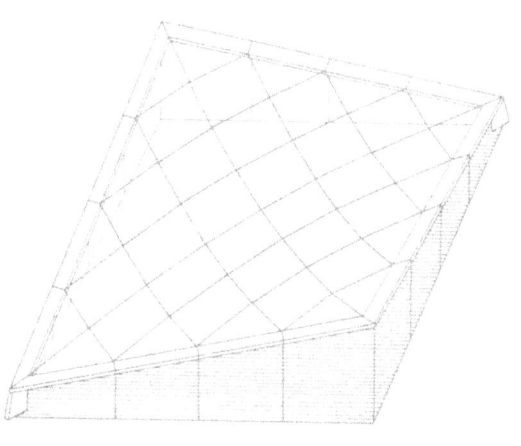

GRUNDSYSTEM
DES ORTHOGONALEN SEILNETZES
ZWISCHEN WINDSCHIEFEM RAHMEN

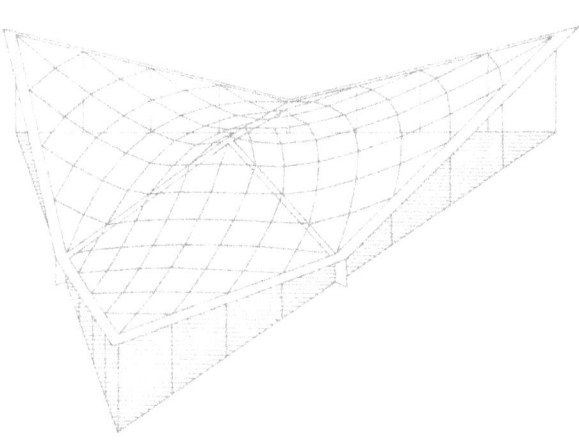

ADDITION VON RAHMENBEGRENZTEN
SATTELFLÄCHEN ÜBER DREIECKIGEM
GRUNDRISS

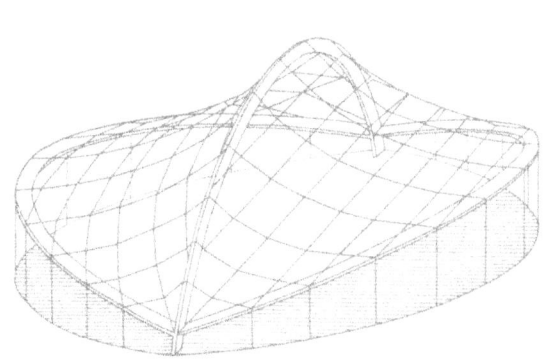

SEILNETZ ZWISCHEN RANDBÖGEN UND
MITTLEREM UNTERSTÜTZUNGSBOGEN
(RÜCKGRAT)

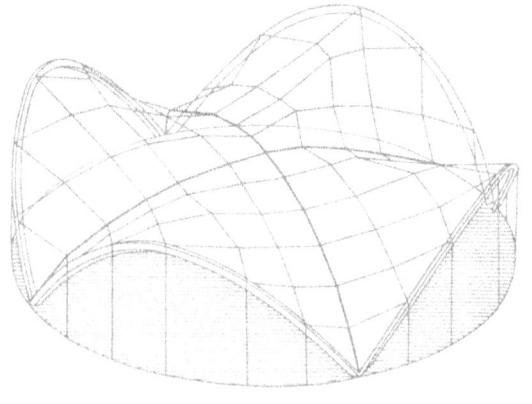

SEILNETZ ÜBER ELLIPTISCHEM
GRUNDRISS ZWISCHEN GENEIGTEN
RANDBÖGEN UND KEHLSEILEN

ZWEILÄUFIGE RÄUMLICHE SEILSYSTEME
SEILNETZE ZWISCHEN STÜTZEN UND RANDABSPANNUNG

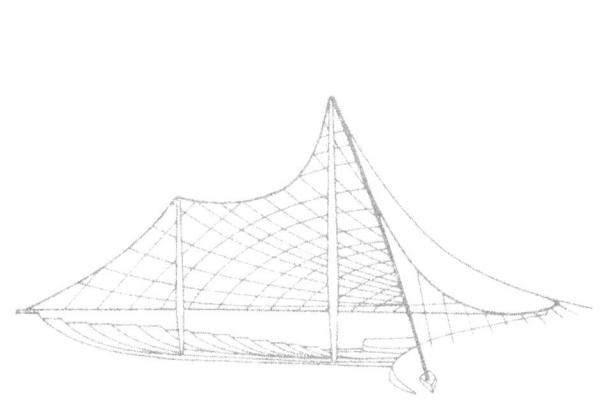

ZELT ÜBER HORIZONTALER BOGENSTÜTZMAUER
MIT DIREKTER RANDSTÜTZUNG

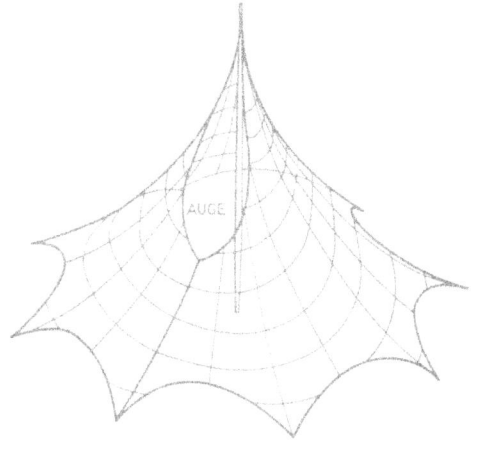

RUNDZELT MIT DIREKTER INNENSTÜTZUNG,
SEILNETZ UMLAUFEND ZWISCHEN RAND-
SEILEN UND AUGENSEIL

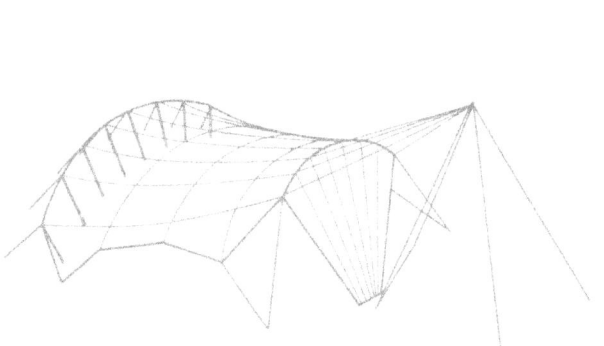

ZELT ÜBER SEKTORFÖRMIGEM GRUNDRISS,
RANDSTÜTZUNG TEILS DIREKT, TEILS INDIREKT
DURCH AUSSENSTEHENDEN PYLON

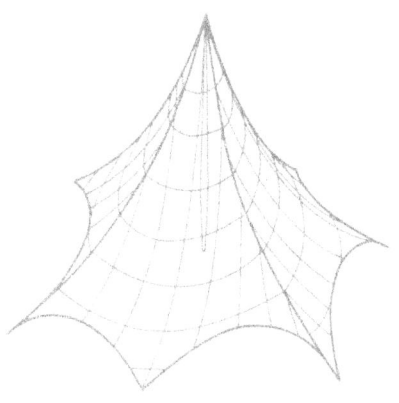

RUNDZELT MIT DIREKTER INNENSTÜTZUNG,
AUS MEHREREN SEILBEGRENZTEN SATTELFLÄCHEN
ZUSAMMENGEFÜGT

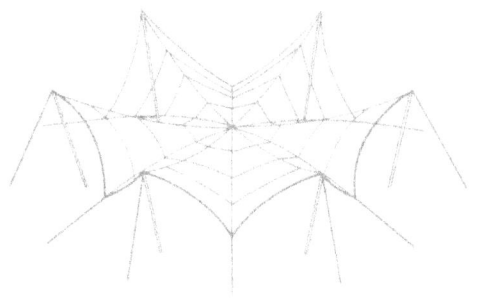

WELLENZELT ÜBER STERNFÖRMIGEM GRUNDRISS
AUSSENSTÜTZUNG UND -ABSPANNUNG

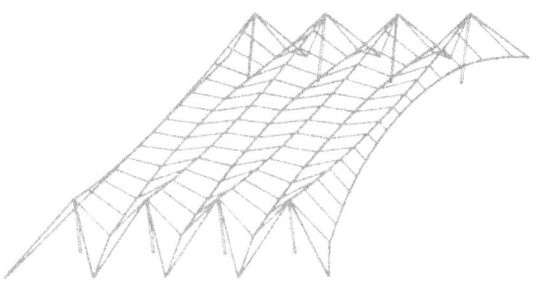

WELLENZELT ÜBER RECHTECKGRUNDRISS,
IM GRUNDRISS PARALLEL VERLAUFENDE
KONVEXE UND KONKAVE SPANNSEILE

8. SEILTRAGWERKE 8.1 TRAGSYSTEME
BLATT 8.06

KOMBINIERTE SYSTEME
SEIL-TRÄGER-NETZE

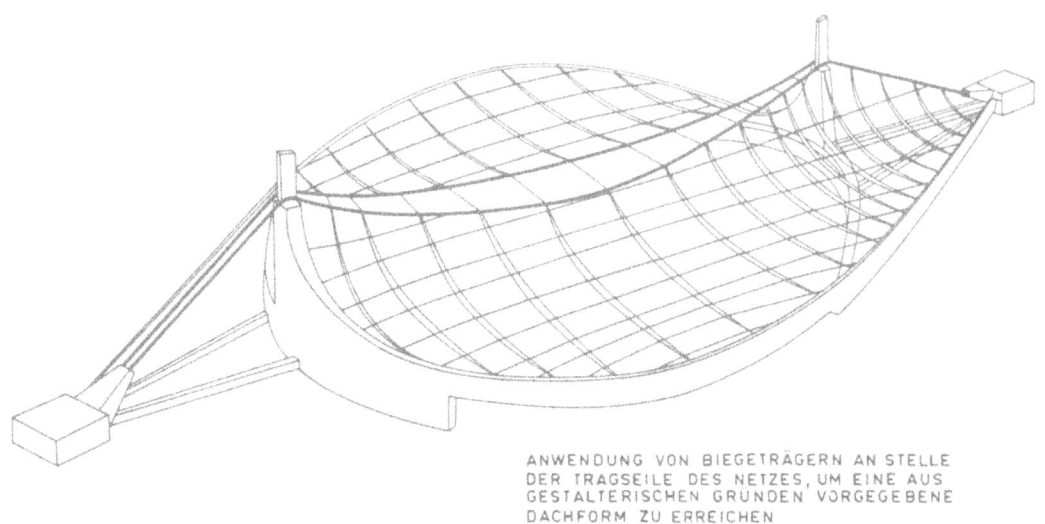

ANWENDUNG VON BIEGETRÄGERN AN STELLE DER TRAGSEILE DES NETZES, UM EINE AUS GESTALTERISCHEN GRÜNDEN VORGEGEBENE DACHFORM ZU ERREICHEN

ABGEHANGENE DÄCHER

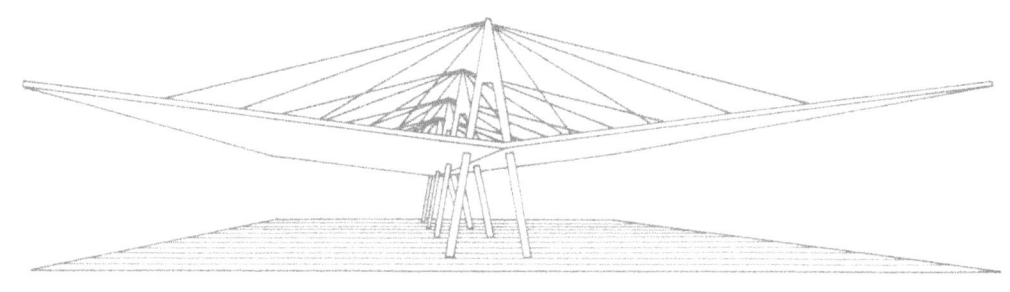

VON MITTELPYLONEN ABGEHANGEN

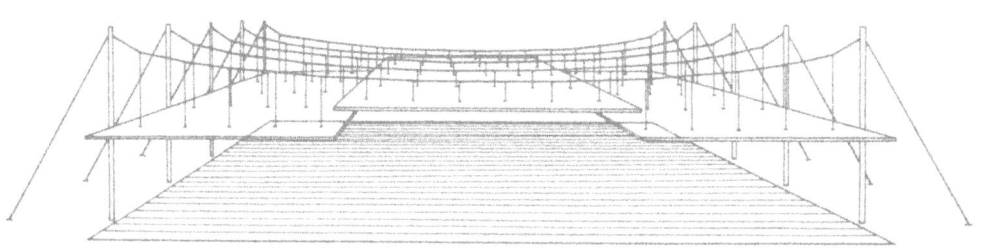

VON TRAGSEILEN ABGEHANGEN

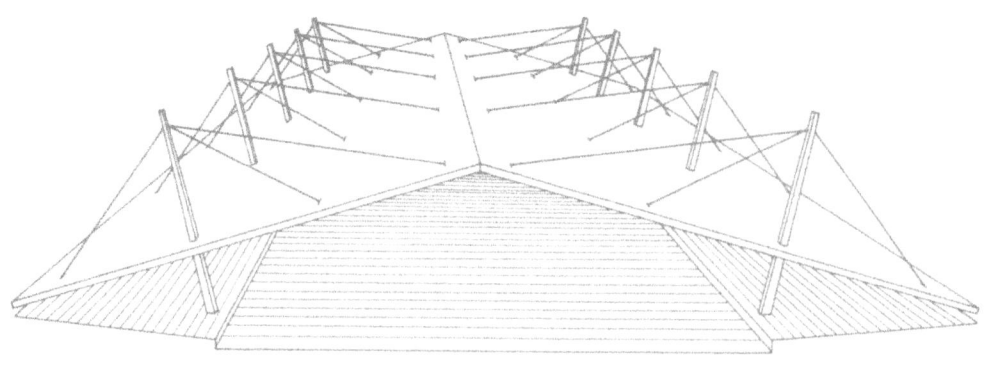

VON SEITENPYLONEN ABGEHANGEN

8. SEILTRAGWERKE 8.2 TRAGKONSTRUKTIONEN
BLATT 8.07

SPORTSCHWIMMHALLE DRESDEN
HÄNGESCHALE ÜBER RECHTECKGRUNDRISS / ANSICHTEN, SCHNITTE

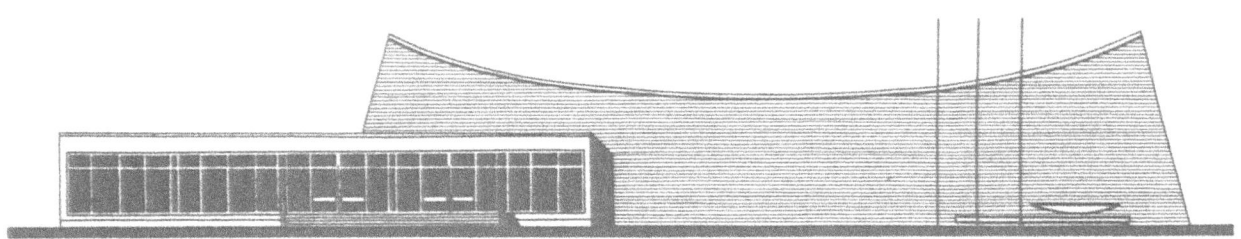

GIEBELANSICHT

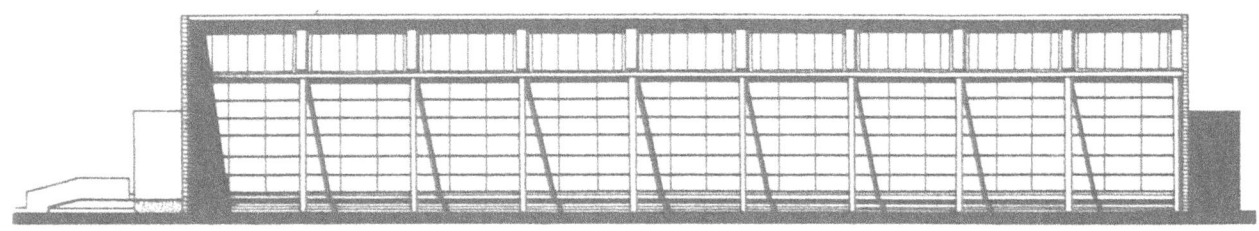

SEITENANSICHT

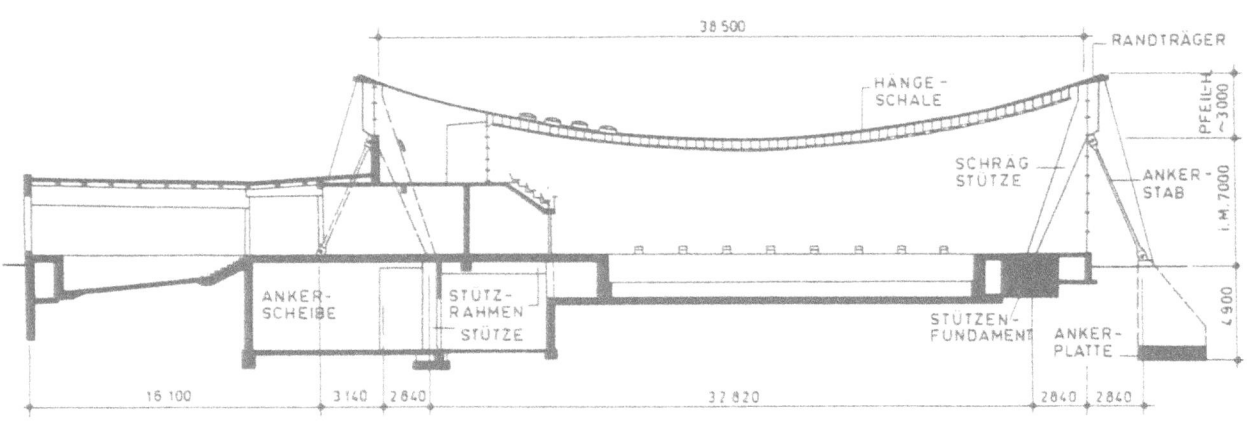

SCHNITT A-A

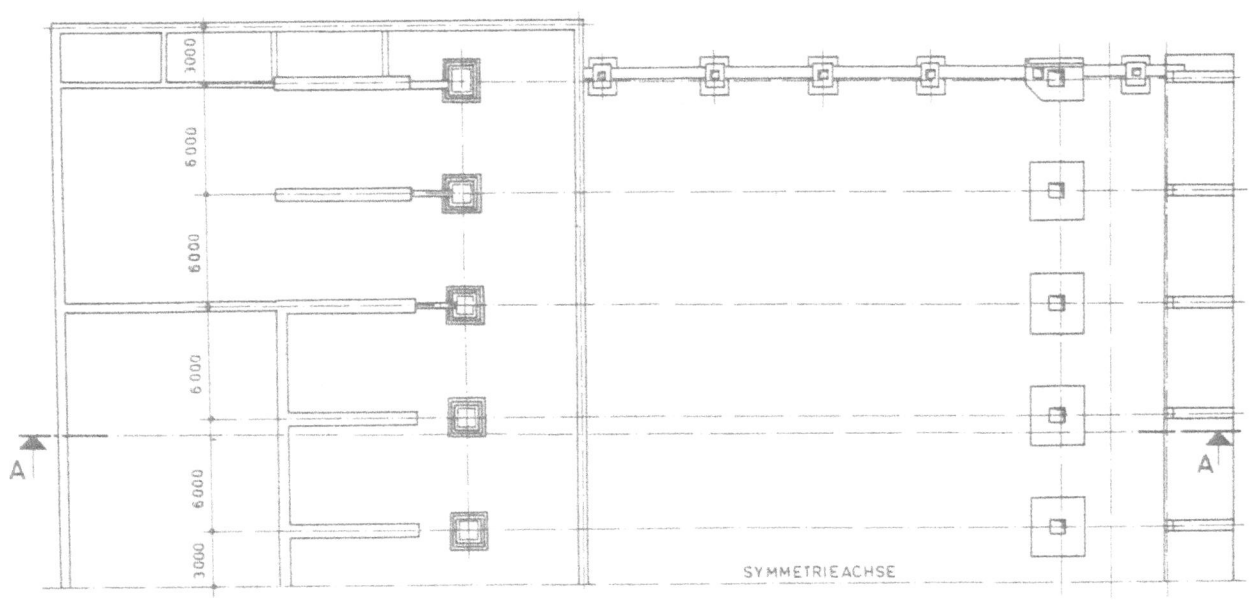

FUNDAMENTGRUNDRISS

8. SEILTRAGWERKE 8.2 TRAGKONSTRUKTIONEN

HÄNGESCHALE ÜBER RECHTECKGRUNDRISS / DETAILS

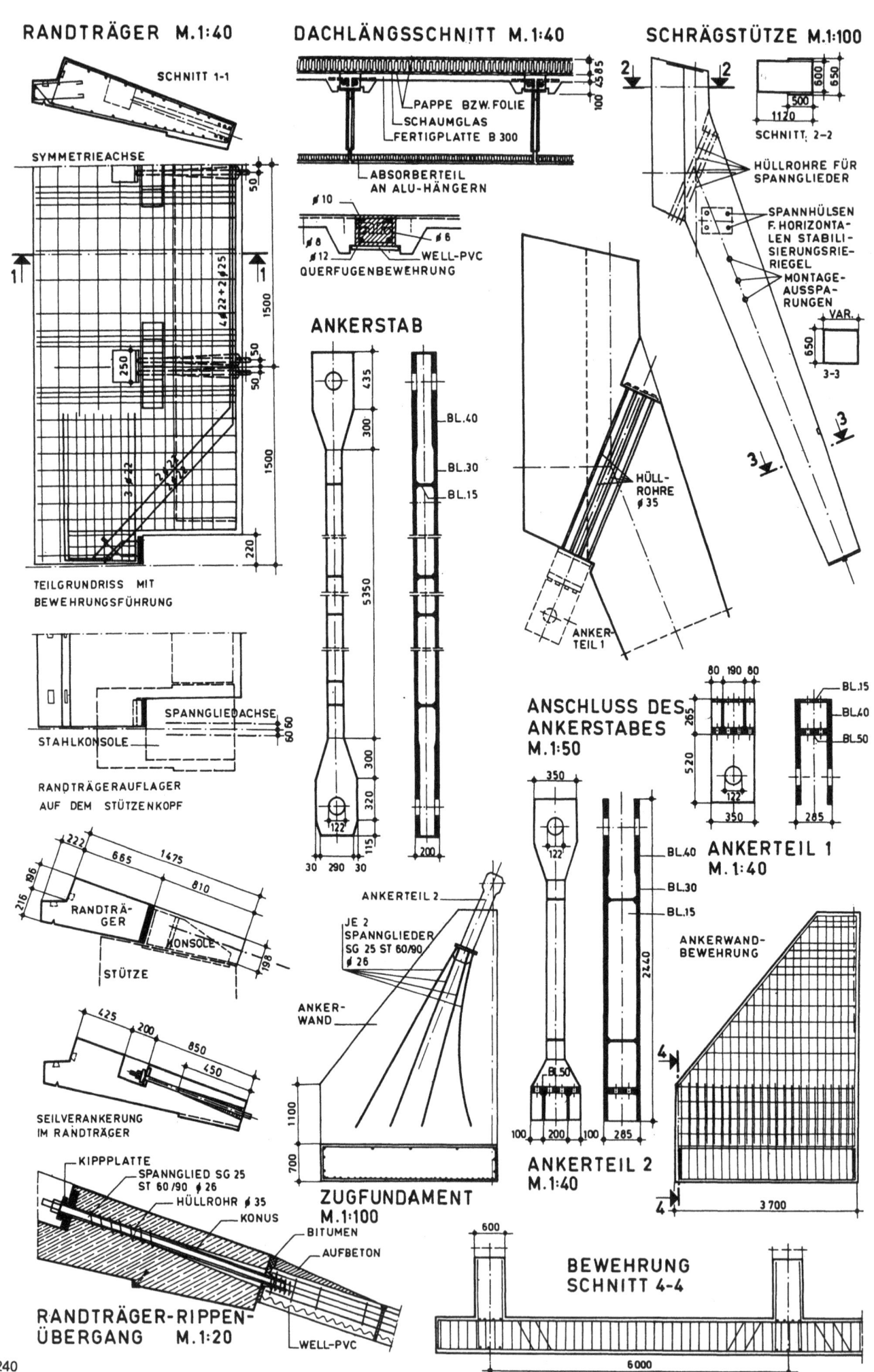

BLATT 8.09

LANDWIRTSCHAFTLICHE MEHRZWECKHALLE
SPANNSTAHLDACH ÜBER 19 FELDER ZWISCHEN ANKERBÖCKEN

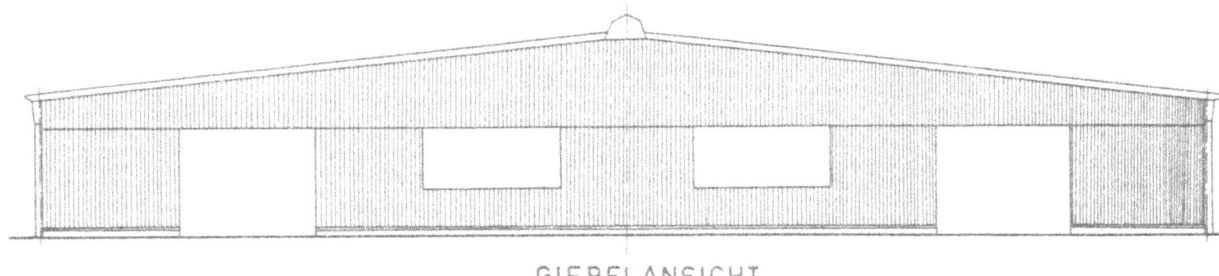

GIEBELANSICHT

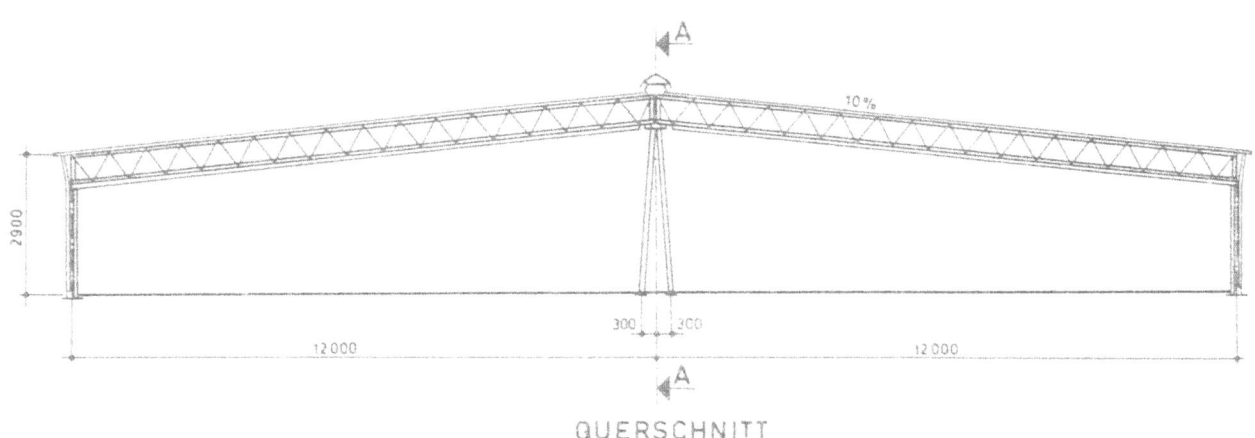

QUERSCHNITT

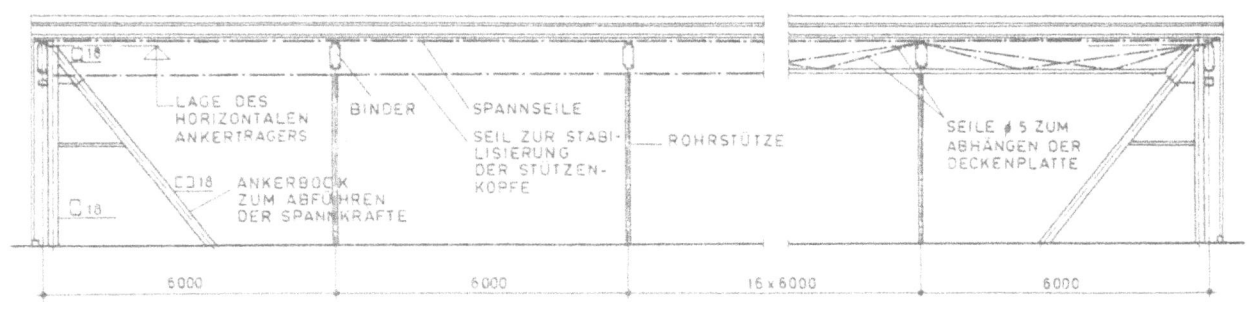

SCHNITT A-A

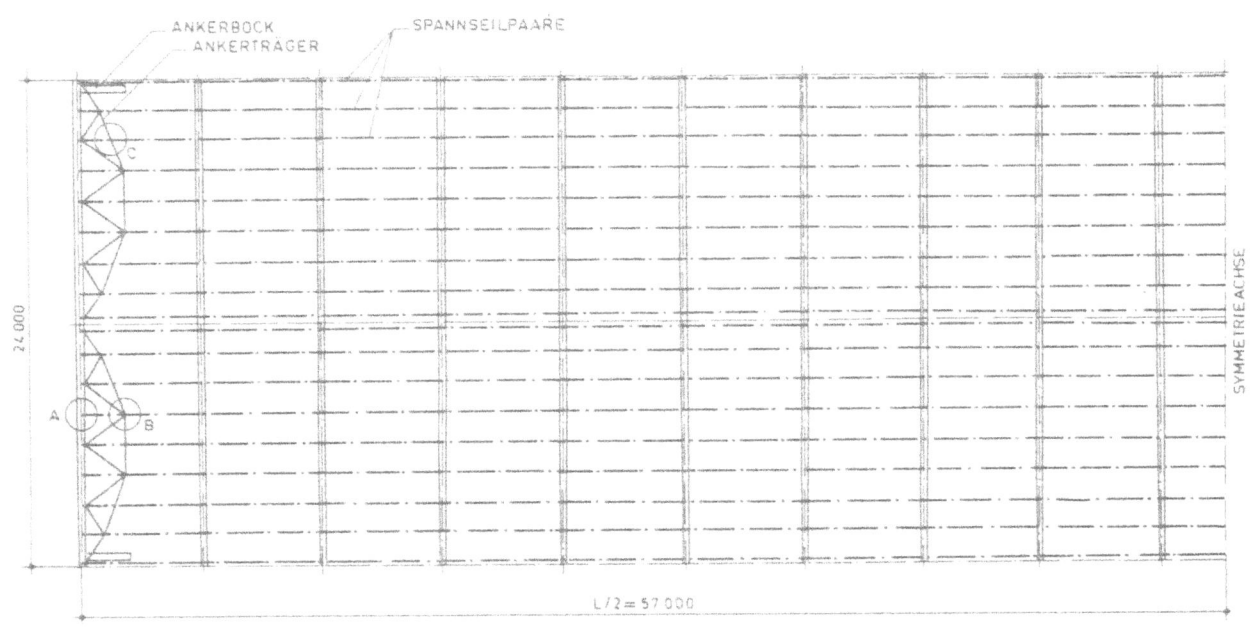

GRUNDRISS

8. SEILTRAGWERKE

8.2 TRAGKONSTRUKTIONEN
BLATT 8.10

SPANNSTAHLDACH / SCHNITTE, DETAILS

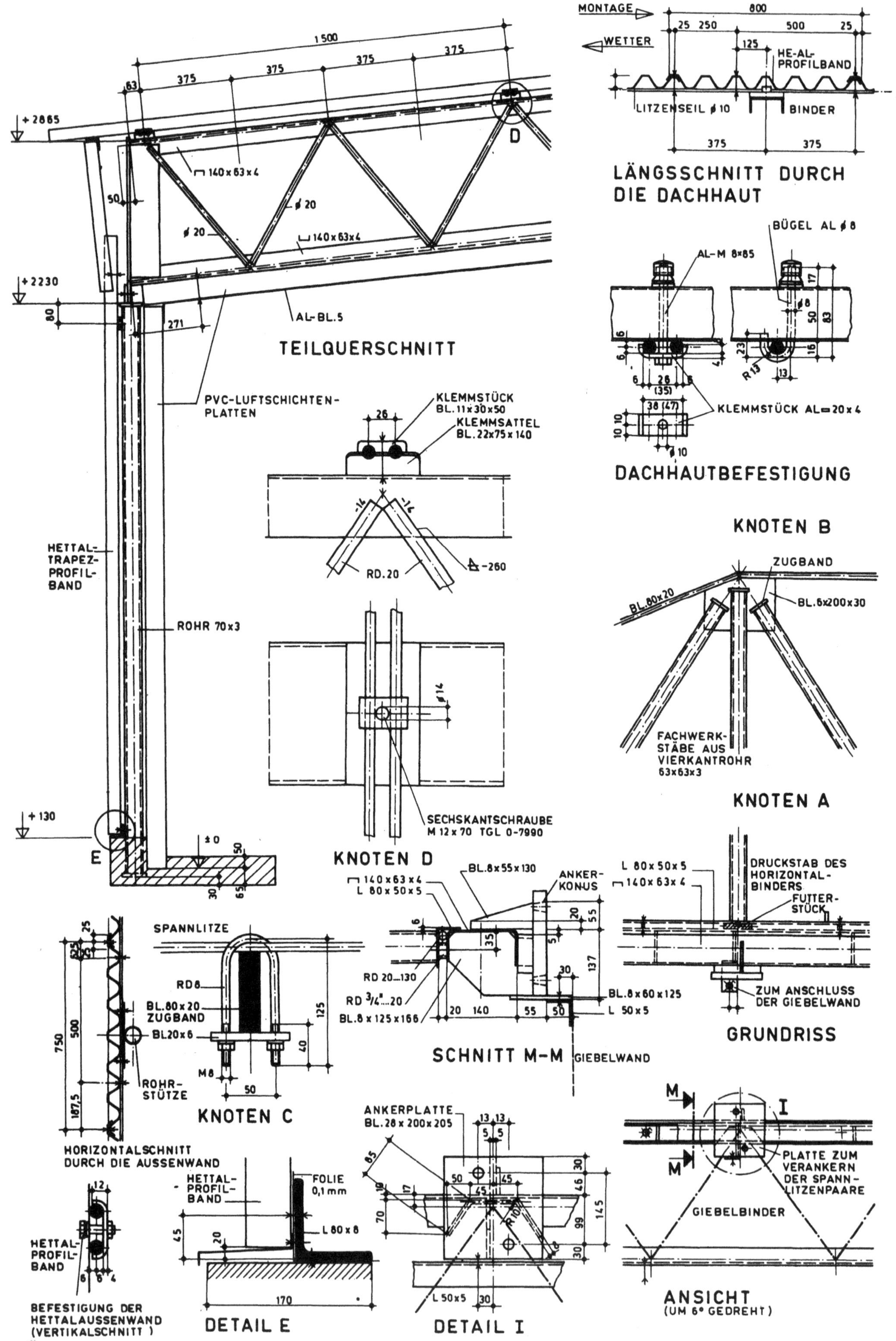

- TEILQUERSCHNITT
- LÄNGSSCHNITT DURCH DIE DACHHAUT
- DACHHAUTBEFESTIGUNG
- KNOTEN B
- KNOTEN A
- KNOTEN D
- KNOTEN C
- GRUNDRISS
- SCHNITT M-M (GIEBELWAND)
- DETAIL E
- DETAIL I
- ANSICHT (UM 6° GEDREHT)
- HORIZONTALSCHNITT DURCH DIE AUSSENWAND
- BEFESTIGUNG DER HETTALAUSSENWAND (VERTIKALSCHNITT)

8. SEILTRAGWERKE

8.2 TRAGKONSTRUKTIONEN
BLATT 8.11

EISSPORTHALLE LENINGRAD
SEILBINDER ÜBER KREISGRUNDRISS / SCHNITTE DETAILS

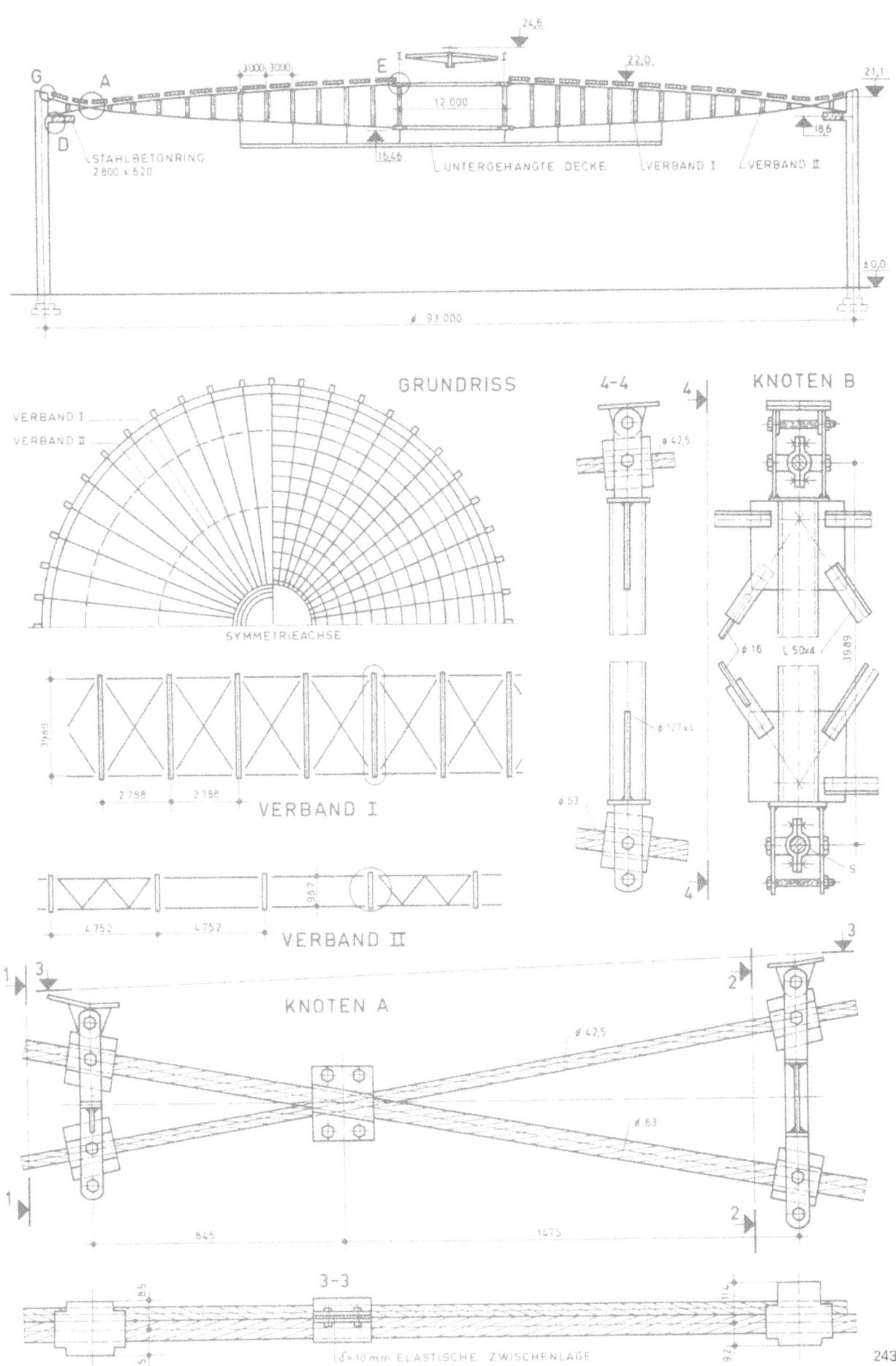

8. SEILTRAGWERKE

8.2 TRAGKONSTRUKTIONEN
BLATT 8.12

EISSPORTHALLE LENINGRAD / DETAILS

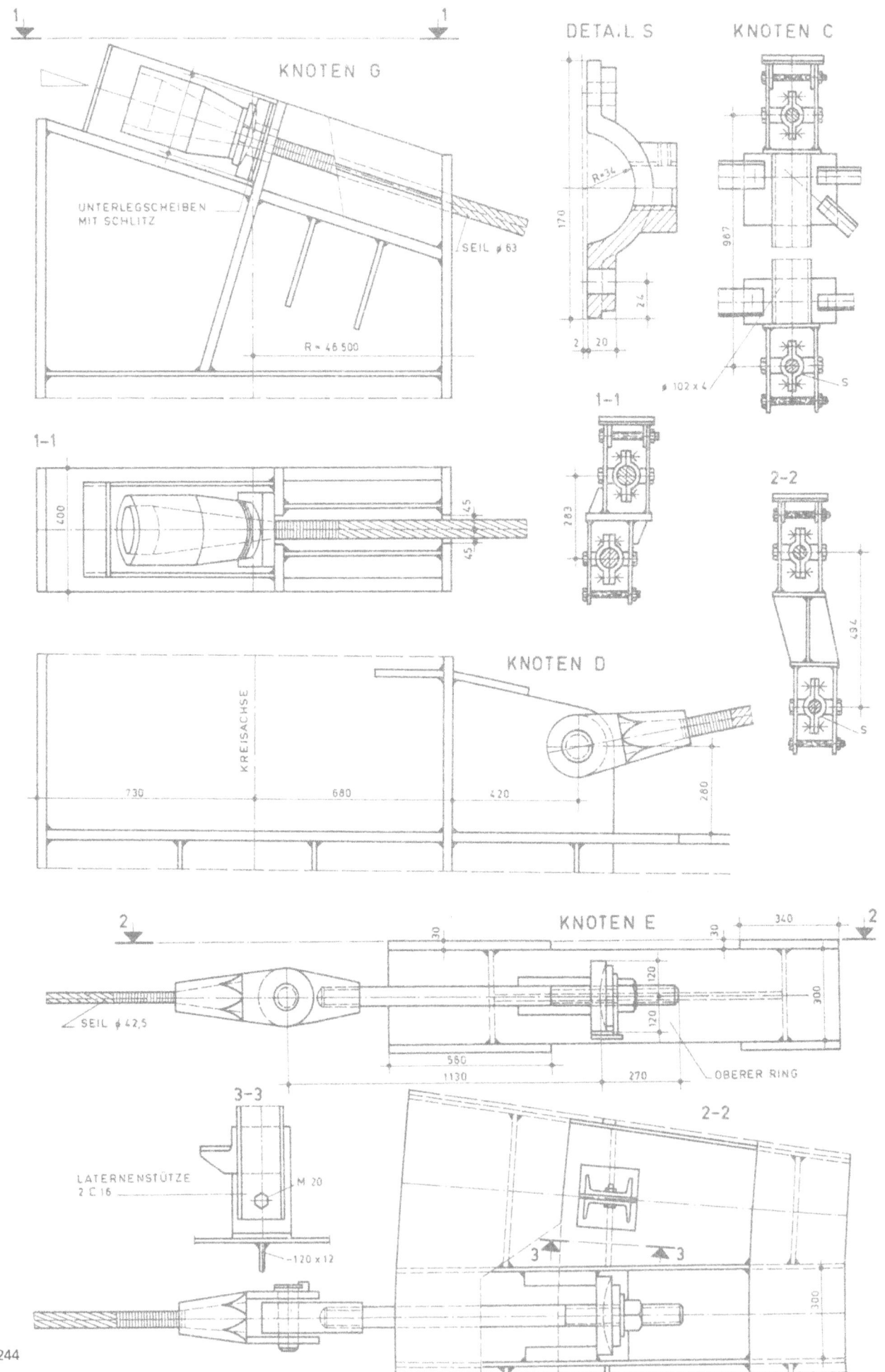

8. SEILTRAGWERKE
8.2 TRAGKONSTRUKTIONEN
BLATT 8.13

FILM- UND KONZERTHALLE CHARKOW
SEILNETZ ZWISCHEN GENEIGTEN BÖGEN / ANSICHT, SCHNITTE

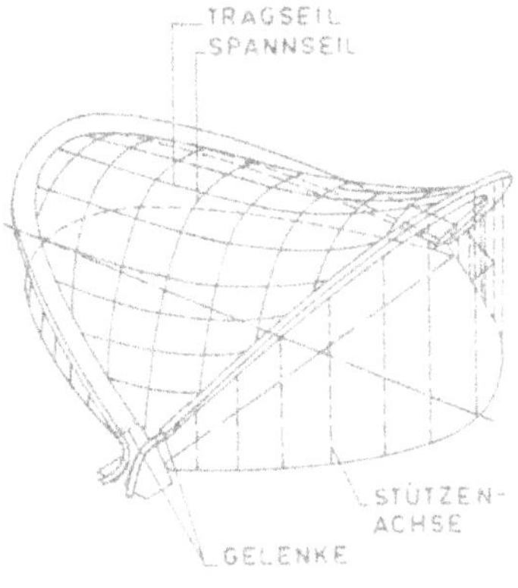

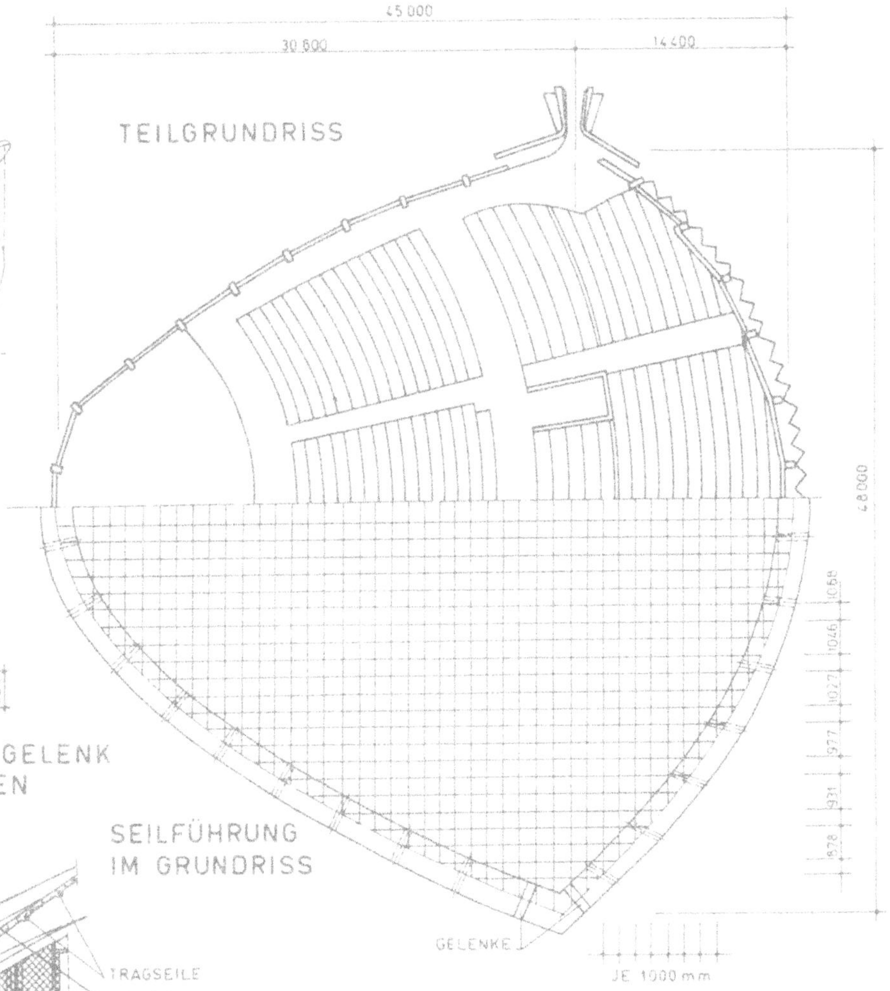

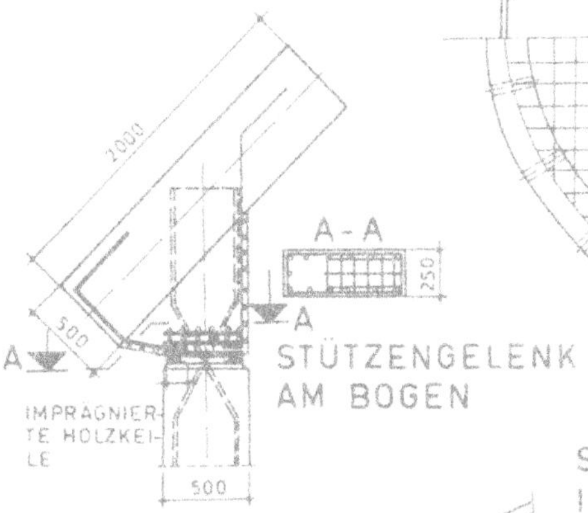

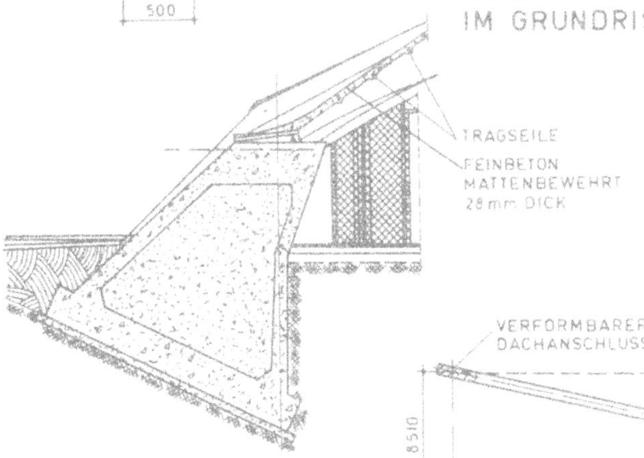

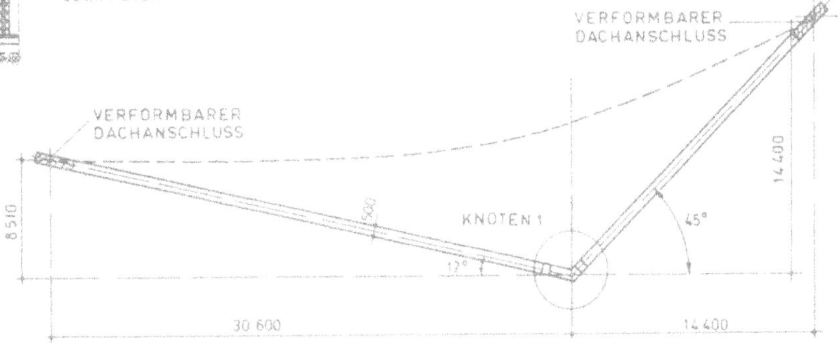

TRAGWERKSGEOMETRIE IM AUFRISS

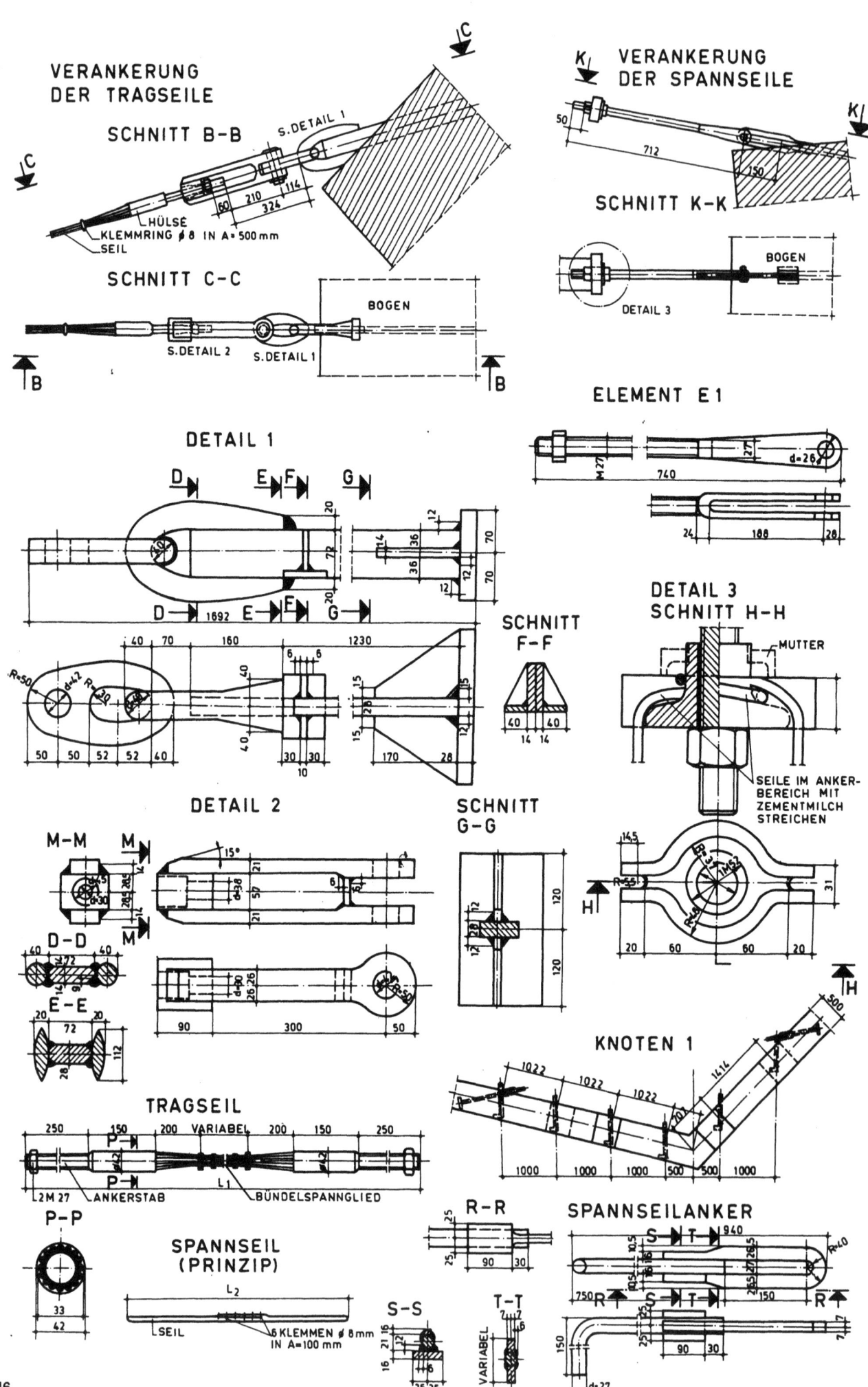

8. SEILTRAGWERKE

8.2 TRAGKONSTRUKTIONEN
BLATT 8.15

FLUGHAFENGEBÄUDE DER AEROFLOT
ABGEHANGENE KONSTRUKTION / SCHNITTE, DETAILS

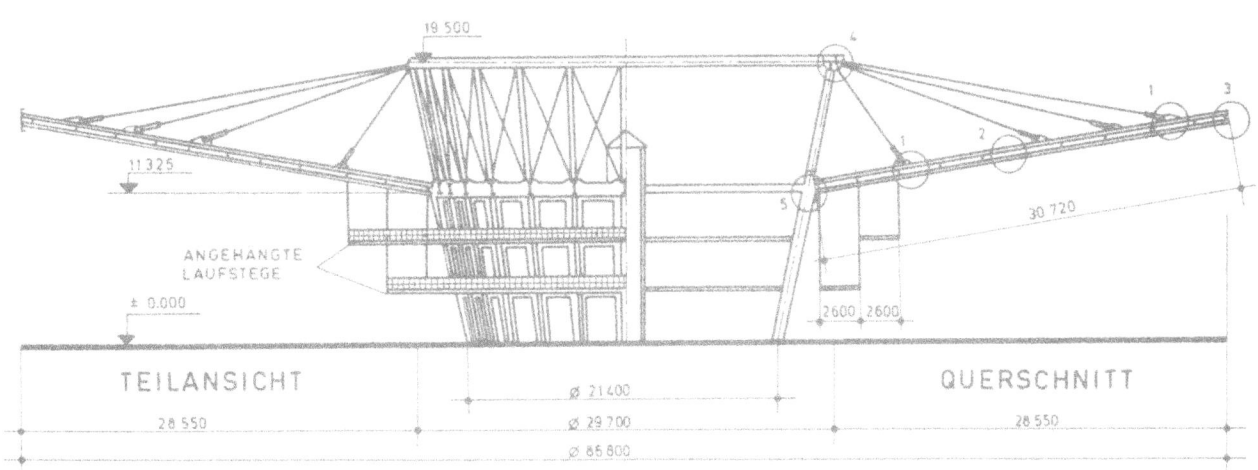

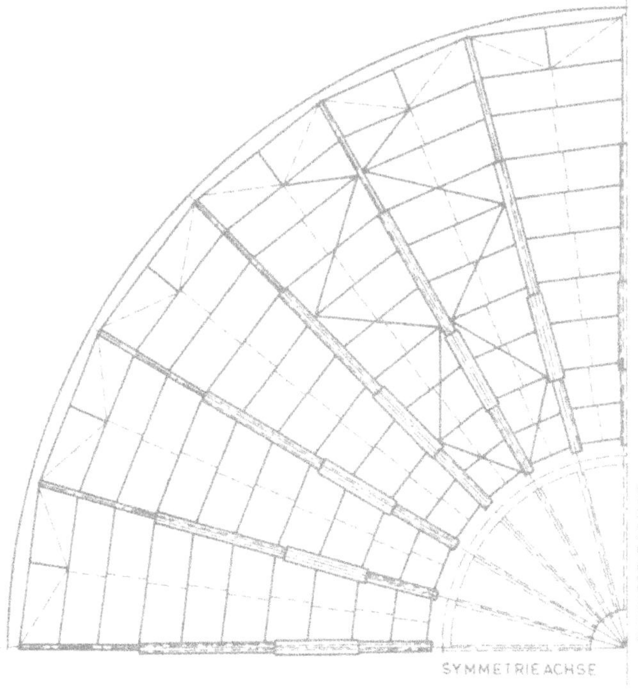

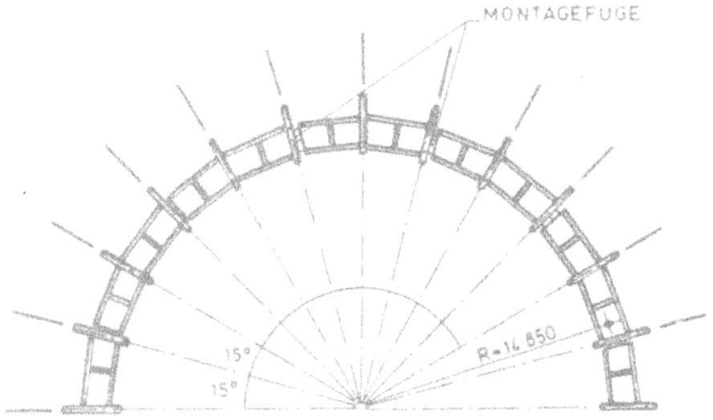

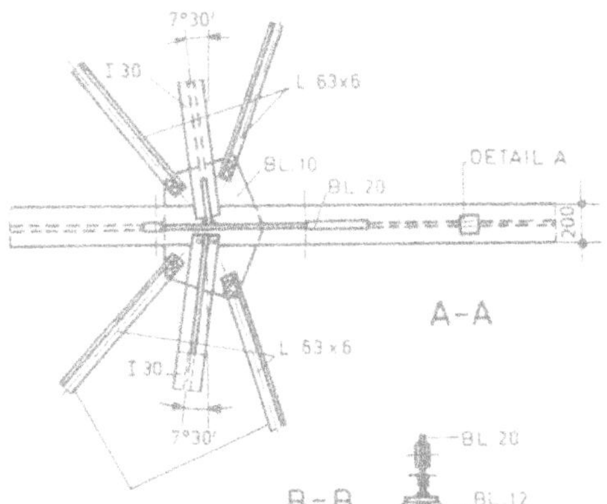

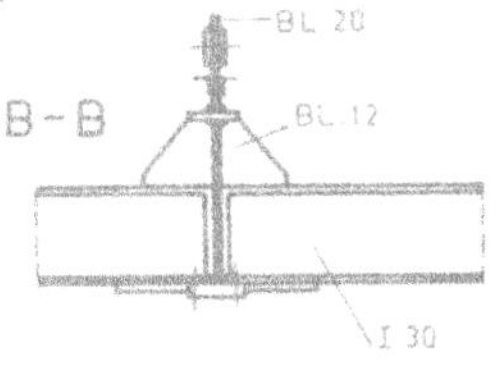

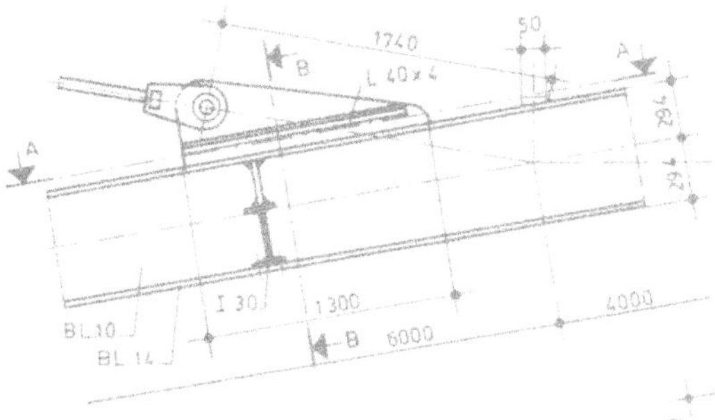

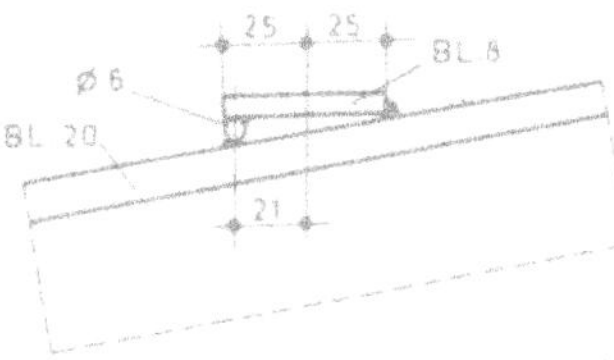

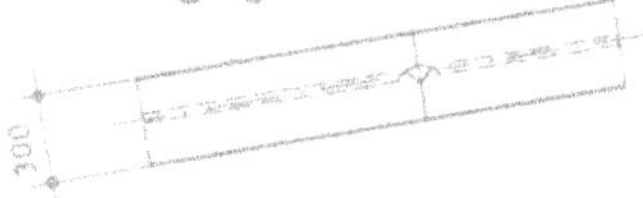

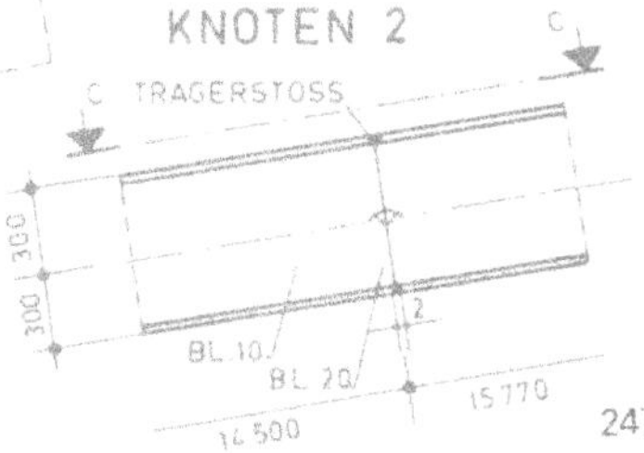

8. SEILTRAGWERKE 8.2 TRAGKONSTRUKTIONEN

ABGEHANGENE KONSTRUKTION / DETAILS

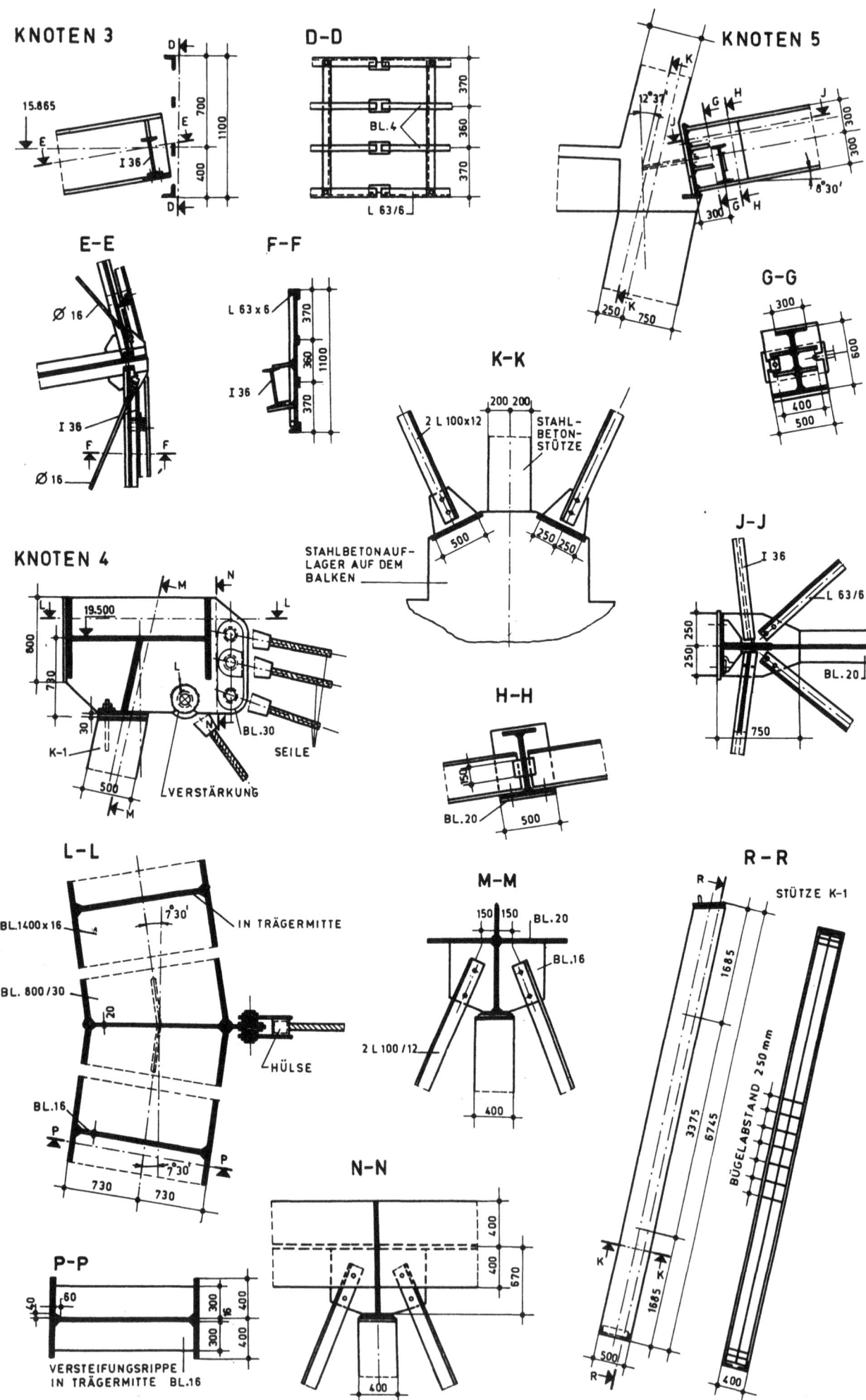

9. Pneumatische Tragwerke

von Hans-Peter Bräuer

Obwohl W. Lanchester bereits 1917 die Idee patentiert erhielt, aufgeblasene Hüllen („Luftballons") als Dachtragwerke anzuwenden, vergingen weitere 40 Jahre, bis durch eine Reihe erfolgreich realisierter Projekte des Amerikaners W. Bird, der sich dabei auf die großen Fortschritte auf dem Gebiet der Plaste-Entwicklung stützen konnte, eine weltweite Anwendung der pneumatischen Konstruktionen zur Lösung von Bauaufgaben begann.

Als Vorteile der pneumatisch stabilisierten Tragwerke sind anzusehen:
- schnelle Montage und Demontage mit wenigen Arbeitskräften,
- gegenüber anderen Tragwerksarten stark reduzierte Transportgewichte infolge geringer Eigenmasse der Membranen (1 ... 3 kg/m²),
- geringer Bauleistungsanteil in Höhe von 8 ... 25% des Gesamtaufwandes,
- Großflächigkeit und Anpassungsfähigkeit an funktionelle Forderungen,
- Eignung zur Wiederverwendung bei Standortwechsel.

Nachteilig wirken nach wie vor
- die mangelnde Alterungsbeständigkeit des zur Anwendung kommenden Membran-Materials, die in Abhängigkeit von seiner Struktur und Beschichtung zu einer starken Begrenzung der Standzeiten pneumatisch stabilisierter Tragwerke führt und
- die Einschränkung des Anwendungsbereiches entsprechend den bauphysikalischen Möglichkeiten des leichten Hüllenmaterials.

Als Hauptanwendungsbereiche für pneumatische Konstruktionen im Hochbau erweisen sich
- Ausstellungshallen und -pavillons mit begrenzter Standzeit,
- Sporthallen, insbesondere Winterüberdachungen für Freiluftsportstätten (Schwimmbäder u. ä.),
- Freilichtbühnen und Freizeitstätten, häufig wandelbar überdacht,
- Winterbau-Hüllen für das Bauwesen,
- Lagerhallen für Industrie und Landwirtschaft,
- Schutzhüllen für funktechnische Anlagen.

9.1. Tragsysteme (Blatt 9.01)

Die Bildungsgesetze pneumatischer Systeme sowie ihre Formenvielfalt und morphologische Klassifikation werden ausführlich in [9.1] und [9.7] abgehandelt.
Es wird dabei von zwei Grundsystemen ausgegangen,
- den mit relativ geringer Druckdifferenz stabilisierten, raumabschließenden Membransystemen und
- den mit hohem Druck pneumatisch stabilisierten, stabwerksförmig angeordneten Schlauchsystemen.

Beide Systeme können zum ständigen oder zeitweiligen Zusammenwirken kombiniert werden; sie verkörpern jedoch völlig unterschiedliche Tragprinzipien.

9.1.1. Pneumatisch stabilisierte Membransysteme

Zur pneumatischen Stabilisierung der leichten Membranen genügt in der Regel eine Druckdifferenz von 0,0001 ... 0,001 MPa (N/mm²), die etwa einer Wassersäule von 10 ... 100 mm entspricht.
Das zur Erzeugung des Druckunterschiedes zu schaffende annähernd dicht abgeschlossene Luftvolumen wird bei Einfachmembrantragwerken unter Einbeziehung des für die Gebäudefunktion nutzbaren Innenraumes gebildet, woraus besondere Anforderungen an die Zugangsbauwerke erwachsen.
Demgegenüber verbleibt bei Doppelmembrantragwerken der durch die pneumatische Konstruktion abgeschlossene nutzbare Raum unter Normaldruck, d. h., das die Membrane stützende Medium wirkt lediglich zwischen den beiden kissenartig zusammengefügten Membranteilen und schränkt somit die Zugängigkeit des Gebäudes in keiner Weise ein.
Die zur Membranstabilisierung erforderliche Druckdifferenz kann – wie bisher üblich – als Überdruck, aber auch als Unterdruck geschaffen werden, was sich im Tragsystem in einer konvexen oder konkaven Form der Dachfläche – bei Doppelmembransystemen auch der Deckenfläche – auswirkt (vgl. Tafel 9.1). Konvexe

Tafel 9.1 Grundtypen pneumatisch stabilisierter Membransysteme

Membransysteme	ohne Zwischenstützung	mit punktförmiger Zwischenstützung	mit linearer Zwischenstützung
Einfachmembransysteme			
Überdruck			
Unterdruck			
Doppelmembransysteme			
Überdruck			
Unterdruck			

Dachflächen neigen zur Schnee- und Wassersackbildung sowie zur Instabilität unter Windbeanspruchung und erfordern die Aufnahme erheblicher Horizontalkräfte am oberen Gebäuderand. Unterdrucksysteme wurden deshalb bisher kaum ausgeführt, obwohl ihre Anwendung in Kombination mit Überdrucksystemen oder Schlauchkonstruktionen durchaus sinnvoll erscheint [9.7]. Die Raumhöhen sowie die Membrankräfte können bei Einfachmembransystemen durch Zwischenstützungen reduziert werden, wobei generell

– die punktförmige (Seil oder Stütze) oder
– die lineare (Balken, Bogen, Spannseil)

Stützung möglich ist. Die Auswahl sollte vorrangig aus der Sicht einer nahezu gleichmäßigen Beanspruchung der Membran getroffen werden. Die im allgemeinen konstruktiv einfachere, statisch günstigere und damit wirtschaftlichere Variante der linearen Zwischenstützung ist oft schon bei einer Spannweite von 30 m, bei kurzlebigen, leichten Folien sogar bereits ab 10 m zweckmäßig.

In Bild 9.1 werden drei verschiedene Varianten zur Überspannung einer vorgegebenen Stützweite mit Kugelabschnitten gezeigt. Unter Zugrundelegung der bekannten Beziehung zwischen dem inneren Überdruck Δp und der Membrankraft n_φ in einem Kugelabschnitt $n_\varphi = \Delta p \, r/2$ ergeben sich bei den Lösungen b und c die doppelten bzw. zweieinhalbfachen Beanspruchungen wie bei a, wenn noch gleicher Innendruck vorauszusetzen ist. Wird die Lösung b zusätzlich durch jeweils zwei sich kreuzende Spannseile unterstützt (Variante d), dann wird der Krümmungsradius erheblich reduziert, was bei einer näherungsweisen und für Vorbemessungsaufgaben auch genügend genauen Anwendung der o. a. Beziehung zu einer starken Verringerung der Membranbeanspruchung führt.

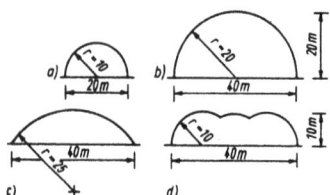

Bild 9.1 Aus Kugelabschnitten zusammengesetzte Membranformen

9.1.1.1. Einfachmembransysteme

Vor allem aus Fertigungsgründen bewährte Grundformen der Einfachmembransysteme, die häufig auch als „Traglufthallen", seltener als Ballonkonstruktionen bezeichnet werden, sind die Halbkugel und der Halbzylinder, letzterer über Rechteckgrundriß oder mit abgerundeten Schmalseiten (vgl. Blatt 9.01 und 9.02). Durch Einbeziehung der verschiedenen Zwischenstützungsvarianten können vielfältige, gestalterisch anspruchsvolle und weitgehend speziellen Nutzungsanforderungen oder örtlichen Gegebenheiten angepaßte Systemlösungen erarbeitet werden.

Eine weitere Möglichkeit der Anpassung der Einfachmembransysteme an gestalterische oder funktionelle Zielstellungen besteht in der Addition oder Fusion mehrerer selbständiger Tragsysteme zu großen Einheiten (vgl. Blatt 9.01). Traglufthallen ohne Zwischenstützung wurden bisher in Halbzylinderform überwiegend für Spannweitenbereiche von 25...45 m und in Halbkugelform bis zu 70 m Durchmesser errichtet.

Bei Anwendung von Seilüberspannungen als Membran-Zwischenstützung weisen Projekte erreichbare Spannweiten von 200 m und Studien von 2000 m aus [9.7].

9.1.1.2. Doppelmembransysteme

Sie bestehen aus zwei Membranteilen – bei Dachtragwerken aus einer oberen und einer unteren Membran –, die an den Rändern luftdicht miteinander verbunden sind und durch den pneumatischen Innendruck stabilisiert werden. Wegen ihrer Form werden sie auch häufig als „Kissensysteme" bezeichnet. Die für das gesamte System angestrebte gleichmäßige Verteilung der Membranspannungen ist am ehesten bei kreisrunden oder polygonalen Grundrißformen (vgl. Blatt 9.01) erreichbar, die deshalb auch zuerst praktische Anwendung fanden.

Durch Fortschritte bei der Beherrschung konstruktiver Details, vor allem der Randausbildung, wurde es möglich, die zum Raumabschluß überwiegend benötigte rechteckige bzw. quadratische Kissenform zu entwickeln und in zahlreichen Fällen zu realisieren.

Die geringe Krümmung der Doppelmembransysteme erfordert zur Stabilisierung eine höhere Druckdifferenz als Einfachmembransysteme. Sie benötigen außerdem einen hochgelegenen Randträger, der besonders bei hohem Innendruck erhebliche Kräfte auszugleichen oder abzuleiten hat. Die Anwendung von Zwischenstützungen, in der Regel Seilunter- oder -überspannungen, ermöglicht hier eine wesentliche Verminderung der Membranspannungen und der Verankerungskräfte. Kissensysteme eignen sich – ggf. in typisierter Form – als raumabschließende Elemente für großräumige Stabwerkskonstruktionen. Die bisher realisierten Maximalspannweiten liegen bei etwa 40 m.

9.1.2. Pneumatisch stabilisierte Schlauchsysteme

Bei diesen auch als Stützschlauchkonstruktionen bezeichneten pneumatischen Tragwerken besteht das Tragsystem aus einer Addition oder einem Gerüst von Schläuchen, die infolge hohen Überdruckes von 0,02...0,7 MPa in der Lage sind, im begrenzten Maße Querkräfte zu übertragen, d. h. Druck- oder Biegebeanspruchungen aufzunehmen. Dieses Tragvermögen der Schlauchsysteme ist durch die Bedingung eingeschränkt, daß Druckspannungen von den Elementen nur soweit übernommen werden können, bis sie die durch Vorspannung der Schläuche erzeugten Zugspannungen kompensiert haben. Von ihrer statischen Wirkung her sind pneumatisch stabilisierte Schlauchsysteme den Stabtragsystemen zuzuordnen. Mögliche Grundtypen veranschaulicht Tafel 9.2.

Tafel 9.2 Grundtypen pneumatisch stabilisierter Schlauchsysteme

	E Einzelelemente (keine Verbindung)	D diskontinuierlich (indirekte Verbindung)	K kontinuierlich (direkte Verbindung)
r gerade/eben	E r	D r	K r
k geknickt	E k	D k	K k
b gebogen	E b	D b	K b

Bisherige Anwendungen bevorzugen kreis- oder parabelförmige Schlauchbögen, oft in Kombination mit Membranen, für die sie vorteilhafte Auflagerbedingungen bieten.

Wegen ihrer geringen Formstabilität im Vergleich zu anderen Tragwerken finden Stützschlauchkonstruktionen vor allem dann Verwendung, wenn einerseits eine schnelle Errichtung sowie geringes Transportgewicht gefordert werden und andererseits eine geringe Standortvorbereitung und kurze Standzeit gegeben sind (u. a. Rettungskonstruktionen). Anwendungen für Ausstellungsbauten stellen trotz eindrucksvoller Wirkung sehr aufwendige und kurzlebige Lösungen dar.

9.2. Tragkonstruktionen (Blätter 9.02 und 9.03)

Als Material für die raumabschließende Hülle pneumatischer Tragwerke kommen häufig Gewebe aus Kunstfasern (Polyester, Polyamid u. a.), beschichtet mit Thermoplasten (PVC, Polyurethan u. a.), mit oder ohne Oberflächenbehandlung, zur Anwendung. Es werden größere Segmente aus Bahnen mittels Näh-, Kleb- oder Schweißverbindung vorgefertigt und am Einbauort durch Verschraubung, Verschnürung oder Reißverschlüsse zur vollständigen Hülle zusammengefügt.

Wärmedämmung und Wärmespeicherung, besonders der Einfachmembrankonstruktionen, sind äußerst gering und entsprechen etwa dem k-Wert einer normalen Fensterscheibe. Dennoch ist die Aufheizung unter Sonneneinstrahlung nur bei niedrigen Hallen von Bedeutung, da mit etwa 1 K Temperaturabnahme je 1 m Abstand vom Hallenscheitel gerechnet werden kann. Eine Verringerung der Erwärmung ist durch weiße oder silbrige Lackierung der Membranoberfläche zu erreichen.

Im Winter ist der Einsatz von Warmluftgebläsen zweckmäßig. Um die Druckverluste beim Passieren von Traglufthallen gering zu halten, müssen als Zugangsbauwerke Kammerschleusen, Drehtüren oder Schlupflöcher vorgesehen werden. Zum ständigen Druckausgleich wie zur kurzfristigen Erhöhung der Luftdruckdifferenz bei starkem Wind erfordern Einfachmembrantragwerke den ununterbrochenen Betrieb von Gebläsen.

Doppelmembrankonstruktionen müssen in zeitlichen Abständen nachgepumpt werden, um die planmäßige Druckdifferenz beständig zu gewährleisten. Hallen mit mehr als 1000 m² Grundfläche oder für mehr als 10 Personen sind mit mindestens zwei Gebläseanlagen auszurüsten. Es muß sichergestellt sein, daß der nach dem Standsicherheitsnachweis erforderliche Innendruck auch bei Ausfall eines Gebläses erhalten bleibt. Große Hallen (etwa 30 Personen und mehr) sollten Warnanlagen erhalten, die bei Betriebsstörungen der Gebläse (Stromausfall u. a.) in Funktion treten.

Die Membranverankerung geschieht generell über ein im Hüllensaum geführtes Rohr, das je nach Größe und Dauerhaftigkeit des Bauwerkes an einem Betonstreifenfundament, an Betonfertigteilen mit oder ohne Ballasttaschen, an wassergefüllten Schläuchen oder an Erdkraftankern kontinuierlich befestigt wird. Das auf den Blättern 9.02 und 9.03 dargestellte Beispiel erläutert das realisierte Projekt einer Traglufthalle.

9.3. Vorbemessung von Einfachmembransystemen

Der erforderliche Betriebsdruck als Druckdifferenz Δp kann nach [9.8] ermittelt werden, wobei folgende Beziehungen für Kugelabschnitte $\Delta p \approx (0{,}65 \ldots 0{,}85)\, q_0$ und für Zylinderabschnitte $\Delta p \approx 0{,}55 q_0$ mit q_0 als Staudruck nach TGL 32274 zugrunde gelegt werden können.

Mitunter können größere Druckdifferenzen erforderlich werden, wenn die relativen Verformungen aus Wind oder möglichem Schnee nicht größer als etwa $0{,}1r$ werden dürfen. Unter Verwendung der Tafeln 9.3 und 9.4 ergibt sich für Zylinderabschnitte in Anlehnung an [9.7]

$$\Delta p = (2\Delta p/s_0)_{w=0{,}1r} \times s_0/2 \text{ oder}$$
$$\Delta p = (\Delta p/q_0)_{w=0{,}1r} \times q_0.$$

Der Lastfall Schnee (s_0) braucht nur bei unbeheizten Membranen und nur mit 50% nach TGL 32274 berücksichtigt zu werden.

Der Lastfall Wind (w) kann für diese Berechnungen abweichend von den aerodynamischen Winddruckverteilungen nach TGL 32274 durch eine horizontal wirkende Belastung erfaßt werden.

Die Tafeln 9.5 und 9.6 dienen zur Ermittlung der maximalen Membrankraft in Zylinderabschnitten bei konstanter Belastung q_0:

$$n_\varphi(\Delta p, q_0) = [n_\varphi/(\Delta p + q_0)\, r] \times (\Delta p + q_0)\, r$$

bzw. bei stufenweiser Windbelastung $q_0 + q_0^0$

$$n_\varphi(\Delta p, q_0, q_0^0) = \lambda n_\varphi(\Delta p, q_0) + (1 - \lambda)\, n_\varphi(\Delta p, q_0^0)$$

mit $n_\varphi(\Delta p, q_0^0) = [n_\varphi/(\Delta p + q_0^0)\, r] \times (\Delta p + q_0^0)\, r$.

Als Festigkeitsnachweis für die Membran gilt schließlich

$n_{\varphi\text{vorh}} = 0{,}2 Z_R$, Z_R Reißfestigkeit der Membran zwischen 50 und etwa 70 kN/m.

Auch die Verankerungskräfte können unter Verwendung der Tafel 9.7 berechnet werden mit

$$\max V = [\max V/n_\varphi] \times n_{\varphi,\text{vorh}},$$
$$\max H_0 = [\max H_0/n_\varphi] \times n_{\varphi,\text{vorh}},$$
$$\max H_n = [\max H_n/n_\varphi] \times n_{\varphi,\text{vorh}}.$$

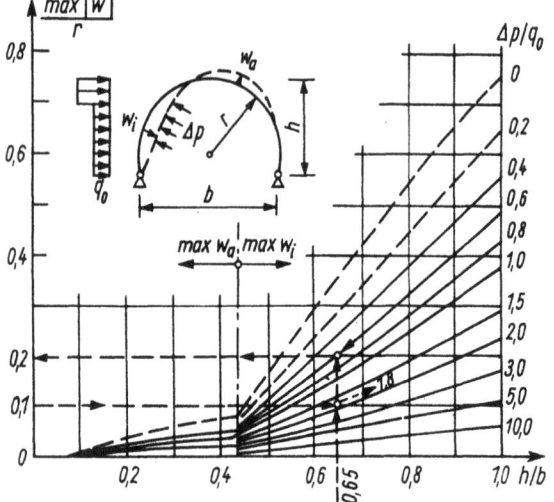

Tafel 9.3 Größte Zylinderverformung unter Windbelastung

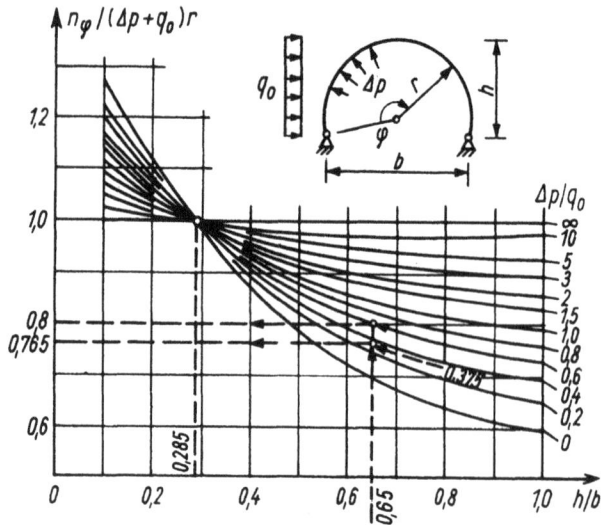

Tafel 9.5 Membrankräfte des Zylinders unter Windbelastung

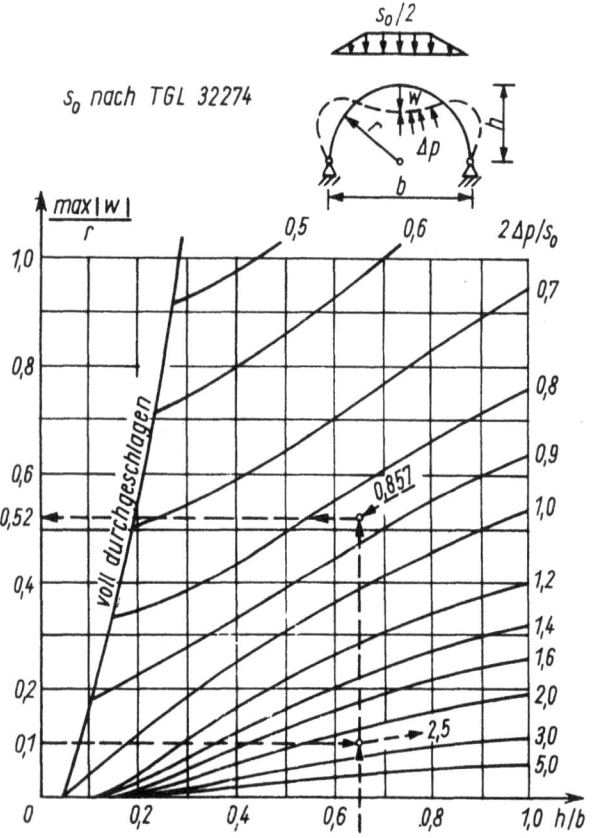

Tafel 9.4 Größte Zylinderverformung unter Schneebelastung

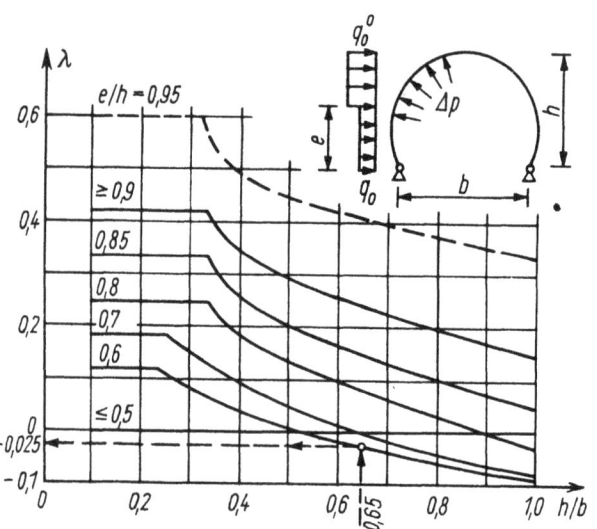

Tafel 9.6 Faktor λ bei stufenweiser Windbelastung

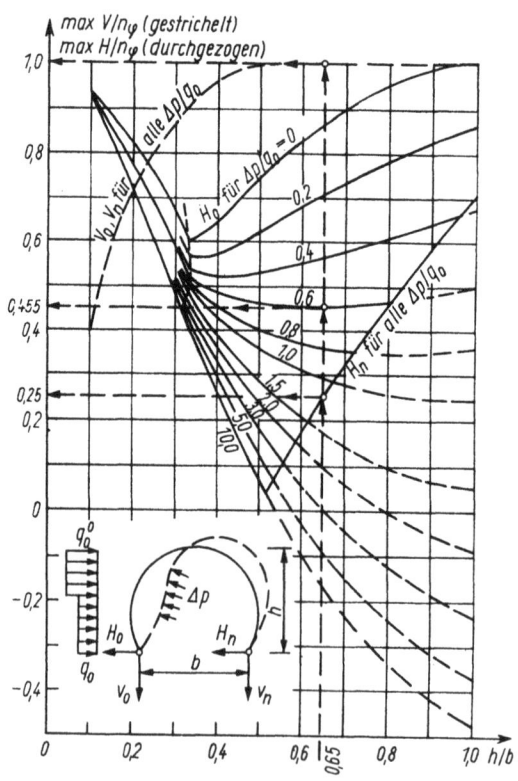

Tafel 9.7 Auflagerkräfte des Zylinders unter Windbelastung

Literatur

[9.1] Otto, F.; Trostel, R.: Zugbeanspruchte Konstruktionen. Bd. 1. Berlin (W) 1962.
[9.2] Rühle, H.: Räumliche Dachtragwerke, Konstruktion und Ausführung. Band 2. Berlin 1970.
[9.3] Künzel, E.: Pneumatische Konstruktionen. Wissenschaftliche Zeitschrift der Hochschule für Architektur und Bauwesen Weimar 1967, H. 2.
[9.4] Gubenko, A. B.: Pneumatičeskie stroitelnye konstrukcie. Moskva 1963.
[9.5] Fritzsche, E.: Beitrag zur theoretischen Untersuchung und konstruktiven Ausbildung von Traglufthallen. Forschungsbericht der Hochschule für Bauwesen Leipzig, Institut für konstruktiven Ingenieurbau, Juli 1967.
[9.6] IASS-Kolloquium über pneumatische Konstruktionen. Berichte. Stuttgart 1967.
[9.7] Herzog, T.: Pneumatische Konstruktionen. Stuttgart 1976.
[9.8] TGL 10728/03 Traglufthallen. Ausgabe 07.76.

9. PNEUMATISCHE TRAGWERKE

9.1 GRUNDSYSTEME
BLATT 9.01

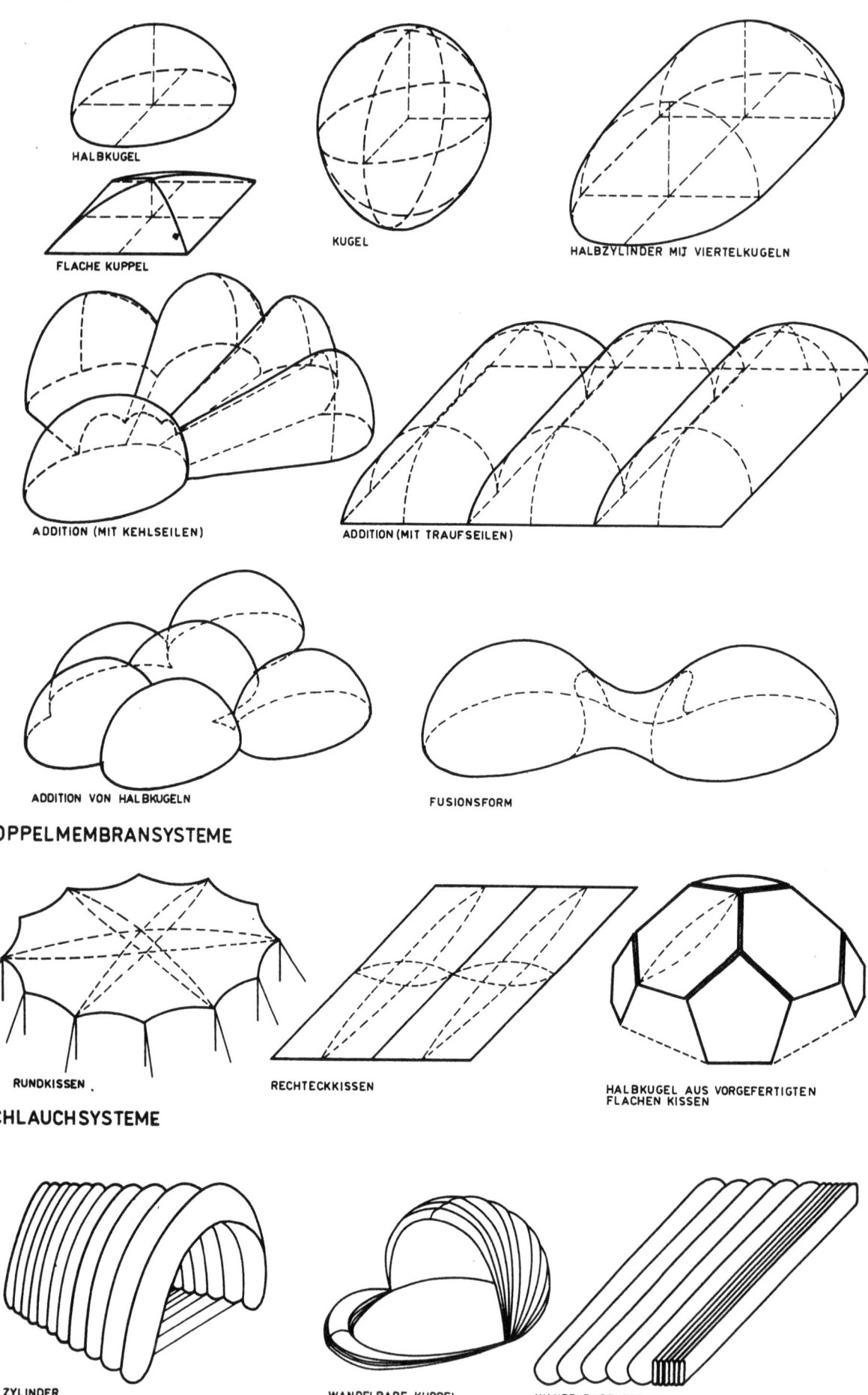

EINFACHMEMBRANSYSTEME — HALBKUGEL, FLACHE KUPPEL, KUGEL, HALBZYLINDER MIT VIERTELKUGELN, ADDITION (MIT KEHLSEILEN), ADDITION (MIT TRAUFSEILEN), ADDITION VON HALBKUGELN, FUSIONSFORM

DOPPELMEMBRANSYSTEME — RUNDKISSEN, RECHTECKKISSEN, HALBKUGEL AUS VORGEFERTIGTEN FLACHEN KISSEN

SCHLAUCHSYSTEME — ZYLINDER, WANDELBARE KUPPEL, WANDELBARE EBENE

9. PNEUMATISCHE TRAGWERKE — 9.2 TRAGKONSTRUKTIONEN
BLATT 9.02

WINTERÜBERDACHUNG EINES SCHWIMMBECKENS
TRAGLUFTHALLE, INNENDRUCKSYSTEM / SCHNITTE

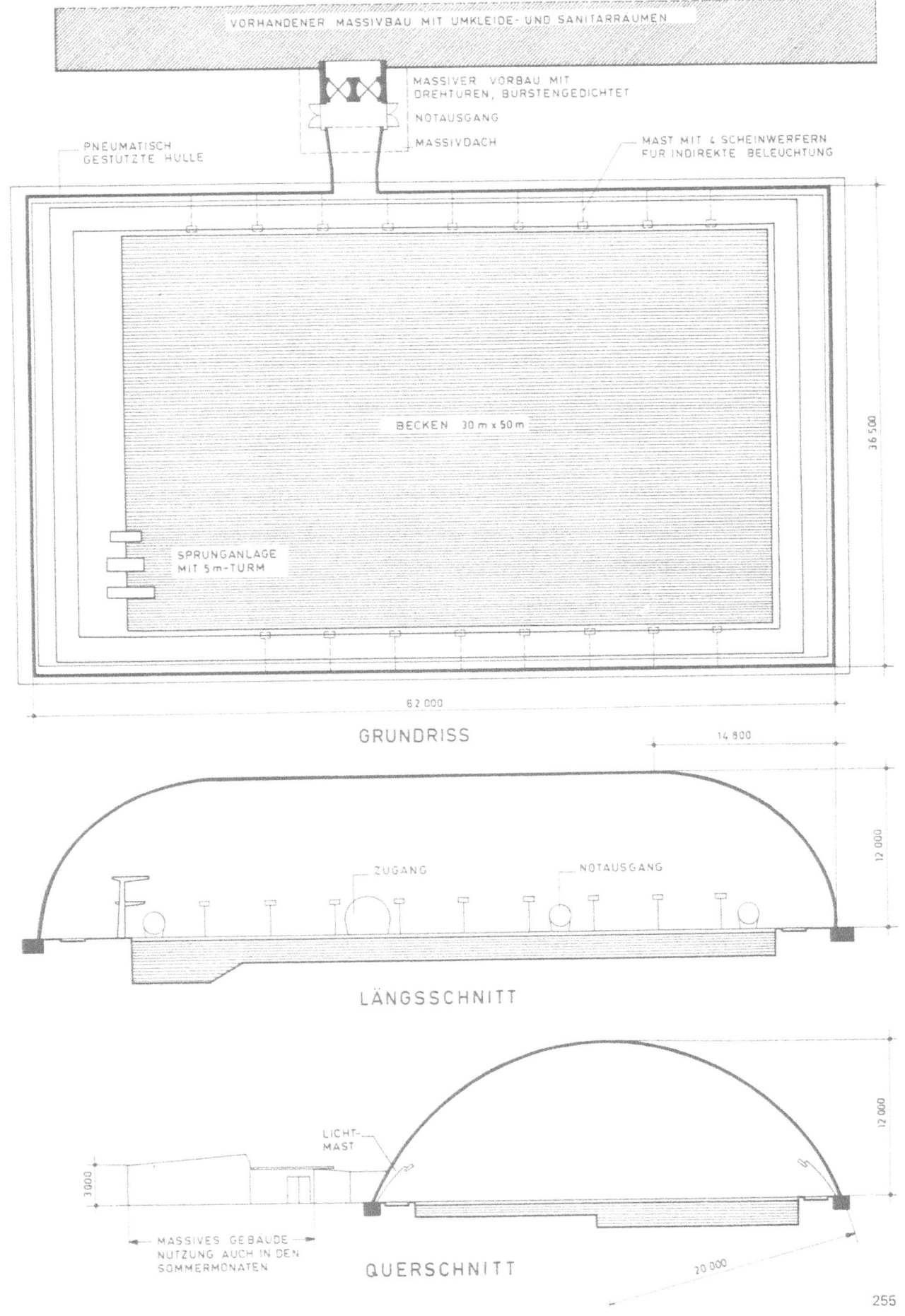

9. PNEUMATISCHE TRAGWERKE — 9.2 TRAGKONSTRUKTIONEN

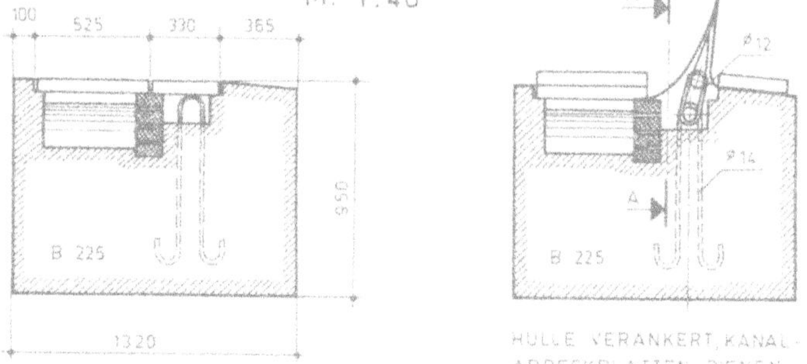

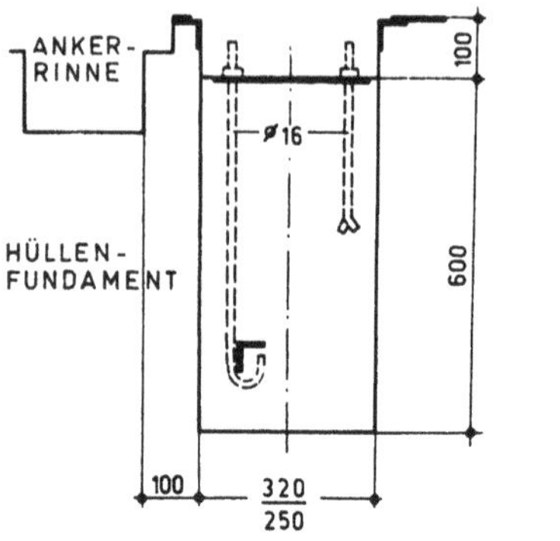

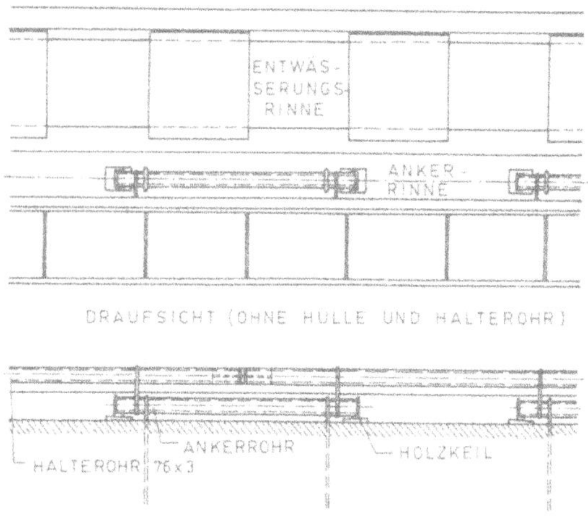

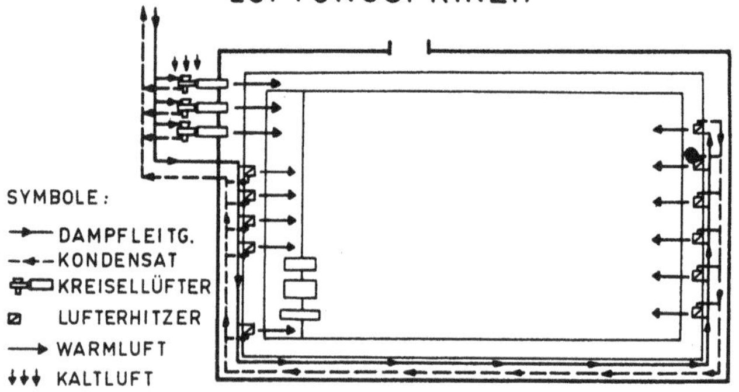

BLATT 9.03

TRAGLUFTHALLE / DETAILS, LÜFTUNGSPRINZIP, ZUSCHNITT

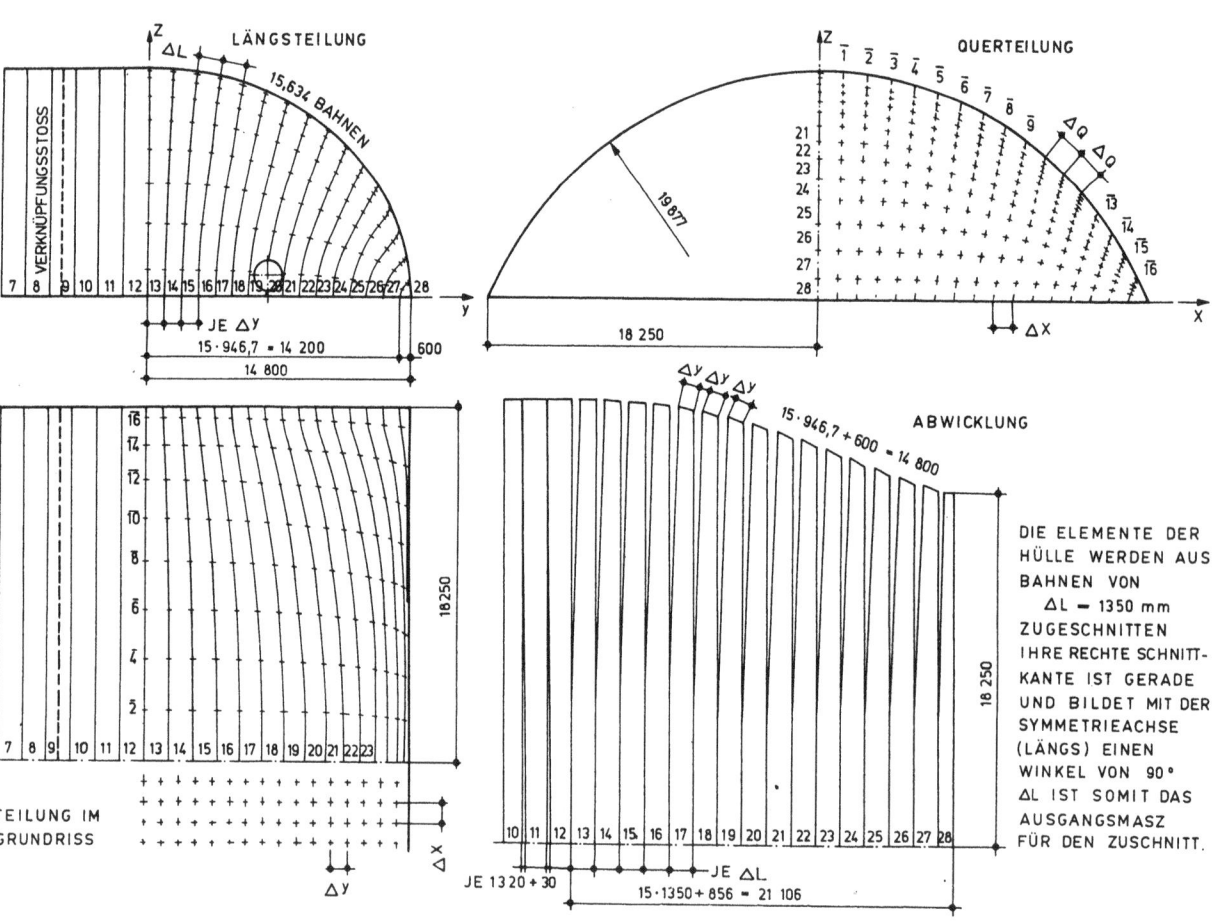

GPSR Compliance
The European Union's (EU) General Product Safety Regulation (GPSR) is a set of rules that requires consumer products to be safe and our obligations to ensure this.

If you have any concerns about our products, you can contact us on

ProductSafety@springernature.com

In case Publisher is established outside the EU, the EU authorized representative is:

Springer Nature Customer Service Center GmbH
Europaplatz 3
69115 Heidelberg, Germany